AF125948

8

Schlüssel zur Mathematik

Rheinland-Pfalz

Unter Beratung von
Manuela Becker (Edenkoben)
Marion Heller (Bobenheim-Roxheim)
Martin M. Klauer (Emmelshausen)
Luitgard Schatral (Speyer)
Sebastian Schönthaler (Eisenberg)
Diana Tibo (Winnweiler)

Teile dieses Unterrichtswerkes basieren auf Inhalten bereits erschienener Lehrwerke.
Diese wurden herausgegeben von Reinhold Koullen † und Udo Wennekers
sowie erarbeitet von:
Helga Berkemeier, Ilona Gabriel, Wolfgang Hecht, Barbara Hoppert, Ines Knospe, Reinhold Koullen †, Jeannine Kreuz, Frank Nix, Doris Ostrow, Hans-Helmut Paffen, Günther Reufsteck, Jutta Schaefer, Gabriele Schenk, Willi Schmitz, Ingeborg Schönthaler, Christine Sprehe, Herbert Strohmayer, Martina Verhoeven, Udo Wennekers, Rainer Zillgens

Unter Beratung von: Manuela Becker, Marion Heller, Martin Klauer, Luitgard Schatral, Sebastian Schönthaler, Diana Tibo

Redaktion: Kerstin Kälberer

Illustration: Roland Beier

Grafik: Christian Böhning, Ulrich Sengebusch †

Umschlaggestaltung und Layoutkonzept:
Syberg | Kirstin Eichenberg und Torsten Symank

Layout und technische Umsetzung:
CMS – Cross Media Solutions GmbH

Begleitmaterialien zum Lehrwerk

für Schülerinnen und Schüler		**für Lehrerinnen und Lehrer**	
Arbeitsheft	978-3-06-040140-6	Lösungsheft	978-3-06-040142-0
Arbeitsheft Basis	978-3-06-040141-3	Handreichungen	978-3-06-040143-7

www.cornelsen.de

1. Auflage, 3. Druck 2024

Alle Drucke dieser Auflage sind inhaltlich unverändert
und können im Unterricht nebeneinander verwendet werden.

Druck und Bindung: Livonia Print, Riga

ISBN 978-3-06-040139-0 (Schülerbuch)
ISBN 978-3-06-040144-4 (E-Book)

PEFC zertifiziert
Dieses Produkt stammt aus nachhaltig bewirtschafteten Wäldern und kontrollierten Quellen.
www.pefc.de

Inhalt

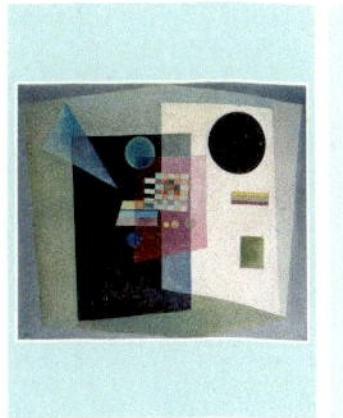

7 Winkel und Figuren

Noch fit? 8
Winkel an Geradenkreuzungen 9
Vierecke beschreiben und zeichnen 13
Methode Vierecke konstruieren 16
Winkelsumme in Dreiecken und Vierecken 19
Methode Beweisen in der Geometrie 23
Thema Der Satz des Thales 24
Klar so weit? 26
Vermischte Übungen 28
Beruf Konstruktionsmechaniker/in 30
Zusammenfassung 31
Teste dich! 32

33 Vielecke und Kreise

Noch fit? 34
Umfang und Flächeninhalt von Dreiecken 35
Umfang und Flächeninhalt von Parallelogrammen 39
Umfang und Flächeninhalt von Trapez und Drachen 43
Umfang und Flächeninhalt von Kreisen 47
Thema Umfang und Flächeninhalt von Vielecken 52
Klar so weit? 54
Vermischte Übungen 56
Beruf Landschaftsgärtner/in 58
Zusammenfassung 59
Teste dich! 60

61 Lineare Gleichungen

Noch fit? 62
Terme aufstellen und zusammenfassen 63
Gleichungen aufstellen 67
Gleichungen lösen 71
Methode Ungleichungen lösen 74
Sachaufgaben systematisch lösen 77
Methode Formeln umstellen 81
Klar so weit? 82
Vermischte Übungen 84
Beruf Winzer/in 88
Zusammenfassung 89
Teste dich! 90

91 Prozent- und Zinsrechnung

Noch fit? 92
Prozentrechnung 93
Thema Vermehrter und verminderter Grundwert 97
Begriffe der Zinsrechnung 99
Methode Zinseszinsen berechnen 104
Tageszinsen 105
Thema Ratenkauf 109
Klar so weit? 110
Vermischte Übungen 112
Beruf Friseur/in 116
Zusammenfassung 117
Teste dich! 118

☐ Basis ◪ Basis/Erweiterung ■ Erweiterung +11 Aufgabe zur Vertiefung
Partnerarbeit Gruppenarbeit

119 Mathematik im Überblick

Auf dem Weg in die Ausbildung 120
Traningsaufgaben 121
Testaufgaben 124

125 Prismen und Zylinder

Noch fit? 126
Prismen erkennen und beschreiben 127
Methode Schrägbilder von Prismen zeichnen 130
Oberflächeninhalt von Prismen 133
Volumen von Prismen 137
Oberflächeninhalt und Volumen von Zylindern 141
Thema Gestalte eigene Geschenkverpackungen 145
Methode Zusammengesetzte Körper und Hohlkörper 146
Klar so weit? 148
Vermischte Übungen 150
Beruf Fachangestellte/r für Bäderbetriebe 152
Zusammenfassung 153
Teste dich! 154

155 Rechnen mit Klammern

Noch fit? 156
Klammern auflösen und setzen 157
Summen multiplizieren 161
Binomische Formeln 165
Thema Das Pascal'sche Dreieck 169
Klar so weit? 170
Vermischte Übungen 172
Beruf Gesalter/in für visuelles Marketing 174
Zusammenfassung 175
Teste dich! 176

177 Zuordnungen und Funktionen

Noch fit? 178
Zuordnungen und Funktionen beschreiben 179
Lineare Funktionen erkennen 183
Thema Was kostet ein Handy? 186
Lineare Funktionen untersuchen und zeichnen 189
Methode Arbeiten mit einem Funktionenplotter 193
Klar so weit? 194
Vermischte Übungen 196
Ehrenamt Jugendleiter/in 198
Zusammenfassung 199
Teste dich! 200

201 Anhang

Lösungen zu den Tests 202
Formelsammlung 219
Mathelexikon und Stichwortverzeichnis 224
Bildverzeichnis 232

Basis · Basis/Erweiterung · Erweiterung · +11 Aufgabe zur Vertiefung
Partnerarbeit · Gruppenarbeit

Rallye durch dein Mathe-Buch

Auf diesen zwei Seiten findest du einige Hinweise zu deinem neuen Mathematikbuch.
Löse die Rätsel (ä, ö, ü und ß sind erlaubt).
Das Lösungswort verrät dir, was das Bild auf dem Umschlag zeigt.

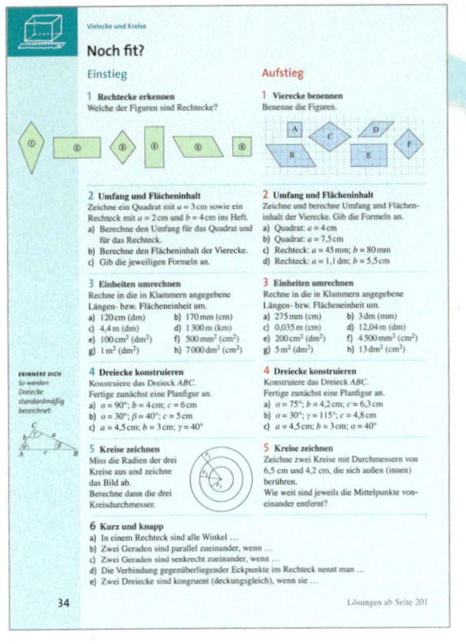

Vielecke und Kreise

Noch fit?

Einstieg

1 Rechtecke erkennen
Welche der Figuren sind Rechtecke?

2 Umfang und Flächeninhalt
Zeichne ein Quadrat mit $a = 3$ cm sowie ein Rechteck mit $a = 2$ cm und $b = 4$ cm ins Heft.
a) Berechne den Umfang für das Quadrat und für das Rechteck.
b) Berechne den Flächeninhalt der Vierecke.
c) Gib die jeweiligen Formeln an.

3 Einheiten umrechnen
Rechne in die in Klammern angegebene Längen- bzw. Flächeneinheit um.

4 Dreiecke konstruieren
Konstruiere das Dreieck ABC.
Fertige zunächst eine Planfigur an.

5 Kreise zeichnen

6 Kurz und knapp

Aufstieg

1 Vierecke benennen
Benenne die Figuren.

2 Umfang und Flächeninhalt

3 Einheiten umrechnen

4 Dreiecke konstruieren

5 Kreise zeichnen

34

Lösungen ab Seite 201

Noch fit?

Mit dem Einstiegstest kannst du dein bisher erworbenes Wissen testen. Deine Ergebnisse kannst du mit den Lösungen im Anhang vergleichen.

Rätsel zum Noch fit? im Kapitel Winkel und Figuren:
Was soll in Aufgabe 2 in die Vierecke eingezeichnet werden?

_ _ _ _ _ _ _ 6 _ _

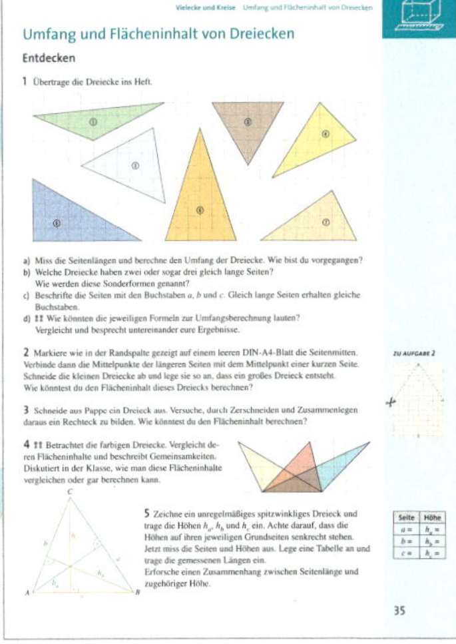

Vielecke und Kreise · Umfang und Flächeninhalt von Dreiecken

Umfang und Flächeninhalt von Dreiecken

Entdecken

1 Übertrage die Dreiecke ins Heft.

35

Entdecken

Jede Lerneinheit beginnt mit einführenden Aufgaben, die zum Ausprobieren und Entdecken anregen.

Rätsel zum Entdecken – Vierecke beschreiben und zeichnen im Kapitel Winkel und Figuren:
Womit werden in Aufgabe 3 Vierecke gelegt?

_ _ _ _ _ _ _ 1 _

Verstehen

Der neue Unterrichtsstoff wird anhand von Merksätzen und Beispielen erklärt.

Rätsel zum Verstehen – Umfang und Flächeninhalt von Dreiecken im Kapitel Vielecke und Kreise:
Wie nennt man den genähten Rand beim Segel in Beispiel 2?

7 _ _ _

Üben und anwenden

Die Aufgaben trainieren den neu gelernten Unterrichtsstoff.

Rätsel zum Üben und anwenden – Gleichungen aufstellen im Kapitel Lineare Gleichungen:
Zu welchem Anlass gibt es in Aufgabe 3 Geldgeschenke?

_ _ _ 4 _ _ _ _ _ _ _

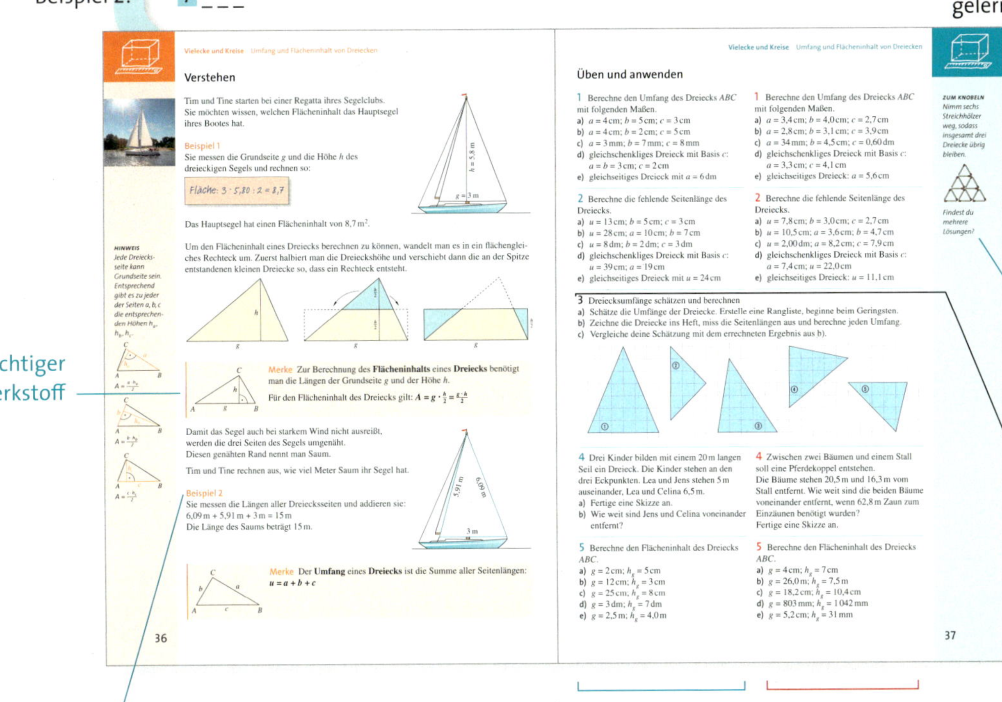

Vielecke und Kreise · Umfang und Flächeninhalt von Dreiecken

Verstehen

Tim und Tine starten bei einer Regatta ihres Segelclubs. Sie möchten wissen, welchen Flächeninhalt das Hauptsegel ihres Bootes hat.

Beispiel 1
Sie messen die Grundseite g und die Höhe h des dreieckigen Segels und rechnen so:
Fläche: $3 \cdot 5{,}80 : 2 = 8{,}7$

Das Hauptsegel hat einen Flächeninhalt von $8{,}7\,m^2$.

Um den Flächeninhalt eines Dreiecks berechnen zu können, wandelt man es in ein flächengleiches Rechteck um. Zuerst halbiert man die Dreieckshöhe und verschiebt dann die an der Spitze entstandenen kleinen Dreiecke so, dass ein Rechteck entsteht.

Merke Zur Berechnung des Flächeninhalts eines Dreiecks benötigt man die Längen der Grundseite g und der Höhe h.
Für den Flächeninhalt des Dreiecks gilt: $A = g \cdot \frac{h}{2} = \frac{g \cdot h}{2}$

Damit das Segel auch bei starkem Wind nicht ausreißt, werden die drei Seiten des Segels umgenäht. Diesen genähten Rand nennt man Saum.
Tim und Tine rechnen aus, wie viel Meter Saum ihr Segel hat.

Beispiel 2
Sie messen die Längen aller Dreiecksseiten und addieren sie:
$6{,}09\,m + 5{,}91\,m + 3\,m = 15\,m$
Die Länge des Saums beträgt 15 m.

Merke Der Umfang eines Dreiecks ist die Summe aller Seitenlängen:
$u = a + b + c$

36

Üben und anwenden

1 Berechne den Umfang des Dreiecks ABC mit folgenden Maßen.

2 Berechne die fehlende Seitenlänge des Dreiecks.

3 Dreiecksumfänge schätzen und berechnen

4 Drei Kinder bilden mit einem 20 m langen Seil ein Dreieck.

4 Zwischen zwei Bäumen und einem Stall soll eine Pferdekoppel entstehen.

5 Berechne den Flächeninhalt des Dreiecks ABC.

ZUM KNOBELN
Nimm sechs Streichhölzer weg, sodass insgesamt drei Dreiecke übrig bleiben.
Findest du mehrere Lösungen?

37

Wichtiger Merkstoff

Beispiel

In der Randspalte stehen zusätzliche Informationen, Aufgaben und Lösungshinweise.

Mittelschwere Aufgaben haben eine schwarze Aufgabennummer.

Die linke Spalte enthält leichtere Aufgaben.

Die rechte Spalte enthält schwierigere Aufgaben.

Die Symbole in den oberen Ecken stehen für bestimmte Bereiche in der Mathematik:

Zahlen und Variablen

Geometrie

Funktionen

Daten und Zufall

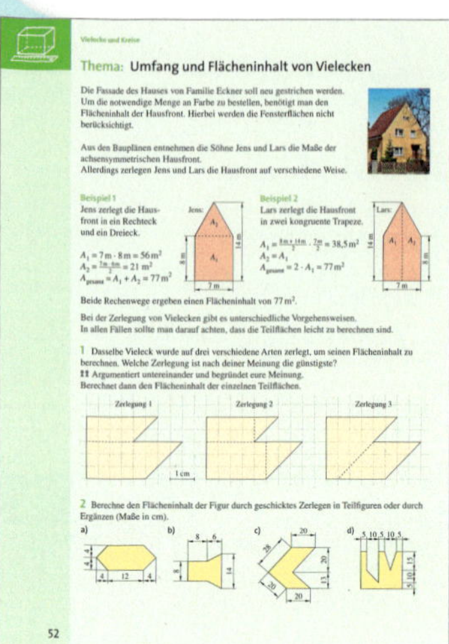
Thema: Umfang und Flächeninhalt von Vielecken

Methode und Thema

Auf den Methodenseiten werden die wichtigsten mathematischen Methoden vorgestellt und geübt. Die Themenseiten zeigen mathematische Inhalte aus verschiedenen Lebensbereichen.

Rätsel zur Methode: Formeln umstellen im Kapitel Lineare Gleichungen:

Welchen Namen trägt die Formel $F_S = D \cdot s$?

12 _ _ _ _ ' _ _ _ _ _ _ _ 10 _ _ _

Klar so weit?

Mit dem Zwischentest kannst du überprüfen, ob du den neuen Unterrichtsstoff verstanden hast. Deine Ergebnisse kannst du mit den Lösungen im Anhang vergleichen.

Rätsel zum Klar so weit? im Kapitel Prozent- und Zinsrechnung:

Wo in Aufgabe 3 beträgt der Anteil der Mädchen 0 %?

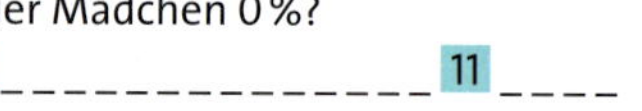
_ _ _ 3 _ _ _ _ _ _ _ _ _ _ _ _ _ _ 11 _ _ _ _

Vermischte Übungen

Die Seiten enthalten Aufgaben zu allen Lerneinheiten eines Kapitels.

Rätsel zu den Vermischten Übungen im Kapitel Prismen und Zylinder:

Was ist auf dem Foto zu Aufgabe 6 abgebildet?

_ _ _ _ _ 2 _ _ _

Zusammenfassung

Die Zusammenfassung am Ende eines Kapitels enthält die wichtigsten Merksätze zum Nachschlagen.

Rätsel zu der Zusammenfassung im Kapitel Rechnen mit Klammern:

Wie heißen die drei Sonderfälle bei der Multiplikation von Summen, bei denen sich die Ergebnisse leicht zusammenfassen lassen?

_ 9 _ _ _ _ _ _ _ _ _ _ _ _ 5 _ _

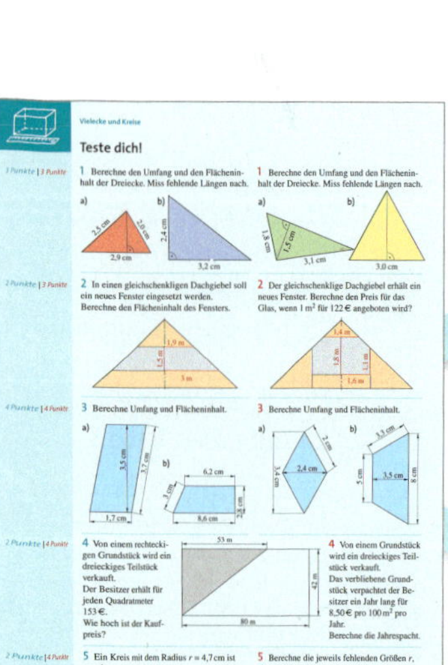
Teste dich!

Teste dich!

Überprüfe zur Vorbereitung auf die Klassenarbeit dein Können. Die Lösungen zum Abschlusstest findest du im Anhang.

Rätsel zum Teste dich! im Kapitel Zuordnungen und Funktionen:

Wer mäht im Park den Rasen?

_ _ _ 8 _ _ _

Wie lautet das Lösungswort?

1 2 3 4 5 6 7 8 9 10 11 12

Winkel und Figuren

Das Gemälde „Behauptend“ von Wassily Kandinsky entstand im Jahr 1926. Wie in vielen seiner Gemälde verwendet der Künstler Kandinsky auch hier überwiegend geometrische Figuren.

Noch fit?

Einstieg

1 Winkelgrößen bestimmen

Gib jeweils die Größe des Winkels an, ohne zu messen.

a)

b)

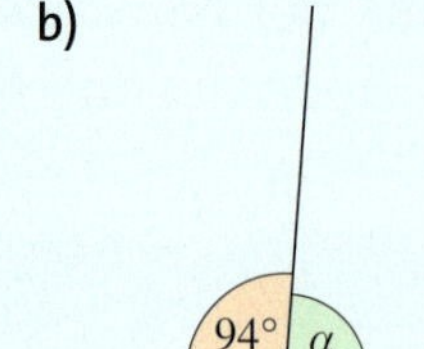

2 Vierecke zeichnen

Übertrage die Vierecke in dein Heft und zeichne jeweils die Diagonalen ein. Welche Dreiecksarten entstehen? Benenne nach Seiten und nach Winkeln.

a) 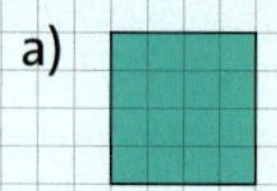

b) 

3 Behauptungen prüfen

Welche Behauptung ist richtig, welche Behauptung ist falsch?
Überprüfe mithilfe einer Zeichnung.

a) Ein rechtwinkliges Dreieck kann auch zwei rechte Winkel haben.
b) Ein Dreieck mit drei gleich langen Seiten hat auch drei gleich große Winkel.
c) In einem spitzwinkligen Dreieck gibt es nur spitze Winkel.

4 Dreiecke konstruieren

Konstruiere das Dreieck ABC.

a) $b = 5\,\text{cm};\ c = 8\,\text{cm};\ \alpha = 90°$
b) $a = 6\,\text{cm};\ b = 9\,\text{cm};\ \gamma = 40°$
c) $a = 2\,\text{cm};\ c = 6\,\text{cm};\ \beta = 80°$

5 Kurz und knapp

Ergänze die Sätze.

a) In einem Rechteck haben alle Winkel eine Größe von … .
b) Zwei Geraden sind parallel zueinander, wenn …
c) Die Größe eines gestreckten Winkels beträgt … .

Aufstieg

1 Winkelgrößen bestimmen

Gib jeweils die Größe des Winkels an, ohne zu messen.

a) 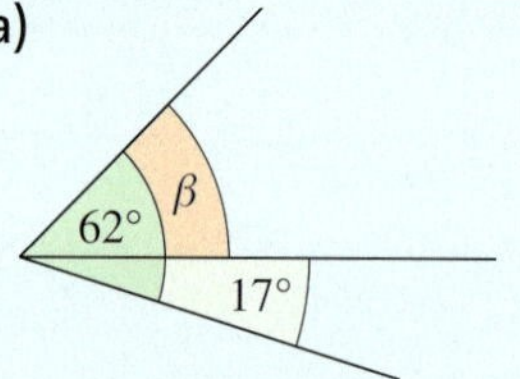

b) 

2 Vierecke zeichnen

Übertrage die Vierecke in dein Heft und zeichne jeweils die Diagonalen ein. Welche Dreiecksarten entstehen? Benenne nach Seiten und nach Winkeln.

a) 

b) 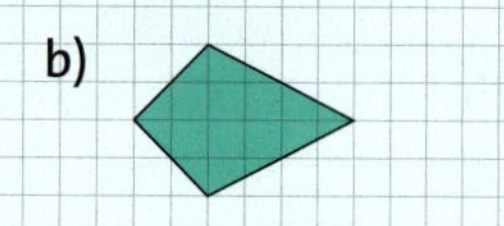

3 Behauptungen prüfen

Welche Behauptung ist richtig, welche Behauptung ist falsch?
Überprüfe mithilfe einer Zeichnung.

a) In einem gleichseitigen Dreieck gibt es vier Spiegelachsen.
b) Bei einem unregelmäßigen Dreieck können zwei Seiten gleich lang sein.
c) Gleichseitige Dreiecke besitzen alle denselben Flächeninhalt.

4 Dreiecke konstruieren

Konstruiere das Dreieck ABC.

a) $a = 2{,}6\,\text{cm};\ c = 3{,}9\,\text{cm};\ \beta = 43°$
b) $a = b = 4\,\text{cm};\ \gamma = 60°$
c) $b = c = 5{,}5\,\text{cm};\ \beta = 75°$

5 Kurz und knapp

Ergänze die Sätze.

a) Die Verbindung gegenüberliegender Eckpunkte im Rechteck nennt man … .
b) Jedes Quadrat ist auch ein … .
c) Jedes Rechteck ist auch ein … .
d) In einem Parallelogramm sind gegenüberliegende Winkel … .

Lösungen ab Seite 201

Winkel an Geradenkreuzungen

Entdecken

1 Ein Stadtplan liefert einen Überblick über das Straßennetz. Man kann dort gut erkennen, dass sich die Straßen in unterschiedlichen Winkeln kreuzen.

a) Wie viele unterschiedliche Winkel findest du an der Kreuzung Fröbelstraße und Pestalozzistraße? Wie ist es an der Kreuzung Otto-Wels-Straße und Ungerstraße?

b) Miss mit deinem Geodreieck die Winkelgrößen an den beiden Kreuzungen aus a). Musst du jede Winkelgröße messen?

c) Miss an einer anderen Kreuzung *eine* Winkelgröße. Bestimme dort so viele weitere Winkelgrößen wie möglich ohne zu messen.

d) Bestimme ohne weiteres Messen die Winkelgrößen an benachbarten Kreuzungen. An welchen Stellen gelingt das?

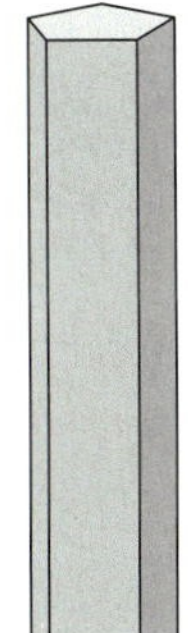

2 Bei der Säule kann man außen das Geodreieck nicht so anlegen, dass man den Innenwinkel β messen kann. Celine und Marcel konnten mithilfe von Holzleisten die Winkelgröße trotzdem messen.

a) Erklärt, wie sie vorgegangen sind.

b) Probiert beide Methoden an einem Gegenstand aus.

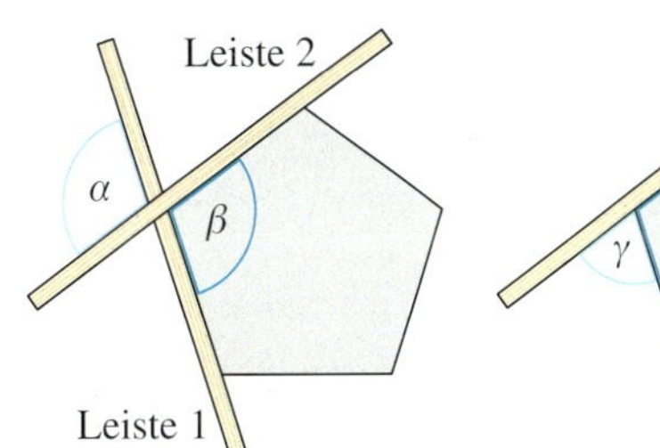

So misst Celine den gesuchten Winkel.

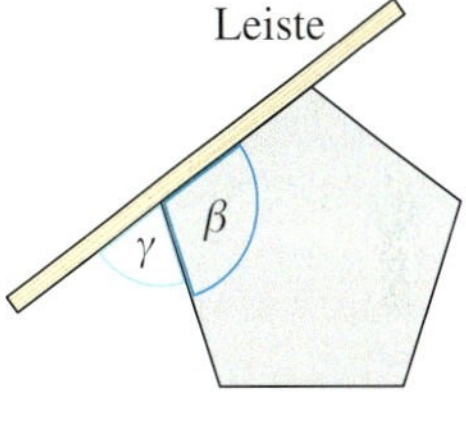

Marcel benötigt nur **eine** Holzleiste.

3 Die Größe der Böschungswinkel α und β kann man mit einem Trick herausfinden.

a) Lukas hält sein Geodreieck ins Wasser und misst eine Winkelgröße von ca. 36°. Warum entspricht der gemessene Winkel dem Böschungswinkel α? Diskutiert darüber.

b) Wie groß ist der Böschungswinkel β?

HINWEIS
Das Geodreieck muss außerhalb des Erdbodenbereichs bleiben.

Verstehen

Überall in der Natur und in der Technik finden wir Winkel.
Manche Winkel kann man nicht direkt messen, weil sie nicht erreichbar sind.
Oft kann man ihre Größe bestimmen, indem man andere Winkel zu Hilfe nimmt.

Araukarie

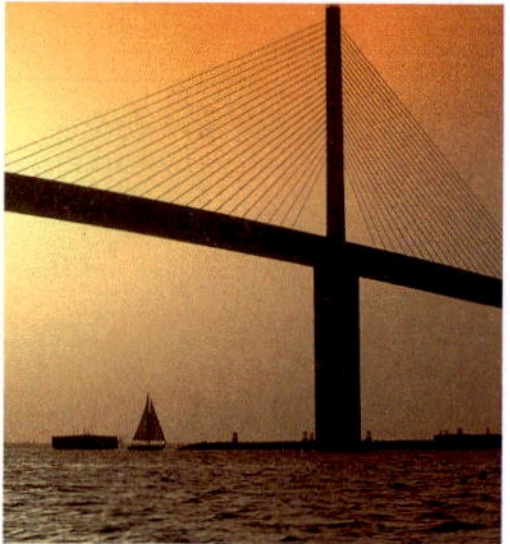

Sunshine Bridge, Florida

An einer Kreuzung zweier Geraden entstehen immer vier Winkel.

Beispiel 1

$\alpha = \gamma$,
$\beta = \delta$

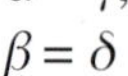

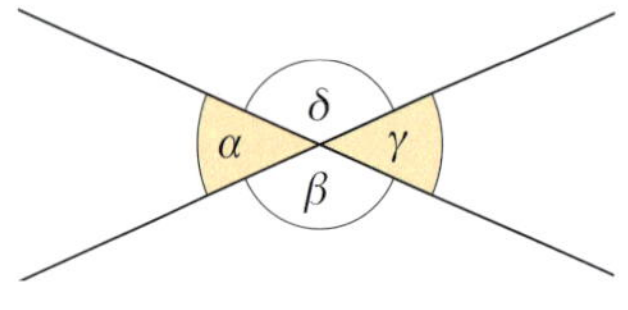

Merke Winkel, die sich an einer Geradenkreuzung **gegenüberliegen**, sind **gleich groß**.

Die gegenüberliegenden Winkel nennt man **Scheitelwinkel**.

Beispiel 2

$\alpha + \beta = 180°$,
$\beta + \gamma = 180°$,
$\gamma + \delta = 180°$,
$\delta + \alpha = 180°$

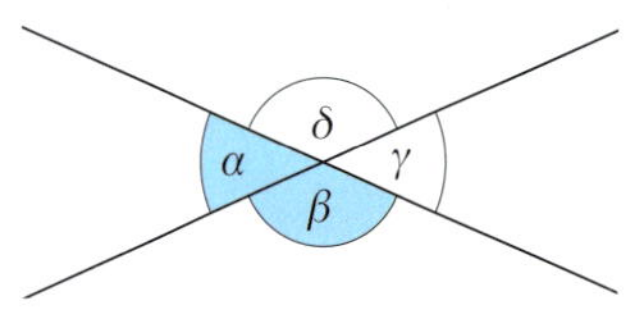

Merke Winkel, die an einer Geradenkreuzung **nebeneinanderliegen**, ergeben zusammen einen **180°-Winkel**.

Die nebeneinanderliegenden Winkel nennt man **Nebenwinkel**.

Wenn zwei parallele Geraden von einer dritten Gerade geschnitten werden, so entstehen zwei gleiche Geradenkreuzungen. Insgesamt findet man an diesen Kreuzungen acht Winkel.

Beispiel 3

$\alpha = \beta$

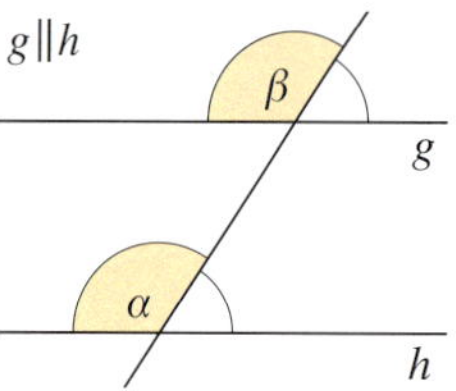

Merke An benachbarten Geradenkreuzungen aus zwei Parallelen sind die Winkelverhältnisse identisch.

Dabei sind einander entsprechende Winkel **gleich groß**.

Diese Winkel nennt man **Stufenwinkel**.

Beispiel 4

$\alpha = \delta$

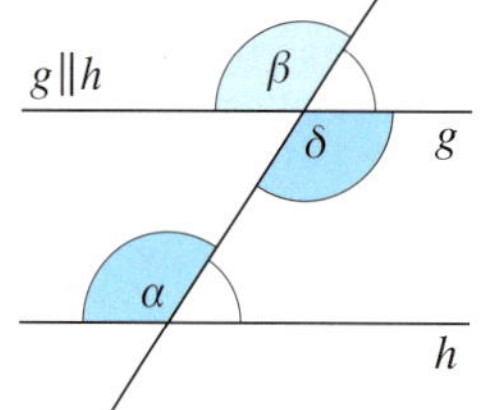

So argumentiert man mathematisch:
„α und β sind Stufenwinkel. Also sind α und β gleich groß. β und δ sind Scheitelwinkel. Also sind β und δ gleich groß.
Dann müssen auch α und δ gleich groß sein."

Merke Aus der Kombination der Winkelbeziehungen Stufenwinkel und Scheitelwinkel ergibt sich ein neues Paar **gleich großer** Winkel.

Diese Winkel nennt man **Wechselwinkel**.

Üben und anwenden

1 Dieses Andreaskreuz findet man an Bahnübergängen in Deutschland.

a) Der obere Winkel misst 60°. Bestimme die anderen Winkelgrößen.

b) Warum funktioniert das mit nur einer bekannten Größe?

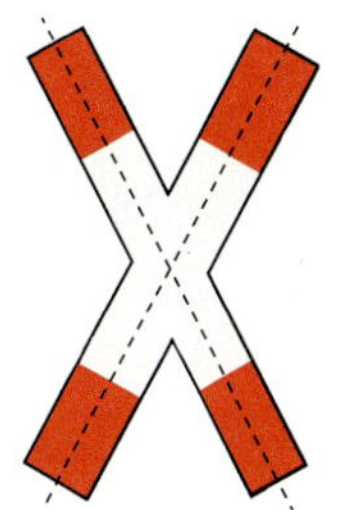

2 Gib die Größe der markierten Winkel an.

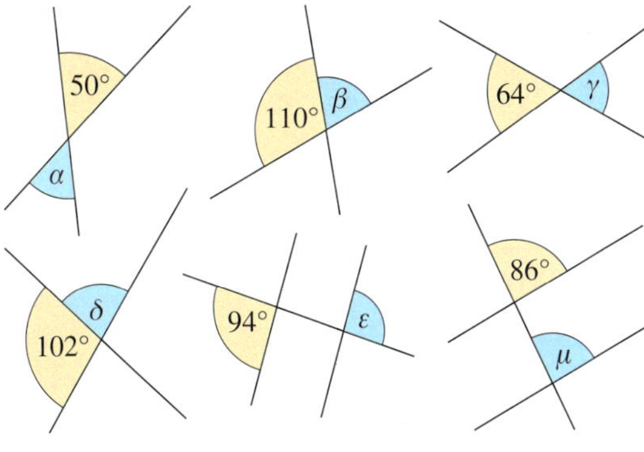

3 Übertrage das Fachwerkmuster möglichst genau in dein Heft. Finde je ein Paar von Scheitelwinkeln, Nebenwinkeln, Stufenwinkeln und von Wechselwinkeln.

4 Zeichne mit vier Geraden ein Trapez wie rechts gezeigt. Bestimme mit dem Geodreieck die Größe aller Innenwinkel.
Achtung:
Kein Teil deines Geodreiecks darf dabei in den farbigen Bereich hineinragen.

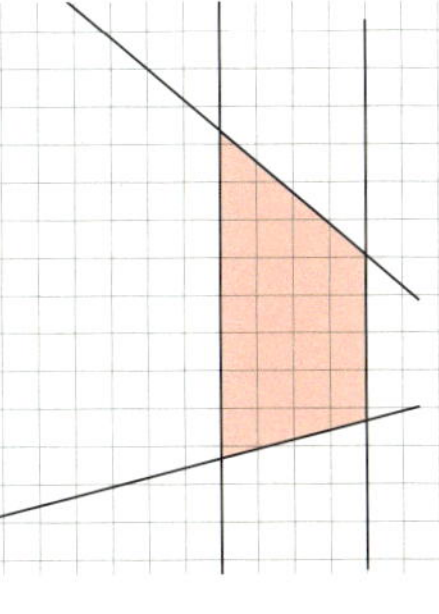

1 Skizziere das Andreaskreuz aus Österreich in deinem Heft. Zeichne je ein Paar von Scheitel-, Neben-, Stufen- und Wechselwinkeln ein.

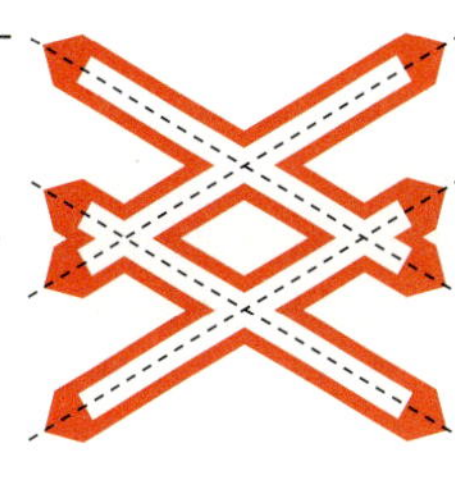

2 Gib die Größe der markierten Winkel an.

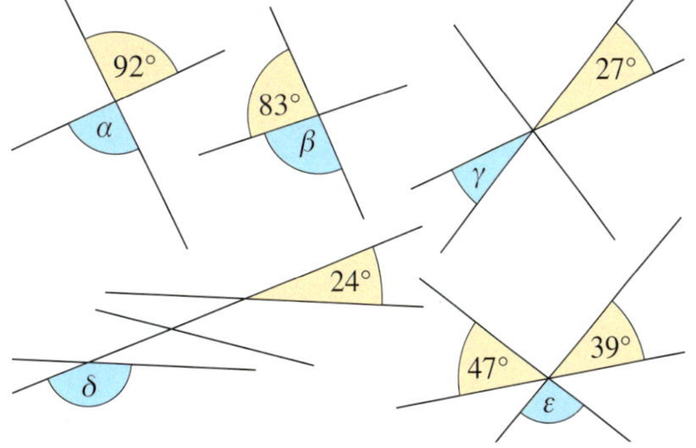

3 Übertrage das Fachwerkmuster möglichst genau in dein Heft. Welche Winkelgrößen kannst du ohne zu messen *nicht* bestimmen?

4 Zeichne mit vier Geraden ein Trapez wie rechts gezeigt. Bestimme mit dem Geodreieck die Größe aller Innenwinkel.
Achtung:
Kein Teil deines Geodreiecks darf dabei in den farbigen Bereich hineinragen.

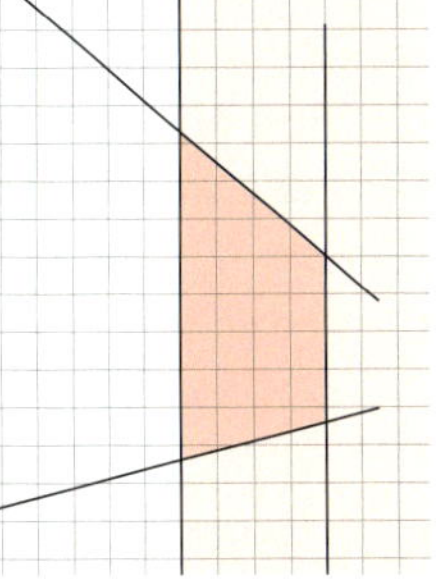

5 Vervollständige die Aussagen zum abgebildeten Treppengeländer in deinem Heft.

a) α_1 ist Nebenwinkel von ▢ und Scheitelwinkel zu ▢.

b) β_1 und ▢ sind Stufenwinkel.

c) γ_2 und ▢ sind Wechselwinkel.

d) α_2 und ▢ sind Stufenwinkel.

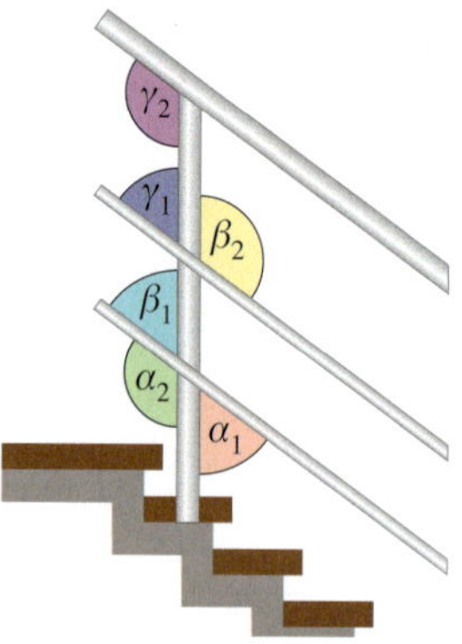

5 Vervollständige die Aussagen zum abgebildeten Treppengeländer in deinem Heft.

a) β_2 ist Nebenwinkel von ▢ und Wechselwinkel von ▢.

b) β_1 und γ_1 sind ein Paar ▢.

c) β_1 und α_1 sind gleich groß, weil ▢.

d) γ_2 und ▢ ergeben zusammen 180°.

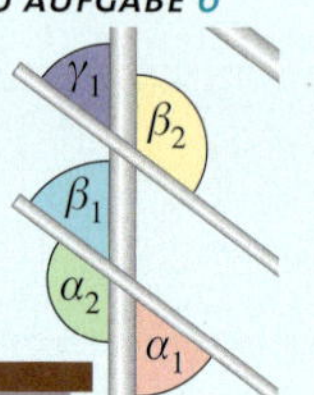

6 Vervollständige die Tabelle im Heft.

	a)	b)	c)
α_1	20°		
α_2			135°
β_1	20°	36°	
β_2			
γ_1			

6 Berechne die Winkelgrößen.

a) gegeben: $\alpha_1 = 145°$
gesucht: $\alpha_2, \beta_1, \beta_2, \gamma_1, \gamma_2$

b) gegeben: $\gamma_1 = 17°$
gesucht: $\alpha_1, \alpha_2, \beta_1, \beta_2, \gamma_2$

c) gegeben: $\gamma_2 = 129°$
gesucht: $\alpha_1, \alpha_2, \beta_1, \beta_2, \gamma_1$

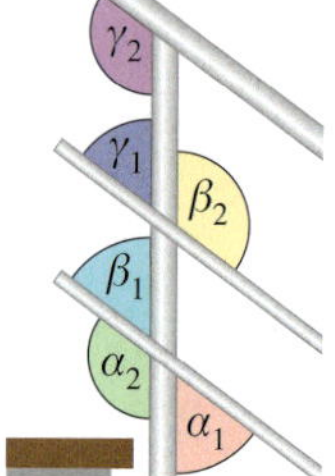

7 Prüfe, ob die folgenden Aussagen richtig oder falsch sind.
Zeichne, falls möglich, ein Beispiel zur Begründung deiner Antwort.

a) Der Nebenwinkel eines rechten Winkels ist ebenfalls ein rechter Winkel.

b) Ein stumpfer Winkel hat immer einen stumpfen Nebenwinkel.

c) Ein spitzer Winkel hat immer einen spitzen Scheitelwinkel.

d) Addiert man zur Größe eines beliebigen Winkels die Größe seines Nebenwinkels und seines Scheitelwinkels, so ist das Ergebnis immer größer als 180°.

7 Prüfe, ob die folgenden Aussagen richtig oder falsch sind.
Zeichne, falls möglich, ein Beispiel zur Begründung deiner Antwort.

a) Der Wechselwinkel eines rechten Winkels ist immer ein rechter Winkel.

b) Ein stumpfer Winkel hat immer einen spitzen Stufenwinkel.

c) Ein überstumpfer Winkel kann keinen Nebenwinkel haben.

d) Addiert man zur Größe eines Winkels α zweimal die Größe seines Nebenwinkels β, so gilt:
$\alpha + 2\beta = 360° - \alpha$

8 Die Fliesen für das Bad müssen schräg abgeschnitten werden.

a) Miss die Größe des roten und des grünen Winkels. Was fällt dir auf?

b) Beschreibe, an welchen Stellen der grüne Winkel noch zu finden ist.

c) Begründe:
$\alpha + \beta = 180°$

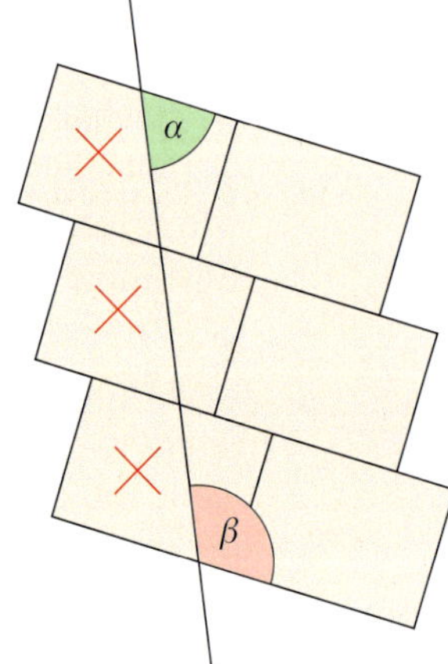

8 Die Fliesen für die Küche müssen schräg abgeschnitten werden. Der rot markierte Winkel misst 123°. Die Größe des grün markierten Winkels muss an der Schneidemaschine eingestellt werden.

a) Auf welche Gradzahl muss man die Maschine einstellen?

b) Begründe, wie man die Größe des grünen Winkels bestimmen kann.

Vierecke beschreiben und zeichnen

Entdecken

1 Legt zu zweit Vierecke.

Partner 1: Zeichne zwei kongruente *gleichschenklige* Dreiecke auf Karton und schneide sie sorgfältig aus.

Partner 2: Zeichne zwei kongruente *rechtwinklige* Dreiecke auf Karton und schneide sie sorgfältig aus.

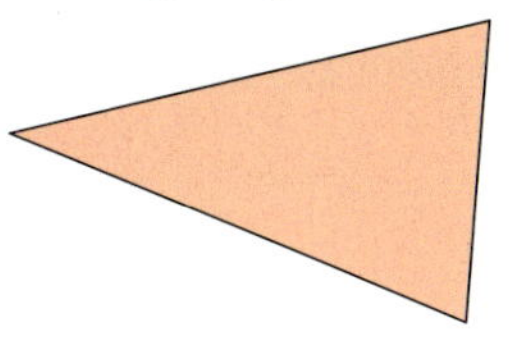

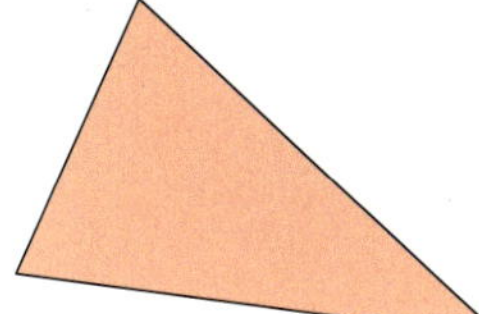

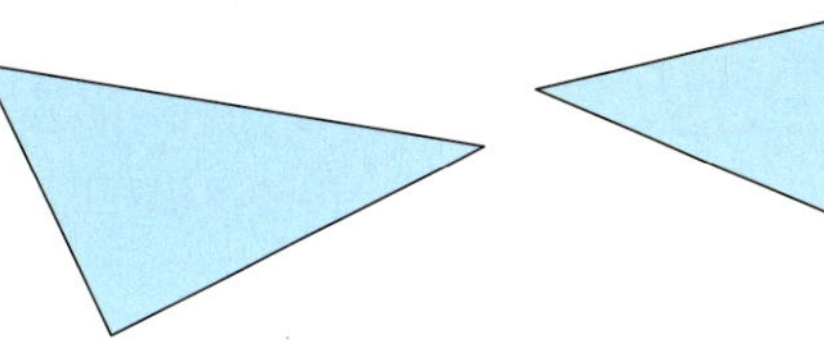

a) Bilde aus deinen zwei Dreiecken so viele unterschiedliche Vierecke wie möglich. Die Seiten müssen aneinander passen. Zeichne die Vierecke in dein Heft.

b) Vergleicht eure verschiedenen Vierecke. Beschreibt, welche eurer Vierecke gemeinsame Eigenschaften haben.

2 Das links gezeigte Fliesenornament hat die Form einer Windrose.

a) Aus wie vielen unterschiedlichen Fliesen besteht das Ornament?

b) Welche der Vierecke aus dem Ornament haben besondere Eigenschaften? Erkläre.

c) Gibt es Fliesen im Ornament, die keine Vierecke sind?

d) Entwirf ein eigenes Fliesenornament.

3 Aus zwei sich kreuzenden Spaghetti entsteht ein Viereck, wenn man die Endpunkte miteinander verbindet. Zeichne auf diese Weise Vierecke mit einer Spaghettinudel, die du in zwei Teile zerbrichst. Probiere auch Sonderfälle aus (z. B. beide Spaghetti sind gleich lang, die Spaghetti kreuzen sich im rechten Winkel).
Untersuche und notiere, wie sich das Viereck verändert, wenn du…

a) den Winkel veränderst, in dem sich die Spaghetti kreuzen.

b) die Lage einer Spaghetti veränderst.

c) die Länge einer Spaghetti veränderst.

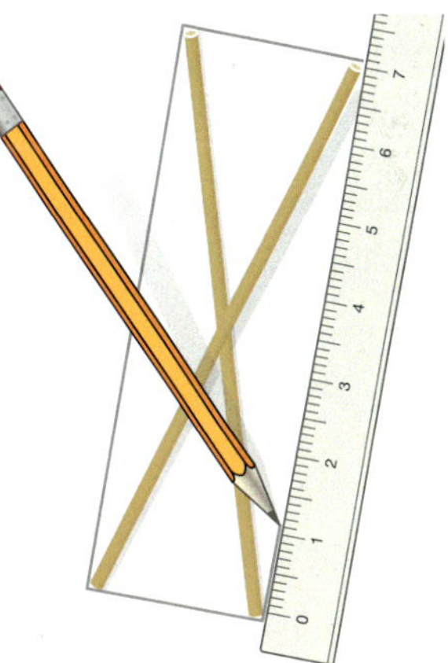

4 Ein Geobrett mit neun Punkten kannst du leicht herstellen. Du benötigst ein Holzbrett und neun Reißzwecken. Beschrifte die Punkte mit Buchstaben.
Mit einem Gummiring stellst du auf dem Brett Figuren dar.

a) Finde so viele verschiedene Vierecke wie möglich.

b) Fertige eine Tabelle an. Beschreibe darin besondere Eigenschaften deiner Vierecke.

Viereck	Besondere Eigenschaften
ACHD	Rechter Winkel bei *A*
…	…

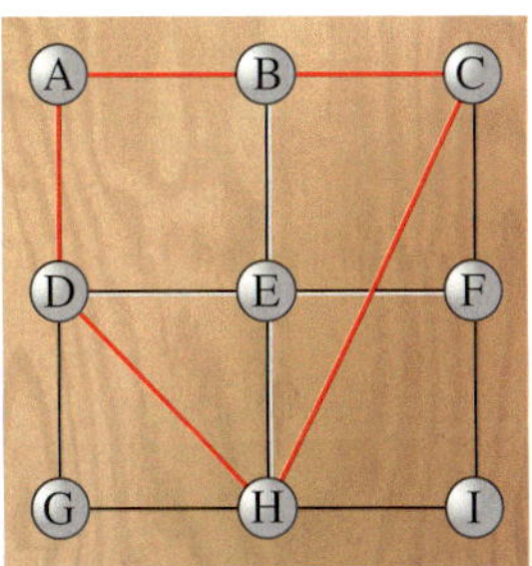

Verstehen

Jana und Chris haben mit Spaghettinudeln verschiedene Vierecke gelegt.

Manche dieser Vierecke haben besondere Eigenschaften.

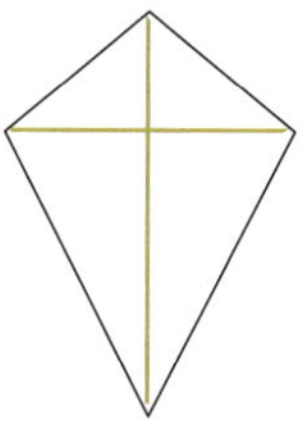

Beispiel 1

Einen Flugdrachen kann man selbst bauen, indem man zwei Leisten senkrecht aufeinander befestigt.
Solch ein Viereck nennt man Drachenviereck.

Merke Ein **Drachenviereck** (kurz: **Drachen**) hat folgende Eigenschaften:
- je zwei Seiten sind gleich lang
- die beiden Diagonalen stehen senkrecht aufeinander
- eine Diagonale ist Symmetrieachse

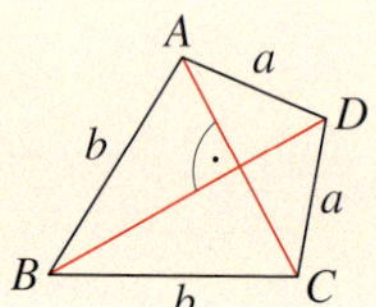

Beispiel 2

Ein Staudamm hat in seinem Querschnitt eine besondere Form.
Solch ein Viereck nennt man Trapez.

Merke Ein **Trapez** hat folgende Eigenschaften:
- ein Paar gegenüberliegender Seiten ist parallel zueinander $(a \parallel c)$

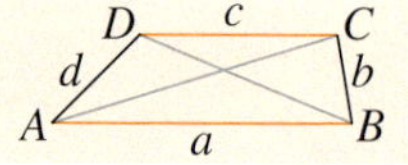

Alle Viereckstypen kann man übersichtlich im „Haus der Vierecke“ anordnen. Dort werden die Beziehungen der Vierecke untereinander, aber auch deren Symmetrieeigenschaften (Achsen- und Punktsymmetrie) dargestellt.
Je höher man im Haus der Vierecke kommt, desto weniger Bestimmungssücke sind für eine eindeutige Konstruktion erforderlich.

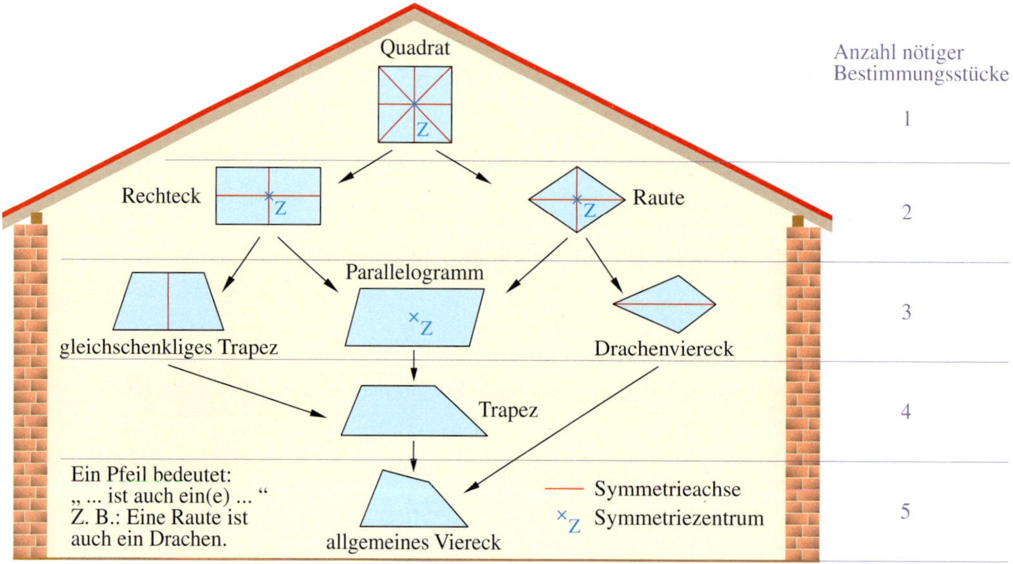

Üben und anwenden

1 Welche Vierecksarten kannst du in dem Haus erkennen?

2 Beschreibe, wo an den abgebildeten Gegenständen Parallelogramme oder Trapeze vorkommen.

a)

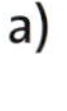

b)

1 Welche Vierecksarten kannst du in dem Zaun erkennen?

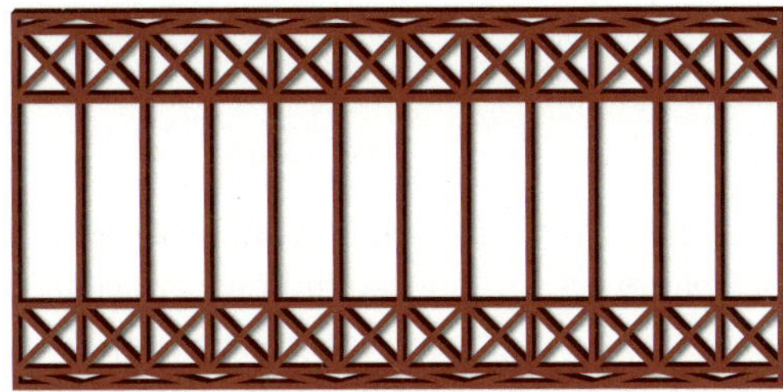

2 Welche Vierecke könnten sich hier versteckt haben?

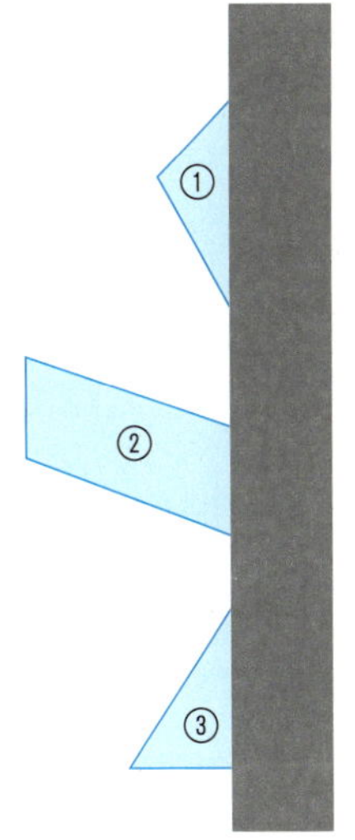

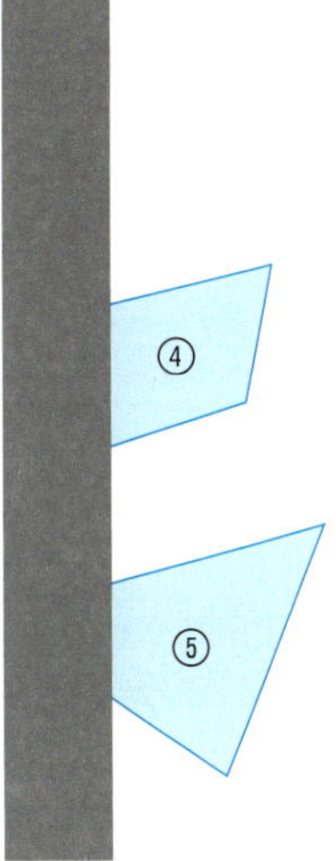

3 Suche in deiner Umgebung nach Vierecken:
Wo findest du Quadrate, Rechtecke, Rauten, Parallelogramme, Drachen oder Trapeze?

4 Beschreibe, woran du dieses Viereck sicher erkennst.

a) Quadrat
b) Rechteck
c) Raute

5 Zeichne zu jeder Vierecksart zwei Beispiele ins Heft. Beschreibe, wodurch sich die beiden Beispiele unterscheiden.

a) Quadrat
b) Rechteck
c) Raute

4 Beschreibe, was du unter folgenden Vierecksarten verstehst.

a) Parallelogramm
b) Trapez
c) Drachenviereck

5 Zeichne zu jeder Vierecksart zwei Beispiele ins Heft. Beschreibe, wodurch sich die beiden Beispiele unterscheiden.

a) Parallelogramm
b) Trapez
c) Drachenviereck

ZUM WEITERARBEITEN
Ist das ein Drachenviereck? Begründe.

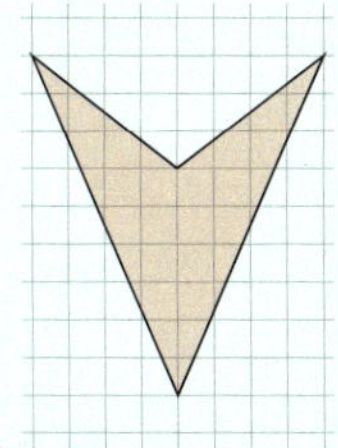

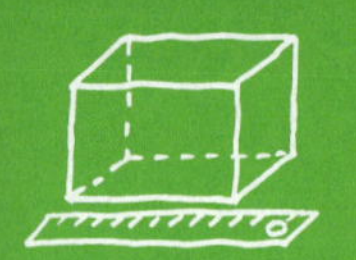

Methode: Vierecke konstruieren

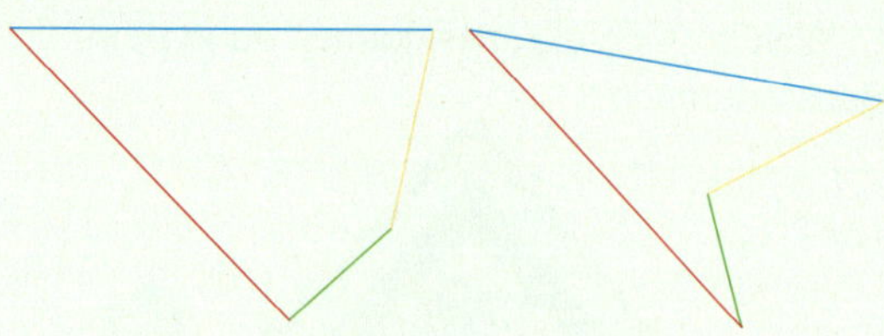

Es gibt mehrere Möglichkeiten, aus vier unterschiedlich langen Strecken ein Viereck zu konstruieren. Deshalb benötigt man zum eindeutigen Zeichnen eines Vierecks mindestens fünf Angaben.

Bei speziellen Vierecken sind aber weniger Angaben erforderlich, weil sich zusätzliche Informationen aus den speziellen Eigenschaften dieser Vierecke ergeben. Beim *Parallelogramm* reicht es beispielsweise aus, zwei Seitenlängen und eine Winkelgröße zu kennen. Die Eigenschaften, dass gegenüberliegende Seiten gleich lang, parallel zueinander und gegenüberliegende Winkel gleich groß sind, ergeben sich. Du kannst das Parallelogramm dann mit dem Geodreieck oder mit Zirkel und Lineal konstruieren.

Beispiel 1 Von einen Parallelogramm ist gegeben: $\overline{AB} = 6\,\text{cm}$, $\overline{BC} = 3{,}9\,\text{cm}$, $\alpha = 60°$

SKIZZE

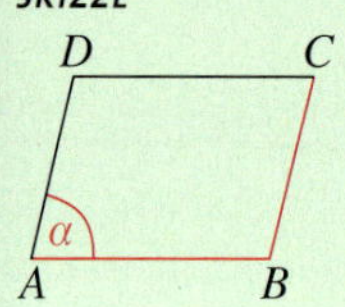

1. Konstruktion mit dem Geodreieck

① 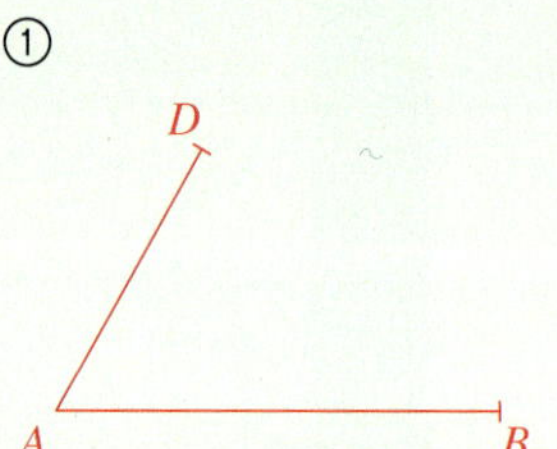

Zeichne die Strecke $\overline{AB} = 6\,\text{cm}$ und trage in A im Winkel von 60° die Strecke $\overline{AD} = 3{,}9\,\text{cm}$ ab.

② 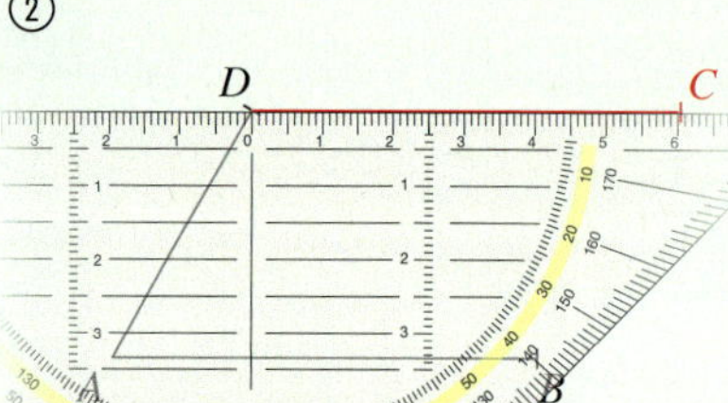

Zeichne parallel zur Strecke $\overline{AB}$ die Strecke $\overline{CD} = 6\,\text{cm}$.

③ 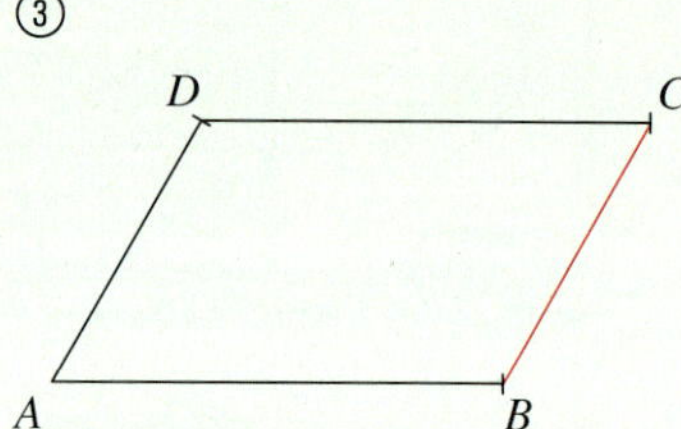

Verbinde die Punkte B und C zu einem Parallelogramm.

2. Konstruktion mit Zirkel und Lineal

① 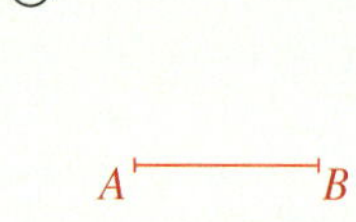

Zeichne die Strecke $\overline{AB} = 6\,\text{cm}$.

② 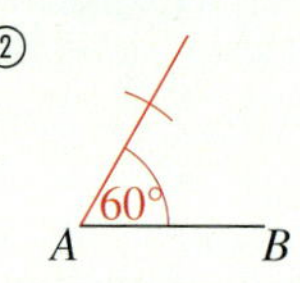

Zeichne an $\overline{AB}$ in A den Winkel $\alpha = 60°$. Markiere auf dem freien Schenkel, 3,9 cm von A entfernt, den Punkt D.

③ 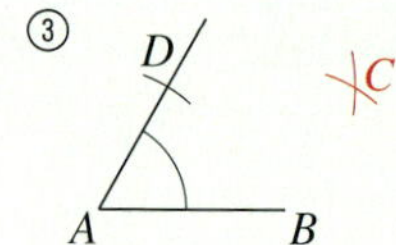

Zeichne um D den Kreis mit dem Radius $r = 6$ cm. Zeichne um B den Kreis mit dem Radius $r = 3{,}9$ cm. Im Schnittpunkt der beiden Kreise liegt der Punkt C.

④ 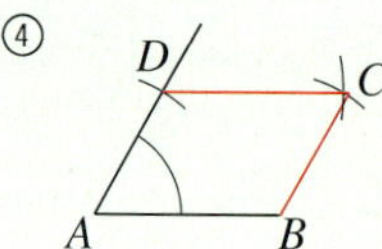

Verbinde die Punkte BCD zu einem Parallelogramm.

1 Konstruiere das Parallelogramm $ABCD$.

a) b) c)

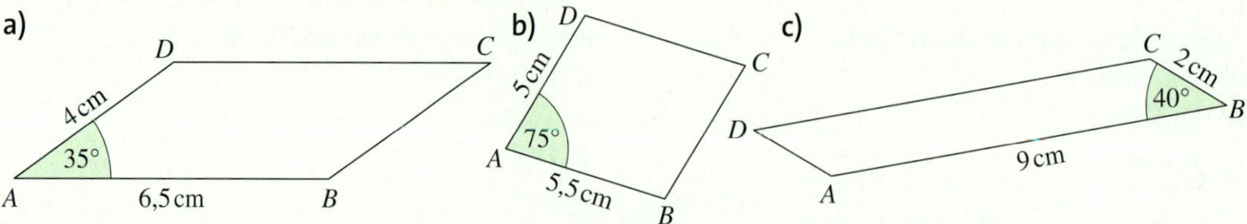

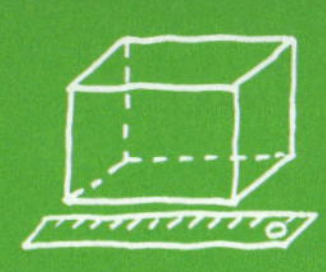

2 Konstruiere ein Parallelogramm $ABCD$ mit den folgenden Maßen:
a) $a = 7\,\text{cm}$; $b = 5\,\text{cm}$; $\alpha = 60°$ b) $b = 3{,}5\,\text{cm}$; $c = 6\,\text{cm}$; $\beta = 110°$

Um ein *Drachenviereck* konstruieren zu können, benötigt man drei Angaben, nämlich zwei Seitenlängen und einen Winkel. Da zwei benachbarte Seiten gleich lang und ein Paar gegenüberliegender Winkel gleich groß sind, kann man das Drachenviereck dann eindeutig zeichnen.

Beispiel 2 Von einem Drachenviereck ist gegeben: $\overline{AB} = 5\,\text{cm}$, $\overline{BC} = 6\,\text{cm}$, $\alpha = 60°$

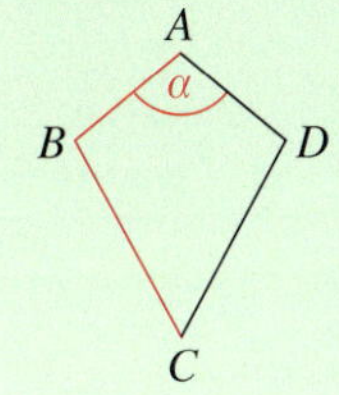

① 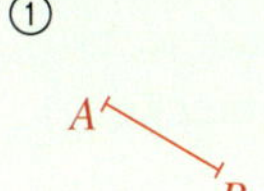
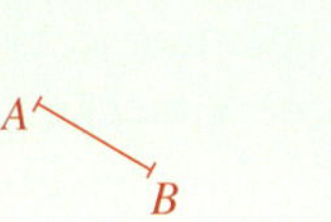

Zeichne die Strecke $\overline{AB} = 5\,\text{cm}$.

② 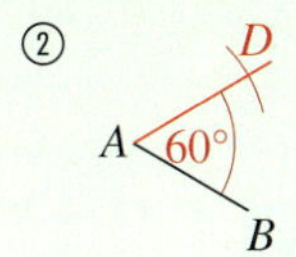

Zeichne an $\overline{AB}$ in A den Winkel $\alpha = 60°$. Markiere auf dem freien Schenkel, 5 cm von A entfernt, den Punkt D.

③ 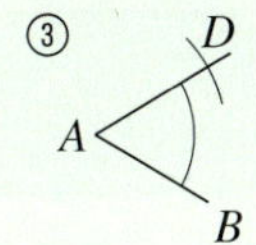

Zeichne um B und D je einen Kreis mit dem Radius $r = 6\,\text{cm}$. Im Schnittpunkt der beiden Kreise liegt der Punkt C.

④ Verbinde die Punkte BCD zu einem Drachenviereck.

3 Konstruiere das Drachenviereck $ABCD$.

a) 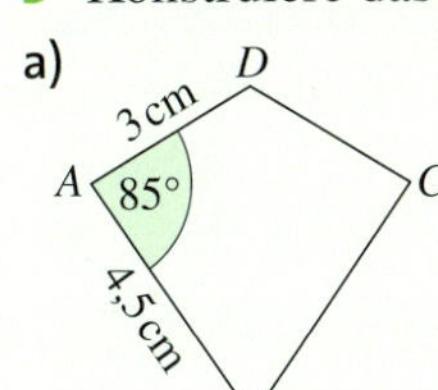

b) 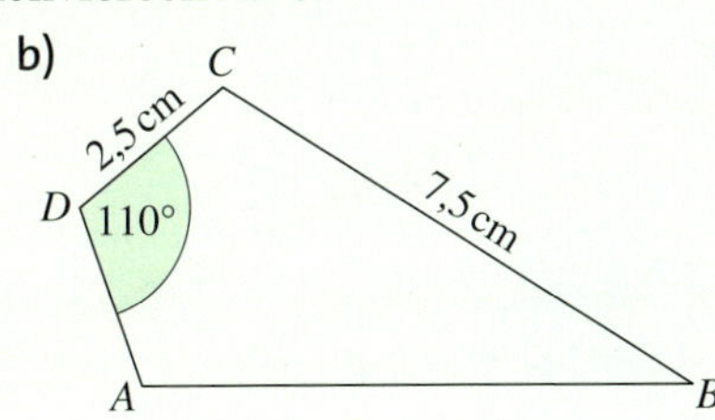

c) 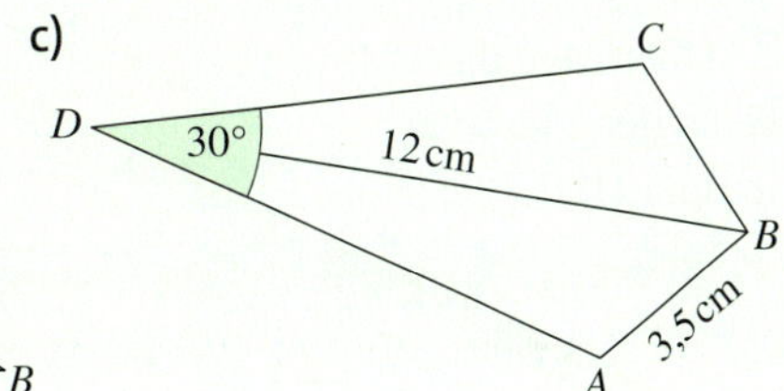

Für die Konstruktion eines *Trapezes* benötigt man vier Angaben. Weil zwei Seiten des Trapezes parallel sind, kann man das Trapez damit eindeutig zeichnen. Du kannst zum Beispiel folgendermaßen vorgehen:

Beispiel 3 Von einem Trapez ist gegeben: $\overline{AB} = 2{,}8\,\text{cm}$, $\overline{BC} = 1{,}5\,\text{cm}$, $\alpha = 70°$, $\beta = 55°$, $\overline{AB} \parallel \overline{CD}$

SKIZZE

① 

② 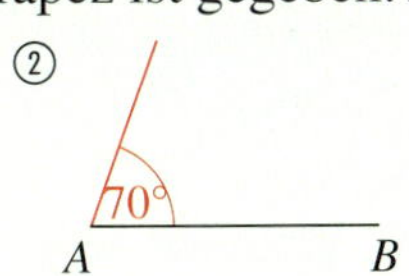

③ 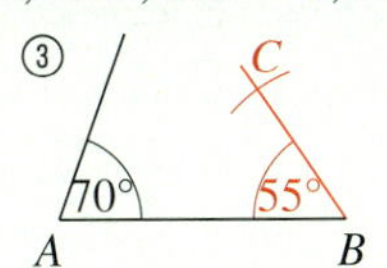

④ 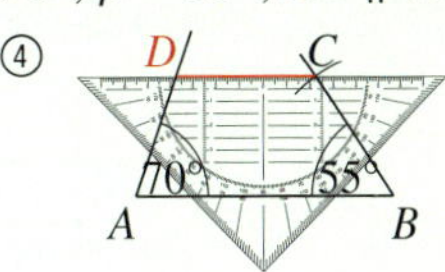
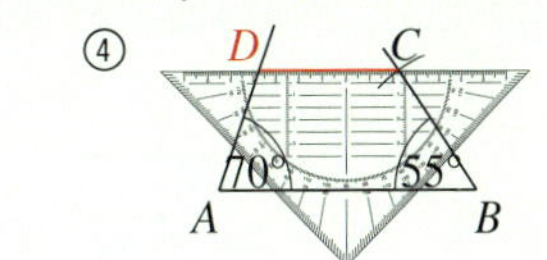

4 Ergänze zu der dargestellten Konstruktion eines Trapezes eine Konstruktionsbeschreibung.

5 Konstruiere das Trapez $ABCD$.
Lassen sich alle Trapeze eindeutig zeichnen? Begründe.

a) $a = 6\,\text{cm}$; $b = 5{,}5\,\text{cm}$; $d = 6{,}5\,\text{cm}$; $\alpha = 125°$
b) $c = 10\,\text{cm}$; $d = 5\,\text{cm}$; $\gamma = 35°$; $\delta = 40°$
c) $a = b = d = 6\,\text{cm}$; $\alpha = 135°$
d) $a = 5{,}5\,\text{cm}$; $h = 4{,}5\,\text{cm}$; $b = 5\,\text{cm}$; $d = 6\,\text{cm}$

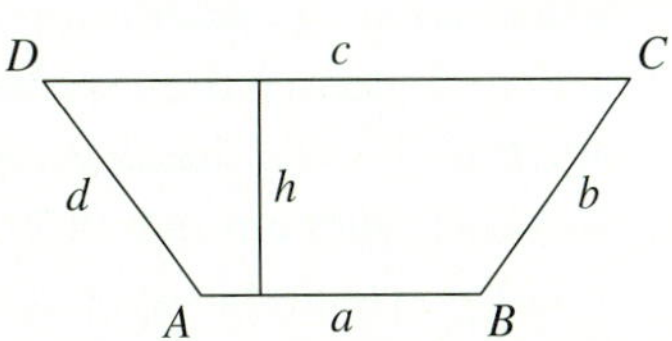

6 Gibt es Vierecke, bei denen *eine* Angabe reicht, um sie eindeutig zeichnen zu können?

6 Zu welchen Vierecken passen die Eigenschaften?
Übertrage die Tabelle in dein Heft und vervollständige sie.

Eigenschaft	Viereck
zwei Paare parallele Seiten	A, B, D, E
vier rechte Winkel	
alle Seiten gleich lang	
zwei verschiedene Seitenlängen	
zwei Seiten gleich lang	
vier Symmetrieachsen	
parallele, gleich lange Gegenseiten	
kein rechter Winkel	

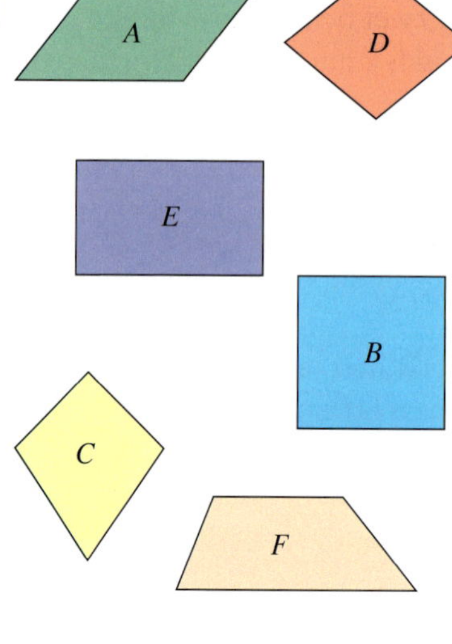

6 Bianca, Marcel, Chris und Michelle unterhalten sich über die abgebildeten Vierecke. Wer hat mit seiner Aussage recht? Begründe.

a) Bianca:
„Da sind fünf Trapeze, drei Drachen und vier Parallelogramme."

b) Marcel:
„Ich sehe aber nur sechs verschiedene Vierecke."

c) Chris:
„Ich sehe zwei Rechtecke, zwei Parallelogramme und zwei andere Vierecke."

d) Michelle:
„Für mich sind da vier Drachen, vier Parallelogramme und vier Trapeze."

7 Übertrage das Haus der Vierecke in dein Heft.

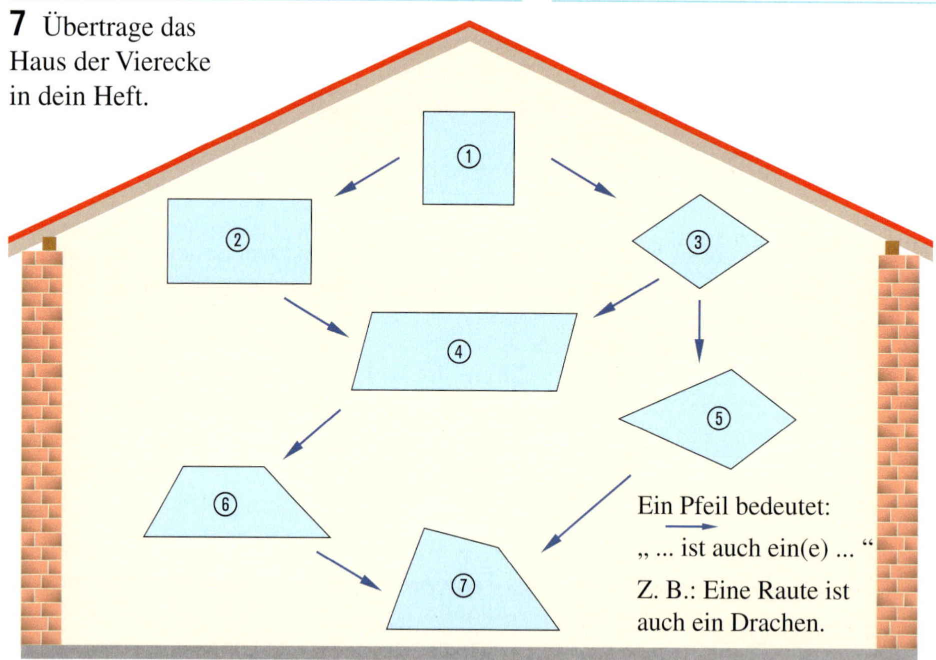

a) Welche Eigenschaften werden von einem Viereck auf ein Viereck darunter übertragen?
Beispiel Das Rechteck erhält zwei parallele Gegenseiten vom Quadrat.

b) Wie kann man aus einem Viereck ein anderes erzeugen?
Beispiel Wenn man ein Quadrat an einer Seite auseinanderzieht, entsteht ein Rechteck.

c) Erstellt Quizfragen zu euren Lösungen aus a) oder b) und befragt euch gegenseitig. Wer kennt die meisten richtigen Antworten?
Beispiel Welches Viereck erhält vier rechte Winkel vom Quadrat?

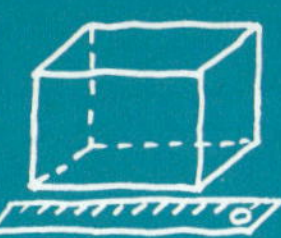

Winkelsumme in Dreiecken und Vierecken

Entdecken

1 Zeichne ein beliebiges Viereck auf ein Blatt Papier und schneide es aus.
Beschrifte die vier Innenwinkel. Reiße nun die vier Ecken ab und lege die Ecken an den Scheitelpunkten zusammen.
Was stellst du fest?

① 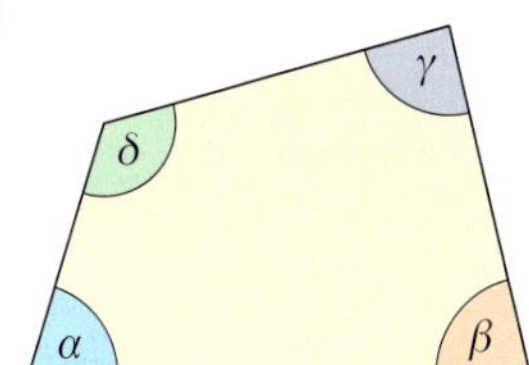

② 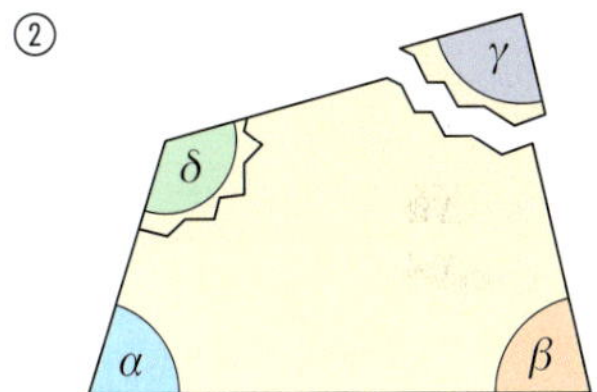

③ 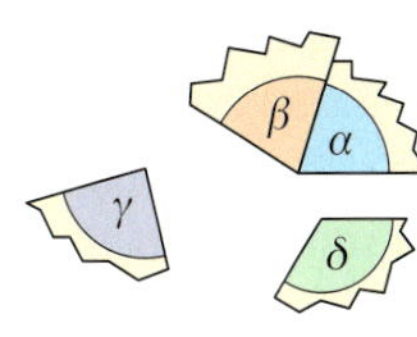

2 Zeichnet je ein Dreieck und schneidet es aus.
Färbt die Winkel. Dann reißt alle Ecken ab. Legt die Ecken beider Dreiecke an den Scheitelpunkten zusammen.

a) Was stellt ihr fest?
b) Was stellt ihr fest, wenn ihr die Ecken von nur *einem* Dreieck an den Scheitelpunkten zusammenlegt?

3 Jedes Gruppenmitglied zeichnet ein beliebiges Dreieck. Ihr könnt die Dreiecke auf ein Blatt Papier zeichnen oder eine dynamische Geometrie-Software verwenden.

a) Messt die Größe der drei Innenwinkel mit dem Geodreieck bzw. lasst euch die Winkelgrößen vom Computer anzeigen.
b) Tragt die Winkelgrößen in eine Tabelle ein.

Name	α	β	γ
Marcel			
…			

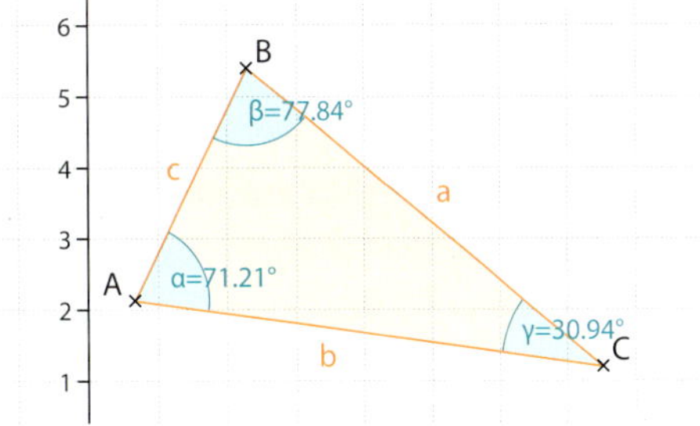

c) Was fällt euch auf? Ergänzt eure Ergebnisse in der Tabelle.
d) Vergleicht mit der ganzen Klasse eure Ergebnisse.

4 Pia überlegt:
„Bei einem DIN-A4-Blatt gibt es vier rechte Winkel. Die Summe der Innenwinkel beträgt also 360°.
Wenn ich ein Stück von dem Blatt schräg abschneide, verändern sich zwei Eckwinkel: Einer wird größer, der andere wird kleiner. …"

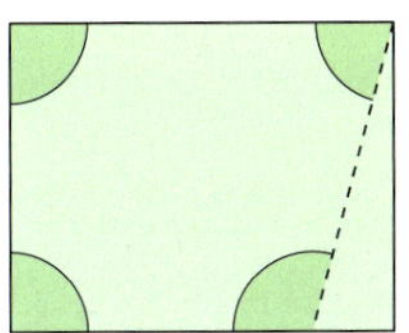

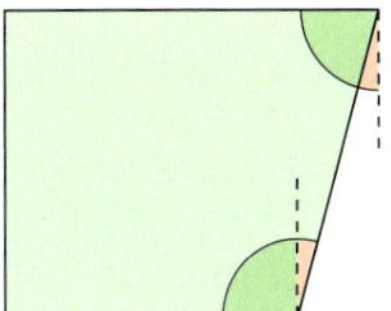

a) Wie groß ist die Winkelsumme in Pias neuem Viereck? Begründe deine Antwort.
b) Wie groß ist die Winkelsumme, wenn man noch einmal ein Dreieck abschneidet? Überprüfe deine Vermutung durch Messen.

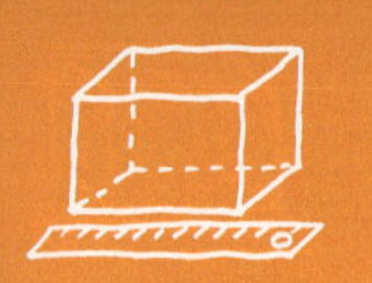

Verstehen

In einem Dreieck sind zwei Winkelgrößen gegeben. Finn fragt sich, ob man die dritte Winkelgröße berechne kann. Er überlegt sich dazu ein Experiment.

Finn fährt mit seinem Fahrrad um eine dreieckige Parkfläche herum.
An jedem Eckpunkt des Dreiecks dreht er den Lenker um einen Winkel. Dieser Winkel der Lenkbewegung zusammen mit dem anliegenden Innenwinkel des Dreiecks ergeben einen gestreckten Winkel (180°).
Am Ende der Fahrt hat sich Finn einmal komplett um seine eigene Achse gedreht (360°).

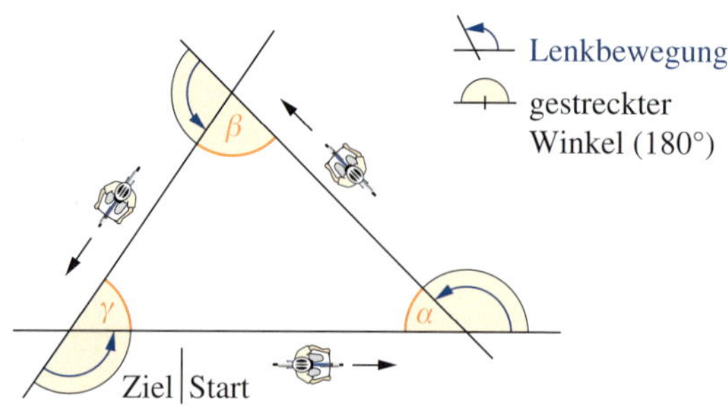

HINWEIS
Sieh dir auch den Beweis zur Innenwinkelsumme im Dreieck auf S. 23 an.

Für die Summe der Innenwinkel gilt also: $x = 3 \cdot 180° - 360° = 540° - 360° = 180°$

Merke In jedem **Dreieck** ABC beträgt die **Summe der Innenwinkel** 180°: $\alpha + \beta + \gamma = 180°$.

Sind in einem Dreieck zwei Winkelgrößen bekannt, dann kann die dritte Winkelgröße berechnet werden.

Beispiel 1

In einem rechtwinkligen Dreieck misst ein Winkel 75°.

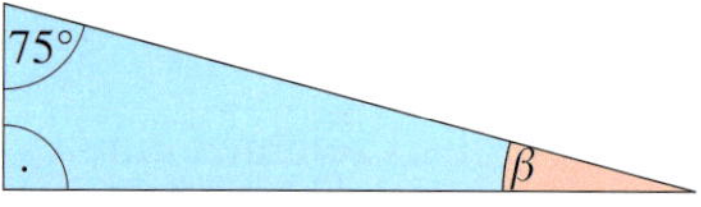

- Lege fest, welche Größen du kennst und welche du berechnen willst.
  gegeben: $\alpha = 90°$, $\gamma = 75°$
  gesucht: β
- Stelle eine Gleichung auf und setze die bekannten Größen ein.
  $\alpha + \beta + \gamma = 180°$, also $90° + \beta + 75° = 180°$
- Löse die Gleichung.
  $\beta = 15°$, denn $180° - 90° - 75° = 15°$
- Prüfe dein Ergebnis, indem du alle Größen in die Gleichung einsetzt und ausrechnest.
  Probe $90° + 15° + 75° = 180°$
- Formuliere eine Antwort.
  Antwort: Der Winkel β misst 15°.

Zur Bestimmung der Innenwinkelsumme in Vierecken wendet man einen Trick an: Mit einer Diagonale kann jedes Viereck in zwei Dreiecke geteilt werden.

Beispiel 2

Das Viereck $ABCD$ wurde durch die Diagonale $\overline{AC}$ in zwei Dreiecke zerlegt.
In jedem Dreieck beträgt die Summe der Innenwinkel 180°.

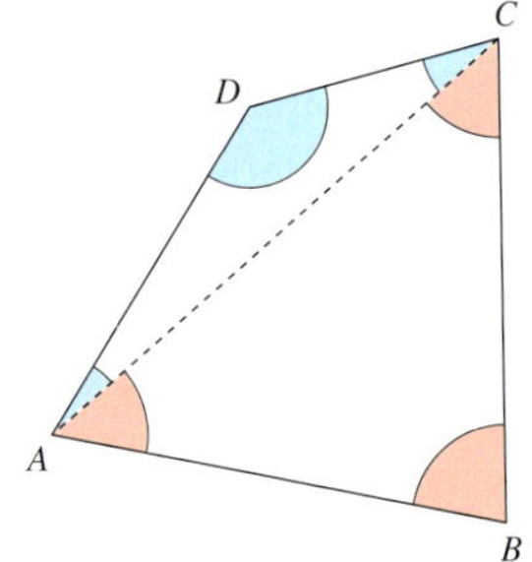

Die Summe der Innenwinkel des Vierecks ist genauso groß wie die Summe der Winkel beider Dreiecke zusammen.
Für die Summe der Innenwinkel des Vierecks gilt:
$180° + 180° = 360°$

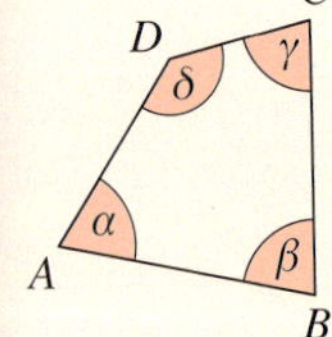

Merke In jedem **Viereck** $ABCD$ beträgt die **Summe der Innenwinkel** genau 360°:
$\alpha + \beta + \gamma + \delta = 360°$.

Üben und anwenden

1 Berechne zu den zwei gegebenen Winkeln eines Dreiecks die Größe des dritten Winkels.

Beispiel

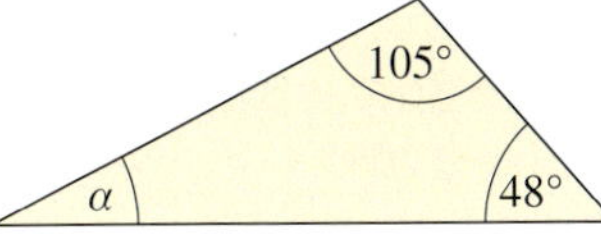

$\alpha = 180° - 48° - 105° = 27°$

a)

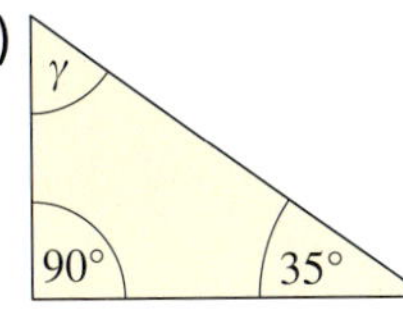

b) c)

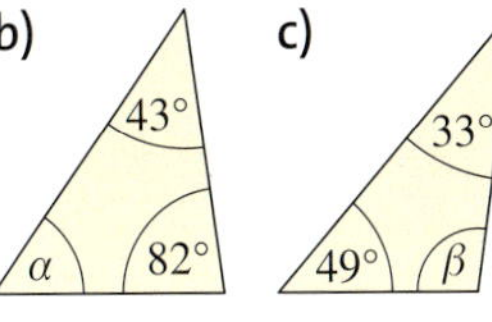

1 Berechne zu den zwei gegebenen Winkeln eines Dreiecks die Größe des dritten Winkels.

Beispiel $\alpha = 40°; \beta = 2\alpha$

$\gamma = 180° - \alpha - 2\alpha = 180° - 3\alpha$

$= 180° - 3 \cdot 40° = 60°$

a) $\alpha = 30°$

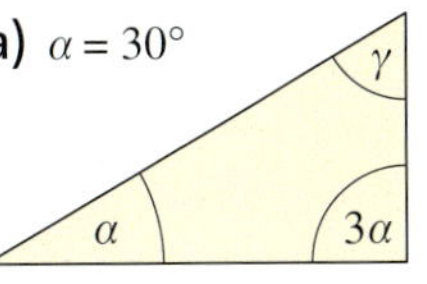

b) $\beta = 100°$

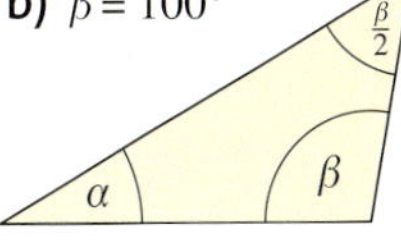

c) 90°, α, β; $\alpha = \beta$

2 Berechne die fehlenden Winkel im Dreieck *ABC*.

Winkel	a)	b)	c)	d)	e)	f)	g)	h)	i)
α	50°	45°		37°	43°	87°		73,5°	8,7°
β	70°		55°		75°		102°		28,9°
γ		90°	55°	73°		56°	27,5°	99,5°	

3 Markus hat in zwei Dreiecken jeweils zwei Winkel gemessen. Kann er richtig gemessen haben? Begründe.

a) $\alpha = 65°; \beta = 118°$ b) $\beta = 95°; \gamma = 88°$

3 Lara hat in einem gleichschenkligen Dreieck zwei Winkel gemessen. Kann sie richtig gemessen haben? Begründe.

a) $\alpha = 40°; \gamma = 101°$ b) $\alpha = 80°; \gamma = 25°$

4 Begründe jeweils:
Gibt es ein Dreieck mit …

a) drei Winkeln, jeder kleiner als 60°?
b) drei Winkeln, jeder größer als 60°?

4 Begründe: Gibt es …

a) ein Dreieck mit zwei rechten Winkeln?
b) verschiedene gleichschenklige Dreiecke mit einem rechten Winkel?

5 Begründe, dass die Innenwinkelsumme in jedem Dreieck 180° beträgt. Ergänze dazu den Lückentext.

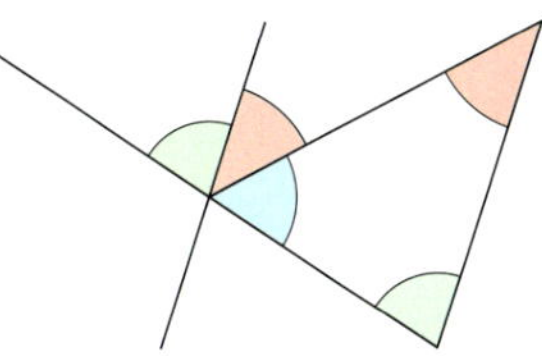

Die roten Winkel sind ______________, die grünen Winkel sind ______________.
Deshalb sind die beiden roten bzw. die beiden grünen Winkel ______________.
An der Geradenkreuzung bilden der rote, der grüne und der blaue Winkel einen ________ ________. Deshalb beträgt die Summe der Innenwinkel im Dreieck ________.

5 Begründe, dass die Innenwinkelsumme in jedem Dreieck 180° beträgt. Verwende dazu eine der abgebildeten Zeichnungen.

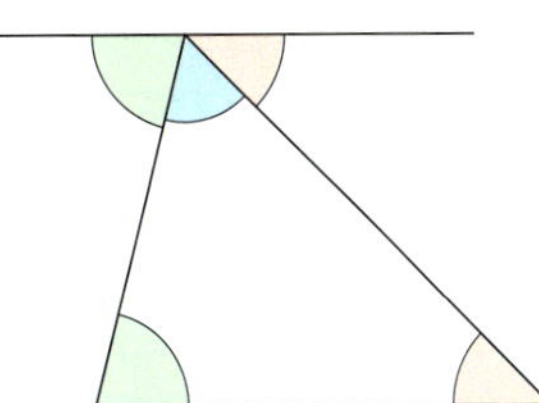

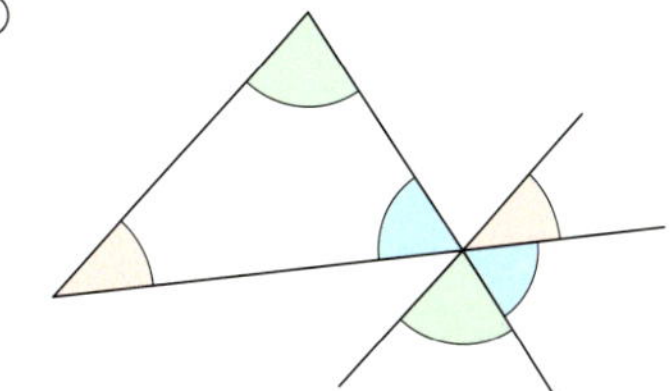

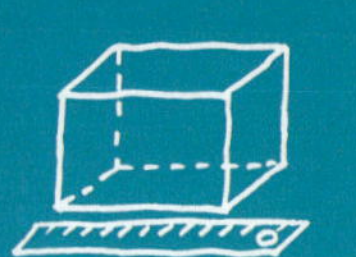

6 Berechne die fehlenden Winkel wie im Beispiel.

Beispiel
$\alpha = 80°$; $\beta = 100°$; $\gamma = 120°$
$\delta = 360° - 80° - 100° - 120°$
$= 60°$

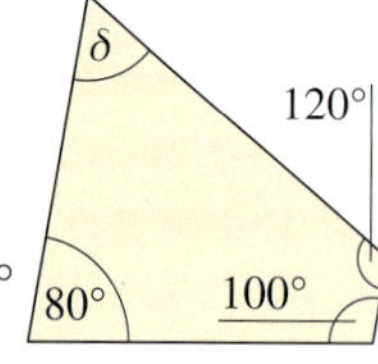

a)

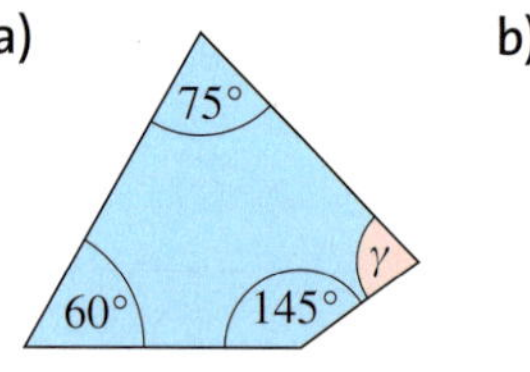

b)

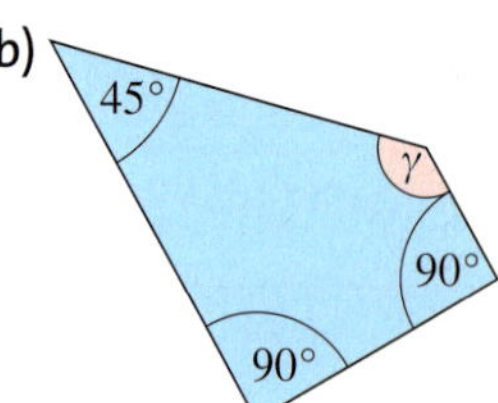

c)

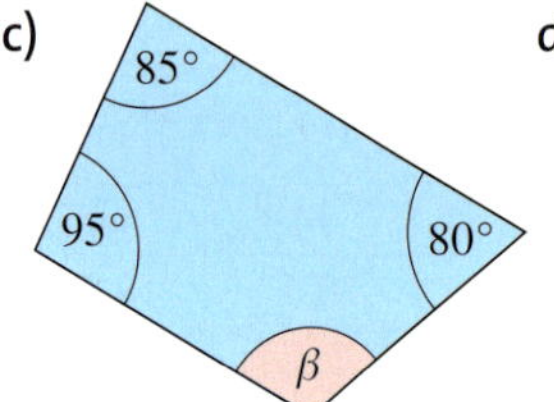

d)

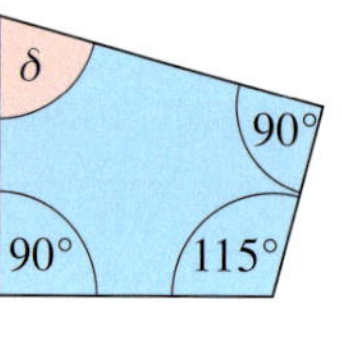

e)

f)

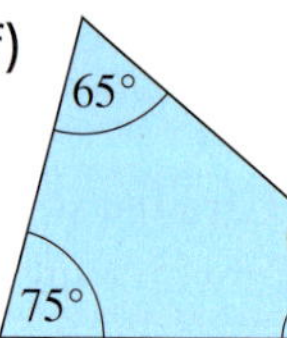

7 Berechne zu den drei gegebenen Winkeln eines Vierecks die Größe des vierten Winkels.

a) $\alpha = 70°$; $\beta = 120°$; $\gamma = 100°$
b) $\beta = 92°$; $\gamma = 84°$; $\delta = 104°$
c) $\alpha = 56°$; $\gamma = 135°$; $\delta = 78°$

6 Berechne wie im Beispiel zu drei gegebenen Winkeln eines Vierecks die Größe des vierten Winkels.

Beispiel $\alpha = \beta = \gamma = 80°$
$\delta = 360° - 3 \cdot 80°$
$= 120°$

a) $\alpha = 90°$; $\beta = 110°$; $\gamma = \beta$
b) $\beta = 50°$; $\gamma = 2\beta$; $\delta = 3\beta$
c) $\alpha = 34°$; $\gamma = \beta$; $\delta = 106°$

7 Berechne die Innenwinkel der Figur.

a) Raute

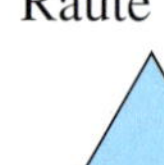

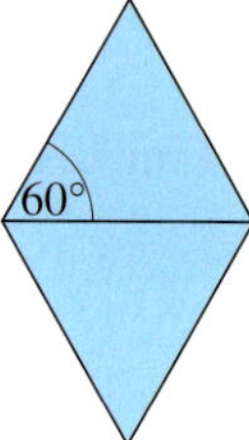

b) Raute

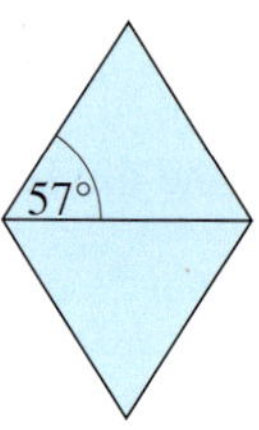

c) *Beachte*: Das Trapez wird aus drei gleichschenkligen Dreiecken gebildet.

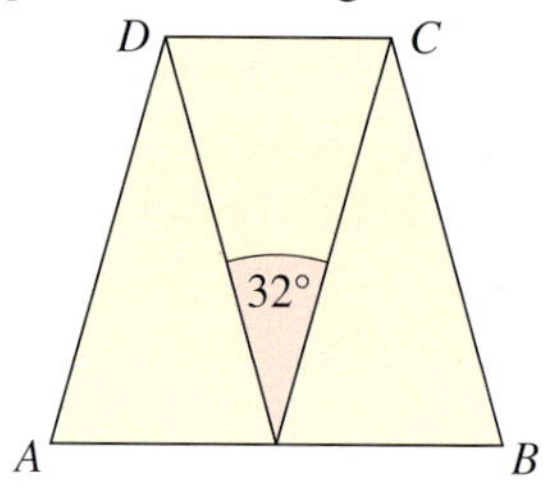

8 Berechne die fehlenden Winkel im Viereck *ABCD*.

Winkel	a)	b)	c)	d)	e)	f)	g)	h)	i)
α	110°	85°	90°		42°	87°	58,5°	73,5°	26,4°
β	70°	65°		127°		125°	102°	131,2°	
γ	120°		90°	73°	84°		67,5°		4,8°
δ		110°	74°	94°	84°	94°		48,1°	6,9°

9 Christopher hat in einem Parallelogramm jeweils zwei Winkel gemessen. Kann er richtig gemessen haben? Begründe.

a) $\alpha = 45°$; $\gamma = 145°$
b) $\beta = 64°$; $\delta = 128°$
c) $\alpha = 90°$; $\beta = 90°$

10 Begründe mit einem Beispiel oder einem Gegenbeispiel: Gibt es ein Viereck mit …

a) vier stumpfen Winkeln?
b) nur drei rechten Winkeln?

9 Michelle hat in einem Drachenviereck jeweils drei Winkel gemessen. Kann sie richtig gemessen haben? Begründe.

a) $\alpha = 40°$; $\beta = 120°$; $\gamma = 140°$
b) $\alpha = 45°$; $\beta = 132°$; $\gamma = 90°$

10 Begründe. Gibt es ein Viereck mit …

a) einem Winkel größer als 180°?
b) vier gleichgroßen Winkeln, die keine rechten Winkel sind?

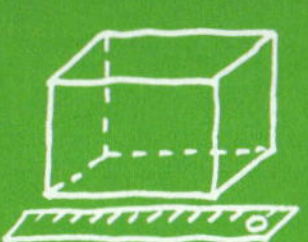

Methode: Beweisen in der Geometrie

In der Mathematik stellt man **Behauptungen** auf. Behauptungen können wahr oder falsch sein. Man kann die Behauptungen entweder mit einem **Gegenbeispiel** widerlegen oder mit einem **Beweis** ihre allgemeine Gültigkeit zeigen. Für den Beweis nutzt man bereits bekannte Aussagen, sogenannte **Voraussetzungen**.

Beim Beweisen wird die Behauptung aus den Voraussetzungen durch logische Schlussfolgerungen abgeleitet.

Beispiel Beweis des Winkelsummensatzes für Dreiecke

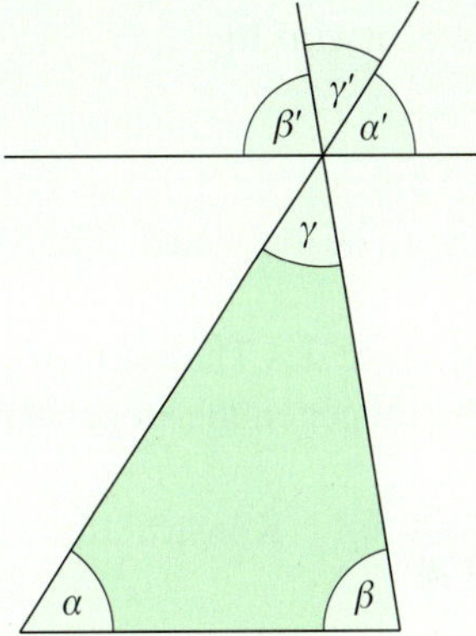

Voraussetzung Stufenwinkel sind gleich groß.
Scheitelwinkel sind gleich groß.
Ein gestreckter Winkel hat 180°.

Behauptung $\alpha + \beta + \gamma = 180°$

Beweis $\alpha = \alpha'$ (Stufenwinkel)
$\beta = \beta'$ (Stufenwinkel)
$\gamma = \gamma'$ (Scheitelwinkel)
$\beta' + \gamma' + \alpha' = 180°$ (gestreckter Winkel)
Somit gilt: $\alpha' + \beta' + \gamma' = \alpha + \beta + \gamma = 180°$ **w.z.b.w.**

HINWEIS
Der Beweis wird oft mit der Abkürzung ***w.z.b.w.*** *(was zu beweisen war) beendet.*

1 Der Beweis zur Winkelsumme im Parallelogramm ist durcheinander geraten. Bringe die Teile des Beweises in die richtige Reihenfolge und schreibe den fertigen Beweis ins Heft. Ergänze auch die Lücken im Text.

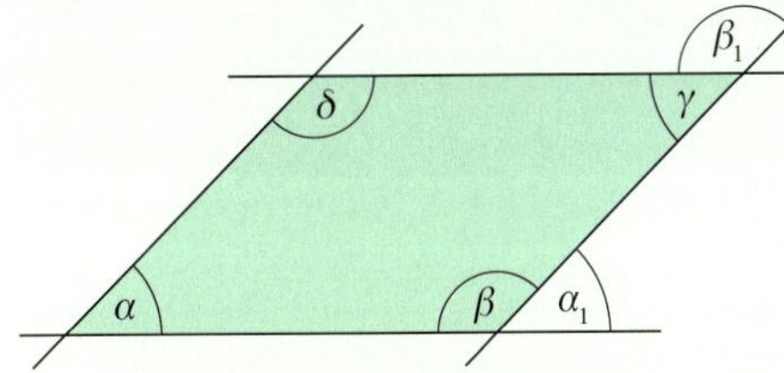

$\alpha_1 + \beta = 180°$ (Nebenwinkel)

$\alpha_1 = \gamma$ (Wechselwinkel)
also gilt: $\alpha =$ ___

Somit gilt: $\alpha + \beta + \gamma + \delta = \alpha + \beta + \alpha + \beta = 180° + 180° = 360°$

$\alpha_1 = \alpha$ (___winkel)
also gilt: $\alpha + \beta = 180°$

$\beta = \beta_1$ (___winkel) und $\beta_1 = \delta$ (___winkel)
also gilt: ___ $= \delta$

2 Beweise den Winkelsummensatz für Dreiecke.
Nutze als Voraussetzung den Winkelsummensatz für Parallelogramme.
Wie kann aus dem Winkelsummensatz für Parallelogramme folgern, dass die Winkelsumme im Dreieck 180° beträgt?

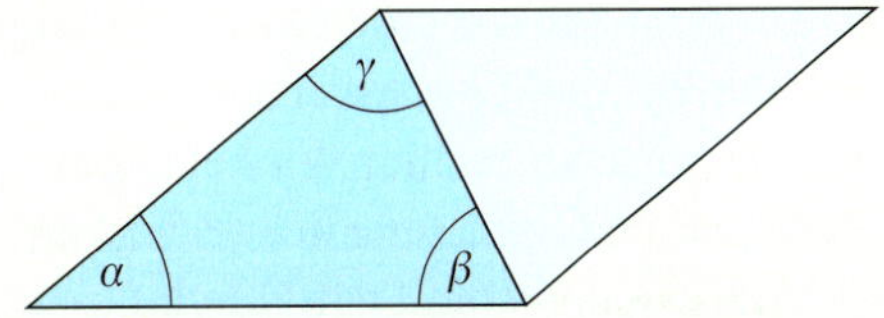

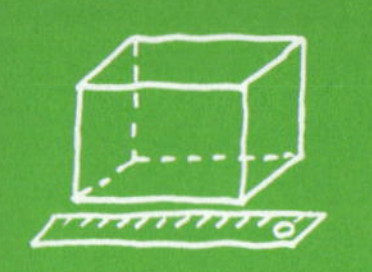

Thema: Der Satz des Thales

Schneidet man von einem Halbkreis zwei Teile wie in der Zeichnung ab, so erhält man ein besonderes Dreieck. Egal, wo auf dem Kreisbogen die Schnitte gesetzt werden, es entsteht immer ein rechtwinkliges Dreieck.

SCHON GEWUSST?
Thales von Milet lebte vor ca. 2500 Jahren auf dem Gebiet der heutigen Türkei.

Merke Liegt der dritte Eckpunkt eines Dreiecks auf dem **Halbkreis** über seiner Grundseite, dann ist dieses Dreieck **rechtwinklig**.

Diese Erkenntnis nennt man den **Satz des Thales**. Der Halbkreis über der Grundseite wird deshalb auch **Thaleskreis** genannt.

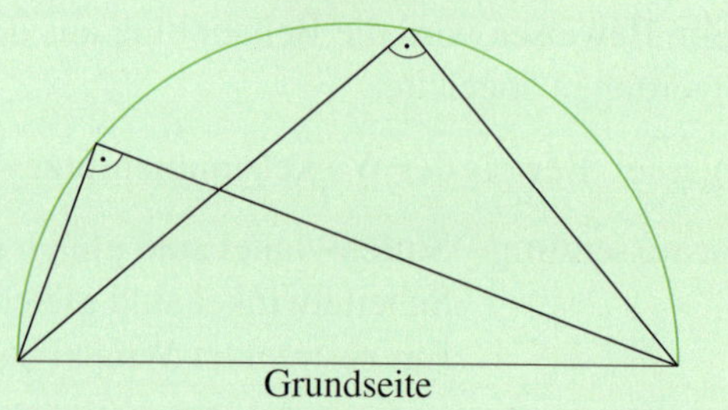

Mithilfe des Thaleskreises kann man zu einer gegegebenen Grundseite alle Dreiecke zeichnen, die im gegenüberliegenden Eckpunkt einen rechten Winkel haben.

Beispiel 1 Konstruktion eines rechtwinkligen Dreiecks mit $c = 3\,\text{cm}$ und $b = 2{,}5\,\text{cm}$

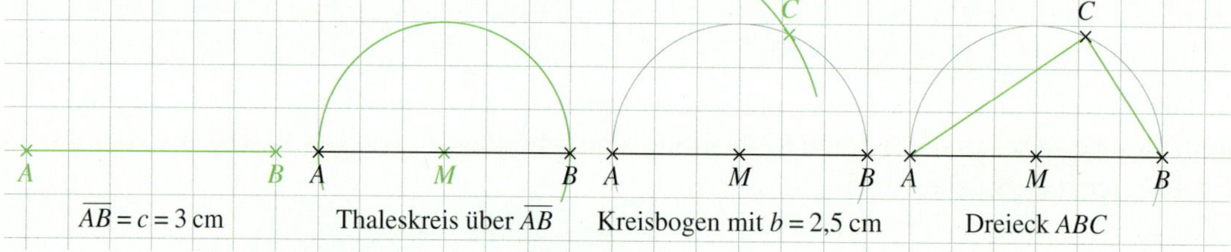

Eine weitere Beobachtung führt zur Umkehrung des Satzes von Thales:

Legt man eine Transparentfolie so auf einen Kreis, dass eine Ecke genau auf der Kreislinie liegt, dann stellt man Folgendes fest:

1. Die Transparentfolie schneidet die Kreislinie an zwei Stellen.
2. Verbindet man beide Schnittpunkte miteinander, dann verläuft die Linie durch den Kreismittelpunkt.

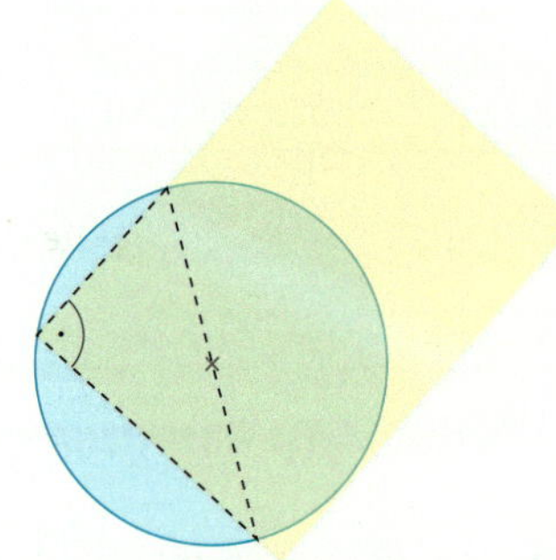

Merke Bei jedem **rechtwinkligen Dreieck** liegt der Eckpunkt mit dem rechten Winkel auf dem **Thaleskreis** über der Grundseite des Dreiecks.

Beispiel 2 Konstruktion des Durchmessers eines Kreises

1. Auf dem Kreis werden zwei beliebige Punkte P und Q markiert.
2. In Q wird ein rechter Winkel angetragen.
3. $\overline{PR}$ ist die Grundseite des rechtwinkligen Dreiecks und somit der Durchmesser des Kreises.

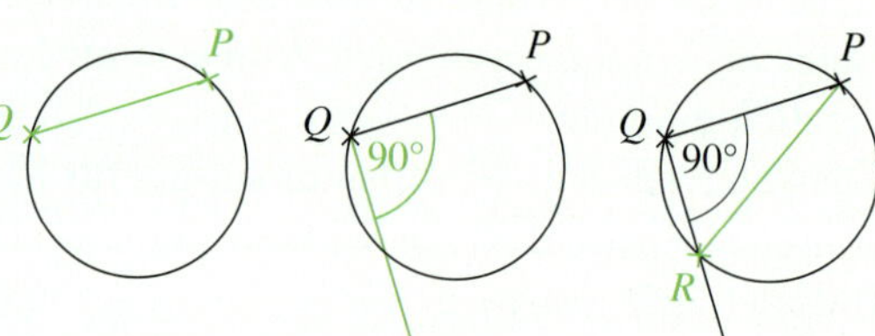

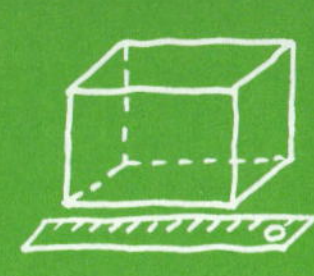

1 Ist das Dreieck nach dem Satz des Thales rechtwinklig? Begründe.

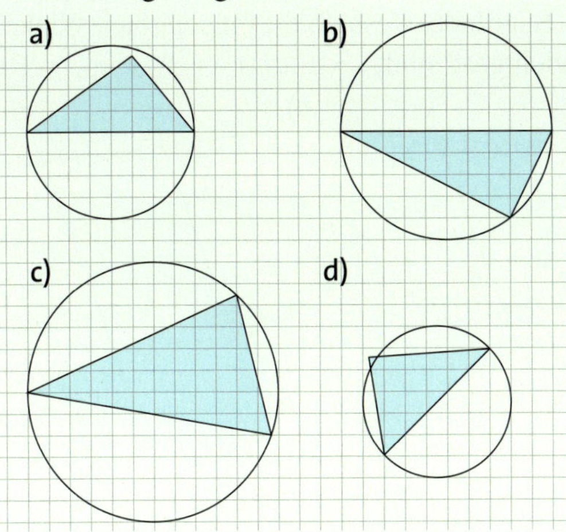

2 Berechne die fehlenden Winkelgrößen in der Figur.
Überprüfe dein Ergebnis durch Messen.

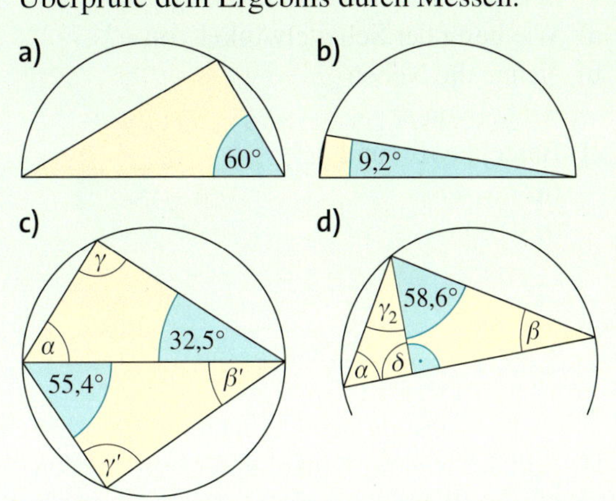

HINWEIS
Der Thaleskreis kann auch unterhalb der Grundseite gezeichnet werden.

3 Konstruiere mithilfe des Thaleskreises die rechtwinkligen Dreiecke ABC mit $\gamma = 90°$.
Kannst du jedes Dreieck zeichnen?

a) $c = 6\,\text{cm};\ b = 3\,\text{cm}$
b) $c = 5\,\text{cm};\ b = 2\,\text{cm}$
c) $c = 4\,\text{cm};\ b = 5\,\text{cm}$
d) $c = 7\,\text{cm};\ b = 6\,\text{cm}$

4 Konstruiert die rechten Winkel der Figuren mithilfe des Thaleskreises.
Eine Skizze hilft beim Lösen der Aufgabe.

a) gleichschenklig-rechtwinkliges Dreieck mit der Grundseite $c = 8\,\text{cm}$
b) Quadrat mit der Diagonale $e = 7\,\text{cm}$
c) Drachenviereck mit genau zwei rechten Winkeln und den Diagonalen $e = 6\,\text{cm}$ und $f = 2\,\text{cm}$

5 Konstruiere mithilfe des Satzes von Thales die rechtwinkligen Dreiecke.
Miss die fehlenden Größen und ergänze die Tabelle im Heft.

	Seite c	Seite a	Seite b	α	β	γ
a)	6 cm	2 cm				90°
b)	8 cm		4 cm			90°
c)	7,5 cm	6,5 cm				90°

6 Bringt die einzelnen Teile zum Beweis des Satzes von Thales in die richtige Reihenfolge.
Findet für jeden Schritt eine Begründung.

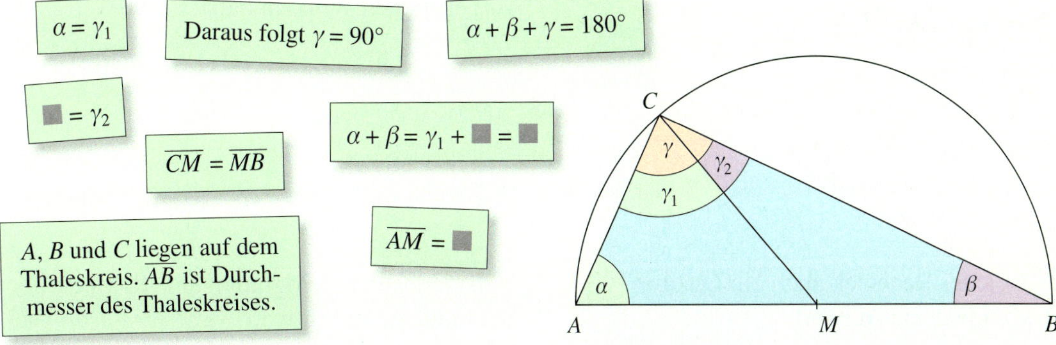

$\alpha = \gamma_1$
Daraus folgt $\gamma = 90°$
$\alpha + \beta + \gamma = 180°$
■ $= \gamma_2$
$\overline{CM} = \overline{MB}$
$\alpha + \beta = \gamma_1 +$ ■ $=$ ■
$\overline{AM} =$ ■
A, B und C liegen auf dem Thaleskreis. $\overline{AB}$ ist Durchmesser des Thaleskreises.
C
γ
γ1
γ2
α
β
A
M
B

Klar so weit?

→ Seite 10

Winkel an Geradenkreuzungen

1 Betrachte die Geradenkreuzung.
a) Wie heißt der Scheitelwinkel von α?
b) Nenne die Nebenwinkel von β.
c) Berechne β, γ und δ für $\alpha = 47°$ ($\alpha = 55°$).

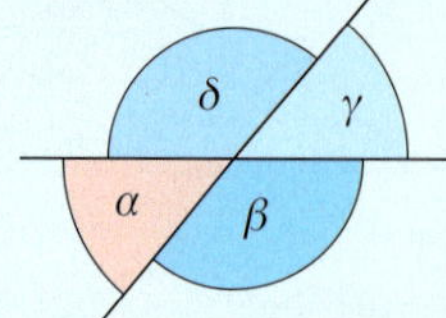

1 Begründe, weshalb die eingefärbten Winkel gleich groß sind.

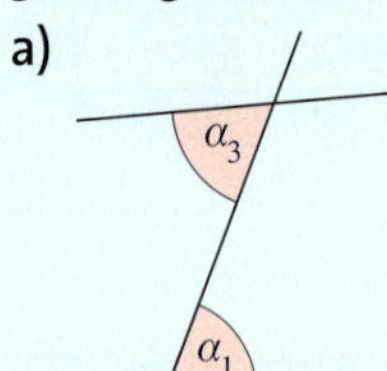

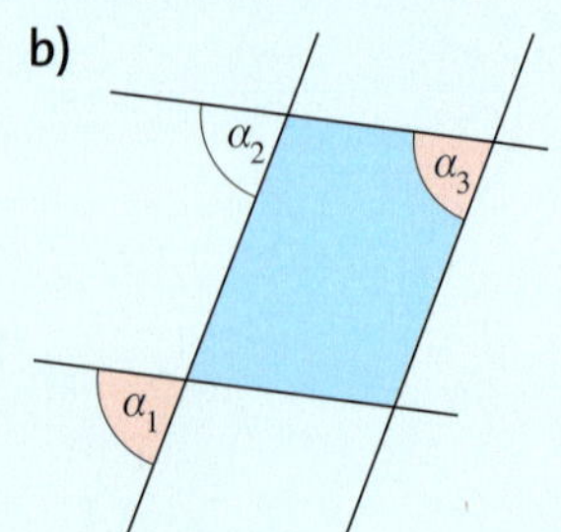

2 Rechts siehst du den Querschnitt eines Deichs.
a) Erkläre, wie die Winkel gemessen wurden.
b) Finde alle Innenwinkel heraus. Erkläre, wie du vorgegangen bist.

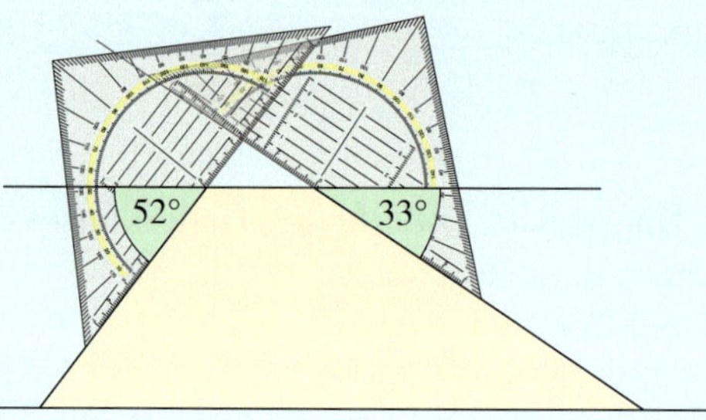

3 Bestimme alle eingezeichneten Winkelgrößen ($\alpha_1 = 23°$).

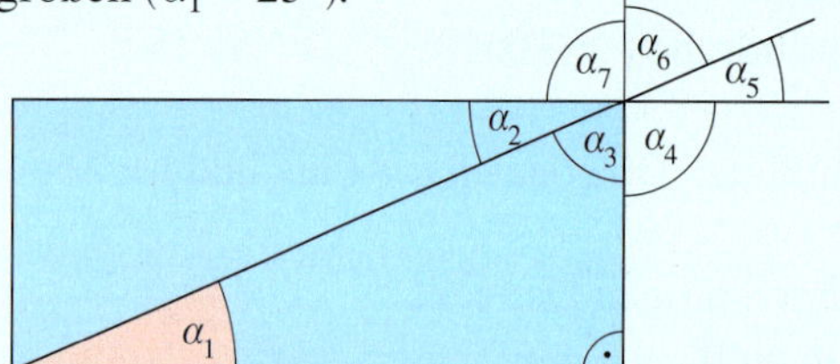

3 Bestimme alle eingezeichneten Winkelgrößen.

$\alpha_1 = 18°$
$\alpha_1 = \alpha_3$

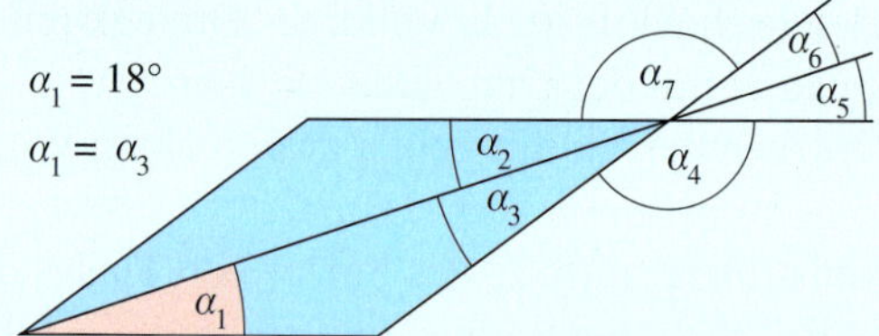

→ Seite 14

Vierecke beschreiben und zeichnen

4 Gib jeweils alle Drachenvierecke, alle Quadrate, alle Rechtecke und alle Trapeze an. Begründe deine Auswahl mit dem „Haus der Vierecke".

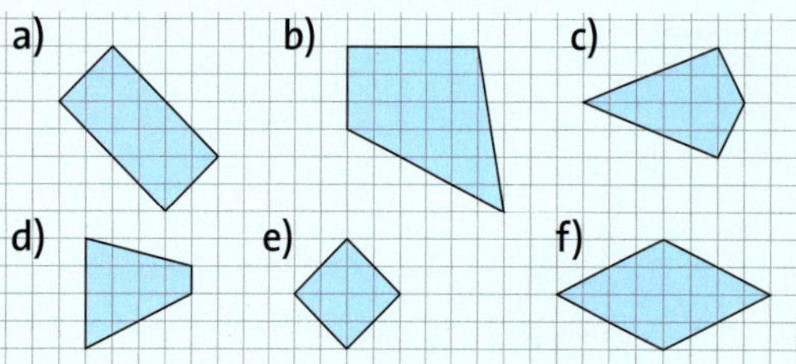

4 Trage die gegebenen Seiten eines Vierecks mehrfach in dein Heft. Ergänze sie zu besonderen Vierecken. Welche Vierecke aus dem „Haus der Vierecke" kannst du mit welchen vorgegebenen Winkeln darstellen?

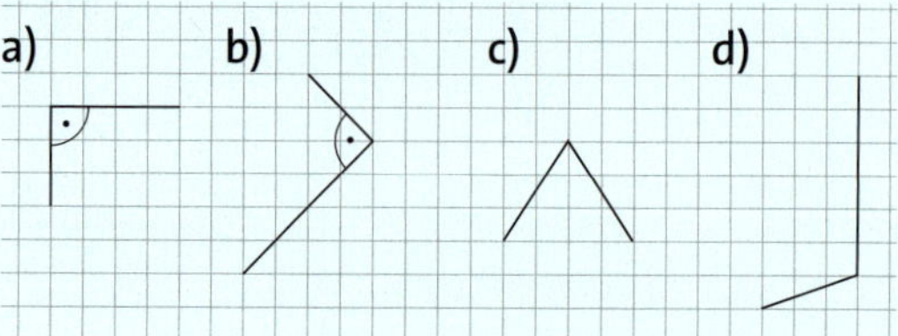

5 Ist jedes Rechteck auch ein Quadrat? Begründe deine Antwort.

5 Ist jedes Parallelogramm eine Raute? Begründe deine Antwort.

6 Zeichne ein Viereck mit …

a) einem rechten Winkel, das aber kein Quadrat oder Rechteck ist.
b) vier gleich langen Seiten, das aber kein Quadrat ist.
c) nur einer Symmetrieachse, das aber kein Drachen ist.
d) zwei Symmetrieachsen.
e) vier Symmetrieachsen.

7 Wahr oder falsch? Begründe.

a) Jedes Quadrat ist eine Raute.
b) Jede Raute ist ein Parallelogramm.
c) Manche Rechtecke sind Quadrate.

6 Zeichne, wenn möglich, ein Viereck mit den angegebenen Eigenschaften bzw. begründe, warum dies unmöglich ist.

a) ein Quadrat, das kein Rechteck ist
b) eine Raute, die auch ein Rechteck ist
c) ein Drachenviereck, das auch ein Trapez ist
d) ein Trapez, das auch ein Drachenviereck ist
e) ein Parallelogramm, das achsensymmetrisch ist

7 Wahr oder falsch? Begründe.

a) Es gibt Rauten, die keine Quadrate sind.
b) Jedes Parallelogramm ist ein Trapez.
c) Manche Drachenvierecke sind Trapeze.

Winkelsumme in Dreiecken und Vierecken

→ Seite 20

8 Berechne die fehlenden Winkel.

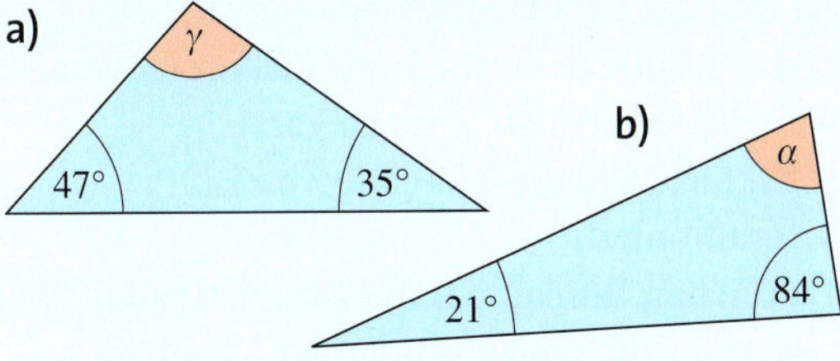

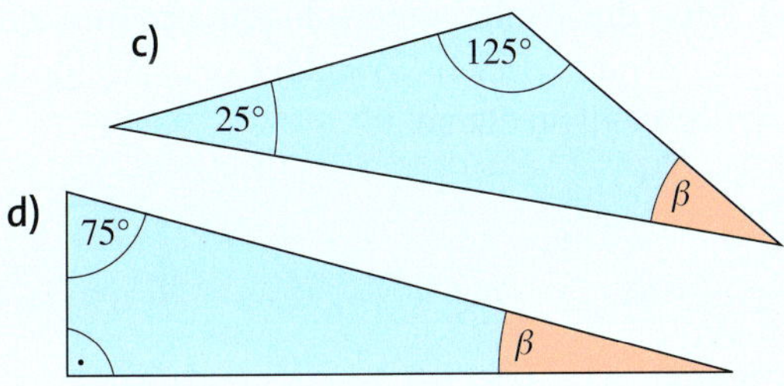

9 Berechne δ in diesem Trapez $ABCD$.

a) $\alpha = 57°$
b) $\alpha = 75°$
c) $\alpha = 62°$
d) $\alpha = 45°$

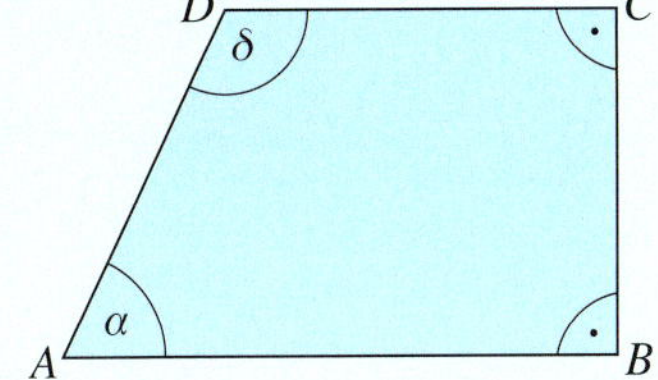

10 Berechne den fehlenden Winkel δ in einem Viereck.

a) $\alpha = 40°$; $\beta = 50°$; $\gamma = 60°$
b) $\alpha = 135°$; $\beta = 10°$; $\gamma = 120°$

8 Berechne die fehlenden Winkel.

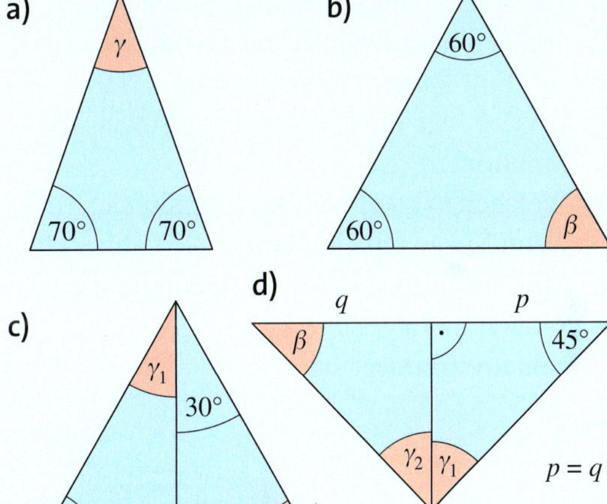

9 Es sind $\alpha = 68°$, $\beta = 74°$ und $\gamma = 106°$.

a) Berechne δ.
b) Gib die Winkelsumme im Parallelogramm *ABCD* an.

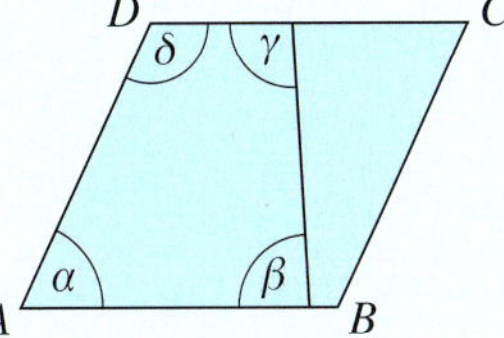

10 Berechne den fehlenden Winkel δ in einem Viereck.

a) $\alpha = 63°$; $\beta = 58°$; $\gamma = 143°$
b) $\alpha = 135{,}2°$; $\beta = 44{,}8°$; $\gamma = \alpha$

Lösungen ab Seite 201

Vermischte Übungen

1 Gib die Größe der benannten Winkel an und begründe.

a)

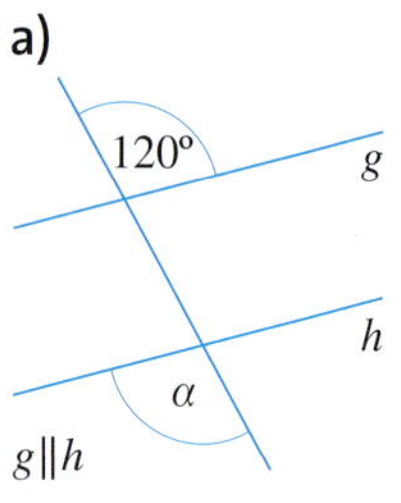

b)

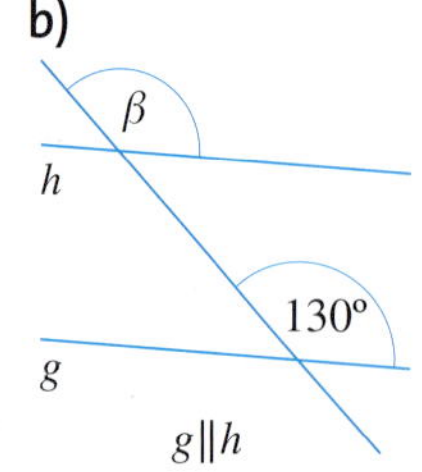

c)

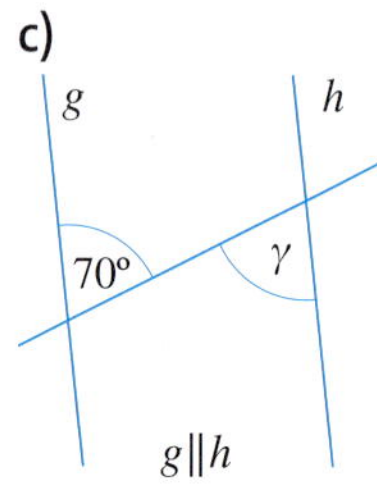

d)

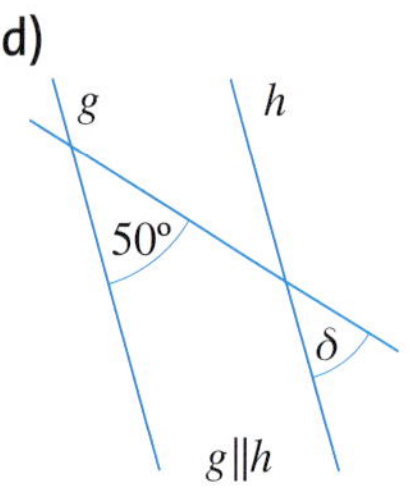

2 Suzan hat herausgefunden, wie sie die Winkel in ihrem Zimmer mit Geodreieck und einem Blatt Papier messen kann.

a) Erkläre, wie die Methode von Suzan funktioniert.

b) Welchen Winkel hat die Zimmerecke, wenn Suzan am Geodreieck 97° abliest?

c) Miss mithilfe von Suzans Methode die Winkel in unterschiedlichen Ecken, z. B. in deinem Zimmer.

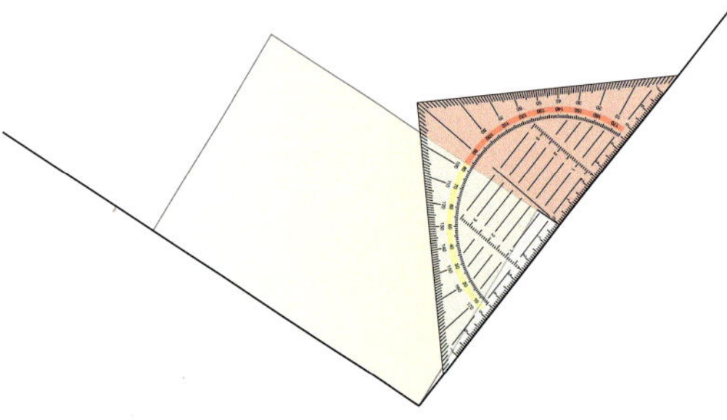

3 Übertrage die Zeichnung in dein Heft. Benenne alle Winkel, die gleich groß sind, mit dem gleichen griechischen Buchstaben und begründe, warum die Winkel gleich groß sein müssen.
Überprüfe dein Ergebnis durch Messen.

1 Betrachte das Parallelogramm.

a) Begründe, warum die rot eingezeichneten Winkel gleich groß sind. Es gibt verschiedene Möglichkeiten.

b) Finde weitere Paare gleich großer Winkel und begründe möglichst unterschiedlich.

c) Berechne die Größe aller eingezeichneten Winkel, wenn $\alpha_1 = 35°$ ist.

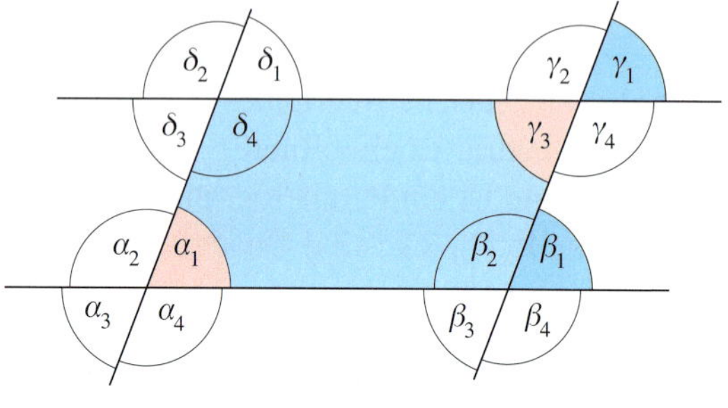

2 Lotta hat herausgefunden, wie sie einen Winkel in ihrem Zimmer mit Geodreieck und zwei Blättern Papier messen kann.

a) Erkläre, wie die Methode von Lotta funktioniert.

b) Welchen Winkel hat die Zimmerkante, wenn Lotta am Geodreieck 82° abliest?

c) Miss die Winkel unterschiedlicher Außenkanten und Ecken. Wandle Lottas Methode dazu entsprechend ab.

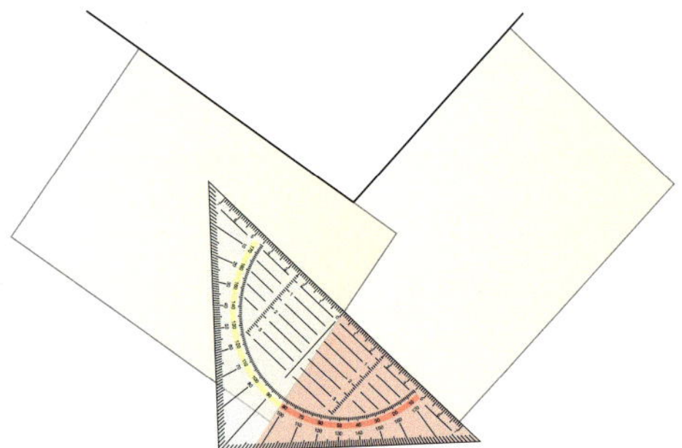

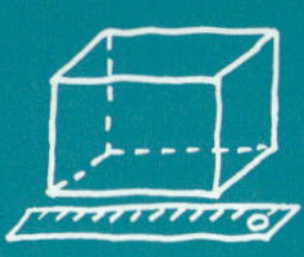

4 Gib die Größe aller Winkel an.

a)

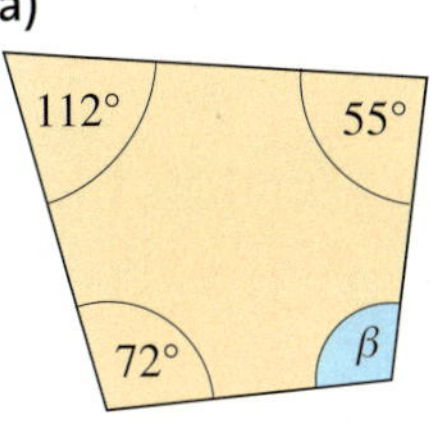

b)

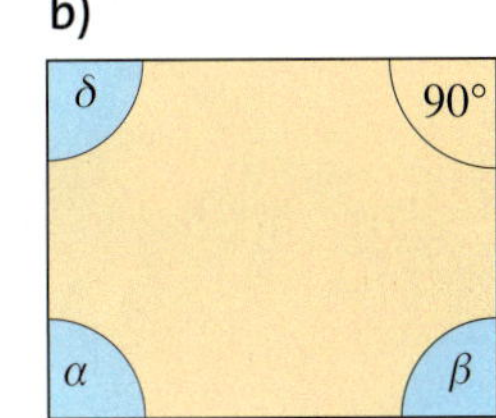

c)

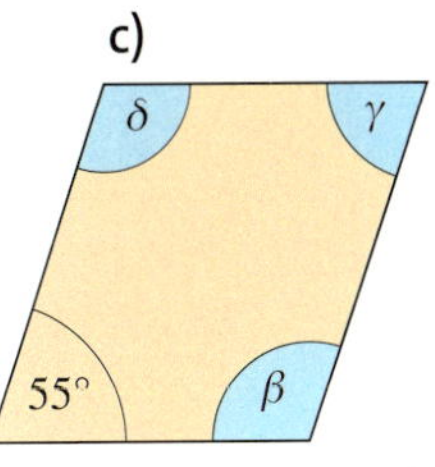

d)

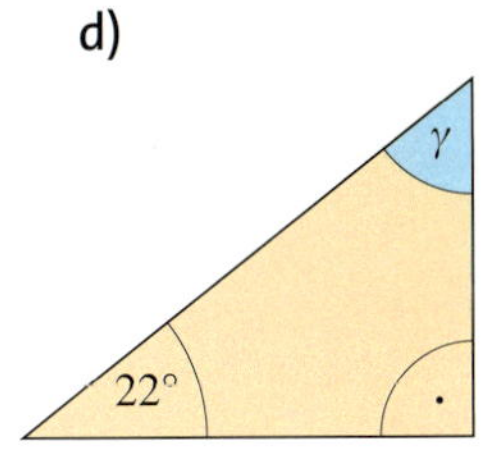

5 Zusammenhänge zwischen Vierecken

a) Erläutere die folgende Abbildung:

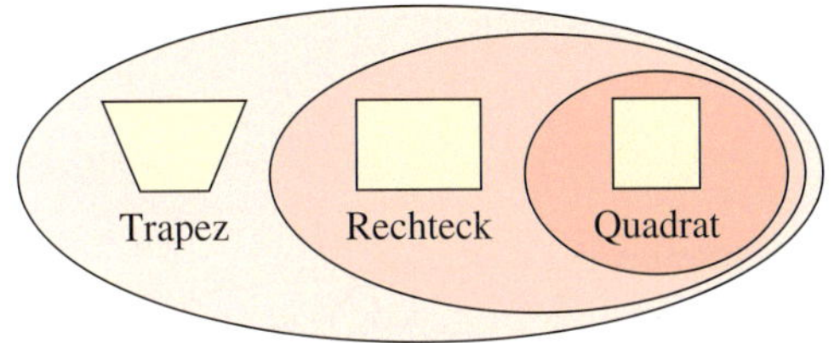

b) Zeichne eine ähnliche Abbildung wie in a) für die drei Begriffe Quadrat, Raute und Trapez.

6 Berechne jeweils den fehlenden Winkel. Gib gegebenenfalls besondere Eigenschaften der Vielecke an.

	a)	b)	c)	d)	e)
α	50°	90°		115°	34°
β		90°	23°	65°	152°
γ	80°		67°		
δ	╳	90°	╳	65°	131°

4 Gib die Größe der markierten Winkel an.

a)

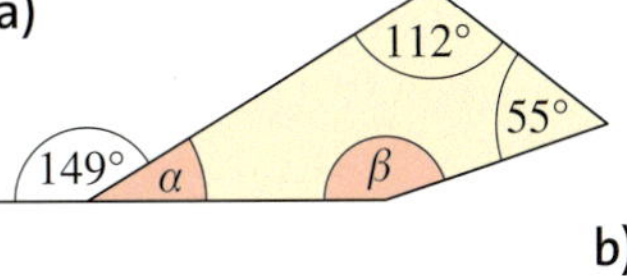

b)

c)

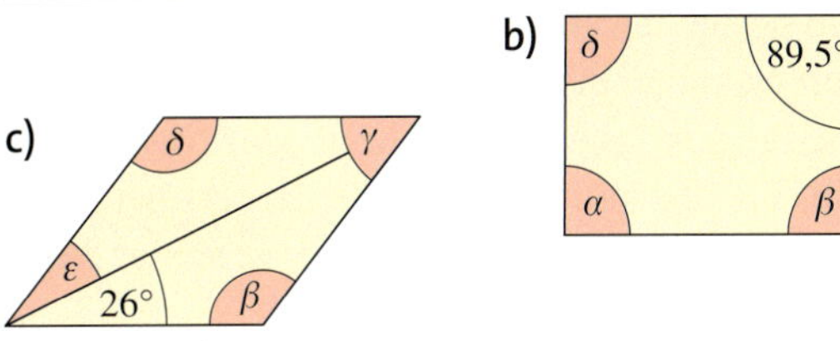

d)

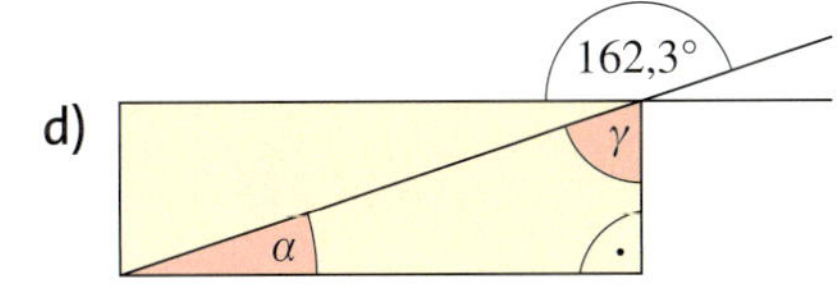

5 Zusammenhänge zwischen Vierecken

a) Erläutere die folgende Abbildung:

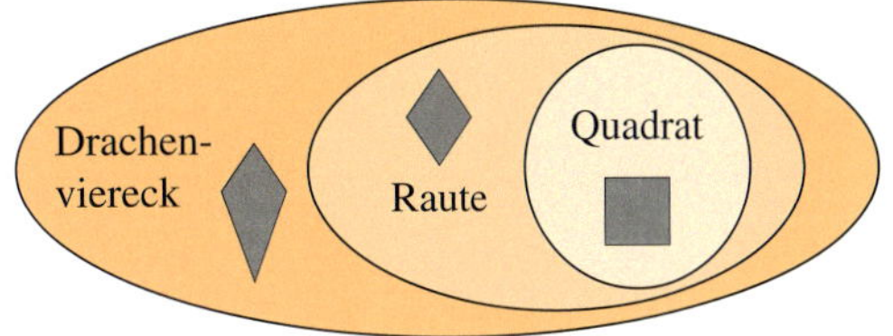

b) Zeichne eine ähnliche Abbildung wie in a) für die drei Begriffe Trapez, Rechteck und Parallelogramm.

6 Berechne jeweils den fehlenden Winkel. Gib gegebenenfalls besondere Eigenschaften der Vielecke an.

	a)	b)	c)	d)	e)
α	45°		90°		87,5°
β			23°	65°	
γ	25,7°				99,5°
δ	╳		╳		73°

7 Übertrage die Linien in dein Heft und ergänze sie zu dem angegebenen Viereck. Markiere gleiche Winkel mit dem gleichen griechischen Buchstaben, miss oder berechne die Winkel. Zeichne die Symmetrieachsen ein.

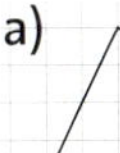

a)

b)

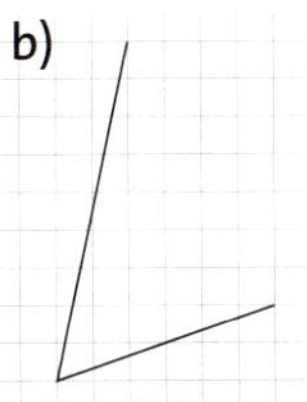

c)

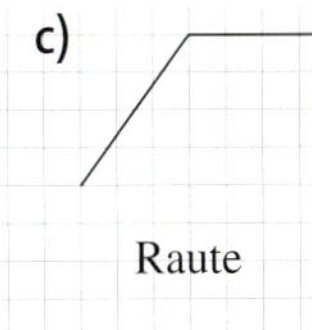

d)

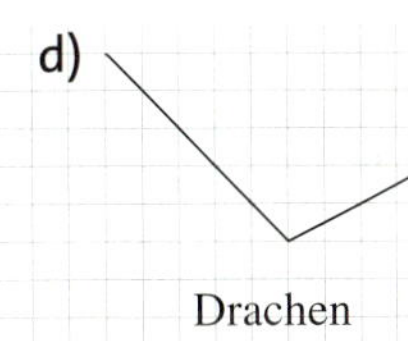

e)

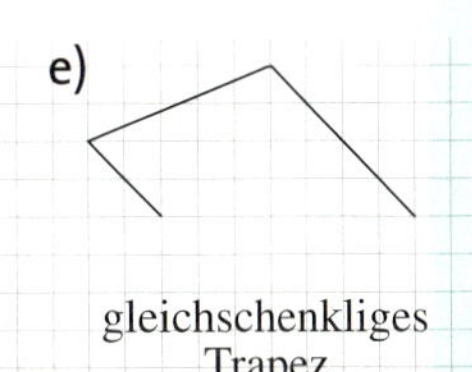

f)

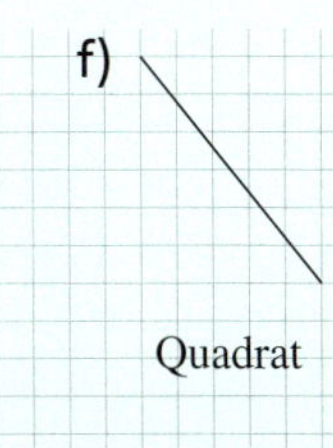

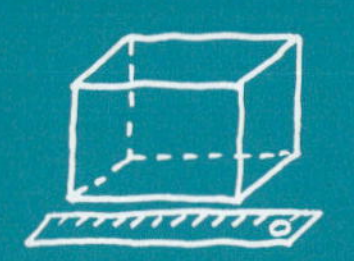

KONSTRUKTIONS-MECHANIKER/IN
Die Ausbildung dauert $3\frac{1}{2}$ Jahre. Suche nach weiteren Informationen über den Beruf z. B. im Internet oder im BIZ.

Beruf **Konstruktionsmechaniker/in**

Konstruktionsmechaniker fertigen und montieren Metallbaukonstruktionen z. B. für Rolltreppen, Schiffe und Brücken.
Sie schneiden Bleche, Profile und Rohre nach den Angaben in einer technischen Zeichnung. Sie biegen das Metall, bohren oder fräsen hinein. Sie überprüfen die Maße der fertigen Einzelteile und verschrauben sie bzw. schweißen sie zusammen.
Sie erläutern dem Kunden den Umgang mit dem fertigen Produkt und übernehmen Wartungsaufgaben.

8 Betrachte die Fachwerkbrücke.

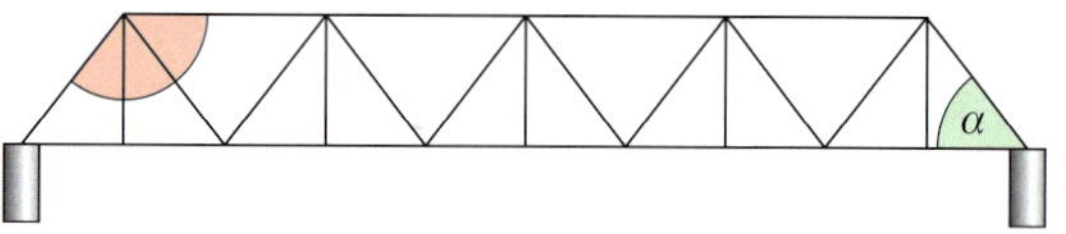

a) Welche Vierecksarten erkennst du in der Brücke? Skizziere sie im Heft.
b) Der Winkel α hat eine Größe von 45°. Wie groß ist der rote Winkel?

9 Eine Fachwerkbrücke wurde aus gleichschenkligen Dreiecken konstruiert.
Die Größe der farbig markierten Winkel kann gemessen werden. Daraus wird die Größe der Winkel α und β berechnet.

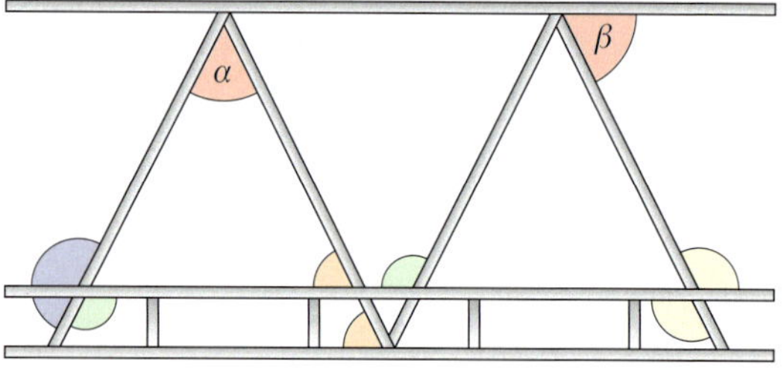

a) Welche Winkelarten findest du in der Zeichnung? Schätze zuerst ihre Größe. Miss dann die farbigen Winkel im uneren Bereich der Brücke nach.
b) Die farbigen Winkel bilden jeweils ein Winkelpaar an einer Geradenkreuzung. Wie heißen die Winkelpaare?
c) Wie viele unterschiedliche Winkelgrößen hast du gemessen?
d) Erkläre, wie du die Winkelgröße von α und β berechnen kannst. Finde verschiedene Möglichkeiten.

10 Eine Fachwerkbrücke soll aus gleichschenkligen Dreiecken gebaut werden. Die technische Zeichnung ist noch unvollständig.

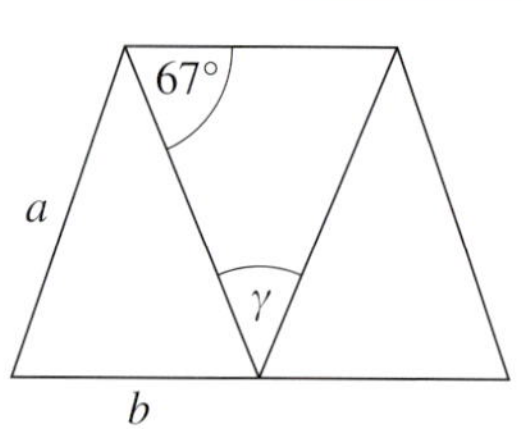

a) Berechne den Winkel γ.
Wie gehst du dabei vor? Notiere deine Überlegungen.
b) Gib einen Term für die Gesamtlänge der Fachwerkstreben in der Zeichnung an. Jede Dreiecksseite steht für eine Strebe.
Berechne die Länge der Streben für $a = 6{,}4\,\text{m}$ und $b = 5\,\text{m}$.
c) Die fertige Brücke hat eine Länge von 40 m. Wie oft werden die Teile a und b benötigt? Wie viel Meter Fachwerkstreben werden insgesamt je Brückenseite verarbeitet?

Zusammenfassung

Winkel an Geradenkreuzungen

→ Seite 10

Gegenüberliegende Winkel bezeichnet man als Scheitelwinkel. **Scheitelwinkel** sind immer gleich groß.
Nebenwinkel sind nebeneinanderliegende Winkel, die sich zu 180° ergänzen.
An parallel geschnittenen Geraden gilt:
Stufenwinkel sind immer gleich groß.
Wechselwinkel sind immer gleich groß.

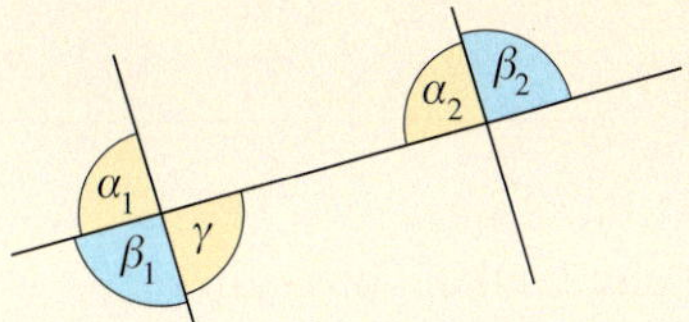

α_1 und γ sind Scheitelwinkel. α_1 und β_1 sind Nebenwinkel. α_1 und α_2 sind Stufenwinkel. β_1 und β_2 sind Wechselwinkel.

Vierecke beschreiben und zeichnen

→ Seite 14

Vierecksart	Seiten	Winkel	Diagonalen	Symmetrie
Quadrat	alle Seiten sind gleich lang	4 rechte Winkel	gleich lang, stehen senkrecht zueinander, halbieren sich	achsensymmetrisch, punktsymmetrisch
Rechteck	2 Paare gleich langer, paralleler Seiten	4 rechte Winkel	gleich lang, halbieren sich	achsensymmetrisch, punktsymmetrisch
Raute	alle Seiten sind gleich lang	gegenüberliegende Winkel sind gleich groß	stehen senkrecht zueinander, halbieren sich	achsensymmetrisch, punktsymmetrisch
Parallelogramm	2 Paare gleich langer, paralleler Seiten	gegenüberliegende Winkel sind gleich groß, benachbarte Winkel ergänzen sich zu 180°	halbieren sich	punktsymmetrisch
Trapez	1 Paar paralleler Seiten	2 Paare benachbarter Winkel ergänzen sich zu 180°	Sonderfall „gleichschenkliges Trapez“: gleich lang	Sonderfall „gleichschenkliges Trapez“: achsensymmetrisch
Drachenviereck	2 Paare gleich langer benachbarter Seiten	1 Paar gegenüberliegende Winkel ist gleich groß	stehen senkrecht zueinander, eine Diagonale wird halbiert	achsensymmetrisch

Winkelsumme in Dreiecken und Vierecken

→ Seite 20

Die **Winkelsumme** im **Dreieck** beträgt **180°**, im **Viereck 360°**.
Die Winkelsumme in beliebigen Vielecken kann man bestimmen, indem man die Vielecke in Vierecke und Dreiecke zerlegt.

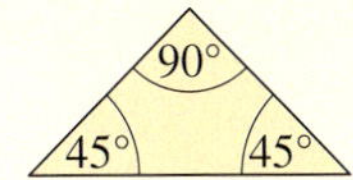

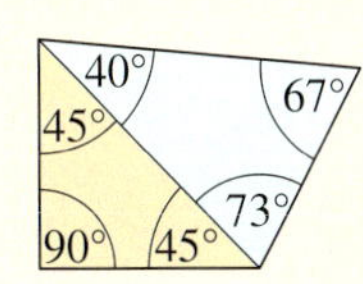

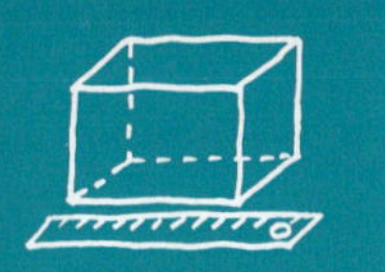

Teste dich!

2 Punkte | 2 Punkte

1 Übertrage die Zeichnung in dein Heft.

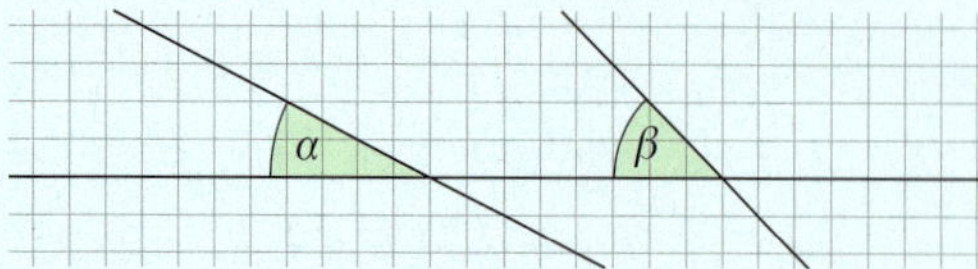

Zeichne den Scheitelwinkel von α ein.
Zeichne einen Nebenwinkel von β ein.

1 Übertrage die Zeichnung in dein Heft.

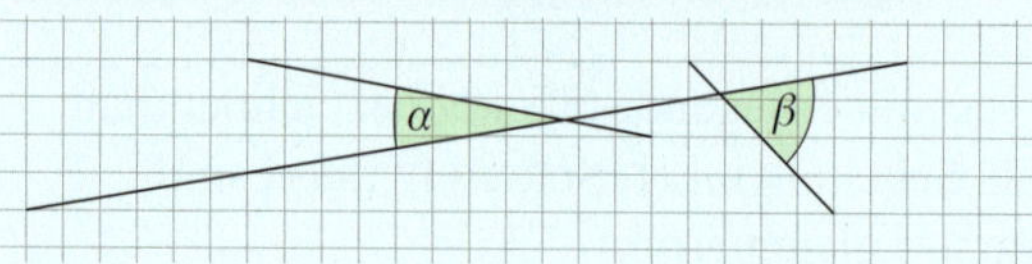

Zeichne den Scheitelwinkel von α ein.
Zeichne einen Nebenwinkel von β ein.

2 Punkte | 2 Punkte

2 Übertrage die Zeichnung in dein Heft.
Zeichne den Wechselwinkel von α ein.
Zeichne den Stufenwinkel von β ein.

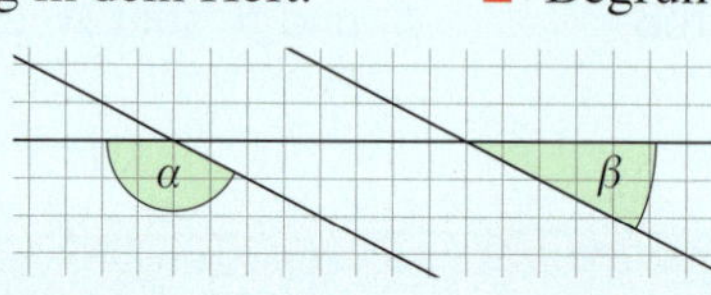

2 Begründe anhand der Zeichnung.

a) $\alpha + \beta = 180°$

b) An den Geradenkreuzungen ist 4-mal der Winkel β zu finden.

2 Punkte | 4 Punkte

3 Gib die Winkelgröße an.

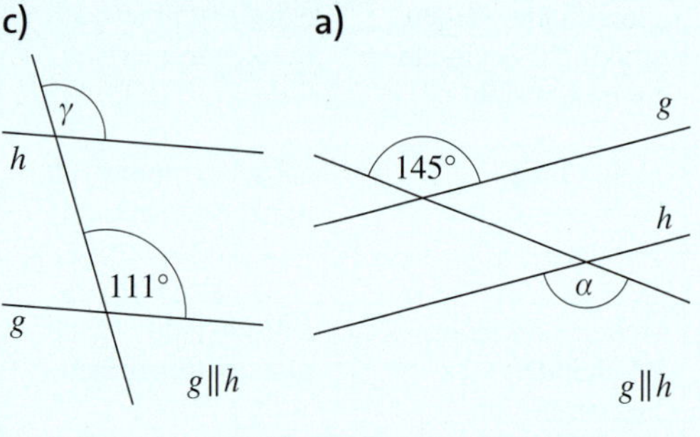

3 Gib die Winkelgröße an und begründe.

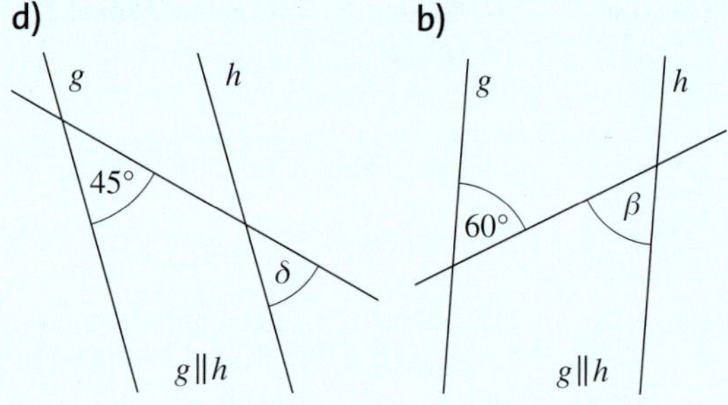

3 Punkte | 3 Punkte

4 Welches Viereck wird hier beschrieben? Manchmal gibt es mehr als eine Antwort.

a) vier rechte Winkel

b) genau zwei parallele Seiten

c) gegenüberliegende Winkel sind gleich groß

4 Welches Viereck wird hier beschrieben? Manchmal gibt es mehr als eine Antwort.

a) vier gleich lange Seiten

b) vier Symmetrieachsen

c) Diagonalen stehen senkrecht aufeinander

3 Punkte | 3 Punkte

5 Ergänze die Zeichnung zu einem Viereck.

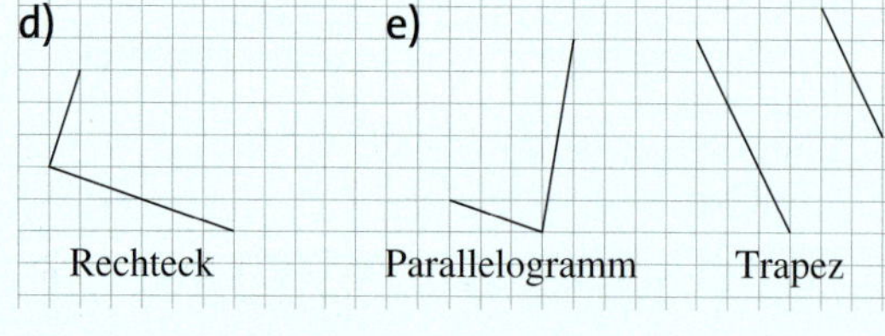

5 Ergänze die Zeichnung zu einem Viereck.

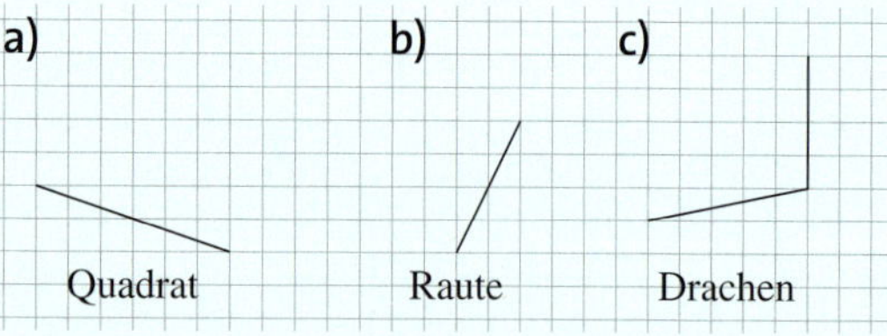

2 Punkte | 5 Punkte

6 Berechne die Größe des dritten Winkels.

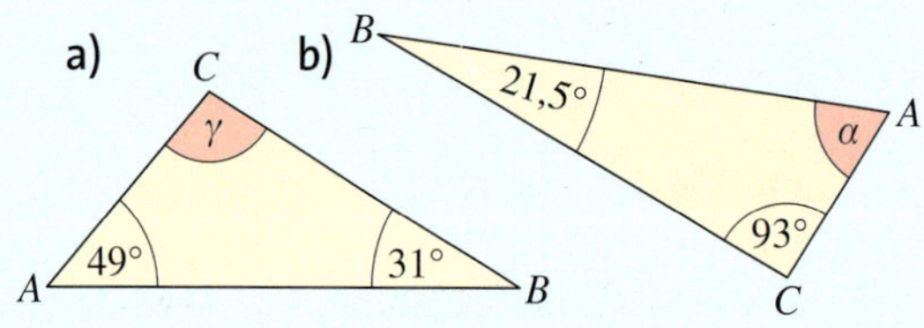

6 Berechne die Größe des vierten Winkels im Viereck *ABCD*.

a) $\alpha = 60°$; $\beta = 100°$; $\gamma = 120°$

b) $\beta = 30°$; $\gamma = 105°$; $\delta = 120°$

c) $\alpha = 140°$; $\gamma = 99°$; $\delta = 31°$

d) $\alpha = 90°$; $\beta = 72°$; $\delta = 90°$

e) $\beta = 39°$; $\gamma = 99°$; $\beta = \delta$

Gold: 18–19 Punkte, Silber: 14–17 Punkte, Bronze: 11–13 Punkte

Lösungen ab Seite 201

Vielecke und Kreise

Kräftiger Wind strafft die Segel und lässt das Schiff übers Wasser gleiten.
Die Stärke des Antriebs hängt außer vom Wind vor allem von den Segeln ab,
insbesondere von deren Größe.
Meist finden wir drei- und viereckige Segelformen.
Bei einer Segelwettfahrt, der Regatta, wetteifern nur Boote miteinander,
die gleich große Segelflächen haben.

Noch fit?

Einstieg

1 Rechtecke erkennen
Welche der Figuren sind Rechtecke?

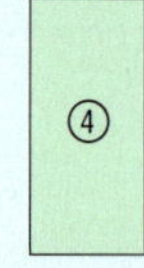

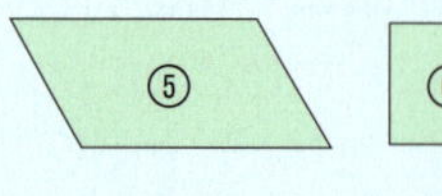

2 Umfang und Flächeninhalt
Zeichne ein Quadrat mit $a = 3\,\text{cm}$ sowie ein Rechteck mit $a = 2\,\text{cm}$ und $b = 4\,\text{cm}$ ins Heft.

a) Berechne den Umfang für das Quadrat und für das Rechteck.
b) Berechne den Flächeninhalt der Vierecke.
c) Gib die jeweiligen Formeln an.

3 Einheiten umrechnen
Rechne in die in Klammern angegebene Längen- bzw. Flächeneinheit um.

a) 120 cm (dm)
b) 170 mm (cm)
c) 4,4 m (dm)
d) 1 300 m (km)
e) $100\,\text{cm}^2$ (dm^2)
f) $500\,\text{mm}^2$ (cm^2)
g) $1\,\text{m}^2$ (dm^2)
h) $7\,000\,\text{dm}^2$ (cm^2)

4 Dreiecke konstruieren
Konstruiere das Dreieck *ABC*.
Fertige zunächst eine Planskizze an.

a) $\alpha = 90°$; $b = 4\,\text{cm}$; $c = 6\,\text{cm}$
b) $\alpha = 30°$; $\beta = 40°$; $c = 5\,\text{cm}$
c) $a = 4{,}5\,\text{cm}$; $b = 3\,\text{cm}$; $\gamma = 40°$

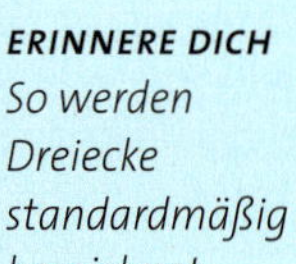

ERINNERE DICH
So werden Dreiecke standardmäßig bezeichnet:

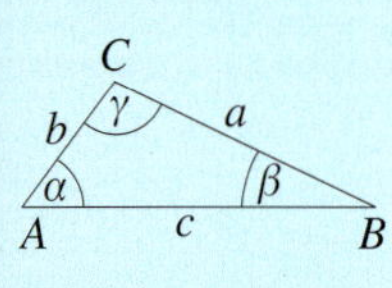

5 Kreise zeichnen
Miss die Radien der drei Kreise aus und zeichne das Bild ab.
Berechne dann die drei Kreisdurchmesser.

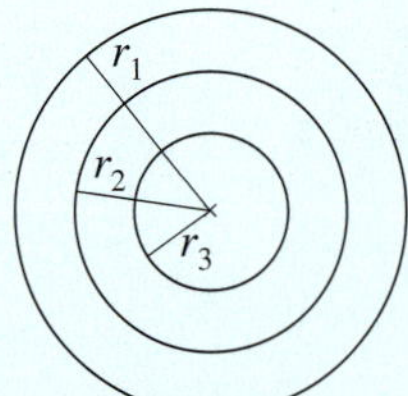

Aufstieg

1 Vierecke benennen
Benenne die Figuren.

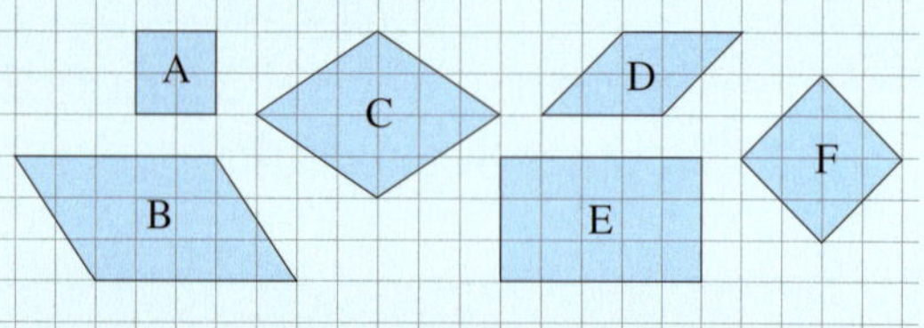

2 Umfang und Flächeninhalt
Zeichne und berechne Umfang und Flächeninhalt der Vierecke. Gib die Formeln an.

a) Quadrat: $a = 4\,\text{cm}$
b) Quadrat: $a = 7{,}5\,\text{cm}$
c) Rechteck: $a = 45\,\text{mm}$; $b = 80\,\text{mm}$
d) Rechteck: $a = 1{,}1\,\text{dm}$; $b = 5{,}5\,\text{cm}$

3 Einheiten umrechnen
Rechne in die in Klammern angegebene Längen- bzw. Flächeneinheit um.

a) 275 mm (cm)
b) 3 dm (mm)
c) 0,035 m (cm)
d) 12,04 m (dm)
e) $200\,\text{cm}^2$ (dm^2)
f) $4\,500\,\text{mm}^2$ (cm^2)
g) $5\,\text{m}^2$ (dm^2)
h) $13\,\text{dm}^2$ (cm^2)

4 Dreiecke konstruieren
Konstruiere das Dreieck *ABC*.
Fertige zunächst eine Planskizze an.

a) $\alpha = 75°$; $b = 4{,}2\,\text{cm}$; $c = 6{,}3\,\text{cm}$
b) $\alpha = 30°$; $\gamma = 115°$; $c = 4{,}8\,\text{cm}$
c) $a = 4{,}5\,\text{cm}$; $b = 3\,\text{cm}$; $\alpha = 40°$

5 Kreise zeichnen
Zeichne zwei Kreise mit Durchmessern von 6,5 cm und 4,2 cm, die sich außen (innen) berühren.
Wie weit sind jeweils die Mittelpunkte voneinander entfernt?

6 Kurz und knapp
a) In einem Rechteck sind alle Winkel …
b) Zwei Geraden sind parallel zueinander, wenn …
c) Zwei Geraden sind senkrecht zueinander, wenn …
d) Die Verbindung gegenüberliegender Eckpunkte im Rechteck nennt man …
e) Zwei Dreiecke sind kongruent (deckungsgleich), wenn sie …

Lösungen ab Seite 201

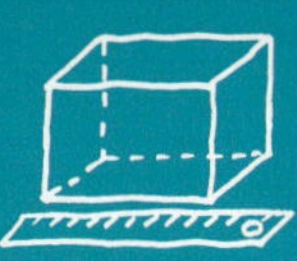

Umfang und Flächeninhalt von Dreiecken

Entdecken

1 Übertrage die Dreiecke ins Heft.

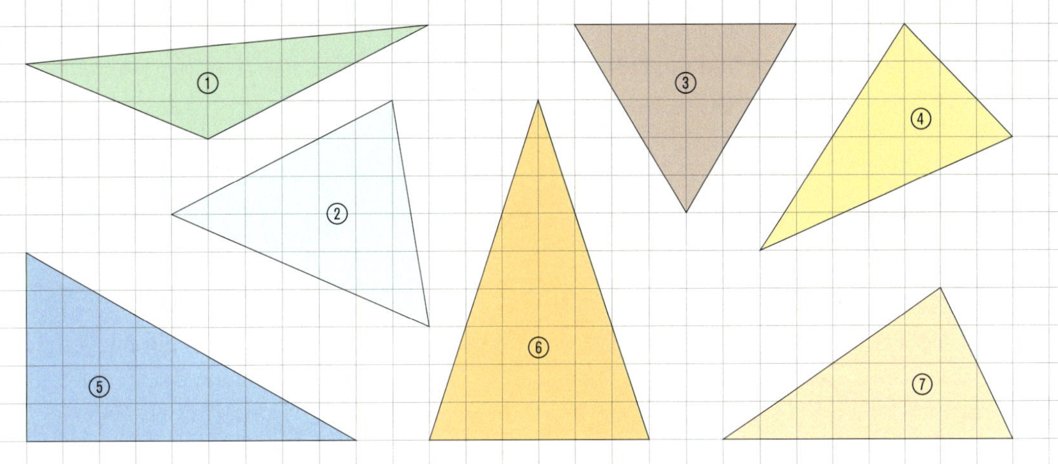

a) Miss die Seitenlängen und berechne den Umfang der Dreiecke. Wie bist du vorgegangen?
b) Welche Dreiecke haben zwei oder sogar drei gleich lange Seiten? Wie werden diese Sonderformen genannt?
c) Beschrifte die Seiten mit den Buchstaben a, b und c. Gleich lange Seiten erhalten gleiche Buchstaben.
d) Wie könnten die jeweiligen Formeln zur Umfangsberechnung lauten? Vergleicht und besprecht untereinander eure Ergebnisse.

2 Markiere wie in der Randspalte gezeigt auf einem leeren DIN-A4-Blatt die Seitenmitten. Verbinde dann die Mittelpunkte der längeren Seiten mit dem Mittelpunkt einer kurzen Seite. Schneide die kleinen Dreiecke ab und lege sie so an, dass ein großes Dreieck entsteht. Wie könntest du den Flächeninhalt dieses Dreiecks berechnen?

ZU AUFGABE 2

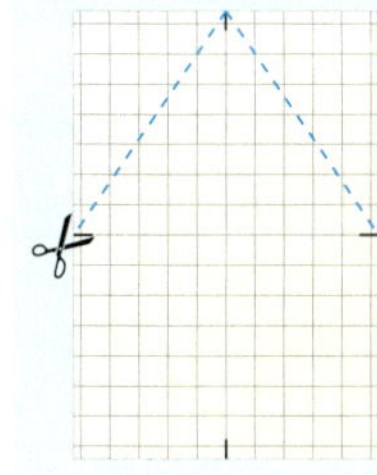

3 Schneide aus Pappe ein Dreieck aus. Versuche, durch Zerschneiden und Zusammenlegen daraus ein Rechteck zu bilden. Wie könntest du den Flächeninhalt berechnen?

4 Betrachtet die farbigen Dreiecke. Vergleicht deren Flächeninhalte und beschreibt Gemeinsamkeiten. Diskutiert in der Klasse, wie man diese Flächeninhalte vergleichen oder gar berechnen kann.

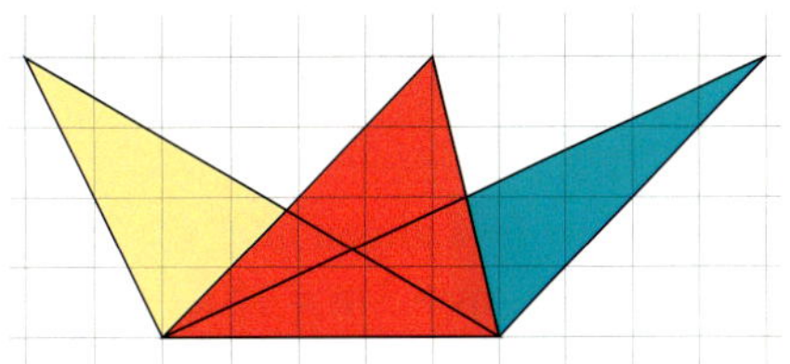

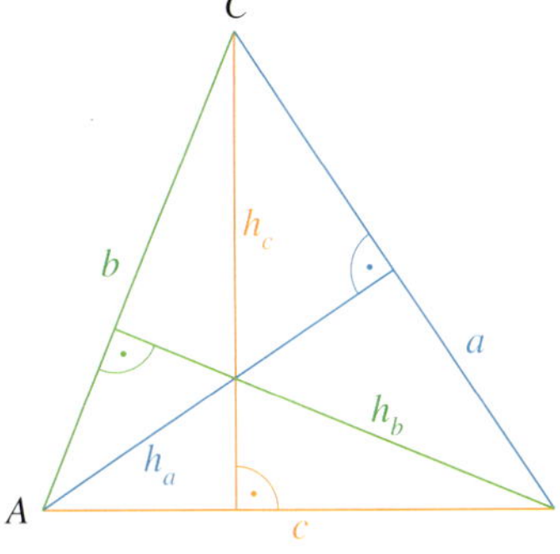

5 Zeichne ein unregelmäßiges spitzwinkliges Dreieck und trage die Höhen h_a, h_b und h_c ein. Achte darauf, dass die Höhen auf ihren jeweiligen Grundseiten senkrecht stehen. Jetzt miss die Seiten und Höhen aus. Lege eine Tabelle an und trage die gemessenen Längen ein.
Erforsche einen Zusammenhang zwischen Seitenlänge und zugehöriger Höhe.

Seite	Höhe
$a =$	$h_a =$
$b =$	$h_b =$
$c =$	$h_c =$

Verstehen

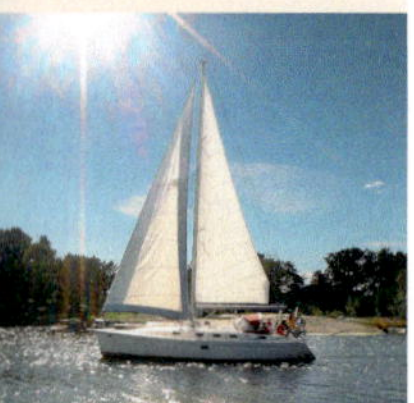

Tim und Tine starten bei einer Regatta ihres Segelclubs. Sie möchten wissen, welchen Flächeninhalt das Hauptsegel ihres Bootes hat.

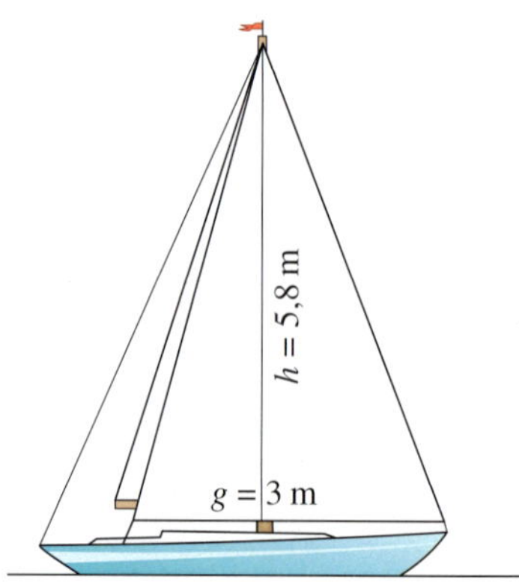

Beispiel 1

Sie messen die Grundseite g und die Höhe h des dreieckigen Segels und rechnen so:

Fläche: $3 \cdot 5{,}80 : 2 = 8{,}7$

Das Hauptsegel hat einen Flächeninhalt von $8{,}7\,\text{m}^2$.

HINWEIS
Jede Dreiecksseite kann Grundseite sein. Entsprechend gibt es zu jeder der Seiten a, b, c die entsprechenden Höhen h_a, h_b, h_c.

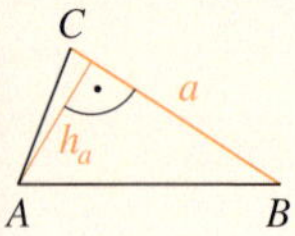

$A = \frac{a \cdot h_a}{2}$

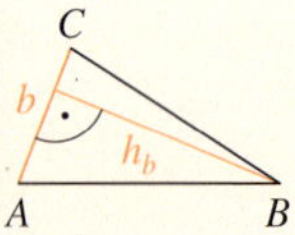

$A = \frac{b \cdot h_b}{2}$

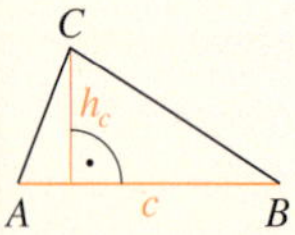

$A = \frac{c \cdot h_c}{2}$

Um den Flächeninhalt eines Dreiecks berechnen zu können, wandelt man es in ein flächengleiches Rechteck um. Zuerst halbiert man die Dreieckshöhe und verschiebt dann die an der Spitze entstandenen kleinen Dreiecke so, dass ein Rechteck entsteht.

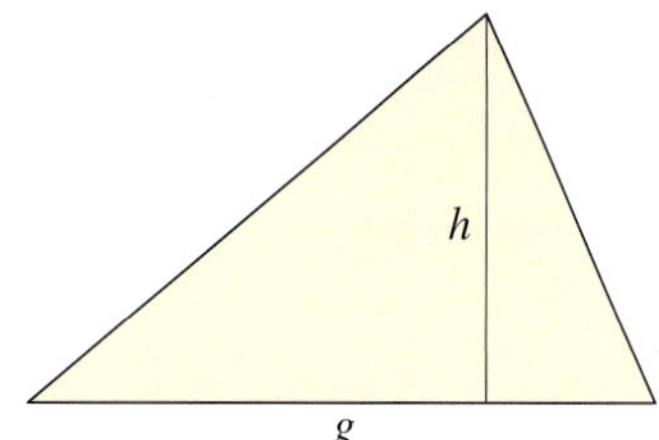

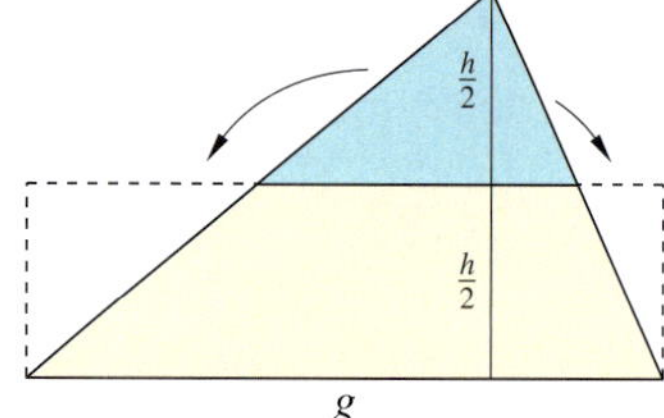

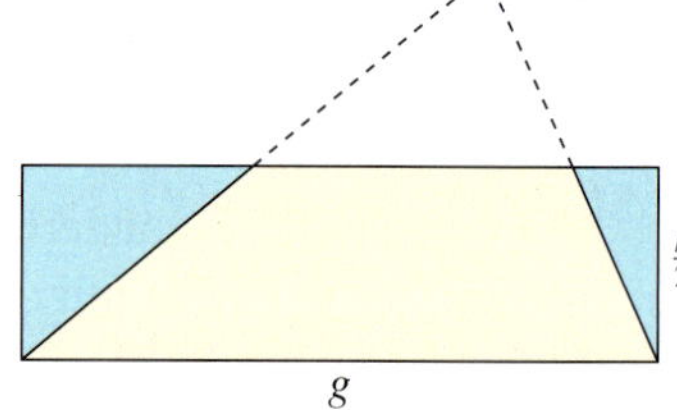

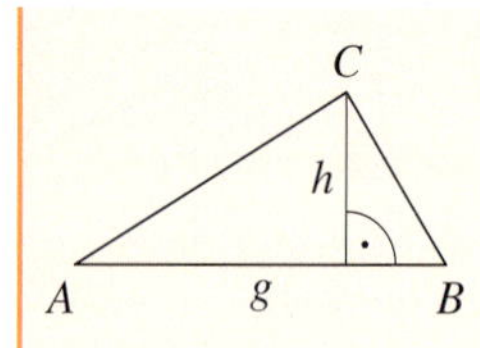

Merke Zur Berechnung des **Flächeninhalts** eines **Dreiecks** benötigt man die Längen der Grundseite g und der Höhe h.

Für den Flächeninhalt des Dreiecks gilt: $\boldsymbol{A = g \cdot \frac{h}{2} = \frac{g \cdot h}{2}}$

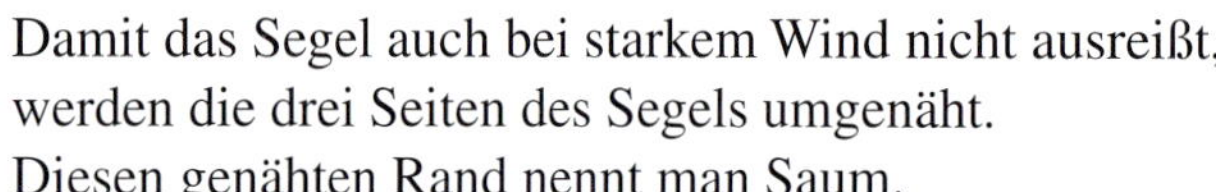

Damit das Segel auch bei starkem Wind nicht ausreißt, werden die drei Seiten des Segels umgenäht. Diesen genähten Rand nennt man Saum.

Tim und Tine rechnen aus, wie viel Meter Saum ihr Segel hat.

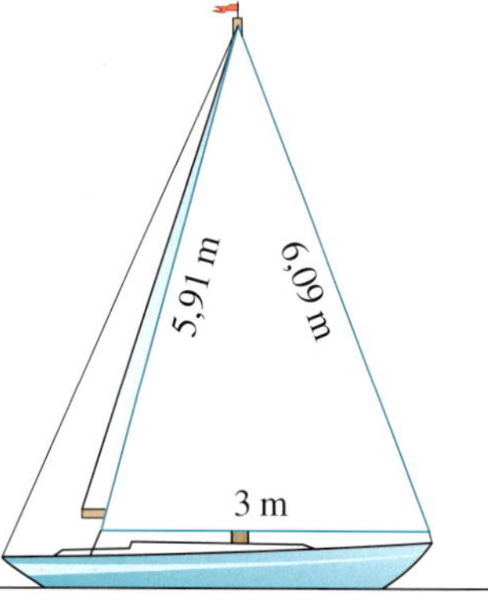

Beispiel 2

Sie messen die Längen aller Dreiecksseiten und addieren sie:
$6{,}09\,\text{m} + 5{,}91\,\text{m} + 3\,\text{m} = 15\,\text{m}$
Die Länge des Saums beträgt 15 m.

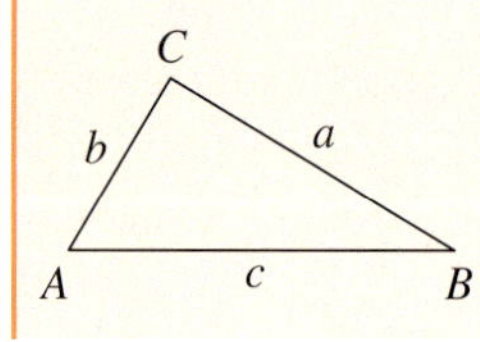

Merke Der **Umfang** eines **Dreiecks** ist die Summe aller Seitenlängen:
$\boldsymbol{u = a + b + c}$

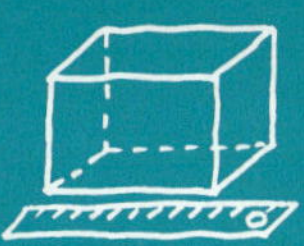

Üben und anwenden

1 Berechne den Umfang des Dreiecks ABC mit folgenden Maßen.
a) $a = 4\,\text{cm}$; $b = 5\,\text{cm}$; $c = 3\,\text{cm}$
b) $a = 4\,\text{cm}$; $b = 2\,\text{cm}$; $c = 5\,\text{cm}$
c) $a = 3\,\text{mm}$; $b = 7\,\text{mm}$; $c = 8\,\text{mm}$
d) gleichschenkliges Dreieck mit Basis c: $a = b = 3\,\text{cm}$; $c = 2\,\text{cm}$
e) gleichseitiges Dreieck mit $a = 6\,\text{dm}$

1 Berechne den Umfang des Dreiecks ABC mit folgenden Maßen.
a) $a = 3{,}4\,\text{cm}$; $b = 4{,}0\,\text{cm}$; $c = 2{,}7\,\text{cm}$
b) $a = 2{,}8\,\text{cm}$; $b = 3{,}1\,\text{cm}$; $c = 3{,}9\,\text{cm}$
c) $a = 34\,\text{mm}$; $b = 4{,}5\,\text{cm}$; $c = 0{,}60\,\text{dm}$
d) gleichschenkliges Dreieck mit Basis c: $a = 3{,}3\,\text{cm}$; $c = 4{,}1\,\text{cm}$
e) gleichseitiges Dreieck: $a = 5{,}6\,\text{cm}$

2 Berechne die fehlende Seitenlänge des Dreiecks.
a) $u = 13\,\text{cm}$; $b = 5\,\text{cm}$; $c = 3\,\text{cm}$
b) $u = 28\,\text{cm}$; $a = 10\,\text{cm}$; $b = 7\,\text{cm}$
c) $u = 8\,\text{dm}$; $b = 2\,\text{dm}$; $c = 3\,\text{dm}$
d) gleichschenkliges Dreieck mit Basis c: $u = 39\,\text{cm}$; $a = 19\,\text{cm}$
e) gleichseitiges Dreieck mit $u = 24\,\text{cm}$

2 Berechne die fehlende Seitenlänge des Dreiecks.
a) $u = 7{,}8\,\text{cm}$; $b = 3{,}0\,\text{cm}$; $c = 2{,}7\,\text{cm}$
b) $u = 10{,}5\,\text{cm}$; $a = 3{,}6\,\text{cm}$; $b = 4{,}7\,\text{cm}$
c) $u = 2{,}00\,\text{dm}$; $a = 8{,}2\,\text{cm}$; $c = 7{,}9\,\text{cm}$
d) gleichschenkliges Dreieck mit Basis c: $a = 7{,}4\,\text{cm}$; $u = 22{,}0\,\text{cm}$
e) gleichseitiges Dreieck: $u = 11{,}1\,\text{cm}$

3 Dreiecksumfänge schätzen und berechnen
a) Schätze die Umfänge der Dreiecke. Erstelle eine Rangliste, beginne beim Geringsten.
b) Zeichne die Dreiecke ins Heft, miss die Seitenlängen aus und berechne jeden Umfang.
c) Vergleiche deine Schätzung mit dem errechneten Ergebnis aus b).

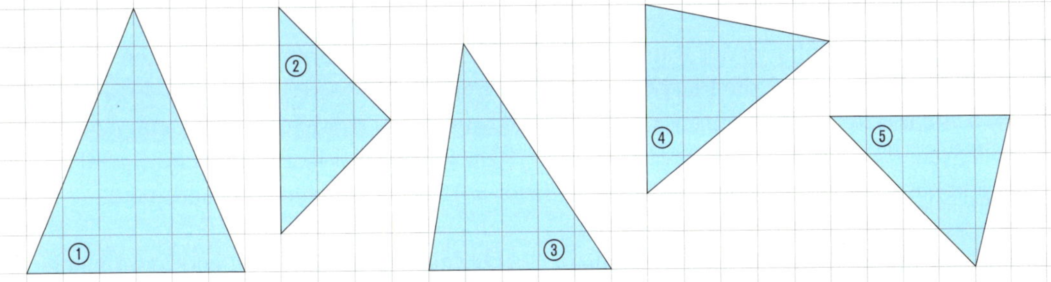

4 Drei Kinder bilden mit einem 20 m langen Seil ein Dreieck. Die Kinder stehen an den drei Eckpunkten. Lea und Jens stehen 5 m auseinander, Lea und Celina 6,5 m.
a) Fertige eine Skizze an.
b) Wie weit sind Jens und Celina voneinander entfernt?

4 Zwischen zwei Bäumen und einem Stall soll eine Pferdekoppel entstehen.
Die Bäume stehen 20,5 m und 16,3 m vom Stall entfernt. Wie weit sind die beiden Bäume voneinander entfernt, wenn 62,8 m Zaun zum Einzäunen benötigt wurden?
Fertige eine Skizze an.

5 Berechne den Flächeninhalt des Dreiecks ABC.
a) $g = 2\,\text{cm}$; $h_g = 5\,\text{cm}$
b) $g = 12\,\text{cm}$; $h_g = 3\,\text{cm}$
c) $g = 25\,\text{cm}$; $h_g = 8\,\text{cm}$
d) $g = 3\,\text{dm}$; $h_g = 7\,\text{dm}$
e) $g = 2{,}5\,\text{m}$; $h_g = 4{,}0\,\text{m}$

5 Berechne den Flächeninhalt des Dreiecks ABC.
a) $g = 4\,\text{cm}$; $h_g = 7\,\text{cm}$
b) $g = 26{,}0\,\text{m}$; $h_g = 7{,}5\,\text{m}$
c) $g = 18{,}2\,\text{cm}$; $h_g = 10{,}4\,\text{cm}$
d) $g = 803\,\text{mm}$; $h_g = 1\,042\,\text{mm}$
e) $g = 5{,}2\,\text{cm}$; $h_g = 31\,\text{mm}$

ZUM KNOBELN
Nimm sechs Streichhölzer weg, sodass insgesamt drei Dreiecke übrig bleiben.

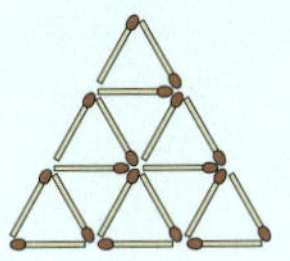

Findest du mehrere Lösungen?

6 Zeichne das Dreieck ab und miss alle Seitenlängen und Höhen aus.

a) Berechne die Terme $\frac{a \cdot h_a}{2}$, $\frac{b \cdot h_b}{2}$ und $\frac{c \cdot h_c}{2}$.

b) Vergleiche die drei Ergebnisse. Was fällt dir auf?

c) Finde eine Erklärung für deine Erkenntnisse. Formuliere sie in einem Satz für ein beliebiges Dreieck.

d) Stelle das Ergebnis der Klasse vor.

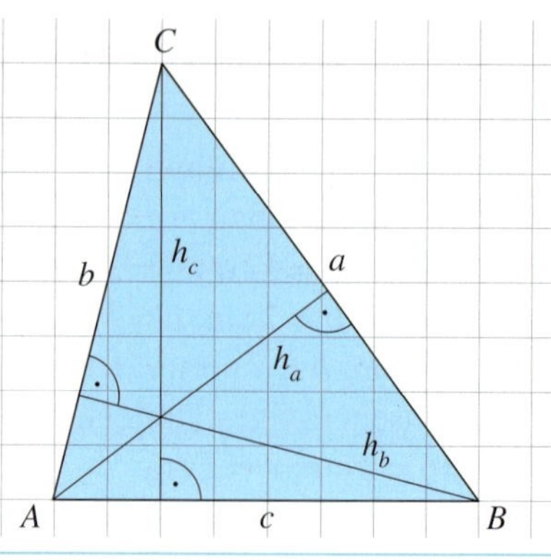

7 Berechne den Flächeninhalt des Dreiecks.

a) $c = 6\,\text{cm}$; $h_c = 4\,\text{cm}$

b) $b = 7\,\text{cm}$; $h_b = 2\,\text{cm}$

c) $a = 8\,\text{cm}$; $h_a = 3\,\text{cm}$

d) $a = 9\,\text{cm}$; $h_a = 12\,\text{cm}$

7 Berechne den Flächeninhalt des Dreiecks.

a) $c = 3{,}5\,\text{cm}$; $h_c = 2{,}1\,\text{cm}$

b) $a = 4{,}6\,\text{cm}$; $h_a = 3{,}6\,\text{cm}$

c) $b = 5{,}8\,\text{cm}$; $h_b = 6{,}6\,\text{cm}$

d) $h_a = 8{,}3\,\text{cm}$; $a = 2{,}9\,\text{cm}$

8 Ein Dreieck hat die Maße $a = 17{,}5\,\text{cm}$; $h_a = 9{,}6\,\text{cm}$; $b = 12{,}3\,\text{cm}$; $h_c = 12{,}6\,\text{cm}$.

a) Berechne den Flächeninhalt.

b) Wie groß ist die Höhe auf b?
Tipp: Gehe vom Flächeninhalt von a) aus und errechne h_b.

c) Berechne nun die Seite c. Verfahre ähnlich wie in b).

8 Ergänze fehlende Größen des Dreiecks.

	a)	b)	c)	d)
a	8 m			5,6 cm
h_a		7,0 cm	512 cm	
b	10 m		59 dm	63 mm
h_b		42 cm	350 cm	
A	24 m²	17,85 cm²		16,8 cm²

ZU AUFGABE 9

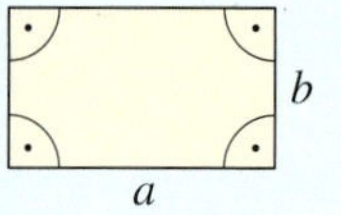

$A = a \cdot b$

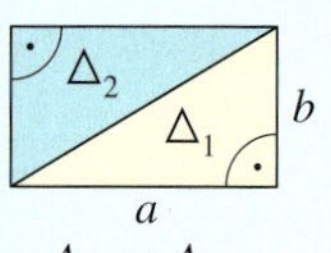

$A_{\Delta_1} = A_{\Delta_2}$

*Beim rechtwinkligen Dreieck nennt man die längste Seite **Hypotenuse**, die beiden anderen Seiten heißen **Katheten**.*

9 Betrachte die Bildfolge in der Randspalte. Für welche Sonderform von Dreiecken gilt die Formel $A = \frac{a \cdot b}{2}$? Berechne die Flächeninhalte der Dreiecke.

① $a = 6\,\text{cm}$; $b = 8\,\text{cm}$; $c = 10\,\text{cm}$; $\gamma = 90°$

② $a = 5\,\text{cm}$; $b = 13\,\text{cm}$; $c = 12\,\text{cm}$; $\beta = 90°$

③ $a = 25\,\text{cm}$; $b = 7\,\text{cm}$; $c = 24\,\text{cm}$; $\alpha = 90°$

④ $a = 3\,\text{cm}$; $b = 4\,\text{cm}$; $c = 5\,\text{cm}$; $\gamma = 90°$

⑤ Hypotenuse = 17 cm; $\text{Kathete}_1 = 8\,\text{cm}$; $\text{Kathete}_2 = 15\,\text{cm}$ Beachte die Randspalte.

10 Zeichne die Dreiecke ins Koordinatensystem (1 LE ≙ 1 cm) und berechne ihre Flächeninhalte. Bestimme die Grundseite.

a) $A(-5|3)$; $B(1|3)$; $C(-4|8)$

b) $D(-4|-5)$; $E(7|-4)$; $F(-4|-1)$

c) $G(5|0)$; $H(6|6)$; $I(1|6)$

10 Zeichne die Dreiecke ins Koordinatensystem (1 LE ≙ 1 cm) und berechne ihre Flächeninhalte. Bestimme die Grundseite.

a) $A(-6|1{,}5)$; $B(0|1{,}5)$; $C(-5|0)$

b) $D(-5|-4)$; $E(1|0{,}5)$; $F(-5|-1)$

c) $G(5|0)$; $H(5|6)$; $I(3{,}5|6)$

11 Ermittle die Flächeninhalte der Dreiecke. Miss die benötigten Größen in der Zeichnung.

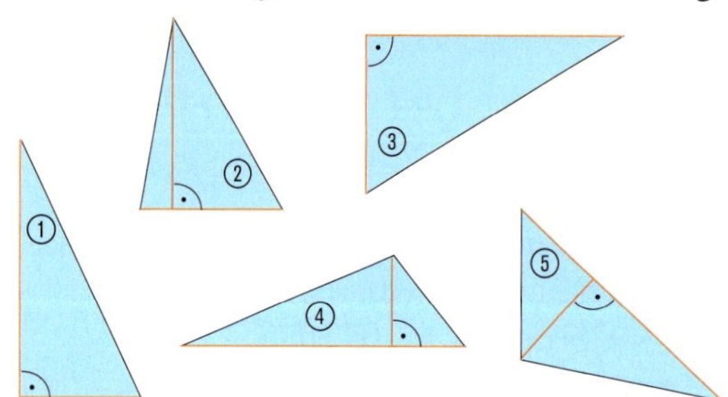

11 Berechne den Flächeninhalt der grünen Fläche. Beschreibe deine Vorgehensweise.

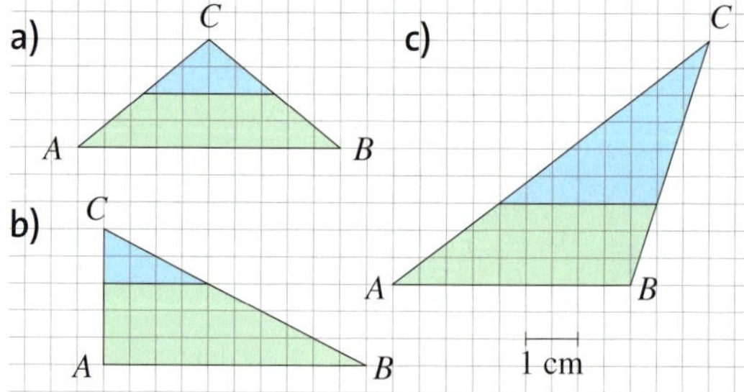

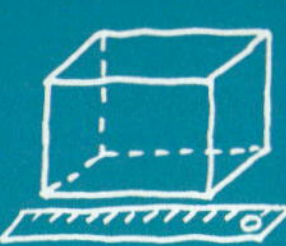

Umfang und Flächeninhalt von Parallelogrammen

Entdecken

1 Miss die Seitenlängen der folgenden Vierecke und berechne ihren Umfang.

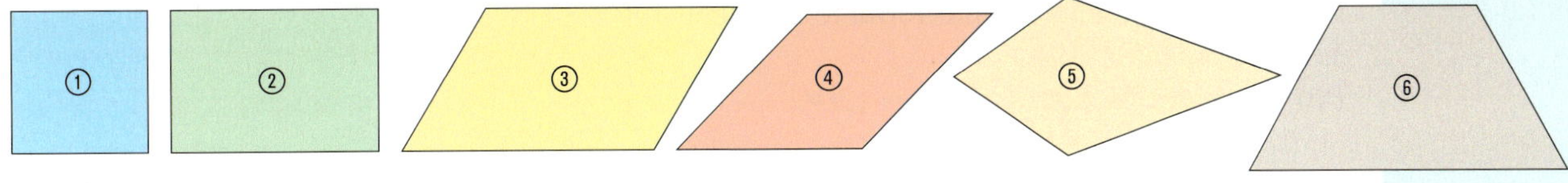

a) Wie bist du bei der Berechnung vorgegangen?
b) Zeichne die Vierecke ins Heft und beschrifte sie.
Bezeichne dabei gleich lange Seiten einer Figur mit derselben Variable.
c) Wie könnten die jeweiligen Formeln zur Berechnung des Umfangs lauten?
Stelle die Formeln auf.
Vergleicht und besprecht untereinander eure Ergebnisse.

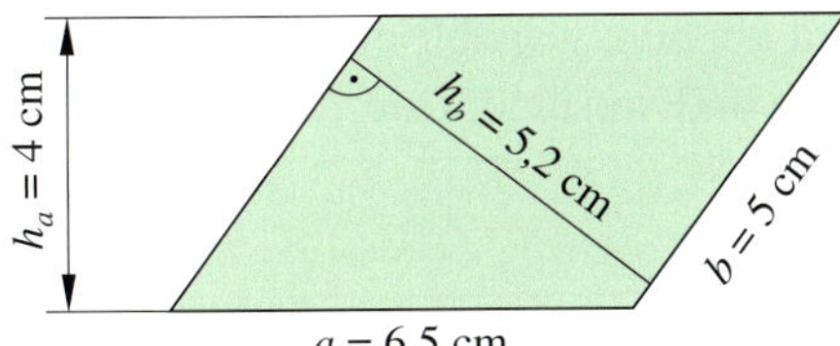

2 Jedes Parallelogramm hat zwei verschiedene Höhen, je nachdem, welche Seite man als Grundseite betrachtet.
Multipliziere jede Seite mit ihrer zugehörigen Höhe. Was fällt dir auf?
Überprüfe, ob das auch für andere Parallelogramme gilt.

3 Nadine hat einen Stapel Notizzettel. Die Fläche vorn ist 5 cm breit und 4 cm hoch. Sie verschiebt den Stapel seitlich. Es entsteht als vordere Fläche ein Parallelogramm, das immer noch eine Höhe von 4 cm besitzt. Die Seiten des Parallelogramms sind nun aber alle 5 cm lang. Vergleiche die Flächeninhalte der vorderen Fläche des Stapels, wenn er gerade steht und wenn er seitlich verschoben ist. Was fällt dir auf?

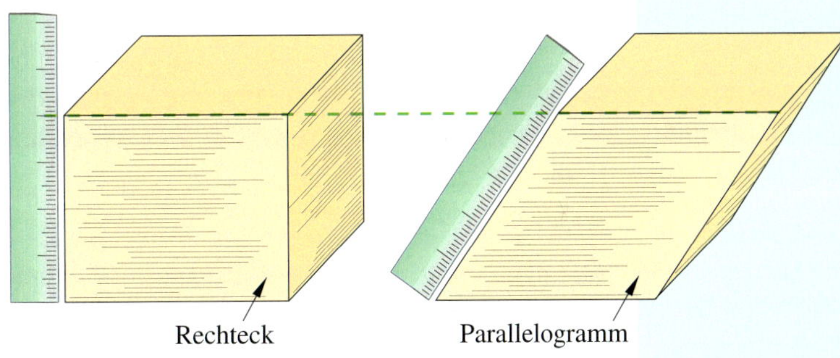

4 Überlegt, wie das nebenstehende Parallelogramm in ein flächengleiches Rechteck umgewandelt werden kann.

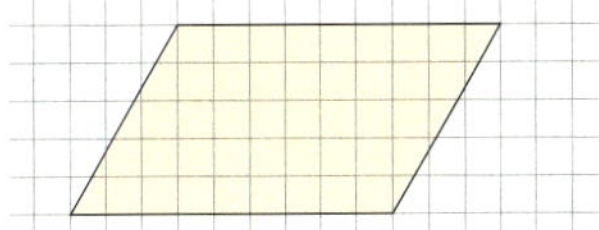

5 Parallelogramme lassen sich auf unterschiedliche Art verändern und vergleichen.
a) Vergleiche die drei aus Streichhölzern gelegten Parallelogramme bezüglich Umfang, Höhe und Flächeninhalt.
b) Schätze nun Umfang und Flächeninhalt der vier gezeichneten Parallelogramme.
Hast du eine Vermutung?
Kannst du deine Vermutung begründen?

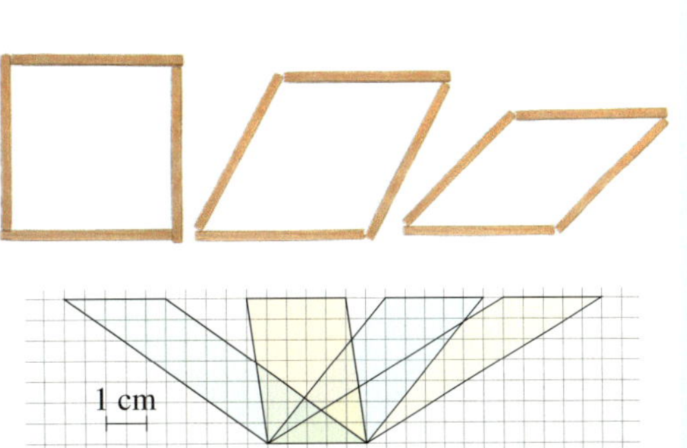

Verstehen

Beim Fußballspielen am Haus landet Uwes Ball genau im mittleren Glaselement des Seitengeländers, sodass dieses zerbricht. Nun muss die parallelogrammförmige Scheibe ersetzt werden. Pro Quadratmeter kostet das Glas 120 €.

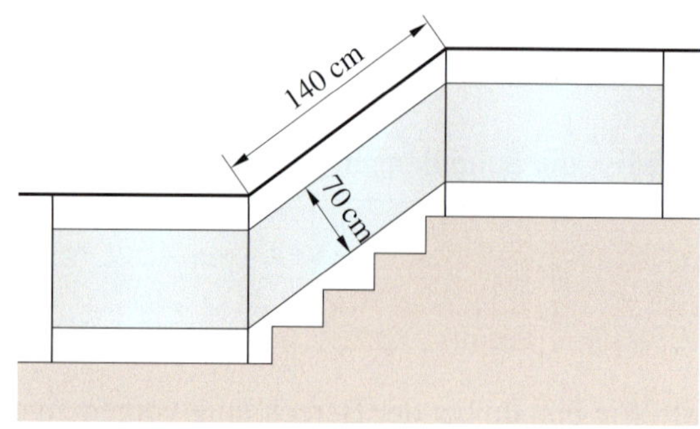

Beispiel 1

Eine Handwerksfirma, die die Reparatur ausführt, berechnet die Unkosten.
Flächeninhalt der Scheibe: $1{,}40\,\text{m} \cdot 0{,}70\,\text{m} = 0{,}98\,\text{m}^2$
Kosten der Scheibe: $0{,}98 \cdot 120\,€ = 117{,}60\,€$

Das Material für eine neue Scheibe kostet 117,60 €.

Um den Flächeninhalt eines Parallelogramms berechnen zu können, wandelt man es in ein Rechteck um. Dazu trennt man eine dreieckige Teilfläche ab und verschiebt sie. Dann berechnet man den Flächeninhalt des Rechtecks.

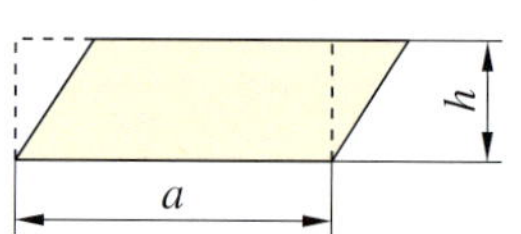

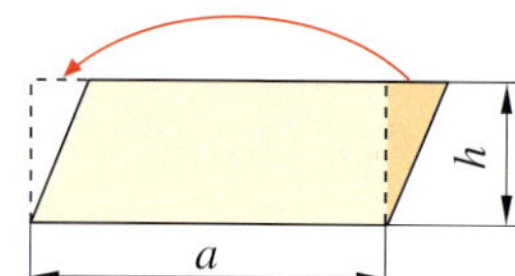

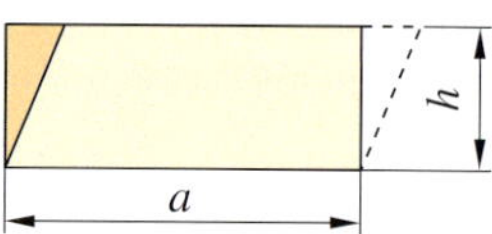

HINWEIS
Jede Seite eines Parallelogramms kann Grundseite sein. Folglich gibt es zu den Grundseiten a und b die entsprechenden Höhen h_a und h_b.

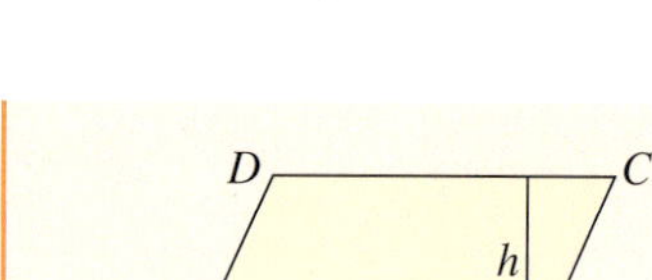

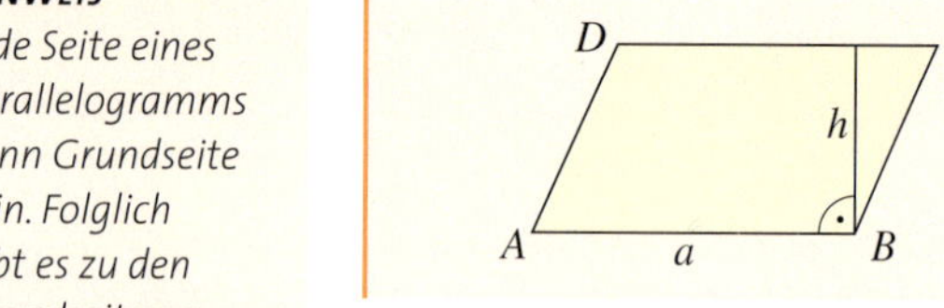

Merke Der **Flächeninhalt** eines **Parallelogramms** ist das Produkt aus Grundseite a und der senkrecht darauf stehenden Höhe h.

$\boldsymbol{A = a \cdot h}$

$A = a \cdot h_a$

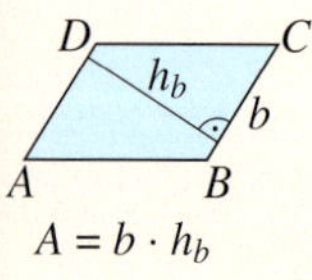

$A = b \cdot h_b$

Die neue Glasscheibe muss ringsum mit Aluprofilen eingefasst werden. Solche Profilstangen kosten pro laufenden Meter 6,50 €. Auch diese Kosten müssen berechnet werden.

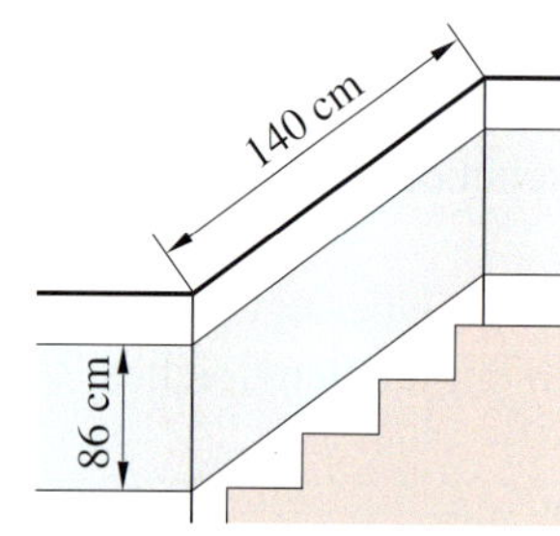

Beispiel 2

Umfang der Scheibe: $2 \cdot 1{,}40\,\text{m} + 2 \cdot 0{,}86\,\text{m} = 4{,}52\,\text{m}$
Kosten der Aluprofile: $4{,}52 \cdot 6{,}50\,€ = 29{,}38\,€$

Die Einfassung der Glasscheibe kostet 29,38 €.

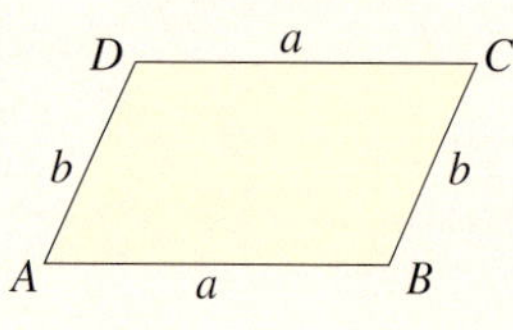

Merke Der **Umfang** eines **Vierecks** ist die Summe der vier Seitenlängen.
Beim **Parallelogramm** berechnet man den Umfang nach der Formel:

$$\boldsymbol{u} = a + b + a + b$$
$$= 2 \cdot a + 2 \cdot b$$
$$\boldsymbol{= 2\,(a + b)}$$

Üben und anwenden

1 Vierecke und ihr Umfang

①

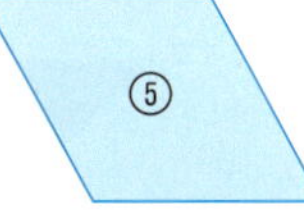

a) Zu welcher Vierecksart gehören die folgenden Figuren?
b) Wie viele Seiten musst du jeweils mindestens messen, um ihren Umfang zu bestimmen?
c) Bestimme den Umfang der Figuren.

2 Berechne den Flächeninhalt des Parallelogramms.
a) $a = 3\,\text{cm}$; $h_a = 12\,\text{cm}$
b) $a = 13\,\text{cm}$; $h_a = 13\,\text{cm}$
c) $b = 64\,\text{cm}$; $h_b = 34\,\text{cm}$
d) $b = 3{,}1\,\text{cm}$; $h_b = 2{,}4\,\text{cm}$

3 Bestimme den Flächeninhalt des Parallelogramms. Ein Kästchen entspricht 1 cm.

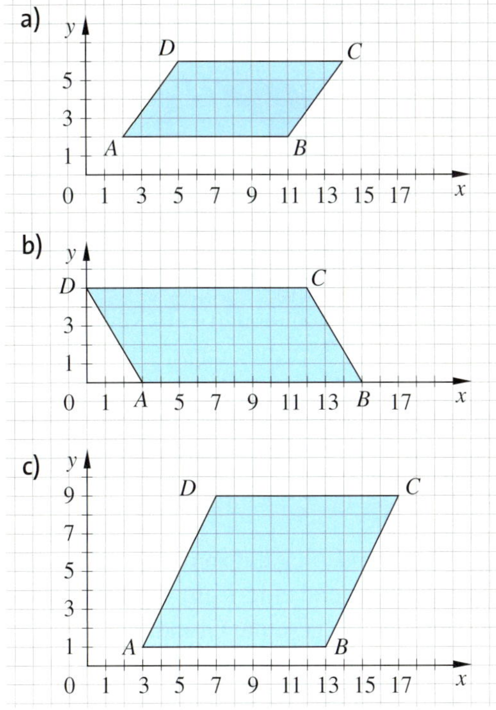

4 Zeichne das Parallelogramm mit den Angaben $a = 4{,}2\,\text{cm}$, $b = 3{,}1\,\text{cm}$ und $\alpha = 55°$. Berechne Umfang und Flächeninhalt.

2 Übertrage ins Heft und berechne die fehlenden Größen der Parallelogramme.

	a (in m)	b (in m)	h_a (in m)	u (in m)	A (in m^2)
a)	2,6	1,6	1,4		
b)	5,3	2,2			18,55
c)		4,1	2,4	18,2	
d)	3,7			12,6	6,29

3 Berechne jeweils Umfang und Flächeninhalt der Parallelogramme.

a)

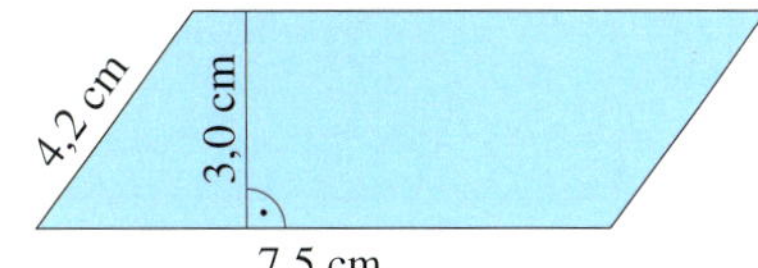

b)

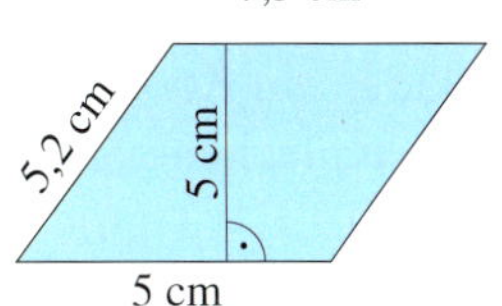

c)

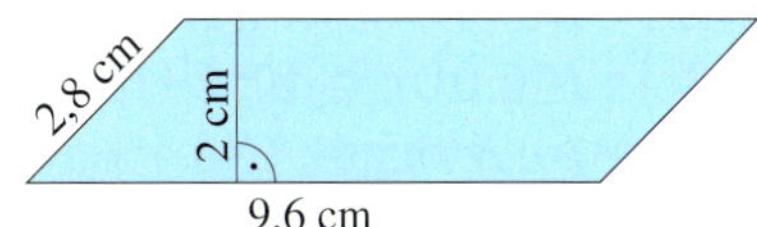

4 Ein Parallelogramm hat den angegebenen Flächeninhalt. Gib jeweils zwei Möglichkeiten für g und h_g an. Zeichne sie.
a) $A = 45\,\text{cm}^2$
b) $A = 66\,\text{cm}^2$
c) $A = 0{,}21\,\text{dm}^2$
d) $A = 1\,400\,\text{mm}^2$

5 Wie verändert sich der Flächeninhalt eines Parallelogramms, wenn …
a) die Grundseite verdoppelt wird?
b) die Höhe halbiert wird?
c) die Grundseite und die Höhe verdoppelt werden?
d) die Grundseite verdoppelt und gleichzeitig die Höhe halbiert wird?

6 Berechne den Flächeninhalt jedes Parallelogramms.
Was fällt dir auf?

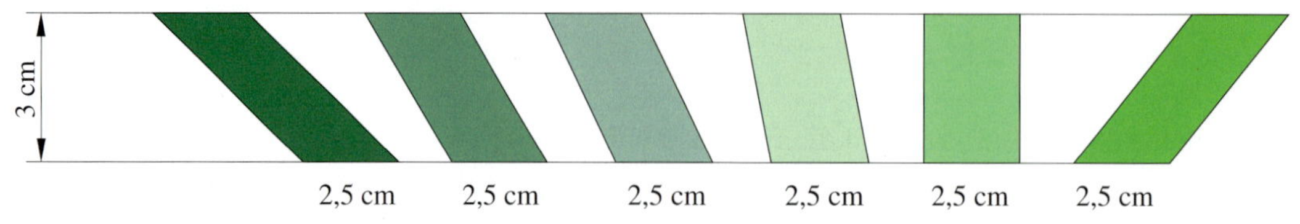

HINWEIS
Bei manchen Parallelogrammen verläuft die Höhe außerhalb der Fläche.

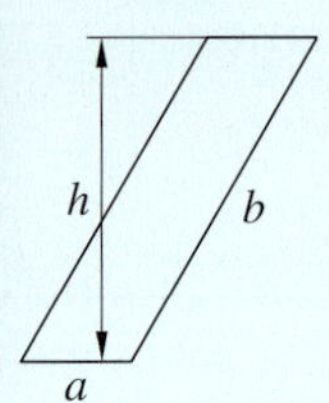

7 In jedes Parallelogramm kann man zwei verschiedene Höhen einzeichnen. Berechne den Flächeninhalt aus der Höhe h_a und der Seite a sowie aus der Höhe h_b und der Seite b.

a)

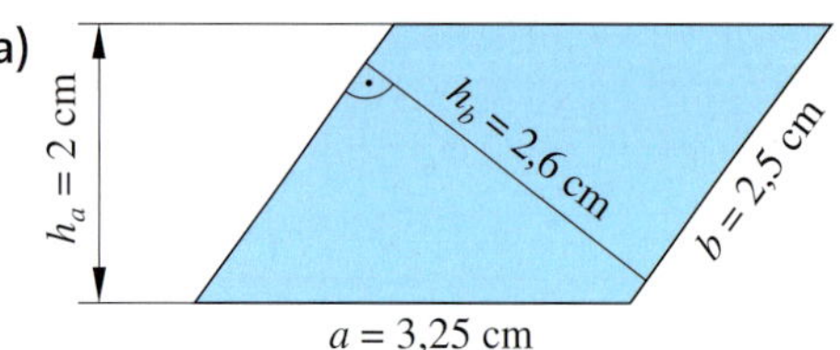

b)

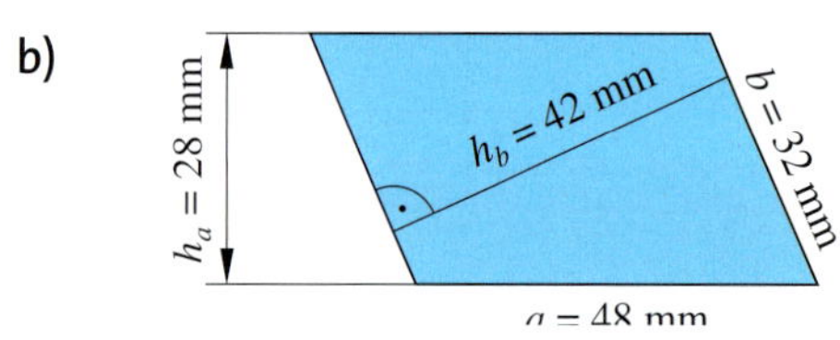

7 Berechne die Flächeninhalte der drei Parallelogramme. Dazu brauchst du jeweils nur zwei Angaben.
Berechne im Aufgabenteil a) und b) die 2. Höhe und im Aufgabenteil c) die 2. Seite.

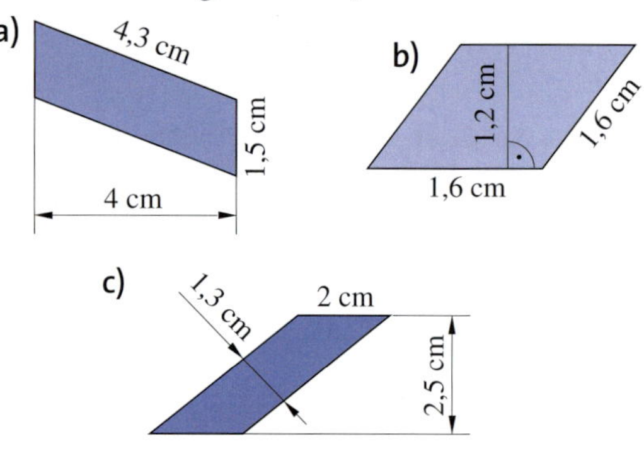

8 Trage die Punkte in ein Koordinatensystem ein und berechne den Flächeninhalt des Parallelogramms $ABCD$. (1 LE ≙ 1 cm)

a) $A(0|0)$; $B(6|0)$; $C(9|5)$; $D(3|5)$
b) $A(2|1)$; $B(7|1)$; $C(9|7)$; $D(4|7)$
c) $A(2|4)$; $B(0|0)$; $C(8|0)$; $D(10|4)$
d) $A(1{,}5|3{,}5)$; $B(0{,}5|0)$; $C(6{,}5|1{,}5)$; $D(7{,}5|5)$

8 Zeichne Parallelogramme in ein Koordinatensystem, bei denen du den 4. Eckpunkt erst ergänzen musst. Berechne dann Umfang und Fläche. (1 LE ≙ 1 cm)

a) $A(6|1)$; $B(0|5)$; $C(-1|-2)$; $D(\square|\square)$
b) $E(-1|-4)$; $F(-4|1)$; $G(-6|1)$; $H(\square|\square)$
c) $I(3|4)$; $J(3|7)$; $K(-3|3)$; $L(\square|\square)$

9 Drei Parkbuchten in der Altstadt sollen Kopfsteinpflaster erhalten. Mit einer Tonne der entsprechenden Steine können etwa 3 m² gepflastert werden. Wie hoch sind die Materialkosten für das Kopfsteinpflaster, wenn eine Tonne 75 € kostet?

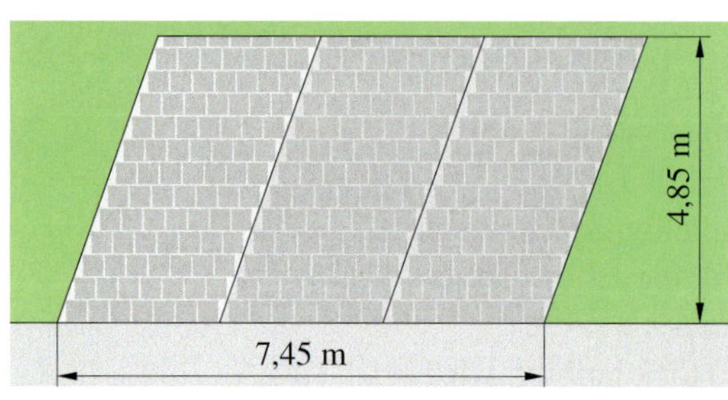

9 Ein Baugrundstück hat an der Straße eine Breite von 12 m und eine Tiefe von 22 m. Ein Zaun, der um das gesamte Grundstück führt, ist 74 m lang. Zeichne das Grundstück im Maßstab 1 : 100 und berechne seine Fläche.

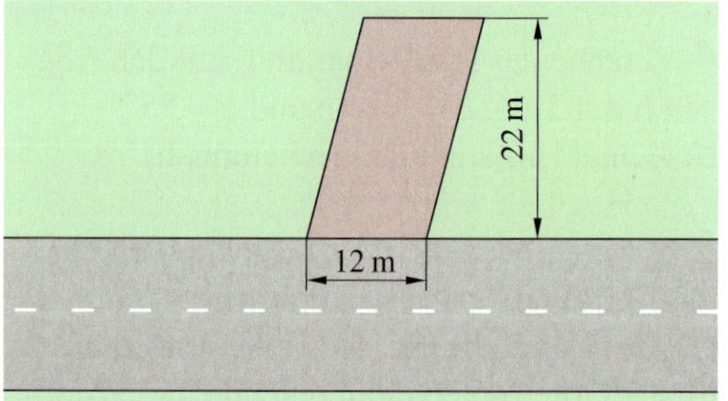

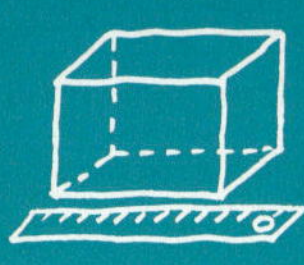

Umfang und Flächeninhalt von Trapez und Drachen

Entdecken

1 In Gruppen- und Besprechungsräumen werden häufig Trapeztische eingesetzt. Deren Tischfläche stellt ein gleichschenkliges Trapez dar.

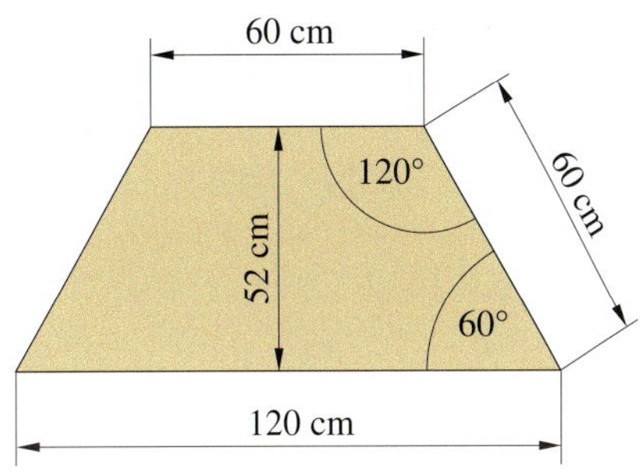

a) Welche Vorteile haben Trapeztische gegenüber rechteckigen Tischen?
b) Zeichne alle Möglichkeiten, wie man zwei Trapeztische zusammenstellen kann, in dein Heft.
c) Hast du bei einer Figur aus b) eine Idee, wie man den Flächeninhalt von zwei gleichen Trapezen berechnen kann?
Tipp: Nutze deine Kenntnisse zur Flächenberechnung von Rechtecken, Parallelogrammen und Dreiecken.
d) Beschreibe, wie du in c) vorgegangen bist. Hast du mehrere Lösungswege gefunden?

2 Schneide ein ungleichschenkliges Trapez aus und markiere den Mittelpunkt M der Seite b.

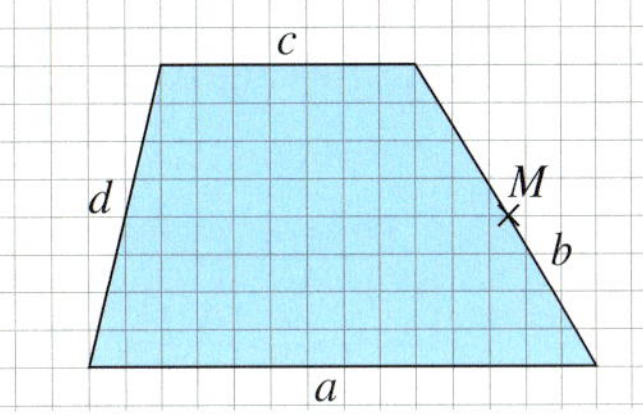

a) Lege das Trapez als Schablone auf eine Heftseite und zeichne es exakt ab.
b) Drehe die Schablone nun um 180° um den Punkt M und zeichne das Trapez noch einmal ab.
c) Welche Gesamtfigur entsteht? Wie lang sind die einzelnen Seiten der Gesamtfigur?
d) Ziehe durch Punkt M eine Parallele zur oberen und unteren Seite. Wie lang ist diese Mittelparallele?

3 Verschiedene Drachen aus DIN-A4-Blättern

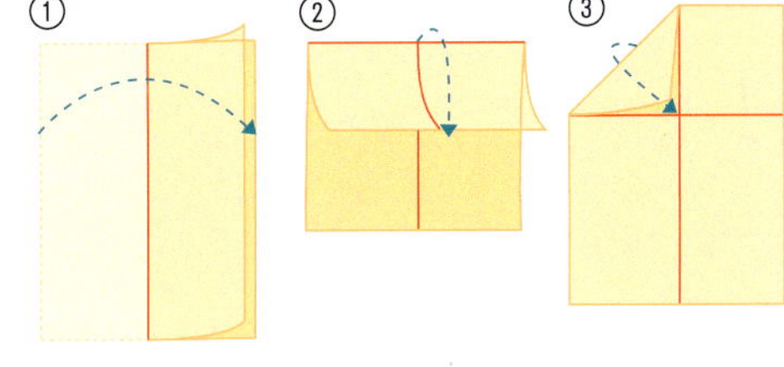

a) Jeder faltet einen Drachen wie folgt:
① Faltet das Blatt längs in der Mitte und öffnet es wieder.
② Faltet das Blatt quer, egal auf welcher Höhe.
③ Faltet die Ecken nach innen, sodass eine Faltlinie die Knicke auf dem Blattrand verbindet. Legt das Blatt aufgeklappt wieder vor euch.
b) Auf jedem Blatt Papier ist jetzt ein Drachen zu erkennen. Wie groß könnte der Flächeninhalt eurer Drachen sein? Stellt Vermutungen auf und tauscht eure Ideen aus.
c) Wie könnt ihr mit der Falttechnik eine Raute falten? Bestimmt auch ihren Flächeninhalt.

4 Drachenbasteln will gelernt sein. Zeichne und benenne die drei Vierecke.

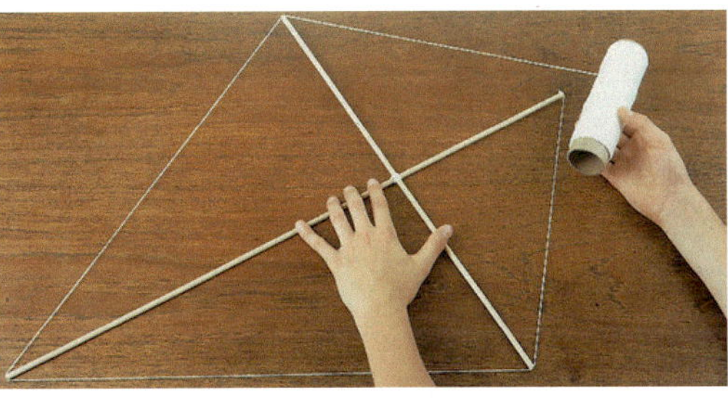

a) Armin nimmt zwei gleich lange Leisten, markiert deren Mittelpunkte und klebt sie dort rechtwinklig zusammen.
b) Benito nimmt zwei verschieden lange Leisten, markiert deren Mittelpunkte und klebt sie rechtwinklig zusammen.
c) Claudio nimmt zwei verschieden lange Leisten, markiert den Mittelpunkt der kürzeren und befestigt sie rechtwinklig im oberen Drittel der längeren Leiste.

Verstehen

Landwirt Funke besitzt ein trapezförmiges Feld, das aufgrund seiner Form nur schwer mit Maschinen zu bearbeiten ist. Deshalb schlägt er seinem Grundstücksnachbarn einen Flächentausch vor. Der Flächeninhalt seines Feldes soll dabei nicht verändert werden. Der Flächentausch erfolgt in mehreren Schritten.

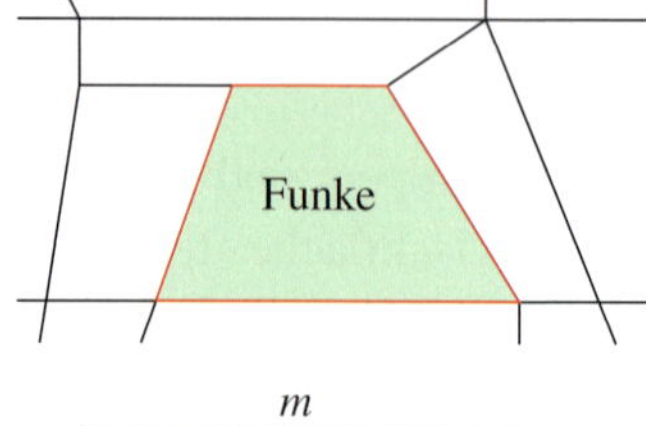

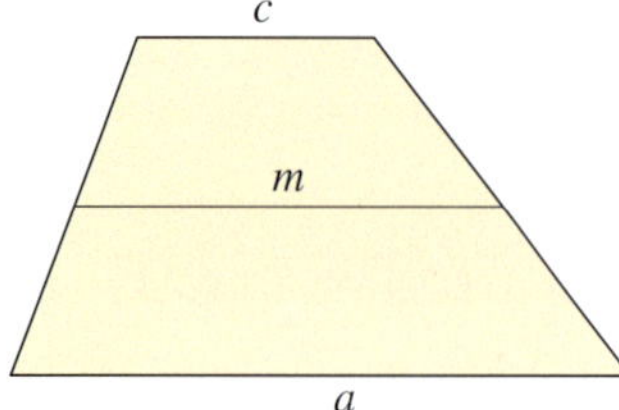

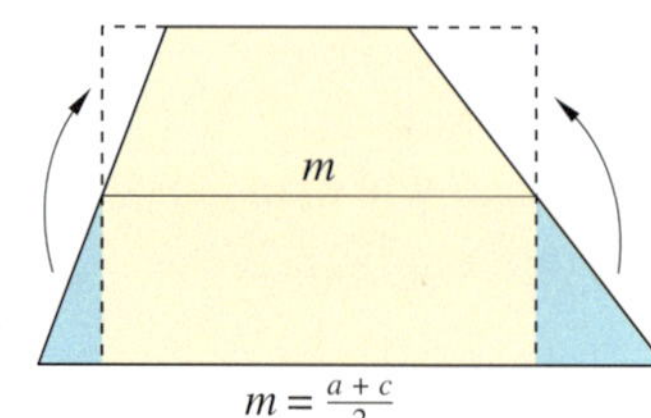

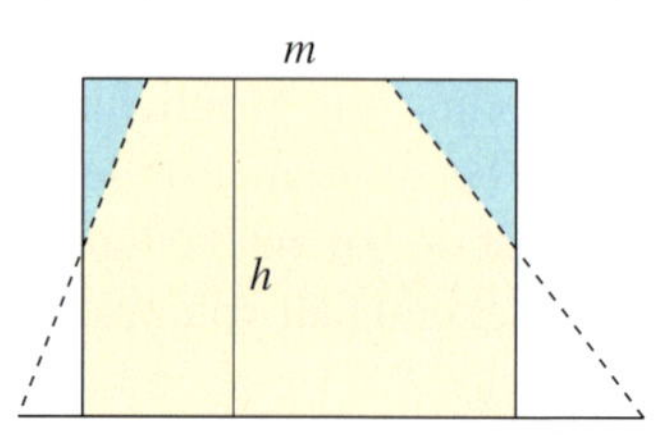

Die Mittellinie m wird markiert. Sie liegt in der Mitte zwischen den beiden parallelen Seiten des Trapezes.

Die abgetrennten Dreiecksflächen unterhalb von m werden oberhalb von m wieder angesetzt.

Das Trapez ist in ein flächengleiches Rechteck mit der Flächenformel $A = m \cdot h$ umgewandelt worden.

Die Flächenumwandlung nutzt man auch, um den Flächeninhalt von Trapezen zu berechnen.

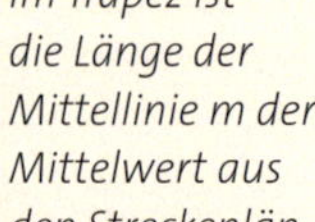

Hinweis
Im Trapez ist die Länge der Mittellinie m der Mittelwert aus den Streckenlängen a und c: $m = \frac{a+c}{2}$

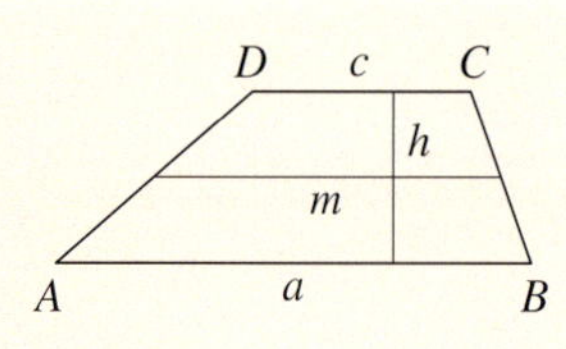

Merke Der **Flächeninhalt** eines **Trapezes** wird berechnet, indem man die Hälfte der Summe der parallelen Seiten a und c mit der Höhe h multipliziert.

$$\boldsymbol{A = \frac{a+c}{2} \cdot h = m \cdot h}$$

Beispiel 1

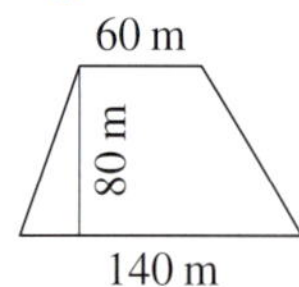

Welchen Flächeninhalt hat das Feld von Landwirt Funke?

$$A = \frac{a+c}{2} \cdot h = \frac{140\,\text{m} + 60\,\text{m}}{2} \cdot 80\,\text{m} = \frac{200\,\text{m}}{2} \cdot 80\,\text{m} = 8\,000\,\text{m}^2$$

Das Feld hat eine Größe von $8\,000\,\text{m}^2$.

Will man den Flächeninhalt eines Drachens berechnen, wendet man ebenfalls die Methode der Flächenumwandlung an.

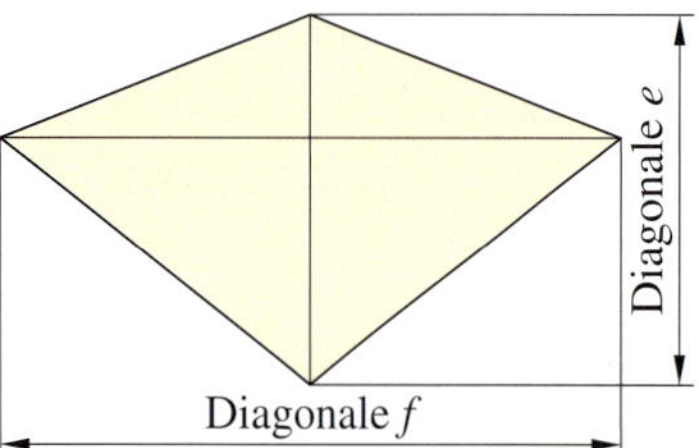

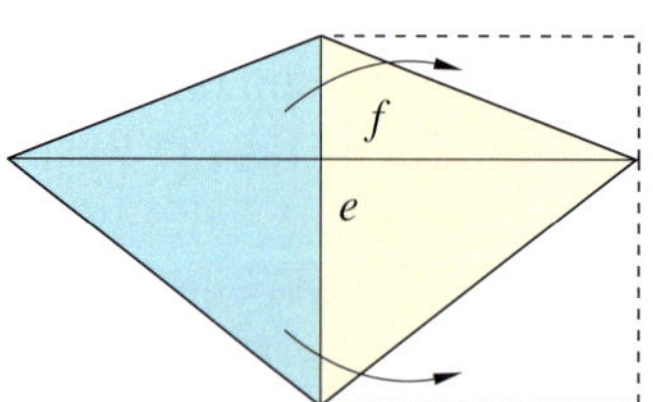

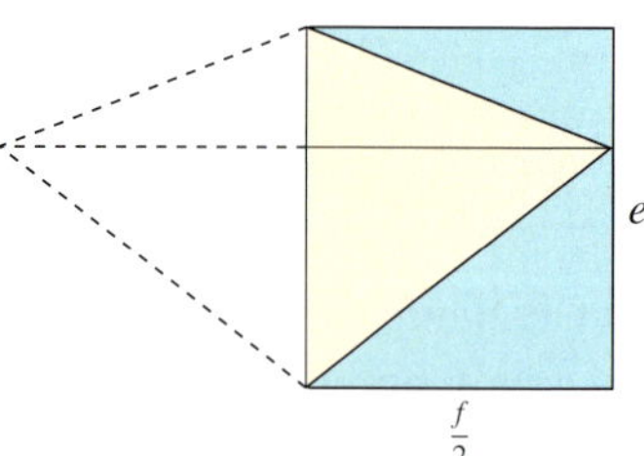

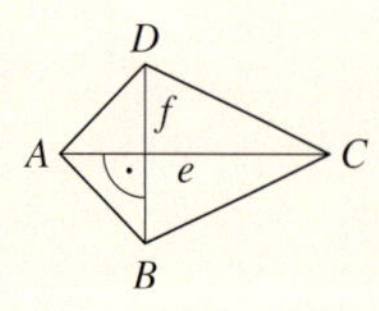

Merke Der **Flächeninhalt** eines **Drachenvierecks (kurz: Drachen)** ist das halbe Produkt der Diagonalen e und f.

$$\boldsymbol{A = e \cdot \frac{f}{2} = \frac{e \cdot f}{2}}$$

Beispiel 2

Inas Drachen hat die Diagonalen $e = 90\,\text{cm}$ und $f = 60\,\text{cm}$. Wie groß ist der Flächeninhalt?

$$A = \frac{e \cdot f}{2} = \frac{90\,\text{cm} \cdot 60\,\text{cm}}{2} = 2\,700\,\text{cm}^2$$

Üben und anwenden

1 Zeichne die Trapeze ins Heft. Berechne jeweils den Umfang und den Flächeninhalt.

a)

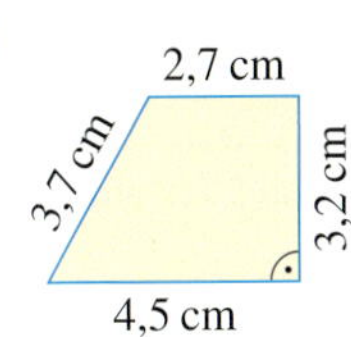

b)

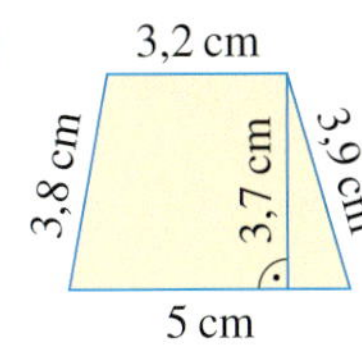

2 Berechne den Flächeninhalt der Trapeze. Die Seiten a und c sind parallel zueinander.

a) $a = 14\,\text{cm}$; $c = 6\,\text{cm}$; $h_a = 4\,\text{cm}$
b) $a = 8\,\text{dm}$; $c = 10\,\text{dm}$; $h_a = 7\,\text{dm}$
c) $a = 12\,\text{dm}$; $c = 10\,\text{dm}$; $h_a = 8\,\text{dm}$
d) $a = 11\,\text{m}$; $c = 9\,\text{m}$; $h_a = 3\,\text{m}$
e) $a = 7{,}5\,\text{cm}$; $c = 3{,}5\,\text{cm}$; $h_a = 4{,}5\,\text{cm}$

3 c; $m = 5\,\text{cm}$; $h = 6\,\text{cm}$; $a = 7\,\text{cm}$

Berechne die Seite c des Trapezes. Wie groß ist der Flächeninhalt des Trapezes?

1 Berechne den Flächeninhalt der Trapeze.

a)

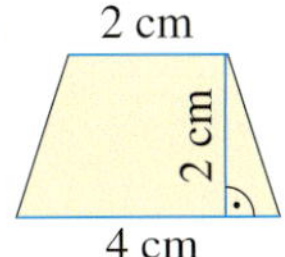

b)

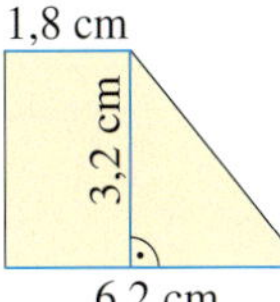

c)

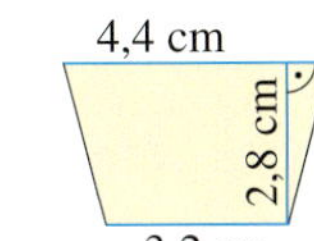

d)

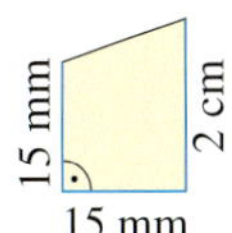

2 Zeichne das Trapez in ein Koordinatensystem (1 LE ≙ 1 cm). Bestimme notwendige Größen und berechne den Flächeninhalt.

a) $A(1|1)$; $B(6|1)$; $C(5|6)$; $D(3|6)$
b) $A(2|0)$; $B(7|0)$; $C(8|6)$; $D(1|6)$
c) $A(0|0)$; $B(6{,}5|0)$; $C(3{,}5|7{,}5)$; $D(0|7{,}5)$
d) $A(0|0)$; $B(4{,}5|2)$; $C(4{,}5|6)$; $D(0|8)$

3 Das Trapez hat einen Flächeninhalt von $42\,\text{cm}^2$. Berechne Seite a und die Höhe des Trapezes.

$c = 3\,\text{cm}$; $m = 7\,\text{cm}$

4 Übertrage die Tabelle ins Heft und berechne die fehlenden Größen eines Trapezes.

	a	c	m	h_a	A
a)	12 cm	8 cm		5 cm	
b)	6,5 m		5 m	3,4 m	
c)		9 dm	12 dm		$66\,\text{dm}^2$
d)	14 mm			4 mm	$46\,\text{mm}^2$
e)	3,5 km	6,1 km			$36\,\text{km}^2$
f)		7,7 cm	11 cm	4,6 cm	
g)		8 m	6,5 m		$39\,\text{m}^2$
h)	4,7 cm	6,3 cm		5,8 cm	

5 Berechne den Flächeninhalt der Scheibe.

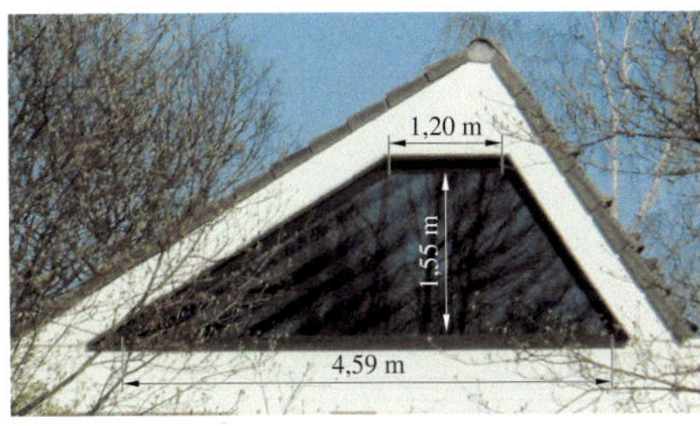

5 Ermittle den Flächeninhalt der gelben Fläche und erkläre deinen Lösungsweg.

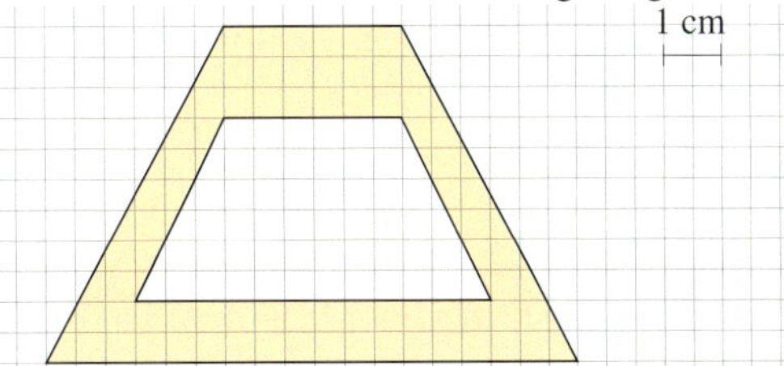

6 Berechnet den Flächeninhalt der drei Trapeze.
Was fällt euch dabei auf? Begründet.

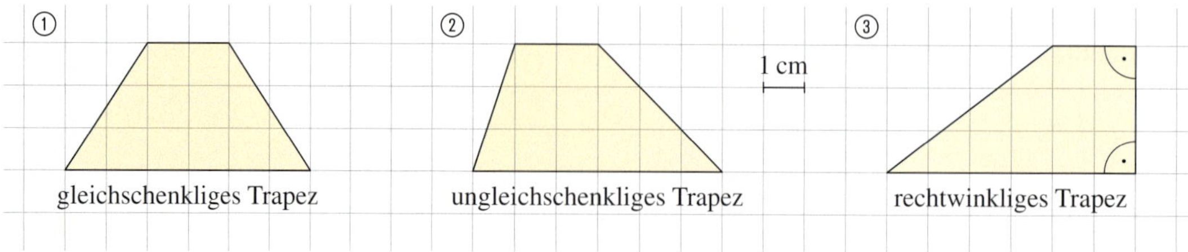

7 Zeichne die gleichschenkligen Trapeze mit den angegebenen Maßen ins Heft.
Die Seiten a und c sind parallel zueinander ($a \parallel c$).
Berechne anschließend den Flächeninhalt.

c
h_a
a

a) $a = 5\,\text{cm}$; $c = 4\,\text{cm}$; $h_a = 3\,\text{cm}$
b) $a = 3{,}5\,\text{cm}$; $c = 5{,}6\,\text{cm}$; $h_a = 4{,}8\,\text{cm}$
c) $a = 74\,\text{mm}$; $c = 26\,\text{mm}$; $h_a = 45\,\text{mm}$
d) $a = 30\,\text{mm}$; $c = 3{,}3\,\text{cm}$; $h_a = 33\,\text{mm}$

7 Ein Hausdach muss neu gedeckt werden.
Der Besitzer möchte sich Kostenvoranschläge einholen.
Dafür benötigt er die Größe der Dachfläche.
Berechne den Flächeninhalt der Dachfläche.

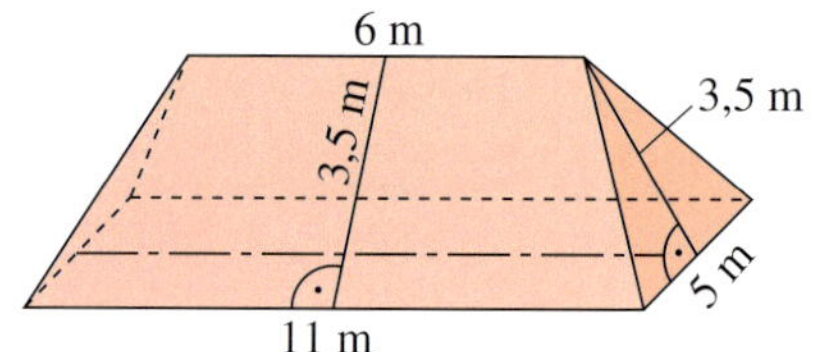

8 Berechne den Flächeninhalt des abgebildeten Drachenvierecks.

a)
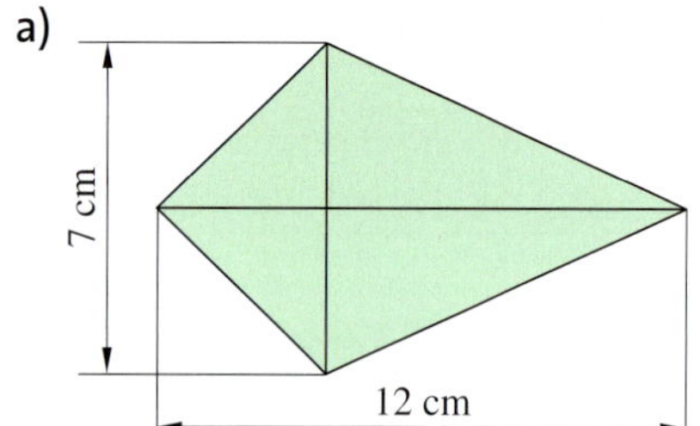

b)
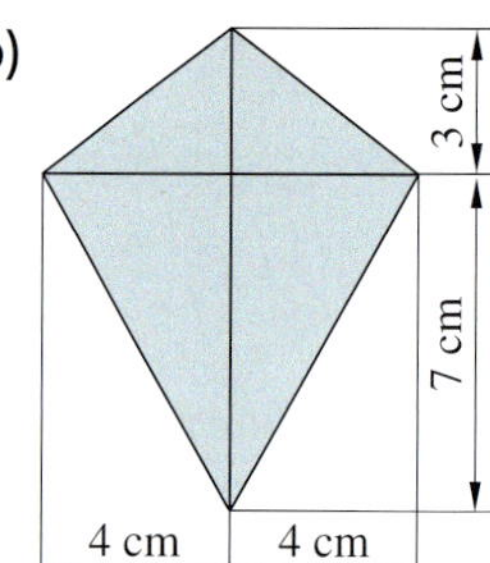

c)
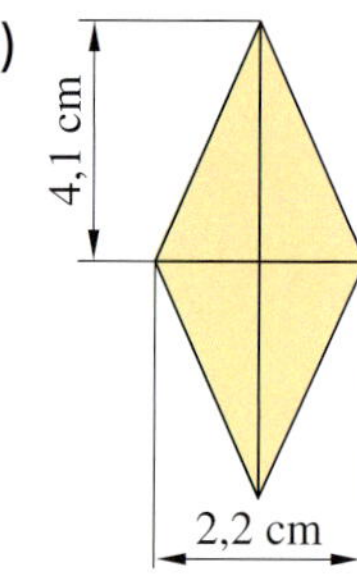

9 Berechne jeweils den Flächeninhalt des Drachenvierecks.
Entnimm die Maße der Tabelle.

Diagonale	a)	b)	c)	d)
e	6 dm	60 cm	1,2 m	6,3 cm
f	5 dm	40 cm	4 m	2,8 cm

9 Übertrage die Tabelle und berechne die fehlenden Größen des Drachens.

	a)	b)	c)	d)
e	6 cm		5,2 m	
f		4 cm		7,5 dm
A	15 cm²	14 cm²	15,6 m²	21 dm²

10 Zeichne die Drachen in ein Koordinatensystem (1 LE ≙ 1 cm).
Bestimme notwendige Größen und berechne jeweils den Flächeninhalt.

a) $A(2|0)$; $B(10|5)$; $C(2|10)$; $D(0|5)$
b) $A(4|1)$; $B(8|7)$; $C(4|11)$; $D(0|7)$
c) $A(5|0)$; $B(10|3)$; $C(5|8)$; $D(0|3)$
d) $A(0|3)$; $B(3|0)$; $C(6|3)$; $D(3|8)$

10 Gib den Flächeninhalt der gesamten gelben Fläche an.

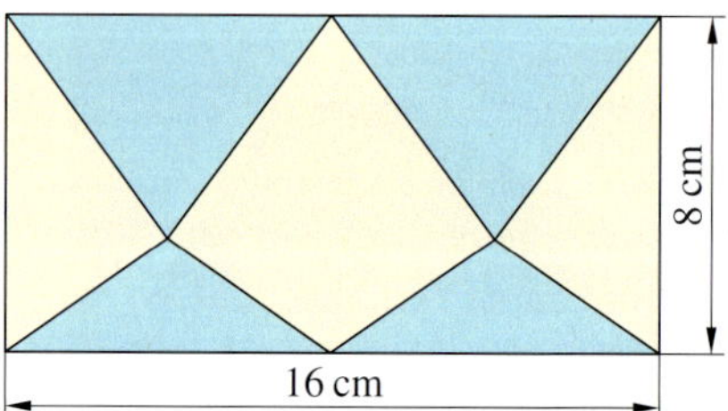

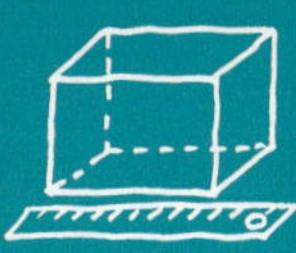

Umfang und Flächeninhalt von Kreisen

Entdecken

1 Beschreibe, wie man mit den nachfolgenden Messgeräten und Methoden den Durchmesser oder den Umfang von kreisförmigen Gegenständen bestimmen kann.

2 Messt Durchmesser und Umfang von Geldmünzen aus und legt dazu eine Tabelle an.

	Durchmesser d	Umfang u	Verhältnis $u : d$
1-ct-Münze			
2-ct-Münze			
...			

Betrachtet die Zahlen: Findet ihr einen rechnerischen Zusammenhang zwischen Durchmesser und Umfang?

3 Schätze anhand der Zeichnungen die Fläche des Kreises in Abhängigkeit vom Radius r. Nimm z. B. $r = 1{,}5$ cm an.
Tipp: Berechne bei b) zunächst die Fläche des äußeren (grünen) Quadrats. Jetzt kannst du die Fläche des inneren (blauen) Quadrats bestimmen, da dieses nur halb so groß ist wie das äußere.
Diskutiert und vergleicht eure Ergebnisse.

a)

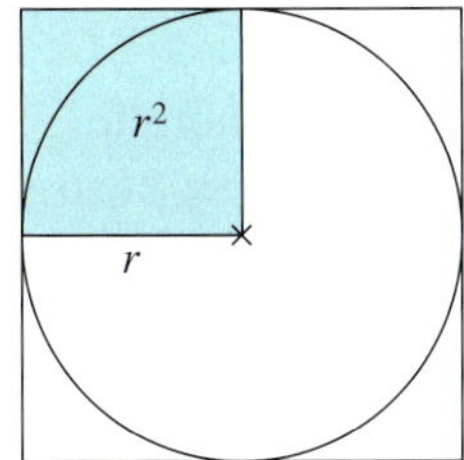

b)

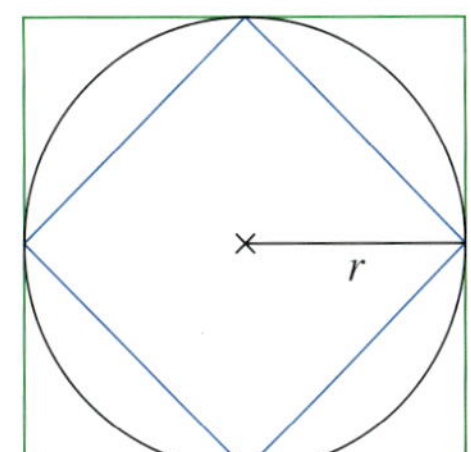

4 Den Inhalt der Kreisfläche kann man näherungsweise bestimmen, indem man Kästchen auszählt. Dabei werden die ganzen Kästchen voll (×), die vom Kreis zerschnittenen Kästchen halb (/) gerechnet.
Bildet eine Vierergruppe und zeichnet einen Kreis mit einem Radius von 10 Kästchen.
Jeder markiert die Kästchen für einen Viertelkreis wie im Beispiel.
Auf wie viele geltende Kästchen kommt ihr insgesamt?
Vergleicht mit den anderen Gruppen.

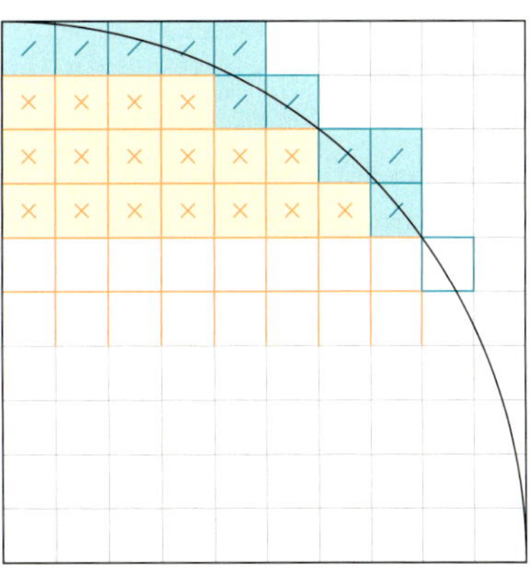

Verstehen

Für den Schulgarten wird die Anlage eines kreisrunden Beetes von 3 m Durchmesser geplant. Ringsum sollen 8 cm breite Holzpfähle (Palisaden) das Beet umranden. Wie viele Palisaden werden benötigt?
Claudia schlägt vor, ein Seil um das ausgegrabene Beet zu legen und damit den Umfang zu messen.
„Das ist zu ungenau und nicht nötig", sagt Jerry, „der Umfang ist genau 3,14 mal so lang wie der Durchmesser. Das brauchen wir nur auszurechnen".

Für jeden Kreis ist das Verhältnis von Umfang zu Durchmesser gleich (konstant).
Diese Konstante heißt **Kreiszahl** und wird mit dem griechischen Buchstaben π („pi") bezeichnet. Als Näherungswert rechnet man mit $\pi \approx 3{,}14$. Es gilt: $\pi = \frac{u}{d}$

Merke Der **Umfang *u*** eines Kreises lässt sich mithilfe des Durchmessers *d* oder des Radius *r* berechnen:

Es gilt: $\boldsymbol{u = \pi \cdot d}$ bzw. $\boldsymbol{u = 2 \cdot \pi \cdot r}$

Die **Zahl π** ist eine nicht abbrechende, nichtperiodische Dezimalzahl. Die meisten Taschenrechner besitzen eine π-Taste mit dem Näherungswert 3,141592654.

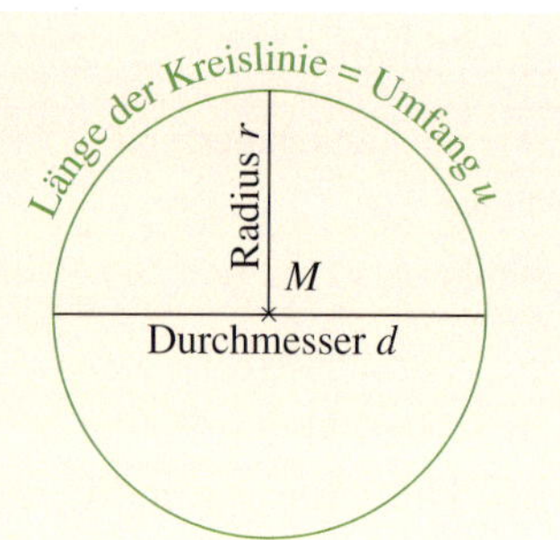

Beispiel 1

Der Kreisumfang wird so berechnet: $u = \pi \cdot d \approx 3{,}14 \cdot 3\,\text{m} = 9{,}42\,\text{m}$
Die Anzahl der Palisaden von je 0,08 m bestimmt man durch diese Rechnung:
$9{,}42\,\text{m} : 0{,}08\,\text{m} = 117{,}75$
Es werden etwa 118 Palisaden benötigt.

Pro Quadratmeter (m^2) kann man etwa fünf Blumensetzlinge pflanzen. Um die benötigte Anzahl an Pflanzen zu bestimmen, muss man zunächst die Fläche des kreisförmigen Beetes kennen. Dazu zerlegt man den Kreis in gleichgroße Kreisausschnitte und setzt diese so zusammen, dass annäherungsweise ein Rechteck entsteht.

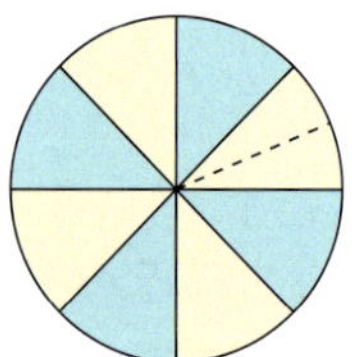

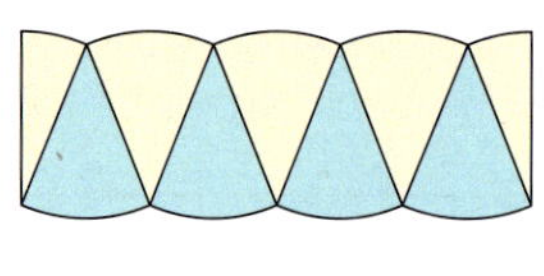

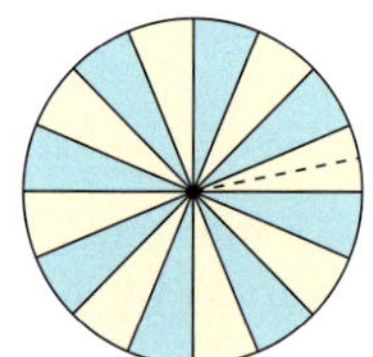

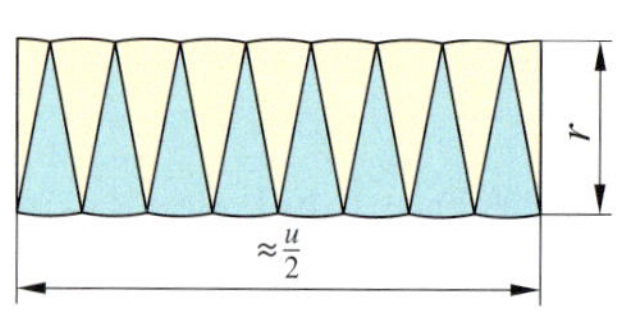

Den Flächeninhalt des letzten Rechtecks berechnet man so: $A = \text{Länge} \cdot \text{Breite} = r \cdot \frac{u}{2}$
Nach der Umfangsformel des Kreises gilt: $u = 2 \cdot \pi \cdot r$, folglich: $\frac{u}{2} = \pi \cdot r$
Eingesetzt in die Rechteckformel gilt demnach für den Kreis: $A = \pi \cdot r \cdot r = \pi \cdot r^2$

Merke Den Flächeninhalt *A* eines Kreises kann man mithilfe des Radius *r* berechnen:

Es gilt: $\boldsymbol{A = \pi \cdot r^2}$

Beispiel 2

Der Radius des Beetes beträgt 1,5 m.
$A = \pi \cdot 1{,}5\,\text{m} \cdot 1{,}5\,\text{m} \approx 7{,}07\,\text{m}^2$
$7{,}07 \cdot 5 \approx 35{,}35$
Es werden etwa 35 Pflanzen benötigt.

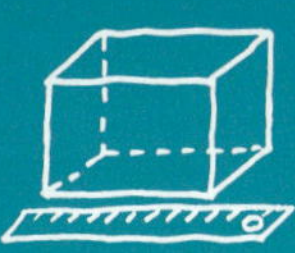

Üben und anwenden

1 Berechne den Umfang des Kreises mit dem Radius bzw. mit dem Durchmesser.

a) $r = 5\,\text{cm}$ b) $d = 8\,\text{cm}$
c) $r = 2{,}7\,\text{cm}$ d) $d = 4{,}9\,\text{cm}$
e) $r = 0{,}6\,\text{cm}$ f) $d = 12{,}5\,\text{cm}$

2 Ordne Radius und Umfang einander zu.

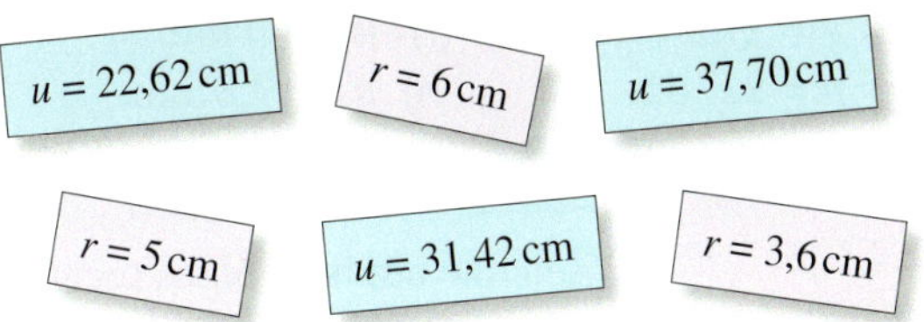

3 Luisa reitet im Kreis auf einem Pferd an einer 5 m langen Longe.

a) Wie viele Meter legt das Pferd bei einer Runde zurück?
b) Wie viele Meter ist das Pferd nach 20 Runden gelaufen?

4 Aus dem Kreisumfang kann man Durchmesser und Radius berechnen, indem man die Umfangsformel umstellt (siehe Randspalte).

a) $u = 11\,\text{cm}$ b) $u = 8{,}6\,\text{dm}$
c) $u = 5\,\text{m}$ d) $u = 255\,\text{m}$
e) $u = 9\,\text{dm}$ f) $u = 390\,\text{km}$

5 Hier seht ihr ein Hochrad. Der Radius des Vorderrads beträgt 1,10 m, der des Hinterrads 35 cm.

a) Berechne den Umfang des Vorderrads.
b) Berechne den Umfang des Hinterrads.
c) Wie oft dreht sich das Hinterrad bei einer Umdrehung des Vorderrades?
d) Wie oft drehen sich beide Räder bei einer Fahrstrecke von 550 m?

1 Berechne den Umfang des Kreises, runde das Ergebnis auf eine Kommastelle.

a) $r = 7\,\text{cm}$ b) $d = 4{,}9\,\text{cm}$
c) $r = 3{,}7\,\text{mm}$ d) $d = 0{,}9\,\text{m}$
e) $r = 0{,}8\,\text{km}$ f) $d = 35{,}7\,\text{dm}$

2 Berechne den Umfang des Kreises. Gib jeweils Radius bzw. Durchmesser an.

a)
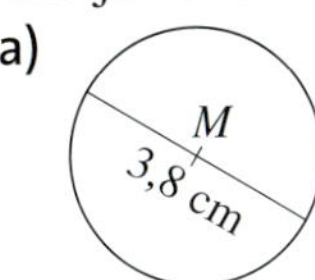

b)
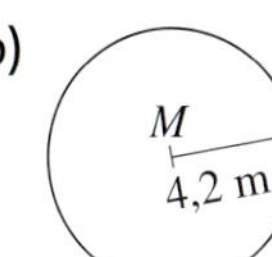

3 Ein Reitpferd wird an einer 8 m langen Longe geführt und läuft 50 Runden.

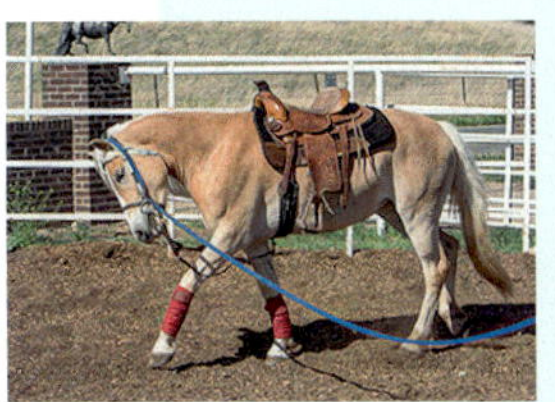

a) Welche Strecke legt es zurück?
b) Wie viele Runden müsste das Pferd mindestens laufen, um 850 m zurückzulegen?

4 Übertrage die Tabelle in dein Heft und ergänze sie.

	r	*d*	*u*
a)	3 cm		
b)	4,8 dm		
c)		3 m	
d)			175,9 m
e)			22 mm
f)		5,9 km	

HINWEIS ZU AUFGABE 4
Es gilt: $d = \frac{u}{\pi}$
$r = d : 2$

5 Familie Mühlen unternimmt eine Fahrradtour über 12 km. Herr Mühlen hat ein Fahrrad mit einem Reifendurchmesser von 28 Zoll ("). Ein Zoll entspricht 2,54 cm.
Frau Mühlen hat ein Fahrrad mit 26", Kira mit 22" und Ben mit 20" Reifendurchmesser.
Wie viele Umdrehungen macht jedes Rad?

6 Das London Eye ist mit einer Höhe von 135 Meter und einem Durchmesser von 120 Meter das derzeit höchste Riesenrad Europas. Es besitzt 32 aus Glas geformte Gondeln.
Das Rad dreht sich mit einer Geschwindigkeit von $0{,}26\,\frac{\text{m}}{\text{s}}$.

a) Bestimmt die Strecke, die das Rad bei einer Umdrehung zurücklegt.
b) Wie lange dauert eine Umdrehung?
c) Welchen Abstand haben die Aufhängungen der Gondeln voneinander?

HINWEIS
Wenn der Durchmesser d gegeben ist, dann berechne immer zuerst den Radius r, bevor du den Flächeninhalt berechnest.
Es gilt: r = d : 2

7 Welchen Flächeninhalt haben die Kreise?

a) $r = 4\,\text{cm}$ b) $r = 9\,\text{cm}$
c) $r = 2{,}5\,\text{m}$ d) $r = 3{,}7\,\text{mm}$
e) $d = 3\,\text{km}$ f) $d = 5{,}7\,\text{cm}$

7 Wie groß ist die jeweilige Kreisfläche?

a) $r = 5{,}5\,\text{cm}$ b) $d = 1{,}8\,\text{dm}$
c) $r = 2{,}7\,\text{m}$ d) $d = 4{,}9\,\text{mm}$
e) $r = 1{,}9\,\text{km}$ f) $d = 12{,}5\,\text{cm}$

8 Berechne den Flächeninhalt der Kreise.

a)
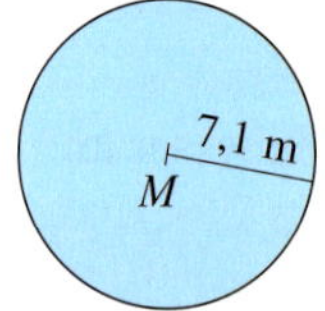

b)
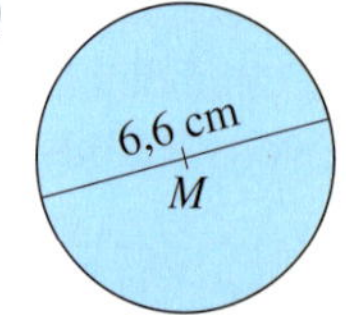

8 Berechne den Flächeninhalt der Kreise.

a) $d = 12\,\text{cm}$ b) $d = 5{,}8\,\text{cm}$
c) $d = 248\,\text{mm}$ d) $d = 2{,}74\,\text{dm}$
e) $u = 17{,}94\,\text{m}$ f) $u = 1{,}1\,\text{km}$
g) $u = 227\,\text{dm}$ h) $u = 19{,}8\,\text{mm}$
i) $u = 608\,\text{cm}$ j) $u = 9637\,\text{mm}$

9 Betrachte die Abbildung.

a) Zeichne das Dreieck ABC mit $a = 6\,\text{cm}$, $b = 10\,\text{cm}$ und $c = 8\,\text{cm}$.
Ergänze dann die Halbkreise.
b) Berechne die Flächeninhalte der drei Halbkreise.

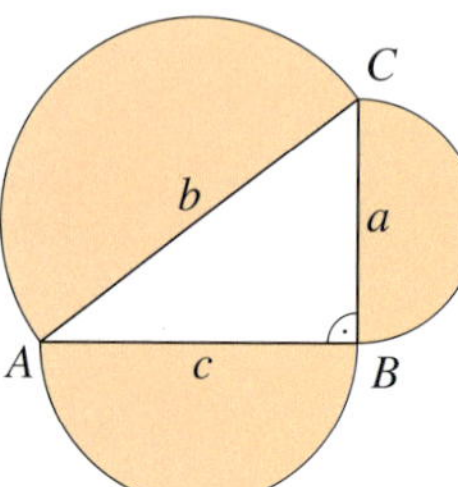

9 Zeichne ein beliebiges rechtwinkliges Dreieck mit anliegenden Halbkreisen.
Miss die Größe des Durchmessers der Halbkreise und bestimme deren Flächeninhalte.
Was fällt dir auf?

10 Tiefe Unterwasserhöhlen in einem Korallenriff nennt man aufgrund ihrer tiefblauen Färbung „Blue Hole“ (Blaues Loch).

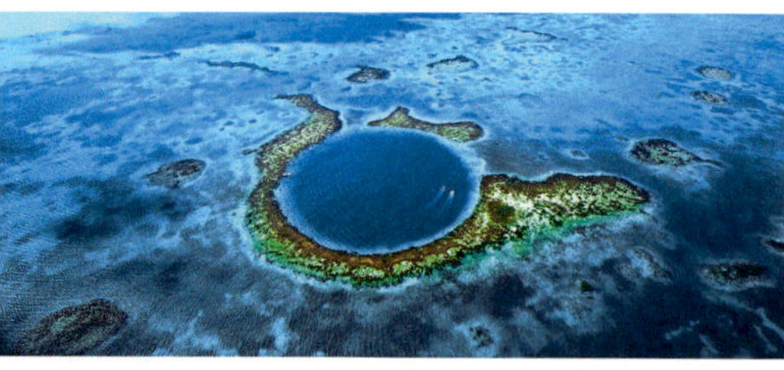

Das annähernd kreisrunde „Great Blue Hole“ vor der Küste des mittelamerikanischen Staates Belize ist ungefähr $317\,700\,\text{m}^2$ groß.
Welchen Radius hat die Unterwasserhöhle?

10 Berechne die Fläche der Kreisteile.
Beschreibe, wie du dabei vorgehst.

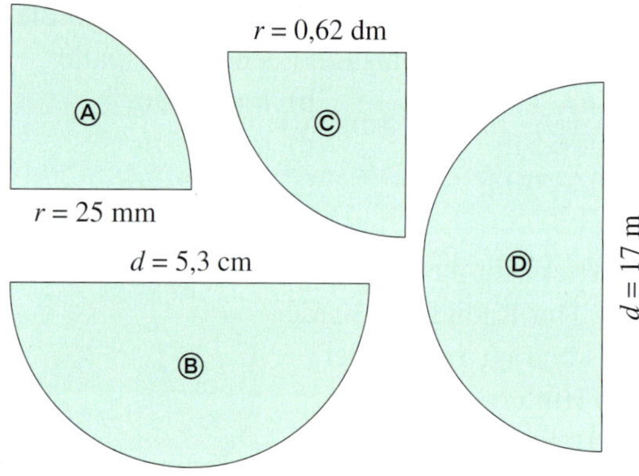

SCHON GEWUSST?
Radioteleskope dienen zum Empfang elektromagnetischer Strahlung aus dem Weltall. Mit ihnen können weit entfernte Himmelkörper erforscht werden.

11 Das erste Radioteleskop in Deutschland wurde 1956 in der Eifel errichtet. Der Schirm hat einen Durchmesser von 25 m.
Das zurzeit größte Radioteleskop der Welt wurde 2016 in China fertiggestellt und heißt „FAST“ (**F**ive hundred meter **A**perture **S**pherical **T**elescope). Sein Durchmesser beträgt etwa 520 m.

a) Berechne die Größe beider Schirmflächen. Vernachlässige dabei die Krümmung.
b) Um das Wievielfache ist der Flächeninhalt von FAST größer als der andere?
c) Vergleiche den Flächeninhalt von FAST mit einem Fußballfeld (60 m × 90 m).

+12 Sind diese Aussagen wahr?
Überprüfe an jeweils drei selbstgewählten Beispielen.

Aussage 1
„Verdoppelt man den Radius eines Kreises, so verdoppelt sich auch der Umfang.“

Aussage 2
„Verdoppelt man den Radius eines Kreises, so verdoppelt sich auch der Flächeninhalt.“

Aussage 3
„Ein Halbkreis mit dem Radius r ist flächengleich zu einem Kreis mit einem halb so großen Radius.“

+12 Berechne die Länge und den Flächeninhalt des grünen Bandes.

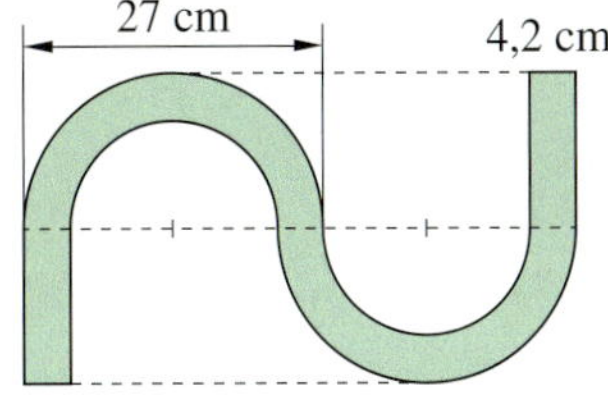

Hinweis: Ein **Kreisring** ist die Fläche zwischen zwei Kreisen mit dem gleichen Mittelpunkt. Es gilt: $A = \pi\,(r_a^2 - r_i^2)$
r_a und r_i bezeichnen den Radius des Außen- bzw. Innenkreises.

13 Eine Pizzeria bietet Pizzen von 20 cm und 30 cm Durchmesser an. Die größere Pizza ist doppelt so teuer. Hat sie auch den doppelten Flächeninhalt?

13 Nina behauptet: „Bei zwei Pizzen mit 33 cm Durchmesser habe ich mehr zu essen als bei drei Pizzen mit 26 cm Durchmesser.“ Überprüfe, ob Nina recht hat.

14 Windkraftanlagen wandeln die Windenergie in elektrische Energie um.
Je länger die Rotoren sind, umso mehr Energie kann mit dem Windrad erzeugt werden.
Entnimm der Grafik rechts die entsprechenden Maße und bestimme für alle fünf Größen der Windräder die folgenden Fragen.

a) Welche Strecke legt die Spitze eines Flügels pro Umdrehung zurück?
b) Welche Größe hat die Fläche, die ein Flügel bei einer Umdrehung überstreicht?

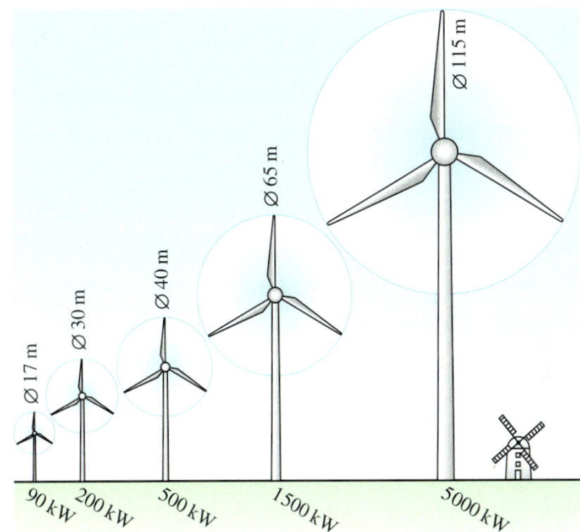

15 Auf einem Sportgelände ist eine Joggingbahn in Form einer „Acht“ angelegt.

a) Wie lang ist die Laufstrecke, wenn man sie einmal abläuft?
b) Mia möchte heute 3 000 m trainieren. Wie viele „Achten“ muss sie laufen?
c) Entwirf eine „Acht“, die genau 1 000 m lang ist. Gibt es mehrere Möglichkeiten?

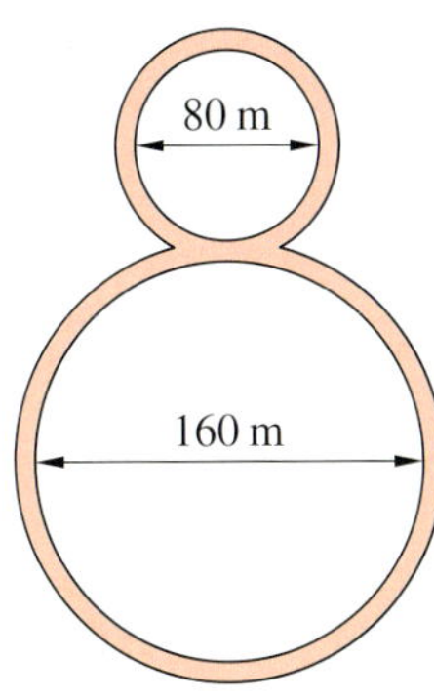

15 Die Uhren von Big Ben in London gehören zu den größten der Welt.
Die Minutenzeiger haben eine Länge von 4,3 m, die Stundenzeiger sind 2,74 m lang.

a) Welche Strecken legen die beiden Zeigerspitzen einer Uhr pro Tag zurück?
b) Wie groß ist die Grundfläche des Zifferblattes, wenn sein Radius 20 cm größer ist als die Länge des großen Zeigers?

Thema: Umfang und Flächeninhalt von Vielecken

Die Fassade des Hauses von Familie Eckner soll neu gestrichen werden. Um die notwendige Menge an Farbe zu bestellen, benötigt man den Flächeninhalt der Hausfront. Hierbei werden die Fensterflächen nicht berücksichtigt.

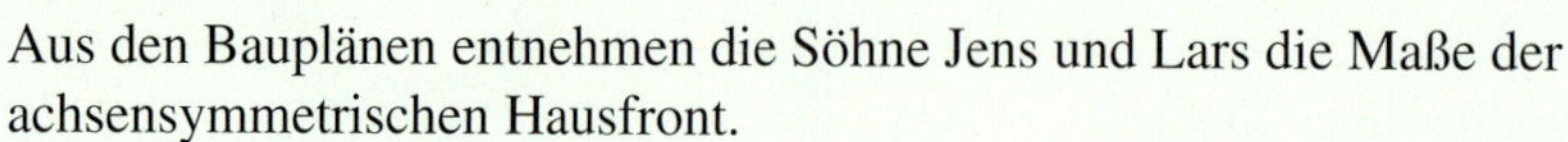

Aus den Bauplänen entnehmen die Söhne Jens und Lars die Maße der achsensymmetrischen Hausfront.
Allerdings zerlegen Jens und Lars die Hausfront auf verschiedene Weise.

Beispiel 1

Jens zerlegt die Hausfront in ein Rechteck und ein Dreieck.

$A_1 = 7\,\text{m} \cdot 8\,\text{m} = 56\,\text{m}^2$
$A_2 = \frac{7\,\text{m} \cdot 6\,\text{m}}{2} = 21\,\text{m}^2$
$A_{\text{gesamt}} = A_1 + A_2 = 77\,\text{m}^2$

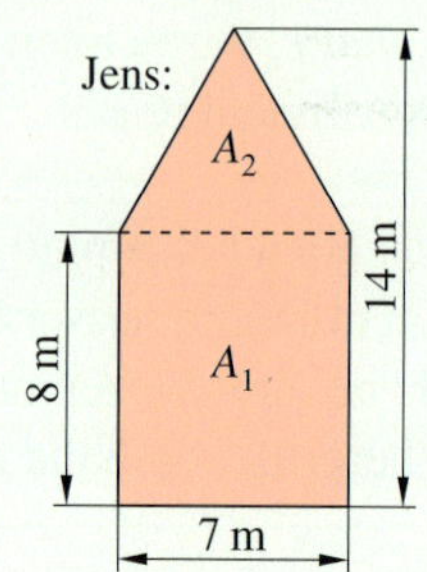

Beispiel 2

Lars zerlegt die Hausfront in zwei kongruente Trapeze.

$A_1 = \frac{8\,\text{m} + 14\,\text{m}}{2} \cdot \frac{7\,\text{m}}{2} = 38{,}5\,\text{m}^2$
$A_2 = A_1$
$A_{\text{gesamt}} = 2 \cdot A_1 = 77\,\text{m}^2$

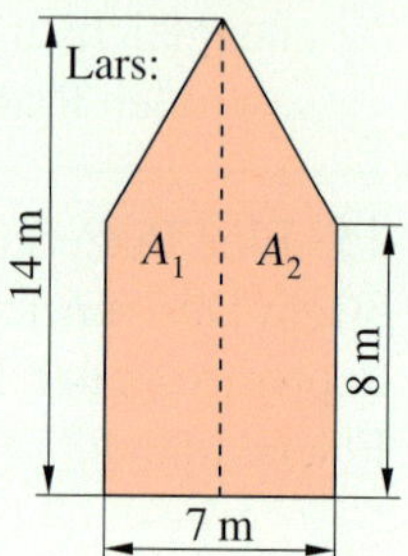

Beide Rechenwege ergeben einen Flächeninhalt von $77\,\text{m}^2$.

Bei der Zerlegung von Vielecken gibt es unterschiedliche Vorgehensweisen.
In allen Fällen sollte man darauf achten, dass die Teilflächen leicht zu berechnen sind.

1 Dasselbe Vieleck wurde auf drei verschiedene Arten zerlegt, um seinen Flächeninhalt zu berechnen. Welche Zerlegung ist nach deiner Meinung die günstigste?
Argumentiert untereinander und begründet eure Meinung.
Berechnet dann den Flächeninhalt der einzelnen Teilflächen.

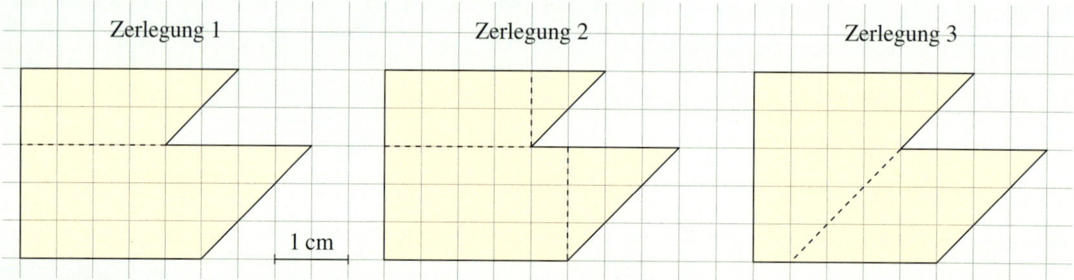

2 Berechne den Flächeninhalt der Figur durch geschicktes Zerlegen in Teilfiguren oder durch Ergänzen (Maße in cm).

a)

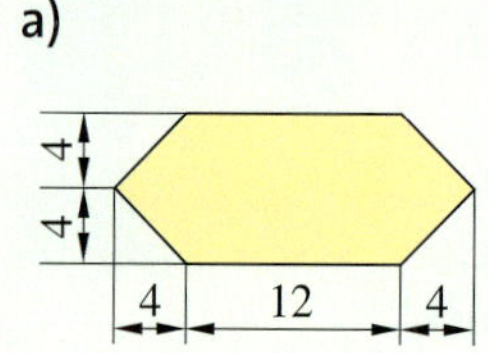

b)

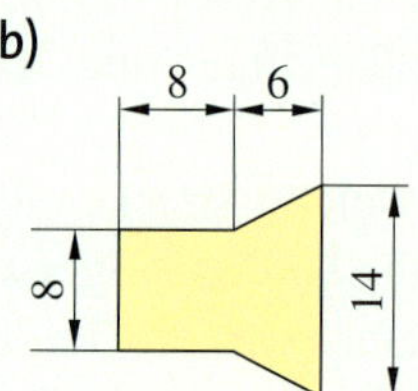

c)

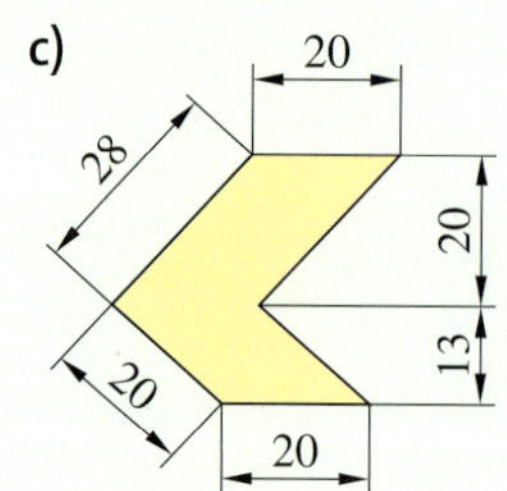

d)

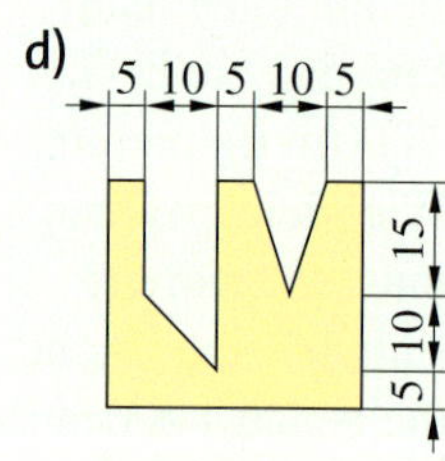

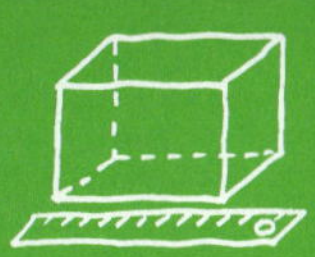

3 Beim Vermessen von Grundstücken, die nicht rechteckig sind, wird das Flurstück sinnvoll zerlegt. Zeichne im Maßstab 1 : 1 000 die orangefarbende Fläche ab ($\alpha = 56°$; $\beta = 115°$; $\gamma = 165°$). Zerlege sie sinnvoll und berechne ihren Flächeninhalt.

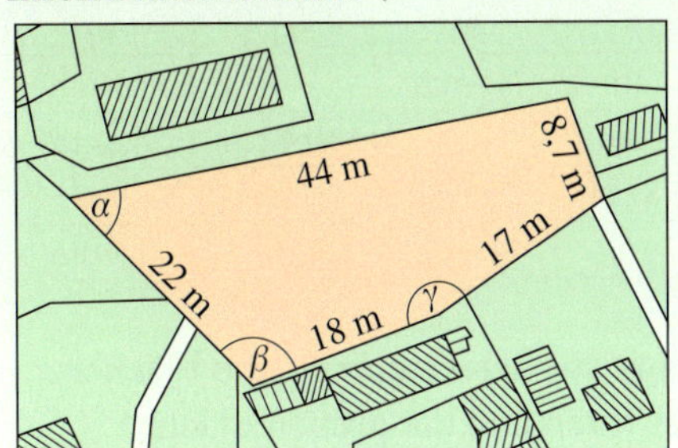

4 Übertrage die Figuren in dein Heft. Ergänze die Figuren wie bei a) zu einem Rechteck. Berechne dann durch Subtraktion den Flächeninhalt der Ausgangsfigur.

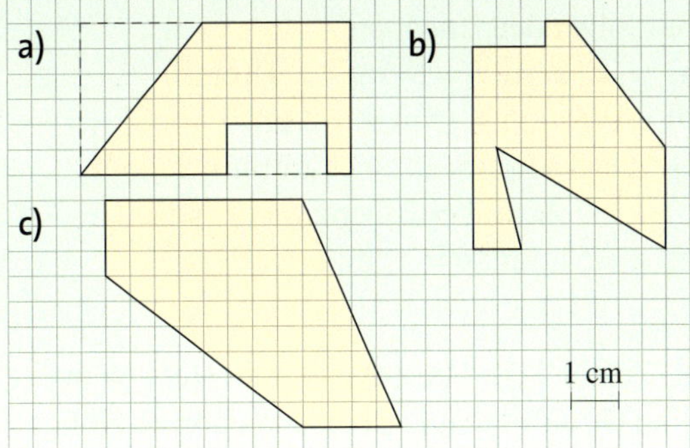

5 Zeichne die Figuren in ein Koordinatensystem (1 LE ≙ 1 cm). Zerlege sie geeignet und berechne den Flächeninhalt.

a) $A(-5|1)$; $B(-2|-1)$; $C(3|-1)$; $D(3|4)$; $E(-2|1)$

b) $A(0|-4)$; $B(4|-3)$; $C(8|0)$; $D(8|3)$; $E(4|3)$; $F(4|0)$

6 Mit dynamischer Geometrie-Software (DGS) kannst du Vielecke mit beliebiger Eckenzahl konstruieren und ausdrucken. Unterscheide dabei zwischen regelmäßigen und allgemeinen Vielecken.

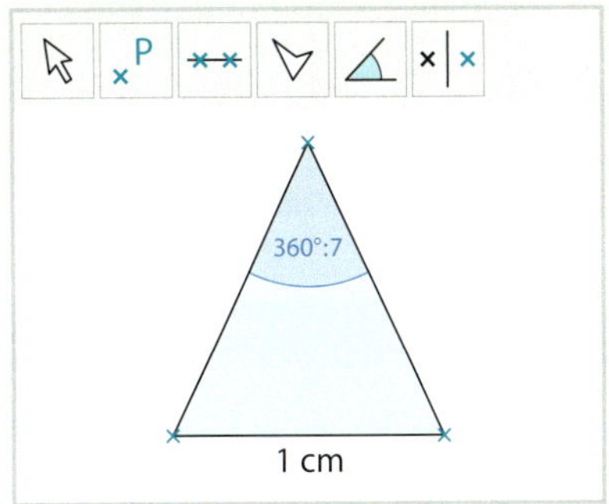

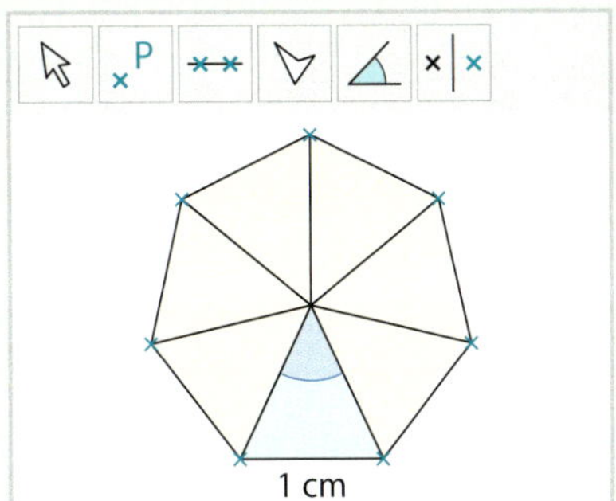

a) Konstruiere das obenstehende regelmäßige Siebeneck und drucke es aus. Zerlege es in berechenbare Dreiecke und Vierecke und berechne die Größe der Gesamtfläche.

b) Berechne wie in a) den Flächeninhalt für ein regelmäßiges Neuneck.

c) Wähle selbst ein weiteres regelmäßiges Vieleck und berechne den Flächeninhalt.

d) Unregelmäßige Vielecke kann man auf ähnliche Weise zeichnen und ausdrucken. Zeichne zwei Vielecke wie im Beispiel, zerlege sie und berechne ihren Flächeninhalt.

Beispiel

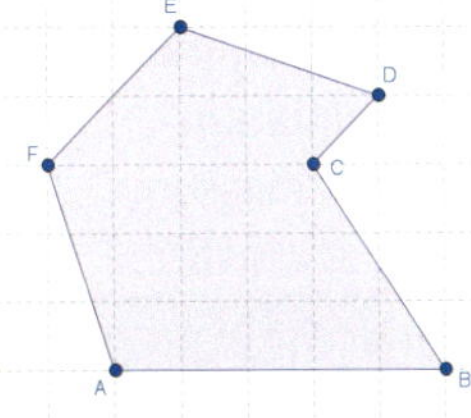

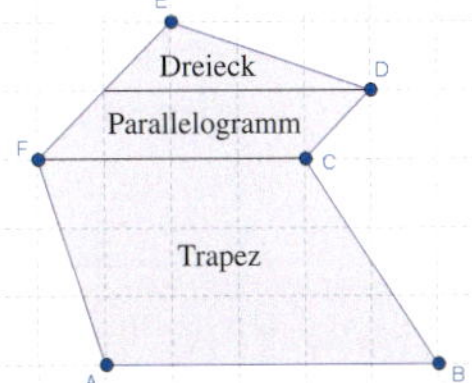

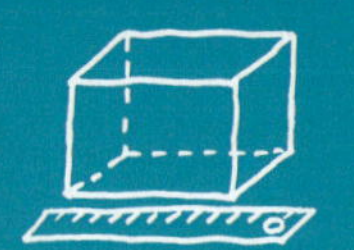

Klar so weit?

→ Seite 36

Umfang und Flächeninhalt von Dreiecken

1 Berechne den Umfang des Dreiecks ABC mit folgenden Angaben.

a) $a = 12\,\text{cm}$; $b = 8\,\text{cm}$; $c = 18\,\text{cm}$
b) $a = 5\,\text{m}$; $b = 15\,\text{m}$; $c = 11\,\text{m}$
c) gleichseitiges Dreieck mit $a = 23\,\text{mm}$
d) $a = 7{,}4\,\text{cm}$; $b = 2{,}2\,\text{cm}$; $c = 9{,}5\,\text{cm}$
e) $a = 51\,\text{mm}$; $b = 5\,\text{cm}$; $c = 10\,\text{cm}$

2 Zeichne die Dreiecke in dein Heft. Wähle eine Grundseite und die dazugehörige Höhe. Berechne den Flächeninhalt.

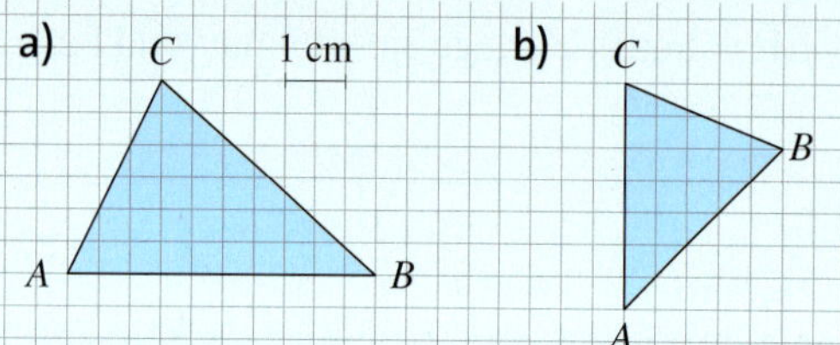

3 Zeichne die Dreiecke in ein Koordinatensystem. Miss benötigte Größen und berechne Umfang und Flächeninhalt (1 LE ≙ 1 cm).

a) $A(1|-1)$; $B(6|4)$; $C(1|5)$
b) $D(-1|-2)$; $E(3|-6)$; $F(-1|2)$

1 Ergänze die fehlende Größe im Dreieck ABC im Heft.

	a)	b)	c)	d)
a	51 cm	35 mm		73 mm
b	9,2 cm		10,42 m	4,8 cm
c	45,8 cm	2,9 cm	2,15 m	
u		80 mm	21,61 m	1,9 dm

2 Berechne aus der Zeichnung die Flächeninhalte der roten und der grünen Fläche. Ein Kästchen entspricht 1 cm.

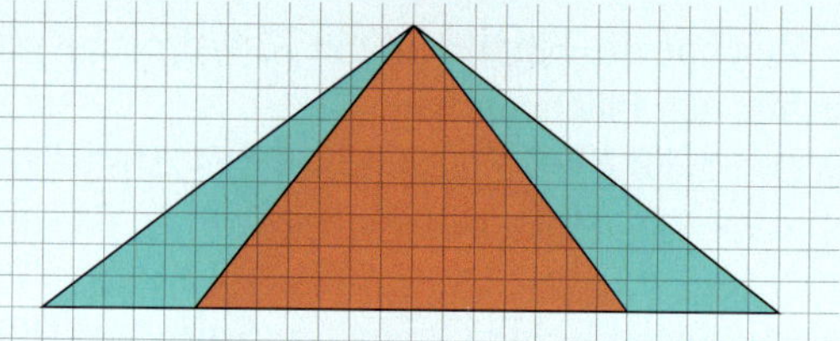

3 Konstruiere die Dreiecke, miss die benötigten Größen und berechne Umfang und Flächeninhalt.

a) $b = 6{,}4\,\text{cm}$; $c = 4{,}8\,\text{cm}$; $\alpha = 112°$
b) $a = 4{,}1\,\text{cm}$; $b = 6{,}2\,\text{cm}$; $\gamma = 90°$

→ Seite 40

Umfang und Flächeninhalt von Parallelogrammen

4 Zähle die Kästchen und berechne die Flächeninhalte. Beachte den Maßstab.

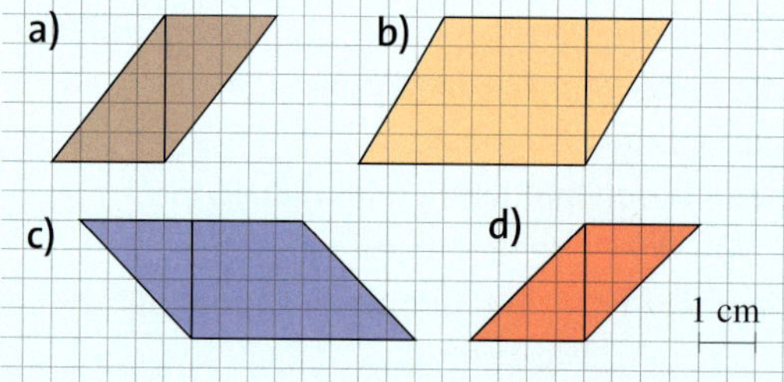

5 Konstruiere die Parallelogramme und berechne ihren Umfang und ihren Flächeninhalt. Fehlende Angaben musst du messen.

a) $a = 7{,}2\,\text{cm}$; $b = 4{,}3\,\text{cm}$; $\beta = 78°$
b) $b = 6{,}6\,\text{cm}$; $\gamma = 55°$; $c = 3{,}8\,\text{cm}$
c) $a = 3{,}9\,\text{cm}$; $\alpha = 77°$; $u = 13\,\text{cm}$

4 Zeichne die Figuren ab und berechne ihre Flächeninhalte.

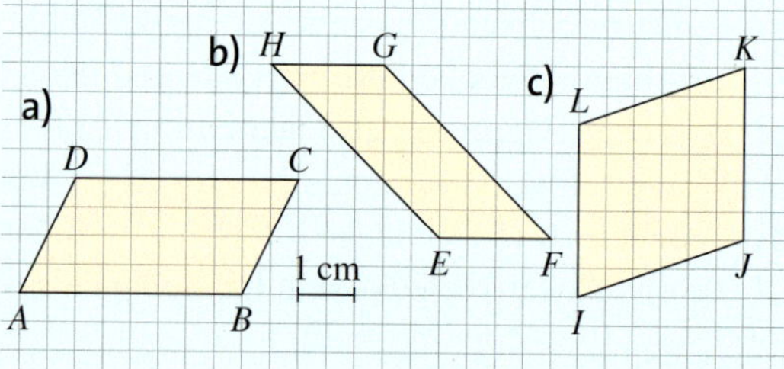

5 Konstruiere die Parallelogramme und berechne Umfang und Flächeninhalt. Fehlende Angaben musst du messen.

a) $a = 4{,}7\,\text{cm}$; $b = 6{,}3\,\text{cm}$; $\alpha = 118°$
b) $u = 20\,\text{cm}$; $a = 6{,}1\,\text{cm}$; $\beta = 45°$
c) $a = 5{,}4\,\text{cm}$; $h_a = 3{,}7\,\text{cm}$; $\alpha = 70°$

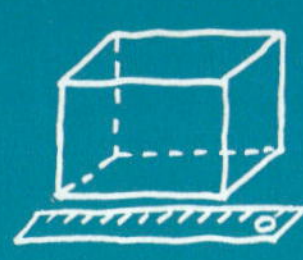

Umfang und Flächeninhalt von Trapez und Drachen

→ Seite 44

6 Berechne die Flächeninhalte.

a) 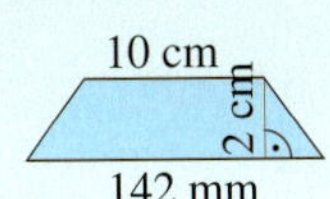

b) 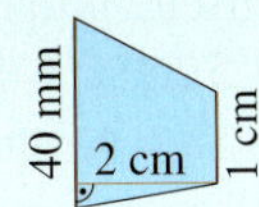

6 Berechne die Flächeninhalte.

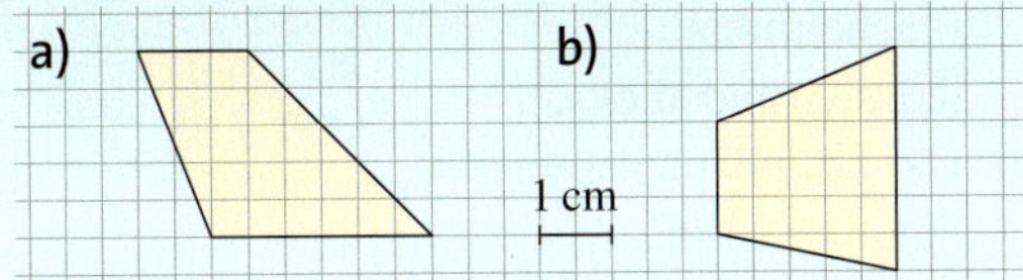

7 Zeichne den Querschnitt des trapezförmigen Bahndammes maßstabsgetreu ins Heft. Berechne Umfang und Flächeninhalt. Miss die fehlenden Längen in deiner Zeichnung und rechne um.

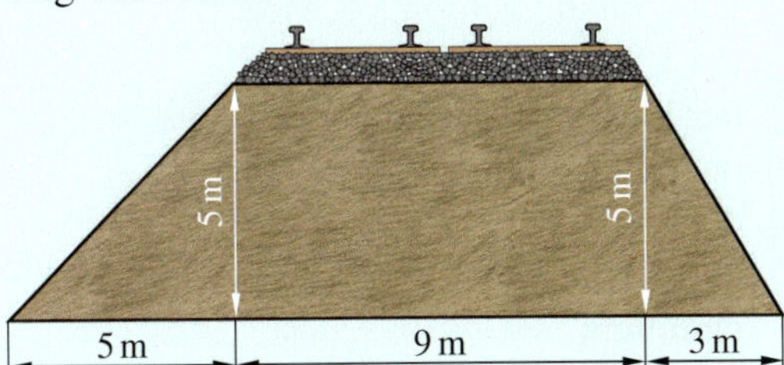

7 Zeichne die Querschnitte maßstabsgetreu und vergleiche die Querschnittsflächen.

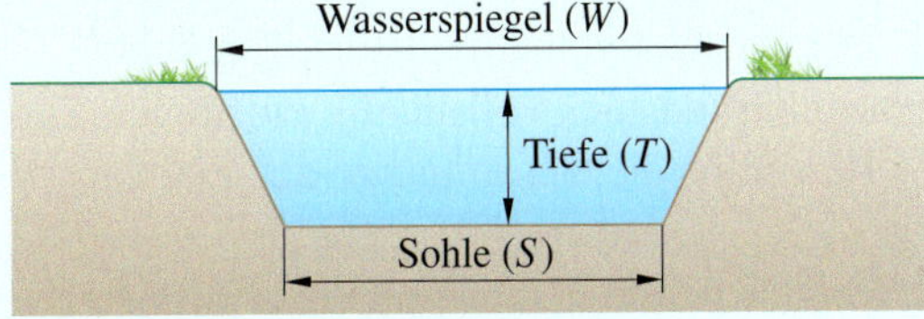

a) Rhein-Main-Donau-Kanal:
$W = 55\,\text{m}$; $S = 31\,\text{m}$; $T = 4{,}25\,\text{m}$

b) Nord-Ostsee-Kanal:
$W = 162\,\text{m}$; $S = 90\,\text{m}$; $T = 11{,}5\,\text{m}$

8 Berechne den Flächeninhalt bzw. die fehlende Diagonale der Drachen.

a) $e = 4{,}9\,\text{cm}$; $f = 3{,}6\,\text{cm}$

b) $e = 3{,}5\,\text{m}$; $A = 21\,\text{m}^2$

c) $f = 17{,}5\,\text{dm}$; $A = 23{,}8\,\text{dm}^2$

8 Berechne fehlende Größen der Drachen.

	a	*b*	*u*	*e*	*f*	*A*
a)	3,8 cm	1,9 cm		5 cm	3 cm	
b)	4 m		19 m	8 m		$20\,\text{m}^2$
c)		28 mm	10 cm		32,5 mm	$6{,}5\,\text{cm}^2$

Umfang und Flächeninhalt von Kreisen

→ Seite 48

9 Zeichne einen Kreis mit 10 cm Durchmesser und berechne Umfang und Flächeninhalt.

9 Zeichne einen Kreis mit einem Umfang von 27 cm und berechne seinen Flächeninhalt.

10 Welcher Punkt ist Endpunkt der Linie des abgerollten Kreisumfangs? Begründe.

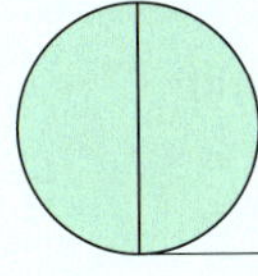

A *C*
B

10 Zeichne zu folgenden Umfangslinien die entsprechenden Kreise.

a)

b)

c)

11 Wie groß ist die Fläche, die der Rasensprenger mindestens bzw. höchstens bewässern kann?

11 Ein quadratisches Feld von 100 m Seitenlänge wird von einem Kreissprenger bewässert, der genau in der Mitte des Quadrats steht und 50 m weit reicht.
Wie viel Prozent des Feldes werden durch den Sprenger erreicht?

Lösungen ab Seite 201

Vermischte Übungen

1 Die Grundstücke A bis F werden zum Verkauf angeboten.

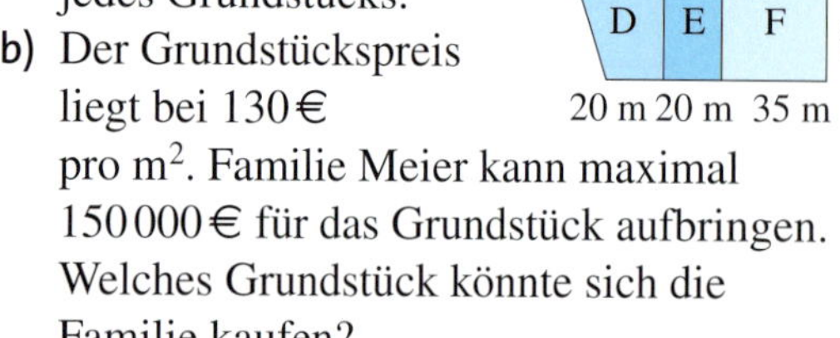

a) Bestimme den Flächeninhalt jedes Grundstücks.

b) Der Grundstückspreis liegt bei 130 € pro m². Familie Meier kann maximal 150 000 € für das Grundstück aufbringen. Welches Grundstück könnte sich die Familie kaufen?

c) Der Besitzer von Grundstück E möchte sein Grundstück vollständig einzäunen. Bestimme die Gesamtlänge des Zauns.

2 Vergleiche die Flächeninhalte der fünf Dreiecke. Was stellst du fest? Begründe.

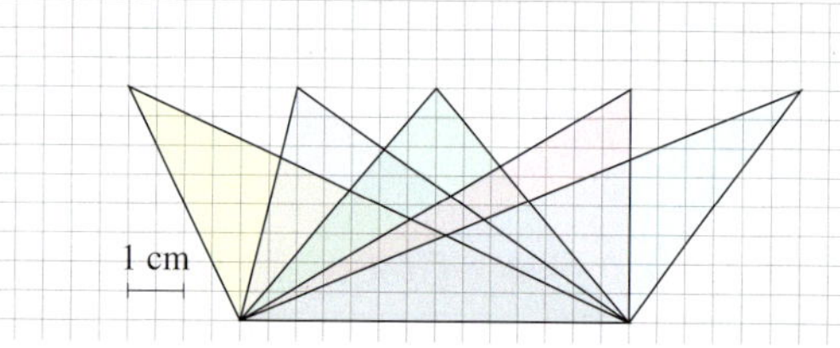

3 Jedes Haus ist 6,80 m breit und hat eine Giebelhöhe von 5,15 m.

Berechne den gesamten Flächeninhalt der beiden verglasten Hausgiebel.

1 Zeichne folgende Vierecke und berechne ihren Flächeninhalt. Entnimm die fehlenden Maße deiner Zeichnung.

a) gleichschenkliges Trapez:
$a = 4{,}5\,\text{cm}$; $c = 3{,}7\,\text{cm}$; $h = 5{,}1\,\text{cm}$

b) Raute: $e = 6{,}3\,\text{cm}$; $f = 4{,}8\,\text{cm}$

c) Parallelogramm:
$a = 0{,}53\,\text{dm}$; $b = 0{,}35\,\text{dm}$; $\gamma = 76°$

2 Gegeben ist ein Parallelogramm mit $a = 5\,\text{cm}$, $b = 3\,\text{cm}$ und $h_a = 2{,}5\,\text{cm}$. Verändere die gegebenen Größen des Parallelogramms so, dass …

a) der Umfang verdoppelt wird.

b) der Umfang halbiert wird.

c) der Flächeninhalt verdoppelt wird.

d) der Flächeninhalt halbiert wird.

e) der Umfang 10 % kürzer wird.

f) der Flächeninhalt 150 % des vorherigen einnimmt.

3 Ein Haus soll wärmegedämmt werden. Wie viel Quadratmeter Dämmstoff werden für das gesamte Haus inklusive des Daches benötigt? Berechne alle Flächen und addiere sie dann. Vernachlässige Fenster und Türen.

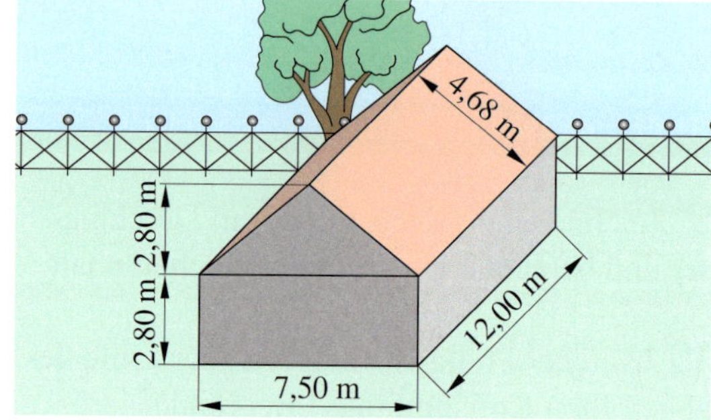

4 In einer Tischlerei wurde ein Brett zersägt. Die Stärke des Sägeblattes beträgt 1,5 mm.

a) Berechne die Flächeninhalte der einzelnen Brettabschnitte.

b) Bestimme die ursprünglichen Maße des Brettes. Wie viel Quadratzentimeter des Brettes sind beim Sägen verloren gegangen?
Welcher Anteil vom ursprünglichen Brett ist verloren gegangen?

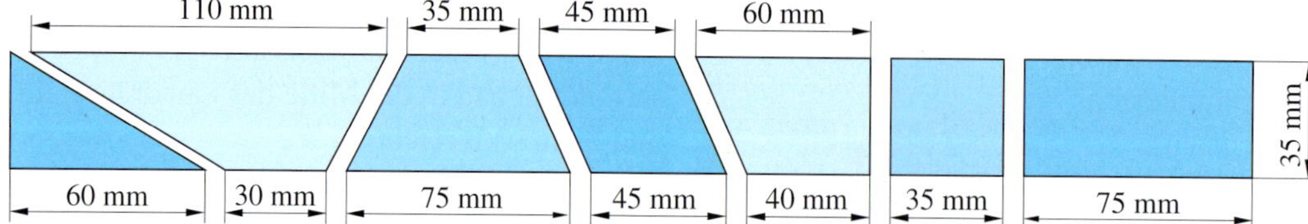

5 Berechne die Flächeninhalte der Drachen und vergleiche die Ergebnisse miteinander.

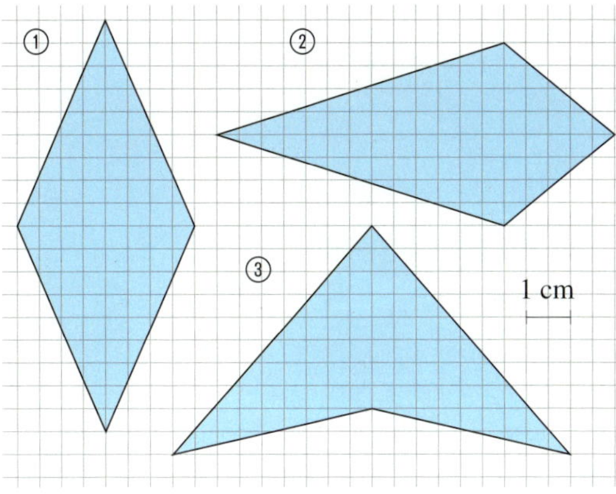

6 Konstruiere folgende allgemeine Vierecke. Fertige zunächst eine Planskizze an.
Berechne den Flächeninhalt durch Zerlegung in Dreiecke.
Entnimm fehlende Maße deiner Zeichnung.

a) $a = 4{,}5\,\text{cm}$; $b = 3{,}1\,\text{cm}$; $c = 3{,}8\,\text{cm}$; $d = 2{,}6\,\text{cm}$; $\alpha = 55°$
b) $b = 4{,}6\,\text{cm}$; $c = 1{,}9\,\text{cm}$; $d = 5{,}2\,\text{cm}$; $\beta = 135°$; $\gamma = 76°$

7 Ein Fünfeck *ABCDE* hat in einem Koordinatensystem (1 LE ≙ 1 cm) die Eckpunkte $A(0|2)$; $B(4|0)$; $C(6|2)$; $D(5|6)$ und $E(1|5)$.

a) Zeichne das Fünfeck.
b) Zerlege das Fünfeck geeignet in Dreiecke und berechne den Flächeninhalt.

8 Aus einer quadratischen Holzplatte mit 140 cm Kantenlänge soll eine möglichst große runde Tischplatte ausgesägt werden.

a) Berechne die Größe und den Umfang der runden Holzplatte.
b) Wie viel Prozent des Ausgangsmaterials beträgt der Holzabfall?

9 Für einen kreisrunden Tisch mit einem Durchmesser von 1,50 m wird eine Tischdecke angefertigt.
Sie soll ringsherum 30 cm überhängen.

a) Fertige eine Skizze zur Situation an.
b) Berechne den Flächeninhalt der Decke.
c) Wie viel Meter Borte wird benötigt, um die Tischdecke damit zu umsäumen?

5 Gegeben ist der Flächeninhalt eines Trapezes. Gib immer zwei Möglichkeiten an, wie groß *a*, *c* und *h* sein könnten.

a) $34\,\text{cm}^2$ b) $96\,\text{cm}^2$
c) $450\,\text{mm}^2$ d) 25 ha
e) 330 a f) $235\,682\,\text{mm}^2$

6 Gegeben ist die Fläche eines Trapezes.

① $A = 42\,\text{cm}^2$ ② $A = 54\,\text{cm}^2$
③ $A = 760\,\text{m}^2$ ④ $A = 4{,}8\,\text{dm}^2$
⑤ $A = 44\,\text{ha}$ ⑥ $A = 1\,025\,\text{a}$

a) Gib zu jedem Flächeninhalt zwei Möglichkeiten an, wie groß *a*, *c* und *h* sein können. Zeichne beide Trapeze maßstabsgetreu.
b) Wie kann man a) besonders einfach lösen? Was spielt dabei eine Rolle?

7 Linda geht mit ihrem Sportverein zelten. In Opas Keller findet sie ein altes Zelt. Sie möchte es vorher noch imprägnieren. Wie viele Dosen Imprägnierspray benötigt sie, wenn eine 500-ml-Sprühdose für $5\,\text{m}^2$ reicht?

8 Das äußere Quadrat ist 4 cm lang. Berechne den Flächeninhalt der gelben Fläche.

a) 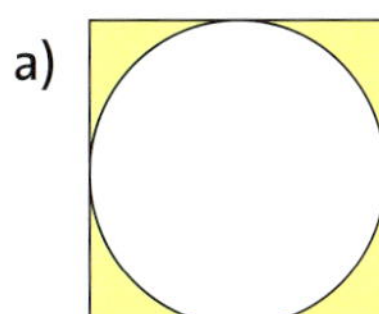

b) 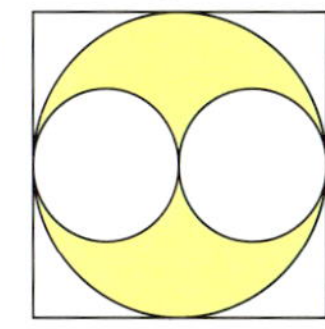

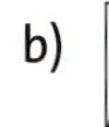

9 Das Pulvermaar in der Eifel ist ein vulkanisch entstandener, fast kreisrunder See mit einem Durchmesser von ca. 700 m.

a) Wie lange braucht ein Wanderer, der mit einer Geschwindigkeit von $5\,\frac{\text{km}}{\text{h}}$ läuft, um das Maar zu umrunden?
b) Wie groß ist der Flächeninhalt, den das Maar einnimmt?

ZU AUFGABE 8
Holzplatte:

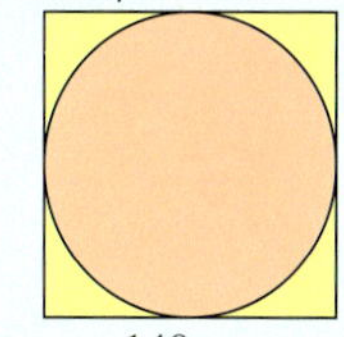

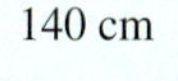

LANDSCHAFTS-GÄRTNER/IN
Die Ausbildung dauert 3 Jahre. Suche nach weiteren Informationen über den Beruf z. B. im Internet oder im BIZ.

Beruf **Landschaftsgärtner/in**

Gärtner und Gärtnerinnen der Fachrichtung Garten- und Landschaftsbau gestalten die Umwelt nach Plänen von Landschaftsarchitekten und -architektinnen. Sie verschönern die Umwelt, indem sie Außenanlagen, insbesondere Grünanlagen aller Art, bauen, pflegen, sanieren und bepflanzen.
Sie arbeiten in erster Linie in Fachbetrieben des Garten-, Landschafts- und Sportplatzbaus. Darüber hinaus können sie auch in einer städtischen Gärtnerei tätig sein. Botanische und zoologische Gärten stellen weitere Beschäftigungsmöglichkeiten dar.

10 Bau eines Kreisverkehrs

Eine Firma für Landschafts- und Gartenplanung erhält den Auftrag zur Neugestaltung eines Kreisverkehrs.

Die Mittelinsel soll einen Durchmesser von 20 m haben, ringsherum führt eine dreispurige Fahrbahn mit jeweils 2,75 m Spurbreite.

Der Auftrag gliedert sich in mehrere Einzelwerke:

1. Setzen von Randsteinen zwischen Insel und Fahrbahn
Die Randsteine sind innen 50 cm lang, 12 cm tief und kosten je laufenden Meter 4,25 €.

2. Pflasterung der dreispurigen Fahrbahn
Preis je Tonne: 98 €
Eine Tonne reicht für ca. 2,5 m^2 gepflasterte Fahrbahn.

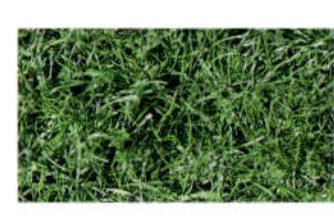

3. Einsäen der Mittelinsel mit Rasensamen
Pro Quadratmeter werden 300 g Samen benötigt.
Kilopreis: 6,50 €

4. Anlegen eines Parkstreifens am Rande des Kreisverkehrs
Es werden 80 m^2 „Sechseck-Wabensteine" zum Stückpreis von 1,25 € benötigt.

Sechseck-Wabenstein

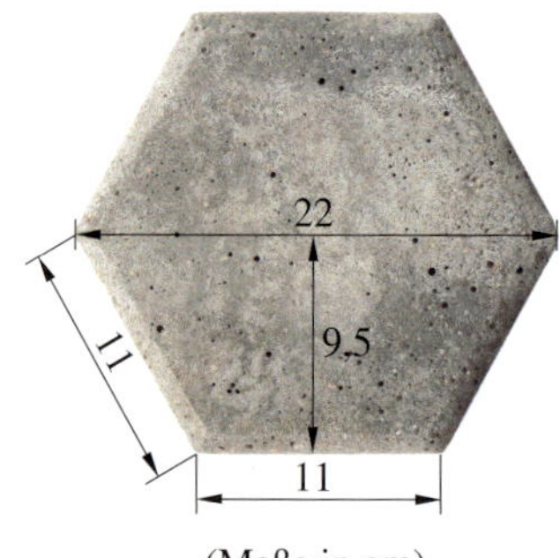

(Maße in cm)

a) Berechne den Bedarf an Grassamen (in Kilogramm), Wabensteinen (in Stück), Randsteinen (in laufenden Metern) und Kopfsteinpflaster (in Tonnen).
b) Berechne die Materialkosten des gesamten Projekts.
c) Erstelle die Rechnung. Auf die Endsumme kommen noch 19 % Mehrwertsteuer.

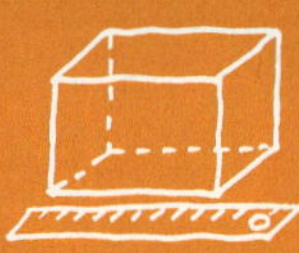

Zusammenfassung

Umfang und Flächeninhalt von Dreiecken

→ Seite 36

Der **Flächeninhalt** eines **Dreiecks** ist die Hälfte des Produktes aus der Grundseite g und der dazugehörigen Höhe h_g.

$$\boldsymbol{A = \frac{c \cdot h_c}{2}}$$
$$A = \frac{6\,\text{m} \cdot 3{,}3\,\text{m}}{2} = 9{,}9\,\text{m}^2$$

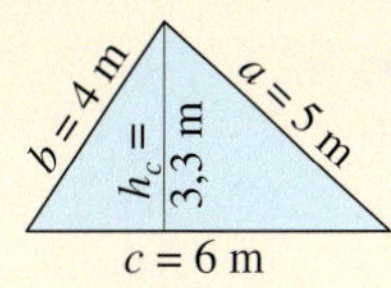

Der **Umfang** eines **Dreiecks** ist die Summe aller Seitenlängen.

$$\boldsymbol{u = a + b + c}$$
$$u = 5\,\text{m} + 4\,\text{m} + 6\,\text{m} = 15\,\text{m}$$

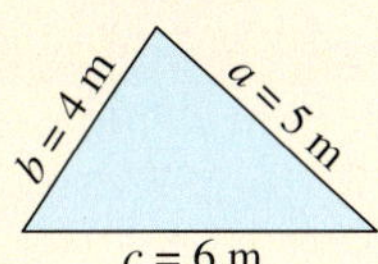

Umfang und Flächeninhalt von Vierecken

→ Seite 40/44

Der Pfeil ──► bedeutet: „… ist auch ein(e) …“

Quadrat
$A = a^2$
$u = 4 \cdot a$

Rechteck
$A = a \cdot b$
$u = 2 \cdot (a + b)$

Raute
$A = a \cdot h_a$
oder
$A = \frac{e \cdot f}{2}$
$u = 4 \cdot a$

Parallelogramm
$A = a \cdot h_a$
$u = 2 \cdot (a + b)$

Trapez
$A = \frac{a + c}{2} \cdot h_a$
$u = a + b + c + d$

Drachen
$A = \frac{e \cdot f}{2}$
$u = 2 \cdot (a + b)$

allgemeines Viereck
$A = A_1 + A_2$
$u = a + b + c + d$

Umfang und Flächeninhalt von Kreisen

→ Seite 48

Für jeden Kreis ist das Verhältnis von Umfang zu Durchmesser gleich (konstant). Diese Konstante heißt **Kreiszahl** und wird mit dem griechischen Buchstaben **π („pi“)** bezeichnet. Als Näherungswert rechnet man mit $\pi \approx 3{,}14$. Es gilt: $\pi = \frac{u}{d}$

Bei der Arbeit mit dem Taschenrechner wird die π-Taste benutzt.

Für den **Umfang** $\boldsymbol{u}$ eines Kreises gilt:
$\boldsymbol{u = \pi \cdot d}$ bzw. $\boldsymbol{u = 2 \cdot \pi \cdot r}$

Für den **Flächeninhalt** A eines Kreises gilt: $\boldsymbol{A = \pi \cdot r^2}$

Ein Kreis hat den Radius $r = 5\,\text{m}$.
$u = 2 \cdot \pi \cdot r \approx 2 \cdot 3{,}14 \cdot 5\,\text{m} = 31{,}4\,\text{m}$
$A = \pi \cdot r^2 = \pi \cdot 5\,\text{m} \cdot 5\,\text{m} = 78{,}5\,\text{m}^2$

Teste dich!

3 Punkte | 3 Punkte

1 Berechne den Umfang und den Flächeninhalt der Dreiecke. Miss fehlende Längen nach.

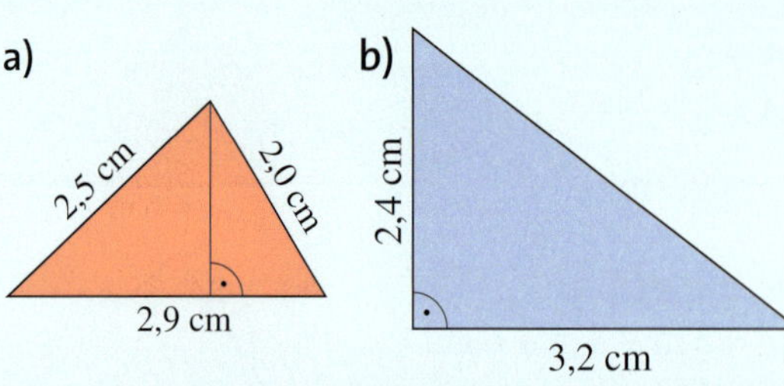

1 Berechne den Umfang und den Flächeninhalt der Dreiecke. Miss fehlende Längen nach.

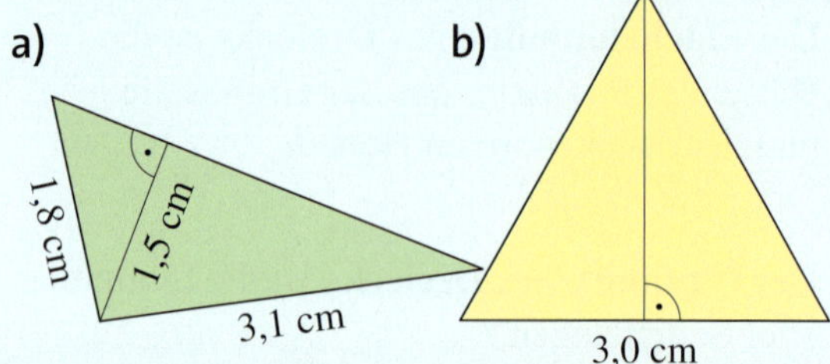

2 Punkte | 3 Punkte

2 In einen gleichschenkligen Dachgiebel soll ein neues Fenster eingesetzt werden. Berechne den Flächeninhalt des Fensters.

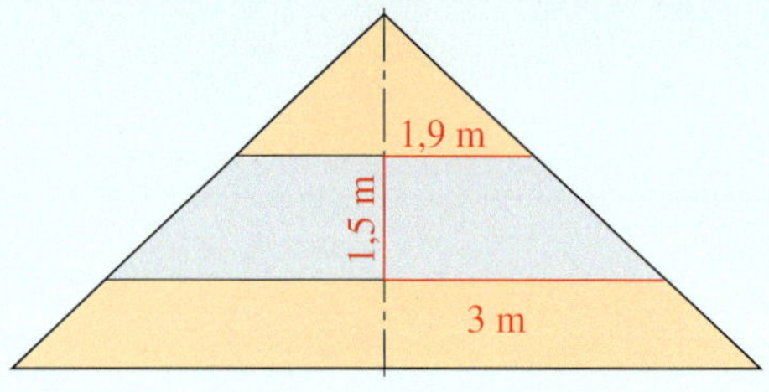

2 Der gleichschenklige Dachgiebel erhält ein neues Fenster. Berechne den Preis für das Glas, wenn $1\,m^2$ für 122 € angeboten wird?

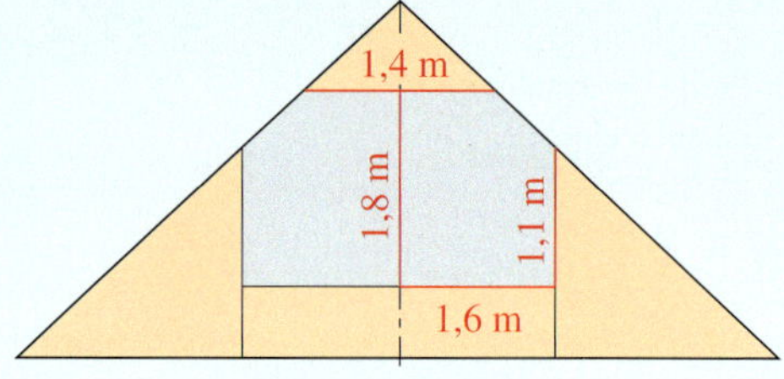

4 Punkte | 4 Punkte

3 Berechne Umfang und Flächeninhalt.

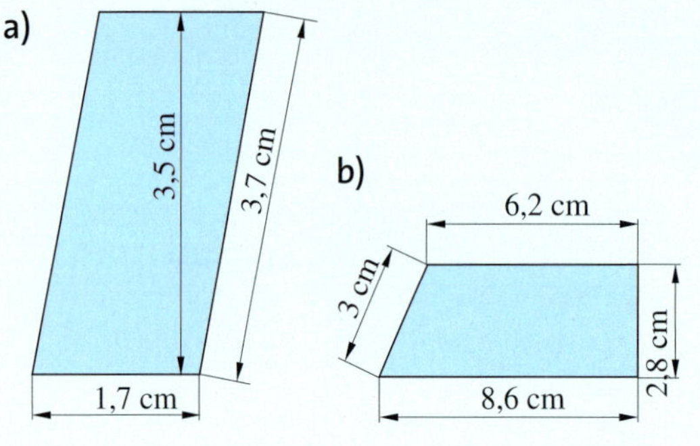

3 Berechne Umfang und Flächeninhalt.

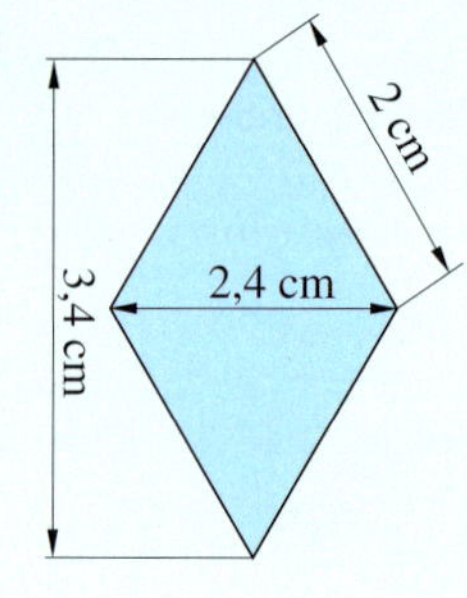

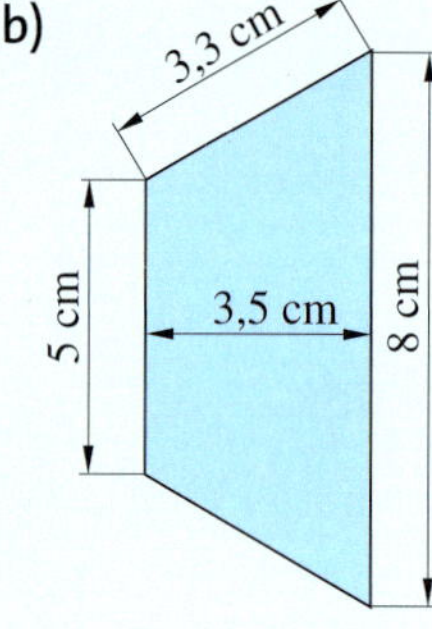

2 Punkte | 3 Punkte

4 Von einem rechteckigen Grundstück wird ein dreieckiges Teilstück verkauft. Der Besitzer erhält für jeden Quadratmeter 153 €. Wie hoch ist der Kaufpreis?

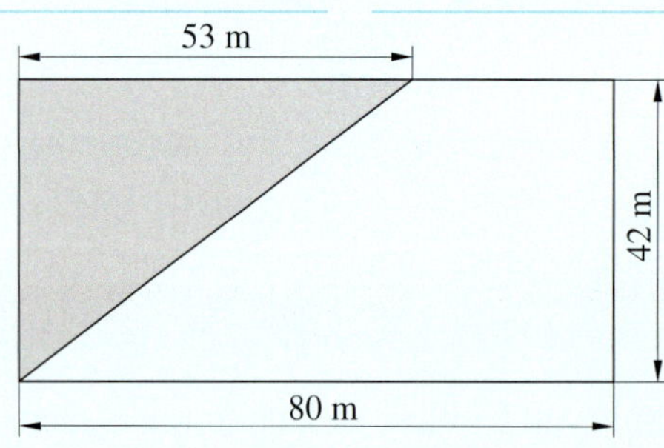

4 Von einem Grundstück wird ein dreieckiges Teilstück verkauft. Das verbliebene Grundstück verpachtet der Besitzer ein Jahr lang für 8,50 € pro $100\,m^2$ pro Jahr. Berechne die Jahrespacht.

2 Punkte | 4 Punkte

5 Ein Kreis mit dem Radius $r = 4{,}7\,cm$ ist gegeben. Berechne den Durchmesser d, den Umfang u und den Flächeninhalt A des Kreises.

5 Berechne die jeweils fehlenden Größen r, d, u und A des Kreises.

a) $d = 0{,}8\,m$

b) $u = 5\,dm$

Gold: 16–17 Punkte, Silber: 13–15 Punkte, Bronze: 10–12 Punkte

Lösungen ab Seite 201

Lineare Gleichungen

Um mit dem Einrad fahren zu können,
benötigt man ein gutes Gleichgewicht.
In diesem Kapitel geht es um das
mathematische Gleichgewicht:
Terme in Gleichungen dürfen nur geändert werden,
wenn dieses Gleichgewicht bestehen bleibt.

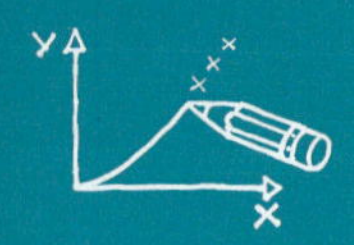

Noch fit?

Einstieg

1 Terme zusammenfassen

Fasse zusammen.

Beispiel $x + 2x = 3x$

a) $c + c + c$

b) $x + x + x - x$

c) $p + p - p + p$

d) $x - x - x$

e) $n + n + n - n - n$

2 Termwerte bestimmen

Fasse zusammen. Setze dann für x die Werte 0; 2 und 5 ein und berechne den Wert des Terms.

a) $x + 2x + 2x$

b) $3x + 5x + 2x$

c) $14x - 5x + x$

d) $8x - 3x + 2$

e) $4 + 4x - x + 1$

f) $x + 9x + 20 - 2x - 19$

3 Lösungen prüfen

Überprüfe die angegebene Lösung. Korrigiere, falls erforderlich.

a) $x + 4 = 13$; $x = 9$

b) $x + 2 = 10$; $x = 3$

c) $x + 5 = 4$; $x = -10$

d) $3x = 12$; $x = 4$

e) $14 + x = 20$; $x = 6$

f) $7x = 70$; $x = 0$

g) $4x + 4 = 12$; $x = 2$

Aufstieg

1 Terme zusammenfassen

Fasse zusammen.

a) $c + c - c$

b) $p + p + q + q$

c) $x + x - y - y$

d) $a - b + a - b$

e) $o + p + o - n + o + p + n$

f) $-y + x - r + y + x - r - y + x$

2 Termwerte bestimmen

Berechne den Wert des Terms für -3 (0; 11 und 30).

a) $2x + 1$

b) $3y + 5$

c) $5r - 3r + 6 - 9$

d) $5x - 4 - 7x + 6$

e) $1{,}5a + \frac{1}{2}a - 5a + a$

f) $9y + 26y + 9 - 40y - 8$

3 Gleichungen lösen

Löse die Gleichungen. Überprüfe dein Ergebnis.

a) $2x + 5 = 13$

b) $3{,}5x - 2 = 5$

c) $4 \cdot x : 5 = 24$

d) $-x + 8 - x = 28$

e) $700 - 664 = 9x$

f) $72 = x + 1 + 2x + x + 7$

g) $x \cdot x = 12 + 13$

4 Terme zuordnen

Ordne jeweils den passenden Term zu.
Gib die Bedeutung der Variablen an.

a) Umfang eines Quadrates

b) Flächeninhalt eines Quadrats

c) Umfang eines Rechtecks

d) Flächeninhalt eines Rechtecks

e) Umfang eines gleichseitigen Dreiecks

f) Umfang eines gleichschenkligen Dreiecks

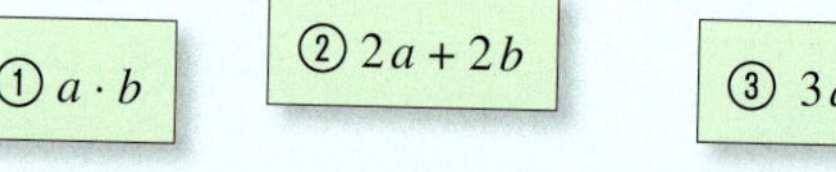

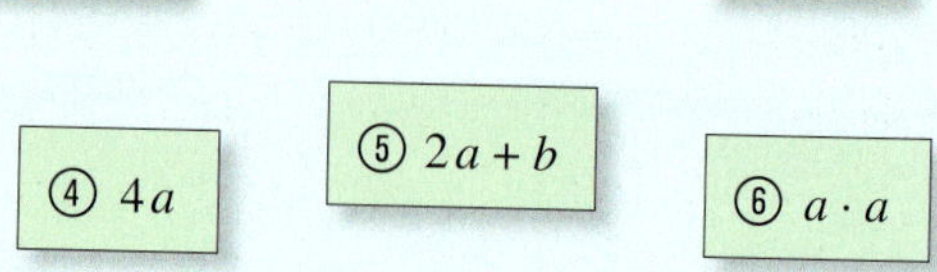

5 Kurz und knapp

a) Erkläre die Begriffe Variable, Term und Wert des Terms.

b) Erläutere das Kommutativ-, Assoziativ- und Distributivgesetz jeweils an einem Beispiel.

c) Eine Hose kostet 60 €. Der Preis wird auf 51 € reduziert.
Um wie viel Prozent wird der Preis für die Hose reduziert?

Lösungen ab Seite 201

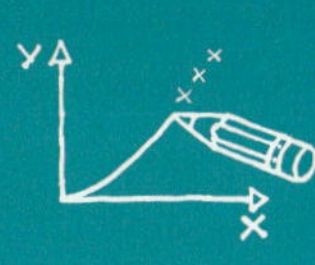

Terme aufstellen und zusammenfassen

Entdecken

1 Fotobestellung

Anna war in den Ferien auf Madagaskar und hat viele Fotos geschossen.
Nun möchte sie bei einem Online-Fotoversand Abzüge für 40 Fotos bestellen.

a) Wie viel muss sie bezahlen, wenn alle Fotos im Format 9 × 13 gedruckt werden?

b) Wie viel muss sie bezahlen, wenn alle Fotos im Format 10 × 15 gedruckt werden?

Format	Preis	
9 × 13	0,10 €	Postversand: 2,85 € für Verpackung & Versand
10 × 15	0,13 €	Lieferzeit: Je nach Bestellung 2–5 Arbeitstage

c) Anna möchte möglichst viele große Fotos, will aber nicht mehr als 7,50 € ausgeben.
Tipp: Sie sucht die optimale Lösung mithilfe einer Tabelle:

	Anzahl 9 × 13	Anzahl 10 × 15	Preis für 9 × 13	Preis für 10 × 15	Gesamtpreis (incl. Versand)
①	35	5			
②	20	20			
③					

d) Welche der folgenden Gleichungen eignet sich zur Berechnung des Gesamtpreises?
Wofür stehen die Zeichen ▲ und ●? Begründe.

① Gesamtpreis = (▲ + ●) · (0,10 € + 0,13 €) + 2,85 €
② Gesamtpreis = ▲ · 0,10 € + ● · 0,13 € + 2,85 €
③ Gesamtpreis = ▲ · 0,10 € + ● · 0,13 € + 40 · 2,85 €

2 Berechne die Aufgaben und vergleiche die Ergebnisse.

①	②	③	④
3 + (17 + 12)	25 + (18 − 7)	100 − (27 + 43)	80 − (−15 + 25)
3 + 17 + 12	25 + 18 − 7	100 − 27 + 43	80 − 15 − 25
3 + 17 − 12	25 + 18 + 7	100 − 27 − 43	80 + 15 + 25

a) Wann kann man eine Klammer weglassen, ohne dass sich das Ergebnis ändert?

b) Erkläre, wie man vorgehen muss, wenn vor der Klammer ein Minuszeichen steht.

c) Finde zu der Aufgabe 8 − (4 + 1) eine Aufgabe mit den Zahlen 8; 4; 1 und den Rechenzeichen + und −, die das gleiche Ergebnis, aber keine Klammern hat.

3 Streichholzketten

a) Lege die Streichholzmuster ① und ② nach.

b) Bestimme die Anzahl der Streichhölzer, die man jeweils für die 1., 2., 3., 4. und 5. Stufe beider Ketten benötigt.

c) Kannst du eine Gesetzmäßigkeit erkennen, wie die Anzahl der benötigten Hölzer von Stufe zu Stufe steigt?

d) Bestimme jeweils die Anzahl der Hölzer für die 10. und 20. Stufe der Kette.

e) In einem Knobelbuch wird die Kette ③ behandelt.
Es soll ein Term für die Anzahl der Hölzer in der x-ten Stufe angegeben werden. Welche Lösung ist richtig? Prüfe durch Einsetzen nach. Was fällt dir auf?

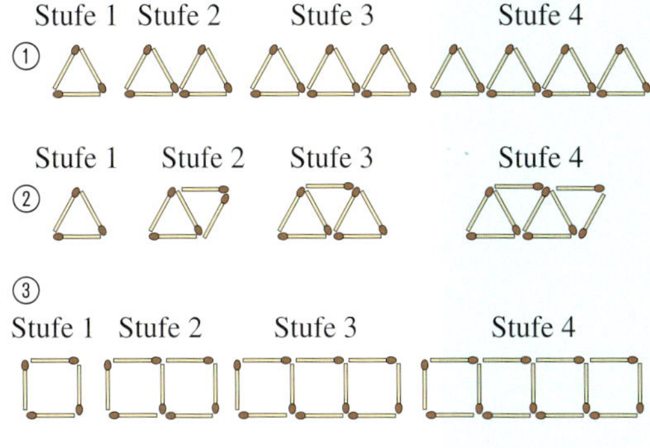

Anni $4 + x + x + x - 3$
Ben $1 + 3x$
Carina $4x - x + 1$
Deborah $4 + 3x - 3$
Erkan $x + x + x + 1$

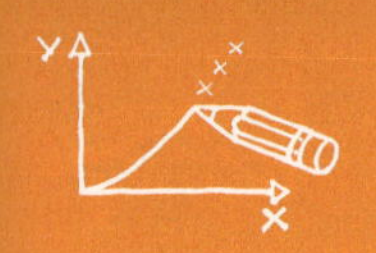

Verstehen

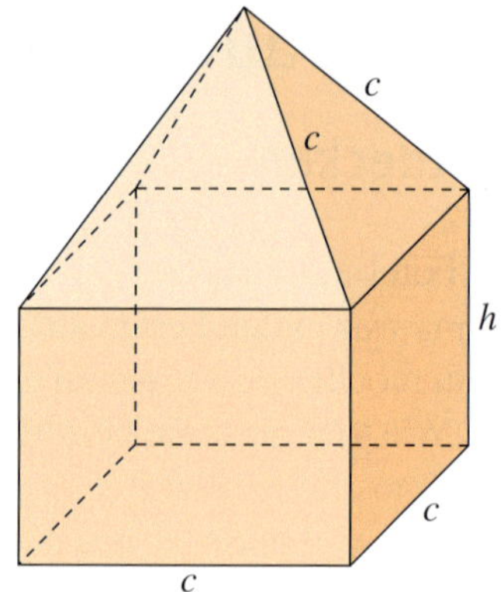

Akin und Rabia wollen für die Welpen ihres Hundes im Garten einen Unterschlupf mit Auslauf bauen. Zur genaueren Planung bauen sie zunächst ein großes Modell aus Draht.

Zuerst berechnet Akin, wie viel Draht sie für die Hütte (ohne den Auslauf) benötigen:

$$\underbrace{c+c+c+c}_{\text{Boden}} + \underbrace{h+h+h+h}_{\text{Seiten}} + \underbrace{c+c+c+c}_{\text{Dachboden}} + \underbrace{c+c+c+c}_{\text{Dachschrägen}}$$

Akin schreibt kürzer:

$$4c \quad + \quad 4h \quad + \quad 4c \quad + \quad 4c \quad = \quad 12c + 4h$$

Er setzt für die Seite $c = 50\,\text{cm}$ ein und für die Höhe $h = 40\,\text{cm}$:

$$12 \cdot 50 + 4 \cdot 40 = 600 + 160 = 760$$

Sie benötigen 7,60 m Draht.

HINWEIS
Man kann so schreiben:
$2 \cdot a = 2a$
$a \cdot b = ab$

TIPP
Sortiere zuerst die Variablen. Das Rechenzeichen vor einer Variable musst du beim Sortieren mitnehmen.

Beispiel 1

$3a + 2b + 5a - 6b + 2a$
$= 3a + 5a + 2a + 2b - 6b = 10a - 4b$

$x + y - x - 2y = x - x + y - 2y$
$= 0x - 1y = -y$

Merke Beim Addieren und Subtrahieren kann man gleiche Variablen zusammenfassen.
Achtung: Unterschiedliche Variablen dürfen nicht addiert bzw. subtrahiert werden.

Beispiel 2

$3a \cdot 7b = 3 \cdot 7 \cdot a \cdot b = 21ab$

$x \cdot 3x \cdot y \cdot 2 = 2 \cdot 3 \cdot x \cdot x \cdot y = 6x^2y$

Merke Beim Multiplizieren kann man die Reihenfolge der Faktoren vertauschen. Gleiche Faktoren kann man zu einer Potenz zusammenfassen.

Akin und Rabia haben 100 € für den Welpenstall zur Verfügung. Auf dem Zettel haben sie ihre Ausgaben notiert. Wie viel Geld behalten sie übrig?

Holz 32,45 Euro
Draht 40,21 Euro
Farbe 19,99 Euro

Akin stellt folgende Rechnung auf:

$$100 - (32{,}45 + 40{,}21 + 19{,}99) = 100 - 92{,}65 = 7{,}35$$

Rabia möchte lieber ohne Klammern rechnen. Sie rechnet:

$$100 - 32{,}45 - 40{,}21 - 19{,}99 = 7{,}35$$

Sie behalten 7,35 € übrig.

Beispiel 3

$8 + (4 + 3) = 8 + 4 + 3$
$a + (b - c) = a + b - c$
$a + (-b + c - d) = a - b + c - d$

Beispiel 4

$8 - (4 + 3) = 8 - 4 - 3$
$8 - (4 - 3) = 8 - 4 + 3$
$a - (b - c) = a - b + c$
$a - (-b + c - d) = a + b - c + d$

Merke Bei Klammern in Summen und Differenzen gibt es zwei Fälle:
Eine Klammer, vor der ein Pluszeichen steht, kann man weglassen.
Die Vorzeichen und Rechenzeichen im Term ändern sich nicht.

Eine Klammer, vor der ein Minuszeichen steht, kann man auflösen.
Die Glieder in der Klammer bekommen das entgegengesetzte Vorzeichen:
aus + wird –; aus – wird +.

Üben und anwenden

1 Übertrage die Tabellen ins Heft.
Setze für die Variablen den gegebenen Wert ein und überprüfe wie im Beispiel, ob die Aussage wahr (w) oder falsch (f) ist.

x	$x+2=4$	$x+2<4$	$x+2>4$
0	$2=4$ f		
1			
2			
3			

2 Übertrage das Kreuzzahlrätsel ins Heft.

	①	②		③	④	
⑤				⑥		⑦
⑧			⑨			
⑩					⑪	
⑫			⑬	⑭		
		⑮				
	⑯					

waagerecht:
① $4 \cdot a - 1972$; $a = 4000$
⑤ $-15 \cdot a$; $a = -15$
⑥ $15 \cdot a + 38$; $a = 5$
⑧ $124 \cdot a$; $a = 160$
⑩ $18 \cdot (b - 37)$; $b = 300$
⑪ $\frac{1}{2} \cdot b + 5$; $b = 22$
⑫ $-14 \cdot b$; $b = -2{,}5$
⑬ $15 \cdot b + 100$; $b = 180$
⑮ $34 \cdot c + 1$; $c = 900$
⑯ $161 \cdot c + 100$; $c = 71$

senkrecht:
① $173 \cdot x$; $x = 75$
② $7 \cdot x + 5$; $x = 654$
③ $-3{,}5 \cdot x$; $x = -60$
④ $9 \cdot (y + 4)$; $y = 5$
⑤ $1429 \cdot y$; $y = 15$
⑦ $47 \cdot y + 1$; $y = 800$
⑨ $421 \cdot y$; $y = 105$
⑪ $125 \cdot z + 1$; $z = 8$
⑭ $-30 \cdot z - 37$; $z = -30$
⑮ $15 \cdot z - 11$; $z = 2{,}8$

3 Löse die Klammern auf und fasse die Terme zusammen, wenn es möglich ist.
a) $3x + (2 - y)$
b) $12x - (a + 3x)$
c) $x - 3 - (2y + 3z)$
d) $(3 + x) - (8y - 5z)$

4 Schreibe die Terme ohne Klammern.
a) $5 - (a + b)$ b) $6 - (x + a)$
c) $x + (14 - y)$ d) $8 - (r - s)$
e) $y + (z + 5)$ f) $y + (-x + 7)$
g) $y + (-8 - x)$ h) $y - (-m - z)$
i) $a + (b + d)$ j) $a - (b + d)$

1 Übertrage die Tabellen ins Heft.
Setze für die Variablen den gegebenen Wert ein und überprüfe wie im Beispiel, ob die Aussage wahr (w) oder falsch (f) ist.

x	$2 \cdot x + 6 = 9$	$2 \cdot x + 6 < 9$	$2 \cdot x + 6 > 9$
0	$6=9$ f		
1			
2			
3			

2 Der Term-Flipper zeigt zu Beginn $x = 0$ an. Berechne den Termwert nach dem ersten Anstoß. Nun wird für x dieser erste Termwert angezeigt. So geht es weiter.
Welchen Wert zeigt das Gerät am Ende an?

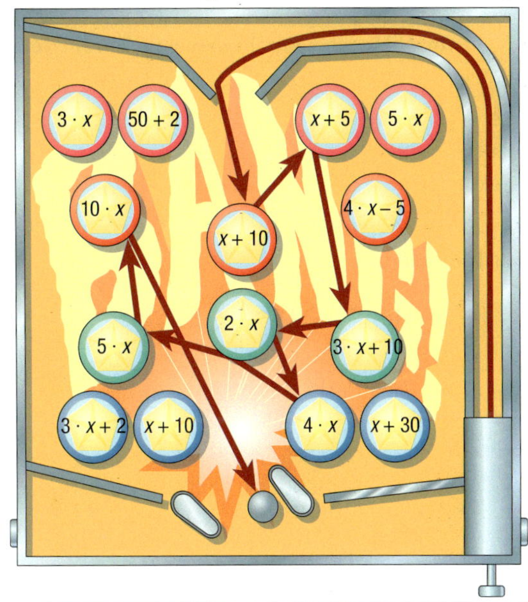

3 Löse die Klammern auf und fasse die Terme zusammen, wenn es möglich ist.
a) $2x + (5y - 4x + 3y)$
b) $(3x - 4a) - (12a + 17x)$
c) $29r - (16s - 5r) + 17r + (12s - 45r)$
d) $3a^2 - (5a - 6a^2) + (13a - a^2)$

4 Fasse die Terme zusammen.
a) $5 - (b + 7 + b)$ b) $x + (x + 9 + 10)$
c) $y - (y + 9 - y)$ d) $a + (a - 2 + 9)$
e) $a + (a - b + c)$ f) $3x + (2 - x)$
g) $c - (6d + 3c - 8c + 13) + 20$
h) $18ab - (17a - 4ab + 6b + 25)$

ZU AUFGABE 2
Ziel ist, am Ende des Flipperspiels möglichst nah an 50 000 zu kommen. Der Weg der Flipperkugel bleibt gleich. Probiere mit verschiedenen Startwerten für x.

5 Setze Klammern so, dass die Aussage wahr wird.

a) $12 - 4 - 9 = 17$ b) $8 - 3 + 5 = 0$
c) $17 - 4 - 5 + 3 = 5$ d) $24 - 7 - 3 - 4 = 24$

5 Wie muss ein Klammernpaar gesetzt werden, damit der Term $3 - 5 - 4 + 8$ einen möglichst großen (einen möglichst kleinen) Wert erhält?

6 Anna möchte ihrer Großmutter zum Geburtstag einen schönen Blumenstrauß schenken. Bei einem Blumenversand stellt sie einen Strauß aus den angebotenen Blumensorten zusammen.

Rosen:	Stück 1,50 €
Gerbera:	Stück 0,85 €
Nelken:	Stück 0,65 €
Anemonen:	Stück 1,35 €
Glückwunschkarte:	2,50 €

Sie überlegt sich, dass sie den Gesamtpreis mit folgendem Term berechnen kann:

$$1{,}50 \cdot r + 0{,}85 \cdot g + 0{,}65 \cdot n + 1{,}35 \cdot a + 2{,}50 \cdot k$$

r = Anzahl Rosen; g = Anzahl Gerbera; n = Anzahl Nelken; a = Anzahl Anemonen; k = Anzahl Glückwunschkarten

Stelle sechs verschiedene Sträuße zusammen und berechne jeweils den Gesamtpreis. Notiere deine Beispiele in einer Tabelle:

	Anzahl Rosen	Anzahl Gerbera	Anzahl Nelken	Anzahl Anemonen	Karte ja/nein	Gesamtpreis
①	5	5	5	5	ja	
②						
③						

7 Die Terme geben jeweils den Umfang einer der Flächen an.

$3x + 11$ | $3x + 3$ | $3x + 13$ | $2x + 16$ | $10x$

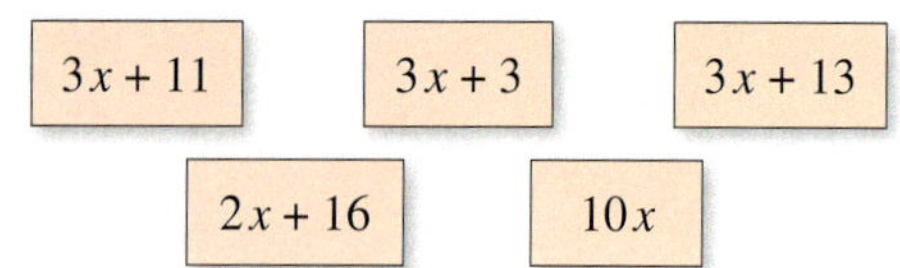

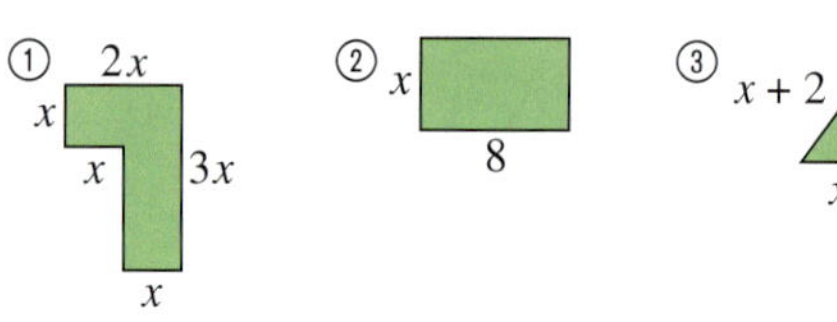

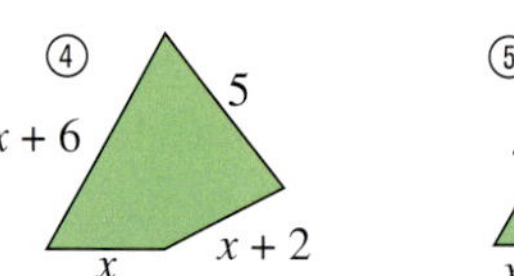

a) Welcher Term gehört zu welcher Fläche?
b) Gib jeweils den Umfang der Flächen an, wenn $x = 5$ cm ist.

7 Flächeninhalte berechnen

a) Welcher Term beschreibt den Flächeninhalt welcher Fläche?

① a^2 ② $2 \cdot a \cdot b$ ③ $a^2 + b^2$
④ $a \cdot b$ ⑤ $a \cdot b + a^2$ ⑥ $2a^2 + a \cdot c$

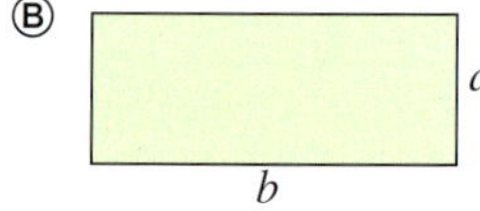

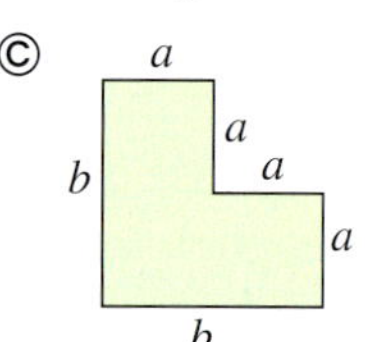

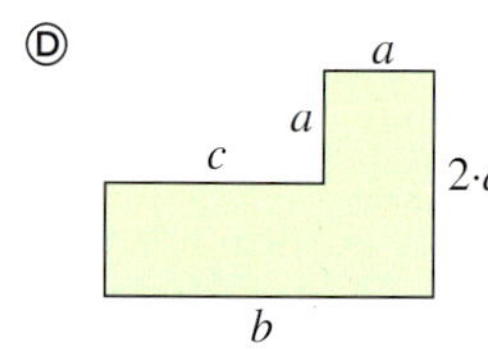

b) Berechne den Flächeninhalt der Fläche Ⓒ mit $a = 12$ mm und $b = 24$ mm.
c) Berechne den Flächeninhalt der Fläche Ⓓ mit $a = 12$ mm und $b = 3a$.

8 Umfang und Flächeninhalt

a) Notiere je einen Term mit Variablen zur Berechnung des Umfangs und des Flächeninhalts.
b) Setze die passenden Werte in die Terme ein und berechne Umfang und Flächeninhalt.

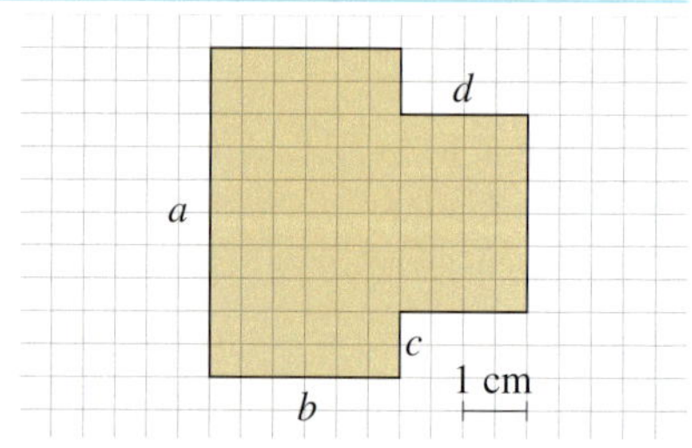

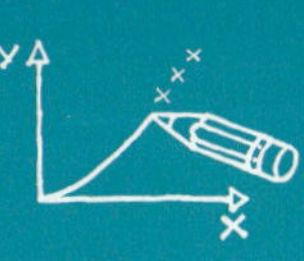

Gleichungen aufstellen

Entdecken

1 Was haben Vierecke aus Zahnstochern mit Gleichungen zu tun? Findet es heraus.

a) Lege wie im Beispiel aus Zahnstochern ein Viereck. Jede Seite kann aus mehreren Zahnstochern bestehen.
Miss den Umfang des Vierecks.

b) Übertragt die Tabelle ins Heft und füllt die Spalten aus.
Das kleine „x“ steht dabei für die Länge eines Zahnstochers: Besteht eine Seite aus zwei Zahnstochern, tragt ihr „$2\,x$“ ein, bei 5 Zahnstochern tragt ihr „$5\,x$“ ein.

Beispiel
Marcs Viereck hat einen Umfang von 35 cm.
Wie lang ist ein Zahnstocher?

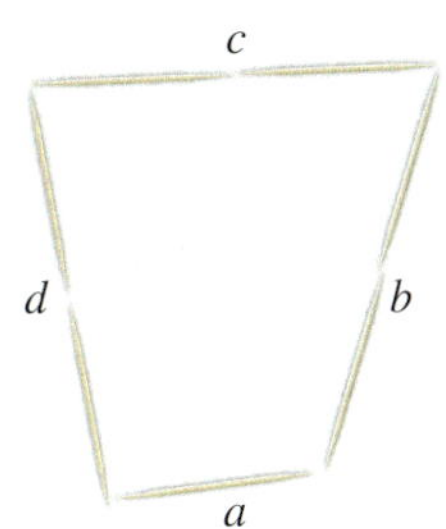

Name	Seite a		Seite b		Seite c		Seite d		Umfang
Marc	1x	+	2x	+	2x	+	2x	=	35 cm
…									

c) Legt auch andere Vielecke aus Zahnstochern und fertigt dafür eine Tabelle wie oben an.

ERINNERE DICH
Den Umfang eines Vielecks berechnest du, indem du alle Seitenlängen addierst.

2 Bei einem Spiel werden weiße, grüne, rote und blaue Spielchips verwendet.
Die weißen Chips können in andersfarbige Chips umgetauscht werden. Jede Farbe hat einen anderen Gegenwert. Thorben, René und Britta erhalten jeder 23 weiße Chips und tauschen sie gegen Chips mit einer anderen Farbe ein.

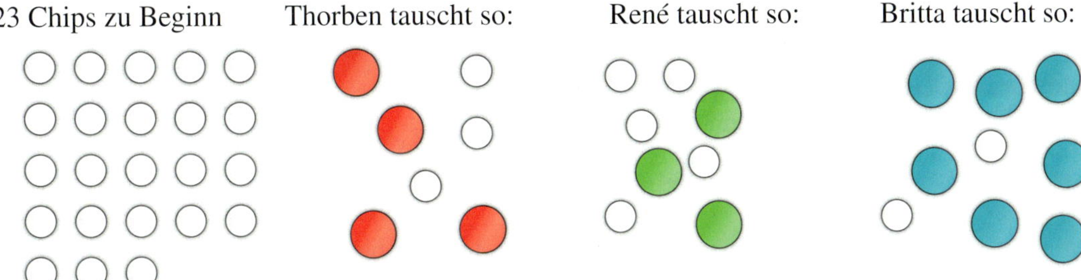

a) Kannst du herausfinden, welchen Wert die Farben haben?

b) Welche Farbe hat den größten „Wert"? Begründe deine Antwort.

c) Finde heraus, wie viele weiße Chips du jeweils für einen roten, einen grünen bzw. einen blauen Chip erhältst. Erkläre, wie du dabei vorgegangen bist.

d) Die farbigen Chips können wieder in weiße Chips zurückgetauscht werden.
Miray tauscht einen roten, zwei grüne und drei blaue Chips ein.
Wie viele weiße Chips bekommt sie dafür?

3 Auf einer Balkenwaage ist Ben zusammen mit dem Ziegelstein genauso schwer wie Bea (56 kg) und Malte (72 kg) zusammen.

a) Finde heraus, wie viel Kilogramm Ben wiegt.

b) Wie schwer müsste der Stein sein, wenn du an Bens Stelle wärst?

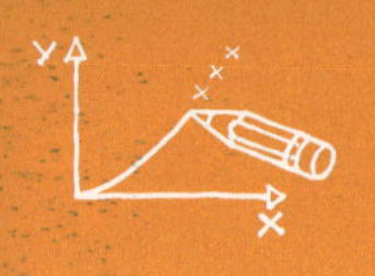

Verstehen

Drei Freunde wollen sich zusammen ein PC-Spiel kaufen. Welchen Anteil muss jeder der Freunde bezahlen?

Hm... 49 €. Jeder zahlt den gleichen Anteil!
Wollen wir das neue PC-Spiel kaufen?
OK. Mein Opa legt 10 € dazu.

ERINNERE DICH
Terme bestehen aus Variablen und Zahlen. Wird für die Variable eine Zahl eingesetzt, kann der Wert des Terms bestimmt werden.

Zum Lösen stellt man einen Term auf. Der Term setzt sich aus einem *festen Wert* (hier: 10 € vom Opa) und einem *variablen Wert* x (hier: dreimal der gesuchte Anteil in Euro) zusammen: $3x + 10$

Durch Ausprobieren kann bestimmt werden, wie viel jeder bezahlen muss. Dazu werden verschiedene Zahlen für x eingesetzt.

Beispiel 1

Wert für x	Term	Wert des Terms
$x = 1$	$3 \cdot 1 + 10$	13
$x = 2$	$3 \cdot 2 + 10$	16
$x = 3$	$3 \cdot 3 + 10$	19
$x = 4$	$3 \cdot 4 + 10$	22
$x = \ldots$	…	…
$x = \ldots$	…	49

Die Aufgabe ist gelöst, wenn der Term $3x + 10$ den Wert 49 annimmt.
Dazu wird eine **Gleichung** aufgestellt: $3x + 10 = 49$.

Merke Eine **Gleichung** verbindet zwei Terme (Rechenausdrücke) durch ein Gleichheitszeichen „=“.

Beispiel 2

$3x + 10 = 49$

Term für 3 gleiche Anteile und das Geld vom Opa → $3x + 10$

Term für die Kosten für das Spiel → 49

HINWEIS
Gleichungen, in denen keine Variablen vorkommen, sind entweder wahre oder falsche ***Aussagen****.*

Durch weiteres systematisches Probieren werden für die Variable x weitere Zahlen eingesetzt und der Wert der Terme bestimmt. Haben die Terme auf beiden Seiten der Gleichung den gleichen Wert, so ergibt sich eine **wahre Aussage**. Sind die Werte verschieden, so ergibt sich eine **falsche Aussage**.

Merke Eine Zahl heißt **Lösung** einer Gleichung, wenn beim Einsetzen der Zahl in die Gleichung eine **wahre Aussage** entsteht. Eine Gleichung hat eine, mehrere oder keine Lösungen.

Beispiel 3

Die Gleichung $3x + 10 = 49$ kann zu einer wahren oder einer falschen Aussage führen.

Für $x = 10$ ergibt sich eine falsche Aussage:

$3 \cdot 10 + 10 = 49$

$30 + 10 = 49$

$40 = 49$ *f*

10 ist *nicht* Lösung der Gleichung.

Für $x = 13$ ergibt sich eine wahre Aussage:

$3 \cdot 13 + 10 = 49$

$39 + 10 = 49$

$49 = 49$ *w*

13 ist Lösung der Gleichung.

Jeder der Freunde muss also 13 € bezahlen, damit sie sich das Spiel kaufen können.

Üben und anwenden

1 Besprich mit deinem Banknachbarn, woran man eine Gleichung erkennt. Entscheidet dann abwechselnd, ob es sich um eine Gleichung handelt. Begründet eure Antworten.

a) $3x - 8 = 45$ b) $45y = 3x + 4$ c) $20x + 15y - 10z$ d) $6 = 6$

e) $30 - u = 20 - v$ f) $w = a = b$ g) $u + v = 23 + 12$ h) $27 = 12$

2 Übertrage die Tabelle ins Heft.

x	$x + 2 = 4$	$x + 5 = 7$	$x - 2 = 2$
0	$0 + 2 = 4$ f		
1			
2			
3			
4			

a) Setze für die Variablen die gegebenen Werte ein. Überprüfe wie im Beispiel, ob die Aussagen wahr oder falsch sind.

b) Welche Zahl ist die Lösung der Gleichung? Begründet euch eure Antworten gegenseitig.

2 Übertrage die Tabelle ins Heft.

x	$3 \cdot x + 6 = 9$	$2 \cdot x + 5 = 9$	$x : 2 = 2$
0	$6 = 9$ f		
1			
2			
3			
4			

a) Setze für die Variablen die gegebenen Werte ein und überprüfe wie im Beispiel, welche Zahl Lösung der Gleichung ist.

b) Untersuche, wie sich der Wert des Terms beim Einsetzen unterschiedlicher Variablen ändert. Erkennst du eine Regelmäßigkeit?

3 Geldgeschenke zur Konfirmation

a) Daniel hat sich Geld für einen neuen Computer gewünscht. Er hat insgesamt 275 € in Scheinen bekommen: Zwei 100-€-Scheine und mehrere 5-€-Scheine. Wie viele 5-€-Scheine hat Daniel erhalten? Stelle eine Gleichung auf, x ist die Anzahl der 5-€-Scheine.

b) Birte hat 190 € bekommen. Sie erhielt drei 50-€-Scheine und mehrere 10-€-Scheine. Stelle die zugehörige Gleichung auf.

c) René hat ebenfalls Geld geschenkt bekommen. Mit der Gleichung $210 = 100 + x \cdot 10$ findest du heraus, wie viel Geld er in welchen Scheinen erhalten hat.

4 Gerrit hat verschiedene Beträge mit folgenden Cent-Münzen bezahlt.

Welche Münzen hat er verwendet? Die Variable steht für den Wert der Münzen. Arbeite mit einer Tabelle und setze für x Werte ein, bis du eine wahre Aussage erhältst.

a) $5x = 25\,\text{ct}$ b) $12x + 6\,\text{ct} = 30\,\text{ct}$

c) $5x + 10\,\text{ct} = 6x$ d) $40\,\text{ct} - 5x = 30\,\text{ct}$

e) $3x + 38\,\text{ct} + 9x = 50\,\text{ct}$

f) $5\,€ - 20x = 3\,€$

4 Pia bezahlt an der Kasse mit folgenden Cent-Münzen und Euro-Münzen. Die Variable x steht für den Wert der Münzen.

Welche Münzen verwendet sie? Löse durch systematisches Probieren.

a) $6{,}50\,€ + 5x = 9\,€$ b) $3x + 4\,€ = 10\,€$

c) $7x + 60\,\text{ct} = 2\,€$

d) $2 \cdot (5\,€ + 5x) = 30\,€$

e) $3x + 80\,\text{ct} + 15\,€ + 5x = 23{,}80\,€$

f) $3 \cdot (5\,€ + x + 20\,\text{ct}) + 19\,\text{ct} = 21{,}79\,€$

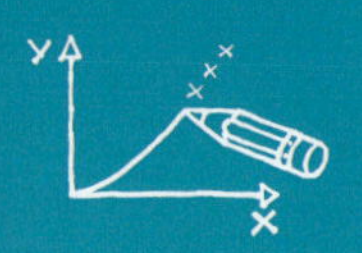

5 Setze für x die angegebene Zahl ein. Ist die Aussage wahr (w) oder falsch (f)?

Beispiel $x + 3 = -5$ $x = 8$
$8 + 3 = -5$ f

a) $3x + 5 = 7$ $x = 4$
b) $x + 3 = x - 2$ $x = 1$
c) $2x + 10 = 10 - 2x$ $x = 2$
d) $2(x + 7) = 20$ $x = 3$
e) $5(x - 0{,}5) = 0$ $x = 0{,}5$

5 Prüfe, ob die angegebene Zahl oder ihre Gegenzahl Lösung der Gleichung ist.

Beispiel $8 - x = -5$ $x = 3$
$8 - 3 = -5$ f und $8 - (-3) = -5$ w

a) $3(a + 5) = 9$ $a = 2$
b) $-2(b + 2) = b - 13$ $b = 3$
c) $3c - 4 = -7{,}3$ $c = 1{,}1$
d) $1 - 2d = 35$ $d = 17$
e) $-5(e + 1{,}5) = 0$ $e = 1{,}5$

6 Vereinfache die Gleichung. Finde danach durch Probieren heraus, für welche ganze Zahl du eine wahre Aussage erhältst.

a) $2a + 4a = 18$
b) $5b + 1 + 5b = 21$
c) $5c - 3c + 2 = 10$
d) $3d + 3 - d - 5 = 8$
e) $4e - e + 2 - 3e + 13 = e$

6 Vereinfache die Gleichung. Finde durch Probieren die Lösung der Gleichung. Welche ganze Zahl erhältst du?

a) $a + 5 + 6a - 7 - 5a + 2 = 40$
b) $3(b + 4) - 12 = 9$
c) $-2(3c + 1) + 7c = 18$
d) $\frac{4}{3}d + \frac{5}{3}d = 24$
e) $\frac{7}{9}e + 10 - \frac{1}{9}e - 8 - \frac{2}{3}e = +\frac{5}{3}e$

HINWEIS
Beim **Rückwärtsrechnen** geht man von einem Ergebnis aus und schließt auf den Ausgangswert.

7 Carina war auf der Landauer Kirmes. Sie hatte 20 € dabei. Auf dem Heimweg hat sie 6,50 € übrig. Sie überlegt, was sie alles unternommen hat:

Zuletzt war sie auf dem Kettenkarussel. Die Fahrt kostete 3 €.

Davor hat sie sich 2 Crêpes für je 2,50 € gekauft.

Gleich zu Beginn ist sie mit der Achterbahn gefahren.

a) Weißt du, wie teuer die Achterbahnfahrt war? Finde die Lösung mithilfe von Rückwärtsrechnen.
b) Beschreibe, wie du beim Rückwärtsrechnen vorgegangen bist. Wie muss die Gleichung aussehen?
c) Stellt euch gegenseitig ähnliche Aufgaben und löst sie durch Rückwärtsrechnen.

8 Rückwärtsrechnen

a) Lies dir das Beispiel durch.
Beispiel Henning geht mit x € zum Einkaufen. Nach seinem Einkauf hat er noch genau 4 € übrig. Er hat drei Schokoriegel für je 1 € und eine Tüte Chips für 2 € gekauft. Wie viel Geld hatte er dabei?
Gleichung: $x - 3 \cdot 1 - 2 = 4$
also $x = 9$
Antwort: Henning hatte 9 € dabei.

b) Schreibe wie im Beispiel und löse.
Meike erhält 5,50 € Restgeld an der Supermarktkasse. Sie hat ein Brot für 2,50 €, zwei Joghurts für je 0,50 € und Kaugummis für 1 € gekauft. Mit welchem Schein hat sie bezahlt?

8 Schreibe als Gleichung. Rechne rückwärts.

a) Karim hat auf seiner Gutscheinkarte einen Restbetrag von 8,07 €. Er hat sieben Songs über das Internet gekauft. Die Gutscheinkarte hatte ursprünglich einen Wert von 15 €. Wie teuer war ein Song?
b) Sarah und ihre Schwester kommen mit 1,80 € aus dem Freibad.
Sie haben je 4,40 € Eintritt bezahlt.
Ihr Eis hat 2,30 € und 2,10 € gekostet.
Wie viel Geld hatten sie vorher?
c) Jan hat auf seiner Prepaid-Karte von ursprünglich 15 € noch 10,35 €.
Er hat 27 Minuten zu 10 ct pro Minute telefoniert und 13 SMS geschrieben.
Wie teuer ist eine SMS?

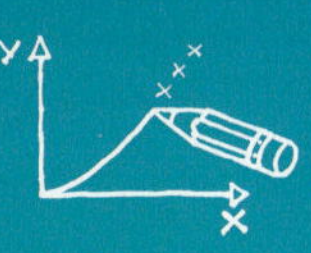

Gleichungen lösen

Entdecken

1 Die 8. Jahrgangsstufe der Kästner-Schule plant eine Busreise nach London. Daran wollen insgesamt 87 Jugendliche teilnehmen.
Es gibt folgende Möglichkeiten, Busse anzumieten.

1. Möglichkeit (90 Sitzplätze)

1 Doppeldeckerbus,
1 Kleinbus

2. Möglichkeit (90 Sitzplätze)

3 Kleinbusse

a) Jule und Tim überlegen, ob es auch für andere Gruppengrößen zwei Möglichkeiten gibt, Busse anzumieten. Sind ihre Lösungen richtig? Begründe deine Antwort.

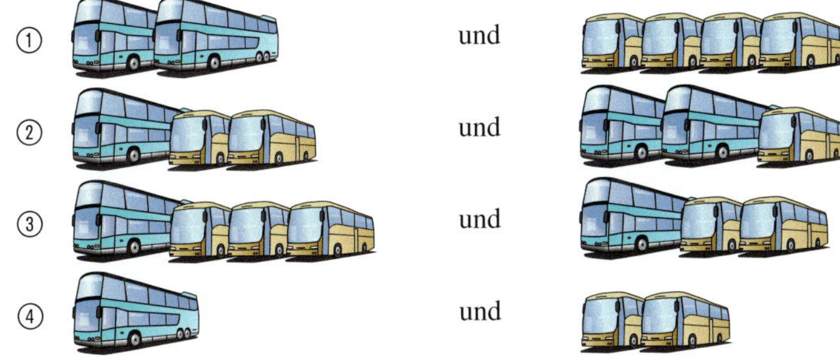

b) Finde weitere Möglichkeiten.

2 Die beiden Mengen von Münzen bestehen aus Groschen und 50-Pfennig-Stücken. Mit diesen Münzen wurde in Deutschland vor der Einführung des Euro im Jahr 2002 bezahlt. Beide Mengen haben den gleichen Wert.

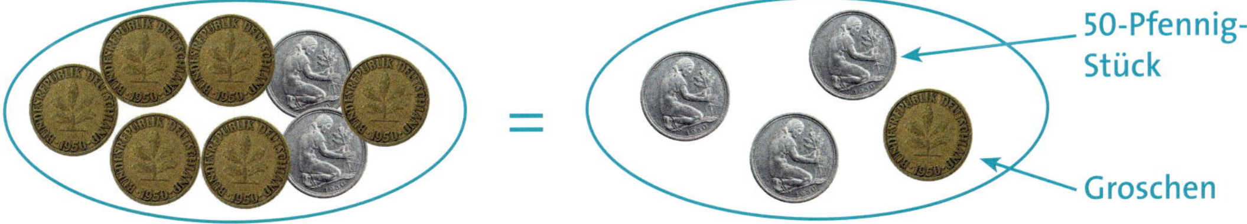

Findet mithilfe der beiden Mengen heraus, wie viele Pfennig ein Groschen Wert war. Beschreibt, wie du dabei vorgegangen seid.

3 Die Balkenwaage ist im Gleichgewicht, wenn das Gewicht auf der linken Schale genauso groß ist wie das Gewicht auf der rechten Schale.
Stellt euch vor, so viele Pakete und Kugeln wie möglich in die Waagschalen zu legen.
Dabei muss die Waage im Gleichgewicht bleiben.
Erklärt euch gegenseitig, wie ihr dabei vorgehen könnt.
Skizziert eure Lösung im Heft.

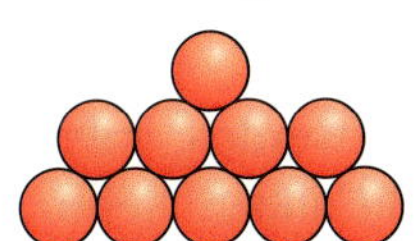

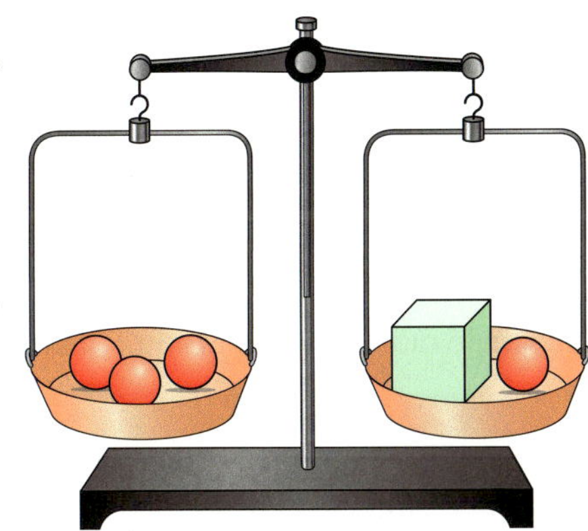

Verstehen

Bisher wurden Gleichungen durch systematisches Probieren oder Rückwärtsrechnen gelöst. Es gibt aber auch eine rechnerische Methode zum Lösen von Gleichungen.

Beispiel 1
Die Balkenwaage ist im Gleichgewicht. Sie ist mit Gewichten und jeweils gleich schweren Paketen beladen. Die Waage bleibt im Gleichgewicht, wenn man auf beiden Seiten gleich schwere Dinge dazulegt oder wegnimmt.
Gesucht ist das Gewicht von einem Paket.

Handlung	Darstellung am Modell	Gleichung
von beiden Seiten 10 g wegnehmen	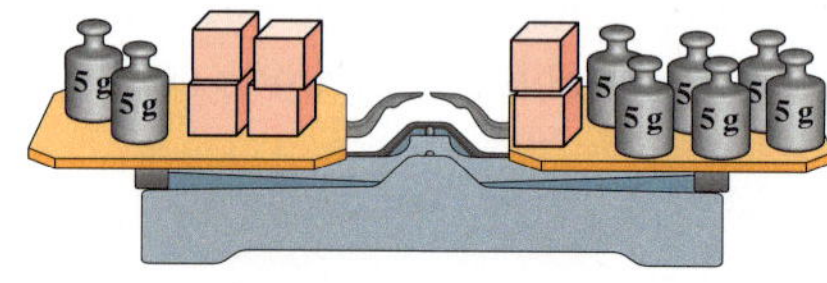	$10 + 4x = 2x + 30$ Rechenoperation: -10 $10 - 10 + 4x = 2x + 30 - 10$
auf beiden Seiten 2 Pakete wegnehmen	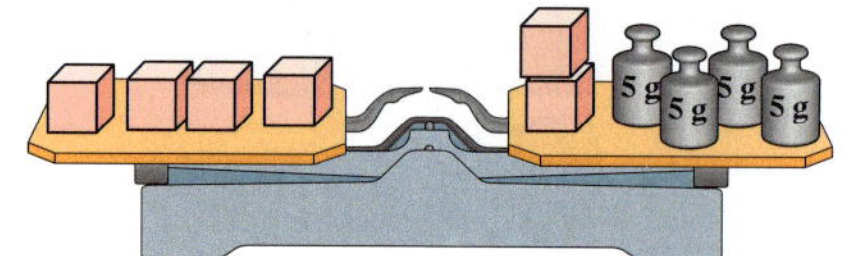	$4x = 2x + 20$ Rechenoperation: $-2x$ $4x - 2x = 2x - 2x + 20$
auf beiden Seiten das Gewicht halbieren	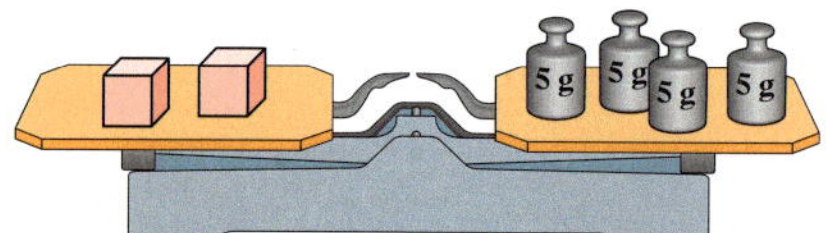	$2x = 20$ Rechenoperation: $:2$ $\frac{2x}{2} = \frac{20}{2}$
Ein Paket wiegt 10 g.	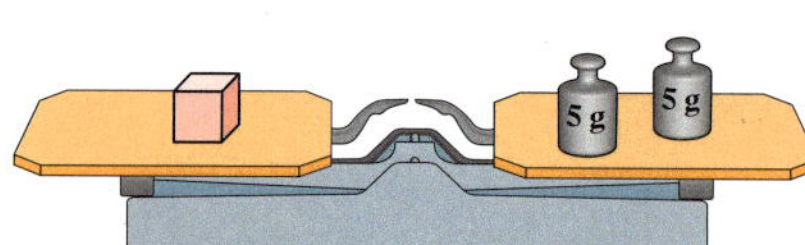	$x = 10$ Probe $10 + 40 = 20 + 30$ w

TIPP
*Überprüfe mithilfe der **Probe**, ob deine Lösung zu einer wahren Aussage führt.*

HINWEIS
Beim Umformen von Gleichungen notiert man die durchgeführten Äquivalenzumformungen hinter einem senkrechten Strich.

Merke Eine Gleichung kann man umformen, indem man **auf beiden Seiten**
- den gleichen Term addiert,
- den gleichen Term subtrahiert,
- mit dem gleichen Term (≠ 0) multipliziert,
- durch den gleichen Term (≠ 0) dividiert.

Diese Umformungen heißen **Äquivalenzumformungen**.
Die Lösung der Gleichung wird durch eine Äquivalenzumformung nicht geändert.

Beispiel 2

$$
\begin{aligned}
4x - 8 &= 2{,}5x + 10 && \mid +8 \\
4x - 8 + 8 &= 2{,}5x + 10 + 8 \\
4x &= 2{,}5x + 18 && \mid -2{,}5x \\
4x - 2{,}5x &= 2{,}5x - 2{,}5x + 18 && \mid \\
1{,}5x &= 18 && \mid \cdot 2 \\
1{,}5x \cdot 2 &= 18 \cdot 2 \\
3x &= 36 && \mid :3 \\
\frac{3x}{3} &= \frac{36}{3} \\
x &= 12
\end{aligned}
$$

Probe $48 - 8 = 30 + 10$ w

Auf der Waage wurde so umsortiert, dass auf einer Schale die Pakete liegen und auf der anderen Schale die Gewichte. Somit konnte die Lösung direkt abgelesen werden.

Merke Eine Gleichung kann durch Äquivalenzumformungen gelöst werden, indem man alle Variablen auf eine Seite der Gleichung bringt und alle Zahlen auf die andere Seite.

Üben und anwenden

1 Zeichne die Waagen in dein Heft und notiere zu jeder Waage die zugehörige Gleichung.
Welche Äquivalenzumformungen wurden von Bild zu Bild durchgeführt? Beschreibe genau.

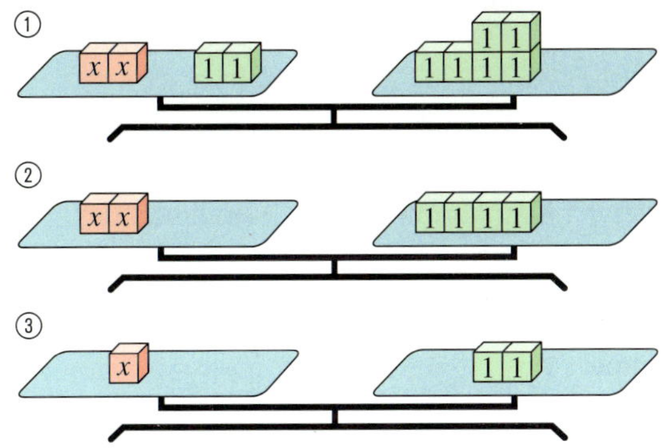

1 Notiere zu jeder Waage die zugehörige Gleichung.
Finde heraus, welche Äquivalenzumformung zwischen den einzelnen Bildern durchgeführt wurden.

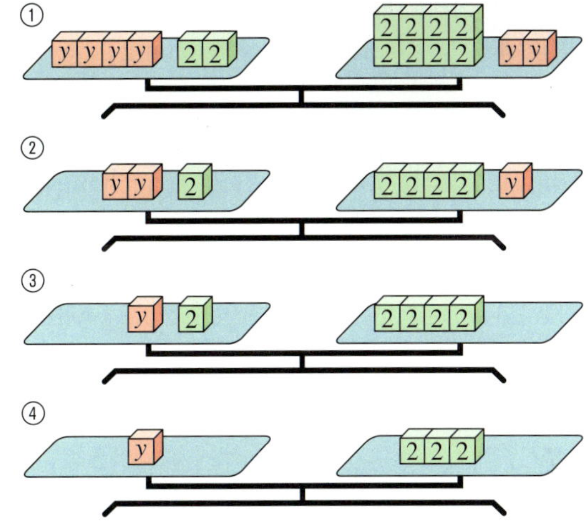

2 Löse die Gleichungen wie im Beispiel. Die erste Äquivalenzumformung ist jeweils angegeben.

Beispiel $6 = 2x + 4 \quad | -4$
$2 = 2x \quad | :2$
$1 = x$

a) $6 = x + 4 \quad | -4$
b) $x - 5 = 9 \quad | +5$
c) $x - 12 = 5x \quad | -5x$
d) $5 - x = 9x \quad | +x$
e) $4x = 24 \quad | :4$
f) $0{,}5x = 7 \quad | \cdot 2$
g) $3x + 12 = 21 \quad | :3$
h) $0{,}2x + 1 = 2 \quad | \cdot 5$

2 Löse die Gleichungen. Die erste Äquivalenzumformung ist jeweils angegeben.
Kontrolliere deine Lösung mithilfe der Probe.

a) $2x + 3{,}5 = x - 6{,}5 \quad | -3{,}5$
b) $7x - 3 = 6x - 1{,}7 \quad | +1{,}7$
c) $1{,}5x + 7 = -5{,}5x + 3 \quad | -1{,}5x$
d) $-4x + 3 = -2x + 9 \quad | +4x$
e) $12 - (x + 2) = 6 - (3x - 1) \quad | :6$
f) $0{,}2x + 0{,}4 = 0{,}5x - 0{,}1 \quad | \cdot 5$
g) $64x - 48 = 8x + 8 \quad | :8$
h) $\frac{3}{4}x + 2 = \frac{1}{2} + x \quad | \cdot 4$

3 Löse die Gleichungen.
Führe anschließend die Probe durch.

a) $4 = 2x - 8$
b) $x + 7 = 23$
c) $5x + 10 = 25$
d) $3x + 9 = 18$
e) $7 = 24 + x$
f) $25 = 0{,}5x + 5$
g) $4(5 - x) = 6x$
h) $0{,}5(2 + x) = 5$

3 Löse die Gleichungen.
Führe anschließend die Probe durch.

a) $-3 + a = 3{,}5a - 8$
b) $2b - 7{,}5 = 8{,}5 + b$
c) $1{,}5c + 10 = 25$
d) $4d + 9 = 34 - d$
e) $-2e + 7 = 24 - e$
f) $25 = 0{,}5(f + 2{,}5)$
g) $10 - 2g = 18g$
h) $4 + 0{,}5h = -6$

LÖSUNGEN ZU 3
Zwei Lösungen bleiben übrig. Finde dazu eine passende Gleichung.
40; 6; −3; 16; 8; 3; −17; 3; 2; 0

4 Schreibe als Gleichung und löse mithilfe von Äquivalenzumformungen.

a) Auf einer Waage im Gleichgewicht liegen links zwei gleich große Stücke Käse und 100 g. Rechts liegen 500 g. Man nimmt auf beiden Seiten 100 g weg. Dann halbiert man das Gewicht auf beiden Seiten.

b) Auf der Waage im Gleichgewicht liegen links zwei 2-€-Münzen und 35 g. Rechts liegen vier 2-€-Münzen und 18 g. Man nimmt auf beiden Seiten erst 18 g und danach zwei 2-€-Münzen weg. Dann halbiert man das Gewicht auf beiden Seiten.

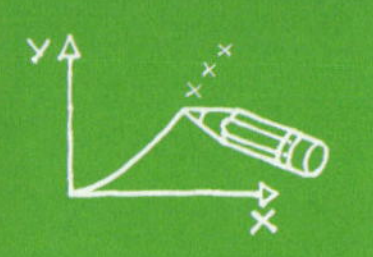

Methode: Ungleichungen lösen

Lisa-Marie hat zu ihrer Konfirmation insgesamt 120 € geschenkt bekommen. Sie geht gerne ins Kino und überlegt, wie viele Kinokarten sie von dem Geld kaufen könnte.
Eine Kinokarte kostet 7,50 €.

Die Anzahl der Kinokarten bezeichnet sie mit der Variable x.

Die Gleichung lautet: $7{,}5x = 120 \quad |:7{,}5$

$x = 16$

Lisa-Marie kann genau 16 Kinokarten kaufen. Allerdings ist die Antwort so nicht ganz richtig, denn sie könnte von ihrem Geld ja auch nur drei oder 15 Kinokarten kaufen. Also lautet der Antwortsatz: Lisa-Marie kann *höchstens* 16 Kinokarten kaufen.

Statt einer einzigen Lösung gibt es für Lisa-Maries Frage mehrere Lösungen.
Alle Lösungen zusammen ergeben die **Lösungsmenge**.

In der Gleichung von oben wird das Gleichheitszeichen durch das Verhältniszeichen „kleiner oder gleich" (≤) ersetzt.

HINWEIS
Die Verhältniszeichen bedeuten:
< „kleiner";
≤ „kleiner oder gleich";
> „größer";
≥ „größer oder gleich".

Merke Werden zwei Terme durch ein Verhältniszeichen (<; ≤; >; ≥) miteinander verbunden, so entsteht eine **Ungleichung**.

Ungleichungen haben eine **Lösungsmenge L**. Wenn man die Lösungen nicht aufzählen kann, beschreibt man sie.

Beispiel 1

$7{,}5x \le 120 \quad |:7{,}5$

$x \le 16$

Antwort: x ist eine natürliche Zahl und kleiner oder gleich 16.
$L = \{0, 1, 2, ..., 16\}$

1 Wandle die Ungleichung aus Beispiel 1 ab und gib die Lösungsmenge an.

a) Lisa-Marie möchte nur 90 € für Kinobesuche ausgeben.
b) Eine Kinokarte kostet 5 €.
c) Lisa-Marie möchte nur zusammen mit ihrer besten Freundin Bibi ins Kino gehen und bezahlt jeweils für beide.
d) Statt der Einzelkarten könnte Lisa-Marie auch 10er-Blöcke kaufen.
Ein 10er-Block kostet 60 €.

Beispiel 2

Das Kino erhebt einen Zuschlag für 3-D-Filme in Höhe von 1,50 €. Lisa-Marie überlegt, wie viele 3-D-Filme sie für 120 € anschauen könnte.
Die Ungleichung lautet: $(7{,}5 + 1{,}5)x \le 120$

$9x \le 120 \quad |:9$

$x \le 13\tfrac{1}{3}$

Da man nur ganze Kinokarten kaufen kann, ist die **Grundmenge G** für diese Ungleichung die Menge der natürlichen Zahlen $\mathbb{N}$.
Also muss x abgerundet werden.
Antwort: x ist kleiner oder gleich 13.
$L = \{0, 1, 2, ..., 13\}$

Merke Die **Grundmenge G** gibt an, aus welchem Bereich die Lösungen kommen können.

2 Wie viele Eintrittskarten kann man jeweils kaufen? Stelle für alle Kombinationen eine Ungleichung auf und gib die Lösungsmenge an.

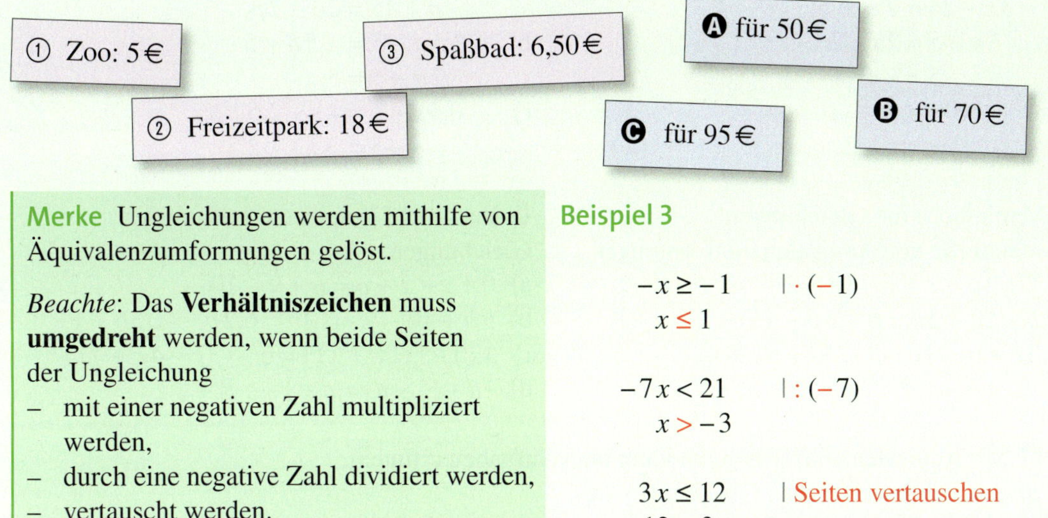

Merke Ungleichungen werden mithilfe von Äquivalenzumformungen gelöst.

Beachte: Das **Verhältniszeichen** muss **umgedreht** werden, wenn beide Seiten der Ungleichung
- mit einer negativen Zahl multipliziert werden,
- durch eine negative Zahl dividiert werden,
- vertauscht werden.

Beispiel 3

$-x \geq -1 \quad | \cdot (-1)$
$x \leq 1$

$-7x < 21 \quad | : (-7)$
$x > -3$

$3x \leq 12 \quad |$ Seiten vertauschen
$12 \geq 3x$

HINWEIS
Aus < *wird* > und umgekehrt.
Aus ≤ *wird* ≥ und umgekehrt.

3 Löse die Ungleichungen und gib die Lösungsmenge an. Beachte jeweils die Grundmenge.

a) $5x \leq 23$ G: natürliche Zahlen $\mathbb{N}$
b) $9x > -30$ G: ganze Zahlen $\mathbb{Z}$
c) $3 + x \leq 12$ G: rationale Zahlen $\mathbb{Q}$
d) $5 - x \leq 7$ G: rationale Zahlen $\mathbb{Q}$
e) $-x + 9 < -2x$ G: ganze Zahlen $\mathbb{Z}$
f) $5x - 9 > 3 + 2x$ G: natürliche Zahlen $\mathbb{N}$

4 Stelle eine Ungleichung auf und löse sie. Gib jeweils die Lösungsmenge an.

a) Herr Klein kauft im Baumarkt Fliesen. Sein Fahrzeug darf mit bis zu 1 200 kg beladen werden. Ein Paket Fliesen wiegt 15 kg.
Wie viele Pakete kann Herr Klein höchstens transportieren?
b) Bauer Kapauns Hühner haben 136 Eier gelegt.
Wie viele Packungen zu je sechs Eiern kann er damit füllen?
c) Winzer Mayen hat 4 000 l Wein hergestellt.
Wie viele 0,7-l-Flaschen kann er damit abfüllen?
d) Wie viele Kartoffeln muss man mindestens kochen, damit bei fünf Personen jeder mindestens drei Kartoffeln bekommt?
e) Jan hat 8 € dabei. Wie viel Geld kann er für Schokolade ausgeben, wenn er noch 2,50 € für den Bus benötigt?

HINWEIS
Die Grundmenge in Aufgabe ***4 e)*** *kann man so notieren:*
G: alle Vielfachen von 1 ct.

5 Löse mithilfe einer Gleichung oder einer Ungleichung. Gib Grund- und Lösungsmenge an.

a) Ein Lkw ist mit Granitplatten beladen, jede Platte wiegt 40 kg. Insgesamt darf der Fahrer 4 100 kg zuladen, er wird aber wegen Überladung angezeigt.
Wie vielen Platten sind auf dem Lkw?
b) Eine Taxifahrt kostet 1,80 € Grundgebühr und 70 ct pro angefangenem Kilometer.
Wie viele Kilometer kann man für 10 € mit dem Taxi fahren?
Frau Leis zahlt 8,80 €. Wie viele Kilometer ist sie mit dem Taxi gefahren?
c) Lisa sagt: „Onkel Timo ist schon 30 Jahre alt. Wenn ich doppelt so alt wäre wie jetzt, wäre ich immer noch jünger als Onkel Timo."
Wie alt ist Lisa?

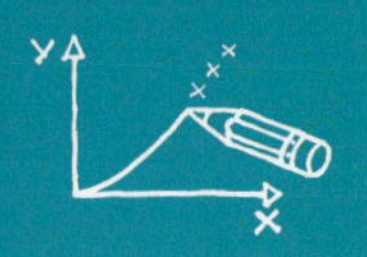

5 Welche Äquivalenzumformungen wurden jeweils durchgeführt?

a) $3x - 15 = 2x - 9 \mid$ ▒
$3x - 24 = 2x$

b) $3x - 5 = 2x \mid$ ▒
$-5 = -x$

c) $10x = 5x - 10 \mid$ ▒
$2x = x - 2$

5 Forme die Gleichung um, bis du die Lösung direkt ablesen kannst.

a) $2 \cdot (p + 45) = 40 - 4p \mid$ ▒
$p + 45 = 20 - 2p$

b) $3{,}5d - 5 = 1{,}5d + 5 \mid$ ▒
$2d - 5 = 5$

c) $0{,}5s - 5 = 4s + 2{,}5 \mid$ ▒
$-5 = 3{,}5s + 2{,}5$

HINWEIS
Wenn beim Vereinfachen einer Gleichung auf beiden Seiten des Gleichheitszeichens derselbe Term steht, dann ist die Gleichung für alle x erfüllt.
Beispiel:
$2x + 3 = 2x + 3$

6 Vereinfache die Gleichungen. Löse mithilfe von Äquivalenzumformungen.

a) $2 + 2a - a = 6 - (a + 2)$
b) $b - 10 + 2b = 6 + 3b - 16$
c) $3c + 6 - 2c = 4 + 10 + 5c + 4c$
d) $d - 1{,}5 + 2d = 2d - (3 + d) - d + 3$

6 Bestimme jeweils die Lösung der Gleichungen.

a) $0{,}1a - 2 + a = a + 9 - 10$
b) $5b + 10 - 9 - 10b = 6{,}2b - (1{,}2b + 1)$
c) $120 - (11c + 11) = 6 - (3c - 4c + 7)$
d) $\frac{1}{2}d - \left(\frac{3}{4} - d\right) = d - \left(\frac{3}{2} + d\right) + \frac{3}{2}$

7 Mit Äquivalenzumformungen kann man Aufgaben erfinden.

1. Sucht euch jeweils sechs Gleichungen aus.
2. Verändert die einfachen Gleichungen mithilfe von Äquivalenzumformungen so, dass man den Wert der Variablen nicht mehr erkennen kann.
3. Tauscht die veränderten Gleichungen untereinander aus.
4. Lass die Gleichungen von deinem Partner oder deiner Partnerin lösen.

$x = 7$ | $x = -2$ | $x = 5$ | $x = 0$ | $-10 = x$ | $x = 0{,}2$
$x = -1$ | $x = -\frac{2}{5}$ | $1{,}5 = x$ | $x = 12$ | $\frac{1}{3} = x$ | $-0{,}5 = x$

8 Gleichungen mit denselben Lösungen

a) Löse die Gleichung $4x - 6 = 10 - 4x$ nach x auf und bestimme ihre Lösung.
b) Welche Gleichungen haben dieselbe Lösung wie $4x - 6 = 10 - 4x$?
① $8x - 6 = 10$ ② $4x = 4 - 4x$
③ $-6 = 10 - 4x$ ④ $-6 = 10 - 8x$
⑤ $8x - 12 = 10 - 4x$ ⑥ $x = 2$

8 Welche Gleichung hat dieselbe Lösung wie $5x - 6 = -10x - 3$?
Prüfe mithilfe von Äquivalenzumformungen. Beschreibe dein Vorgehen.

a) $10x - 12 = 20x - 6$ b) $15x = 3$
c) $7x - 7 = -8x - 4$ d) $5x = 3 - 10x$
e) $5x = 10x - 3$ f) $x = 0{,}2$
g) $-5x - 1{,}5 = 2{,}5x - 3$

9 Alina, Benjamin, Chantal und Denzil haben an der Tafel Aufgaben gerechnet. Prüfe, ob sie alles richtig gemacht haben, und korrigiere falls nötig. Schreibe bei jedem Fehler auf, was falsch gemacht wurde.

Alina	Benjamin	Chantal	Denzil
$3x + 5 = 5x - 3 \mid -5$	$6 - (2y + 10) = 6 + 6y$	$5z - (2z - 21) = -z + 9 \mid -9$	$v - (0{,}5v - 4) = 5v + 4$
$3x = x - 3 \mid -x$	$6 - 2y - 10 = 6 + 6y \mid -6$	$3z - 21 - 9 = -z \mid -3z$	$0{,}5v - 4 = 5v + 4 \mid -4$
$2x = 1 - 3$	$2y - 10 = 6y \mid -2y$	$-21 - 9 = -z - 3z$	$0{,}5v - 4 = 5v \mid -0{,}5v$
$2x = -2 \mid :2$	$5 = 4y \mid :4$	$-30 = -4z \mid :(-4)$	$4 = 5v \mid :5$
$x = 1$	$1{,}25 = y$	$-34 = z$	$0{,}8 = v$

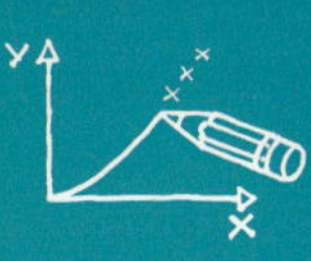

Sachaufgaben systematisch lösen

Entdecken

1 Im Technikunterricht haben die Schülerinnen und Schüler Fensterbilder hergestellt. Dazu haben sie aus je einem Stück Schweißdraht geometrische Figuren gebogen.
Jeder Schweißdrahtstab ist 600 mm lang.

Doro, Meike und Henning unterhalten sich:
Doro: „Ich habe ein Quadrat gebogen."
Meike: „Mein Rechteck ist doppelt so breit wie hoch."
Henning: „Ich habe ein gleichschenkliges Dreieck gebogen. Die Grundseite ist 120 mm lang."

Finde heraus, welche Maße die Figuren haben. Gibt es mehrere Möglichkeiten?

2 Stellt jeweils eine Gleichung auf und gebt an, wofür die Variable steht.
Löst die Gleichung anschließend und führt eine Probe durch. Was fällt euch auf?

② Lisa biegt ein gleichschenkliges Dreieck aus 70 cm Draht.
Die beiden Schenkel sind 5 cm länger als die Basis.

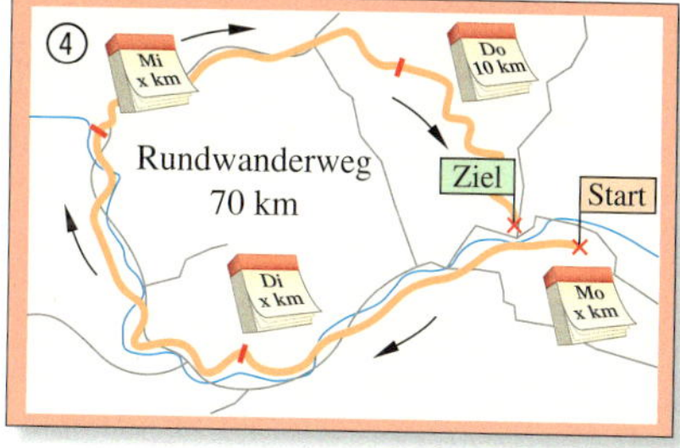

③ Opa Egon ist 70 Jahre alt.
Seine Enkel Tim und Tina sind Zwillinge.
Zusammen sind die Zwillinge zehn Jahre jünger als Opa Egon bei ihrer Geburt war.

⑥ Man erhält das gleiche Ergebnis, wenn man von 70 eine Zahl abzieht oder wenn man zum Doppelten der Zahl 10 addiert.

3 Opa Karl-Heinz verspricht seinem Enkelsohn Maurice, ihm für jede richtig gelöste Mathematikaufgabe 50 Cent für die Spardose zu geben. Allerdings muss Maurice für jede fehlerhafte Aufgabe 30 Cent zurückzahlen.
Nachdem Maurice 25 Aufgaben gelöst hat, erhält er von seinem Opa 3,70 € für die Spardose.

a) Wie viele Aufgaben hat Maurice richtig gerechnet?
Finde die Lösung z. B. durch Probieren.

b) Erfinde eine ähnliche Aufgabe und löse sie.
Tausche deine Aufgabe ohne Lösung mit einer Partnerin oder einem Partner. Kontrolliert euch gegenseitig.

Verstehen

In der Tageszeitung findet Denzil dieses Preisrätsel:

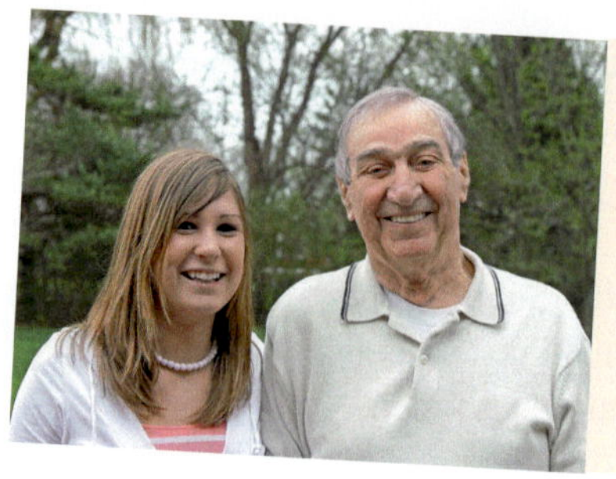

Preisfrage:
Herr Ott ist heute 4-mal so alt wie seine Enkelin Sarah. Vor 10 Jahren war er 45 Jahre älter als sie. Wie alt sind Sarah und ihr Großvater?

Gemeinsam mit Aika löst Denzil die Aufgabe Schritt für Schritt.

	Sachproblem	**Mathematik**
1. Variable festlegen	Die Informationen in der Aufgabe beziehen sich alle auf das Alter von Sarah heute. Also wird für ihr Alter die Variable festgelegt. Alter von Sarah heute:	x
2. Terme bilden	Ausgehend von der festgelegten Variable x ergeben sich aus dem Rätseltext folgende Terme: Alter von Herrn Ott heute: Alter von Herrn Ott vor 10 Jahren: Alter von Sarah vor 10 Jahren:	 $4x$ $4x - 10$ $x - 10$
3. Gleichung aufstellen	Herr Ott war vor 10 Jahren 45 Jahre älter als Sarah:	$x - 10 + 45 = 4x - 10$
4. Gleichung lösen		$x - 10 + 45 = 4x - 10$ $x + 35 = 4x - 10 \mid + 10$ $x + 35 + 10 = 4x - 10 + 10$ $x + 45 = 4x \mid - x$ $x - x + 45 = 4x - x$ $45 = 3x \mid : 3$ $\frac{45}{3} = \frac{3}{3}x$ $15 = x$
5. Lösung prüfen	**Probe** am Sachproblem Sarahs Alter heute: 15 Jahre Sarahs Alter vor 10 Jahren: 5 Jahre Alter von Herrn Ott heute: 60 Jahre Alter von Herrn Ott vor 10 Jahren: 50 Jahre Herr Ott war also 45 Jahre älter als Sarah.	**Probe** durch Einsetzen $15 - 10 + 45 = 4 \cdot 15 - 10$ $50 = 60 - 10$ $50 = 50$ w
6. Antwort formulieren	Sarah ist heute 15 Jahre alt und ihr Großvater ist 60 Jahre alt.	

Zuerst legen wir x fest…

… jetzt wird mithilfe von Äquivalenzumformungen nach x aufgelöst.

Merke Sachprobleme kann man mit dem **Sechs-Schritte-Verfahren** nach folgender Reihenfolge lösen:

1. Variable festlegen
2. Terme bilden
3. Gleichung aufstellen
4. Gleichung lösen
5. Lösung prüfen
6. Antwort formulieren

Üben und anwenden

1 Ordne jeder Aussage einen passenden Term zu. Denke dir zu zwei übrigen Termen eine Aussage aus.
a) die 3-fache Menge x
b) Die Reisezeit x wird um 40 min verkürzt.
c) Die Länge x halbiert sich.
d) Julia ist 12 Jahre älter.
e) Der doppelte Preis wird um 3 € reduziert.
f) Zur halben Anzahl kommen 5 dazu.

1 Ordne den Aussagen einen passenden Term zu. Denke dir zu den übrigen Termen eine Realsituation aus.
a) vor 40 Jahren
b) Ein Drittel des Volumens wächst um 4 m³.
c) Die 5 m längere Strecke wird halbiert.
d) Der 5-fache Preis wird um 3 € verringert.
e) Addiere zum Doppelten der um 5 vergrößerten Zahl noch 5 hinzu.

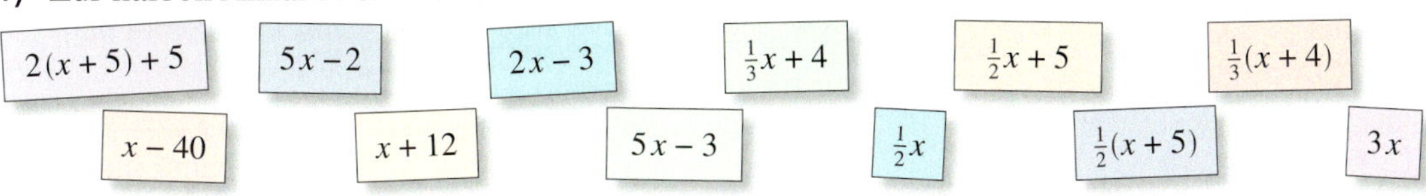

$2(x+5)+5$
$5x-2$
$2x-3$
$\frac{1}{3}x+4$
$\frac{1}{2}x+5$
$\frac{1}{3}(x+4)$
$x-40$
$x+12$
$5x-3$
$\frac{1}{2}x$
$\frac{1}{2}(x+5)$
$3x$

2 Stelle eine Gleichung auf und löse sie.
Beispiel Fünf Tulpen und eine Rose für 2 € kosten zusammen 9,50 €.

$$5x + 2 = 9{,}5 \quad | -2$$
$$5x = 7{,}5 \quad | :5$$
$$x = 1{,}5$$

a) Vier Kaugummis und ein Lutscher für 1 € kosten zusammen 9 €.
b) Erkan ist fünf Jahre älter als Aylin. Zusammen sind sie 19 Jahre alt.

2 Stelle eine Gleichung auf und löse sie.
a) Wenn Paul statt sechs Kugeln Eis nur vier Kugeln Eis kauft, muss er 1,60 € weniger bezahlen.
b) Erich ist fünf Jahre älter als Marga. Zusammen sind sie 163 Jahre alt.
c) Mit 50 € kann man drei Gitarrenstunden bezahlen und hat dann noch 8 € übrig.
d) Der Vorgänger einer Zahl ist doppelt so groß wie ihr Nachfolger.

3 Finde zu den Gleichungen die passende Textaufgabe.
Löse die Gleichung.
Überprüfe dein Ergebnis mit einer Probe und formuliere einen Antwortsatz.

① $3x + 0{,}2 = 5$
② $\frac{1}{5}x = 70$
③ $3x + 5 = 20$
④ $5x = 70$

a) 5 Eintrittskarten kosten 70 €.
Wie viel kostet eine Eintrittskarte?
b) Julia kauft 3 kg Mehl. Sie bezahlt mit 5 € und erhält 20 ct Wechselgeld.
Wie viel kostet 1 kg Mehl?
c) Tarek transportiert in 5 Fuhren jeweils 70 kg Kies.
Wie viel Kies transportiert er insgesamt?
d) Drei Eimer Farbe und 5 kg Gips wiegen zusammen 20 kg.
Wie viel wiegt ein Eimer Farbe?

3 Ordne jeder Gleichung die passende Aussage zu. Stelle eine Frage und gib jeweils die Lösung an.

① $x + 58 = 2x - 5$
② $\frac{1}{3}x = 2 - x$
③ $2(x+5) = 58$
④ $\frac{1}{3}(x+2) = x$

a) Das PC-Spiel kostet 58 €.
Die Zwillinge Kai und Uwe müssen je 5 € zu ihrem Taschengeld dazulegen.
b) Chris hat ein Drittel der Kekse aufgegessen. Es sind nur noch zwei Kekse übrig.
c) Julia kommt auf ihrem 2 km langen Schulweg am Park vorbei. Danach muss sie noch $\frac{1}{3}$ der Strecke zurücklegen, die sie bis dahin schon gelaufen ist.
d) Jason macht auf dem Heimweg insgesamt 58 Minuten Pause.
Damit ist er 5 Minuten weniger als das Doppelte der normalen Zeit unterwegs.

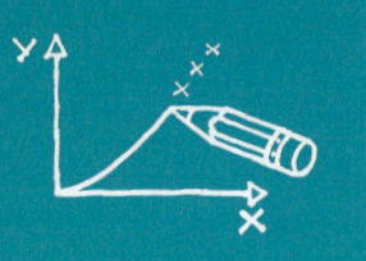

4 Löse die drei Textaufgaben mit dem Sechs-Schritte-Verfahren.

a) Ordne den Textaufgaben die am besten geeignete Variable zu. Begründe deine Wahl. Welche Variablen sind nicht sinnvoll? Begründe deine Antwort.

① Meike ist vier Jahre jünger als ihr Bruder Stefan. Zusammen sind sie 28 Jahre alt.

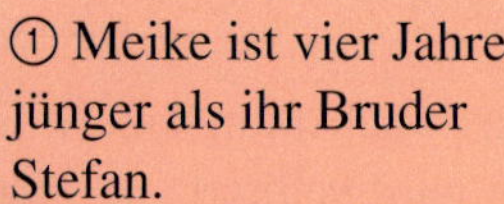

② Drei Schulhefte und zwei Tintenschreiber für je 3,60 € kosten zusammen 9 €.

③ Jan beginnt eine 21 km lange Wanderung. Er macht die erste Pause, als er das Doppelte der noch vor ihm liegenden Strecke erreicht hat.

x: Meike

x: Alter

x: Meikes Alter

x: Stefans Alter

x: Schulheft

x: Preis eines Tintenschreibers

x: Gesamtpreis

x: Preis eines Schulheftes

x: Strecke bis zur ersten Pause

x: gewanderte Strecke

x: Kilometer

x: Strecke, die noch vor ihm liegt

b) Welche Gleichungen passen zu den Textaufgaben? Gib jeweils an, wofür die Variable steht. Begründe deine Antwort.

① $21 = 3x$ ② $28 = x + x + 4$ ③ $24 = 2x$
④ $3x = 1{,}8$ ⑤ $21 = 2x + x$ ⑥ $3x + 2 \cdot 3{,}6 = 9$

c) Gib die Lösung der Textaufgaben an.

5 Finde zu den Termen passende Aussagen.

a) $2x$ b) $x + 2$
c) $x - 1$ d) $5 + 3x$

5 Übersetze die Terme in Aussagen.

a) $x + 3{,}5$ b) $8 - x$
c) $2x + 5$ d) $0{,}5x - 1$

6 Welche Zahl wird doppelt (3-mal, 6-mal) so groß, wenn man 10 addiert? Welche Zahl halbiert sich, wenn man 10 subtrahiert?

6 Das Dreifache einer Zahl ist so groß wie das Doppelte des Nachfolgers. Das Doppelte einer Zahl ist so groß wie das Dreifache des Vorgängers.

7 Familie Wildknecht ist von einer Eigentumswohnung in ein Haus mit Garten umgezogen. Berechne mithilfe des Sechs-Schritte-Verfahrens.

a) Das Wohnzimmer im neuen Haus ist doppelt so groß wie das Schlafzimmer. Der Unterschied beträgt $14\,m^2$.

b) $\frac{5}{7}$ des Grundstücks sind Gartenfläche. Der Rest ist $120\,m^2$ groß.

c) Beim Anstrich des Kinderzimmers wurde 3-mal so viel weiße wie hellgrüne Farbe verbraucht. Zusammen waren es 16 l.

d) Für die alte Eigentumswohnung erhielten die Wildknechts $\frac{4}{5}$ vom Kaufpreis des neuen Hauses. Sie mussten für das neue Haus 45 000 € zusätzlich aufbringen.

e) Diele und Küche wurden mit Bodenfliesen gefliest. Insgesamt sind 75 Fliesen verlegt worden. Für die große Küche wurden 4-mal so viele Fliesen benötigt wie für die Diele.

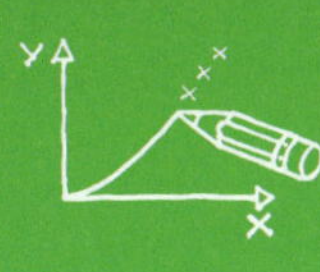

Methode: Formeln umstellen

Formeln sind Gleichungen mit *mehreren* Variablen. Du kennst bereits viele Formeln aus der Mathematik und Physik.

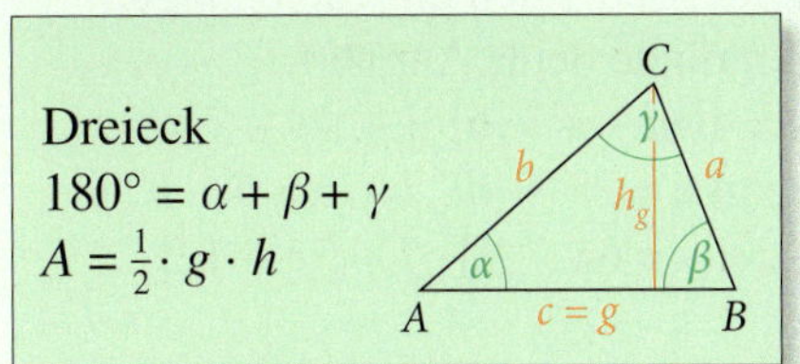

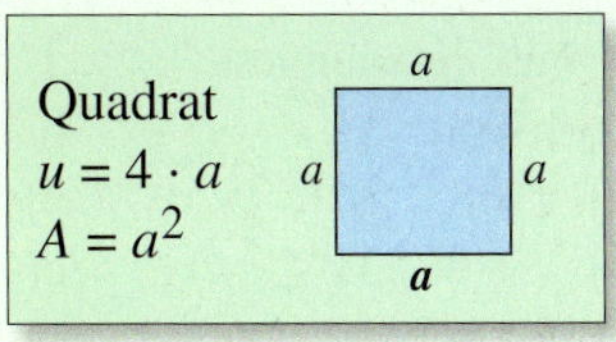

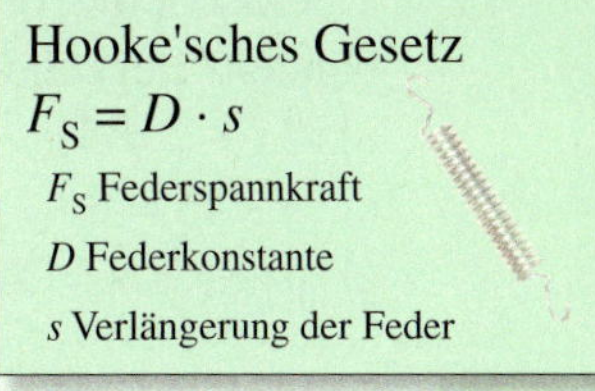

Hooke'sches Gesetz
$F_S = D \cdot s$
F_S Federspannkraft
D Federkonstante
s Verlängerung der Feder

Elektrische Leistung P
$P = U \cdot I$ U Spannung; I Stromstärke

Formeln können genau wie Gleichungen mithilfe von Äquivalenzumformungen umgeformt werden. Die gesuchte Größe nennt man **Lösungsvariable**. Man bestimmt die Lösungsvariable, indem man in die Formel zuerst die gegebenen Werte einsetzt und die Formel dann mit Äquivalenzumformungen nach der Lösungsvariable auflöst.

Beispiel

Die Klasse 8 a bastelt Kantenmodelle von geometrischen Körpern. Maria stellt einen Quader mit quadratischer Grundfläche her. Sie hat 80 cm Draht zur Verfügung. Welche Kantenlängen kann sie dazu wählen? Zunächst stellt sie eine **Formel** für die Kantenlänge k auf:
$k = 8a + 4h$

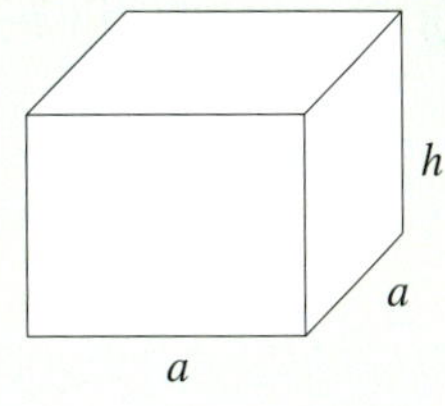

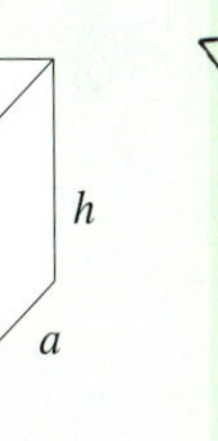

In einer Tabelle legt Maria Seitenlängen fest. Aus den beiden bekannten Längen kann die fehlende Länge berechnet werden.

a	5 cm	6 cm		
h			14 cm	12 cm
k	80 cm	80 cm	80 cm	80 cm

Für die erste und dritte Tabellenspalte setzt Maria die gegebenen Werte in die Formel $k = 8a + 4h$ ein. Dann formt sie nach der Lösungsvariable um.

$80\,\text{cm} = 8 \cdot 5\,\text{cm} + 4 \cdot h$		$80\,\text{cm} = 8 \cdot a + 4 \cdot 14\,\text{cm}$	
$80\,\text{cm} = 40\,\text{cm} + 4 \cdot h$	$\mid -40\,\text{cm}$	$80\,\text{cm} = 8 \cdot a + 56\,\text{cm}$	$\mid -56\,\text{cm}$
$40\,\text{cm} = 4 \cdot h$	$\mid :4$	$24\,\text{cm} = 8 \cdot a$	$\mid :8$
$10\,\text{cm} = h$		$3\,\text{cm} = a$	

1 Setze die Werte aus der zweiten und vierten Tabellenspalte in die Formel $k = 8a + 4h$ ein. Berechne den Wert der Lösungsvariable wie im Beispiel.

2 Stelle die Formeln wie angegeben um.
a) Umfang eines Quadrats: $u = 4 \cdot a$ — $u = 90\,\text{cm}$; löse nach a auf.
b) Flächeninhalt eines Rechtecks: $A = a \cdot b$ — $A = 24\,\text{cm}^2$; $a = 6\,\text{cm}$; löse nach b auf.
c) Winkelsumme im Dreieck: $180° = \alpha + \beta + \gamma$ — $\alpha = 46°$; $\beta = 65°$; löse nach γ auf.
d) Flächeninhalt eines Dreiecks: $A = \frac{1}{2} \cdot g \cdot h$ — $A = 6\,\text{m}^2$; $g = 3\,\text{m}$; löse nach h auf.

3 Berechne die gesuchte Größe. Setze in die Formel ein und stelle um.
a) Ein Rechteck hat einen Flächeninhalt von $36\,\text{cm}^2$. Die Seite a ist 12 cm lang. Berechne b.
b) Ein gleichschenkliges Dreieck hat eine Schenkellänge von 13 cm und einen Umfang von 42 cm. Berechne die Länge der Basis.

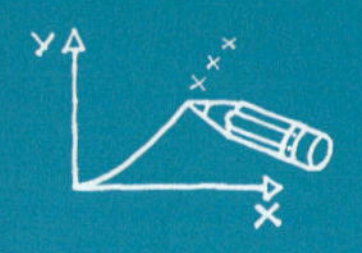

Klar so weit?

→ Seite 68

Gleichungen aufstellen

1 Entscheide, ob es sich um Gleichungen handelt. Begründe deine Antwort.

a) $2x + 7 = 5$ b) $z = 8$
c) $e - 45 = 0$ d) $y + 9 - 2y$
e) $5w + 8w = 26$ f) $23 = 5$

2 Setze ein. Überprüfe, ob der Wert zu einer wahren Aussage führt.

a) $2x + 5 = 11$ $x = 3$
b) $5x + 3 = 20$ $x = 5$
c) $10 = 3x + 3$ $x = 2$
d) $5x = 2x - 6$ $x = -2$
e) $2x + 4 = 3x + 4$ $x = 0$

1 Entscheide, ob es sich um Gleichungen handelt. Begründe deine Antwort.

a) $a + 3a = 10a - a$ b) $v + 4v - 7 = 0$
c) $2x + 1 = 4x = 23$ d) $1 + b = 5 - b$
e) $4{,}7y - 1{,}1y = 6y$ f) $7 + 5c + 1{,}2$

2 Für welchen Wert liefert die Gleichung eine wahre Aussage?

a) $3x - 2 = 2x + 1$ $x = 2$ oder $x = 3$
b) $5 + 3x = 2x - 2$ $x = -7$ oder $x = 7$
c) $2x - 5 = 3x$ $x = -1$ oder $x = -5$
d) $4 + 2x - 1 = 2x + 3$ $x = 4$ oder $x = -3$
e) $1 - (6 + x) = -2x$ $x = -4$ oder $x = 5$

3 Welche Gleichungen werden dargestellt?

a)

b)

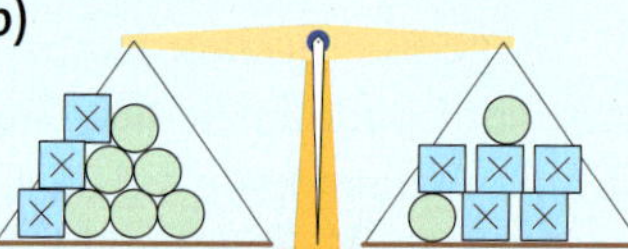

c)

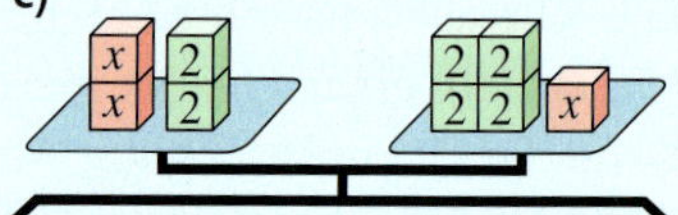

→ Seite 72

Gleichungen lösen

4 Bei welchen Gleichungen ist die Lösung direkt ablesbar? Begründe.

a) $x = 5$
b) $y + 1 = 0$
c) $6u = 12$
d) $56 = 6v + 5v$
e) $z = 3 + 3$
f) $13{,}5 = w$

4 Lies die Lösung direkt ab, forme die Gleichung um falls nötig.

a) $0{,}5x = 8$
b) $3y = 3y$
c) $u = 146{,}34$
d) $0{,}5 + v = 6 - 3$
e) $3{,}7z = 0$
f) $2 + 7{,}9 = -3w + 4w$

5 Notiere die passende Gleichung zur Waage. Führe die angegebenen Äquivalenzumformungen durch und gib den Wert der Variable an.

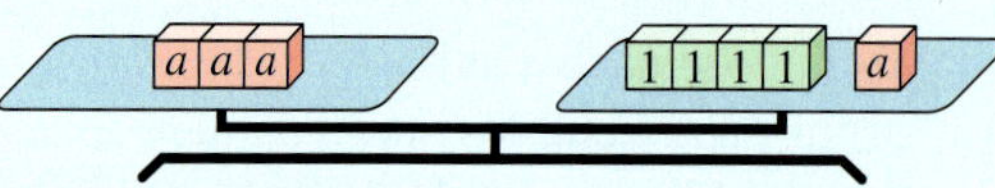

a) Nimm auf beiden Seiten 1 a weg. Teile danach durch 2.
b) Lege auf jeder Seite 1 a dazu. Nimm anschließend auf jeder Seite die Hälfte weg. Nimm auf beiden Seiten 1 a weg.

5 Notiere, welche Gleichung dargestellt wird und schreibe die Anweisungen als Äquivalenzumformungen. Gib die Lösung an.

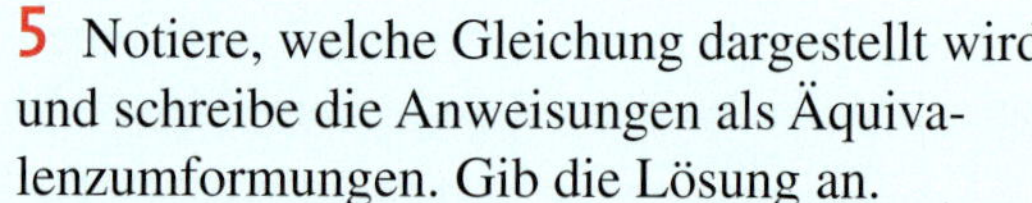

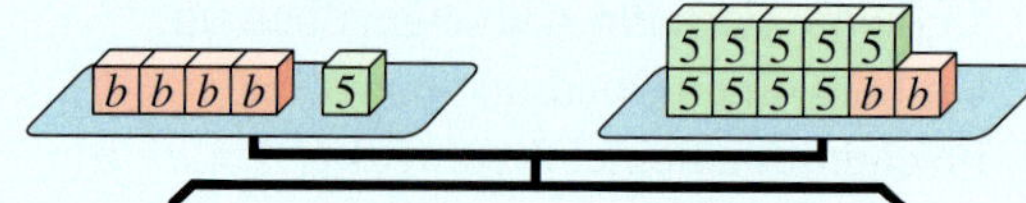

a) Nimm auf beiden Seiten erst 5 und dann 2 b weg. Dividiere jetzt auf beiden Seiten durch 2.
b) Lege auf beiden Seiten 5 dazu. Nimm dann auf beiden Seiten die Hälfte weg. Nimm nun je 1 b und danach 5 weg.

6 Löse die Gleichungen mithilfe von Äquivalenzumformungen.

a) $4x + 5 = 17$
b) $50 - 7x = 29$
c) $x + 5 = 3x - 3$
d) $3x + 2 = 9 + x$
e) $-x + 9 = 6$

6 Gib die Lösung der Gleichungen an.

a) $3a + 5 = 21 - a$
b) $5{,}5 + 3b = 14{,}5$
c) $c + 5 = 3c + 3{,}6$
d) $3{,}5d + 2 = 4{,}5 + d$
e) $3e - 4 = -(e + 18)$
f) $20f - 3 = -0{,}9 - f$

7 Wie hat Cem umgeformt?

$3x - 8 = 31 - 10x \quad | + ■$
$■x - 8 = 31 \quad | + 8$
$13x = ■ \quad | ■$
$x = ■$

7 Wie hat Asli umgeformt?

$0{,}5x + 6 = 2x + 5{,}25 \quad | ■$
$6 = ■x + 5{,}25 \quad | ■$
$0{,}75 = ■ \quad | ■$
$x = ■$

Sachaufgaben systematisch lösen

→ Seite 78

8 Ordne den Aussagen den passenden Term zu.

a) die doppelte Menge
b) 12 g mehr
c) ziehe 3 davon ab
d) 5 l weniger
e) 3 Jahre jünger
f) 5 € teurer
g) ziehe es von 3 ab
h) der dritte Teil

① $x + 12$ ② $x - 3$ ③ $\frac{1}{3}x$ ④ $3 - x$ ⑤ $x - 3$ ⑥ $x + 5$ ⑦ $x - 5$ ⑧ $2 \cdot x$

9 Stelle zu jeder Aussage eine Gleichung auf. Gib die Lösung der Gleichung an.

a) Ich denke mir eine Zahl. Zieht man davon 12 ab, so erhält man 2.
b) Tom wiegt zusammen mit seinem 35 kg schweren Hund genau 100 kg.
c) Ein Drittel des gesamten Weges zur Waldhütte beträgt 7,5 km.
d) In 5 Jahren wird Tills Vater 50 Jahre alt.
e) Vor wie vielen Jahren konnte der jetzt 79-jährige Opa Friedhelm seinen 50. Geburtstag feiern?
f) Mit 650 € Miete ist die Wohnung von Familie Klapeck doppelt so teuer wie die Wohnung von Torben.

9 Stelle zu jeder Aussage eine Gleichung auf. Gib die Lösung der Gleichung an.

a) Addiert man zu einer gedachten Zahl 2, so erhält man 1,5.
b) Gülcan wiegt 54 kg. Damit ist sie 3-mal so schwer wie ihr kleiner Bruder.
c) Nach 460 km sind zwei Drittel der Fahrt in die Berge geschafft.
d) In 3,5 Jahren ist Gaby endlich volljährig.
e) Uroma wurde dieses Jahr 97 Jahre alt. Mit 86 hat sie das Autofahren aufgegeben. Vor wie vielen Jahren war das?
f) Die Mietwohnung von Familie Demir ist 3-mal so teuer wie Erkans möbliertes Zimmer. Erkans Zimmer kostet 260 €.

10 Wanda ist dieses Jahr 14 Jahre alt geworden. In 2 Jahren wird Wandas Katze „Mäuschen" so alt sein, wie Wanda vor 7 Jahren war.

a) Wie alt ist „Mäuschen" heute?
b) In wie vielen Jahren wird Wanda doppelt so alt sein wie ihre Katze?

10 Tim ist 8 Jahre älter als sein Hund „Schröder". Zusammen sind „Schröder" und Tim 22 Jahre alt.

a) Wie alt sind „Schröder" und Tim heute?
b) Vor wie vielen Jahren war Tim 3-mal so alt wie sein Hund?

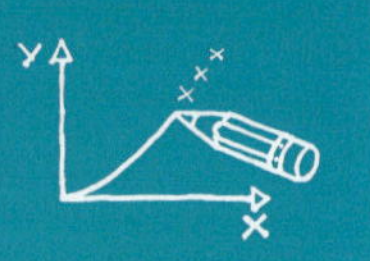

Vermischte Übungen

1 Die Terme passen zu den Rätseln unten. Finde den passenden Term und bilde daraus eine Gleichung. Löse die Rätsel.

① $x \cdot 5x$ ② $4 \cdot x + 2 \cdot y$ ③ $2 \cdot 2x$

④ $2 \cdot x$ ⑤ $x \cdot (5 + 1)$ ⑥ $x + 3x$

a) Auf einem Hof leben insgesamt 40 Tiere. Es gibt 3-mal so viele Hühner wie Kühe.

b) Auf einem anderen Hof werden 26 Flügel gezählt. Dort leben insgesamt 17 Tiere.

c) 36 Augen sehen sich um. Es gibt gleich viele Hühner und Kühe.

d) Unter den 36 Tieren sind 5-mal so viele Hühner wie Kühe.
Wie viele Beine kannst du maximal auf diesem Hof zählen?

2 Setze in die Gleichungen nacheinander die Zahlen 1 bis 10 ein.
Welche Zahl ist Lösung der Gleichung?

a) $x + 19 = 24$

b) $6x = 42$

c) $5x + 1 = 46$

d) $10 + 5x = 60$

e) $40 - 2x = 22$

2 Löse die Gleichungen.
Überprüfe deine Lösung durch eine Probe.

a) $12x = 72$

b) $19 + 3x = 25$

c) $125 : x = 25$

d) $8x - 6 = 50$

e) $100 = 6x + 64$

f) $0 = 9x - 72$

3 Sarah besitzt einige DVDs. Zum Geburtstag bekommt sie von ihren Freunden 6 DVDs geschenkt. Nun hat sie dreimal so viele DVDs wie vorher.
Wie viele DVDs hatte sie vorher?

3 Ein Geschicklichkeitsspiel wird mit Beutel für 2,20 € verkauft.
Das Spiel ist um 2 € teurer als der Beutel.
Wie viel kostet das Spiel?
Wie viel kostet der Beutel?

4 Finde zu jeder Aussage eine passende Gleichung.
Welche Frage wird jeweils beantwortet?

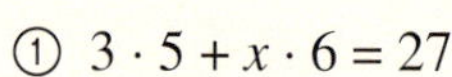
① $3 \cdot 5 + x \cdot 6 = 27$

② $x \cdot 1{,}5 + 2{,}5 = 17{,}5$

③ $0{,}39 \cdot x + 1 = 9{,}58$

④ $3 \cdot x + 2 = 20$

⑤ $15 \cdot 10 + 12 \cdot 39 = x$

a) Es werden 3 Pizzen bestellt. Für die Fahrt des Pizzataxis werden 2 € berechnet.

b) Pro Kilometer Taxifahrt zahlt man 1,50 €. Die Grundgebühr beträgt 2,50 €.

c) Eine SMS kostet 0,10 € und ein Anruf 0,39 € pro Minute.

d) Eine Kinokarte kostet für Kinder 5,00 € und für Erwachsene 6,00 €.

e) Pro Fotoabzug zahlt man 39 Cent, für den Versand 1 €.

5 Beim letzten Basketballspiel hat Max doppelt so viele Körbe geworfen wie Kai. Enis erzielte 3 Körbe mehr als Kai. Zusammen erzielten die drei Freunde 31 Körbe.

a) Wie viele Körbe erzielte Kai?

b) Wie viele Körbe erzielten Max und Enis?

5 Wie alt sind die Geschwister jeweils?

a) Faruk hat zwei Schwestern:
Elin ist 12 Jahre alt und 2 Jahre jünger als er. Nadia ist 5 Jahre jünger als er.

b) Franziska hat zwei Brüder:
Anton ist 2 Jahre jünger, Till ist 4 Jahre älter als sie.
Alle zusammen sind 98 Jahre alt.

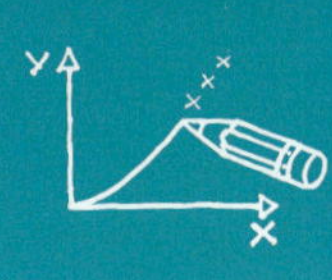

halbe Tachoanzeige (in $\frac{\text{km}}{\text{h}}$) ≙ Mindestabstand (in m)

6 Autofahrer müssen zum vorausfahrenden Fahrzeug einen Sicherheitsabstand einhalten. Der Abstand ist abhängig von der Geschwindigkeit und kann mit der „Faustformel" berechnet werden.

a) Erkläre die Faustformel mit eigenen Worten.

b) Welche Sicherheitsabstände sind erforderlich? Berechne mithilfe der Faustformel.

Geschwindigkeit in $\frac{\text{km}}{\text{h}}$	10	30	50	70	90	130	150
Sicherheitsabstand in m							

c) Mit welchen Formeln kann der Sicherheitsabstand berechnet werden? Es gibt mehrere Möglichkeiten. Die Variable a steht für den Sicherheitsabstand, x steht für den Wert der Geschwindigkeit.

① $a = 2x$ ② $a = 0{,}5x$ ③ $0{,}5a = 2x$ ④ $2a = 4x$ ⑤ $a = \frac{1}{2}x$

7 Stelle zu den Aufgaben eine Gleichung auf und löse sie.

a) Ina kauft drei Brote. Sie bezahlt 10,50 €. x ist der Preis für *ein* Brot.

b) Markus hat nach 8 km die Hälfte der Rallye geschafft. x ist die Länge der Rallye.

c) Kai kauft 200 Fliesen und 15 kg Zement. Fliesen und Zement wiegen zusammen 375 kg. x ist das Gewicht *einer* Fliese.

7 Lege zu jeder Aufgabe die Variable fest, stelle eine Gleichung auf und löse sie.

a) Joel ist drei Jahre älter als Romina. Zusammen sind sie 11 Jahre alt.

b) Manuel kauft neun Eimer Farbe und Abdeckfolie für 7 €. Insgesamt zahlt er dafür 277 €.

c) Wäre Aylin 50 cm größer, wäre sie doppelt so groß wie ihr 1,12 m großer Bruder.

8 Eine Bohnenpflanze ist 10 cm hoch. Sie wächst jeden Tag um 2 cm.

a) Stelle eine Gleichung für das Wachstum der Bohnenpflanze auf.

b) Wie lange dauert es, bis die Pflanze eine Höhe von 80 cm (130 cm; 56 cm) hat?

8 Eine Kerze ist 30 cm hoch. Wenn sie brennt, wird sie jede Stunde um 6 mm kürzer.

a) Wie lange dauert es, bis die Kerze vollständig abgebrannt ist?

b) Nach welcher Zeit ist sie nur noch 12 cm (9 cm; 3 cm) hoch?

9 Löse die Zahlenrätsel.

a) Subtrahiert man von einer Zahl x die Zahl 8, so ist das Ergebnis 12.

b) Das Dreifache einer gedachten Zahl x ergibt 21.

c) Verdoppelt man eine Zahl und addiert 3 dazu, erhält man 7.

9 Löse die Zahlenrätsel.

a) Die Differenz aus 13 und einer gedachten Zahl ergibt die Zahl 8.

b) Verdoppelt man eine Zahl und addiert 5 dazu, erhält man 3.

c) Multipliziert man eine Zahl mit 4 und zieht vom Produkt 2 ab, erhält man 18.

10 Sarah, David, Alexander und Larissa erhalten zusammen 81 € Taschengeld im Monat. Larissa bekommt 5 € mehr als David und Alexander 8 € mehr als David. Sarah bekommt 4 € weniger als David.

a) Legt die Variablen fest und stellt geeignete Gleichungen auf.

b) Wie viel Taschengeld erhält David im Monat? Berechnet das monatliche Taschengeld von Sarah, Alexander und Larissa.

c) Präsentiert euren Lösungsweg vor der Klasse.

11 Wie lauten die Äquivalenzumformungen?

a) $2x = 9 + x$
$x = 9$

b) $9 - x = 6 + 2x$
$3 - x = 2x$
$3 = 3x$
$1 = x$

c) $4x + 5 = 2x + 15$
$4x = 2x + 10$
$2x = 10$
$x = 5$

d) $-2x + 3 = 4x - 15$
$-2x + 18 = 4x$
$18 = 6x$
$3 = x$

11 Löse die Gleichungen mithilfe von Äquivalenzumformungen.
Überprüfe dein Ergebnis mit einer Probe.

a) $\frac{1}{2}a + 4 = 10$
b) $\frac{1}{2}a + 8 = -3$
c) $2x - 56 = 32$
d) $x - 45 = -72$
e) $11y + 242 = 1815$
f) $18 - 2x = 12 + 4x$
g) $x = 4{,}5 + 0{,}5x$
h) $4x - 6 = -8x + 30$
i) $2c + 2{,}5 = c + 7{,}5$
j) $-8x - 10 = -4x - 15$

TIPP
Erstelle dir eine Skizze und beschrifte sie.

12 Ein Rechteck ist doppelt so lang wie breit. Sein Umfang beträgt 96 cm.
Berechne Länge und Breite des Rechtecks.

12 Ein Würfel hat einen Oberflächeninhalt von $54\,\text{cm}^2$. Berechne die Kantenlänge des Würfels. Wie groß ist sein Volumen?

13 Ein gleichschenkliges Dreieck hat einen Umfang von 125 cm. Die Basis ist halb so lang wie ein Schenkel.
Berechne die Seitenlängen des Dreiecks.

13 In einem gleichschenkligen Dreieck sind die Basiswinkel 2,5-mal so groß wie der Winkel an der Spitze.
Berechne die Winkelgrößen des Dreiecks.

14 Zwei Schiffe fahren in entgegengesetzter Richtung aus dem Hafen los.
Das eine Schiff fährt mit $8\,\frac{\text{km}}{\text{h}}$, das andere mit $12\,\frac{\text{km}}{\text{h}}$.
Als sie 40 km voneinander entfernt sind, reißt die Funkverbindung ab. Nach welcher Zeit sind die Schiffe außer Funkreichweite?

15 Gib drei verschiedene Gleichungen mit der angegebenen Lösung an.
Verwende mindestens eine Klammer in der Gleichung.

a) $x = 5$
b) $a = 2$
c) $y = -2$
d) $x = -3$

15 Denke dir jeweils eine Sachaufgabe aus, die zu den Gleichungen passt, und löse sie.

a) $2x + 4 = 40$
b) $x + (x - 2) + 2x = 18$
c) $2(x - 5) = x$
d) $2(x + 3x) = 64$

16 Familie Bökler stellt sich vor.

a) Finde heraus, wie alt die einzelnen Familienmitglieder sind. Erkläre, wie du dabei vorgehst.
b) Stelle zu jeder Aussage eine Gleichung auf. Setze deine Lösungen aus a) ein und überprüfe, ob du eine wahre oder falsche Aussage erhältst.

① Gill und Joel sind zusammen ein Jahr älter als Marvin.

② Oma und Opa sind gemeinsam 12-mal so alt wie Marvin und Gill zusammen.

③ Joels Oma und Joel sind zusammen so alt wie Joels Opa in 2 Jahren.

④ Marvins Mutter war vor 3 Jahren 3-mal so alt wie Marvin und Joel heute zusammen.

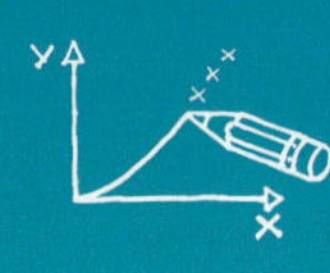

17 Überprüfe durch Einsetzen, ob unter den gegebenen Zahlen die Lösung der Gleichung ist.

a) $3 \cdot x = 21$ (1; 3; 5; 7; 9)
b) $x + 7 = 19$ (15; 14; 13; 12; 11)
c) $2 \cdot x + 1 = 15$ (2; 3; 4; 5; 6)
d) $3 \cdot x + 4 = 5 \cdot x$ (1; 2; 3; 4; 5)

18 Überprüfe, ob die angegebenen Lösungen richtig sind.

a) $x + 5 = 11$ $x = 6$
b) $x - 1 = 3$ $x = 3$
c) $x + 40 = 10$ $x = 50$
d) $3 \cdot x = 15$ $x = 5$
e) $6 + x = 21$ $x = 13$
f) $7 \cdot x = 70$ $x = 0$
g) $5 \cdot x + 10 = 20$ $x = 2$
h) $3 \cdot x + 7 = 10$ $x = 1$

19 Löse jeweils nach der Variable auf. Notiere die Äquivalenzumformungen.

a) $x = 2x - 2$
b) $2y + 1 = y + 8$
c) $4a - 9 = a$
d) $-x + 2 = x - 2$
e) $3x + 7 = -x - 1$
f) $5a + 5 = -76 - 4a$
g) $0{,}5x + 4 = x - 1$
h) $20 - 0{,}25x = 0{,}75x$
i) $-0{,}3y + 2 = 0{,}7y - 4{,}5$
j) $3a - (2a + 3) = 2(9 - a)$

20 Jannik spart für ein Fahrrad, das 500 € kostet. Jeden Monat legt er 20 € zurück. Seine Eltern geben ihm 180 € dazu. Wie viele Monate muss Jannik sparen, damit er sich das Fahrrad kaufen kann?

17 Welche Zahlen führen beim Einsetzen für x zu wahren Aussagen? Schreibe z. B. „$x = 2$“.

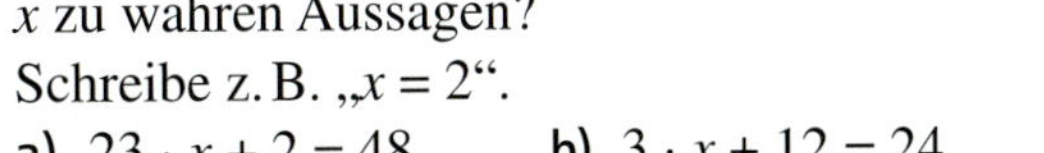

a) $23 \cdot x + 2 = 48$
b) $3 \cdot x + 12 = 24$
c) $2x + 80 = 150$
d) $5x - 100 = 35$
e) $180 : x = 30$
f) $256 : x = 16$
g) $6 \cdot x - 5 = 667$
h) $8x - 120 = -180$

18 Überprüfe, ob die angegebenen Lösungen richtig sind.

a) $12 \cdot x + 2 = 38$ $x = 3$
b) $3 \cdot x + 15 = 37$ $x = 7$
c) $8x - (24 + 2x) = 24$ $x = 1$
d) $3 \cdot (x - 5) = 15$ $x = 5$
e) $16 + 5 \cdot x = 56$ $x = 8$
f) $7 \cdot x - 3 = 63$ $x = 10$
g) $48 : x = 5$ $x = 8$
h) $15 = 15 \cdot x$ $x = 1$

19 Ordne eine Lösung zu. Das Lösungswort ist das englische Wort für Gleichung.

a) $4x + 8 = -2x + 26$
b) $5 - (3x + 2) = 2x + 13$
c) $3 + (2x - 4) = \frac{1}{2}x + 5$
d) $\frac{1}{2}x + 14 = 26$
e) $\frac{3}{4}x + 15 = 21$
f) $\frac{1}{2}x - 33 + x = -42$
g) $10 - \frac{1}{2}x = 25 - x$
h) $x - (10 + 6x) = 2(x + 37)$

I −6 | Q −2 | A 24 | U 4 | O 30 | N −12 | T 8 | E 3 | S −3 | Y 0

20 Yasemin möchte sich ein Fahrrad für 450 € kaufen. Sie spart jeden Monat 25 € und bekommt von ihren Eltern einmal 50 €.

a) Wie lange muss sie sparen?
b) Wie lange müsste sie sparen, wenn die Eltern nichts dazugeben würden?
c) Wie viel Prozent des Preises übernehmen die Eltern? Runde sinnvoll.

21 Eine Boeing 747 verbraucht während der Start- und Landephase ca. 3400 l Kerosin. Pro Flugstunde werden weitere 16000 l verbraucht.

a) Wie viel Liter Kerosin werden bei einem $3\frac{1}{2}$-stündigen Flug verbraucht?
b) Ein Flug von Frankfurt nach New York dauert etwa $8\frac{1}{2}$ Stunden. Wie viel Liter Kerosin werden dabei verbraucht?
c) Wie lange kann man maximal mit 160000 l Kerosin fliegen?

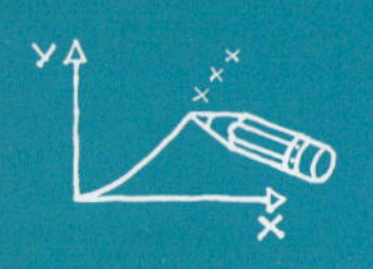

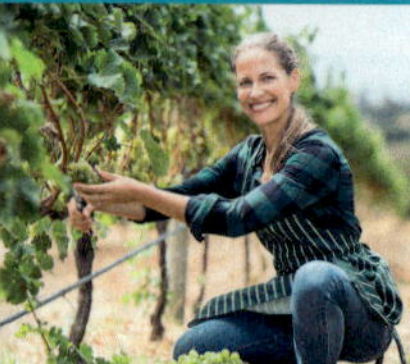

WINZER/IN
Die Ausbildung dauert 3 Jahre. Suche nach weiteren Informationen über den Beruf z. B. im Internet oder im BIZ.

Beruf Winzer/in

Winzer und Winzerinnen pflanzen Rebstöcke an, pflegen sie und schützen sie vor Schädlingen, damit im Herbst viele Trauben geerntet werden können. Die Trauben werden zu Saft (Most) gepresst, ein Teil davon wird zu Wein und Sekt verarbeitet. Dabei gärt der Saft in Tanks oder Fässern. Das fertige Produkt wird in Flaschen abgefüllt und verkauft.
Winzer und Winzerinnen beraten auch ihre Kunden und erstellen Abrechnungen.

22 Mostgewicht und Zuckergehalt

Reife Trauben speichern Zucker, der im Wein zu Alkohol umgewandelt wird. Ein Winzer muss den besten Zeitpunkt für die Ernte bestimmen und misst dazu regelmäßig das Mostgewicht der Trauben. Dazu verwendet er ein spezielles Messgerät, an dem er das Mostgewicht in Grad Oechsle (°Oe) abliest.

HINWEIS
Das Mostgewicht entspricht der Differenz von einem Liter Most zu einem Liter Wasser. Je mehr Zucker im Most enthalten ist, desto schwerer wird der Most.

> Faustformel
> Multipliziere das Mostgewicht mit 2,6 und ziehe 25 ab, dann erhältst du den Zuckergehalt.

a) Das Mostgewicht kann mithilfe einer Faustformel in den Zuckergehalt umgerechnet werden. Stelle zur Faustformel eine Gleichung auf.

b) Berechne aus dem Mostgewicht den Zuckergehalt der Trauben nach der Faustformel.

Mostgewicht (in °Oe)	50	60	70	80	90	100
Zuckergehalt (in $\frac{g}{l}$)						

c) Für einen Wein mit dem Prädikat „Spätlese" müssen die Trauben einen Zuckergehalt zwischen $170\,\frac{g}{l}$ und $209\,\frac{g}{l}$ haben. Bestimme den Bereich des Mostgewichts für eine Spätlese.

d) An sonnigen Tagen nimmt das Mostgewicht der Trauben um ca. 1 °Oe zu. Der Winzer misst ein Mostgewicht von 66 °Oe. Wie lange muss er mindestens noch mit der Ernte für eine Spätlese warten?

23 Qualitätswein von der Ahr

Das Weinbaugebiet Ahr umfasst ca. 562 ha. Winzer Rahder hat zwei Weinberge. Zusammen sind sie 0,9 ha groß. Ein Weinberg ist 0,2 ha größer als der andere.

a) Wie viel Prozent des Anbaugebiets gehört Winzer Rahder?

b) Wie groß sind jeweils die Weinberge von Winzer Rahder? Stelle eine Gleichung auf und löse sie.

c) Die Landwirtschaftskammer Rheinland-Pfalz legt fest: Für einen Qualitätswein dürfen maximal 10 000 l Traubensaft (Most) pro Hektar Anbaufläche gepresst werden. Wie viel Liter Most darf Winzer Rahder aus den Trauben von seinem größeren Weinberg pressen?

d) Aus 1 kg Trauben gewinnt man ca. 625 ml Most. Wiel viel Kilogramm Trauben darf Winzer Rahder maximal von dem kleineren Weinberg zu Qualitätswein verarbeiten?

e) Winzer Rahder möchte 20 % seiner gesamten Ernte als Traubensaft verkaufen. Wie viele 0,7-l-Flaschen wird er dafür maximal benötigen?

Zusammenfassung

Terme aufstellen und zusammenfassen

→ Seite 64

Eine **Klammer**, vor der ein **Minuszeichen** steht, kann man auflösen. Die Glieder in der Klammer bekommen das entgegengesetzte Vorzeichen: aus + wird –; aus – wird +.

$8 - (4 + 3) = 8 - 4 - 3$
$8 - (4 - 3) = 8 - 4 + 3$
$a - (b - c) = a - b + c$
$a - (-b + c - d) = a + b - c + d$

Gleichungen aufstellen

→ Seite 68

Eine **Gleichung** verbindet zwei Terme (Rechenausdrücke) durch ein Gleichheitszeichen.

$x = 6 - 2x$; $\frac{8}{2} = 4$; $12 = 3v$; $3x^2 - 5 = 7$

Setzt man in einer Gleichung für die Variablen Werte ein, so erhält man eine **wahre** oder eine **falsche Aussage**. Alle Werte, die zu einer wahren Aussage führen, heißen **Lösung**.

$x = 6 - 2x$ $x = 1$ ergibt: $1 = 6 - 2 \cdot 1$ f
$x = 2$ ergibt: $2 = 6 - 2 \cdot 2$ w

2 ist Lösung der Gleichung $x = 6 - 2x$.

Gleichungen lösen

→ Seite 72

Gleichungen können mithilfe von **Äquivalenzumformungen** gelöst werden.
Dabei wird die Gleichung so lange umgeformt, bis die Lösung abgelesen werden kann.

Man darf auf beiden Seiten:
- den gleichen Term addieren,
- den gleichen Term subtrahieren,
- mit dem gleichen Term (≠ 0) multiplizieren,
- durch den gleichen Term (≠ 0) dividieren.

$-(x + 7) = 5 - (3x + 2)$
$-x - 7 = 5 - 3x - 2$
$-x - 7 = 3 - 3x \quad | + 7$
$-x = 10 - 3x \quad | + 3x$
$2x = 10 \quad | : 2$
$x = 5$

Probe $-(5 + 7) = 5 - (3 \cdot 5 + 2)$
$-12 = 5 - 17$
$-12 = -12$ w

Sachaufgaben systematisch lösen

→ Seite 78

Sachaufgaben lassen sich mit dem **Sechs-Schritte-Verfahren** systematisch lösen.

In einem Rechteck gilt: eine Seite ist 3 cm länger als die andere; $u = 24$ cm.

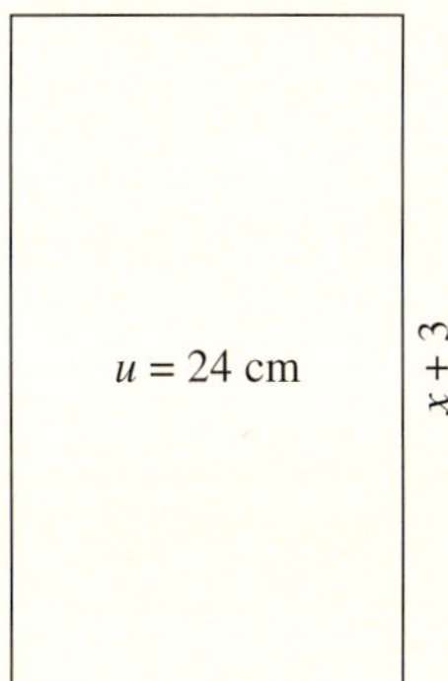

1. Variable festlegen — x: Länge der kürzeren Seite in cm; $x + 3$: Länge der längeren Seite in cm
2. Terme bilden — $2 \cdot (x + x + 3)$: Umfang des Rechtecks
3. Gleichung aufstellen — $2 \cdot (x + x + 3) = 24$
4. Gleichung lösen —
$2 \cdot (x + x + 3) = 24 \quad | : 2$
$x + x + 3 = 12 \quad | - 3$
$2 \cdot x = 9 \quad | : 2$
$x = 4{,}5$
5. Lösung prüfen — Probe $2 \cdot (4{,}5 + 7{,}5) = 24$; $2 \cdot 12 = 24$ w
6. Antwort formulieren — Die Seiten sind 4,5 cm und 7,5 cm lang.

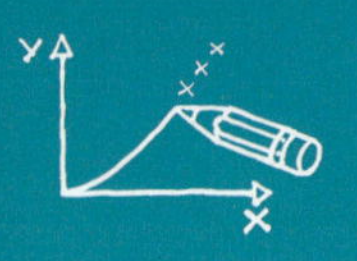

Teste dich!

3 Punkte | 3 Punkte

1 Welche Aussagen treffen zu?
a) Jeder Term ist eine Gleichung.
b) In einer Gleichung kommen auf jeder Seite immer Variablen und Zahlen vor.
c) Eine Gleichung verbindet zwei Terme mit einem Gleichheitszeichen.

1 Welche Aussagen treffen zu? Korrigiere die falschen Aussagen.
a) Gleichungen haben immer nur eine Lösung.
b) Terme ohne Variablen heißen Aussage.
c) Division beider Seiten einer Gleichung durch 0 ist keine Äquivalenzumformung.
d) Eine Formel ist eine Gleichung mit mehreren Variablen.

4 Punkte | 5 Punkte

2 Jens kauft bei der Bahn Fahrkarten. Ein Einzelticket kostet 2,50 € und ein Viererticket kostet 7,20 €.
a) Wie viel muss er für drei Einzeltickets und sieben Vierertickets bezahlen?
b) Welches ist die günstigste Variante, wenn er Tickets für 27 Personen kaufen möchte?
c) Jens kauft einige Vierertickets und zwei Einzeltickets.
Er zahlt dafür 48,20 €.
Finde durch Einsetzen heraus, ob er 4, 5, 6 oder 7 Vierertickets gekauft hat.

2 Im Zoo kann man Tageskarten für 4,50 €, Gruppenkarten und Jahreskarten kaufen.
a) Eine Gruppenkarte für 20 Personen kostet 36,50 €. Was ist der günstigste Preis für die Klasse 8 c mit 28 Schülern?
b) Die 8 a zahlt genau 50 €.
Welche Karten wurden gekauft?
Wie viele Schüler besuchen den Zoo?
c) Die Jahreskarte ist ab 20 Besuchen günstiger als Tageskarten.
Wie viel kostet die Jahreskarte höchstens, wie viel mindestens?

4 Punkte | 6 Punkte

3 Löse die Gleichungen mithilfe von Äquivalenzumformungen.
a) $2a + 5 = 37$
b) $-70 + 5b = 175$
c) $8c + 17 = 6c + 33$
d) $15 - 28d = 27 - 24d$

3 Löse die Gleichungen mithilfe von Äquivalenzumformungen.
a) $2e - 5 = 30 + 27e$
b) $-40f - 22f = -7f - 220$
c) $4{,}9g - 19 = 16 + 2{,}4g$
d) $6{,}7h + 1{,}5 = 2{,}2h - 16{,}5$

4 Punkte | 6 Punkte

4 Vereinfache zuerst und löse dann die Gleichungen.
a) $4a - 3 + 2a = 33 + 3a$
b) $5b - 4 + 3b = 6b - 9$
c) $9c - 21 - 3c = 9c - 24 + c$
d) $4 - 9d - 15 = -11d + 29 + 4d$

4 Vereinfache zuerst und löse dann die Gleichungen.
a) $0{,}9 + 1{,}2e - 0{,}4 = 0{,}7e + 2{,}6 - e$
b) $4{,}2f - 4{,}5 - 8{,}1f = -3{,}2f - 0{,}7 - 0{,}2f$
c) $6g - 13 - 4g = -6g + 5(1 + 2g)$
d) $2(5h + 2{,}5 - 3h) = 2(4h - 6{,}5 - 3h)$

2 Punkte | 2 Punkte

5 Löse die Zahlenrätsel.
a) Kevin denkt sich eine Zahl. Er addiert 25, verdoppelt das Ergebnis und erhält 60.
b) Rita subtrahiert 4 vom Doppelten einer gedachten Zahl. Das Ergebnis ist 10.

5 Löse die Zahlenrätsel.
a) Das Doppelte einer gedachten Zahl ist um 4 kleiner als diese Zahl.
b) Addiert man 5 zu einer Zahl, so erhält man 2 weniger als das Doppelte der Zahl.

2 Punkte | 2 Punkte

6 Die Currywurst ist jetzt 50 ct teurer als im letzten Jahr.
Zum Preis von 4 Stück hätte man vor einem Jahr noch 5 bekommen.

6 Herr Hauprecht erhält eine Theaterkarte zum halben Preis, muss aber zusätzlich 3 € Bearbeitungsgebühr bezahlen. Insgesamt spart er 5 € im Vergleich zum vollen Preis.

Gold: 23–24 Punkte, Silber: 19–22 Punkte, Bronze: 15–18 Punkte

Lösungen ab Seite 201

Prozent- und Zinsrechnung

Frankfurt am Main ist der führende Finanzplatz in Deutschland. Hier ist auch die europäische Zentralbank angesiedelt, die u. a. die Aufsicht über Kreditinstitute, wie Banken und Sparkassen, hat. Bei Kreditinstituten können Kunden Geld leihen oder anlegen, dafür bezahlen oder erhalten sie Zinsen.

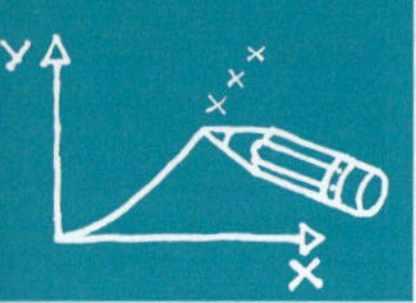

Noch fit?

Einstieg

1 Schreibweisen für Brüche wechseln
Ergänze die Tabelle im Heft.

	a)	b)	c)
Dezimalbruch			0,60
Bruch	$\frac{25}{100}$	$\frac{1}{10}$	
Prozentangabe	25 %		
Anteil	25 von 100		

2 Flächenanteile zeichnen
Zeichne je ein Quadrat mit der Seitenlänge $a = 5\,\text{cm}$ ins Heft. Färbe den Flächenanteil ein.

a) 10 % b) 15 % c) 40 %
d) 60 % e) 75 % f) 90 %

3 Brüche umwandeln und ordnen
Schreibe als Prozentzahl und ordne.

a) $\frac{3}{4}, \frac{3}{10}, \frac{3}{5}, \frac{3}{6}, \frac{3}{2}$ b) $\frac{1}{2}, \frac{2}{50}, \frac{2}{20}, \frac{2}{40}, \frac{2}{10}$

Aufstieg

1 Schreibweisen für Brüche wechseln
Ergänze die Tabelle im Heft.

	a)	b)	c)
Dezimalbruch			0,05
Bruch			
Prozentangabe		100 %	
Anteil	12,5 von 100		

2 Flächenanteile zeichnen
Zeichne je ein Rechteck mit $a = 5\,\text{cm}$ und $b = 4\,\text{cm}$ ins Heft. Färbe den Flächenanteil ein.

a) 10 % b) 20 % c) 25 %
d) 50 % e) 75 % f) 85 %

3 Brüche umwandeln und ordnen
Schreibe als Prozentzahl und ordne.

a) $\frac{2}{5}, \frac{2}{4}, \frac{2}{3}, \frac{2}{7}, \frac{2}{6}$ b) $\frac{4}{5}, \frac{8}{9}, \frac{6}{7}, \frac{7}{8}, \frac{5}{6}$

4 Kreisdiagramme lesen
Werte die Diagramme zum Sportabzeichen aus. Wo findest du die Anzahl aller Teilnehmer?

a)

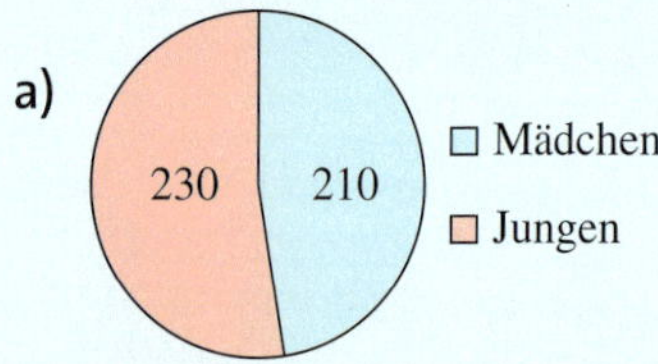

① Gib je den Prozentsatz an.
② 90 % der Teilnehmer erhalten das Abzeichen.

b)

40 %
60 %
Weitsprung
Hochsprung

Wie viele Teilnehmer wählten Weitsprung, wie viele Hochsprung?

c)

30 %
1000-m-Lauf
2000-m-Lauf
Radfahren
108 Teilnehmer

Gib jeweils die Anzahl der Teilnehmer an.

Einstieg

5 Mit Prozenten rechnen
Notiere die Aufgabe und berechne.

	a)	b)	c)	d)
Grundwert	240 m		20 €	120 kg
Prozentsatz	2 %	40 %		
Prozentwert		720 l	16 €	48 kg

Aufstieg

5 Mit Prozenten rechnen
Notiere die Aufgabe und berechne.

	a)	b)	c)	d)
Prozentwert		12,50 €	0,75 l	0,029
Grundwert	4,5 t		25 l	
Prozentsatz	15 %	4 %		50 %

6 Begriffe der Prozentrechnung
Gib an, ob der Grundwert, der Prozentwert oder der Prozentsatz gesucht ist, und berechne.

a) Ein PC-Spiel kostet 25 €. Es wird um 30 % reduziert. Wie hoch ist der Preisnachlass?
b) Im Jahr 2016 wurden in Deutschland 3,35 Mio. Pkw neu zugelassen. Damit liegt der Anteil an Neufahrzeugen am Pkw-Bestand bei 7,3 %. Wie hoch war der Pkw-Bestand 2016?
c) Um wie viel % stieg die Bevölkerung von Mexiko-Stadt: 3,1 Mio. (1950); 8,9 Mio. (2015)?

Lösungen ab Seite 201

Prozentrechnung

Entdecken

1 Zeichne fünf Quadrate mit einer Seitenlänge von je zehn Kästchen ins Heft.

a) Berechne den Flächeninhalt eines Quadrats in Quadratzentimetern.

b) Färbe in je einem Quadrat den angegebenen Anteil:
① 50 % ② 25 % ③ 10 % ④ 30 % ⑤ 22,5 %

c) Ermittle den Flächeninhalt jedes gefärbten Anteils.

d) Übertrage die Tabelle rechts ins Heft und fülle sie aus. Dort werden die prozentualen Anteile der Flächen ihrem Flächeninhalt gegenübergestellt. Was fällt dir auf?

Anteil	Flächeninhalt in cm^2
10 %	
22,5 %	
25 %	
30 %	
50 %	

e) Wie sieht es aus, wenn die Quadrate nur 6 × 6 Kästchen haben? Färbe diese Quadrate wie in b).
Ist diese Aufgabe für alle Prozentangaben zeichnerisch lösbar?

2 Ein Fahrrad kostet im Laden 500 €. Stefan und Sabina bekommen 15 % Rabatt. Sie berechnen auf unterschiedliche Weise den neuen Preis.

a) Erkläre bei beiden, wie sie vorgegangen sind. Wo sind die Unterschiede?

b) Wie würdest du vorgehen? Begründe.

Stefan:

	Anteil	Betrag (in €)	
	100 %	500	
: 100	1 %	5	: 100
· 15	15 %	75	· 15

500 € – 75 € = 425 €

Sabina:

	Anteil	Betrag (in €)	
	100 %	500	
: 100	1 %	5	: 100
· 85	85 %	425	· 85

3 Zum 1. Januar eines jeden Jahres wird der Kfz-Versicherungsbeitrag nach dem Schadensverlauf des vergangenen Kalenderjahres eingestuft.

a) Interpretiere das Diagramm.
① Beschreibe, wie sich der Versicherungsbeitrag in Prozentpunkten verändert.
② Notiere das Versicherungsjahr mit dem höchsten und das Versicherungsjahr mit dem niedrigsten Prozentsatz.
③ Berechne den Versicherungsbeitrag für fünf unterschiedliche Beitragsjahre, wenn im ersten Jahr 450 € gezahlt wurden.

Versicherungsbeiträge in % pro Versicherungsjahr

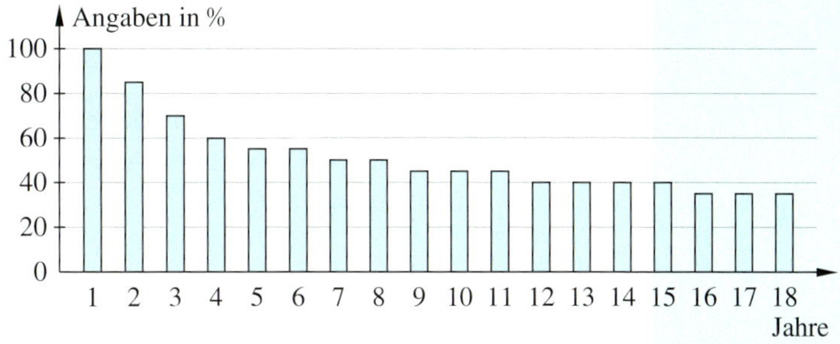

b) Interpretiere das Diagramm.
① Beschreibe, wie sich der Versicherungsbeitrag prozentual bei einem Schaden im angegebenen Versicherungsjahr ändert.
② Notiere das Versicherungsjahr mit der höchsten und das Versicherungsjahr mit der niedrigsten prozentualen Erhöhung.
③ Berechne für fünf Versicherungsjahre jeweils den erhöhten Jahresbeitrag, wenn im ersten Jahr 450 € gezahlt wurden.

Rückstufung in % nach einem Schaden im Versicherungsjahr

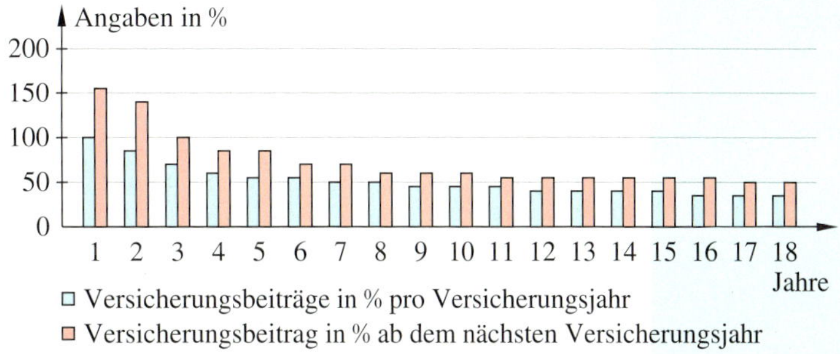

Verstehen

Die Weltnaturschutzunion (IUCN) beklagt, dass trotz aller Schutzbemühungen die Zahl der bedrohten Tiere und Pflanzen zunehme.

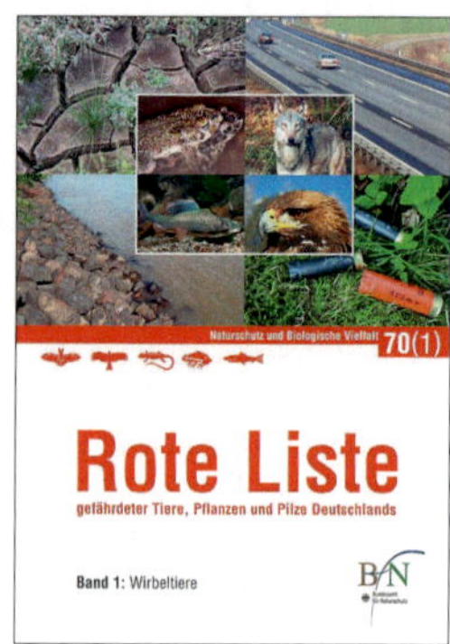

Die jüngste Zählung ergab Folgendes:
- 41 % der 7 087 Amphibienarten sind bedroht.
- Von den 5 416 Säugetierarten sind 1 354 Arten bedroht.
- 1 377 Vogelarten, das sind 13 % der Vogelarten, sind bedroht.

Aufgaben zur Prozentrechnung können wie bisher mit dem Dreisatz gelöst werden. Die Rechenschritte können aber auch verkürzt in einer Formel zusammengefasst werden.

Beispiel 1 Wie viele Amphibienarten sind bedroht?

gegeben: **Grundwert *G*** = 7 087 Amphibienarten und
Prozentsatz *p* % = 41 %
gesucht: **Prozentwert *W***

Rechnung:
41 % der 7 087 Amphibienarten sind bedroht.
100 % sind 7 087 Arten,
1 % sind 70,87 Arten,
41 % sind ca. 2 906 Arten.

	Anteil	Anzahl	
	100 %	7 087	
:100			:100
	1 %	70,87	
·41			·41
	41 %	≈ 2 906	

Formel zur Berechnung des **Prozentwertes**:

$W = \frac{G \cdot p}{100}$

$W = \frac{7\,087 \cdot 41}{100} \approx 2\,906$

Antwort: 2 906 Ampibienarten sind bedroht.

Merke Sind Grundwert *G* und Prozentsatz *p* % gegeben, kann man den **Prozentwert** $W = \frac{G \cdot p}{100}$ berechnen.

Beispiel 2 Wie viel Prozent der Säugetierarten sind bedroht?

gegeben: **Grundwert *G*** = 5 416 Säugetierarten und
Prozentwert *W* = 1 354 Arten
gesucht: **Prozentsatz *p* %**

Rechnung:
1 354 Arten der 5 416 Säugetierarten sind bedroht.
5 416 Arten sind 100 %,
1 Art sind 1,85 %,
1 354 Arten sind 25 %.

BEACHTE
$p\,\% = \frac{p}{100}$

	Anzahl	Anteil	
	5 416	100 %	
:5416			:5416
	1	1,85 %	
·1354			·1354
	1 354	25 %	

Formel zur Berechnung des **Prozentsatzes**:

$p\,\% = \frac{W}{G}$

$p\,\% = \frac{1\,354}{5\,416} = 0{,}25 = 25\,\%$

Antwort: 25 % der Säugetierarten sind bedroht.

Merke Sind Grundwert *G* und Prozentwert *W* gegeben, kann man den **Prozentsatz** $p\,\% = \frac{W}{G}$ berechnen.

Beispiel 3 Wie viele Vogelarten sind insgesamt gezählt worden?

gegeben: **Prozentwert W** = 1 377 Vogelarten und
Prozentsatz p % = 13 %
gesucht: **Grundwert G**

Rechnung:
1 377 Vogelarten sind bedroht, das sind 13 %.
13 % sind 1 377 Vogelarten,
1 % sind 105,9 Vogelarten,
100 % sind 10 592 Vogelarten.

Anteil	Anzahl
13 %	1 377
:13 ↓ 1 %	105,9 ↓ :13
·100 ↓ 100 %	≈ 10 592 ↓ ·100

Formel zur Berechnung des **Grundwertes**:

$$G = \frac{W \cdot 100}{p}$$

$$G = \frac{1377 \cdot 100}{13} \approx 10\,592{,}3$$

Antwort: Es gibt ca. 10 592 Vogelarten.

Merke Sind W und p % gegeben, kann man den **Grundwert** $G = \frac{W \cdot 100}{p}$ berechnen.

Üben und anwenden

1 Was ist der Grundwert, der Prozentsatz, der Prozentwert in der Abbildung?

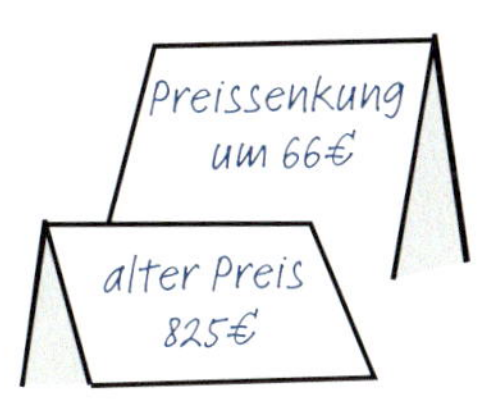

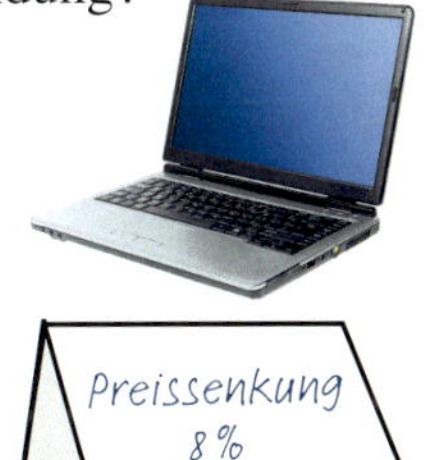

1 Welche der drei Grundbegriffe der Prozentrechnung sind bekannt, welche sind gesucht?
a) Susi bekommt eine 5 %ige Erhöhung ihres Taschengeldes, das sind 2 €.
b) Frank bekommt 35 € Taschengeld, er soll 4 % mehr bekommen.
c) Fünf Schüler der 8. Klassen haben noch keinen Praktikumplatz, das sind 8,3 %.
d) Peters Schulweg ist 7,5 km lang, davon hat er schon 500 m zurückgelegt.

2 Berechne im Kopf.
a) 10 % von 785 € b) 10 % von 60 g
c) 50 % von 480 h d) 50 % von 130 €
e) 25 % von 320 cm f) 25 % von 920 €

2 Berechne im Kopf.
a) 50 % von 1 470 km b) 25 % von 720 kg
c) 10 % von 800 t d) 5 % von 400 min
e) 20 % von 600 € f) 25 % von 90 g

3 Berechne die Prozentwerte mit der Formel.
a) 9 % von 50 km b) 18 % von 720 €
c) 33 % von 120 t d) 85 % von 60 m^2
e) 55 % von 64 kg f) 16 % von 675 €

3 Berechne die Prozentwerte mit der Formel.
a) 9 % von 45 km b) 7 % von 99 t
c) 15,5 % von 90 min d) 27,9 % von 120 g
e) 0,8 % von 780 € f) 7,4 % von 1470 h

4 In einer Schule in Neuwied gibt es 50 Schüler in der 8. Jahrgangsstufe.
a) 66 % sind in Neuwied geboren.
b) 42 % von ihnen haben eine andere Muttersprache als Deutsch.
c) 38 % von ihnen sind Einzelkinder.
d) 8 % von ihnen spielen in einer Band.

4 Wie viel sind 15 % von 800 €?
Mario rechnet mit der Formel:

$W = \frac{800 \cdot 15\%}{100}$ $15\% = 0{,}15$

$W = \frac{800 \cdot 0{,}15}{100} = 1{,}2$

15 % von 800 € sind 1,20 €.

Wo steckt der Fehler?

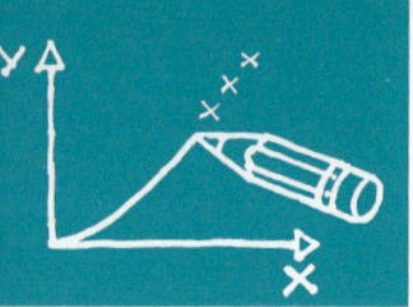

5 Berechne den Prozentsatz (p%) im Kopf.
a) 50 € von 100 € b) 10 € von 50 €
c) 10 kg von 20 kg d) 20 t von 80 t

6 Löse die Aufgaben mithilfe der Formel $W = \frac{G \cdot p}{100}$. Setze ein und stelle um.
Wie viel Prozent sind …
a) 27 € von 90 €?
b) 97,5 m von 150 m?
c) 79,2 kg von 180 kg?
d) 29 min von 145 min?
e) 16 m² von 80 m²?

7 Zwei Handballvereine spielen in einem Turnier gegeneinander.
a) Lisa hat 8 der 32 Tore für Eintracht Hagen geworfen.
b) Hannah hat 12 der 30 Tore für den TSV Hannover erzielt.
c) Welche Mannschaft hat gewonnen?
d) Vergleiche die Ergebnisse.

8 Berechne den Grundwert (G) im Kopf.
a) 50 % sind 18 € b) 10 % sind 13 €
c) 20 % sind 2 m³ d) 25 % sind 90 kg

9 Berechne den Grundwert G.
a) 16 % sind 124 l b) 23 % sind 74,75 €
c) 5 % sind 1313 € d) 11 % sind 4510 kg

10 Wie oft haben Sandy und Alex geworfen?
a) Sandy hat bei ihren Versuchen in 68 % der Fälle getroffen, also 85 Mal.
b) Alex hat in 90 % der Fälle getroffen, das waren 72 Mal.

11 Übertrage die Tabelle ins Heft.
Berechne die fehlenden Werte.

	a)	b)	c)	d)
G	5 500 €		460 g	220 m
p %	40 %	30 %		15 %
W		600 m	115 g	

12 Ein Motorroller wurde für 60 % seines Neuwertes verkauft, das waren 1902 €. Welchen Neuwert hatte der Roller? Schätze, bevor du rechnest.

5 Berechne den Prozentsatz (p%) im Kopf.
a) 2 km von 20 km b) 8 kg von 40 kg
c) 90 m³ von 120 m³ d) 5 g von 20 g

6 Löse die Aufgaben durch Einsetzen in die Formel.
Wie viel Prozent sind …
a) 6 min von 20 min?
b) 3,6 m von 88 m?
c) 520 ct von 160 €?
d) 230 g von 0,41 kg?
e) 80,5 dm von 8,5 m?

7 Tim wohnt in Mainz. Er fährt häufig mit der Bahn zu seinen Großeltern nach Heidesheim. Für die Hin- und Rückfahrt zahlt er jedes Mal 14 €.
Die Jugend-Bahncard 25, mit der man 25 % des Fahrpreises spart, kostet für ein Jahr 10 €. Ab wie vielen Fahrten lohnt sich für Tim der Kauf der Bahncard 25?

8 Berechne den Grundwert (G) im Kopf.
a) 50 % sind 48 m² b) 20 % sind 4,50 t
c) 200 % sind 60 m³ d) 75 % sind 45 kg

9 Berechne den Grundwert G.
a) 0,4 % sind 15 g b) 0,6 % sind 3 a
c) 4 % sind 15 € d) 12,5 % sind 7 €

10 Von einem Grundstück sind 40 % bebaut. Das sind 304 m².
a) Wie groß ist das Grundstück?
b) Wie groß ist der Prozentsatz der nicht bebauten Fläche? Begründe.

11 Übertrage die Tabelle ins Heft.
Berechne die fehlenden Werte.

	a)	b)	c)	d)
G		542 €	442 g	223 m
p %	34,7 %	26,5 %		
W	47 m		93 g	54 m

12 Erstelle einen Fragebogen und ermittle, wie viel Prozent eines Tages deine Freunde und Familie für Körperpflege, Essen, Schlafen etc. benötigen.

Thema: Vermehrter und verminderter Grundwert

Im Alltag gibt es viele Situationen, bei denen Größen prozentual verändert werden. Zum Beispiel werden Preise reduziert oder zu einem Nettopreis wird die Mehrwertsteuer hinzugefügt.

Dabei entspricht der alte Preis immer 100%.

Merke Erhöht sich der Grundwert um $p\%$, entspricht der **vermehrte Grundwert** $100\% + p\%$.
Man rechnet: $G^{+} = G \cdot \left(1 + \frac{p}{100}\right)$

Verringert sich der Grundwert um $p\%$, entspricht der **verminderte Grundwert** $100\% - p\%$.
Man rechnet: $G^{-} = G \cdot \left(1 - \frac{p}{100}\right)$

Beispiel Die Pralinenschachtel (200 g) enthält für kurze Zeit 15% mehr Inhalt.
$G^{+} = 200 \cdot (1 + 0{,}15) = 200 \cdot 1{,}15 = 230$
Die Schachtel enthält 230 g.

Ein Notebook kostet 600 €. Zum Jubiläum gibt es 22% Rabatt.
$G^{-} = 600 \cdot (1 - 0{,}22) = 600 \cdot 0{,}78 = 468$
Das Notebook kostet nur 468 €.

1 Vervollständige die Rechnung im Heft. Berechne auch den Preis bei Barzahlung.

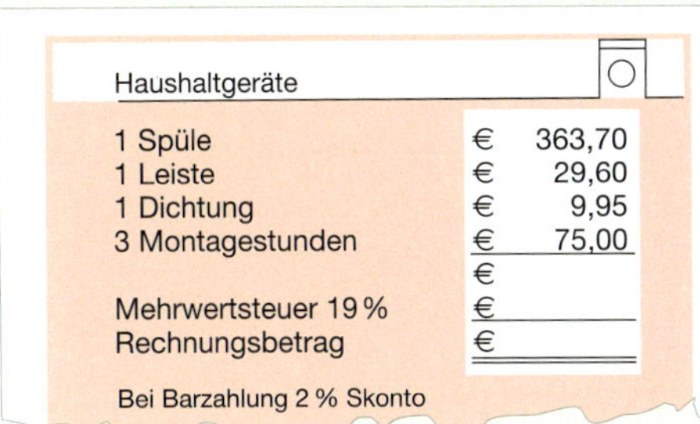

Haushaltgeräte

1 Spüle	€	363,70
1 Leiste	€	29,60
1 Dichtung	€	9,95
3 Montagestunden	€	75,00
	€	
Mehrwertsteuer 19 %	€	
Rechnungsbetrag	€	

Bei Barzahlung 2 % Skonto

2 Alle Preise werden um 12% reduziert. Bereche den verminderten Grundwert.
a) 600 € b) 400 € c) 80 €
d) 675 € e) 412 € f) 86,50 €

3 Alle Preise werden um 12% erhöht. Bereche den vermehrten Grundwert.
a) 20 € b) 140 € c) 4200 €
d) 39,20 € e) 14,50 € f) 42,40 €

HINWEIS ZU 1
Das **Skonto** bezeichnet einen Preisnachlass bei sofortiger Zahlung meist in bar.

4 Klara und Risto wollen das Angebot nutzen und den MP3-Player kaufen.
Risto errechnet einen Preis von 120,69 € nach der Erstattung.
Klara behauptet, es sind 125,21 € zu zahlen.
a) Wie haben die beiden jeweils gerechnet?
b) Welche Antwort ist richtig?
c) Begründe, dass die 149 € einem Prozentsatz von 119% entsprechen.

Wir erstatten die Mehrwertsteuer!!!

149,00 €
inkl. 19 % MwSt.

5 Die Miete für ein Geschäft soll erhöht werden. Bisher wurden monatlich 50 € pro Quadratmeter gezahlt. Zukünftig soll die Miete 80 € pro Quadratmeter betragen.
a) Auf wie viel Prozent wird die Miete erhöht?
b) Wie viel muss künftig mehr bezahlt werden, wenn das Geschäft 47 m² groß ist?
c) Wie groß wäre die zukünftige Miete bei einer Mietsteigerung von 30%?
d) Der Ladenbesitzer handelt eine Miete von 3290 € aus. Auf wie viel Prozent wurde die Miete erhöht?

6 Stimmen die Rechnungen? Wie kommt man auf die markierten Werte? Begründe.
a) Bruttopreis 25 €; Nettopreis?
$25 : 1{,}19 = 21{,}01$
b) Nettopreis 42 €; Bruttopreis?
$42 \cdot 1{,}19 = 49{,}98$
c) Preis 40 €; Rabatt von 35%
$40 \cdot 0{,}65 = 26$
d) Preis 32 €; reduziert um 15%
$32 \cdot 0{,}85 = 27{,}20$
e) Preis 66 €; Preis abzüglich 3% Skonto
$66 \cdot 0{,}97 = 64{,}02$

HINWEIS ZU 6
Der **Nettopreis** entpricht 100%. Der **Bruttopreis** enthält zusätzlich die Mehrwertsteuer (zurzeit 19%).

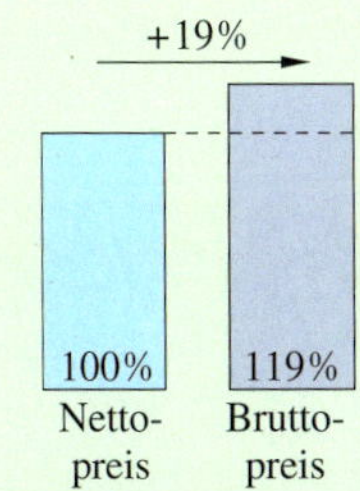

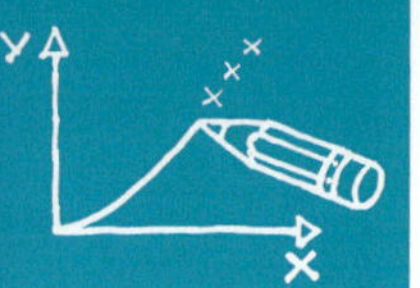

13 Umfrage in der 8. Jahrgangsstufe:
„Hast du einen Praktikumsplatz gefunden?“

a) Ergänze im Heft. Runde sinnvoll.

Betrieb	Schüler	Zusage	Zusage in %
Kfz	15		53,3 %
Handel	21	8	
Bau	15		93,3 %
Friseur	18	12	
Büro		1	9,1 %

b) Wie viele Schülerinnen und Schüler sind in der 8. Jahrgangsstufe und haben eine Zusage?

c) Zeige, dass der Prozentsatz aller Schüler, die eine Zusage haben, rund 53,8 % beträgt.

14 Bei der Produktion von 20 000 Gummibärchen wurden 400 Fehlformen aussortiert.

a) Wie viel Prozent sind das?

b) Wie viele der abgebildeten Gummibärchen könnten demnach fehlerhaft sein?

c) Bei gleichem Fehlerprozentsatz wurden 900 Bärchen aussortiert.
Wie viele Bärchen wurden wahrscheinlich produziert?

14 Berechne. Runde sinnvoll.

a) Von 247 Schülerinnen einer Schule haben 47 % der Mädchen ein Schwimmabzeichen erhalten. Davon haben 32 % das Abzeichen in Gold erreicht.
Wie viele Mädchen sind das?

b) Von 642 Schülerinnen und Schülern einer Schule haben 334 Jungen eine Urkunde bekommen. Davon haben 60 Jungen eine Ehrenurkunde erlangt.
Wie viel Prozent der Urkunden für Jungen waren das?

c) Fast 78 % der Mitglieder eines Sportvereins haben beim Fun-Turnier mitgemacht. Insgesamt waren das 140 Personen.
Wie viele Mitglieder hat der Verein?

15 Sehr geringe Anteile gibt man häufig in **Promille** (‰) an. Promille bedeutet Tausendstel. Es gilt: $1‰ = \frac{1}{1000} = 0{,}1\,\%$ und $10‰ = 1\,\%$.
Bei Versicherungen ergibt sich der Jahresbeitrag oft als Promillewert der Versicherungssumme. Gib jeweils den Jahresbeitrag an.

a) Ein Hausrat wurde mit 63 000 € versichert.
Der Beitrag für ein Jahr beträgt 1,83 ‰ der Versicherungssumme.

b) Bei einer Haftpflichtversicherung betragen die Gebühren im Jahr 0,56 ‰ von 50 000 €.

c) In welchen Bereichen wird der Begriff Promille noch verwendet?

16 Bei Goldschmuck gibt die dreistellige Zifferprägung den Goldanteil in Promille an. Kette und Anhänger ohne Stein wiegen zusammen 24 g. Der Goldanteil beträgt jeweils 333 ‰. Wie viel reines Gold enthält der Schmuck?

16 Ein Erwachsener hat ca. fünf Liter Blut im Körper.
Bei einer Verkehrskontrolle wird bei einem Kraftfahrer ein Alkoholgehalt von 0,7 ‰ im Blut festgestellt.
Wie viel Milliliter reinen Alkohols entspricht das ungefähr? Schätze, bevor du rechnest.

Begriffe der Zinsrechnung

Entdecken

1 Die Zinsrechnung ist ein Anwendungsgebiet der Prozentrechnung.

a) Wenn 20% aller 34000 Einwohner der Stadt Zweibrücken Kinder sind, so sind dies 6800. Gib den Prozentwert, den Grundwert und den Prozentsatz an.

b) Im Finanzwesen werden statt Prozentwert, Grundwert und Prozentsatz die Begriffe Zinsen, Kapital und Zinssatz verwendet. Wenn Tom 2500€ auf einem Sparbuch zu 0,5% anlegt, erhält er nach einem Jahr 12,50€ dazu.
Ordne die einander entsprechenden Begriffe zu.

2 Kai soll folgende Aufgabe berechnen:

Wie viel Zinsen sind für einen Kredit von 600 Euro zu zahlen, der mit 8 % verzinst wird?

Er erinnert sich an den Dreisatz und die Formel, die er bei der Prozentrechnung gelernt hat. Kann er hier diese Methoden verwenden? Wie könnte er vorgehen?

3 Finja und Felix berechnen 3% von 50000€.

a) Erkläre ihre Vorgehensweisen. Wo sind die Unterschiede?

b) Überlege dir eine passende Aufgabe zu ihren Rechnungen.

Finja rechnet:

Anteil	Betrag
100%	50000€
1%	500€
3%	1500€

(: 100, · 3)

Felix rechnet:

Zinsen (Z) = Kapital (K) · Zinssatz (p%)

$Z = K \cdot \frac{p}{100}$

$Z = 50000€ \cdot \frac{3}{100}$

$Z = 1500€$

BEACHTE
$p\,\% = \frac{p}{100}$

4 Fred hat sich im Internet über drei verschiedene Banken informiert. Die Angebote hat er zum Vergleichen in einem Diagramm dargestellt.

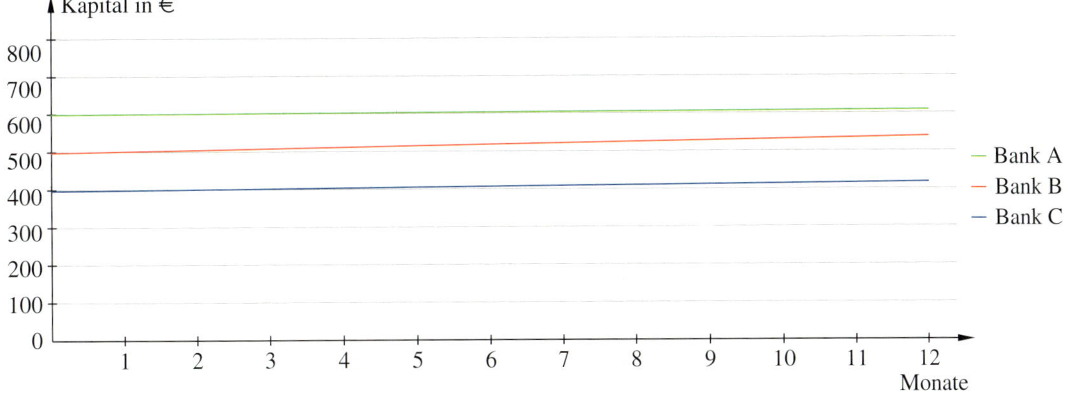

a) Welche Bank bietet den höchsten Zinssatz an?
Stelle eine Vermutung auf und begründe mithilfe des Diagramms.

b) Mit welchem Anfangskapital starten die drei Angebote jeweils?

c) Nach einem Jahr beträgt das Kapital der drei Angebote 420€, 540€ und 609€.
Ordne die Werte den Angeboten zu und berechne den Zinssatz.

d) Vergleiche deine Rechnung mit der Lösung von a).

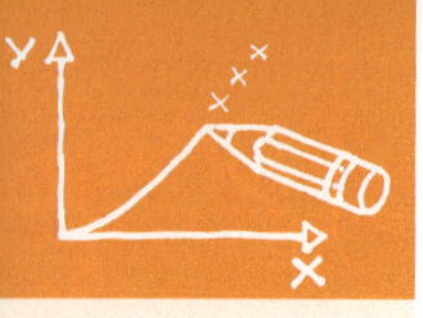

Verstehen

Eine Bank wirbt um neue Kunden:

Besser als der Sparstrumpf! Prüfen Sie unsere Angebote.

Angebot A
Ab 400 € garantieren wir einen Zinssatz von 1,9 % p.a.

Angebot B
30 € Jahreszinsen bei einem Zinssatz von 3 % p.a. bei Einzahlung einer Mindesteinlage.

Angebot C
Bei einem Kapital ab 500 € sind 10 € garantiert.

Die Zinsrechnung ist eine Anwendung der Prozentrechnung und bezieht sich auf den Geldverkehr. Dabei werden die drei bekannten Grundbegriffe verändert, aber die Aufgaben können wie in der Prozentrechnung gelöst werden.

Begriffe der Prozentrechnung	Grundwert G	Prozentwert W	Prozentsatz $p\,\%$
Begriffe der Zinsrechnung	**Kapital K**	**Zinsen Z**	**Zinssatz $p\,\%$**

Aufgaben zur Zinsrechnung können wie in der Prozentrechnung mit dem Dreisatz oder mithilfe der Formel gelöst werden.

HINWEIS
*Zur Berechnung von Zinsen, Kapital und Zinssatz **für ein Jahr** geht man genauso vor wie in der Prozentrechnung.*
***p.a.** ist die Abkürzung für „pro anno" und bedeutet pro Jahr.*

Beispiel 1 Wie hoch sind die Zinsen für 400 € nach einem Jahr bei Angebot A?

gegeben: **Kapital K** = 400 € und **Zinssatz $p\,\%$** = 1,9 % p. a.
gesucht: **Zinsen Z**

Rechnung:
400 € werden für ein Jahr zu 1,9 % angelegt.
100 % sind 400 €,
1 % sind 4 €,
1,9 % sind 7,60 €.

	Anteil	Betrag in €	
	100 %	400	
: 100			: 100
	1 %	4	
· 1,9			· 1,9
	1,9 %	7,60	

Formel zur Berechnung der **Jahreszinsen**:

$$Z = \frac{K \cdot p}{100}$$

$$Z = \frac{400 \cdot 1{,}9}{100} = 7{,}60$$

Antwort: Die Zinsen betragen 7,60 €.

Merke Sind das Kapital K und der Zinssatz $p\,\%$ bekannt, kann man die **Jahreszinsen** $\mathbf{Z = \frac{p \cdot K}{100}}$ mit dem Dreisatz oder mit der Zinsformel berechnen.

Beispiel 2 Wie hoch ist das Kapital, das mindestens beim Angebot B eingezahlt werden muss?

gegeben: **Zinsen Z** = 30 € und **Zinssatz $p\,\%$** = 3 % p.a.
gesucht: **Kapital K**

Rechnung:
Bei einem Zinssatz von 3 % p. a. (pro Jahr) betragen die Jahreszinsen 30 €.
3 % sind 30 €,
1 % sind 10 €,
100 % sind 1 000 €.

	Anteil	Betrag in €	
	3 %	30	
: 3			: 3
	1 %	10	
· 100			· 100
	100 %	1 000	

Formel zur Berechnung des **Kapitals**:

$$K = \frac{Z \cdot 100}{p}$$

$$K = \frac{30 \cdot 100}{3} = 1\,000\,€$$

Antwort: Das Kapital beträgt 1 000 €.

Merke Sind die Jahreszinsen und der Zinssatz bekannt, kann man das **Kapital** $\boldsymbol{K = \frac{Z \cdot 100}{p}}$ mit dem Dreisatz oder mit der umgestellten Zinsformel berechnen.

Beispiel 3 Wie hoch ist der Zinssatz in Angebot C?
gegeben: **Kapital *K* = 500 € und Zinsen Z = 10 €**
gesucht: **Zinssatz *p* %**

Rechnung:
Für ein Kapital in Höhe von 500 € werden 10 € Jahreszinsen gezahlt.
500 € sind 100 %,
1 € sind 0,2 %,
10 € sind 2 %.

	Betrag in €	Anteil	
	500	100 %	
: 500	1	0,2 %	: 500
· 10	10	2 %	· 10

Formel zur Berechnung des **Zinssatzes**:

$p\,\% = \frac{Z}{K}$

$p\,\% = \frac{10}{500} = 0{,}02 = 2\,\%$

Antwort: Der Zinssatz beträgt 2 % p. a.

BEACHTE
$p\,\% = \frac{p}{100}$

Merke Sind das Kapital und die Jahreszinsen bekannt, kann man den **Zinssatz** $\boldsymbol{p\,\% = \frac{Z}{K}}$ mit dem Dreisatz oder mit der umgestellten Zinsformel berechnen.

Üben und anwenden

1 Ordne jeweils die Begriffe Zinssatz, Zinsen und Kapital richtig zu.
a) 50 € von 2 000 € sind 2,5 %.
b) 2 % von 600 € sind 12 €.
c) 110 % von 45 € sind 49,50 €.

1 Ordne jeweils die Begriffe Zinssatz, Zinsen und Kapital richtig zu.
a) 4 % sind 112 € von 2 800 €.
b) Von 36 € sind 3 % 1,08 €.
c) 180 € sind 150 % von 120 €.

2 Ordnet Kapital, Zinsen und Zinssatz passend einander zu.

6,16 € | 88 € | 95 € | 10,45 € | 125 € | 48 €
7 % | 1,08 € | 11 % | 2,25 % | 6,25 € | 5 %

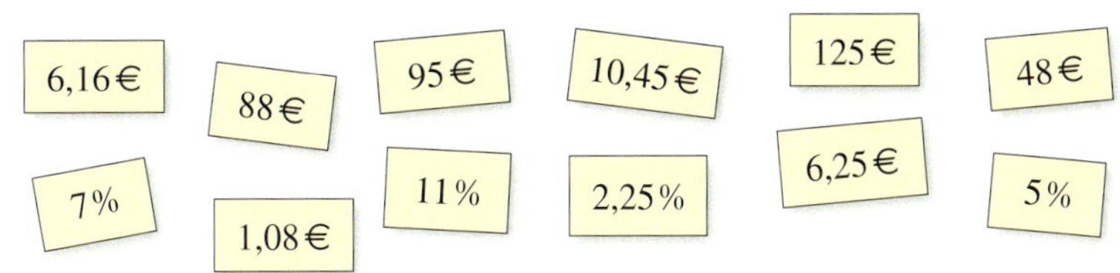

3 Berechne die Jahreszinsen. Runde sinnvoll.

	Kapital (*K*)	Zinssatz (*p* %)
a)	542,56 €	2,1 %
b)	7 124,98 €	3,8 %
c)	867,76 €	4,8 %
d)	1 920,25 €	13,2 %

3 Berechne die Jahreszinsen. Runde sinnvoll.

	Kapital	Zinssatz
a)	23 560,11 €	16,9 %
b)	42,50 €	1,5 %
c)	128,70 €	2 %
d)	5 679,46 €	0,5 %

4 Eine Bank zahlt für Neukunden ein Jahr lang 2,5 % p. a. für ein Tagesgeldkonto. Wie hoch sind die Zinsen für 3 450 €?

4 Familie Weber kauft für 3 577 € eine neue Küche und zahlt daruf 6,99 % Zinsen für ein Jahr. Wie hoch sind die Zinsen?

HINWEIS
p. a. ist die Abkürzung für „pro anno" und bedeutet pro Jahr.

5 Berechne das Kapital.

	Zinsen (Z)	Zinssatz (p %)
a)	54 €	4 %
b)	82,50 €	5 %
c)	180 €	6 %
d)	282 €	9,4 %

6 Herr Bakshi hat Geld angelegt.
Sein Geld wird zu einem Zinssatz von 2 % angelegt.
Nach einem Jahr bringt es 48 € Zinsen.
Wie hoch war das Kapital, das Herr Bakshi angelegt hat?

7 Berechne den Zinssatz für das angegebene Kapital.

	Zinsen (Z)	Kapital (K)
a)	2 €	50 €
b)	4,20 €	84 €
c)	17,05 €	532,81 €
d)	91,89 €	563,74 €

8 Berechne jeweils den Zinssatz.

a) Für ein Kapital von 1 250 € erhält Max nach einem Jahr 43,75 € Zinsen.

b) Frau Griese nimmt einen Kredit über 25 000 € auf. Nach einem Jahr muss sie 2 875 € Zinsen zahlen.

9 Übertrage die Tabelle in dein Heft und berechne die fehlenden Werte. Runde sinnvoll.

	Kapital (K)	Zinssatz (p %)	Zinsen (Z)
a)	10 715 €		342,88 €
b)	1 640 €		41 €
c)	750 €		15,75 €
d)		3 %	37,80 €

5 Berechne das Kapital. Runde sinnvoll.

	Zinsen	Zinssatz
a)	0,56 €	0,25 %
b)	3,98 €	1,8 %
c)	12,03 €	4,25 %
d)	113,37 €	16,2 %

6 Ein Konto bei Bank A mit 3,8 % Verzinsung bringt nach einem Jahr 26,22 € Zinsen.
Ein Konto bei Bank B, das mit 4,2 % verzinst ist, erbringt 28,56 € Zinsen.
Auf welchem Konto befand sich am Anfang des Jahres der höhere Geldbetrag?

7 Berechne den Zinssatz für das angegebene Kapital.

	Zinsen (Z)	Kapital (K)
a)	2 €	50 €
b)	4,20 €	84 €
c)	17,05 €	532,81 €
d)	91,89 €	563,74 €

8 Nach einem heftigen Sturm muss Familie Berns das Dach reparieren lassen.
Sie nehmen einen Kredit über 6 000 € auf und zahlen nach einem Jahr 6 420 € zurück.
Zu welchem Zinssatz hatte Familie Berns den Kredit erhalten?

9 Übertrage die Tabelle in dein Heft und berechne die fehlenden Werte. Runde sinnvoll.

	Kapital (K)	Zinssatz (p %)	Zinsen (Z)
a)	5 000 €		225 €
b)	500 €	2,5 %	
c)	9 000 €		1 080 €
d)		5,5 %	137,50 €

10 Lydia, Sascha, Hasan und Lilo haben ihr Geld bei unterschiedlichen Geldinstituten angelegt. Sie wollen vergleichen. Lege eine Tabelle an und berechne die fehlenden Werte.

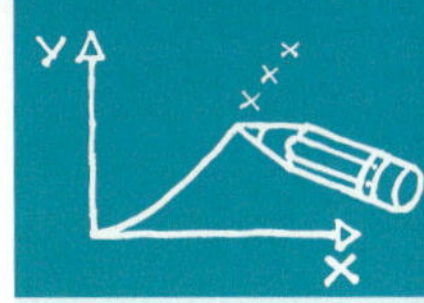

11 Drei Geldinstitute bieten ihre Dienste an.

Stelle eine Tabelle auf, sodass man alle Beträge vergleichen kann. Welches Angebot ist im ersten Jahr am günstigsten?

12 Herr Wüllner hat aus drei Bausparverträgen Kredite zurückzuzahlen.
① 40 000 € mit 2 000 € Jahreszinsen
② 20 000 € mit 700 € Jahreszinsen
③ 10 000 € mit 250 € Jahreszinsen

a) Welcher Zinssatz wird jeweils berechnet?
b) Welcher Zinssatz ergibt sich aus den gesamten Bausparbeträgen und den gesamten Zinsen?

13 Ole erhält für sein Sparguthaben in Höhe von 3 400 € nach einem Jahr 78,20 € Zinsen. Björn hat sein Sparguthaben in Höhe von 1 300 € auf einem Konto mit einjähriger Kündigungsfrist angelegt. Er erhält 36,40 € Zinsen.
Vergleiche die beiden Zinssätze miteinander.

14 Früher konnte man sein Geld in Bundesschatzbriefen anlegen. Die Zinsen stiegen beim Typ A nach einer sogenannten Zinstreppe an. Wurden 20 000 € für 6 Jahre angelegt, so zahlte der Bund nach Ablauf eines jeden Jahres die angegebenen Zinsen aus.
Berechne, mit welchem Zinssatz jedes Jahr das Kapital verzinst wurde.

15 Jan hat zwei Konten: Konto A mit 2 % Verzinsung bringt nach einem Jahr 12,40 € Zinsen. Konto B mit 3,7 % Verzinsung bringt nach einem Jahr 18,50 € Zinsen.

a) Auf welchem Konto befand sich am Anfang des Jahres der höhere Geldbetrag?
b) Soll Jan sein Geld anders anlegen?

11 Herr Tunc hat 50 000 € in Pfandbriefen angelegt, die im Jahr mit 6 % verzinst werden.

a) Wie hoch sind die jährlichen Zinsen?
b) Wie viel betragen die Zinsen im Durchschnitt monatlich?
c) Tim meint: „Die Zinsen pro Monat machen 0,5 % des Kapitals aus.“ Was meinst du dazu?
d) Wie viel Zinsen würde Herr Tunc durchschnittlich pro Monat erhalten, wenn die Pfandbriefe mit 7,2 % verzinst würden?

12 Die Bausparkasse gibt Herrn Haupts drei Bausparkredite.
① 20 000 € mit 800 € Jahreszinsen
② 10 000 € mit 350 € Jahreszinsen
③ 4 000 € mit 200 € Jahreszinsen

a) Welchen Zinssatz hat die Bausparkasse jeweils zugrunde gelegt?
b) Welcher Zinssatz ergibt sich aus der gesamten Kreditsumme?

13 Eine Stiftung, die über 500 000 € Kapital verfügt, zeichnet jährlich Künstler für besondere Verdienste mit Geld aus. Die Höhe richtet sich jeweils nach dem Zinsertrag.
Im ersten Jahr konnten 36 250 €, im zweiten Jahr 37 500 € ausgezahlt werden.
Berechne jeweils die Zinssätze.

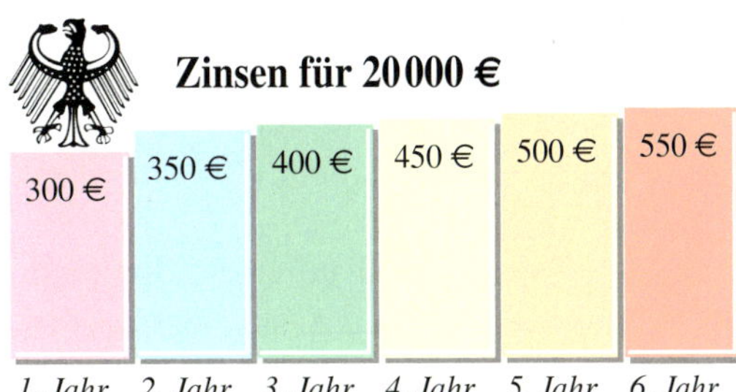

15 Herr Münster hat eine Wohnung gekauft. Dafür musste er drei Hypotheken aufnehmen. Nach einem Jahr zahlt er folgende Zinsen:
– 1 100 € (Zinssatz von 5,5 %)
– 900 € (Zinssatz von 6 %)
– 650 € (Zinssatz von 6,5 %)

Berechne die gesamten Hypothekenschulden.

HINWEIS ZU 11
*Ein **Pfandbrief** ist eine festverzinste Geldanleihe, deren Deckung auf Grundstücken oder Immobilien beruht.*

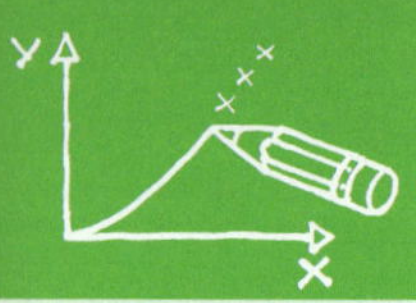

Methode: Zinseszinsen berechnen

Wird Geld über mehrere Jahre angelegt, werden in den meisten Fällen die jährlichen Zinsen nicht ausgezahlt, sondern zu dem jeweiligen Kapital addiert und mitverzinst.
Dabei entstehen **Zinseszinsen**.

Das neue Kapital kann von Jahr zu Jahr berechnet werden. Erfolgt die Verzinsung über mehrere Jahre ist die Berechnung mithilfe einer Tabellenkalkulation vorteilhaft.

Beispiel Omas Sparguthaben wurde noch mit 2% p.a. verzinst.
Im ersten Jahr wurden 1 200 € verzinst:
1 200 € · 1,02 = 1 224 €
Im zweiten Jahr wurden 1 224 € verzinst:
1 224 € · 1,02 = 1 248,48 € usw.

	Kapital	Zinsen
1. Jahr	1 200,00 €	+ 24 €
2. Jahr	1 224,00 €	+ 24,48 €
3. Jahr	1 248,48 €	+ 24,97 €
4. Jahr	1 273,45 €	+ 25,47 €
5. Jahr	1 298,92 €	+ 25,98 €
6. Jahr	1 324,90 €	+ 26,50 €

HINWEIS
*Zellen können absolut und relativ adressiert werden. Beim Kopieren einer Formel bleibt der Bezug zur Zelle fest, falls die **Dollarzeichen** gesetzt werden.*
Beispiel
G1 ist eine relative und G1 eine absolute Zellenadressierung.

TIPP
*Übertrage Formeln in viele Zellen mithilfe der **Kopierfunktion**.*

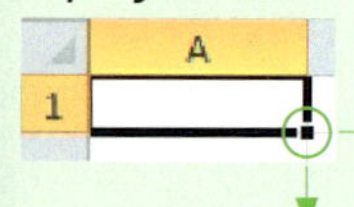

1 Berechne den Kontostand aus dem Beispiel mithilfe einer Tabellenkalkulation.

C2 | =B2*G1

	A	B	C	D	E	F	G
1	Jahr	Kapital am Jahresanfang	Jahreszinsen	Kapital am Jahresende		Zinssatz p.a.:	2%
2	1	1.200,00 €	24,00 €	1.224,00 €			
3	2	=D2 → 1.224,00 €	24,48 €	1.248,48 €		=B2+C2	
4	3	1.248,48 €	24,97 €	1.273,45 €			
5	4	1.273,45 €	25,47 €	1.298,92 €			
6	5	1.298,92 €	25,98 €	1.324,90 €			
7	6	1.324,90 €	26,50 €	1.351,39 €			

a) Lege das Tabellenblatt an. Markiere die Zellen **B2** bis **D7**, klicke auf die rechte Maustaste und dann auf „Zellen formatieren". Wähle „Währung", „Dezimalstellen: 2" und „Symbol: €" aus. Erkläre die Auswirkungen der Formatierung.
b) Gib in der Zelle **B2** das Anfangskapital ein. Trage in die Zellen **C2**, **D2** und **B3** jeweils die angegebene Formel in der Bearbeitungsleiste ein. Vergiss nicht, das Gleichheitszeichen zu setzen. Kopiere die Formeln in die darunterliegenden Zellen.
Was ist der Vorteil der Kopierfunktion?
c) Wie hoch ist der Kontostand nach acht Jahren? Beschreibe deinen Lösungsweg.
d) Verändere Anfangskapital, Zinssatz sowie Anlagezeit und beschreibe die Auswirkungen.

2 Berechne das Kapital auf einem Sparkonto nach drei (vier, fünf) Jahren, wenn 5 600 € bei einem Zinssatz von 2% p.a. angelegt werden.

3 Welcher Kontostand ergibt sich am Ende der Laufzeit?
Wie viel Zinsen wurden insgesamt erzielt?

a) Kapital: 4 500 €;
Zinssatz: 4% p.a.;
Laufzeit: 5 Jahre

b) Kapital: 6 000 €;
Zinssatz: 4,25% p.a.;
Laufzeit: 6 Jahre

c) Kapital: 8 500 €;
Zinssatz: 4,5% p.a.;
Laufzeit: 8 Jahre

4 Herr Traunstein zahlt auf sein Konto jährlich 2 000 € ein. Wie hoch ist sein Kapital nach 10 Jahren bei einem Zinssatz von 0,75% p.a.?

Tageszinsen

Entdecken

1 Arbeitet zu zweit.
a) Erkundigt euch nach aktuellen Zinssätzen für Geldanlageformen und Kredite.
b) Erklärt gemeinsam, warum Zinsen für Geldanlagen niedriger sind als Zinsen für Kredite.
c) Die Zeit spielt in der Zinsrechung eine wichtige Rolle. Zinssätze beziehen sich immer auf ein Jahr. Doch wie könnte man Zinsen bei längeren oder kürzeren Zeiträumen berechnen, wie z. B. für einige Jahre oder nur ein paar Monate, Wochen oder Tage? Diskutiert darüber zunächst zu zweit und dann in eurer Klasse.

2 Alicia hat zu Jahresbeginn 600 € auf ihrem Sparbuch. Der Zinssatz beträgt 0,75 %.
a) Wie viel Zinsen gibt die Bank, wenn sich Alicia ihr Geld nach einem halben Jahr auszahlen lässt?
b) Wie viel Zinsen bekommt Alicia, wenn sie sich das Geld am 1. März auszahlen lässt?
Überlege erst allein. Besprich dich dann mit einem Mitschüler oder einer Mitschülerin. Diskutiert danach in der Klasse über eure Lösungswege und Ergebnisse.

3 Martin sagt zu Paula: „Ob du nun 7 % oder 7,5 % zahlen musst, die 0,5 Prozentpunkte machen bei einem Kredit fast nichts aus.“
Was meinst du dazu? Begründe mithilfe einer Rechnung.

4 Verdopplung von Kapital
a) Wann verdoppelt sich ein Kapital von 100 € bei einem Zinssatz von 5 %?
b) Wann verdoppelt sich ein Kapital von 100 € bei einem Zinssatz von 4 %?
c) In der Randspalte steht eine Faustregel zur Verdopplung des Kapitals. Überprüfe die Faustregel für eine Geldanlage von 10 000 € zu 5 %, wenn die Zinsen zu gleichen Bedingungen angelegt werden. Stimmt die Faustregel?

HINWEIS
Eine Faustregel zur Verdopplung des Kapitals:
$\frac{70}{\text{Zinssatz}}$ = *Anzahl der Jahre, nach denen sich das Kapital verdoppelt.*

5 Felia möchte sparen und möglichst viele Zinsen bekommen. Sie informiert sich bei einer Bank und erhält eine Werbebroschüre, die das Anwachsen von 100 € Kapital zeigt. Wie steigen die Zinsen von Jahr zu Jahr? Was stellst du fest?

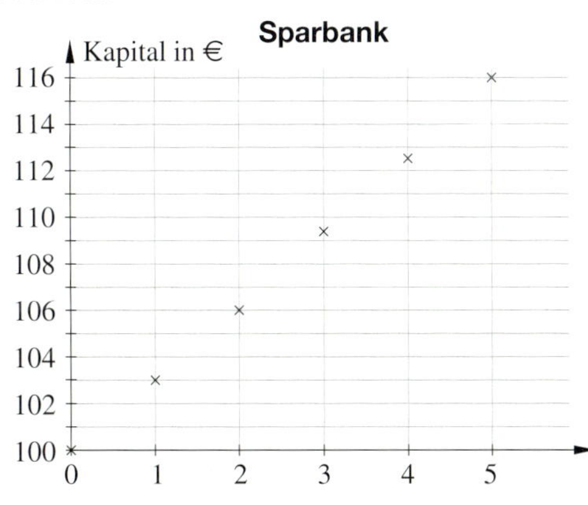

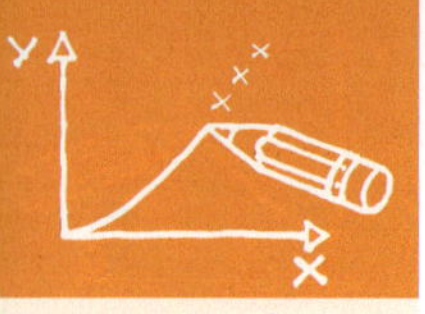

Verstehen

HINWEIS
Für Jugendliche gibt es bei vielen Banken gebührenfreie Taschengeldkonten.

Christina nimmt in diesem Schuljahr am Frankreichaustausch ihrer Schule teil. Ihre Eltern haben ihr deshalb ein kostenloses Girokonto eingerichtet.
Da sich der Kontostand oft ändern kann, berechnet die Bank bei Girokonten Tageszinsen. Zur Vereinfachung rechnet man im Bankwesen mit 30 Tagen pro Monat, also 360 Tagen pro Jahr.

Vom 12.01. bis zum 21.03. hatte ich 540 € auf meinem Konto. Dafür bekam ich 0,9 % Zinsen.

Wenn ich mein Konto um 540 € überziehen würde, müsste ich für diesen Zeitraum 12,42 € Zinsen zahlen.

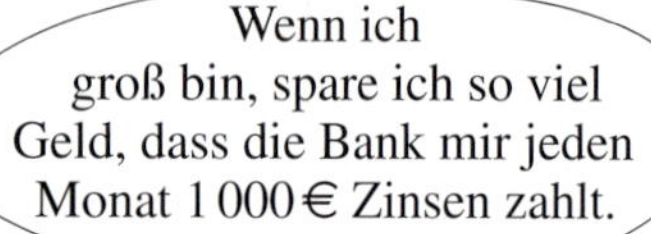

Wenn ich groß bin, spare ich so viel Geld, dass die Bank mir jeden Monat 1 000 € Zinsen zahlt.

Beispiel 1 Wie viele Tage betrug der Kontostand 540 €?

Beachte: Bei der Berechnung der Zinstage wird der erste Tag **nicht** mitgezählt.

Januar					Februar					März				
01	08	15	22	29		06	13	20	27		04	11	18	25
02	09	16	23	30		07	14	21	28		05	12	19	26
03	10	17	24		01	08	15	22	29		06	13	20	27
04	11	18	25		02	09	16	23	30		07	14	21	28
05	12	19	26		03	10	17	24		01	08	15	22	29
06	13	20	27		04	11	18	25		02	09	16	23	30
07	14	21	28		05	12	19	26		03	10	17	24	

Der Zeitraum vom 12. Januar bis zum 21. März umfasst 69 Zinstage.

Beispiel 2 Wie hoch sind die Zinsen, die Christinas Konto gutgeschrieben werden?

Beachte: Ein Zinsjahr wird mit 12 Monaten zu 30 Tagen angegeben.
Ein Tag entspricht dem Zeitfaktor $\frac{1}{360}$.

$Z = \frac{K \cdot p}{100} \cdot \frac{t}{360}$ $\quad Z = \frac{540 \cdot 0{,}9}{100} \cdot \frac{69}{360}$ $\quad Z \approx 0{,}93$

Christina erhält für den Zeitraum 0,93 € Zinsen.

Merke Die Zinsen für Teile eines Jahres kann man berechnen, indem man das Kapital mit dem Zinssatz und mit dem Bruchteil eines Jahres, dem **Zeitfaktor** $\frac{t}{360}$, multipliziert.

Beispiel 3 Mit welchen Zinssatz hat die Bank nach der Berechnung von Christinas Vater bei der Kontoüberziehung gerechnet?

$p\,\% = \frac{Z}{K} \cdot \frac{360}{t}$ $\quad p\,\% = \frac{12{,}42}{540} \cdot \frac{360}{69}$ $\quad p\,\% = 0{,}12 = 12\,\%$

Der Zinssatz für die Kontoüberziehung beträgt 12 %.

Beispiel 4 Für welches Kapital erhält man bei einem Zinssatz von 6 % monatlich 1 000 € Zinsen?

HINWEIS
$p\,\% = \frac{p}{100}$
$6\,\% = 0{,}06$

$K = \frac{Z}{p\,\%} \cdot \frac{360}{t} = \frac{Z \cdot 100}{p} \cdot \frac{360}{t}$ $\quad K = \frac{1\,000 \cdot 100}{6} \cdot \frac{360}{30}$ $\quad K = 200\,000$

Das Kapital müsste 200 000 € betragen.

Üben und anwenden

1 Schreibe als Bruchteil eines Bankjahres.
a) 30 Tage b) 60 Tage c) 90 Tage
d) 180 Tage e) 16 Tage f) 45 Tage
g) 54 Tage h) 5 Monate i) 7 Monate

1 Berechne die Zinstage für die folgenden Zeiträume.
a) 01.06.–30.09. b) 01.01.–18.04.
c) 05.05.–13.09. d) 11.07.–24.10.

2 Ergänze im Heft die fehlenden Werte und runde sinnvoll.

	Kapital K	Zinssatz $p\,\%$	Zinsen Z nach 1 Jahr	Zinsen Z nach 6 Monaten
a)	700,00 €	3 %		
b)	1000,00 €	2,5 %		
c)	12 800,00 €	7 %		
d)	27 190,00 €	4 %		
e)	10 500,00 €	3,25 %		
f)	784,50 €	4,5 %		
g)	1819,00 €	12 %		

3 Berechne jeweils die Zinsen aus der Geldanlage.
a) 300 € zu 1,5 % für 90 Tage
b) 450 € zu 2,2 % für 60 Tage
c) 220 € zu 2,8 % für 200 Tage
d) 235 € zu 1,5 % für 150 Tage
e) 175 € zu 1,25 % vom 02.11. bis 16.12.

3 Berechne die Zinsen.

	Kapital	Zinssatz p.a.	Zeitraum
a)	2 300 €	2,2 %	330 Tage
b)	8 900 €	2,5 %	150 Tage
c)	7 650 €	2,75 %	240 Tage
d)	1 200 €	1,9 %	95 Tage

HINWEIS
p.a. ist die Abkürzung für „pro anno" und bedeutet pro Jahr.

4 Ein Elektronikmarkt wirbt mit folgendem Hinweis:

JETZT KAUFEN! Nach 6 Monaten zahlen.

Der Händler verlangt 3,9 % p.a. Zinsen auf die Kaufpreise für sechs Monate.
Berechne die neuen Preise, wenn man das Angebot des Händlers annimmt.
a) Fernseher 1 199 € b) DVD-Player 99 €
c) Tablet-PC 459 € d) Digitalkamera 239 €

5 Wegen der verspäteten Zahlung einer Rechnung in Höhe von 15 576 € verlangt eine Heizungsfirma für 45 Tage Zinsen mit einem Zinssatz von 11 % p.a.
Wie viel Euro beträgt die Nachforderung?

5 Die Rechnung einer Firma in Höhe von 8 625 € wurde 52 Tage zu spät beglichen.
Die Firma verlangt für diese Zeit einen Zinssatz von 12 % p.a.
Berechne die Höhe der Zinsen.

6 Als Altersvorsorge hat Frau Martini ein Kapital bei 6 % fest angelegt.
Sie möchte in Zukunft nur die Zinsen abheben und davon leben.
a) Berechne das nötige Kapital, wenn Frau Martini monatlich 2 000 € zur Verfügung stehen sollen.
b) Wie hoch sind die ausgezahlten Zinsen, wenn die Bank nur noch 2,5 % zahlt?

6 „Ich stifte die Zinsen meines Vermögens, das zu einem Zinssatz von 3,65 % angelegt ist, dem Tierheim am Ort.
Das Kapital bleibt dabei unangetastet, denn es werden nur die Zinsen ausgezahlt.
Das Tierheim erhält somit pro Tag einen Zuschuss von 50 €."
a) Wie hoch ist der monatliche Zuschuss?
b) Berechne das Kapital.

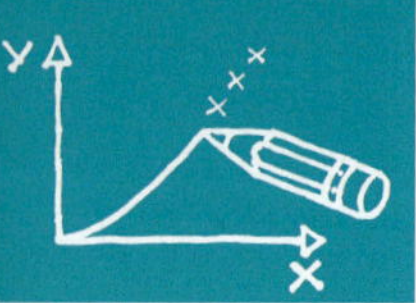

7 Eric leiht sich von seinem Freund 10 €, die er einen Monat später mit 0,50 € Zinsen zurückzahlt.
Welchem Zinssatz entspricht das?

7 Frau Gunser saniert ihr Haus. Für neue Fenster hat sie einen Kredit in Höhe von 5 000 € aufgenommen. Für eine Laufzeit von sieben Monaten hat sie 525 € Zinsen gezahlt.

8 Vergleiche die Angebote.

Angebot	A	B	C	D
Kreditbetrag	7 000 €	7 000 €	10 000 €	10 000 €
Zinssatz	9 %	9,5 %	12 %	11,5 %
Rückzahlung nach	10 Monaten	9 Monaten	18 Monaten	24 Monaten
Bearbeitungsgebühr	30 €	45 €	5 % des Kredits	5 % des Kredits
Zinsen				
Rückzahlungssumme				

9 Die Tabelle zeigt die Kontobewegungen von Christians Sparbuch. Sein Guthaben wird mit 1,2 % verzinst.

a) Berechne Christians Guthaben vom 16.03. und 24.05.

b) Wie viele Zinsen hat er insgesamt erhalten?

Datum	Auszahlung	Einzahlung	Guthaben
30.12.	–	–	150,00 €
16.03.	–	75,00 €	
24.05.	50,00 €	–	

HINWEIS ZU 10
*Ein **Dispositionskredit** ist ein Überziehungskredit, den Banken ihren Kunden bei Girokonten einräumen. Dispositionskredite haben sehr hohe Zinssätze.*

10 Zahlt man bei einer Bank oder Sparkasse Geld für eine vereinbarte Zeit ein, so spricht man von Festgeld. Berechne die Zinsen.

a) 25 000 € für 9 Monate zu 2,2 %

b) 50 000 € für 6 Monate zu 2,7 %

c) 90 000 € für 10 Monate zu 3,1 %

Warum wird für Festgeld in der Regel ein höherer Zinssatz gewährt als für normale Sparkonten?

10 Berechne die Zinsen für einen Dispositionskredit bei einem Girokonto.

a) 4 723 € zu 10,25 % für 40 Tage

b) 8 500 € zu 11,1 % für 120 Tage

c) 3 780 € zu 12,25 % für 50 Tage

d) 8 200 € zu 11,0 % für 200 Tage

e) 4 520 € zu 8,0 % für 50 Tage

f) 10 000 € zu 13,0 % für 130 Tage

g) 12 400 € zu 12,7 % für 80 Tage

11 Berechne die Zinsen für die angegebenen Zeiträume.

a) 4 500 € zu 9,3 % vom 20.12. bis 07.02.

b) 8 300 € zu 11,5 % vom 24.03. bis 03.07.

c) 7 000 € zu 9,73 % vom 05.07. bis 25.12.

11 Berechne die Zinsen für die angegebenen Zeiträume.

a) 837 € zu 1,85 % vom 01.10. bis 03.12.

b) 1 328 € zu 3,9 % vom 28.09. bis 30.10.

c) 1 450 € zu 5,5 % vom 18.05. bis 03.10.

12 Bestimme zunächst die Zeitspanne und berechne dann die Zinsen.

a) Merlin legt 100 € zu einem Zinssatz von 1,1 % an. Er zahlt das Geld am 01.02. ein und hebt es am 01.05. wieder ab.

b) Merlin überlegt, wie hoch seine Zinsen wären, wenn er das Geld erst 14 Tage später abgehoben hätte.

c) Vom 15.–29.05. überzieht Merlin sein Konto um 89 €. Die Bank erhebt dafür 11,97 % Überziehungszinsen.

12 Enno bringt sein Geld zur Bank. Er legt 2 500 € fest an bei einem Zinssatz von 3,7 %. Die anfallenden Jahreszinsen werden jedes Jahr mitverzinst.

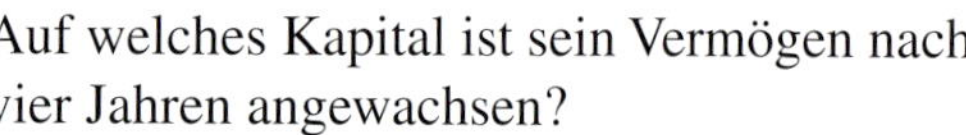

Auf welches Kapital ist sein Vermögen nach vier Jahren angewachsen?

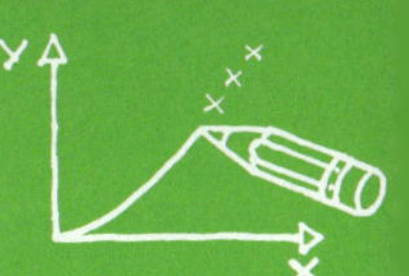

Thema: Ratenkauf

Viele Kunden nutzen sogenannte Ratenkredite. Der Kredit wird in monatlichen Raten zusammen mit Zinsen und Gebühren zurückgezahlt. Die erste Rate wird 30 Tage nach Erhalt der Ware fällig, die weiteren Raten jeweils einen Monat später.

BEISPIEL Ein Kaufhaus bietet bis zu 36 Monatsraten und fordert je nach Laufzeit einen Aufschlag auf den Kaufpreis von 0,71 % bis 0,61 % pro Monat.

Anzahl der Monatsraten	6	12	24	36
Aufschlag auf den Kaufpreis	0,71 %	0,64 %	0,62 %	0,61 %

Ein Fernseher kostet 399 €.
Frau Ramin vereinbart einen Ratenkauf über 24 Monate. Zusätzlich zum Kaufpreis muss sie einen Aufschlag zahlen.

Aufschlag	399 € · 0,0062 · 24 = 59,37 €
Ratenkaufpreis	458,37 €
Monatsrate	458,37 € : 24 = 19,10 €

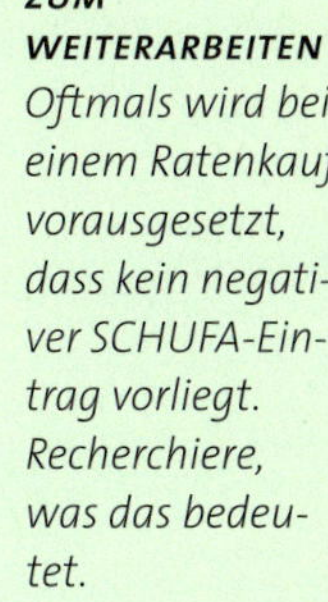

ZUM WEITERARBEITEN
Oftmals wird bei einem Ratenkauf vorausgesetzt, dass kein negativer SCHUFA-Eintrag vorliegt. Recherchiere, was das bedeutet.

1 Berechne den Ratenkaufpreis und die monatliche Rate für den Fernseher bei einer Laufzeit von 36 Monaten.
Die Aufgabe kann auch mithilfe einer Tabellenkalkualtion gelöst werden.
Gib die Formeln in den Zellen **D2** und **E2** an.

	A	B	C	D	E
1	Preis	Anzahl der Monatsraten	Aufschlag auf den Kaufpreis	Ratenkaufpreis	monatliche Rate
2	399,00 €	36	0,61%	486,62 €	13,52 €

2 Ein Beamer kostet in einem Fachgeschäft 264 €. Bei Barzahlung bietet der Händer 2 % Skonto. Vergleiche den Preis bei Barzahlung im Fachgeschäft mit dem Gesamtpreis bei einem Ratenkauf im Kaufhaus (264 €, sechs Monatsraten).

3 Ein Saxophon wird für 799 € angeboten.
a) Berechne den Ratenkaufpreis des Kaufhauses jeweils für folgende Zeiträume:
– 1 Jahr
– 24 Monate
– 3 Jahre
b) Wie verändert sich der Ratenkaufpreis? Welche Zahlungsweise würdest du empfehlen?

4 Ein Fußballtisch wird für 499 € angeboten.
a) Bestimme, für wie viele Monate der Käufer eine Ratenzahlung vereinbart hat, wenn die monatliche Rate 44,78 € beträgt.
b) Wie hoch ist der Aufschlag gegenüber einer Barzahlung?

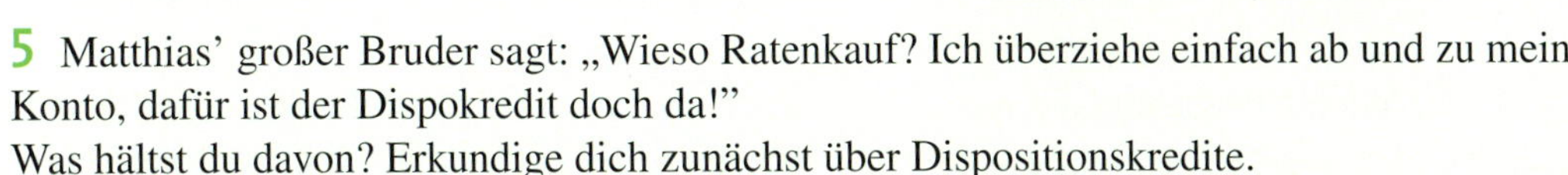

5 Matthias' großer Bruder sagt: „Wieso Ratenkauf? Ich überziehe einfach ab und zu mein Konto, dafür ist der Dispokredit doch da!"
Was hältst du davon? Erkundige dich zunächst über Dispositionskredite.
Diskutiere anschließend darüber mit deinem Nachbarn oder deiner Nachbarin.

6 Schneide aus Prospekten Angebote vergleichbarer Artikel mit verschiedenen Finanzierungsmodellen aus und fertige ein Plakat an. Hebe das günstigste Angebot hervor.

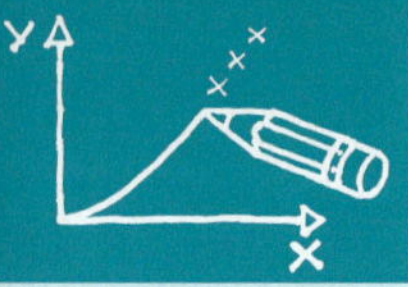

Klar so weit?

→ Seite 94 f.

Prozentrechnung

1 Vervollständige die Tabelle im Heft.

	Grundwert	Prozentsatz	Prozentwert
a)	650 m	25 %	
b)	120 mm	12 %	
c)	750 €		150 €
d)	456 m²		342 m²
e)		13 %	1,3 kg
f)		8 %	1080 l

1 Vervollständige die Tabelle im Heft.

	Grundwert	Prozentwert	Prozentsatz
a)	748,80 €		4,3 %
b)	8 473,15 €	3 754,23 €	
c)		847,5 km	19,4 %
d)		5 g	8,3 %
e)	888 Stück	14 Stück	
f)	1450 l		6 %

2 Ordne die Begriffe Grundwert G, Prozentwert W und Prozentsatz $p\,\%$ zu. Berechne die fehlende Größe.

a) 5 % von 108 € werden verbraucht.

b) 252 Personen haben sich beteiligt. Damit lag die Beteiligung bei 56 %.

c) Von 38,90 m Seil wurden 7,50 m verkauft.

2 Berechne die fehlende Größe.

a) Die 14,5 kg Kies entsprechen 18,5 % des Vorrates.

b) Aus 750 l Fruchtsaft wurden 12 l Konzentrat erzeugt.

c) Von 154 ha Ackerfläche werden 75 % bewirtschaftet.

3 In einer Schule mit 312 Schülerinnen und 288 Schülern soll die Mitgliedschaft der Jungen und Mädchen in Sportgruppen zusammengestellt werden.

a) Vervollständige die Übersicht im Heft.

b) Wie viele Jungen und wie viele Mädchen wurden *nicht* erfasst?

Mädchen		Mitgliedschaft	Jungen	
Anteil	Anzahl		Anteil	Anzahl
34 %		Sportverein		37
	37	Schulschwimmmannschaft	13 %	
0 %		Schulhandballmannschaft	9 %	
	53	Schulleichtathletikmannschaft		43

→ Seite 100 f.

Begriffe der Zinsrechnung

4 Anne hat auf ihrem Sparkonto 140 €. Der Zinssatz liegt bei 1,75 %.
Nach einem Jahr hat sie auf ihrem Konto insgesamt 142,45 €. Kann das stimmen?

5 Vervollständige die Tabelle im Heft.

	Kapital	Zinssatz	Jahreszinsen
a)	50 000 €	4,7 %	
b)	4 800 €		600 €
c)		1,6 %	56 €

5 Vervollständige die Tabelle im Heft.

	Kapital	Zinssatz	Jahreszinsen
a)		2,5 %	45 €
b)	81 999 €	8,3 %	
c)	1 616,46 €		237,62 €

6 Frau Sturm möchte nach Ablauf eines Jahres 250 € Zinsen erhalten. Die Bank bietet einen Zinssatz von 4,3 %.

a) Wie viel Euro müsste sie einzahlen?

b) Eine Sparkasse bietet ihr für dasselbe Kapital 290 € Zinsen. Berechne den Zinssatz.

6 Pia und Claudia legen ihr Sparguthaben an. Pia erhält für 2 500 € nach einem Jahr 55 € Zinsen. Claudia erhält bei gleichem Zinssatz 66 € Zinsen.

a) Berechne den Zinssatz.

b) Wie viel Euro hat Claudia eingezahlt?

7 Frau Ohnesorg hat auf einem Sparkonto 4250€ angelegt.
Am Jahresende erhält sie 318,75€ Zinsen.
a) Welchen Zinssatz gewährt die Bank?
b) Wie viel Geld erhält sie, wenn sie das Kapital mit Zinsen für ein weiteres Jahr zu den gleichen Bedingungen anlegt?

7 Jonathan legt 5500€ fest an bei einem Zinssatz von 4,25%. Die anfallenden Jahreszinsen werden mitverzinst.
a) Auf welches Kapital ist das Vermögen nach sechs Jahren angewachsen?
b) Wie viel Zinsen hat er dann insgesamt erhalten?

8 Herr Klein möchte 6000€ anlegen.
Er zahlt bei seiner Bank 2000€ ein und erhält 0,5% Zinsen pro Jahr. Weitere 2000€ zahlt er auf sein Sparbuch ein, hier bekommt er 1,5% Zinsen pro Jahr. Die restlichen 2000€ legt er als Sparbrief an, für den er 3,5% Zinsen pro Jahr erhält.
a) Wie viel Euro Zinsen kann Herr Klein nach einem Jahr jeweils erwarten?
b) Wie viel Prozent seines Anlagekapitals von 6000€ betragen die Zinsen insgesamt?

Tageszinsen

→ Seite 106

9 Berechne jeweils die Zinstage.
a) 01.01.–15.02.
b) 14.01.–14.03.
c) 25.01.–17.03.
d) 02.02.–02.03.

Januar					Februar					März				
01	08	15	22	29		06	13	20	27		04	11	18	25
02	09	16	23	30		07	14	21	28		05	12	19	26
03	10	17	24		01	08	15	22	29		06	13	20	27
04	11	18	25		02	09	16	23	30		07	14	21	28
05	12	19	26		03	10	17	24		01	08	15	22	29
06	13	20	27		04	11	18	25		02	09	16	23	30
07	14	21	28		05	12	19	26		03	10	17	24	

10 Berechne und ergänze die Tabelle im Heft.

	Kapital	Zinssatz	Laufzeit	Zinsen	Jahreszinsen
a)	1000€	3%	6 Monate		30€
b)	7000€	1,5%	240 Tage		
c)	3000€	11,5%	$\frac{3}{4}$ Jahr		
d)	500€	2,5%	4 Monate		
e)		7%	15 Tage		23,80€
f)	270€		110 Tage	2,06€	

11 Lars überzieht sein Girokonto für 37 Tage um 239€. Die Bank gibt ihm einen Dispositionskredit.
Der Zinssatz ist mit 12,5% recht hoch.
Wie viel Zinsen muss Lars zahlen?

11 Ein Profisportler will von den Zinsen seines Vermögens leben.
Er legt 200000€ zu 8% an.
Wie viel Zinsen kann er sich jeden Monat auszahlen lassen?

12 Frau Quasten hat Geld aus einer Lebensversicherung für 7 Monate bei einem Zinssatz von 3,4% festgelegt.
a) Welchen Betrag hat sie angelegt, wenn sie am Ende 892,50€ Zinsen erhält?
b) Wie viel Zinsen würde sie nach 9 Monaten ausbezahlt bekommen?

12 Herr Gerten legte ein Kapital für 180 Tage fest an. Er erhielt dafür 1625€ Zinsen.
Der Zinssatz lag bei 6,5% p.a.
a) Welchen Betrag hat Herr Gerten angelegt?
b) Prüfe, ob das Kapital doppelt so groß sein müsste, wenn neben 90 Tagen Laufzeit alle anderen Bedingungen gleich blieben.

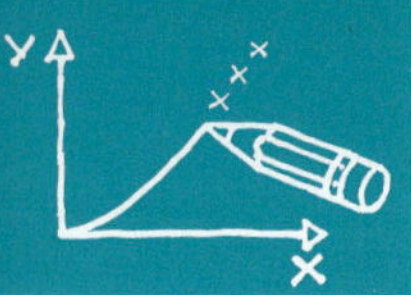

Vermischte Übungen

1 Welche Angaben gehören zusammen? Begründe.
Ordne die Begriffe Grundwert, Prozentwert und Prozentsatz zu.

a)

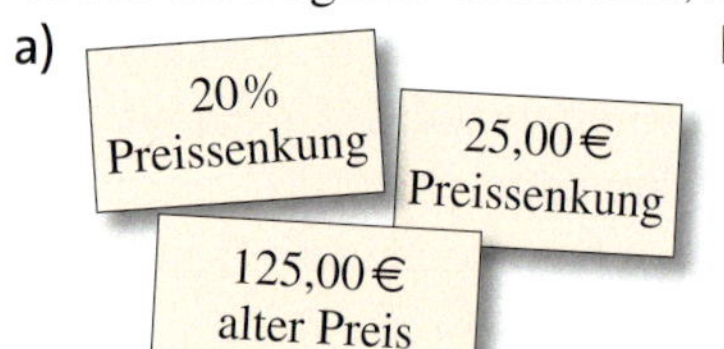

b)

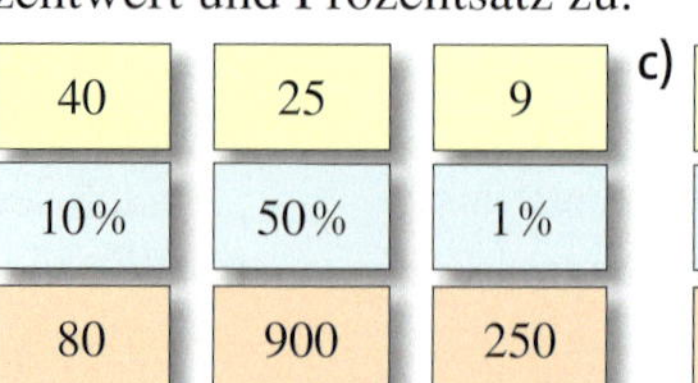

c)

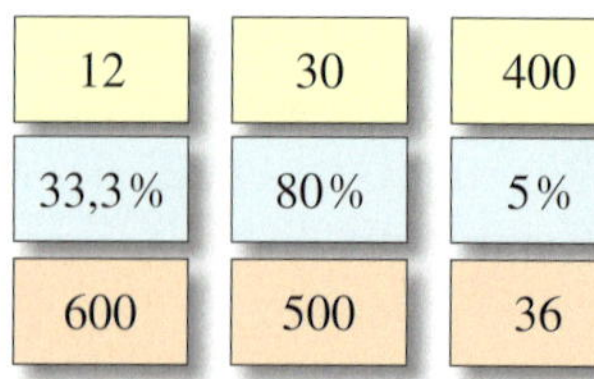

---

2 Vervollständige die Tabelle im Heft.

Grundwert	Prozentsatz	Prozentwert
180 cm	40%	
56 Personen	25%	
750 Stück		150 Stück
450 m²		54 m²
	15%	90€
	80%	480€

2 Vervollständige die Tabelle im Heft.

Grundwert	Prozentwert	Prozentsatz
9456 m		5,5%
4750 km	237,5 km	
	4640€	116%
	456 km	8%
1,8 m	120 cm	
1,2 l		77%

---

3 Ron wird im nächsten Jahr 16 Jahre alt, er wünscht sich einen Motorroller. Dafür hat er 2000€ gespart und für ein Jahr zu einem Zinssatz von 4,8% fest angelegt.
Für die restliche Finanzierung glaubt er, monatlich in diesem Jahr nur 30€ zusätzlich sparen zu müssen.

a) Hat Ron nach einem Jahr genug Geld angespart?
b) Kannst du ihm einen Rat geben, wie er seinen Wunsch verwirklichen kann?

2100€ + 19% MwSt.

---

4 Ein Autohaus schickt eine Rechnung.

Autohaus Röhrkasten

Inspektion	€ 86,50
Motoröl	€ 21,12
Dichtung	€ 6,75
	€ 114,19
Mehrwertsteuer 19%	€ 18,27
	€ 132,46
Bei Barzahlung 2% Skonto.	

a) Ist die Rechnung korrekt?
Wenn nicht, berichtige die Rechnung in deinem Heft.
b) Bei Barzahlung werden 2% vom Rechnungsbetrag abgezogen (Skonto).

4 Herr Schoor hat seine Gehaltsabrechnung bekommen.
Sein monatliches Bruttogehalt beträgt 3350€.
Er zahlt:

- Lohnsteuer (663,58€)
- Kirchensteuer (9% von der Lohnsteuer)
- Solidaritätszuschlag (5,5% von der Lohnsteuer)
- Sozialversicherung (20% vom Bruttogehalt)

a) Erkläre die Begriffe brutto und netto.
b) Informiere dich über die unterschiedlichen Steuern und Zuschläge.
Warum und an wen zahlt man sie?
c) Wie hoch ist sein Nettogehalt?

---

5 30% auf alles! Berechne den Preisnachlass.

a) 39,99€ b) 19,99€
c) 9,99€ d) 5,99€

5 33% auf alles! Berechne den neuen Preis.

a) 39,99€ b) 19,99€
c) 9,99€ d) 5,99€

6 Reduzierte Preise

a) Ein T-Shirt kostet 25 €.
Es wird auf 70 % reduziert.
Wie viel kostet es dann?

b) Eine Jeans kostet jetzt 45 €, vorher kostete die Jeans 55 €.
Um wie viel Prozent wurde sie reduziert?

6 Ein MP3-Player kostete 150 €. Zunächst wurde er auf 120 €, dann auf 109 € und dann noch einmal um 10 € reduziert.

a) Auf wie viel Prozent des ursprünglichen Preises wurde der MP3-Player insgesamt reduziert?

b) Um wie viel Prozent wurde er reduziert?

7 Übertrage und ergänze die Tabelle im Heft.

	Grundwert	Zunahme/Abnahme	Prozentsatz	Prozentwert
a)	780 €	−15 %	85 %	
b)	1 095 €	+13 %		
c)	2 135 €		105 %	
d)	346 €	−7,5 %		
e)	1 290 €		74,2 %	

7 Ergänze die Tabelle im Heft.

	Grundwert	Zunahme/Abnahme	Prozentsatz	Prozentwert
a)	895 €	+5,6 %		
b)	760 €	+3,9 %		
c)	516 €	−4 %		
d)	99 €		120 %	
e)	490 €		68 %	

8 Berechne jeweils die fehlenden Größen bei der Geldanlage für ein Jahr.

	a)	b)	c)	d)	e)	f)	g)
Kapital K	12 500 €	7500 €		15 000 €	280 €	18 500 €	
Zinsen Z			800 €	150 €	28,28 €		120 €
Zinssatz p %	6 %	3,6 %	8 %			3,75 %	1,2 %

9 Philipp erhält auf seinem Sparbuch bei einem Zinssatz von 2 % nach einem Jahr 80 € Zinsen.
Wie hoch war das Kapital?

9 Eine Bank zahlt bei einem Zinssatz von 3,5 % nach Ablauf von einem Jahr 168 000 € Zinsen.
Wie viel Euro wurden verzinst?

10 Für ein Kapital von 1 250 € erhält Max nach einem Jahr 43,75 € Zinsen.
Wie hoch war der Zinssatz?

10 Familie Vogt nimmt einen Kredit über 23 000 € auf. Nach einem Jahr zahlt sie 2 415 € Zinsen. Berechne den Zinssatz.

11 In der Jahrgangsstufe 8 wurde eine Umfrage zur Bewerbung um einen Praktikumsplatz durchgeführt.
Übertrage die Angaben in ein Tabellenblatt.
Berechne die fehlenden Werte und stelle die Ergebnisse jeweils in einem Balken-, Säulen- und Kreisdiagramm dar.

	A	B	C	D
1	Berufsfeld	Schülerwunsch	Zusage	Zusage in %
2	Fahrzeugtechnik	12	5	41,67 %
3	Handel		10	66,67 %
4	Bau	6	2	
5	Banken/Versicherungen	25		52,00 %
6	Metallverarbeitung	11	10	
7	IT-Branche		7	77,78 %
8	Sonstige	8		100 %
9	gesamt			

12 Welche Formeln sind in den markierten Zellen in Zeile 4 hinterlegt?
Begründe.

	A	B	C	D	E	F	G	H
1	Berechnung der Zinsen			Berechnung des Kapitals			Berechnung des Zinsatzes	
2	Kapital	2.000,00 €		Zinsen	80,00 €		Zinsen	80,00 €
3	Zinssatz	4,00%		Zinssatz	4,00%		Kapital	2.000,00 €
4	Zinsen	80,00 €		Kapital	2.000,00 €		Zinssatz	4,00%
5								

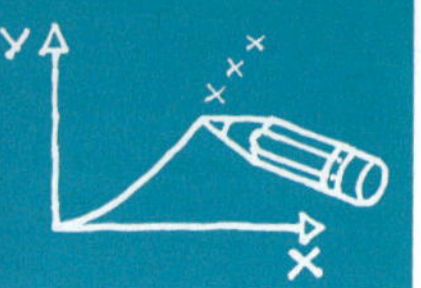

ERINNERE DICH
*In einem **Kreisdiagramm** wird der jeweilige Anteil an der Gesamtzahl dargestellt. Die Gesamtzahl entspricht immer 100 %. Kreisdiagramme zeigen die relativen Häufigkeiten an.*

13 Berechne die Zinsen für ein Kapital von 7 000 €, die ein Sparer nach einem Jahr erhält, wenn er das Geld auf…
a) einem Girokonto einzahlt.
b) ein Tagesgeldkonto einzahlt.
c) einem Festgeldkonto anlegt.

Information für unsere Kundinnen und Kunden
Zinssätze für Guthabenzinsen
– Girokonto 0,5 %
– Tagesgeldkonto 3 %
– Festgeldkonten 3,4 % für 1 Jahr; Mindesteinlage 5 000 €

13 Herr Dohmen hat 6 500 € auf einem Tagesgeldkonto für 1 Jahr angelegt.
Wie viel Zinsen hätte er mehr gehabt, wenn er das Geld auf einem Festgeldkonto angelegt hätte?

14 Milch besteht aus vielen verschiedenen Bestandteilen.
Ein Liter Milch wiegt durchschnittlich 1 030 g.
a) Gib die Prozentsätze der einzelnen Bestandteile an.
b) Fertige ein Balkendiagramm zu den Prozentsätzen an.
c) Stelle die relativen Häufigkeiten der Bestandteile in einem Kreisdiagramm dar.

36 g	Milchfett
38 g	Milcheiweiß
52 g	Kohlenhydrate
7 g	Mineralsalze
897 g	Wasser

15 Stefano hat 600 € auf seinem Sparkonto.
Der jährliche Zinssatz beträgt 3 %.
a) Wie viel Zinsen erhält er nach 45 Tagen (60 Tagen, 155 Tagen, 200 Tagen)?
b) Wie viel Zinsen werden nach einem Jahr auf seinem Konto gutgeschrieben?
c) Wie lautet der neue Kontostand nach Eingang der Zinsen für ein Jahr?
d) Warum erhält er nach dem zweiten Jahr mehr Zinsen als nach dem ersten Jahr?
e) Wie hoch ist der Kontostand nach zwei Jahren?

15 Das Sparguthaben von Franziska blieb ein Jahr lang auf dem Konto unverändert.
Dafür erhält sie nun nach Ablauf eines Jahres 50 € Zinsen.
Das Konto wurde mit 2,5 % verzinst.
a) Welches Guthaben hatte Franziska am Anfang des Jahres auf ihrem Sparkonto?
b) Wie hoch ist der Kontostand nach Eingang der Zinsen?
c) Berechne den Kontostand nach zwei Jahren (drei Jahren, fünf Jahren). Eine Tabellenkalkulation kann dabei helfen.

16 Überprüfe die Aussagen an Beispielen.
a) Verdoppelt sich der Preis, steigt er um 100 %.
b) Verdoppelt sich der Preis, steigt er auf 200 % des alten Preises.
c) Sinkt der Preis um ein Viertel, beträgt der neue Preis noch 75 % des alten Preises.
d) Der Preis kann nicht um mehr als 100 % steigen.

16 Überprüfe die Aussagen an Beispielen.
a) Verdoppelt man Prozentsatz und Grundwert, so bleibt der Prozentwert erhalten.
b) Verdoppelt man den Prozentwert und behält den Grundwert bei, so verdoppelt sich der Prozentsatz.
c) Halbiert man den Prozentwert und den Prozentsatz, so bleibt der Grundwert erhalten.

HINWEIS
*Bei Lebensmitteln werden statt 19 % nur 7 % **Mehrwertsteuer** aufgeschlagen. Schlage gegebenenfalls die Begriffe **Nettopreis** und **Bruttopreis** im Stichwortverzeichnis nach.*

17 Berechne die Mehrwertsteuer, den Nettopreis oder den Bruttopreis.
Beachte den Hinweis in der Randspalte.
a) Für ein Kleidungsstück mussten 75,20 € bezahlt werden.
Welchen Nettopreis hatte der Artikel und wie viel Euro Mehrwertsteuer wurden aufgeschlagen?
b) Bei einem Elektrogerät wurden auf dem Kassenbon 14,20 € für die gezahlte Mehrwertsteuer ausgewiesen.
Welchen Nettopreis hatte das Gerät und welcher Bruttopreis wurde bezahlt?
c) Beim Einkauf von Obst und Gemüse wurden 16,80 € bezahlt.
Wie viel Mehrwertsteuer war in dem Preis enthalten?

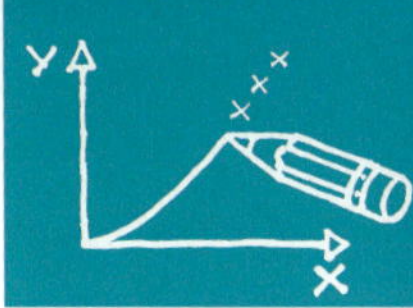

18 Berechne die Zinsen für einen Überziehungskredit (Dispositionskredit).

a) 5 200 € zu 18,5 % p. a. für 45 Tage
b) 8 750 € zu 16,7 % p. a. für 63 Tage
c) 2 345,68 € zu 17,5 % p. a. für 39 Tage
d) 3 000 € zu 11,5 % p. a. für 9 Monate
e) 500 € zu 2,5 % p. a. für 4 Monate
f) 90 000 € zu 3,1 % p. a. für 10 Monate

18 Berechne.

	Kapital	Zinsen	Zinssatz	Zeitraum
a)	34 000,00 €		2,4 %	177 Tage
b)	475,00 €		4,5 %	7 Mon.
c)	10 450,00 €	133,76 €	3,6 %	
d)	356,75 €	0,45 €		15 Tage

HINWEIS
*Der Zinssatz gilt in der Regel für ein Jahr. Oft findet man die Abkürzung **p. a.** (= per anno: für ein Jahr) hinter dem Zinssatz, um dies zu verdeutlichen.*

19 Welche Finanzierung würdest du wählen? Begründe deine Antwort.

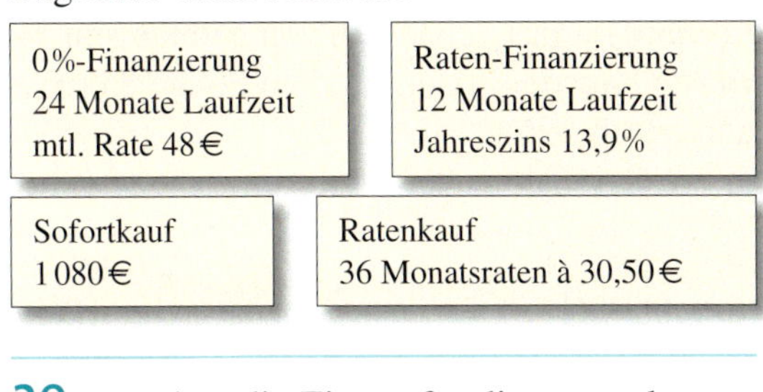

0 %-Finanzierung
24 Monate Laufzeit
mtl. Rate 48 €
Raten-Finanzierung
12 Monate Laufzeit
Jahreszins 13,9 %
Sofortkauf
1 080 €
Ratenkauf
36 Monatsraten à 30,50 €

19 Welche Finanzierung würdest du wählen? Begründe deine Antwort.

0 %-Finanzierung
18 Monate Laufzeit
mtl. Rate 79 €

Raten-Finanzierung
8 Monate Laufzeit
Zins p. a. 13,09 %

Sofortkauf
1 399,99 €

11 mtl. Raten à 109,50 €
+ Abschlussrate 239 €

20 Berechne die Zinsen für die angegebenen Zeiträume.

a) 4 500 € zu 9,3 % vom 20.12. bis 07.02.
b) 8 300 € zu 11,5 % vom 24.03. bis 03.07.
c) 7 000 € zu 9,73 % vom 05.07. bis 25.12.

20 Berechne die Zinsen für die angegebenen Zeiträume.

a) 2 000 € zu 1,75 % vom 17.01. bis 02.05.
b) 1 328 € zu 3,9 % vom 28.09. bis 30.10.
c) 1 450 € zu 5,5 % vom 18.05. bis 03.10.

21 Frau Braun hat eine private Rentenversicherung abgeschlossen.
Sie zahlt jeden Monat 40 € auf ein Konto ein, das mit 2,4 % jährlich verzinst wird.
Dafür bekommt sie eine staatliche Förderung (Zuschuss) in Höhe von 11 € pro Monat.

a) Berechne die Kapitalentwicklung in den ersten fünf Jahren.
b) Überprüft eure Ergebnisse gegenseitig.

Jahr	Kontostand am Jahresbeginn	2,4 % Zinsen p. a.	Einzahlung und Zuschüsse	Kontostand am Jahresende
1	0 €	0 €	612 €	612 €
2	612 €	14,69 €	612 €	1 238,69 €
3	1 238,69 €			

22 Karl und Ilona haben alle Gummibärchen aus einer Tüte nach Farben sortiert und gezählt.
Sie wollen die Verteilung der Farben mithilfe einer Tabellenkalkulation darstellen.
Sie erfassen die Daten und nutzen die Kopierfunktion.
Helen meint: „Ihr habt einen Fehler beim Kopieren gemacht!“

a) Vergleiche die Zellwerte der Zellen **C2** bis **C5** und erkläre den Fehler.
b) Warum tritt dieser Fehler nicht auf, wenn in der Formel die Zellenbezeichnung **B2** verwendet wird?
c) Fertige eine grafische Darstellung der Verteilung in deinem Heft oder am PC an.

C2 | fx | =45/130*100 ← Formel in Zelle **C2**

	A	B	C	D
1		Anzahl	Prozent	
2	Rot	45	34,6	
3	Gelb	33	34,6	
4	Grün	35	34,6	
5	Weiß	17	34,6	
6				
7	Summe	130		
8				
9				
10				

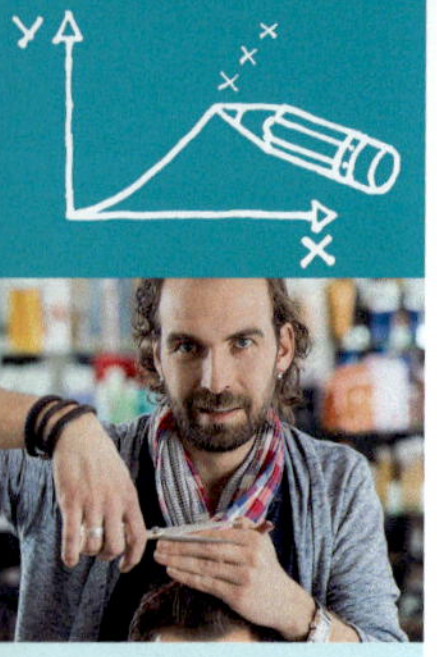

FRISEUR/IN

Die Ausbildung dauert 3 Jahre. Suche nach weiteren Informationen über den Beruf z. B. im Internet oder im BIZ.

Beruf **Friseur/in**

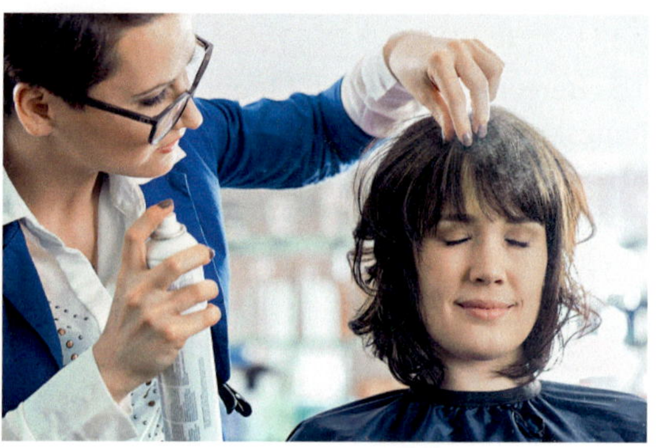

Friseure und Friseurinnen waschen, schneiden und frisieren die Haare ihrer Kunden. Sie beraten bei Typ-Veränderungen, färben Haare, legen Dauerwellen oder tragen Make-up auf. Bei Männern rasieren sie zusätzlich Bärte. Sie verkaufen Pflegeprodukte, vereinbaren Kundentermine, bedienen die Kasse und führen Abrechnungen aus.

23 Eine Preisliste erstellen

Die Geschäftsführerin vom „Salon Kopfsache" berechnet für das Schneiden von halblangem Haar einen Nettopreis von 28,00 € und für die Fertigstellung der Frisur mit dem Föhn 18,00 €. Auf den Nettopreis werden 19 % Mehrwertsteuer aufgeschlagen.
Welchen Bruttopreis notiert sie für „Schneiden und Föhnen (halblange Haare)"?

24 Eine Haarspülung herstellen

Schreibe alle Zutaten zur Herstellung einer Haarspülung in Prozent bezogen auf die Gesamtmenge.

HAARSPÜLUNG

20 ml Bienenhonig in
250 ml warmen Wasser auflösen.
5 ml Apfelessig zugeben.

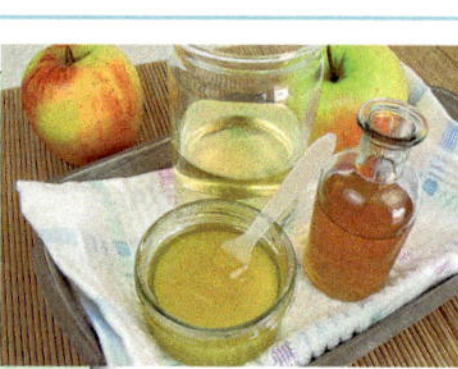

Sofort verbrauchen, nicht aufbewahren.

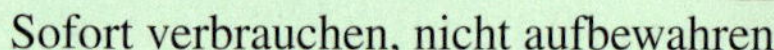

25 Die Verkaufsprovision berechnen

In vielen Friseursalons erhalten die Angestellten eine Provision für verkaufte Produkte. Janine hat im letzten Monat Waren im Wert von 500 € umgesetzt. Sie bekam 75 € Provision.
Wie hoch ist ihre Provision in Prozent?

26 Einen Kredit für Neuanschaffungen aufnehmen

Für dringend benötigte neue Trockenhauben nimmt die Geschäftsführerin vom „Salon Kopfsache" einen Kredit in Höhe von 4 800 € für zwei Monate auf.
Der Zinssatz liegt bei 9,4 % jährlich.

27 Einen Färbebrei anrühren

Janine stellt 150 ml Färbebrei her: Sie mischt 100 ml 18 %iges Wasserstoffperoxid mit 20 ml Basiscreme und 30 ml Wasser. Wie hoch ist nun der Anteil an Wasserstoffperoxid?

HINWEIS

Der Arbeitgeber bezahlt die Hälfte der Versicherungen. Hier ist nur der Eigenanteil angegeben.

28 Die Ausbildungsvergütung

Im „Salon Kopfsache" wurde eine neue Auszubildende eingestellt. Die Geschäftsfüherin zeigt ihr die Abrechnung ihrer Ausbildungsvergütung. Als Geringverdienerin muss sie keine Lohnsteuer bezahlen.
Im zweiten Lehrjahr steigt die Ausbildungsvergütung um 100 €.
Erstelle eine Monatsabrechnung für das zweite Lehrjahr.

Ausbildungsvergütung		**347,00 €**
Vermögenswirksame Leistungen (VL)		40,00 €
Bruttogehalt gesamt:		**387,00 €**
Abzüge:		
Krankenversicherung	7 %	27,09 €
Pflegeversicherung	0,85 %	3,29 €
Rentenversicherung	9,75 %	37,73 €
Arbeitslosenversicherung	3,25 %	12,58 €
Gesetzliches Nettogehalt		**306,31 €**
Überweisung der VL		40,00 €
Auszahlungsbetrag		**346,31 €**

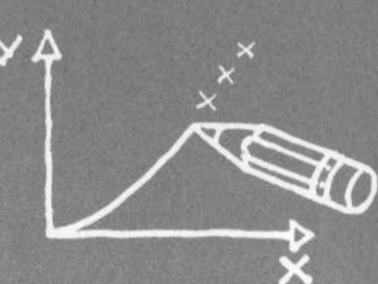

Zusammenfassung

Prozentrechnung

→ Seite 94f.

Aufgaben zur Prozentrechnung können mit dem Dreisatz gelöst werden.
Für die vereinfachte Rechnung verwendet man die Formeln zur Prozentrechnung.

Formel zur Berechnung des **Prozentwertes**:

$W = \frac{G \cdot p}{100}$

32 % der 25 Schüler haben Schuhgröße 37.
$W = 25 \cdot \frac{32}{100} = 8$
Acht Schüler haben Schuhgröße 37.

Formel zur Berechnung des **Prozentsatzes**:

$p\,\% = \frac{W}{G}$

12 von 25 Schülern sind in einer AG.
$p\,\% = \frac{12}{25} = 0{,}48 = 48\,\%$
48 % der Schüler sind in einer AG.

Formel zur Berechnung des **Grundwertes**:

$G = \frac{W \cdot 100}{p}$

21 Schüler kamen zu spät, das sind 5 %.
$G = 21 \cdot \frac{100}{5} = 420$
Insgesamt sind es 420 Schüler.

Begriffe der Zinsrechnung

→ Seite 100f.

Die Zinsrechnung ist eine Anwendung der Prozentrechnung, bezogen auf den Geldverkehr.
Bei der Zinsrechnung verwendet man andere Begriffe.

Begriffe der Prozentrechnung	Begriffe der Zinsrechnung
Prozentwert W	Zinsen Z
Prozentsatz $p\,\%$	Zinssatz $p\,\%$
Grundwert G	Kapital K

Formel zur Berechnung der **Jahreszinsen**:

$Z = \frac{K \cdot p}{100}$

200 € werden mit 1,5 % verzinst.
$Z = 200 \cdot \frac{1{,}5}{100} = 3$
Die Zinsen betragen 3,00 €.

Formel zur Berechnung des **Zinssatzes**:

$p\,\% = \frac{p}{100} = \frac{Z}{K}$

125 € Kapital ergeben 6 € Zinsen.
$p\,\% = \frac{6}{125} = 0{,}048 = 4{,}8\,\%$
Der Zinssatz beträgt 4,8 %.

Formel zur Berechnung des **Kapitals**:

$K = \frac{Z \cdot 100}{p}$

3,2 % Zinsen sind 80 €.
$K = 80 \cdot \frac{100}{3{,}2} = 2\,500$
Das Kapital beträgt 2 500 €.

Zinseszinsen entstehen, wenn auch die Zinsen angelegt werden und wieder Zinsen erbringen.

1 200 € werden zu 2,2 % angelegt.
nach 1. Jahr: $Z = 1\,200\,€ \cdot \frac{2{,}2}{100} = 26{,}40\,€$
nach 2. Jahr: $Z = 1\,226{,}40\,€ \cdot \frac{2{,}2}{100} = 26{,}98\,€$

Tageszinsen

→ Seite 106

Die Zinsen für Teile eines Jahres kann man berechnen, indem man das Kapital mit dem Zinssatz und mit dem Bruchteil eines Jahres, dem **Zeitfaktor** $\frac{t}{360}$, multipliziert:
$Z = \frac{K \cdot p}{100} \cdot \frac{t}{360}$

1 200 € werden für 75 Tage zu 2,2 % angelegt.
$Z = 1\,200\,€ \cdot \frac{2{,}2}{100} \cdot \frac{75}{360}$
$= 5{,}50\,€$
Die Zinsen betragen 5,50 €.

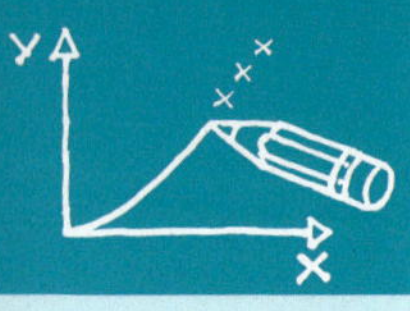

Teste dich!

3 Punkte | 3 Punkte

1 Berechne im Heft.

Grundwert *G*	700	160	
Prozentsatz *p* %	15%		62%
Prozentwert *W*		32	744

1 Berechne im Heft.

Grundwert *G*	1568	9845	
Prozentsatz *p* %	9,5%		32,8%
Prozentwert *W*		6528	924,2

4 Punkte | 5 Punkte

2 Bestimme jeweils die unbekannte Größe.

a) Auf einen Rechnungbetrag in Höhe von 64,90 € werden 19% Mehrwertsteuer aufgeschlagen. Wie hoch ist der zusätzliche Betrag?

b) Die Mannschaft verlor in der vergangenen Saison 12 von 34 Spielen. Berechne den Anteil der verlorenen Spiele in Prozent.

2 Bestimme jeweils die unbekannte Größe.

a) Ein Projekt wurde nach 92 Tagen, das sind 115% der geplanten Zeit, abgeschlossen. Wie viele Tage waren eigentlich geplant?

b) Herr Sommer legte letzte Woche mit seinem Auto 183,8 km zurück. 41,5% davon waren Dienstwege. Wie viele Kilometer legte er privat zurück?

4 Punkte | 6 Punkte

3 Stelle eine Frage und berechne.

a) Eine Hose kostet 29 €, der Preis wird um 20% reduziert. Berechne zuerst den Rabatt.

b) Jenny bekommt eine Taschengelderhöhung in Höhe von 8 €. Das entspricht einer Erhöhung um 20%.

3 Stelle eine Frage und berechne.

a) Der Preis einer Hose wurde um 20% reduziert und beträgt jetzt 20 €.

b) Im neuen Schuljahr besuchen 1 100 Schüler die Theodor-Heuss-Schule. Das sind 125% von der bisherigen Schülerzahl.

3 Punkte | 6 Punkte

4 Berechne jeweils die fehlende Größe bei der Geldanlage für ein Jahr.

Kapital *K*	12500 €	15000 €	
Zinsen *Z*		150 €	800 €
Zinssatz *p* %	6%		8%

4 Berechne jeweils die fehlende Größe bei der Geldanlage für ein Jahr.

Kapital *K*		7500 €	280 €
Zinsen *Z*	120 €		28,28 €
Zinssatz *p* %	1,2%	3,6%	

4 Punkte

5 Berechne im Heft.

Kapital	Zinssatz p.a.	Zinsen	Zeitraum
1200 €	3,5%		180 Tage
	7%	2175 €	2 Monate
73000 €		4574 €	240 Tage
	6,9%	2415 €	90 Tage

1 Punkte | 2 Punkte

6 Lara überzieht ihr Girokonto für 27 Tage um 120 €. Der jährliche Zinssatz für ihren Dispositionskredit beträgt 12,3%. Wie viel Zinsen muss Lara zahlen?

6 Herr Würz legt bei einer Bank 2000 € für die Zeit vom 17. Januar bis zum 2. Mai zu einem Zinssatz von 1,75% an. Wie viel Zinsen erhält er für diesen Zeitraum?

3 Punkte

7 Johanna hat zu ihrem Geburtstag am 1. April 150 € geschenkt bekommen. Sie legt das Geld auf einem Konto mit einem Zinssatz von 2% jährlich an. Am 1. August hebt sie das Geld ab, um ihren Urlaub damit zu bezahlen.

a) Für welchen Zeitraum hat Johanna das Geld angelegt?

b) Wie viele Zinsen erhält Johanna in dieser Zeit?

c) Wie viel Geld ist insgesamt am 1. August auf ihrem Konto?

Gold: 27–29 Punkte, Silber: 22–26 Punkte, Bronze: 17–21 Punkte

Lösungen ab Seite 201

Mathematik im Überblick

Du hast dich in den Klassen 5–8 mit vielen Themen der Mathematik beschäftigt.

Mit diesem Kapitel kannst du die wesentlichen Bereiche der Mathematik wiederholen, üben und dich damit auf einen Einstellungstest vorbereiten.

Auf dem Weg in die Ausbildung

Die Mindmap gibt dir einen Überblick über die verschiedenen Bereiche der Mathematik und zeigt dir, was du bis jetzt gelernt hast.

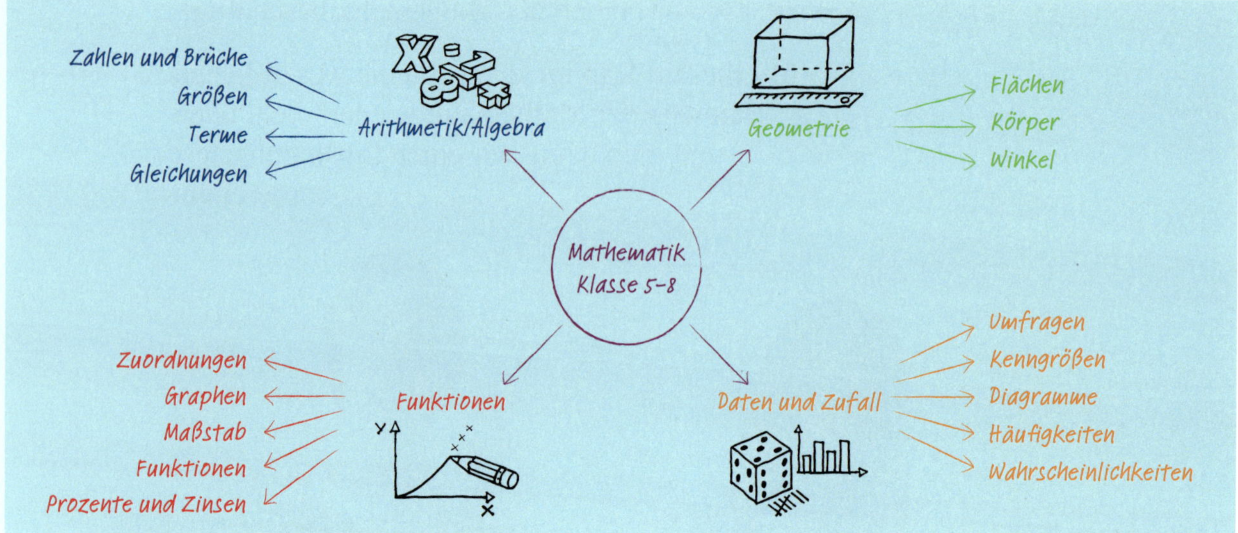

Viele Schülerinnen und Schüler werden sich bald um einen Ausbildungsplatz bewerben. Größere Betriebe und Behörden setzen **Berufseignungstests** oder **Einstellungstests** ein, um eine Vorauswahl unter den Bewerbern zu treffen.

Die Aufgaben sind zwar abhängig vom Berufswunsch, aber in den meisten Eignungstests und Einstellungstests werden Kenntnisse über verschiedene Bereiche der Mathematik vorausgesetzt.
Es kann sogar vorkommen, dass dir Aufgaben gestellt werden, die du bisher im Unterricht noch nicht gelöst hast.

In einigen Betrieben wird der Test am Computer durchgeführt. Oftmals müssen die Bewerber auch ihre Notizen abgeben.

→ *Seite 219 ff.*

Im Anhang findest du eine Formelsammlung. Dort kannst du die Formeln zu den Themen nachschlagen, die du bereits im Unterricht kennengelernt hast.
Versuche zunächst, die Aufgaben ohne die Formelsammlung zu bearbeiten. Schlage erst nach, wenn du nicht weiterkommst.

Trainingsaufgaben

Beachte beim Bearbeiten der Aufgaben folgende **Tipps**:
- Lege Papier für Rechnungen und Notizen bereit.
- Meist ist **kein Taschenrechner** erlaubt und die Zeit ist knapp bemessen.
- **Lies** die Aufgabenstellung sehr **sorgfältig** durch.
- Löse zuerst die Aufgaben, die dir leicht fallen.
- Halte dich nicht zu lange mit der Lösung einer Aufgabe auf.
- **Bleibe ruhig!** Oft wollen Arbeitgeber testen, wie du in einer Stresssituation reagierst.

Grundrechenarten

1. a) $65 + 24$ b) $78{,}3 + 146{,}5$ c) $305 + 108 + 489$ d) $1\,079 + 321 + 19$

2. a) $88 - 37$ b) $116{,}9 - 56{,}7$ c) $412 - 109 - 203$ d) $2\,479 - 811 - 1\,006$

3. a) $3 \cdot 23$ b) $5 \cdot 33{,}2$ c) $11 \cdot 15$ d) $26 \cdot 31$

4. a) $100 : 25$ b) $145{,}6 : 16$ c) $1\,024 : 256$ d) $806 : 26$

5. a) $24 \cdot 12 + 12$ b) $336 : (7 \cdot 8)$ c) $(1\,500 - 756) : 12$ d) $80 - (26 + 33)$

Schätzaufgaben

1. Ein Personenaufzug kann maximal 450 kg heben.
Schätze, wie viele Personen gleichzeitig den Aufzug nutzen können.

2. Ein anderer Personenaufzug hat eine Grundfläche von 1,40 m × 1,10 m.
Schätze, wie viele Personen in den Aufzug passen.

3. Ein Gebäude ist 118 m hoch.
Schätze die Anzahl der Stockwerke im Gebäude.

4. Wie viele Stunden schläfst du ungefähr in einem Jahr?

Größen

1. Rechne um.
a) 2,5 m (cm) b) 655 mm (cm) c) 0,7 dm (cm)

2. Der wievielte Teil eines Meters ist 1 cm, 1 mm, 1 dm? Bitte als Dezimalzahl angeben.

3. Rechne um.
a) $4\,\text{m}^2$ (cm^2) b) $1\,000\,\text{m}^2$ (km^2) c) $1{,}6\,\text{dm}^2$ (cm^2)

4. Wie viele Quadratzentimeter ergeben einen Quadratmeter?

5. Rechne um.
a) 200 ml (l) b) $130\,\text{cm}^3$ (dm^3) c) $17{,}3\,\text{dm}^3$ (l)

6. Für ein Erfrischungsgetränk werden pro Glas 2 cl Holunderblütensirup benötigt.
Wie viele Gläser können mit 0,7 l Sirup gefüllt werden?

7. Rechne um.
a) 1,8 t (kg) b) 2 740 g (kg) c) 0,6 mg (g)

8. Eine Europalette wurde bereits mit 762 kg beladen. Die maximale Tragkraft beträgt 1 500 kg. Mit wie viel Kilogramm kann sie noch beladen werden?

9. Rechne um.
a) 795 ct (€) b) 79,90 € (ct) c) 0,75 € (ct)

10. Von einem Gehalt in Höhe von 1 340 € werden 279,39 € abgezogen. Der Arbeitgeber zahlt zusätzlich 40 € Vermögenswirksame Leistungen.
Wie hoch ist das ausgezahlte Gehalt?

11. Rechne um.
a) 24 h (min) b) 12 min 10 s (s) c) 186 s (min)

12. Ein Lied hat eine Spieldauer von 3:45 min. Bitte die Spieldauer als Dezimalzahl angeben.

Dreisatz

1. Fünf Eintrittskarten kosten 70 €.
Wie viel kosten acht Eintrittskarten?

2. Zwei Drucker benötigen für einen Auftrag 45 min.
Wie lange benötigen drei Drucker für diesen Auftrag?

3. 1 kg Filet kostet 48,70 €.
Wie viel kosten 800 g Filet?

4. Der Wasservorrat reicht für vier Sportler noch drei Tage.
Wie lange reicht der Vorrat für sechs Sportler?

Prozent- und Zinsrechnung

1. Berechne den Prozentsatz.
a) 3,2 von 10 b) 8 von 25 c) 380 von 500

2. 14 von 40 Befragten gaben die Antwort „Sehr zufrieden".
Wie viel Prozent sind das?

3. Berechne den Prozentwert.
a) 10 % von 250 € b) 25 % von 12 Stück c) 80 % von 3 m

4. Auf einen Preis in Höhe von 129 € gibt es 20 % Rabatt. Wie hoch ist der Rabatt?

5. Berechne den Grundwert.
a) 16 m sind 50 % b) 1 200 l sind 75 % c) 1 300 € sind 26 %

6. Nach 3,6 km wurden bereits 30 % der Strecke zurückgelegt.
Wie lang ist die Gesamtstrecke?

7. 4 000 € werden bei einem Zinsatz von 2 % angelegt.
Wie viel Zinsen bekommt man nach …
a) einem Jahr? b) sechs Monaten?

8. Ein Kapital in Höhe von 6 000 € hat 180 € Zinsen erbracht. Wie hoch war der Zinssatz bei einer Anlagedauer von …
a) einem Jahr? b) neun Monaten?

9. Ein Kapital wurde bei einem Zinssatz von 2 % angelegt.
Es wurden 300 € ausgezahlt. Wie hoch war das Kapital bei einer Anlagedauer von …
a) einem Jahr? b) acht Monaten?

Logisches Denken

1. Gestern war Montag. Welcher Tag ist übermorgen?
2. Der Fahrstuhl steht im dritten Stock. Er fährt zuerst vier Stockwerke nach oben und dann sechs nach unten. In welchem Stockwerk hält er?
3. Anton ist schneller als Ben. Charly ist genau so schnell wie Ben. Anton ist schneller als Charly. Charly ist schneller als David.
   Wer ist der schnellste?
4. Quadrat verhält sich zu Würfel wie Kreis zu ▒.
5. Strecke verhält sich zu Länge wie Fläche zu ▒.

Zahlenreihen

Setze die Zahlenreihen sinnvoll fort.

1. 2 4 6 8 10…
2. 1 3 2 4 3 5 4 6…
3. 1,5 2 2,5 3 3,5…
4. 2 6 18 54…
5. 10 7 21 18 54 51…
6. 1 11 121 1331…

Gleichungen

1. Berechne.
   a) $5x + 8 = 23$ b) $6x - 14 = 10x + 6$ c) $13 = 8x - (5x - 4)$
2. Zwei Geschwister wiegen zusammen 62 kg.
   Wie viel wiegen sie einzeln, wenn die Schwester 12 kg leichter ist als ihr Bruder?

Flächen- und Körperberechnungen

1. Berechne das Volumen des Werkstücks (Maße in cm).
2. Berechne den Oberflächeninhalt des Werkstücks (Maße in cm).

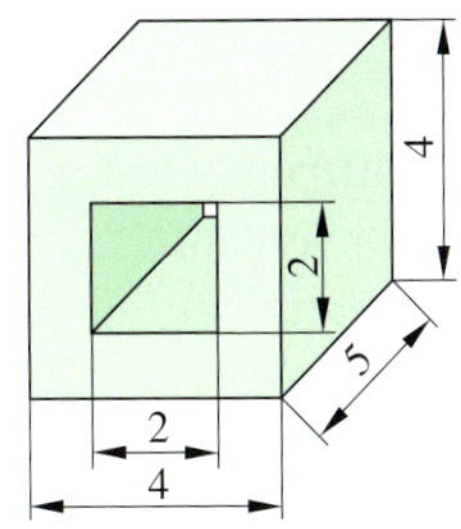

Räumliches Vorstellungsvermögen

1. Aus wie vielen kleinen Würfeln besteht die Würfelfigur?

2. Die Ecken des Quaders sind mit Buchstaben beschriftet. Übertrage das Quadernetz und beschrifte alle Eckpunkte.

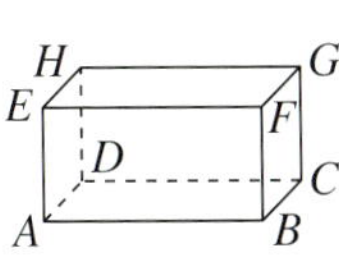

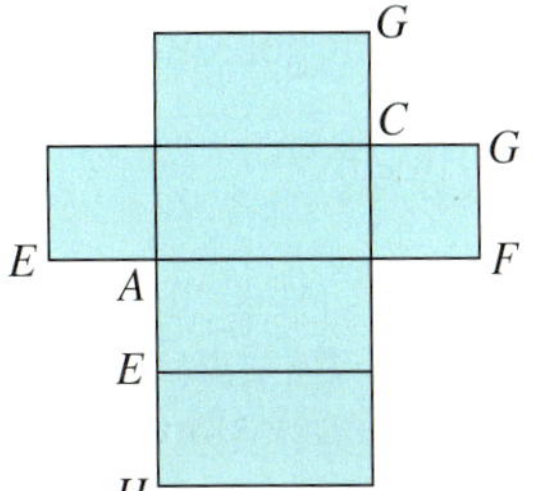

Testaufgaben

Löse die Aufgaben ohne Taschenrechner. Notiere jeweils die Lösungsziffer.

1. Wie viel ist $\frac{1}{2} + \frac{1}{5}$?
① $\frac{2}{7}$ ② $\frac{1}{10}$
③ $\frac{7}{10}$ ④ $\frac{2}{7}$

2. Wie viel Zentimeter sind $3\frac{3}{4}$ m?
① 3,34 ② 334
③ 3,75 ④ 375

3. Ein Auto fährt mit einer Geschwindigkeit von 80 $\frac{\text{km}}{\text{h}}$.
Welche Strecke hat es nach 42 Minuten zurückgelegt?
① 52 km ② 56 km
③ 60 km ④ 64 km

4. Nach Abzug von 10 % Rabatt kostet ein Fernseher 719,10 €.
Wie viel kostete der Fernseher vorher?
① 647,19 € ② 799 €
③ 791,01 € ④ 888 €

5. Drei Tickets kosten 97,50 €.
Wie viel kosten fünf Tickets?
① 162,50 € ② 147,50 €
③ 133,50 € ④ 175,50 €

6. Ein Auto hat auf einer Strecke von 250 km 22,5 l Benzin verbraucht.
Wie viel verbraucht es auf 100 km?
① 7 l ② 9 l
③ 10,5 l ④ 11 l

7. Von einer 50 m langen Stoffbahn wurden 8 m, 11,5 m, 12 m und 17 m verkauft.
Wie viel Meter Stoff sind übrig?
① 0 m ② 0,5 m
③ 1 m ④ 1,5 m

8. Beim Bäcker kaufen fünf Kunden die folgende Anzahl an Brötchen: 8; 5; 6; 12; 4.
Wie viele Brötchen wurden im Durchschnitt gekauft?
① 7 ② 6
③ 5 ④ 4

9. 800 € werden ein Jahr lang bei einem Zinssatz von 5 % angelegt.
Wie hoch sind die Zinsen?
① 20 € ② 80 €
③ 26 € ④ 40 €

10. Wie viel Gramm entsprechen 2 800 mg?
① 280 ② 28
③ 2,8 ④ 0,28

11. Wie viel Liter entsprechen 20 ml?
① 2 ② 0,2
③ 0,02 ④ 0,002

12. Zwei Freunde haben zusammen 246 € gespart. Jan hat 23 € mehr als Paul.
Wie viel Geld hat Paul gespart?
① 123 € ② 111,50 €
③ 134,50 € ④ 100 €

13. Wie viele Flächen hat das Werkstück?

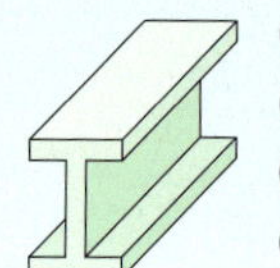

① 16
② 12
③ 14
④ 10

14. Welche Würfel zeigen den gedrehten Ausgangswürfel?

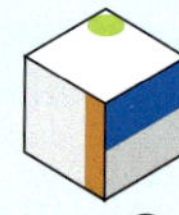

① ② ③ ④

15. Berechne das Dreieck.

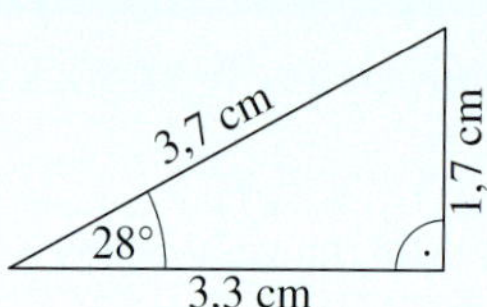

a) Wie groß ist der Umfang?
① $u = 8{,}7\,\text{cm}^2$ ② $u = 7{,}7\,\text{cm}^3$
③ $u = 7{,}7\,\text{cm}$ ④ $u = 8{,}7\,\text{cm}$

b) Wie groß ist der Flächeninhalt?
① $A \approx 5{,}6\,\text{cm}^2$ ② $A \approx 5{,}6\,\text{cm}^3$
③ $A \approx 2{,}8\,\text{cm}^3$ ④ $A \approx 2{,}8\,\text{cm}^2$

c) Wie groß ist der dritte Winkel?
① $\sphericalangle = 92°$ ② $\sphericalangle = 22°$
③ $\sphericalangle = 122°$ ④ $\sphericalangle = 62°$

16. Ein Ehepaar hat vier Töchter. Jede Tochter hat einen Bruder. Wie viele Kinder hat das Ehepaar insgesamt?
① 4 ② 5
③ 7 ④ 8

Lösungen ab Seite 201

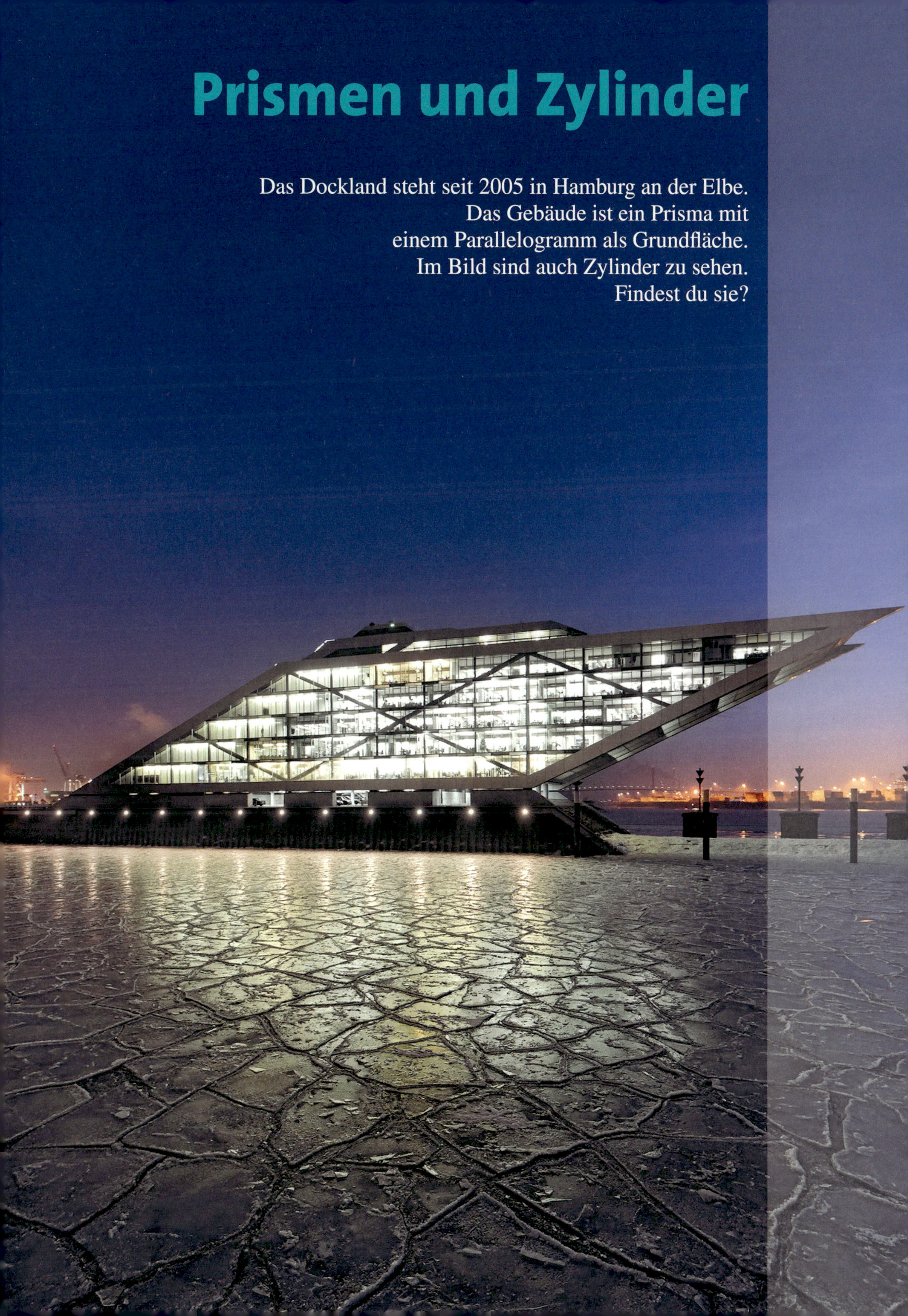

Prismen und Zylinder

Das Dockland steht seit 2005 in Hamburg an der Elbe.
Das Gebäude ist ein Prisma mit
einem Parallelogramm als Grundfläche.
Im Bild sind auch Zylinder zu sehen.
Findest du sie?

Noch fit?

ERINNERE DICH
*Zeichnen eines **Schrägbildes**:*
- *Vorderseite zeichnen*
- *nach hinten verlaufende Kanten z. B. mit halber Länge und $\alpha = 45°$ antragen*
- *verdeckte Kanten stricheln*

Einstieg

1 Würfelnetze zeichnen
Zeichne zwei verschiedene Netze eines Würfels mit der Kantenlänge $a = 3\,\text{cm}$.

2 Würfel zeichnen und berechnen
Zeichne das Schrägbild eines Würfels mit einer Kantenlänge von 5 cm. Beachte den Hinweis in der Randspalte.
Berechne das Volumen des Würfels.
Berechne seinen Oberflächeninhalt.

3 Einheiten umrechnen
Rechne in die in Klammern angegebene Einheit um.

a) 4 cm (mm)
b) 2 500 m (km)
c) $4\,\text{cm}^2$ (mm^2)
d) $300\,\text{m}^2$ (dm^2)
e) $4\,\text{cm}^3$ (mm^3)
f) $9\,000\,\text{m}^3$ (dm^3)

Aufstieg

1 Quadernetze zeichnen
Zeichne verschiedene Netze eines Quaders mit $a = 3\,\text{cm}$, $b = 2\,\text{cm}$ und $c = 1{,}5\,\text{cm}$.

2 Würfel zeichnen und berechnen
Zeichne das Schrägbild eines Quaders mit den Kantenlängen $a = 4{,}2\,\text{cm}$, $b = 2{,}3\,\text{cm}$, $c = 70\,\text{mm}$.
Berechne das Volumen und den Oberflächeninhalt des Quaders.

3 Einheiten umrechnen
Rechne in die in Klammern angegebene Einheit um.

a) 4,3 cm (dm)
b) 67 mm (cm)
c) $51\,\text{cm}^2$ (dm^2)
d) $382\,\text{cm}^2$ (m^2)
e) 3,81 l (cm^3)
f) $56\,\text{mm}^3$ (cm^3)

4 Umfang und Flächeninhalt verschiedener Figuren berechnen
Bestimme Umfang und Flächeninhalt der folgenden Figuren.
Miss die notwendigen Maße der Figuren in der Zeichnung nach.

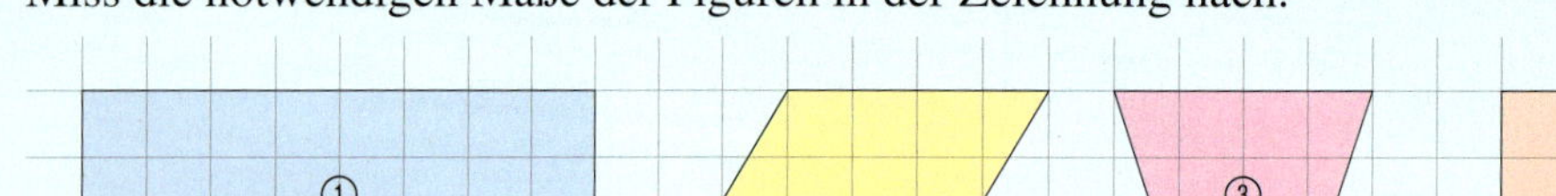

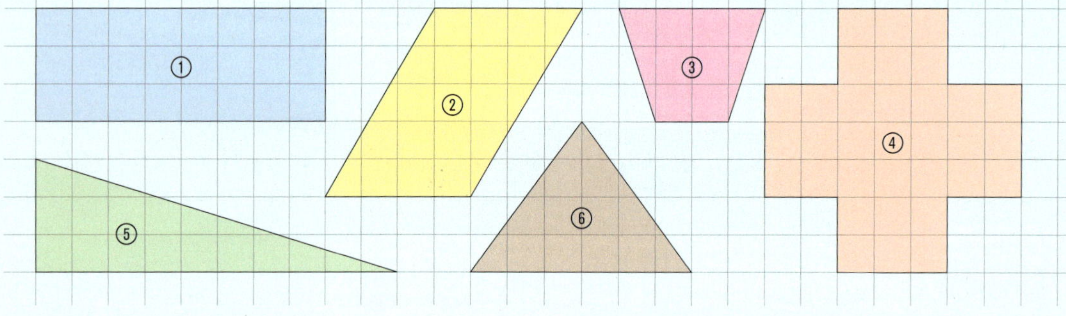

Einstieg

5 Berechnungen an Kreisen
Zeichne einen Kreis mit dem Radius r und berechne seinen Flächeninhalt.

a) $r = 3\,\text{cm}$
b) $r = 5\,\text{cm}$
c) $r = 6\,\text{cm}$
d) $r = 4{,}5\,\text{cm}$
e) $r = 2{,}4\,\text{cm}$
f) $r = 1{,}6\,\text{cm}$

Aufstieg

5 Berechnungen an Kreisen
Zeichne einen Kreis mit dem Radius r und berechne seinen Flächeninhalt.

a) $r = 5{,}5\,\text{cm}$
b) $r = 4{,}5\,\text{mm}$
c) $r = 27\,\text{mm}$
d) $r = 5{,}6\,\text{cm}$
e) $r = 7{,}8\,\text{cm}$
f) $r = 6{,}3\,\text{cm}$

6 Kurz und knapp
a) Nenne Eigenschaften von Schrägbildern.
b) Nenne die Eigenschaften eines Parallelogramms.
c) Ist 0,24 : 0,6 = 24 : 6? Begründe.
d) Nenne zwei Formeln zur Berechnung des Flächeninhalts eines Trapezes.
e) Gib die Flächengrößen Ar und Hektar in m^2 und km^2 an.

Lösungen ab Seite 201

Prismen erkennen und beschreiben

Entdecken

1 Betrachtet die Verpackungen.

a) Was haben die verschiedenen Verpackungen gemeinsam? Worin unterscheiden sich die Verpackungen?

b) Saskia behauptet, dass die Verpackungen hauptsächlich aus Rechtecken bestehen. Kann das sein? Begründet eure Meinungen und diskutiert darüber.

c) Nennt weitere Dinge aus eurer Umgebung, wie z. B. andere Verpackungen, Möbel oder Gebäude, die eine ähnliche Form besitzen.

ZUM WEITERARBEITEN
Überlege, warum die Hersteller solche Formen als Verpackungen verwendet haben.

2 Welcher Körper passt nicht in die Reihe? Begründet eure Auswahl.

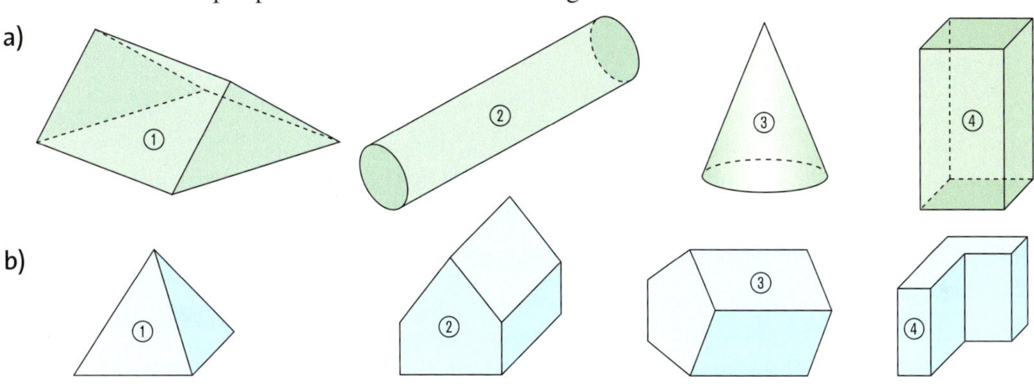

3 Karl zerschneidet einige Verpackungen und erhält dadurch folgende Netze.

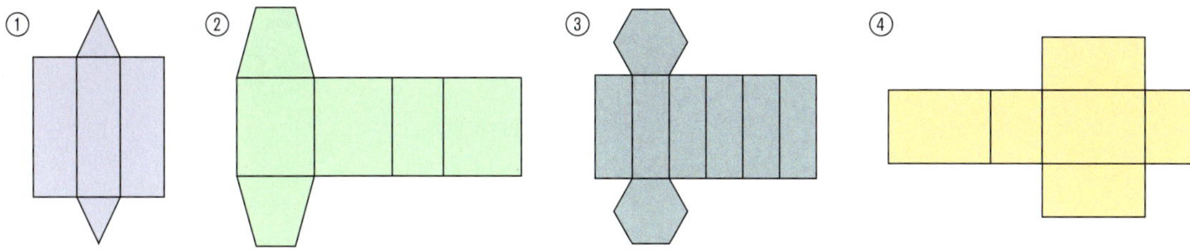

a) Könnt ihr erkennen, um welchen Körper es sich handelt? Findet ihr diesen in Aufgabe 1 wieder?

b) Wie viele Kanten, Ecken und Flächen haben die einzelnen Körper zu den abgebildeten Netzen? Welche Flächen im Netz sind jeweils gleich groß?

c) Erstellt selber ein Netz eines Würfels mit der Kantenlänge $a = 5\,\text{cm}$. Vergleicht euer Netz mit denen eurer Mitschüler. Was stellt ihr fest?

d) Erstellt einen Steckbrief über einen Körper eurer Wahl auf einem Plakat. Präsentiert euer Ergebnis in der Klasse.

Steckbrief
Name:
Anzahl der Flächen:
Anzahl der Kanten:
Grund- und Deckfläche: ______
Wo kommt dieser Körper im Alltag vor?
Netz:

Verstehen

Die meisten Verpackungen sind quaderförmig. Viele Hersteller verwenden außergewöhnliche Verpackungsformen, die schnell wiedererkannt werden.

Hierzu werden manchmal Prismen mit verschiedenen Grundflächen verwendet.

BEISPIEL 1

Dreiseitiges Prisma

Schrägbild:

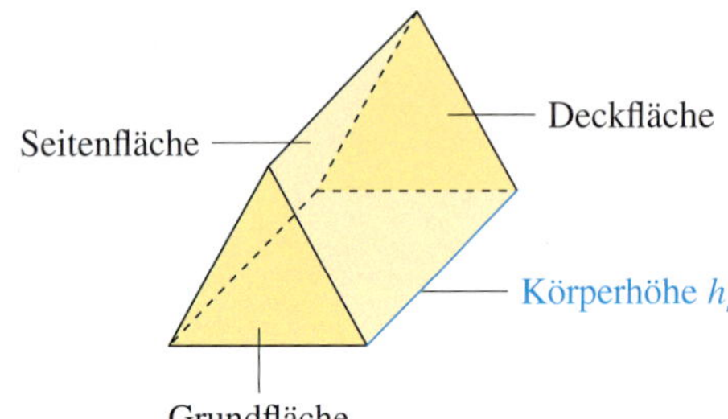

Körpernetz:

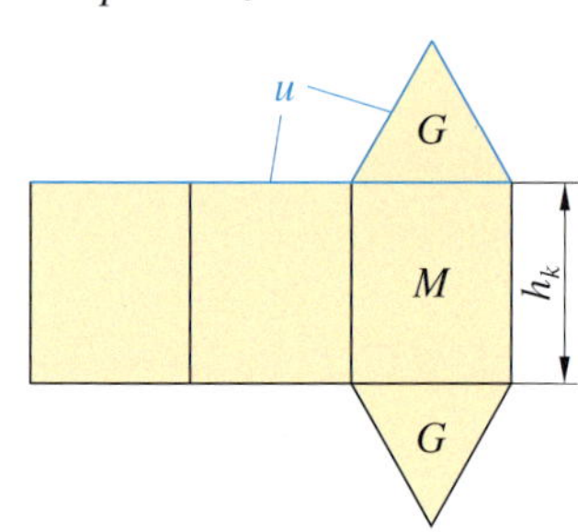

Merke Ein Prisma hat folgende Eigenschaften:
- Grund- und Deckfläche sind kongruent (deckungsgleich) und parallel zueinander.
- Die Seitenflächen sind Rechtecke, sie bilden die **Mantelfläche *M*** des Prismas.
- Der Abstand zwischen Grund- und Deckfläche ist die **Körperhöhe h_k** des Prismas.

Der Name des Prismas ist abhängig von der Form der Grundfläche und der Deckfläche. Ist die Grundfläche ein Dreieck (Viereck, …), dann heißt das Prisma Dreiecksprisma (Vierecksprisma, …).

BEISPIEL 2

Sechseckprisma

Schrägbild:

Deckfläche

Seitenfläche

Körperhöhe h_k

Grundfläche

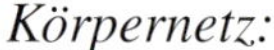

Körpernetz:

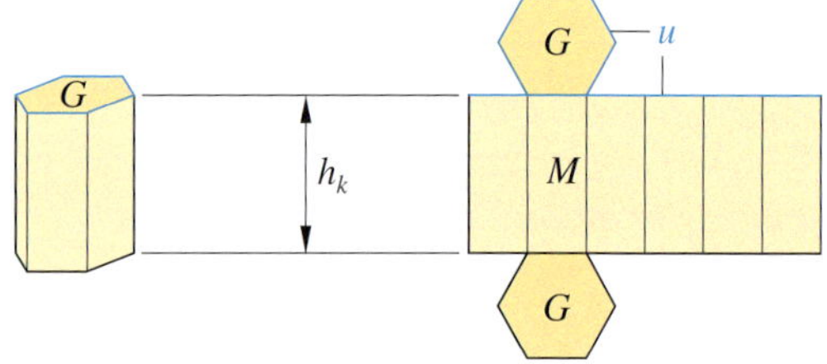

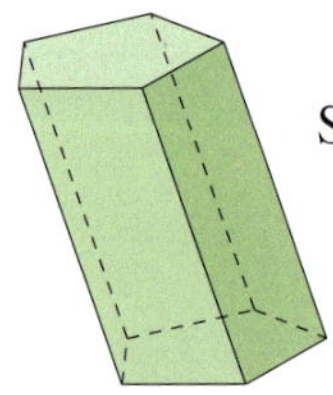

Stehen die Seitenflächen eines Prismas nicht senkrecht auf der Grund- und Deckfläche, so spricht man von einem **schiefen Prisma**.
Hinweis: In diesem Kapitel werden nur gerade Prismen berechnet.

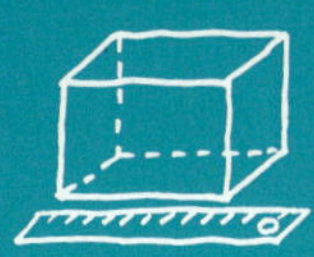

Üben und anwenden

1 Welche Körper sind Prismen?
Stehen sie auf der Grundfläche oder liegen sie auf einer Seitenfläche? Begründe.

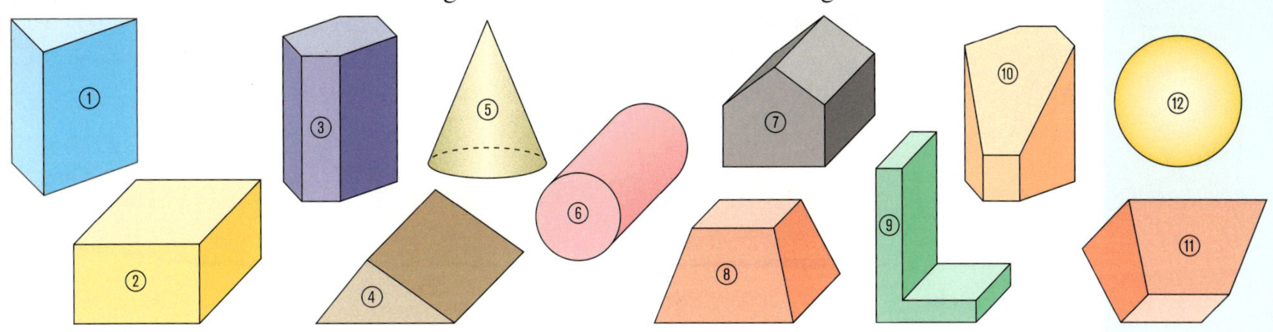

2 Handelt es sich bei dem Schuttcontainer bzw. den Goldbarren um Prismen? Begründe.

①

②

2 Wenn man aufmerksam durch Wohngebiete geht, kann man sehr unterschiedliche Hausformen entdecken.
Die verschiedenen Dachformen haben sogar eigene Namen:

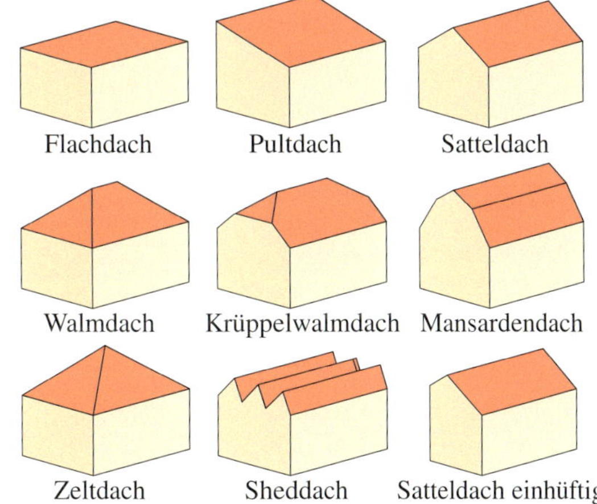

Welche Hausformen sind Prismen? Gib den Namen ihrer Dachform an. Begründe.

3 Im Kantenmodell des Prismas mit dreieckiger Grundfläche sind die Ecken rot und die Kanten grün gefärbt.

a) Wie viele Ecken, Kanten und Flächen hat das Prisma mit dreieckiger Grundfläche?
b) Wie viele Ecken, Kanten und Flächen hat ein Prisma mit fünfeckiger Grundfläche?
c) Erstelle ein Kantenmodell z. B. aus Knete und Strohhalmen.

3 Wie verhält sich die Anzahl der Ecken, Kanten und Flächen bei Prismen? Ergänze.

a)

Grundfläche des Prismas	Anzahl am Prisma		
	Ecken	Kanten	Flächen
Dreieck	6		
Viereck		12	
Fünfeck			7
Sechseck			
Siebeneck			
Achteck			

b) Wähle ein Prisma und erstelle dazu ein Kantenmodell aus Knete und Strohhalmen.

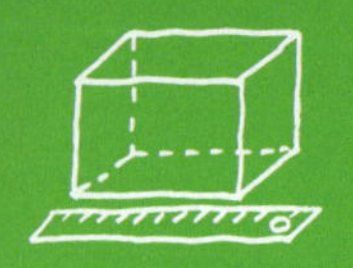

Methode: Schrägbilder von Prismen zeichnen

Bevor Verpackungen in die Produktion gehen, erstellt ein Verpackungsdesigner zunächst einen zeichnerischen Entwurf der Verpackung.
In der **Vorderansicht** zeichnet er die Verpackung von vorne, in der **Seitenansicht** von der Seite.
Mithilfe des **Schrägbilds** kann man sich die ganze Verpackung besser vorstellen.

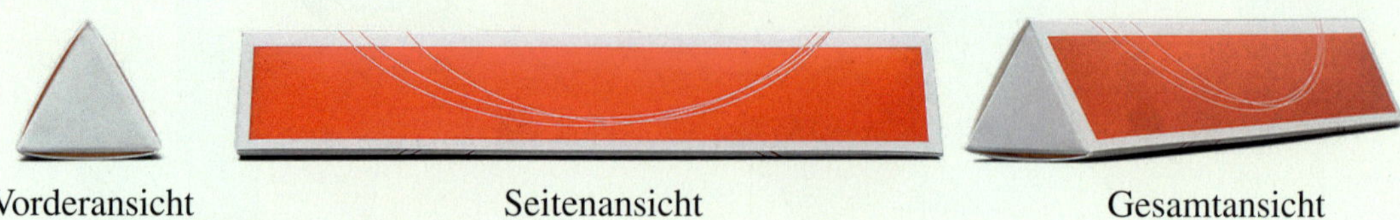

Vorderansicht Seitenansicht Gesamtansicht

Schrägbild eines Dreiecksprismas zeichnen

Das Schrägbild eines Dreiecksprismas mit den Seiten $a = 3\,\text{cm}$; $b = 3\,\text{cm}$; $c = 3\,\text{cm}$ und $h_k = 12\,\text{cm}$ kann nach den bereits bekannten Regeln gezeichnet werden.

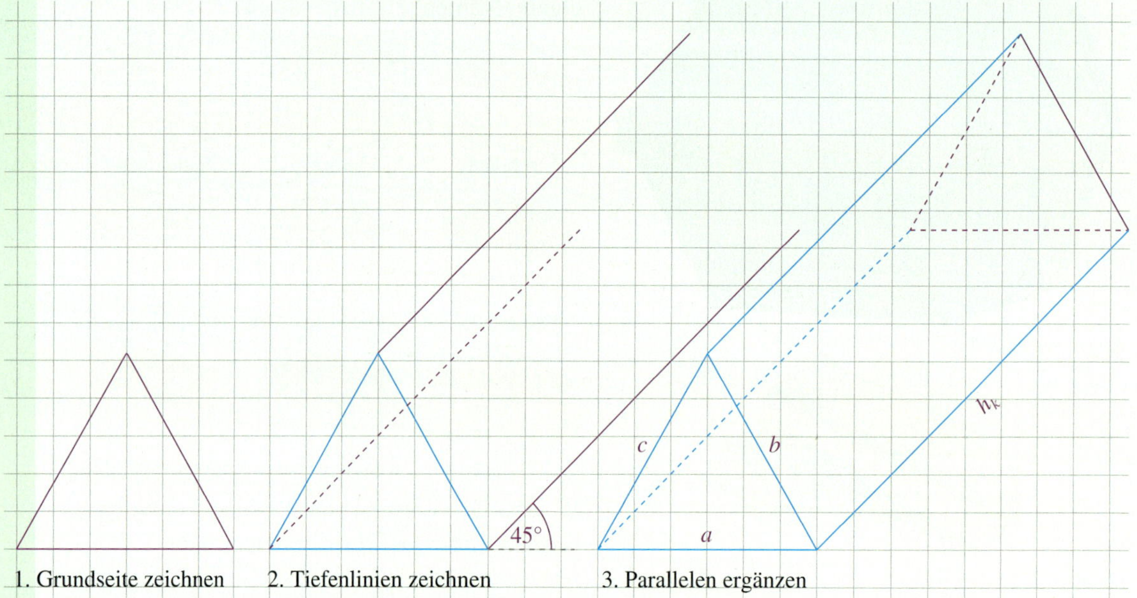

1. Zuerst wird die Grundseite des Dreiecksprismas in **Originalgröße** gezeichnet:
   $a = 3\,\text{cm}$; $b = 3\,\text{cm}$ und $c = 3\,\text{cm}$

2. Die nach hinten verlaufenden Kanten werden in den Eckpunkten der Grundseite in einem Winkel von **45°** und in **halber Länge** angetragen:
   $\frac{1}{2} \cdot h_k = \frac{1}{2} \cdot 12\,\text{cm} = 6\,\text{cm}$
   Alle nach hinten verlaufenden Kanten sind gleich lang und parallel zueinander. Sie können mithilfe der Parallelenlinien am Geodreieck gezeichnet werden.
   Beachte: Alle verdeckten Kanten werden **gestrichelt** gezeichnet.

3. Die Eckpunkte werden verbunden. Die Kanten des Dreiecksprismas werden beschriftet.

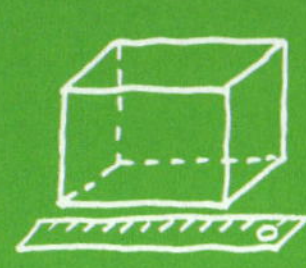

1 Nenne die Eigenschaften von Schrägbildern.

2 Zeichne die Prismen als Schrägbild.

a) b) Höhe $h_k = 8\,\text{cm}$ c) Höhe $h_k = 5\,\text{cm}$ d) Höhe $h_k = 5\,\text{cm}$

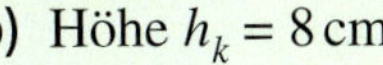

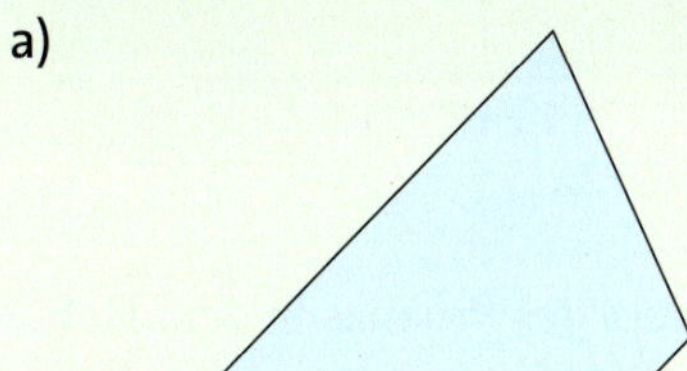

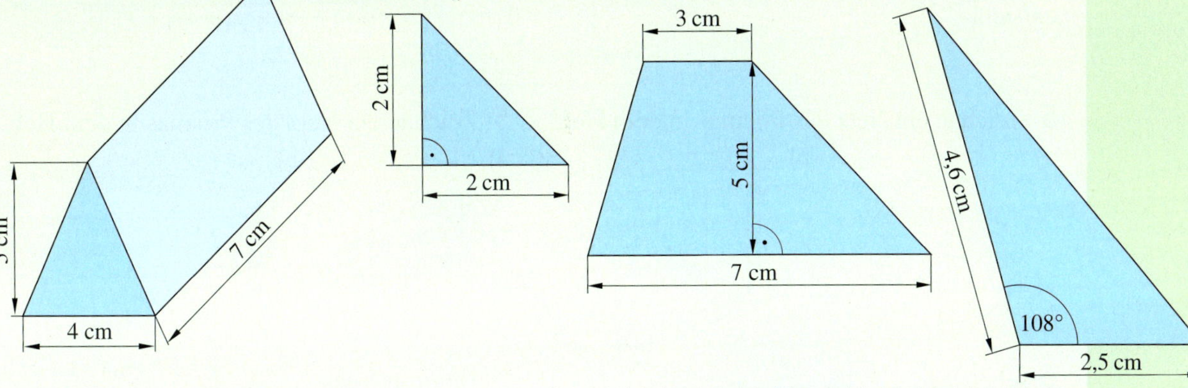

3 Zeichne das Schrägbild eines Prismas zu der abgebildeten Vorderseite mit der Körperhöhe $h_k = 10\,\text{cm}$.

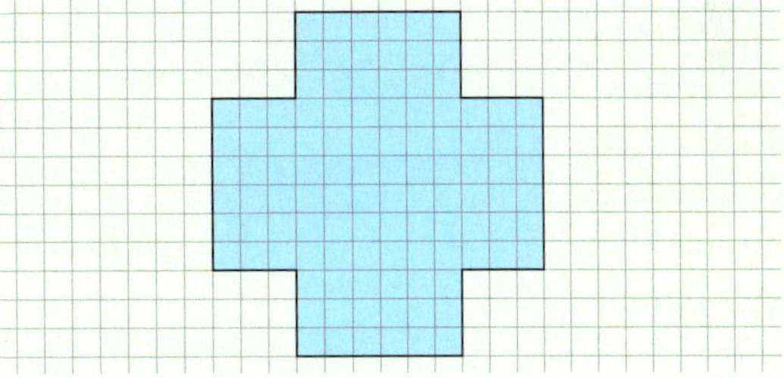

4 Ergänze die folgenden Grundflächen von Prismen zu einem Schrägbild in deinem Heft. Die Prismen sollen 10 cm hoch sein.

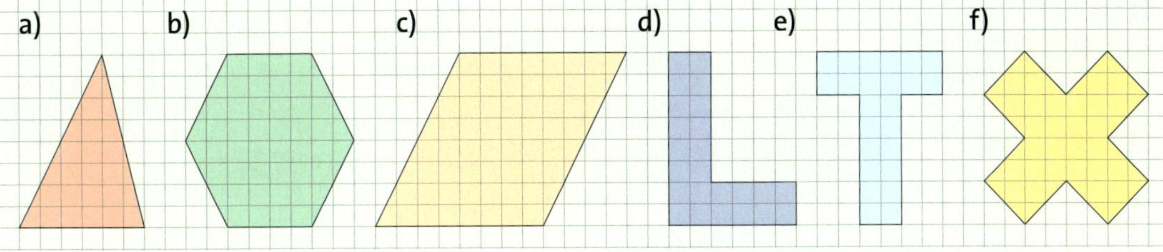

5 Die Firma „Elektro-Trapp" möchte ihr Logo „ET" für einen Messeauftritt aus einem Styroporblock mit den Abmessungen 90 cm × 120 cm × 60 cm ausschneiden.
Zeichne ein Schrägbild des Styroporblocks im Maßstab 1 : 10.

6 Dieses Haus ist 11 m lang.

a) Zeichne ein Schrägbild des Hauses im Maßstab 1 : 100.

b) Ergänze in deiner Zeichnung Fenster und Türen.
Denke an eine ausreichende Höhe und Breite von Fenstern und Türen.

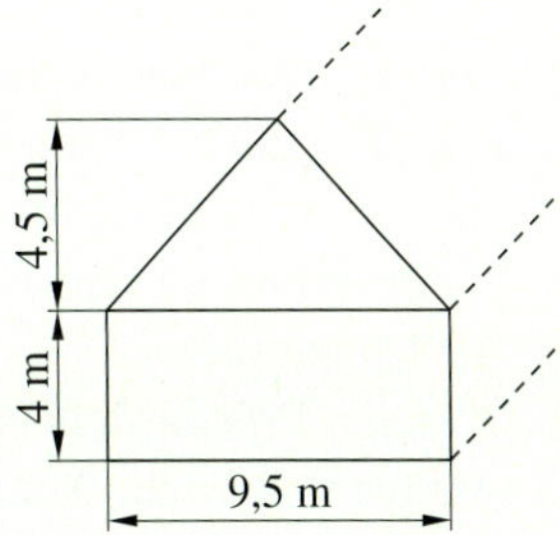

4 Übertrage das Netz auf kariertes Papier und schneide es aus. Kennzeichne Grund- und Deckfläche sowie die Mantelfläche mit verschiedenen Farben. Trage auch die Körperhöhe h_k ein.
Überprüfe durch Zusammenfalten, ob ein Prisma entsteht.

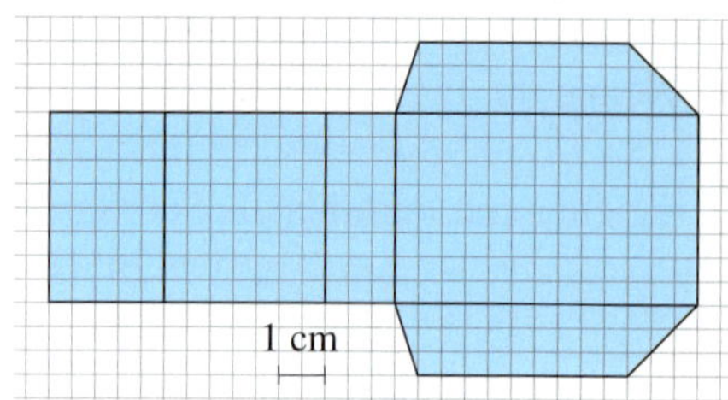

5 Zeichne ein Netz des Prismas in dein Heft.

a)

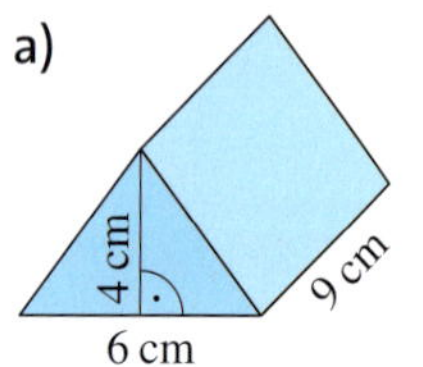

b)

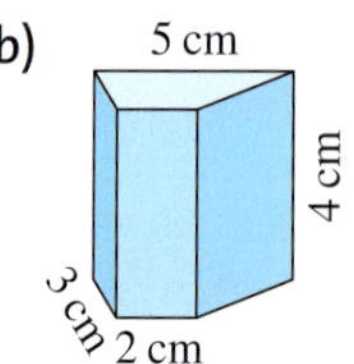

5 Zeichne ein Netz des Prismas in dein Heft.

a)

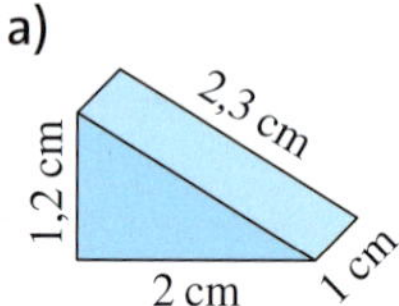

b)

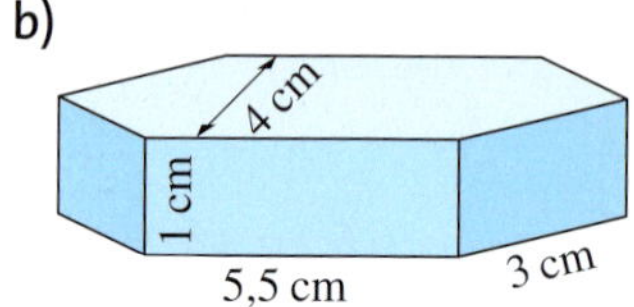

6 Übertrage das Netz auf ein großes Blatt Papier. Schneide es aus und falte es zusammen.

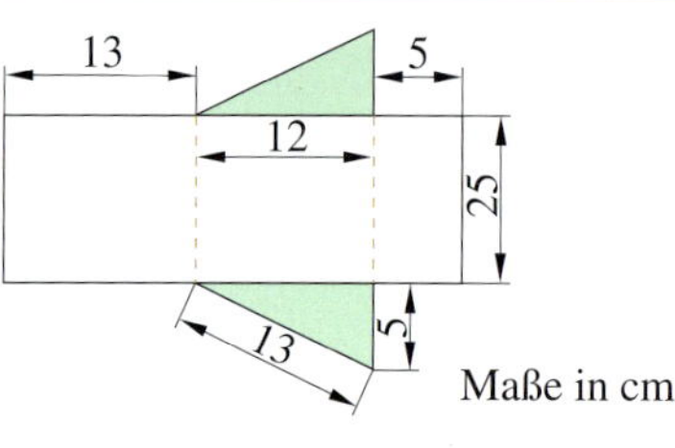

6 Übertrage das Netz auf ein großes Blatt Papier. Schneide es aus und falte es zum Prisma.

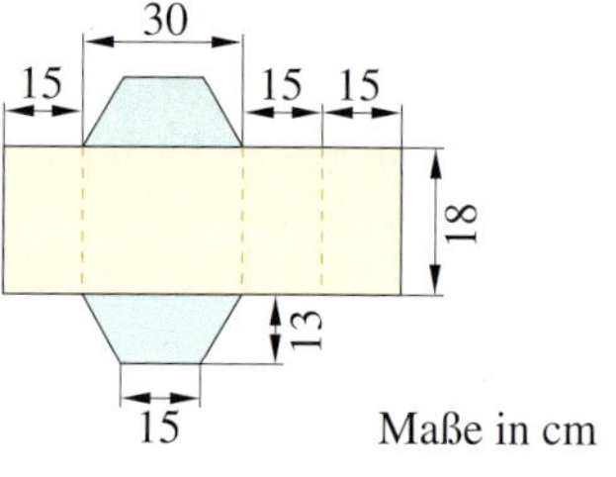

7 Ist es möglich, aus allen abgebildeten Netzen Prismen zu falten? Begründe.
Kannst du ansonsten die Netze im Heft zu Prismennetzen ergänzen?

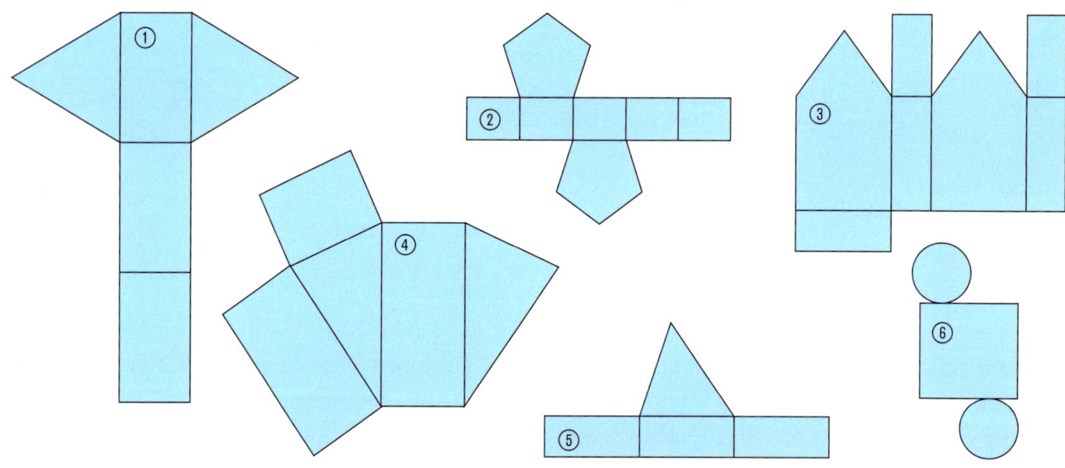

8 Sind die Aussagen wahr? Begründe.

a) Jedes Prisma hat mindestens drei Rechtecke als Seitenflächen.

b) In einem Prisma sind Deck- und Seitenflächen parallel.

c) In einem Prisma steht die Grundfläche senkrecht auf allen Seitenflächen.

d) Es gibt kein Prisma mit zehn Ecken.

8 Sind die Aussagen wahr? Begründe.

a) Ein Prisma besitzt immer mehr Ecken als Kanten.

b) Bei einem Quader kann man nicht genau sagen, ob er auf der Grundfäche oder auf der Seitenfläche steht.

c) Es gibt kein Prisma, das doppelt so viele Ecken wie Flächen besitzt.

Oberflächeninhalt von Prismen

Entdecken

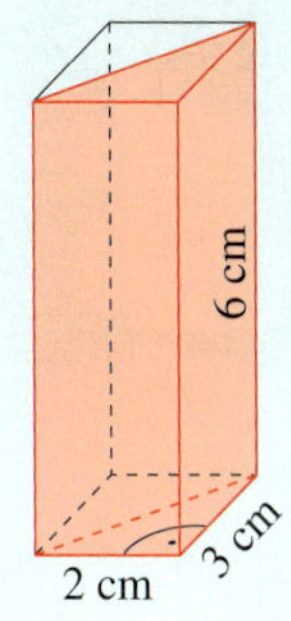

1 In das Schrägbild eines 2 cm breiten, 3 cm tiefen und 6 cm hohen Quaders ist ein Prisma mit einem rechtwinkligen Dreieck als Grundfläche eingezeichnet.
Sophia ist der Meinung, dass der Oberflächeninhalt des Quaders doppelt so groß ist wie der des Prismas. Tom ist anderer Ansicht.

a) Welcher Ansicht bist du? Begründe.
b) Um den Oberflächeninhalt zu vergleichen, zeichnen Tom und Sophia ein Netz des Quaders und ein Netz des Dreiecksprismas.
Welches Netz gehört zum Dreiecksprisma, welches zum Quader? Begründe.

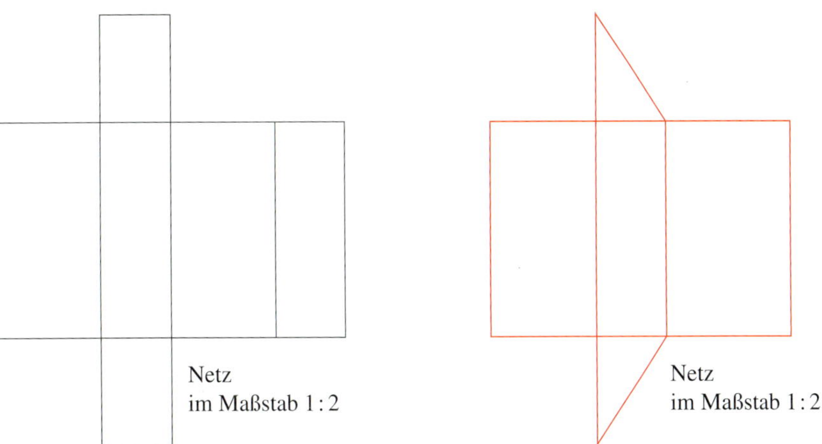

c) Zeichne die Netze mit den gegebenen Längen in dein Heft. Markiere gleich große Flächen im Netz des Quaders und des Dreiecksprismas in den gleichen Farben.
d) Berechne den Flächeninhalt der Dreiecke und Rechtecke in den Netzen.
e) Bestimme den Oberflächeninhalt des Quaders und den des Dreiecksprismas.
f) Wer hatte recht, Sophia oder Tom?

2 Die Verpackung aus der Randspalte wurde aufgeschnitten.

a) Um welche Verpackungsform handelt es sich? Begründe.
b) Bei welchen Flächen handelt es sich um Klebelaschen? Welche Flächen besitzen die gleichen Abmessungen?
c) Die Verpackung ist im Original 20,8 cm hoch und hat eine Seitenlänge von 3,5 cm.
Zeichne das Netz ohne Klebelaschen in einem geeigneten Maßstab in dein Heft.
d) Bestimme den Oberflächeninhalt der Verpackung (ohne Klebelaschen).
Vergleicht die Lösungen in der Klasse.

Verstehen

Herr Meyer ist Designer. Für einen Süßwarenhersteller soll er sich eine originelle Verpackung für Schokolinsen einfallen lassen. Er hat sich für ein Prisma mit dreieckiger Grundfläche entschieden.
Der Süßwarenhersteller möchte aus Kostengründen wissen, wie viel Pappe für die reine Oberfläche der Verpackung mindestens benötigt wird. Dazu zeichnet Herr Meyer ein Netz der Verpackung.

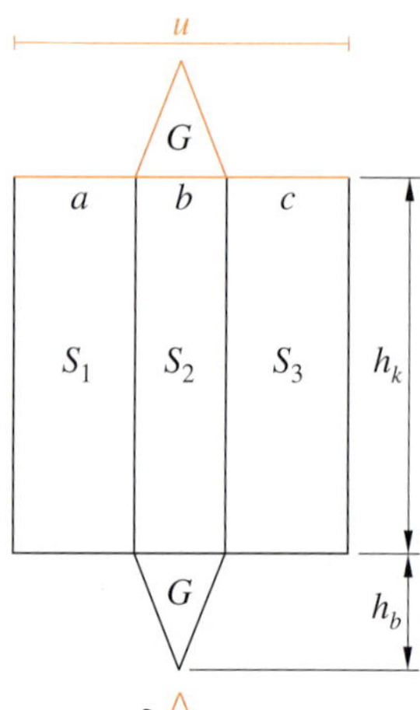

Alle Seitenflächen eines Prismas zusammen bilden ein Rechteck, dessen Flächen wir als Mantelfläche M (kurz: Mantel) bezeichnen.

HINWEIS
Sind Flächen zueinander kongruent, so besitzen sie die gleiche Größe. Dann reicht es aus, eine Flächengröße zu berechnen und mit der Anzahl der kongruenten Flächen zu multiplizieren.

Beispiel 1

Gesucht ist der Flächeninhalt des Mantels für die Verpackung.

1. Möglichkeit:
Flächeninhalt der Teilflächen:
$S_1 = 4\,\text{cm} \cdot 12\,\text{cm} = 48\,\text{cm}^2$
$S_2 = 3\,\text{cm} \cdot 12\,\text{cm} = 36\,\text{cm}^2$
$S_3 = S_1 = 48\,\text{cm}^2$
Flächeninhalt des Mantels:
$M = S_1 + S_2 + S_3$
$M = 2 \cdot 48\,\text{cm}^2 + 36\,\text{cm}^2$
$M = 132\,\text{cm}^2$

2. Möglichkeit:
Umfang der Grundfläche:
$u = a + b + c$
$u = 4\,\text{cm} + 3\,\text{cm} + 4\,\text{cm}$
$u = 11\,\text{cm}$
Flächeninhalt des Mantels:
$M = u \cdot h_k$
$M = 11\,\text{cm} \cdot 12\,\text{cm}$
$M = 132\,\text{cm}^2$

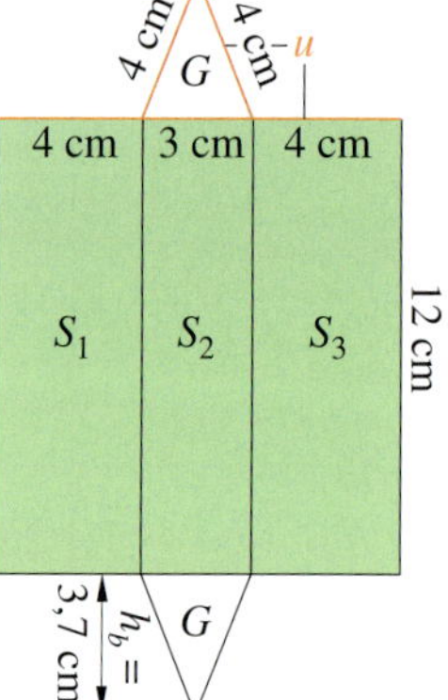

> **Merke** Der **Mantelflächeninhalt *M*** eines Prismas lässt sich nach folgender Formel berechnen: $M = S_1 + S_2 + \ldots + S_n$
> Es gilt demnach auch: $\boldsymbol{M = u \cdot h_k}$

Für die Berechnung des Oberflächeninhalts des Prismas muss man zum Mantelflächeninhalt noch den Flächeninhalt der Grundfläche und der Deckfläche hinzurechnen.

Beispiel 2

Gesucht ist der Oberflächeninhalt der Verpackung.

Flächeninhalt der Grundfläche: $G = \frac{g \cdot h}{2}$
$= \frac{3\,\text{cm} \cdot 3{,}7\,\text{cm}}{2}$
$= 5{,}55\,\text{cm}^2$
Oberflächeninhalt des Prismas: $O = 2 \cdot G + M$
$= 2 \cdot 5{,}55\,\text{cm}^2 + 132\,\text{cm}^2$
$= 143{,}1\,\text{cm}^2$

Für die Verpackung werden mindestens $143{,}1\,\text{cm}^2$ Pappe (plus Klebelaschen) benötigt.

> **Merke** Die Oberfläche eines Prismas besteht aus der Mantelfläche sowie der Grundfläche und der Deckfläche. Den **Oberflächeninhalt *O*** berechnet man wie folgt:
> $O = 2G + S_1 + S_2 + \ldots + S_n$ bzw. $O = 2G + M$

Üben und anwenden

1 Übertrage die Netze der Prismen ins Heft. Färbe die Mantelfläche blau, die Grundfläche und die Deckfläche grün.

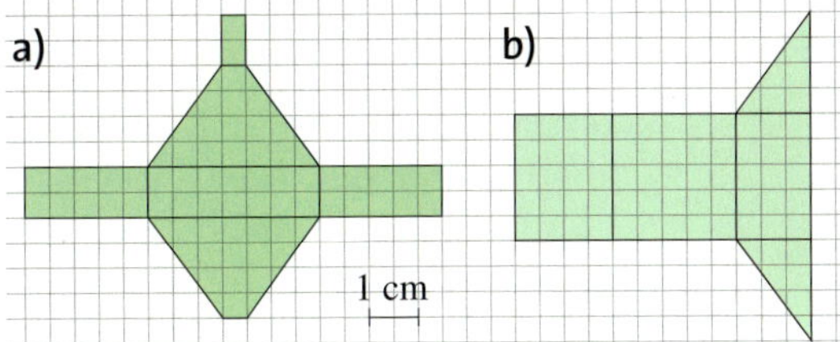

1 Zeichne ein Netz zu einem Prisma mit der Körperhöhe $h_k = 3\,\text{cm}$ und der gegebenen Grundfläche in dein Heft.

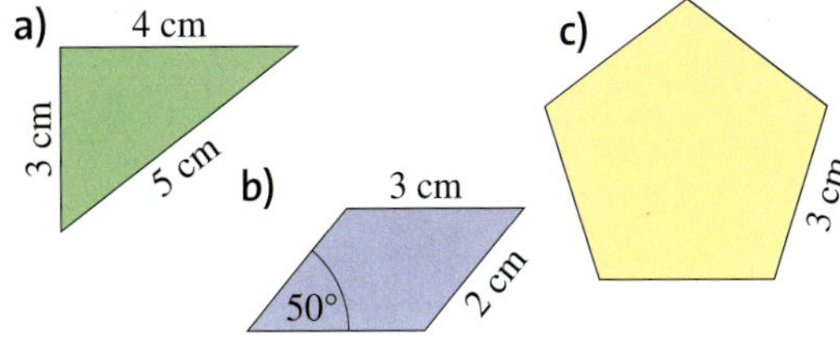

2 Abgebildet ist ein Netz eines Prismas. Miss die Längen aller benötigten Seiten.

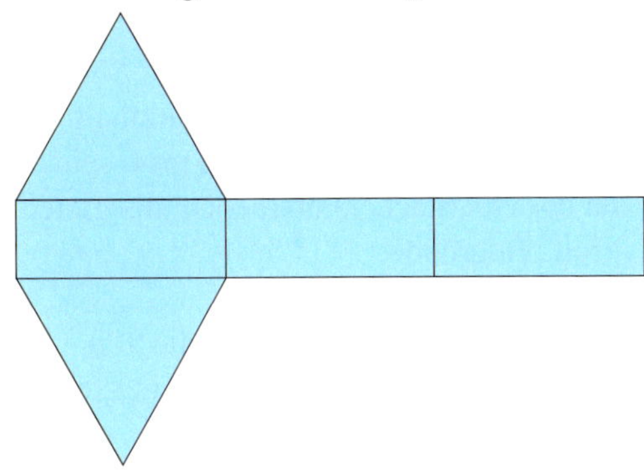

a) Zeichne das Prisma im Schrägbild auf einer Seitenfläche stehend.
b) Berechne den Mantelflächeninhalt.

3 Berechne den Umfang der Grundfläche und den Mantelflächeninhalt (Maße in cm).

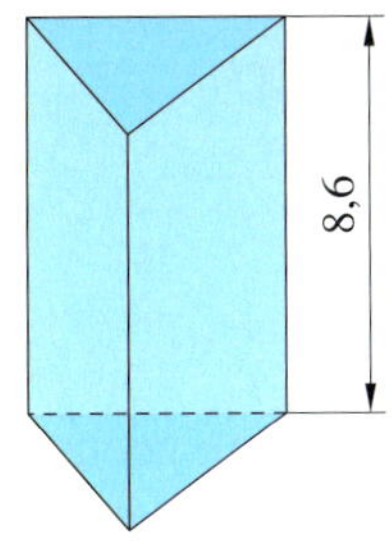

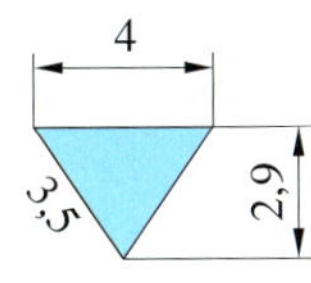

Grundfläche

2 Abgebildet ist ein Netz eines Prismas. Miss die Längen aller benötigten Seiten.

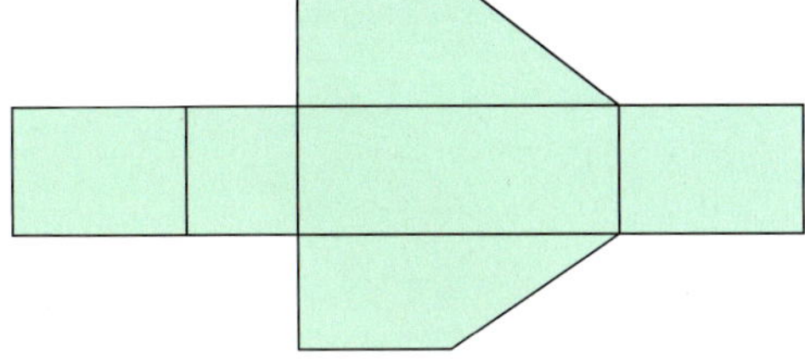

a) Zeichne das Prisma im Schrägbild auf einer Seitenfläche stehend.
b) Berechne den Mantelflächeninhalt.

3 Berechne den Oberflächeninhalt und die Gesamtlänge aller Kanten (Maße in cm).

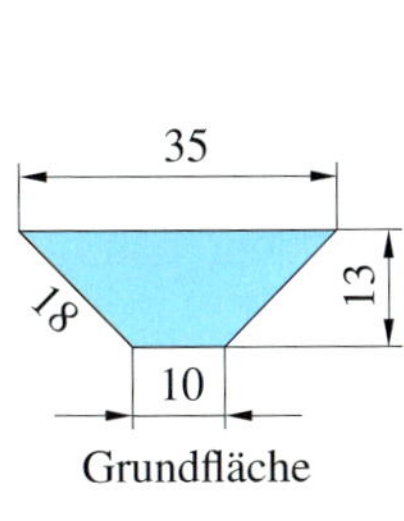

Grundfläche

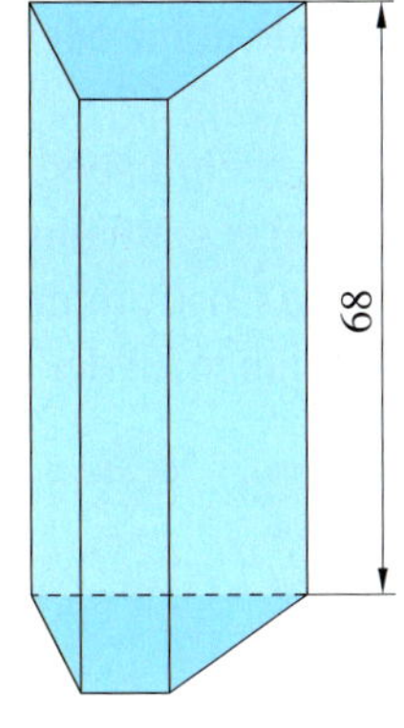

4 Berechne den Oberflächeninhalt des Prismas.

	Grundfläche	Maße der Grundfläche	Körperhöhe h_k
a)	Quadrat	$a = 3\,\text{cm}$	10 cm
b)	Rechteck	$a = 4{,}5\,\text{cm}$; $b = 6\,\text{cm}$	5 cm
c)	gleichseitiges Dreieck	$c = 4\,\text{cm}$; $h_c = 3{,}5\,\text{cm}$	8 cm
d)	unregelmäßiges Dreieck	$a = 4\,\text{cm}$; $b = 6\,\text{cm}$; $c = 9\,\text{cm}$; $h_a = 4{,}8\,\text{cm}$	4 cm
e)	gleichschenkliges Dreieck	$a = b = 4{,}5\,\text{cm}$; $c = 5\,\text{cm}$; $h_c = 3{,}7\,\text{cm}$	6 cm

5 Zeichne je ein Netz des Prismas und berechne den Oberflächeninhalt (Maße in cm).

a)

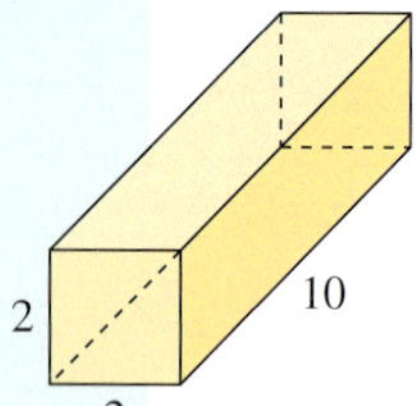

b)

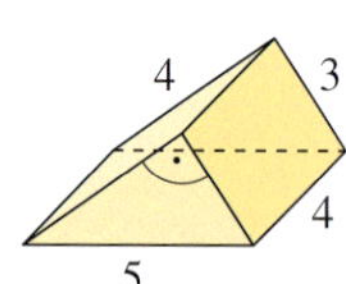

c)

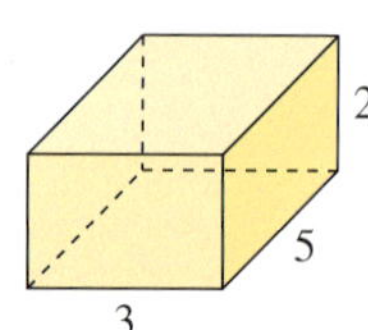

6 Betrachte die beiden Parallelogramme. Zwei Kästchen entsprechen 1 cm.

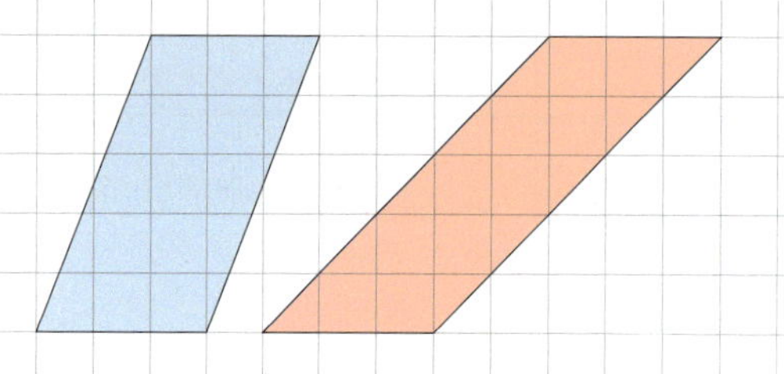

a) Zeige, dass die beiden Parallelogramme den gleichen Flächeninhalt besitzen.

b) Die Parallelogramme sind jeweils Grundfläche eines 10 cm hohen Prismas. Besitzen die Prismen den gleichen Oberflächeninhalt? Begründe deine Meinung.

7 Lostrommeln haben oft die Form von Prismen mit regelmäßigen Grundflächen. Eine solche Lostrommel ist 86 cm breit. Die Seitenlänge an der Sechseckfläche beträgt 32 cm.

HINWEIS ZU AUFGABE 7
So sieht die Grundfläche der Lostrommel aus:

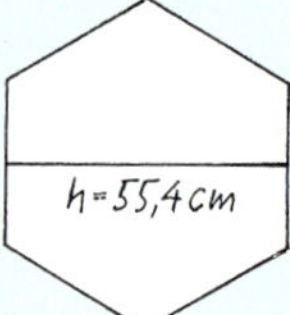

a) Berechne den Umfang der Grundfläche.

b) Wie groß ist der Mantelflächeninhalt der Lostrommel?

c) Berechne den Flächeninhalt der Grundfläche und den Oberflächeninhalt.

5 Zeichne je ein Netz des Prismas. Berechne den Oberflächeninhalt und die Gesamtlänge der Kanten (Maße in cm).

a)

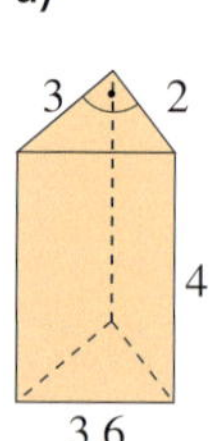

b)

c)

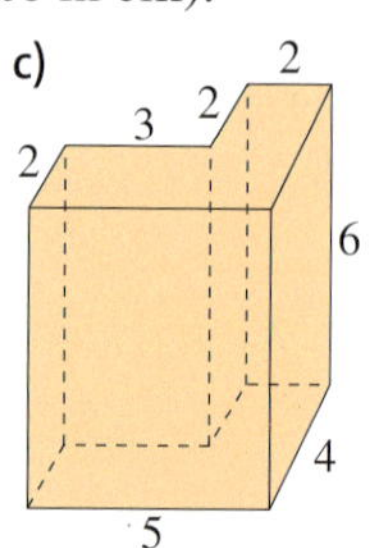

6 Ein 10 cm hohes Prisma besitzt eine dreieckige Grundfläche mit 15 cm Umfang.

a) Zeichne drei Dreiecke, die jeweils Grundfläche des Prismas sein könnten.

b) Warum muss der Mantelflächeninhalt für alle drei Grundflächen gleich groß sein?

c) Ist der Oberflächeninhalt ebenfalls gleich groß? Begründe.

7 Der Gotthard ist eine Zeltart, die von Pfadfindern vor allem zum Lagern in großen Höhen verwendet wird.

Querschnitt (Maße in cm)

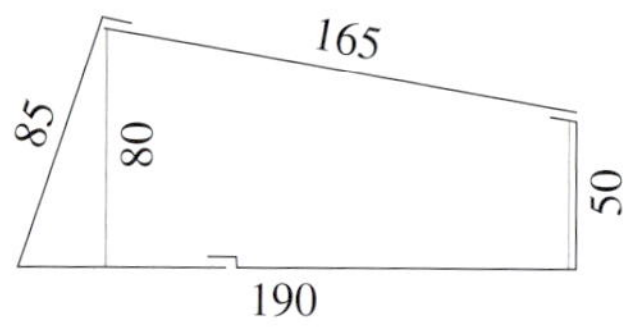

a) Übertrage den Querschnitt in einem geeigneten Maßstab in dein Heft.

b) Handelt es sich bei der Zeltform um ein Prisma? Begründe.

c) Das Zelt wird aus quadratischen Zeltbahnen mit einer Seitenlänge von 1,65 m zusammengebaut. Wie viele Zeltbahnen benötigt man, wenn Grund- und Deckfläche nicht verschlossen werden?

d) Welche Zeltaufbauten gibt es noch? Sind darunter noch andere Prismen zu finden?

Volumen von Prismen

Entdecken

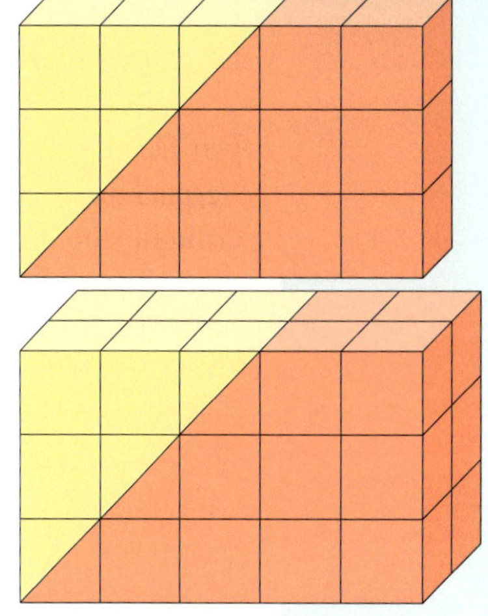

1 Die Kantenlänge der abgebildeten Würfel beträgt immer 1 cm.

a) Welche Körperform hat der gelb (rot) gefärbte Teil des Quaders?

b) Aus wie vielen Würfeln besteht der gelb (rot) gefärbte Teil des Quaders?

c) Aus wie vielen Würfeln besteht der gelb (rot) gefärbte Teil des Quaders, wenn zwei Schichten hintereinander stehen?

d) Übertrage die folgende Tabelle in dein Heft und vervollständige sie.

Anzahl Schichten	Anzahl gelbe Würfel	Anzahl rote Würfel
1	4,5	
2		
3		
4		
5		

2 Diese „Trapez-Plus-Verpackung“ wurde entwickelt, um die Portokosten gering zu halten. Die Maße lassen sich dem Foto entnehmen.

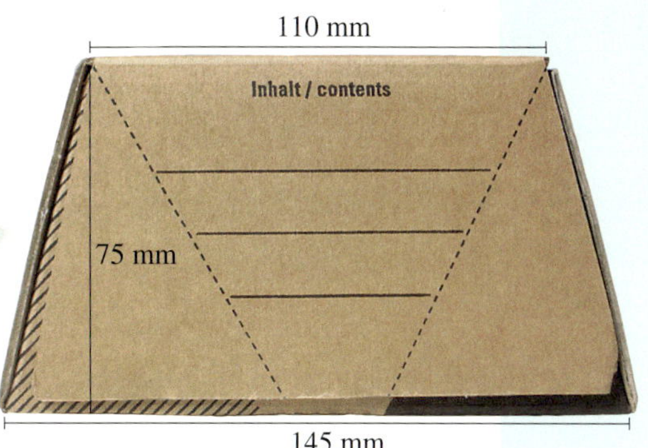

a) Welcher der folgenden Quader besitzt das gleiche Volumen wie die „Trapez-Plus-Verpackung“? Begründet eure Meinung und bestimmt den Rauminhalt des Quaders und der Trapezverpackung.

① 110 mm × 75 mm × 610 mm ② 145 mm × 110 mm × 75 mm
③ 127,5 mm × 75 mm × 610 mm ④ 127,5 mm × 75 mm × 430 mm

b) Die „Trapez-Plus-Verpackung“ gibt es – bei gleichen Trapezabmessungen – auch in einer Länge von 860 mm.
Was muss für das Volumen der 430 mm und 860 mm langen Verpackungen gelten?

c) Für Poster gibt es auch die Tripac-Verpackung. Die Grundfläche ist ein gleichseitiges Dreieck. Die Seitenlänge beträgt 139 mm, die Höhe 120 mm. Die Länge der Verpackung beträgt 610 mm.
Gebt einen Quader an, der das gleiche Volumen wie die Tripac-Verpackung besitzt.
Erläutert in der Klasse, wie ihr dabei vorgegangen seid.
Gibt es verschiedene Lösungswege?

Verstehen

Der Süßwarenhersteller ist unsicher, ob die Schokolinsen in die neue Verpackung des Designers passen. Es wird ein Volumen von mindestens $100\,\text{cm}^3$ benötigt. Er fragt nach dem Volumen der Verpackung.

Der Designer macht zwei Vorschläge für die Form der Verpackung. Verpackung 1 ist ein Dreiecksprisma, Verpackung 2 ist ein Vierecksprisma mit trapezförmiger Grundfläche. Sind die beiden Verpackungen groß genug?

Merke Das **Volumen *V*** eines Prismas bestimmt man, indem man die Grundfläche G mit der Körperhöhe h_k des Prismas multipliziert.
Es gilt also:
$\boldsymbol{V = G \cdot h_k}$

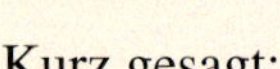

Kurz gesagt:
Volumen eines Prismas = Grundfläche mal Höhe

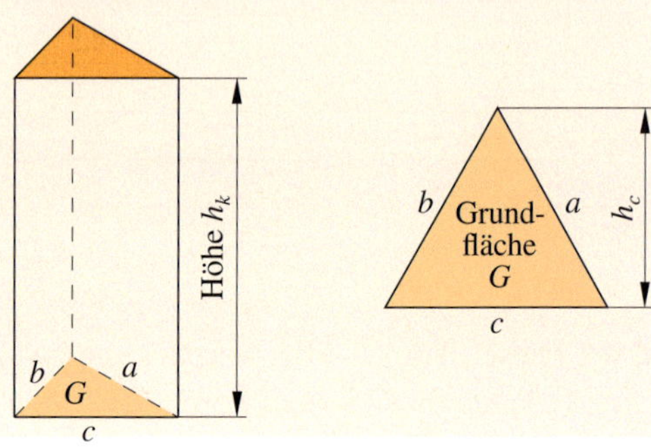

Beispiel 1

Das Dreiecksprisma hat folgende Maße:
$a = 5\,\text{cm}$; $b = 5\,\text{cm}$; $c = 4\,\text{cm}$; $h_c = 4{,}6\,\text{cm}$; $h_k = 12\,\text{cm}$
Berechnung der Grundfläche:

$$G = \frac{c \cdot h_c}{2} = \frac{4\,\text{cm} \cdot 4{,}6\,\text{cm}}{2} = 9{,}2\,\text{cm}^2$$

Berechnung des Volumens:

$$V = G \cdot h_k = 9{,}2\,\text{cm}^2 \cdot 12\,\text{cm} = 110{,}4\,\text{cm}^3$$

Die vorgeschlagene Verpackung hat ein Volumen von $110{,}4\,\text{cm}^3$.

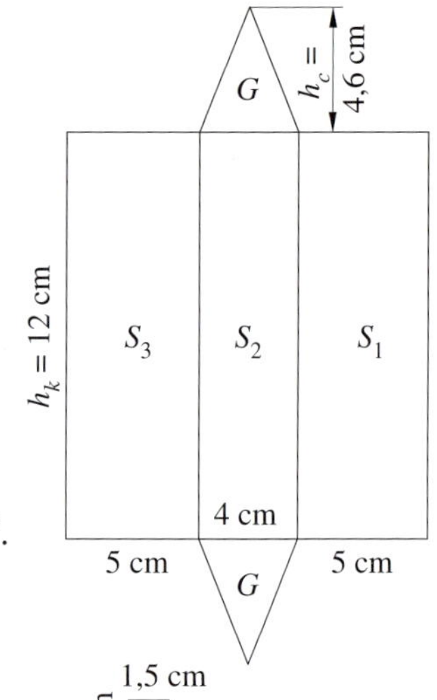

Beispiel 2

Das Vierecksprisma hat folgende Maße:
$a = 3\,\text{cm}$; $c = 1{,}5\,\text{cm}$; $h_a = 4\,\text{cm}$; $h_k = 12\,\text{cm}$
Berechnung der Grundfläche (Trapez):

$$G = \frac{(a + c)}{2} \cdot h_a = \frac{(3\,\text{cm} + 1{,}5\,\text{cm})}{2} \cdot 4\,\text{cm} = 2{,}25\,\text{cm} \cdot 4\,\text{cm} = 9\,\text{cm}^2$$

Berechnung des Volumens:

$$V = G \cdot h_k = 9\,\text{cm}^2 \cdot 12\,\text{cm} = 108\,\text{cm}^3$$

Die vorgeschlagene Verpackung hat ein Volumen von $108\,\text{cm}^3$. Beide Verpackungen sind groß genug.

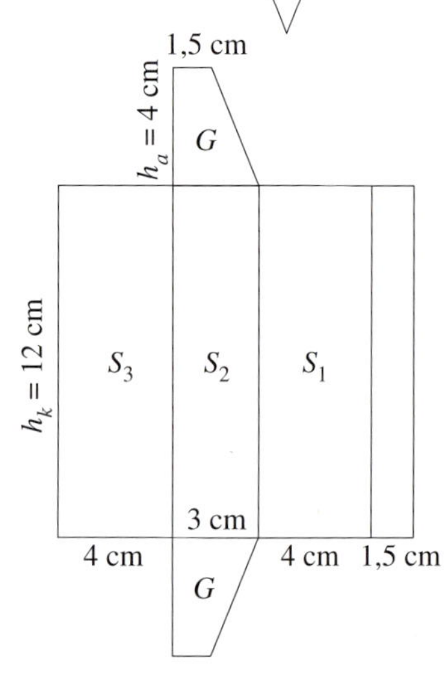

Der Süßwarenhersteller entscheidet sich für Verpackung 2, um sich von den Wettbewerbern stärker zu unterscheiden.

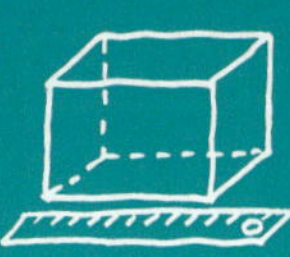

Üben und anwenden

1 Berechne das Volumen des Prismas.

a) $G = 25\,\text{cm}^2$; $h_k = 8\,\text{cm}$
b) $G = 12{,}5\,\text{m}^2$; $h_k = 10\,\text{m}$
c) $G = 49{,}5\,\text{m}^2$; $h_k = 12\,\text{m}$
d) $G = 17{,}5\,\text{dm}^2$; $h_k = 23\,\text{dm}$

1 Gib das Volumen des Dreiecksprismas an.

	a)	b)	c)	d)
Grundseite g	8 m	13 cm	3,5 dm	13,1 m
Dreieckshöhe h_g	6 m	9 cm	2,4 dm	17,4 m
Körperhöhe h_k	10 m	17 cm	67 cm	120 dm

2 Berechne das Volumen des Prismas.

a) 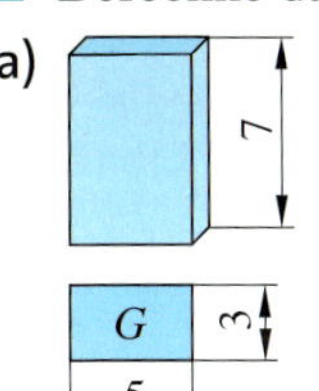

b) 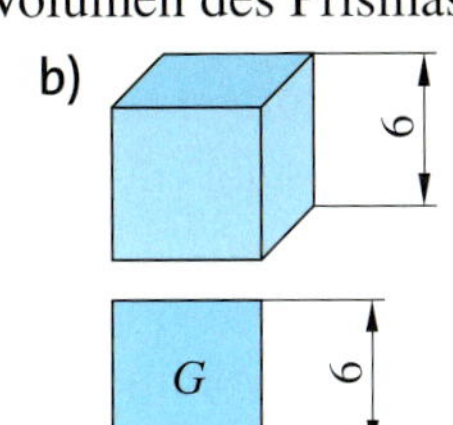

Maße in cm

2 Berechne das Volumen des Prismas.

a) b)

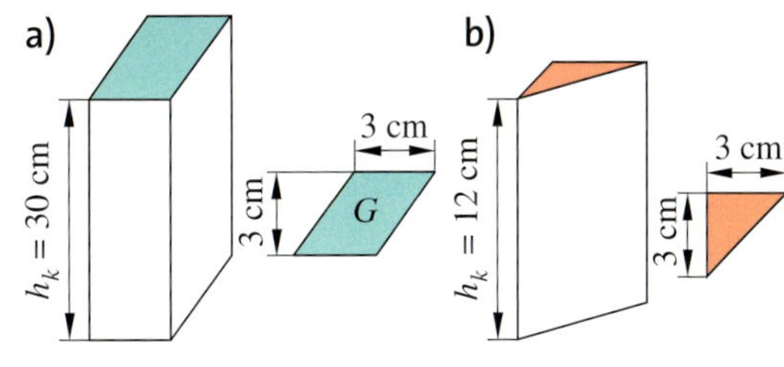

3 Die Grundfläche eines Prismas beträgt $12\,\text{cm}^2$ und die Körperhöhe 4 cm.
Gib das Volumen des Prismas an.

3 Ein Dreiecksprisma hat bei einer Höhe von 14 cm ein Volumen von $392\,\text{cm}^3$.
Wie groß ist die Grundfläche? Welche Formen und Maße könnte die Grundfläche haben?

4 Berechne im Heft die fehlenden Größen der Prismen.
Gib jeweils auch die umgestellten Formeln an.

	Grundfläche G	Körperhöhe h_k	Volumen V
a)	$42\,\text{cm}^2$	13 cm	
b)	$5{,}8\,\text{dm}^2$		$11{,}6\,\text{dm}^3$
c)		19,3 m	$887{,}8\,\text{m}^3$

5 Berechne das Volumen des Prismas.

a) Grundfläche: Quadrat mit $a = 2{,}4\,\text{cm}$; Höhe: $h_k = 8{,}5\,\text{cm}$
b) Grundfläche: Rechteck mit $a = 3{,}2\,\text{cm}$; $b = 1{,}2\,\text{cm}$; Höhe: $h_k = 14{,}2\,\text{cm}$
c) Grundfläche: Parallelogramm mit $a = 7{,}8\,\text{cm}$; $h_a = 2{,}5\,\text{cm}$; Höhe: $h_k = 25\,\text{cm}$
d) Grundfläche: rechtwinkliges Dreieck mit $\gamma = 90°$; $a = 4{,}2\,\text{m}$; $b = 5{,}1\,\text{m}$; Höhe: $h_k = 20\,\text{m}$

5 Berechne das Volumen des Prismas.

a) Grundfläche: gleichschenkliges Dreieck mit Basis $c = 6{,}5\,\text{dm}$; $h_c = 5{,}2\,\text{dm}$; Höhe: $h_k = 9{,}4\,\text{dm}$
b) Grundfläche: Dreieck mit $b = 4{,}5\,\text{cm}$; $h_b = 3{,}6\,\text{cm}$; Höhe: $h_k = 15\,\text{cm}$
c) Grundfläche: Trapez mit $a \parallel c$; $a = 7{,}8\,\text{dm}$; $c = 2{,}5\,\text{dm}$; $h = 3\,\text{dm}$; Höhe: $h_k = 12\,\text{dm}$
d) Grundfläche: Drachenviereck mit $e = 6{,}5\,\text{cm}$; $f = 9{,}7\,\text{cm}$; Höhe: $h_k = 3{,}8\,\text{cm}$

6 Berechne das Volumen des Prismas.
Die Grundfläche ist ein Trapez.
Die 1. und 2. Grundseite sind die zwei zueinander parallelen Seiten des Trapezes.

	a)	b)	c)
1. Grundseite a	6 m	20 dm	4,5 cm
2. Grundseite c	2 m	30 dm	1,5 cm
Trapezhöhe h_g	5 m	8 dm	9 cm
Körperhöhe h_k	10 m	40 dm	11 cm

6 Die Deckensteine zum Eingangsstollen der Cheopspyramide sind Prismen mit trapezförmiger Grundfläche. Berechne ihr Volumen.

	$a \parallel c$ (Maße in m)			
	a	c	h_a	h_k
oben links	4,70	2,98	1,85	2,24
unten links	3,83	2,28	2,13	2,07
oben rechts	4,93	3,07	2,56	2,24
unten rechts	4,25	2,73	2,35	2,07

7 Der „Stein des Südens" ist der größte bisher bekannte von Menschen geschaffene Quader.
Er liegt in einer Tempelanlage im Libanon. Die Länge des Steins beträgt 21,40 m, die Breite 4,60 m und die Höhe 4,30 m.
Berechne das Volumen des Quaders.

8 Berechne das Volumen des Prismas.

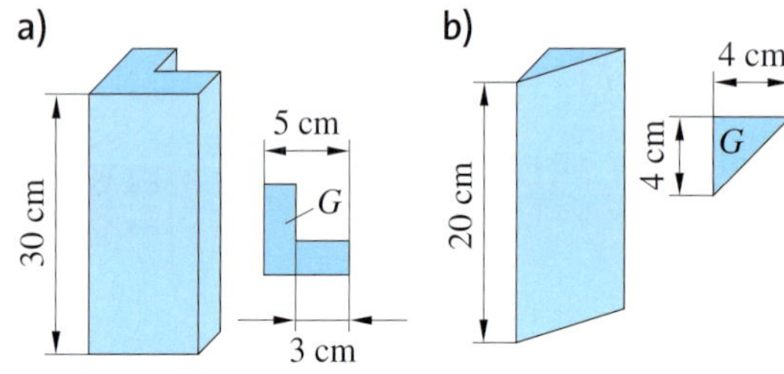

+9 Der Luftfrachtcontainer hat die Form eines Fünfecksprismas mit den gegebenen Maßen.

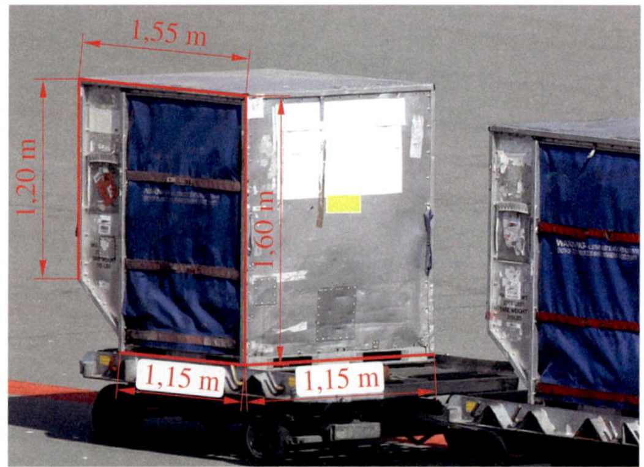

a) Gib den Flächeninhalt der Grundfläche an.
b) Gib das Volumen des Containers in Kubikmetern (m^3) an.

+10 Ein Kinderplanschbecken mit einer regelmäßigen sechseckigen Grundfläche hat die Maße $G = 6{,}65\,m^2$ und $h = 40\,cm$.

a) Wie viel Liter Wasser sind nötig, um das Becken bis zum Rand zu füllen?
b) Mit wie vielen 10-Liter-Eimern müsste das Becken gefüllt werden, wenn das Wasser mindestens 25 cm hoch stehen soll?

7 Familie Jansen will das Dachgeschoss ihres Hauses mit einem Kaminofen beheizen. Das Dachgeschoss ist am Boden 8 m breit und 12 m lang. Der Giebel ist 4 m hoch.
Für das Heizen mit einem Kaminofen müssen bei 1 kW Heizleistung mindestens $4\,m^3$ Raum vorhanden sein.

a) Welches Volumen hat das Dachgeschoss?
b) Welche Leistung (in kW) darf der Ofen höchstens haben?

8 Berechne das Volumen des Prismas.

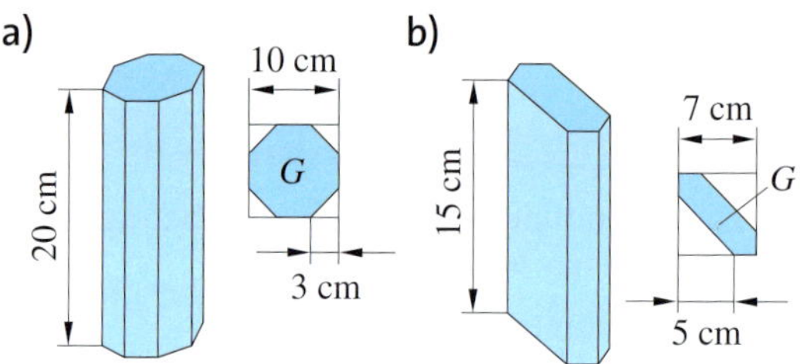

+9 Ein Aquarium mit der skizzierten Grundfläche eignet sich gut zum Aufstellen in einer Zimmerecke.

120 cm
30 cm
120 cm
30 cm

a) Bestimme den Flächeninhalt der Grundfläche.
b) Das Becken ist 65 cm hoch. Wie viel Liter Wasser können in das Becken gefüllt werden?
c) Welches Gewicht hat die Wasserfüllung, wenn das Aquarium bis 5 cm unter den Rand gefüllt wird? 1 l Wasser wiegt 1 kg.

+10 Eine Schiene aus Metall hat ein U-Profil mit den in der Skizze gegebenen Maßen.

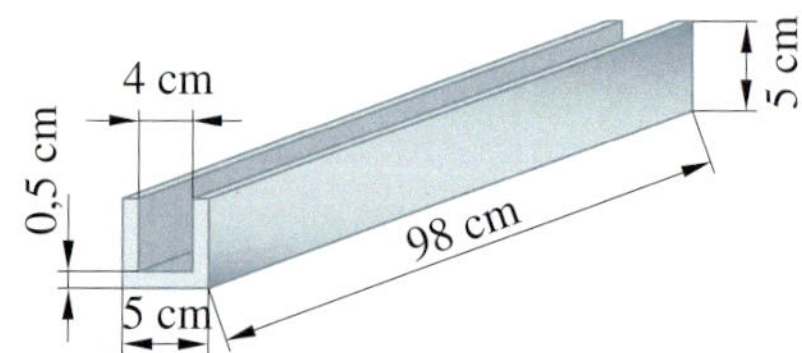

a) Welches Volumen hat die Schiene?
b) Wie viel Gramm wiegt die Schiene, wenn $1\,cm^3$ des Materials 7,8 g wiegt?

Oberflächeninhalt und Volumen von Zylindern

Entdecken

1 Nenne Gemeinsamkeiten und Unterschiede der Körper. Welche Körper passen nicht zu den anderen Körpern? Begründe deine Wahl. Vergleicht eure Ergebnisse untereinander.

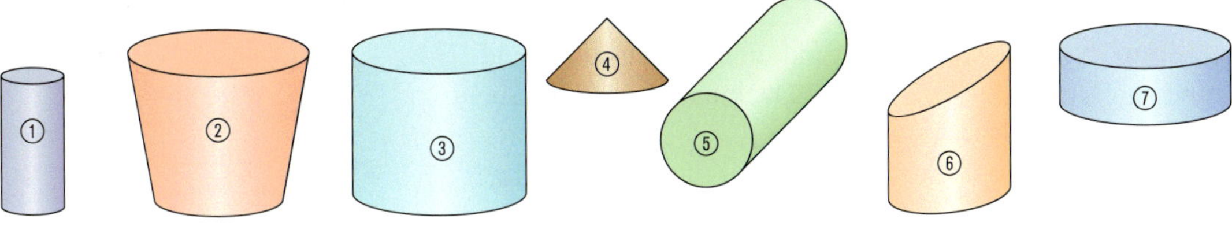

2 Julian bastelt mit seiner kleineren Schwester eine Laterne nach folgender Bastelanleitung.

Schneide aus Tonpapier einen 50 cm mal 25 cm großen Streifen für die Wand und zwei Kreise mit einem Durchmesser von 19 cm für Deckel und Boden aus. Schneide die Kreise rundherum regelmäßig ca. 2 cm weit ein und klappe die Streifen nach oben.

Nun wird das Rechteck für die Wand gestaltet: Schneide mit einer kleinen Schere Motive in das Wandrechteck. Hinterklebe die Aussparungen mit buntem Transparentpapier. Schneide in den Deckel einen kleineren Kreis, durch den später die Kerze angezündet werden kann.

Forme das Rechteck zu einer Röhre, klebe es zusammen und befestige es am Rand des Bodens. Setze ein Teelicht auf den Boden der Laterne und klebe zuletzt den Deckel fest.

HINWEIS
Material für die Laterne:
– Tonpapier
– Schere
– Klebe
– Transparentpapier
– Teelicht

a) Aus welchen Teilflächen besteht diese Laterne?
b) Julian hat Probleme, den Deckel in die fast fertige Laterne einzukleben. Nenne mögliche Ursachen. Wann passen Deckel und Wand genau zusammen?
c) Berechne den Durchmesser der Laterne und den Flächeninhalt der Bodenplatte. Berechne auch den Flächeninhalt des Wandrechtecks (ohne Klebelasche).
d) Julian findet ein 45 cm × 50 cm großes Reststück Pappe. Reicht dies aus, um die Laterne zu basteln?
e) Um sich die Bastelarbeiten zu erleichtern, besorgt Julian im Supermarkt eine Käseschachtel. Die Käseschachtel hat einen Durchmesser von 16 cm. Wie breit muss das Wandrechteck mindestens sein, damit es vollständig um die Käseschachtel geklebt werden kann?

3 Sven: „Das Volumen eines Prismas berechnet man mit folgender Formel: $V = G \cdot h_k$"
Sina: „Stimmt, aber was hat das mit dem Volumen eines Zylinders zu tun?"
Setze den Dialog fort.

Verstehen

Lilli möchte das Geburtstagsgeschenk für eine Freundin in einer zylinderförmigen Verpackung verschenken. Dazu legt sie das Geschenk in eine verschließbare Dose. Dann beklebt sie Deckel, Boden und Wandfläche mit Geschenkpapier.
Welche Form und Größe müssen die Geschenkpapierstücke haben?

ERINNERE DICH
Auch bei Prismen gibt es eine Grund- und Deckfläche sowie eine Mantelfläche.

Merke **Zylinder** sind Körper mit einem Kreis als Grund- und als Deckfläche. Grund- und Deckfläche sind kongruent und parallel zueinander.
Die Seitenfläche (Mantelfläche) ist gekrümmt und ergibt abgerollt ein Rechteck. Die Länge der Mantelfläche stimmt mit dem Umfang der Kreisflächen $u = 2 \cdot \pi \cdot r$ überein.
Die Breite der Mantelfläche stimmt mit der Höhe h_k des Zylinders überein.

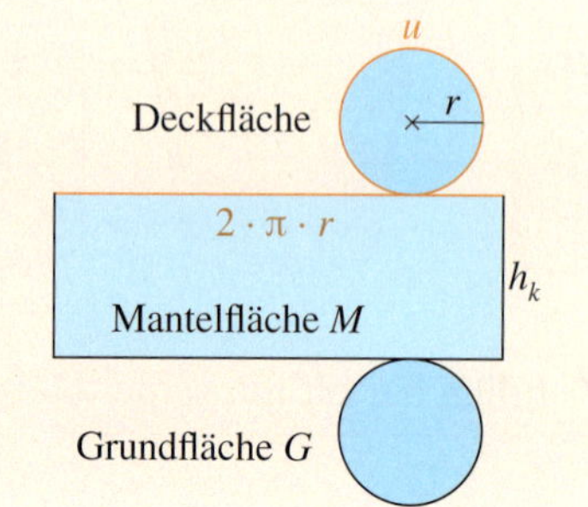

Ein Schrägbild eines Zylinders kann man so zeichnen:

1. Zeichne den Durchmesser der Grundfläche und markiere den Mittelpunkt.

2. Zeichne durch den Mittelpunkt eine Senkrechte, die halb so lang wie der Durchmesser ist.

3. Skizziere die ellipsenförmige Grundfläche.

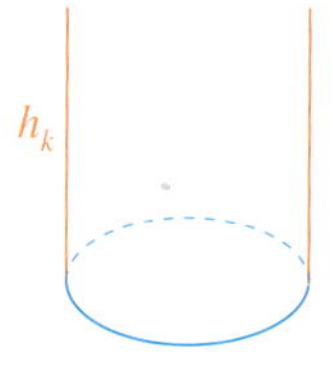

4. Trage die Höhe des Zylinders links und rechts an.

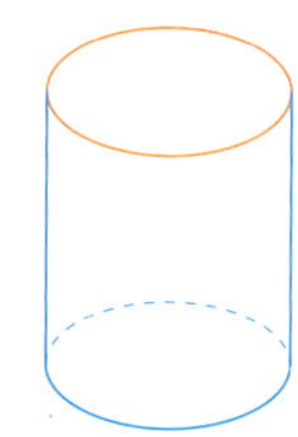

5. Skizziere die ellipsenförmige Deckfläche.

HINWEIS
Die den Zylinder begrenzenden Kreise erscheinen im Schrägbild wie Ellipsen.

Die Oberfläche eines Zylinders setzt sich aus der Mantel-, der Grund- und der Deckfläche zusammen, wobei Grund- und Deckfläche kongruent zueinander sind.

Merke Für den **Mantelflächeninhalt** M des Zylinders gilt: $\boldsymbol{M = 2\pi r \cdot h_k}$
Für den **Oberflächeninhalt** O des Zylinders gilt:

$$\begin{aligned} \boldsymbol{O} &= \boldsymbol{2 \cdot G + M} \\ &= 2 \cdot \pi \cdot r^2 + 2\pi r \cdot h_k \\ &= \boldsymbol{2\pi r \cdot (r + h_k)} \end{aligned}$$

Beispiel 1

Die Dose von Lilli hat den Radius $r = 5\,\text{cm}$ und die Höhe $h_k = 12\,\text{cm}$.
Wie viel Geschenkpapier benötigt Lilli, um die Dose zu bekleben?
$O = 2 \cdot \pi \cdot 5\,\text{cm} \cdot (5\,\text{cm} + 12\,\text{cm}) \approx 534{,}1\,\text{cm}^2$.
Es werden ungefähr $534{,}1\,\text{cm}^2$ Geschenkpapier benötigt.

Merke Das **Volumen** V eines Zylinders bestimmt man, indem man die Grundfläche G mit der Höhe h_k des Zylinders multipliziert.
Es gilt: $\boldsymbol{V = G \cdot h_k = \pi r^2 \cdot h_k}$

Beispiel 2

Welches Volumen hat die Dose?
$V = \pi \cdot 5\,\text{cm} \cdot 5\,\text{cm} \cdot 12\,\text{cm} \approx 942{,}48\,\text{cm}^3$
Das Volumen beträgt ungefähr $942{,}48\,\text{cm}^3$.

Üben und anwenden

1 Nenne mindestens drei Gegenstände aus deiner Umwelt, die näherungsweise die Form eines Zylinders haben.
a) Welcher hat die größte Höhe?
b) Welcher hat den größten Durchmesser?

1 Nenne jeweils drei näherungsweise zylinderförmige Gegenstände aus deiner Umwelt, deren …
a) Höhe größer ist als ihr Durchmesser.
b) Durchmesser größer ist als ihre Höhe.

2 Welche Körper sind Zylinder?

a) 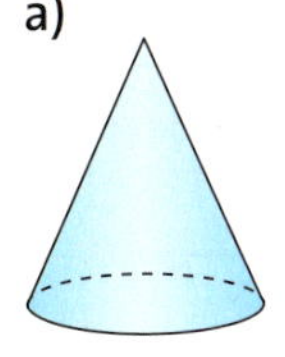
b) 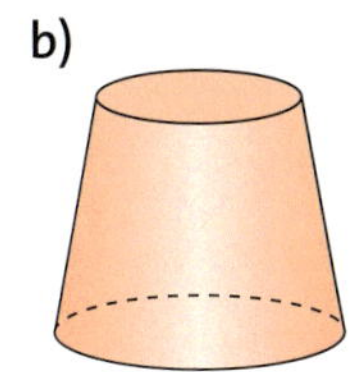
c) 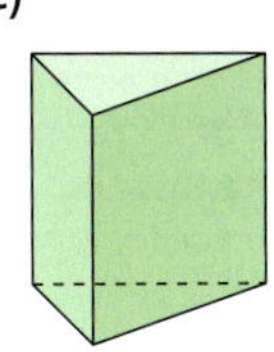
d) 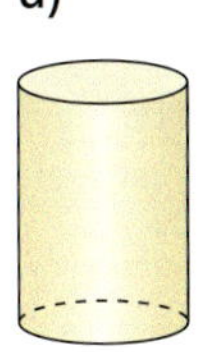
e) 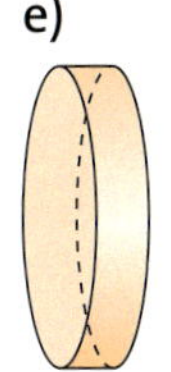
f) g) 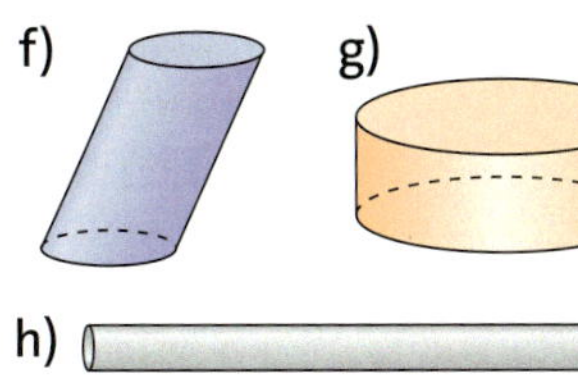
h)

3 Zeichne ein Schrägbild der Konservendose.
Entnimm die Maße dem Foto.

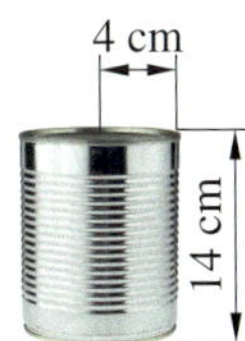

3 Eine Konservendose hat einen Durchmesser von 8 cm und ist 10 cm hoch.
a) Zeichne ein Schrägbild der Konservendose.
b) Beschreibe, wie du dabei vorgehst.

4 Zeichne ein Netz eines Zylinders mit der Höhe h_k und dem Radius r.
a) $r = 1\,\text{cm}$; $h_k = 3\,\text{cm}$
b) $r = 3\,\text{cm}$; $h_k = 5\,\text{cm}$
c) $r = 1{,}5\,\text{cm}$; $h_k = 4\,\text{cm}$

4 Zeichne ein Netz eines Zylinders mit den folgenden Angaben.
a) $r = 2\,\text{cm}$; $h_k = 4\,\text{cm}$
b) $r = 1{,}5\,\text{cm}$; $h_k = 3\,\text{cm}$
c) $r = 1{,}5\,\text{cm}$; $h_k = 4{,}2\,\text{cm}$

5 Ist das ein Netz eines Zylinders? Begründe.
a)
b)

5 Welcher Kreis passt zu der angegebenen Mantelfläche? Diskutiert untereinander.
a)
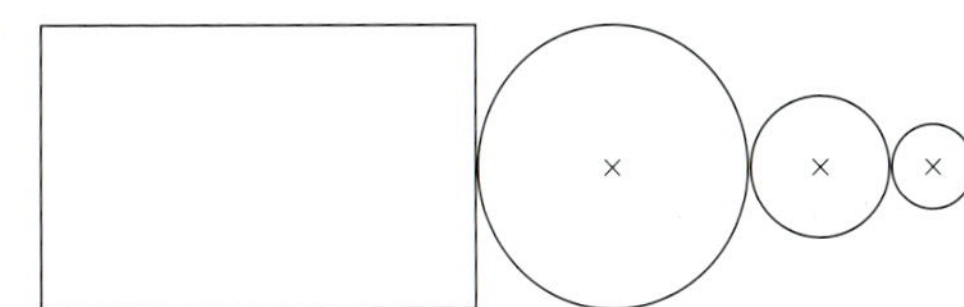
b)

6 Berechne den Mantelflächeninhalt.
a) $r = 4\,\text{cm}$; $h_k = 7\,\text{cm}$
b) $r = 2\,\text{cm}$; $h_k = 8\,\text{cm}$

6 Berechne den Mantelflächeninhalt.
a) $r = 3\,\text{cm}$; $h_k = 9{,}5\,\text{cm}$
b) $r = 2{,}5\,\text{cm}$; $h_k = 75\,\text{mm}$

7 Ein Zylinder hat einen Durchmesser von 2,05 m und eine Länge von 6,00 m.
a) Berechnet seinen Oberflächeninhalt.
b) Findet ein Beispiel für solch einen großen Zylinder aus der Realität.

7 Für einen Kaminofen wird ein Ofenrohr von 1,80 m Länge und 13 cm Durchmesser benötigt. Wie viel m^2 Blech werden ungefähr zur Herstellung benötigt, wenn für die Falznaht 1,5 cm zugegeben werden?

8 Lies alle nötigen Maße des Zylinders in der Zeichnung ab.
a) Wie hoch ist der Zylinder?
b) Wie groß sind Durchmesser und Radius?
c) Berechne das Volumen des Zylinders.

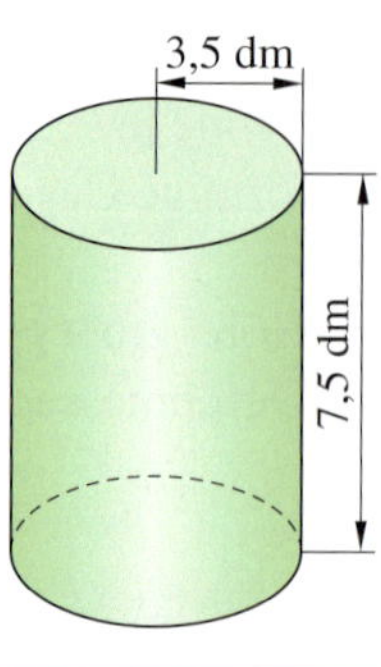

9 Ergänze die Tabelle für Zylinder im Heft. Achte auf die Einheiten.

	r	d	h_k	M	O
a)	6 cm		7 cm		
b)		74 mm	33 mm		
c)	2,8 m		0,9 m		
d)		4,4 cm	3 dm		
e)		28 mm			56,30 cm²
f)	80 mm				703,72 cm²

10 Berechne das Volumen eines Zylinders mit den folgenden Maßen.
a) $r = 5\,\text{cm}$; $h_k = 7\,\text{cm}$
b) $r = 3\,\text{cm}$; $h_k = 8\,\text{cm}$
c) $r = 2\,\text{cm}$; $h_k = 4\,\text{cm}$
d) $r = 5\,\text{cm}$; $h_k = 7{,}5\,\text{cm}$

11 Berechne das Volumen der Zylinder.

a)
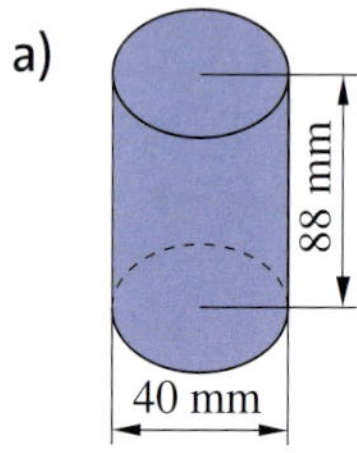

b)
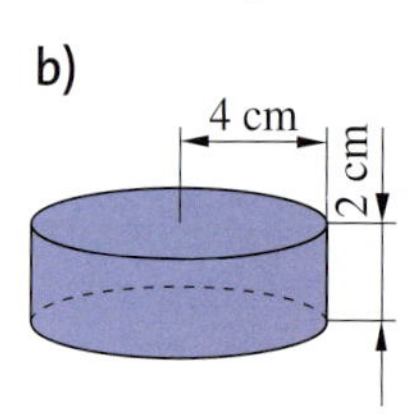

12 Die Tabelle zeigt die Maße eines Zylinders. Ergänze sie im Heft.

	r	d	h_k	V
a)	7 cm		4 cm	
b)	3 cm		8 cm	
c)		8,4 cm	5 cm	
d)		6,2 cm	14 cm	

13 Ein Strohhalm ist 22,5 cm lang und hat einen Durchmesser von 5 mm.
Bestimme das Volumen eines Strohhalms.

8 Lies alle nötigen Maße des Zylinders in der Zeichnung ab.
a) Wie hoch ist der Zylinder?
b) Wie groß sind Durchmesser und Radius?
c) Berechne das Volumen des Zylinders.

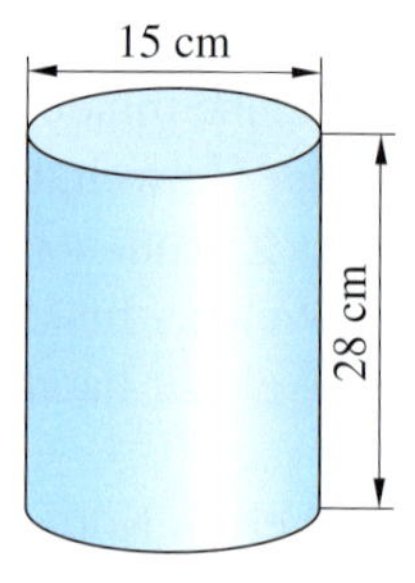

9 Ergänze die Tabelle für Zylinder im Heft. Achte auf die Einheiten.

	r	d	h_k	M	O
a)			5,9 cm	66,73 cm²	
b)		4,5 cm		184,73 cm²	
c)	7 cm				527,79 cm²
d)			28 cm	379,82 dm²	
e)	154 dm		20,6 m		
f)		0,08 dm			10,05 cm²

10 Berechne das Volumen des Zylinders. Runde auf zwei Stellen nach dem Komma.
a) $r = 1{,}8\,\text{mm}$; $h_k = 5\,\text{mm}$
b) $r = 4\,\text{dm}$; $h_k = 59\,\text{cm}$
c) $r = 3{,}6\,\text{cm}$; $h_k = 0{,}2\,\text{dm}$
d) $r = 2\,\text{dm}$; $h_k = 670\,\text{mm}$

11 Berechne das Volumen der Zylinder.

a)
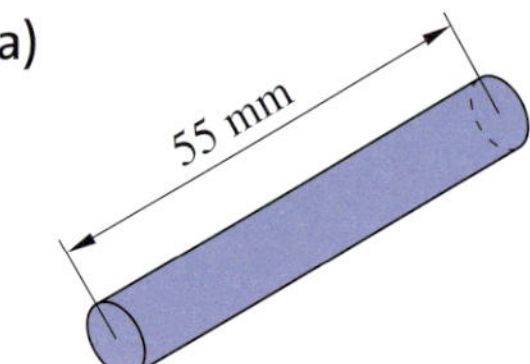

Radius 7 mm

b)
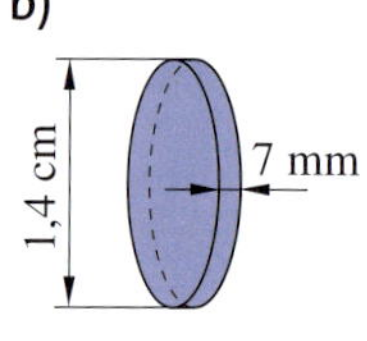

12 Die Tabelle zeigt die Maße eines Zylinders. Ergänze sie im Heft.

	r	d	h_k	V
a)	5,4 cm		1,3 cm	
b)		13 cm	280 mm	
c)	1,1 cm		3,2 cm	
d)		72 mm	7,8 cm	

13 Eine 1-€-Münze hat einen Durchmesser von 23,25 mm und eine Höhe von 2,33 mm. Berechne ihr Volumen.

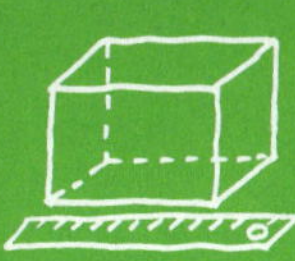

Thema: Gestalte eigene Geschenkverpackungen

Beim Schenken kann auch eine ungewöhnliche Verpackung Freude bereiten.
Oft werden besondere Verpackungen noch lange aufgehoben und zur Aufbewahrung verschiedener Dinge genutzt.
Außergewöhnliche Geschenkverpackungen für Freundschaftsringe, Glücksbringer usw. lassen sich mit einfachen Mitteln selbst herstellen.
Dabei sind der Gestaltung keine Grenzen gesetzt.

1 Jetzt bist du als Designer gefragt. Entwirf außergewöhnliche Verpackung für einen Gegenstand deiner Wahl.
Plane nicht einfach drauf los, sondern gehe nach folgendem Arbeitsplan vor:

1. Überlege dir zuerst, welche Form deine Verpackung haben soll.
2. Fertige einen Entwurf an: Skizze, Netz, etc.
3. Berechne das benötigte Material.
4. Erstelle aus Pappe ein Modell deiner Verpackung.
5. Beschreibe deine Verpackung.
6. Notiere deine Aufzeichnungen in Form eines Lerntagebuchs, aus dem hervorgeht, wie du vorgegangen bist, welche Probleme sich ergeben haben und wie du sie gelöst hast.
7. Präsentiere deine Verpackung in der Klasse.

2 Dreiecksprismen kennst du wahrscheinlich von Schokoladenverpackungen.
Ein solches Prisma kannst du zum Beispiel für die Verpackung eines Stiftes verwenden.

a) Zeichne wie vorgegeben auf die Rückseite eines festeren Kalenderblatts oder auf Tonpapier einen Bastelbogen für das Dreiecksprisma und bastele die Schachtel.

b) Bestimme das Volumen des Prismas.

c) Im Handel müsste diese Verpackung zu mindestens 70% gefüllt sein, damit keine Mogelpackung entsteht. Bis zu welcher Höhe muss ein solches Prisma dann gefüllt werden? Gehe bei deiner Berechnung davon aus, dass das Prisma auf der dreieckigen Grundfläche steht.

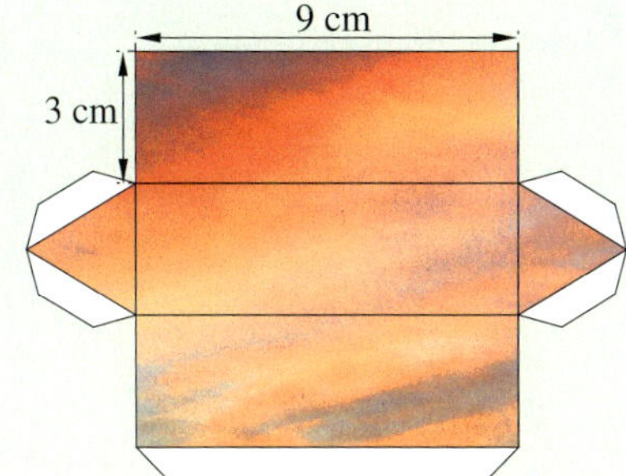

HINWEIS
*Man nennt eine Verpackung **Mogelpackung,** wenn sie über die wirkliche Menge oder Beschaffenheit des Inhalts hinwegtäuscht.*

3 Diese Schachtel wurde aus einer Landkarte gefaltet. Sie hat die Form eines Prismas mit trapezförmiger Grundfläche.
Die parallelen Seiten des Trapezes sind 10 cm und 4 cm lang, die Höhe des Trapezes beträgt 6 cm.

a) Zeichne die Grundfläche als gleichschenkliges Trapez und berechne ihren Flächeninhalt und ihren Umfang.

b) Bestimme den Mantelflächeninhalt der Schachtel, wenn die Körperhöhe 6 cm beträgt. Miss fehlende Längen in deiner Zeichnung.

c) Berechne den Oberflächeninhalt und das Volumen des Prismas.

d) Zeichne ein Netz des Prismas und ergänze es mit Klebelaschen an den notwendigen Stellen. Bastele die Schachtel.

Methode: Zusammengesetzte Körper und Hohlkörper

Zerspanungsmechaniker fertigen aus Metall verschieden geformte Werkstücke. Diese haben oft die Form von zusammengesetzen Körpern.

In das Werkstück können zylinderförmige Aussparungen gebohrt oder hineingefräst werden.

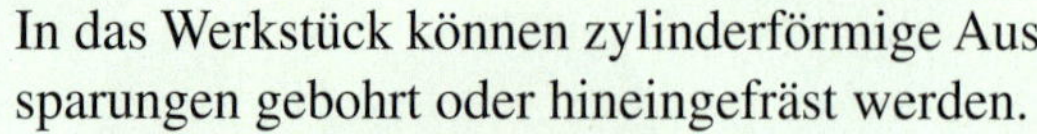

Beispiel 1 Das Werkstück besteht aus zwei Zylindern Z_1 und Z_2.

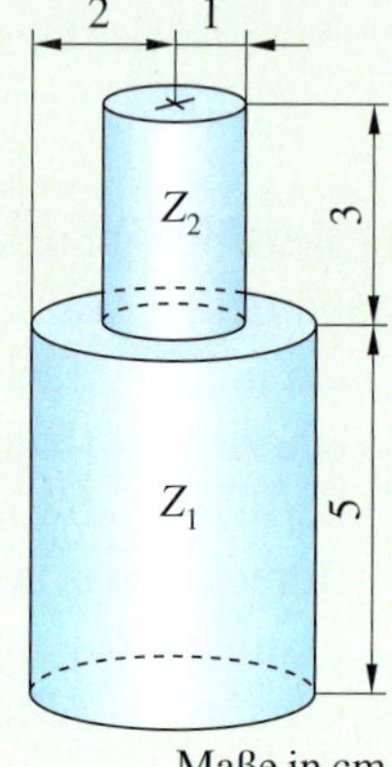

Maße in cm

Für das Volumen gilt: $V = V_1 + V_2$

$$\begin{aligned} V_1 &= \pi \cdot r_1^2 \cdot h_{k1} \\ &= \pi \cdot 2\,\text{cm} \cdot 2\,\text{cm} \cdot 5\,\text{cm} \\ &\approx 62{,}83\,\text{cm}^3 \end{aligned}$$

$$\begin{aligned} V_2 &= \pi \cdot r_2^2 \cdot h_{k2} \\ &= \pi \cdot 1\,\text{cm} \cdot 1\,\text{cm} \cdot 3\,\text{cm} \\ &\approx 9{,}42\,\text{cm}^3 \end{aligned}$$

$$V = V_1 + V_2 \approx 72{,}25\,\text{cm}^3$$

Für den Oberflächeninhalt gilt:

$$\begin{aligned} O &= M_1 + M_2 + 2 \cdot G_1 \\ O &= 2 \cdot \pi \cdot r_1 \cdot h_{k1} + 2 \cdot \pi \cdot r_2 \cdot h_{k2} + 2 \cdot \pi \cdot r_1^2 \\ &= 2 \cdot \pi \cdot 2\,\text{cm} \cdot 5\,\text{cm} + 2 \cdot \pi \cdot 1\,\text{cm} \cdot 3\,\text{cm} + 2 \cdot \pi \cdot 2\,\text{cm} \cdot 2\,\text{cm} \\ &\approx 106{,}81\,\text{cm}^2 \end{aligned}$$

Merke Das **Volumen** eines **zusammengesetzten Körpers** wird bestimmt, indem man die Volumina der einzelnen Körper berechnet und addiert.

Der **Oberflächeninhalt** eines **zusammengesetzten Körpers** wird bestimmt, indem man die Oberflächeninhalte der einzelnen Körper berechnet, addiert und den Flächeninhalt von Berührungsflächen abzieht.

Beispiel 2 In das quaderförmige Werkstück wurde ein Loch gefräst.

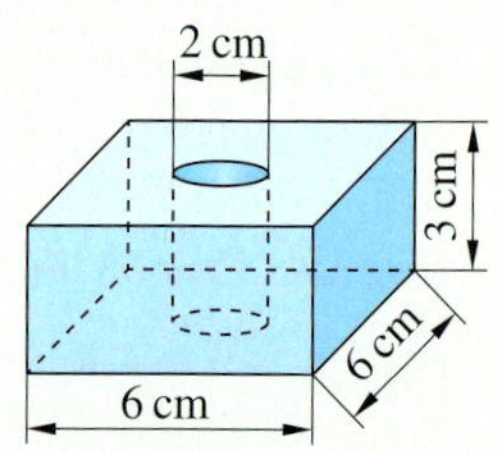

Für das Volumen gilt: $V = V_1 - V_2$

$$\begin{aligned} V_1 &= a^2 \cdot b \\ &= 6\,\text{cm} \cdot 6\,\text{cm} \cdot 3\,\text{cm} \\ &= 108\,\text{cm}^3 \end{aligned}$$

$$\begin{aligned} V_2 &= \pi \cdot r^2 \cdot h_k \\ &= \pi \cdot 1\,\text{cm} \cdot 1\,\text{cm} \cdot 3\,\text{cm} \\ &\approx 9{,}42\,\text{cm}^3 \end{aligned}$$

$$V = V_1 - V_2 \approx 98{,}56\,\text{cm}^3$$

Für den Oberflächeninhalt gilt:

$$\begin{aligned} O &= 2 \cdot a^2 + 4 \cdot ab - 2 \cdot G + M \\ O &= 2 \cdot 6\,\text{cm} \cdot 6\,\text{cm} + 4 \cdot 6\,\text{cm} \cdot 3\,\text{cm} - 2 \cdot \pi \cdot 1\,\text{cm} \cdot 1\,\text{cm} + 2 \cdot \pi \cdot 1\,\text{cm} \cdot 3\,\text{cm} \\ O &\approx 156{,}57\,\text{cm}^2 \end{aligned}$$

Merke Das **Volumen** eines **Hohlkörpers** wird bestimmt, indem man die Volumina der einzelnen Körper berechnet und voneinander subtrahiert.

Der **Oberflächeninhalt** eines **Hohlkörpers** wird bestimmt, indem man die Oberflächeninhalte der einzelnen Körper berechnet, addiert und den Flächeninhalt fehlender Flächen abzieht.

1 Nennt Objekte aus eurer Umwelt, die aus verschiedenen Körpern zusammengesetzt sind. Gestaltet ein Plakat über zusammengesetzte Körper. Beschreibt dort, wie man das Volumen und den Oberflächeninhalt berechnen kann. Stellt das Plakat in der Klasse aus.

2 Beschreibt euch gegenseitig, wie man das Volumen und den Oberflächeninhalt der Körper berechnen kann.

a) Hohlzylinder
b) zusammengesetzte Zylinder
c) zusammengesetzte Hohlzylinder

a) b) c)

3 Mit welchen Formeln lässt sich der Oberflächeninhalt der zusammengesetzten Zylinder berechnen? Begründe.

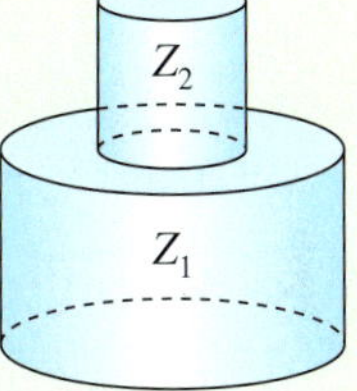

① $O = O_1 + O_2 - G_2$

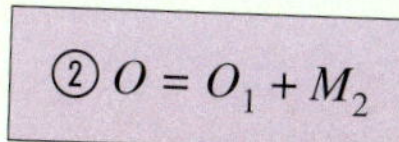

③ $O = O_1 + O_2$

④ $O = O_1 + O_2 - 2G_2$

⑤ $O = G_1 + M_1 + M_2 + G_1$

4 Berechne den Oberflächeninhalt und das Volumen der Werkstücke.

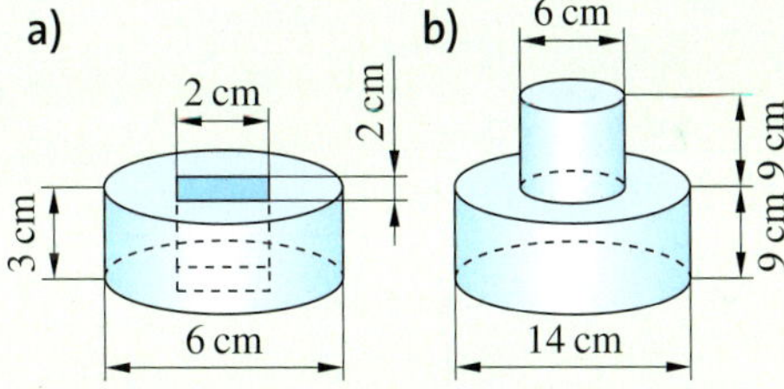

5 Ein Zylinderstift aus Stahl hat eine Länge von 90 mm und einen Durchmesser von 30 mm.

a) Berechne das Volumen des Stiftes.
b) Wie viele Zylinderstifte passen in einen Karton mit den Maßen $182 \times 112 \times 45$ mm?

6 Ein zylindrisches Gefäß ist mit Wasser gefüllt.

a) Wie viel Liter fasst das Gefäß?
b) Wie viel Quadratmeter Blech sind für zwölf Gefäße mindestens notwendig?
Plane für die Bördelung am oberen Rand 15 % zusätzliches Material ein.

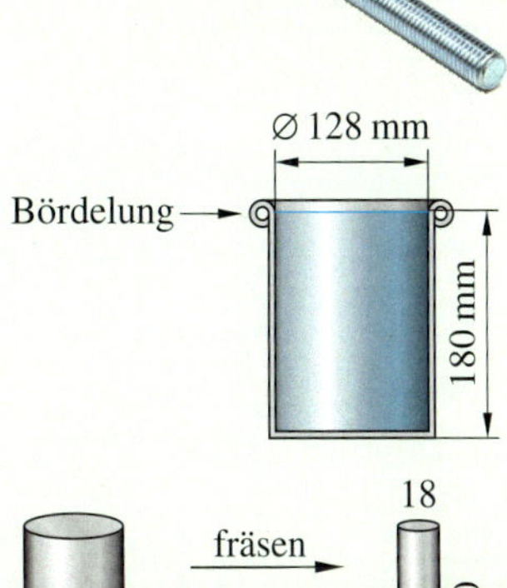

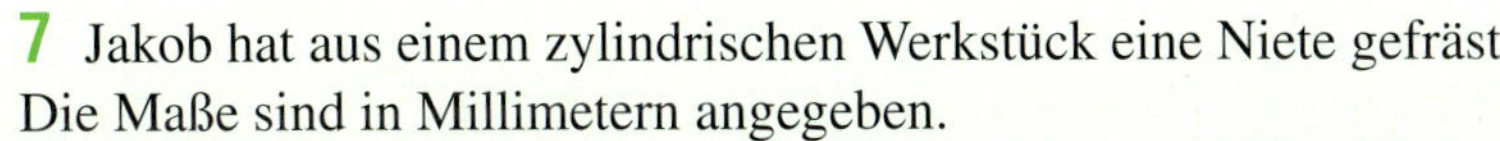

7 Jakob hat aus einem zylindrischen Werkstück eine Niete gefräst. Die Maße sind in Millimetern angegeben.

a) Berechne das Volumen der Niete.
b) Wie viel Prozent Abfall entsteht bei der Herstellung?

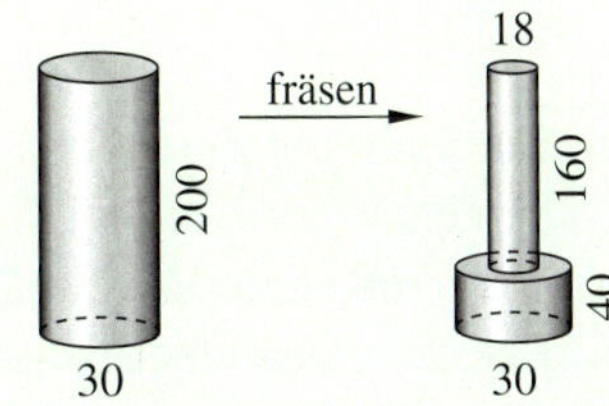

Klar so weit?

→ Seite 128

Prismen erkennen und beschreiben

1 Nenne die Eigenschaften eines Prismas.

2 Entscheide und begründe, ob der jeweilige Körper ein Prisma ist.

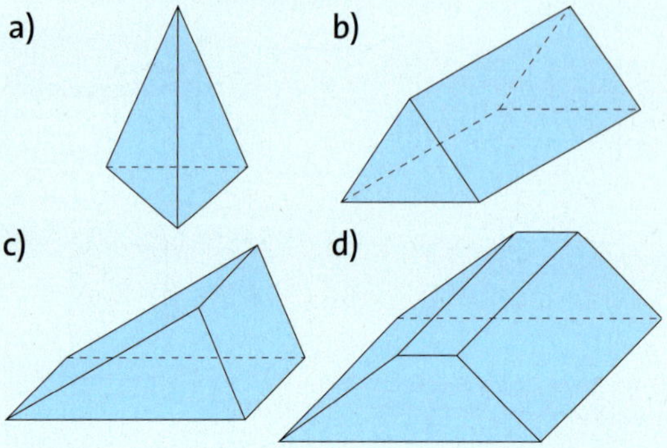

a) b) c) d)

2 Entscheide und begründe, ob der jeweilige Körper ein Prisma ist.

a)

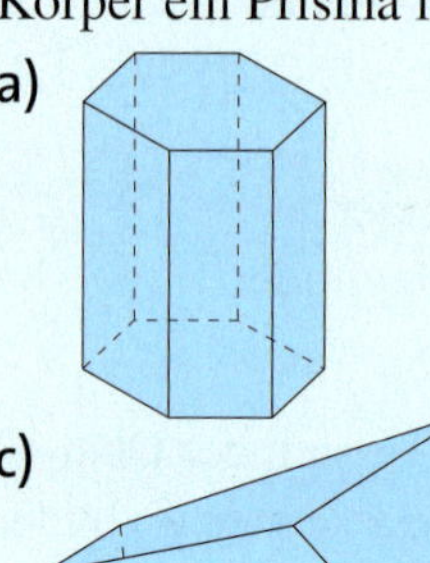

b)

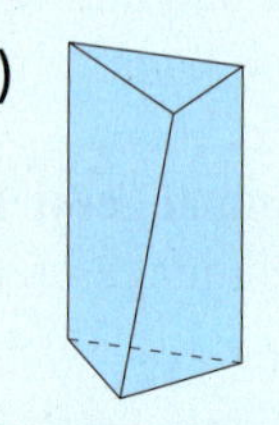

c)

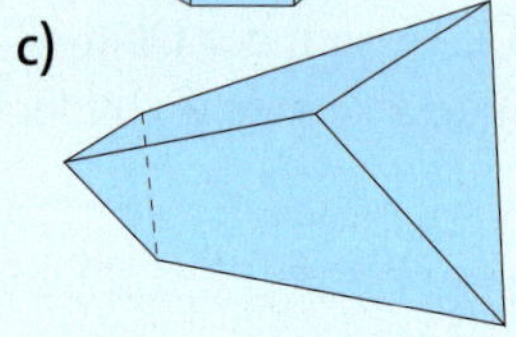

d)

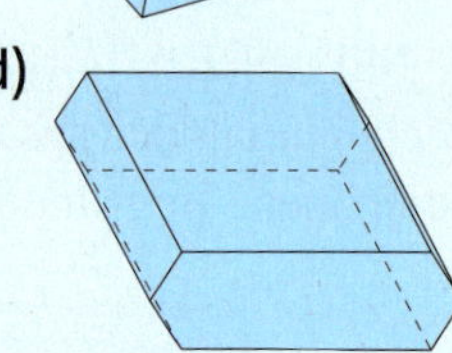

3 Die Figuren im folgenden Bild sind Grundflächen von Prismen. Die Höhe der Prismen beträgt 4 cm.
Zeichne jeweils ein Schrägbild.

a) 2 cm; 2 cm; 4 cm

b) 1,8 cm; 3,2 cm; 6,2 cm

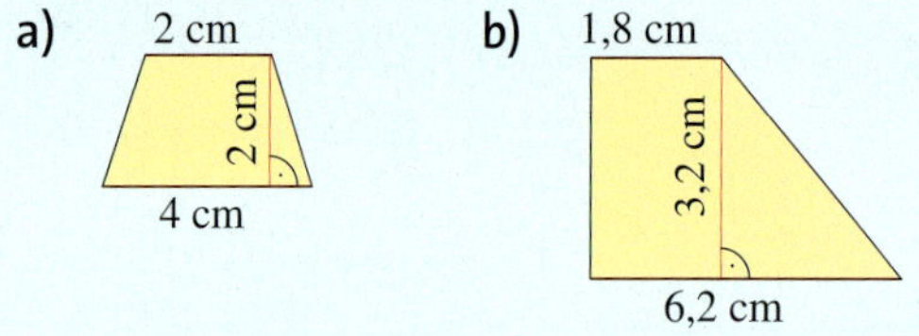

3 Die Figuren sind die Grundflächen von Prismen. Die Höhe der Prismen beträgt 5,5 cm. Zeichne jeweils ein Schrägbild des Prismas ins Heft.

a)

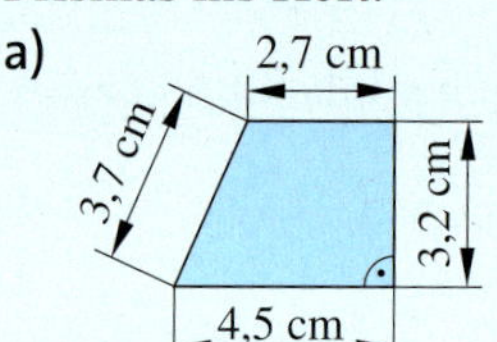

b)

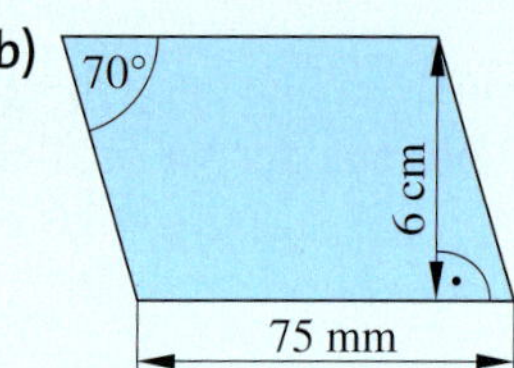

→ Seite 134

Oberflächeninhalt von Prismen

4 Gegeben ist ein Netz eines Prismas.

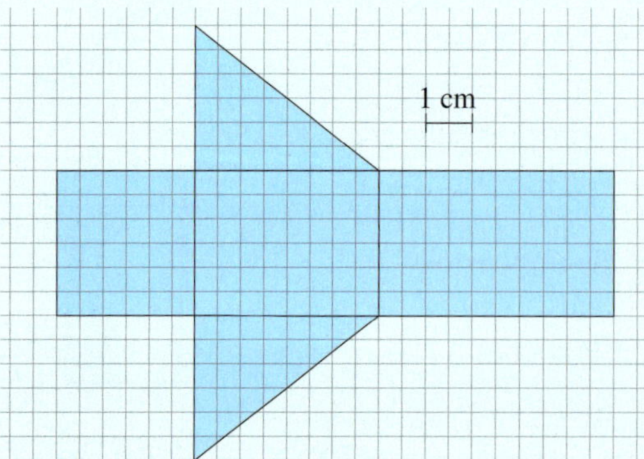

a) Entnimm der Zeichnung alle Längen und berechne den Umfang der Grundfläche.
b) Wie groß ist der Mantelflächeninhalt?
c) Berechne den Oberflächeninhalt.

4 Für ein Frühbeet wurde ein Kasten aus Plexiglas gebaut (siehe Skizze).

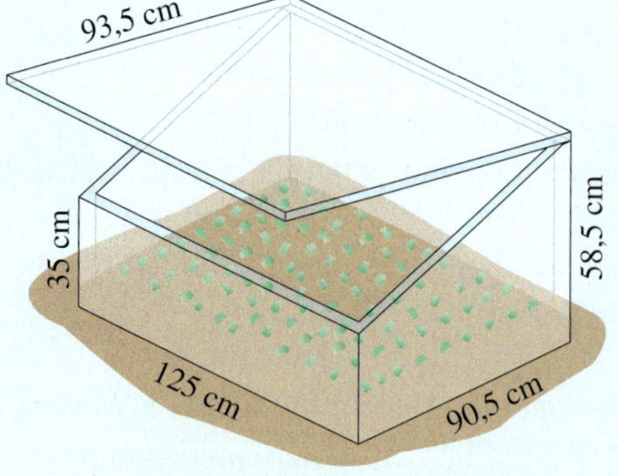

Wie viel Quadratmeter Plexiglas waren dazu mindestens nötig?

5 Berechne den Oberflächeninhalt des Prismas. Die Maße sind in Zentimetern gegeben.

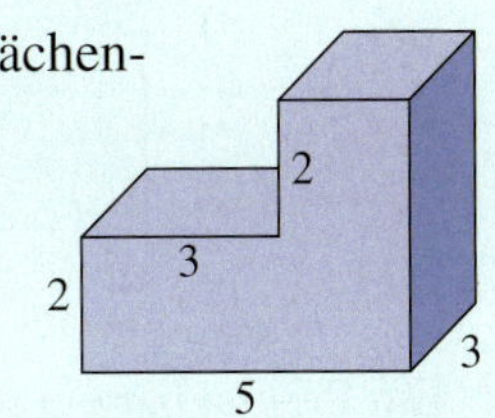

5 Ein Prisma hat ein gleichseitiges Dreieck als Grundfläche. Die Seiten der Grundfläche sind 1,90 m lang. Die Höhe der Grundfläche beträgt 1,65 m, die Körperhöhe beträgt 2,25 m. Berechne den Inhalt der Mantelfläche und der Oberfläche.

Volumen von Prismen

→ Seite 138

6 Berechne das Volumen der Prismen. Beachte die Maßeinheiten.

	Grundfläche G	Körperhöhe h_k
a)	70 cm²	8 cm
b)	0,75 dm²	1,2 dm
c)	7,4 cm²	12 mm
d)	28,4 dm²	0,07 m

6 Berechne die fehlenden Größen der Prismen und ergänze die Tabelle im Heft.

	Grundfläche G	Höhe h_k	Volumen V
a)	56 cm²	17 cm	
b)	3,8 dm²		66,5 dm³
c)		12,8 m	853,76 m³
d)	23 500 cm²	5,7 dm	

7 Berechne das Volumen des Prismas.

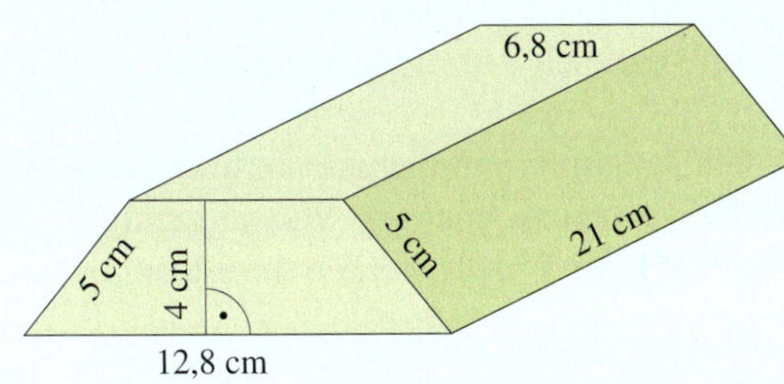

7 Das Holzstück ist 80 cm lang. Berechne das Volumen des Holzstücks (Maße in cm).

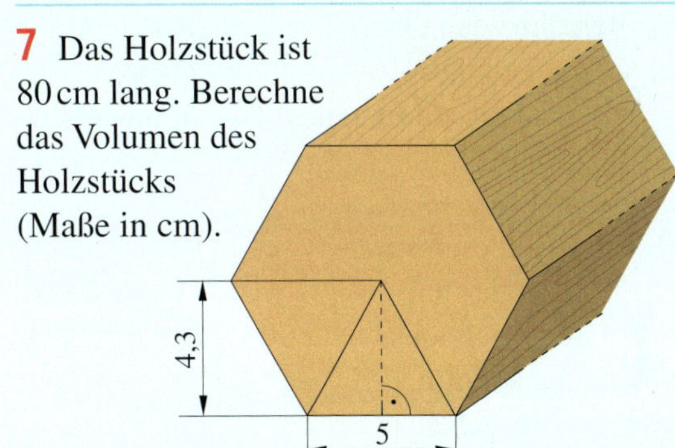

Oberflächeninalt und Volumen von Zylindern

→ Seite 142

8 Betrachte den abgebildeten Zylinder.
a) Zeichne ein Netz des Zylinders.
b) Berechne den Oberflächeninhalt.

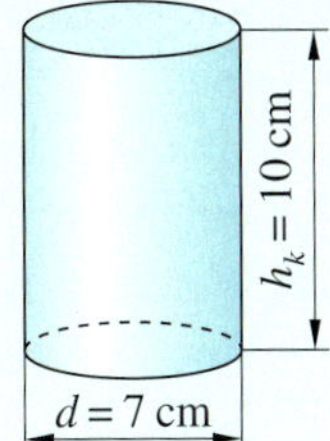

8 Betrachte den Zylinder.
a) Zeichne ein Netz des Zylinders.
b) Berechne den Oberflächeninhalt.

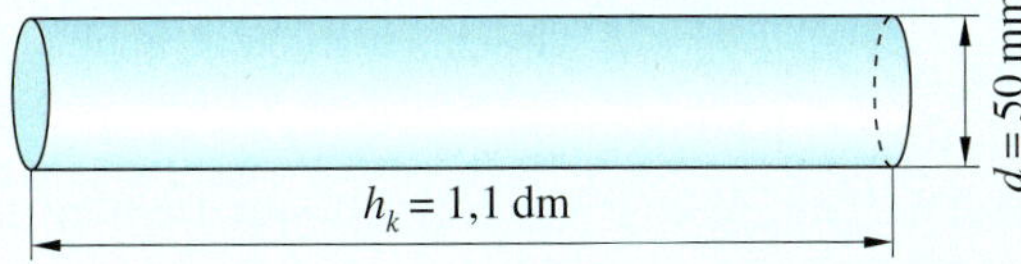

9 Ein zylinderförmiger Wassertank ist 2,50 m hoch und hat einen inneren Durchmesser von 80 cm.
Berechne den möglichen Wasservorrat des Tanks in Litern.
Erinnere dich: 1 l = 1 dm³.

9 Ein zylinderförmiger Mörtelkübel hat ein Volumen von 95 l und einen inneren Durchmesser von 1 m. Bestimme die Höhe des Mörtelkübels.

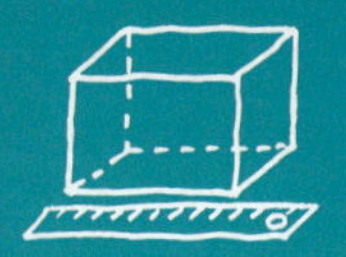

Vermischte Übungen

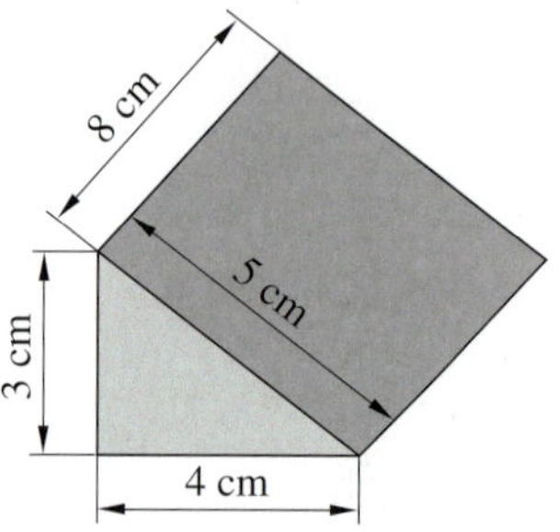

1 Abgebildet ist ein Prisma.
a) Zeichne ein Netz des Prismas.
b) Zeichne das Prisma im Schrägbild.
c) Berechne den Oberflächeninhalt und das Volumen.

2 Ein Prisma hat ein gleichseitiges Dreieck als Grundfläche. Berechne den Inhalt von Mantel- und Oberfläche. Gib das Volumen an.
a) $a = 4\,\text{cm}$; $h_a = 3{,}5\,\text{cm}$; $h_k = 8\,\text{cm}$
b) $a = 2{,}5\,\text{cm}$; $h_a = 2{,}2\,\text{cm}$; $h_k = 5\,\text{cm}$
c) $a = 5{,}6\,\text{cm}$; $h_a = 4{,}9\,\text{cm}$; $h_k = 11{,}5\,\text{cm}$
d) $a = 83\,\text{mm}$; $h_a = 72\,\text{mm}$; $h_k = 94\,\text{mm}$

2 Ein Prisma hat ein regelmäßiges Sechseck als Grundfläche. Berechne den Inhalt von Mantel- und Oberfläche. Gib das Volumen an.
a) $a = 3\,\text{cm}$; $h_a = 5{,}2\,\text{cm}$; $h_k = 15\,\text{cm}$
b) $a = 2{,}3\,\text{cm}$; $h_a = 20\,\text{mm}$; $h_k = 17{,}7\,\text{cm}$
c) $a = 48\,\text{dm}$; $h_a = 4{,}2\,\text{m}$; $h_k = 530\,\text{cm}$
d) $a = 0{,}12\,\text{cm}$; $h_a = 10{,}4\,\text{cm}$; $h_k = 14{,}7\,\text{cm}$

3 Ein Prisma hat ein Parallelogramm als Grundfläche, dessen Seiten $a = 4\,\text{cm}$ und $b = 7\,\text{cm}$ lang sind. Die Höhe des Parallelogramms beträgt $h_b = 3\,\text{cm}$.
Das Prisma ist 10 cm hoch.
a) Berechne den Oberflächeninhalt.
b) Genügt ein DIN-A4-Blatt, um dieses Prisma vollständig von außen zu bekleben? Begründe.

HINWEIS ZU 3 UND 5
Ein DIN-A4-Blatt ist 21,0 cm breit und 29,7 cm lang.

3 Ein Prisma mit quadratischer Grundfläche ($a = 2\,\text{cm}$) hat eine Höhe von 8 cm.
Das Prisma wird durch zwei Schnitte in vier Prismen mit quadratischer Grundfläche und einer Höhe von 8 cm zerlegt.
a) Skizziere die Zerlegung des Prismas.
b) Um wie viel Prozent vergrößert sich der Oberflächeninhalt der vier Prismen im Vergleich zum Ausgangsprisma?

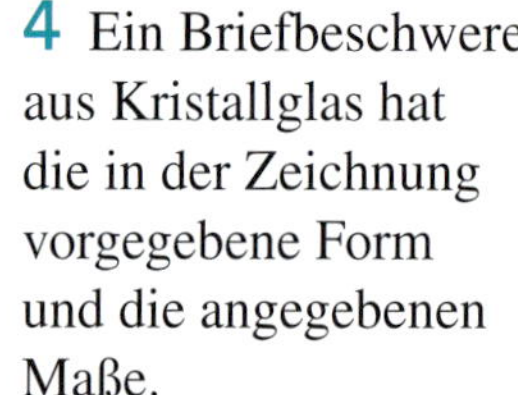

4 Ein Briefbeschwerer aus Kristallglas hat die in der Zeichnung vorgegebene Form und die angegebenen Maße.

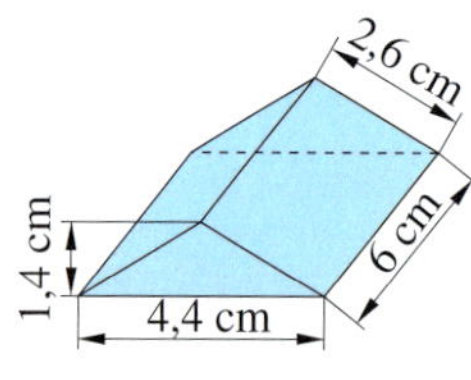

a) Berechne das Volumen des Briefbeschwerers.
b) Wie viel wiegt das Prisma, wenn $1\,\text{cm}^3$ des Glases 2,9 g wiegt?

4 Ein Aquarium mit der skizzierten Grundfläche wird 60 cm hoch mit Wasser gefüllt. Wie viel Liter Wasser werden dazu benötigt?

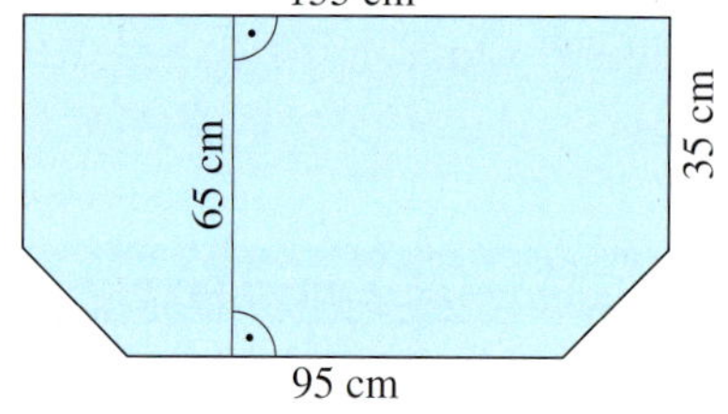

5 Die Edelstahltrommel einer Waschmaschine hat annähernd die Form eines einseitig offenen Zylinders.
Bestimme den Oberflächeninhalt.
a) Die Trommel ist 42 cm tief und hat einen Durchmesser von 52 cm.
b) Die Trommel ist 40,5 cm tief und hat einen Durchmesser von 43,0 cm.

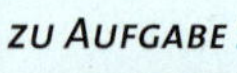
ZU AUFGABE 5

5 Eine Druckertrommel ist 35,0 cm breit und hat einen Durchmesser von 19,5 cm.
a) Welche Fläche kann damit höchstens bei einer Trommelumdrehung bedruckt werden?
b) Welchen Mindestdurchmesser müsste die Druckertrommel haben, um DIN-A4-Blätter im Hochformat zu bedrucken?

ZU AUFGABE 6

6 Der zylinderförmige Tank eines Wasserturms ist 9 m hoch und hat einen Durchmesser von 6 m. Berechne den möglichen Wasservorrat in Litern.

6 Der Gasometer in der Randspalte hat einen Durchmesser von 67,6 m. Seine Höhe beträgt 117,5 m.
Berechne das Volumen.

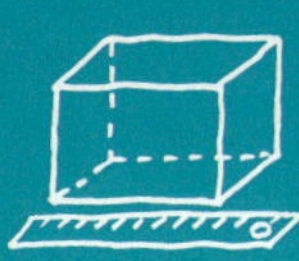

7 Das Bild zeigt einen Hausanbau, einen so genannten Wintergarten.

Der Wintergarten ist 3 m breit und 6 m lang. Er hat vorne eine Höhe von 2 m und am Haus eine Höhe von 3 m.

a) Zeichne ein Schrägbild des Wintergartens im Maßstab 1 : 100.
b) Gib das Volumen des Wintergartens an.
c) Zeichne ein maßstäbliches Netz von den Scheiben des Wintergartens. Der Boden und die Hauswand werden also nicht mitgezeichnet. Vernachlässige dabei die Balken.
d) Gib den Flächeninhalt der Scheiben an.

8 In einem Garten stehen Betonelemente, die als Sitzmöglichkeit oder auch als Stellmöglichkeit für Blumenschalen genutzt werden können.

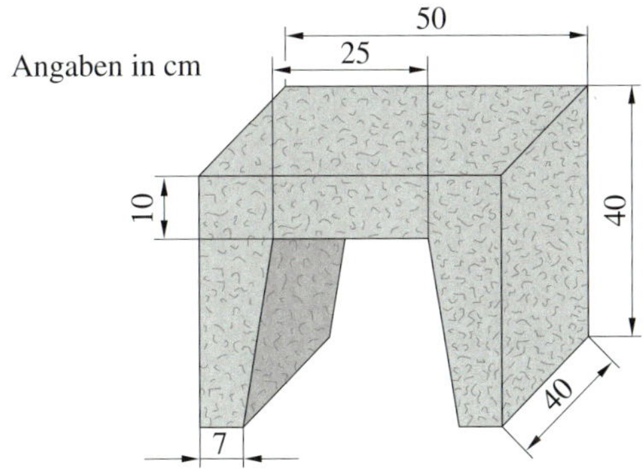

a) Zerlegt die Grundfläche des Prismas in drei Vierecke. Berechnet den Flächeninhalt.
b) Wie viel Kubikmeter Beton wurden für dieses Betonelement verarbeitet? Vergleicht eure Lösungswege.
c) Wie schwer ist das Betonelement, wenn 1 m^3 Beton 1 200 kg wiegt?

7 Das Bild zeigt eine Schubkarre, die im Verkauf mit einem Volumen von 250 l angepriesen wird.

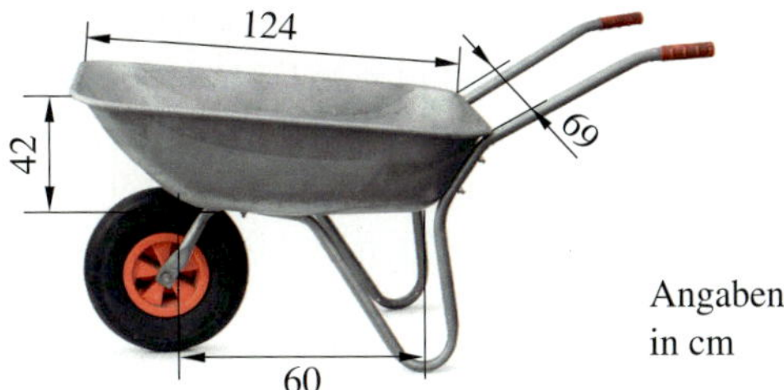

a) Überprüfe, ob das Volumen der Schubkarre tatsächlich 250 l beträgt.
b) Wie viel Blech benötigt man zur Herstellung der Wanne?
c) Welche Maße könnte eine 160 l Schubkarre besitzen?
d) Herr Borne legt einen quaderförmigen, 2,20 m breiten, 3,60 m langen und 1,20 m tiefen Teich an. Die Erde entsorgt er 150 m entfernt. Wie viele Meter legt er zurück, wenn er die 250-l-Schubkarre jedes Mal voll füllt?

8 Die Abbildung zeigt einen Container von der Seite. Er ist 2 m tief und 0,90 m hoch.

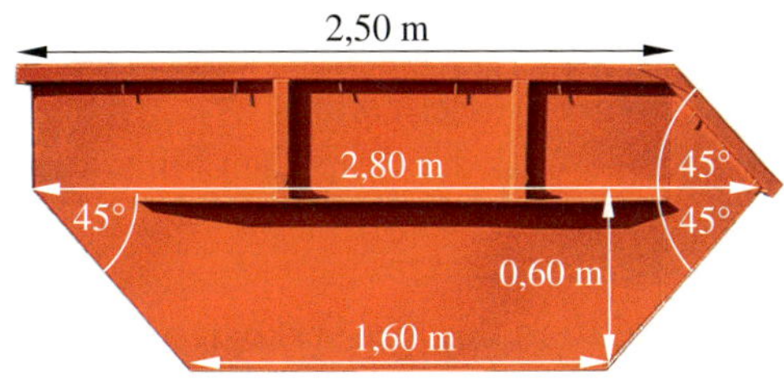

a) Zeichne ein Schrägbild des Containers im Maßstab 1 : 20.
b) Berechne das Fassungsvermögen des Containers.
c) Der Container ist bis zur halben Höhe mit Schutt gefüllt. Ist er jetzt auch „halb voll"?
d) Betrachte die Zuordnung *Schutthöhe → Volumen.* Ergänze die folgende Wertetabelle in deinem Heft und stelle sie grafisch dar.

Schutthöhe (in cm)	0	30	60	90
Volumen (in m^3)	0			

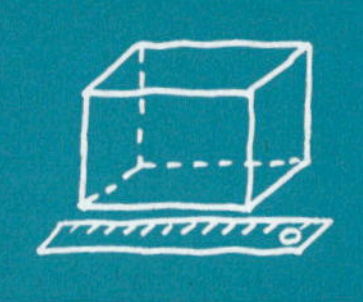

FACHANGESTELLTER/ FACHANGESTELLTE FÜR BÄDERBETRIEBE
Die Ausbildung dauert 3 Jahre. Suche nach weiteren Informationen über den Beruf z. B. im Internet oder im BIZ.

Beruf **Fachangestellte/r für Bäderbetriebe**

Fachangestellte für Bäderbetriebe betreuen und beaufsichtigen die Badegäste in Schwimmbädern. Sie geben Schwimmunterricht, können Badegäste aus Gefahren retten und Erste Hilfe leisten.
Sie prüfen regelmäßig die Wasserqualität und reinigen und desinfizieren das Bad. Sie achten darauf, dass die dafür notwendigen technischen Anlagen funktionieren.
Sie übernehmen auch Aufgaben aus der Verwaltung.

9 Eröffnung des neuen Freibads

Das Freibad steht kurz vor der Eröffnung. Das große Becken hat die folgenden Maße.

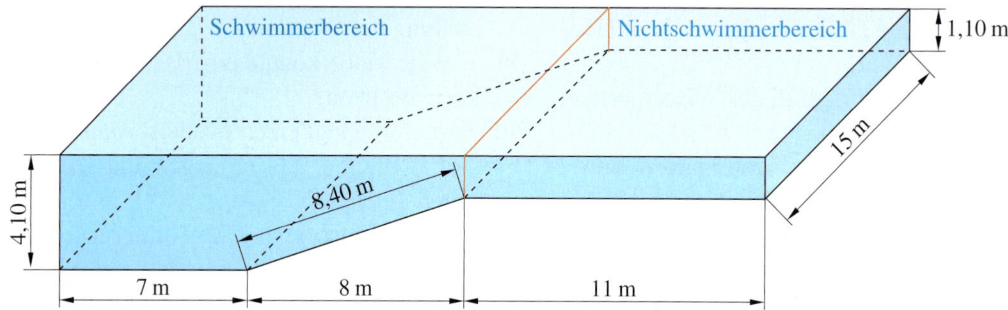

a) Berechne das Volumen des Nichtschwimmerbereichs.
b) Berechne das Volumen des Schwimmerbereichs. Dazu gehört auch der Übergangsbereich.
c) 17 Pumpen befüllen das Schwimmbecken. Jede Pumpe fördert $25\,000\,\frac{l}{h}$. Wie lange dauert es, bis das gesamte Becken mit Wasser gefüllt ist?
d) Begründe, dass der Graph den Füllvorgang des Beckens beschreibt.

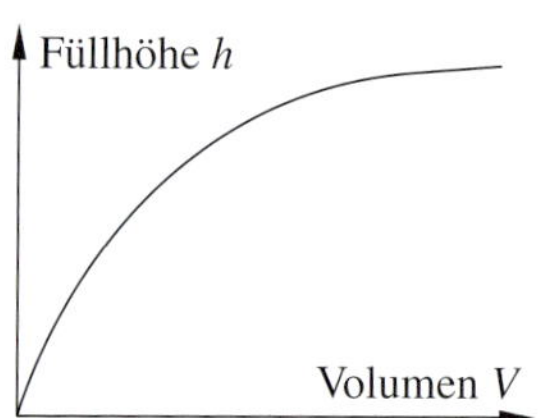

10 Kalkulation der Wasserkosten für das große Becken

Die Verwaltung kalkuliert die anfallenden Wasserkosten.
a) Berechne die Kosten für eine Füllung.
b) Das Wasser wird durchschnittlich 3-mal pro Jahr gewechselt. Berechne die anfallenden Gesamtkosten für ein Jahr.

Auszug vom Wasserwerk
1 Liter Frischwasser: 0,16 ct
Monatliche Grundgebühr: 9,70 €
7 % MwSt. zu allen Angaben

11 Letzte Arbeiten am Kinderbecken

Für die kleinen Gäste wird zusätzlich ein Kinderbecken gebaut.
a) Berechne das Volumen des Beckens bei einer Tiefe von 0,3 m.
b) Das Becken erhält eine Sicherheitsumrandung aus Gummi. Wie viel Meter Gummi werden benötigt.
c) Aus hygienischen Gründen wird das Beckenwasser jede Woche erneuert. Berechne die Frischwasserkosten für eine Füllung.

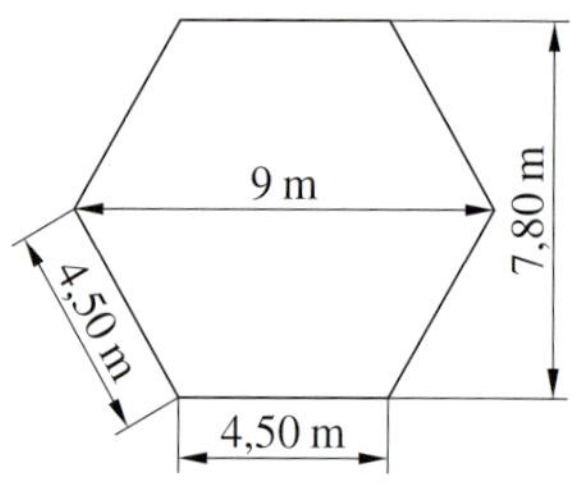

Zusammenfassung

Prismen erkennen und beschreiben

→ Seite 128

Ein (gerades) **Prisma** ist ein Körper,
- dessen Grundfläche *G* und Deckfläche Vielecke sind, die deckungsgleich und parallel zueinander sind,
- dessen Seitenflächen Rechtecke sind, die senkrecht auf der Grund- und der Deckfläche stehen.

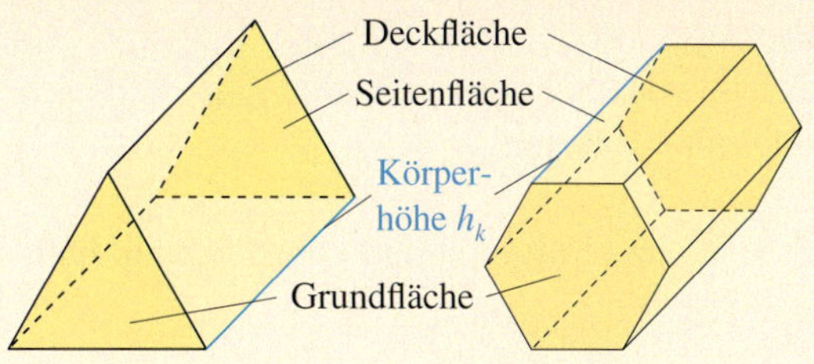

Oberflächeninhalt von Prismen

→ Seite 134

Um den **Mantelflächeninhalt** ***M*** oder den **Oberflächeninhalt** ***O*** eines Prismas zu bestimmen, müssen die einzelnen Flächen berechnet und addiert werden.

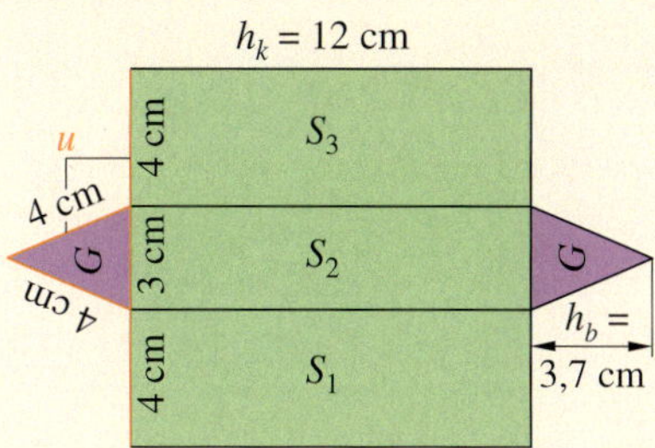

Die Mantelfläche *M* eines Prismas besteht aus allen rechteckigen Seitenflächen.
$M = S_1 + S_2 + \ldots + S_n$ bzw. $\boldsymbol{M = u \cdot h_k}$

Die Oberfläche *O* eines Prismas besteht aus der Mantelfläche *M* sowie der Grundfläche und der Deckfläche.
$O = 2G + S_1 + S_2 + \ldots + S_n$ bzw.
$\boldsymbol{O = 2G + M}$

$u = a + b + c = 4\,\text{cm} + 3\,\text{cm} + 4\,\text{cm} = 11\,\text{cm}$
$M = u \cdot h_k = 11\,\text{cm} \cdot 12\,\text{cm} = 132\,\text{cm}^2$

$G = \frac{1}{2} \cdot 3\,\text{cm} \cdot 3{,}7\,\text{cm} = 5{,}55\,\text{cm}^2$

$O = 2 \cdot 5{,}55\,\text{cm}^2 + 132\,\text{cm}^2 = 143{,}1\,\text{cm}^2$

Volumen von Prismen

→ Seite 138

Das **Volumen** ***V*** eines Prismas bestimmt man, indem man die Grundfläche *G* mit der Körperhöhe h_k des Prismas multipliziert.
Es gilt also: $\boldsymbol{V = G \cdot h_k}$

gegeben: Dreiecksprisma mit $c = 11{,}2\,\text{cm}$; $h_c = 10\,\text{cm}$ und $h_k = 25\,\text{cm}$

$G = \frac{c \cdot h_c}{2} = \frac{11{,}2\,\text{cm} \cdot 10\,\text{cm}}{2} = 56\,\text{cm}^2$

$V = G \cdot h_k = 56\,\text{cm}^2 \cdot 25\,\text{cm} = 1400\,\text{cm}^3$

Oberflächeninhalt und Volumen von Zylindern

→ Seite 142

Für den **Mantelflächeninhalt** ***M*** gilt:
$\boldsymbol{M = 2\pi r \cdot h_k}$

Für den **Oberflächeninhalt** ***O*** gilt:
$\boldsymbol{O = 2G + M} = 2\pi r^2 + 2\pi r \cdot h_k$
$\quad = \boldsymbol{2\pi r \cdot (r + h_k)}$

Für das **Volumen** ***V*** gilt:
$\boldsymbol{V = G \cdot h_k = r^2\pi \cdot h_k}$

gegeben: Zylinder mit $r = 6\,\text{cm}$ und $h_k = 10\,\text{cm}$
$M = 2 \cdot \pi \cdot 6\,\text{cm} \cdot 10\,\text{cm} \approx 377{,}0\,\text{cm}^2$

$O = 2 \cdot \pi \cdot 6\,\text{cm} \cdot 6\,\text{cm} + 377\,\text{cm}^2 \approx 603{,}2\,\text{cm}^2$
bzw.
$O = 2 \cdot \pi \cdot 6\,\text{cm} \cdot (6\,\text{cm} + 10\,\text{cm}) \approx 603{,}2\,\text{cm}^2$

$V = 6\,\text{cm}^2 \cdot \pi \cdot 10\,\text{cm} \approx 1131{,}0\,\text{cm}^3$

Teste dich!

2 Punkte | 3 Punkte

1 Abgebildet ist die Grundfläche eines Prismas. Zeichne das Schrägbild mit $h = 8\,\text{cm}$.

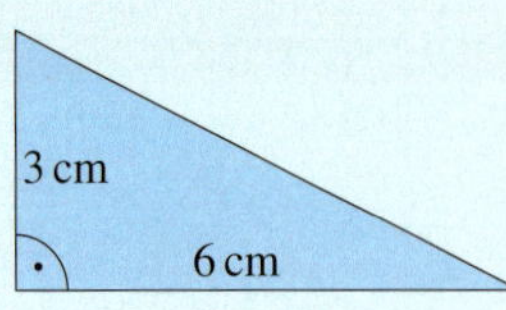

1 Zeichne das Schrägbild eines Prismas. Die Grundfläche ist ein rechtwinkliges Dreieck mit den Seitenlängen $b = c = 3{,}8\,\text{cm}$. Die Höhe beträgt 5,6 cm.

4 Punkte | 6 Punkte

2 Berechne Volumen und Oberflächeninhalt.

2 Berechne Volumen und Oberflächeninhalt.

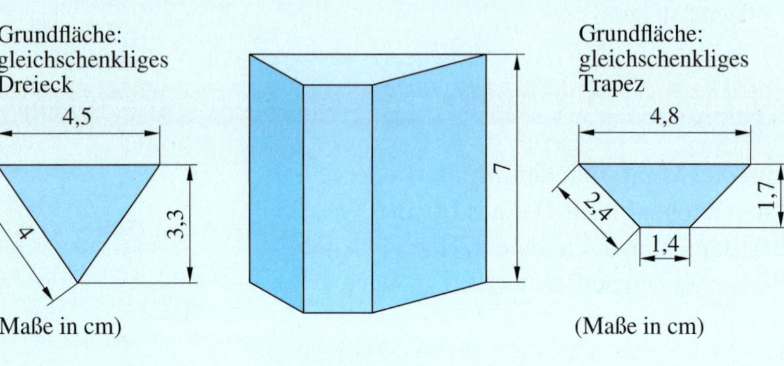

4 Punkte | 5 Punkte

3 Für den Bau eines Hauses wird eine 19 cm dicke Betonplatte gegossen. Wie viel Kubikmeter Beton werden benötigt, wenn die Grundfläche des Hauses $51\,\text{m}^2$ beträgt? Runde auf eine Stelle nach dem Komma.

3 Im Tauchsportverein hat das Tauchbecken eine Breite von 5 m und eine Länge von 8,4 m. Wie viel Kubikmeter Wasser enthält das Becken, wenn Tauchübungen bis zu einer Tiefe von 5 m durchgeführt werden können?

4 Punkte

4 Welche Grundfläche passt zu der angegebenen Mantelfläche? Begründe.

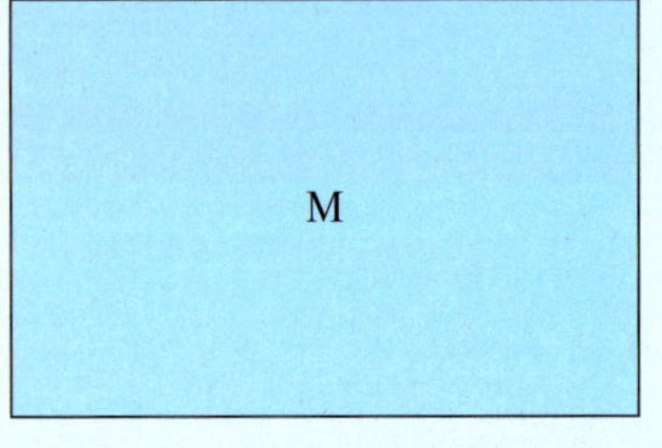

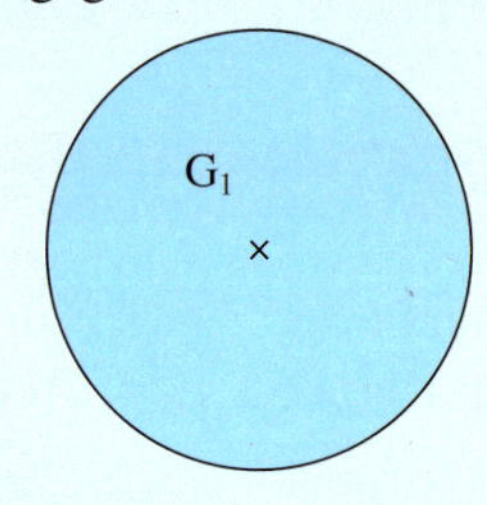

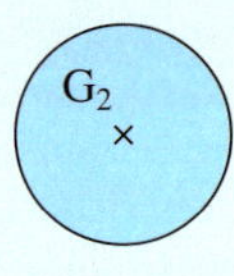

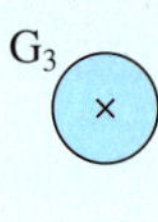

4 Punkte | 6 Punkte

5 Berechne das Volumen und den Oberflächeninhalt des Zylinders.

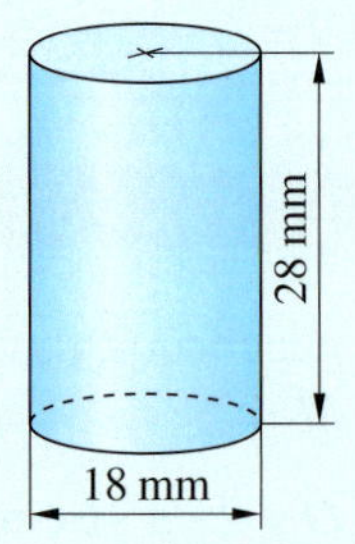

5 Berechne Volumen und Oberflächeninhalt des Zylinders.

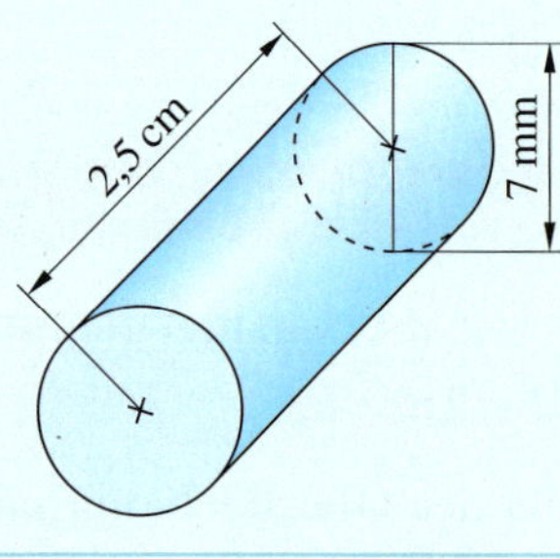

2 Punkte | 4 Punkte

6 Zeichne ein Netz eines Zylinders mit dem Radius $r = 4\,\text{cm}$ und der Körperhöhe $h_k = 5\,\text{cm}$.

6 Zeichne ein Netz eines Zylinders mit dem Durchmesser $d = 4\,\text{cm}$ und der Körperhöhe $h_k = 6{,}5\,\text{cm}$.

Gold: 26–28 Punkte, Silber: 20–25 Punkte, Bronze: 17–19 Punkte

Lösungen ab Seite 201

Rechnen mit Klammern

In der Mathematik verwendet man Klammern, um Terme zusammenzufassen und zu strukturieren.

Noch fit?

Einstieg

1 Terme zusammenfassen

Ordne und fasse dann zusammen.

a) $a + b + a + b + b + a + b$
b) $o + o - p + o + p - o - p - p$
c) $r^2 + s^2 + t + r - s^2 - t - r - s + s$
d) $-c^2 + d - c - e + d + e - e - c^2 + c$
e) $7 \cdot a \cdot a \cdot b$
f) $y \cdot 5x \cdot y$

2 Terme aufstellen

Gib einen Term für den Umfang der Figur an.

a) 

b) 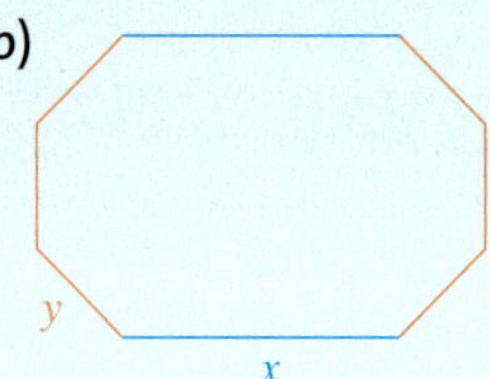

Aufstieg

1 Terme vereinfachen

Vereinfache so weit wie möglich.

a) $5x + 3y + 4x + 14y + 12x$
b) $3a + 16a^2 + 7 + 19a + 8$
c) $35m - 55n - 29m - 65n + 17$
d) $5x + 3y^2 - 3x^2 - 11x + 4y^2 + 7y^2$
e) $4a \cdot 3a \cdot 7b$
f) $7y \cdot x^2 \cdot 3 \cdot y$

2 Terme aufstellen

Gib einen Term für den Umfang der Figur an.

a) 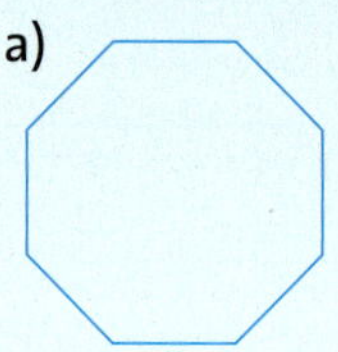

b) 
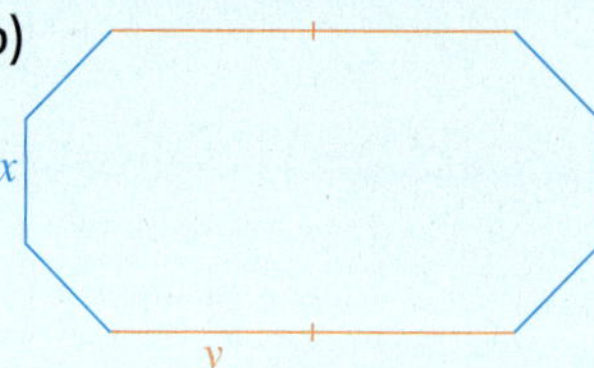

3 Zahlenrätsel

Sina: „Ich denke mir eine Zahl. Dann addiere ich zu dieser Zahl das Dreifache der Zahl und ziehe anschließend 10 ab."

a) Gib einen Term für das Rätsel von Sina an.
b) Welches Ergebnis erhält Sina, wenn sie 8 einsetzt?
c) Welche Zahl muss man in Sinas Term einsetzen, um als Ergebnis 2 zu erhalten?

Einstieg

4 Lösungen prüfen

Überprüfe die angegebenen Lösungen. Korrigiere, falls erforderlich.

a) $x + 8 = 15$; $x = 7$
b) $x + 12 = 21$; $x = 9$
c) $x + 15 = 6$; $x = 10$
d) $4x = 16$; $x = 3$
e) $4 + x = 15$; $x = 11$
f) $5x = 50$; $x = 0$
g) $4x + 5 = 21$; $x = 4$

Aufstieg

4 Gleichungen lösen

Löse die Gleichungen.

a) $20 - 5x = 10$
b) $48 + 36a = -60$
c) $24 - 6d + 14d = 0$
d) $-35 + 8y + 9y = 64 + 26y$
e) $12v - 12 + 16 + 8v = 0$
f) $-11u - 96 = -5 - 4u$
g) $35 + 15x + 10 - 6x = 0$
h) $-8y - 4 = -6 - 2y$

5 Terme aufstellen

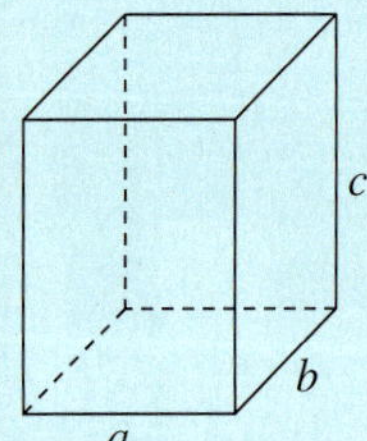

Jule und Jakob haben das Kantenmodell eines Quaders aus Draht gebaut.

a) Stellt jeweils einen passenden Term auf.
   ① Wie lang sind die Kanten des Quaders insgesamt?
   ② Stellt euch den Quader mit Begrenzungsflächen vor. Wie groß ist der Oberflächeninhalt des Quaders?
   ③ Wie groß ist sein Volumen?
b) Setzt für die Variablen ein: $a = 4\,\text{dm}$; $b = 1\,\text{dm}$; $c = 5\,\text{dm}$.
   Berechnet die gesamte Kantenlänge, den Oberflächeninhalt und das Volumen.

Lösungen ab Seite 201

Klammern auflösen und setzen

Entdecken

1 Die Grundstücke der Familien Klein und Schmid grenzen aneinander. Familie Klein plant den Bau einer Garage und kauft einen 2,50 m breiten Streifen vom Nachbargrundstück.

bisherige Grundstücksaufteilung

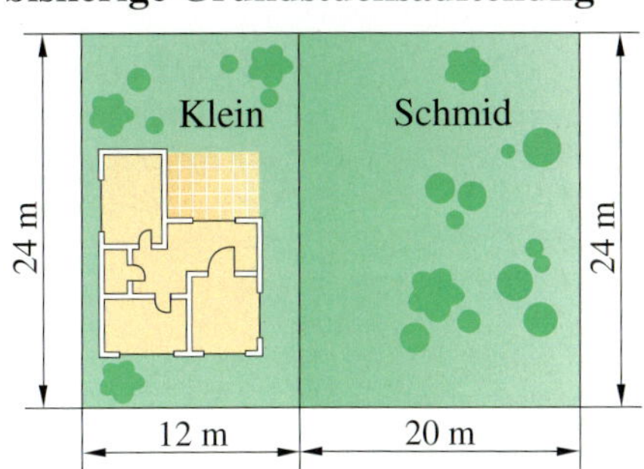

geplante Grundstücksaufteilung

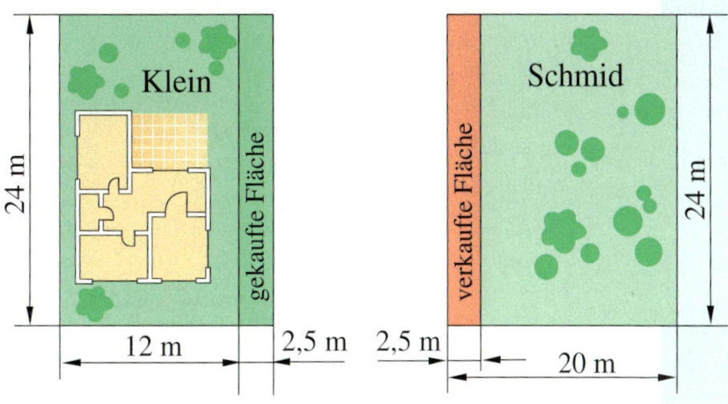

a) Welchen Flächeninhalt hat das vergrößerte Grundstück von Familie Klein? Gebt zwei verschiedene Terme an.

b) Welchen Flächeninhalt hat das verkleinerte Grundstück von Familie Schmid? Gebt zwei verschiedene Terme an.

c) Sara und Antonia erstellen eine Skizze der Grundstücke und bezeichnen die Seiten mit Variablen. Dann geben sie die *Gesamtfläche* der Grundstücke an. Erklärt beide Terme anhand ihrer Skizze.

Sara: $a \cdot c + b \cdot c$

Antonia: $c \cdot (a + b)$

bisher:

c; a; b

d) Gebt zwei verschiedene Terme an, mit denen man den Flächeninhalt der vergrößerten bzw. verkleinerten Grundstücke berechnen kann. Überprüft jeweils durch Einsetzen, ob ihr zum gleichen Ergebnis kommt wie in Aufgabe a).

geplant:

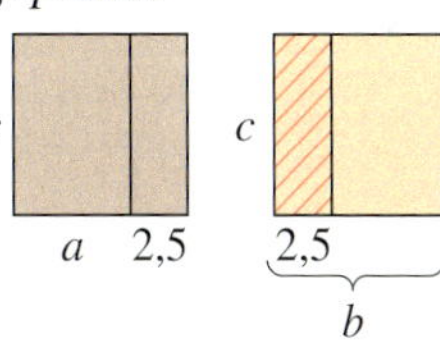

2 Schaut euch Sophies Aussage an.

a) Setzt für x und für y Zahlen ein und überprüft, ob wirklich alle Terme gleichwertig sind.

b) Findet jeweils einen Term ohne Klammer, der zu dem gegebenen Term gleichwertig ist:
① $4 \cdot (a + b)$ ② $6 \cdot (x + y)$ ③ $8 \cdot (k - m)$ ④ $a \cdot (r + 2)$

c) Findet jeweils einen Term mit Klammer, der zu dem gegebenen Term gleichwertig ist:
⑤ $7x + 7y$ ⑥ $3s + 3t$ ⑦ $x \cdot y - x \cdot z$ ⑧ $a \cdot b - 3a$

d) Wie kann man die Klammer in einem Term der Form $a \cdot (b + c)$ auflösen? Formuliert Regeln und überprüft sie.

Verstehen

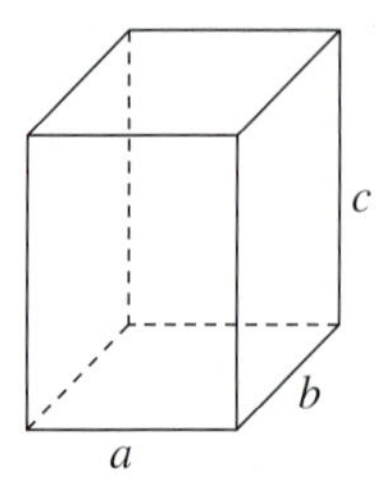
c
b
a

Maria und Lars haben ein Kantenmodell eines Quaders aus Draht gebaut. Sie sollen nun einen Term zur Berechnung der gesamten Kantenlänge des Quaders angeben.
Beim Aufstellen der Terme gehen sie unterschiedlich vor.

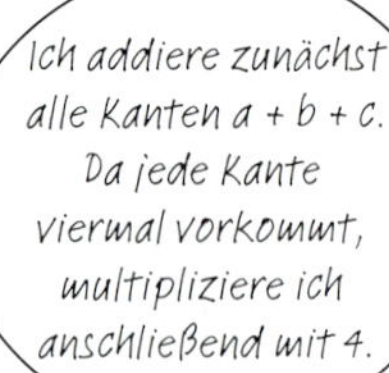
Ich addiere zunächst alle Kanten a + b + c. Da jede Kante viermal vorkommt, multipliziere ich anschließend mit 4.

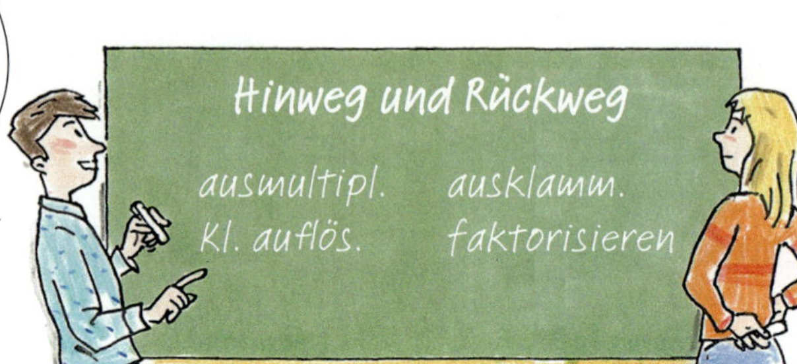
Hinweg und Rückweg
ausmultipl.
Kl. auflös.
ausklamm.
faktorisieren
Ich multipliziere jede Kante mit 4 und addiere dann die Produkte.

HINWEIS
Das Malzeichen vor der Klammer kann weggelassen werden:
$7 \cdot (x-3) = 7(x-3)$

Beispiele 1

$4(a+b+c) = 4a+4b+4c$

$3(5+2) = 3 \cdot 5 + 3 \cdot 2$

$(8-6+2) \cdot 4 = 8 \cdot 4 - 6 \cdot 4 + 2 \cdot 4$

$3(x+2y) = 3x+6y$

Erinnere dich an das **Verteilungsgesetz** (Distributivgesetz), es gilt auch bei Termen mit Variablen:
Wird eine Summe (oder Differenz) mit einer Zahl multipliziert, kann man folgendermaßen die **Klammer auflösen**:

$a(b+c) = a \cdot b + a \cdot c$

$a(b-c) = a \cdot b - a \cdot c$

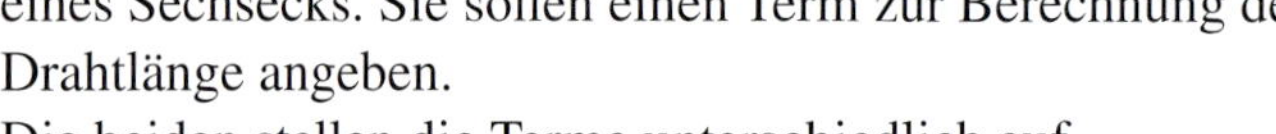

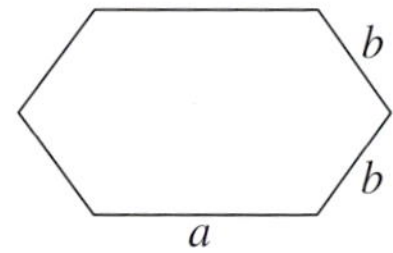
b
b
a

Anschließend betrachten Maria und Lars das Drahtmodell eines Sechsecks. Sie sollen einen Term zur Berechnung der Drahtlänge angeben.
Die beiden stellen die Terme unterschiedlich auf.

Maria fasst zuerst alle Kanten der Länge a und dann alle Kanten der Länge b des Sechsecks zusammen:

$2a+4b$

Lars sieht, dass die Kombination aus einer Strecke a und zwei Strecken b zweimal vorkommt:

$2(a+2b)$

Maria und Lars stellen fest:

$2a+4b = 2(a+2b)$

HINWEIS
Auch zwischen Zahl und Variable bzw. zwischen Variablen kann man das Malzeichen weglassen:
$a \cdot b = ab$

Beispiele 2

$4x+4y = 4(x+y)$

$ab - bc = b(a-c)$

$16x + 24 = 8 \cdot 2x + 8 \cdot 3 = 8(2x+3)$

$ab + a = a \cdot b + a \cdot 1 = a(b+1)$

Merke Das Verteilungsgesetz kann man auch umgekehrt anwenden:
Eine Summe kann man in ein Produkt umwandeln, indem man aus allen Summanden **einen gemeinsamen Faktor ausklammert**.
Das nennt man **Faktorisieren**.

$$\underbrace{ab + ac}_{\text{Summe}} = \underbrace{a \cdot (b+c)}_{\text{Produkt}}$$

Üben und anwenden

1 Ordne im Heft die Terme mit Klammer und die Terme ohne Klammer einander zu.

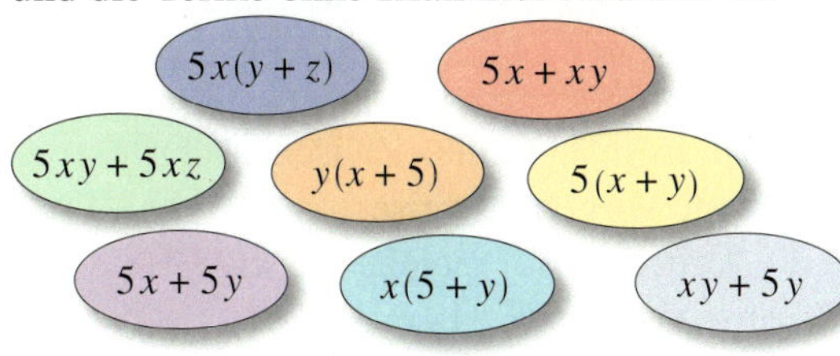

1 Überlegt: Sind die Terme gleich? Übertragt ins Heft und setzt = oder ≠ ein.

a) $x(4+x)$ $\square$ $(4+x)x$
b) $x(4+x)$ $\square$ $x(x+4)$
c) $x(4-x)$ $\square$ $x(x-4)$
d) $x(-4-x)$ $\square$ $x(x-4)$
e) $x(-4+x)$ $\square$ $x(x-4)$
f) $x(4-x)$ $\square$ $(-x+4)x$

2 Löse die Klammer auf.

a) $2(a+b)$ b) $4(m-n)$
c) $3(x+y)$ d) $a(b-c)$
e) $4(11+c)$ f) $15(3-2a)$

2 Löse die Klammer auf.

a) $5(x+y)$ b) $7(a-b)$
c) $25(3-y)$ d) $8(x+3y)$
e) $a(12-3y)$ f) $12(m+10)$

3 Löse die Klammer auf.

a) $3(a+b+c)$ b) $7(2a+3b+2c)$
c) $6(x+y+2)$ d) $13(c-d-7)$
e) $8(2k-3l+4m)$ f) $15(-2+3x-5y)$
g) $c(3a+c)$ h) $m(3a+4m+b)$

3 Löse die Klammer auf.

a) $4(x+y-z)$ b) $2(3a-2b-c)$
c) $2(13k+4l-m)$ d) $6(-3+4x+6y)$
e) $2a(a+3b+4)$ f) $3x(7-5m-xy)$
g) $(3a+7b)\cdot 2$ h) $(19-8b)ab$

4 Auch beim Auflösen der Klammer kann man seine Lösung überprüfen.
Löse die Klammer auf.
Setze dann in *beide* Terme für die Variablen beliebige Zahlen ein: Sind die Ergebnisse gleich?

a) $4(x-2y)$ b) $m(4-7)$ c) $2(d+3)$ d) $b(2a+b)$

HINWEIS
Bei der Probe solltest du für die Variablen nicht 0 und nicht 1 einsetzen.

5 Löse die Klammer auf. Mache anschließend die Probe wie in Aufgabe 4.

a) $(4+b)\cdot 2$ b) $(c-5)\cdot 4$
c) $(2x+6y)\cdot 5$ d) $(3c-7)\cdot 4$
e) $(9a-3b)\cdot 5$ f) $(11x+30)\cdot y$
g) $(12c-5d)\cdot 7$ h) $(4x+7y)\cdot a$

5 Löse die Klammer auf. Mache anschließend die Probe wie in Aufgabe 4.

a) $(3-5b)\cdot 4$ b) $(3c-6)\cdot 3$
c) $(6x-3y)\cdot 2z$ d) $(4a+15)\cdot y$
e) $(3a-5b)\cdot 3y$ f) $(8a+7b)\cdot 2c$
g) $2{,}4\cdot(x^2-0{,}1)$ h) $(30x+24)\cdot 0{,}03$

6 Löse die Klammer auf. Wenn du dir nicht sicher bist, mache anschließend die Probe.

a) $-1(x+2)$ b) $-9(x^2+1)$
c) $-3z(-z+9)$ d) $-a(a-b)$
e) $-2(-5y-6z)$ f) $-2xy(-4a+7b)$
g) $-3z(x+9)$ h) $(9a+7c)\cdot(-2c)$

6 Löse die Klammer auf. Wenn du dir nicht sicher bist, mache anschließend die Probe.

a) $-3(x+4)$ b) $-4a(-x-8yz)$
c) $-1{,}5z(x+5)$ d) $(12x+6y)3x$
e) $0{,}1(x+6)$ f) $-x(x^2+x)$
g) $-8{,}9(x^2-0{,}5)$ h) $(10x+8)\cdot(-0{,}25)$

7 Bildet mindestens elf verschiedene Produkte und löst die Klammer auf.
Verwendet jeweils einen Faktor aus der linken und einen Faktor aus der rechten Kiste.
Beispiel $-7x\cdot(4+5y)=$ $\square$
Macht mindestens zweimal die Probe.

NACHGEDACHT
Wie viele Produkte kann man in Aufgabe 7 höchstens bilden?

8 Memory mit Termen

Bereitet zunächst mindestens 20 Karten vor. Jeweils zwei Karten gehören zusammen: Auf eine Karte schreibt ihr einen Term mit Klammer und auf eine andere Karte den aufgelösten Term ohne Klammer. Spielt Memory mit den Karten.

---

9 Paul soll einen möglichst großen Faktor ausklammern. Er macht einen Zwischenschritt.

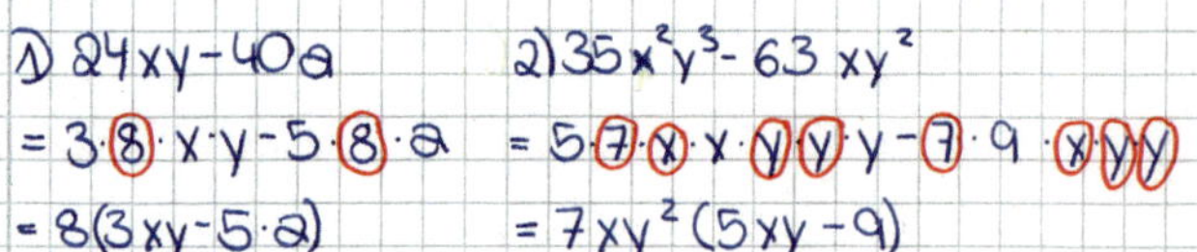

a) Erkläre seine Vorgehensweise.

b) Löse die Aufgaben auf gleiche Weise.
① $30ab + 45c$ ② $48x^2 - 64xy$

c) Prüfe deine Ergebnisse aus b), indem du jeweils die Klammer wieder auflöst.

---

10 Klammere einen gemeinsamen Faktor aus.

Beispiel $15x + 3y = 3(5x + y)$

a) $19a - 19b$ b) $17r - 17ab$
c) $3y - 3x$ d) $2ab - 4c$
e) $9a - 18$ f) $7x^2 - 14y$

10 Klammere einen gemeinsamen Faktor (eine Zahl oder eine Variable) aus.

a) $17c - 10cd$ b) $6b - 9ac$
c) $-xy + 3x$ d) $2x - 4z + 8y$
e) $7c - 15cd - 5ac$ f) $7x^2 - 15x$

---

11 Sarah soll den Term $9x + 27xy + 6xz$ vereinfachen.
Sie schreibt:

$9x + 27xy + 6xz$
$= x \cdot (9 + 27y + 6z)$

Ist das richtig?
Begründe deine Antwort.

11 Überprüfe und korrigiere die Fehler.

a) $5ab + 5ac = 5(ab + c)$
b) $12xy - 8xz = 2x(10y - 4z)$
c) $4a - 8b + 4 = 4(a - 2b)$
d) $x^3y - xz = x^2(xy - z)$
e) $a^3b - a^2b^4 = a^2b(a - b^2)$

ZU DEN AUFGABEN 12 UND 13
Es gibt hier zwei Möglichkeiten, die Probe zu machen.
– Du kannst die Klammer wieder auflösen.
– Du setzt in beide Terme (mit und ohne Klammer) für die Variablen die gleichen Zahlen ein.

12 Klammere gemeinsame Faktoren aus.
Mache anschließend eine Probe, beachte dazu den Hinweis in der Randspalte.

a) $4x + 8y$ b) $27 - 9x$
c) $3x - 12$ d) $18 - 9x$
e) $14a + 28ab$ f) $36r - 24s$

12 Klammere gemeinsame Faktoren aus.
Mache eine Probe, wenn du dir nicht sicher bist.

a) $27c - 45d$ b) $-15p + 45q$
c) $50ab - 125a$ d) $42xz - 63yz$
e) $bx - b$ f) $5x + 35$
g) $-14z - 35xz$ h) $8d - 72cd$

---

13 Klammere gemeinsame Faktoren aus.
Mache eine Probe, wenn du dir nicht sicher bist.

a) $20c + 5b - 40d$
b) $16a + 24b - 8c$
c) $48x + 8y + 6z$
d) $36w - 12x + 20y - 24z$
e) $8ab + 4b - 2bc - 12bd$

13 Klammere gemeinsame Faktoren aus.

a) $ax - 4az + 5ay$
b) $21abx - 6by + 15bz$
c) $24ab - 12bc + 48ab$
d) $5bx - by - 15bz$
e) $25ab + 125ac + 75ax$
f) $16qrs - 12rst + 8stu$

---

14 Gib je einen Term *mit* und einen Term *ohne* Klammer für den Flächeninhalt an.

a)
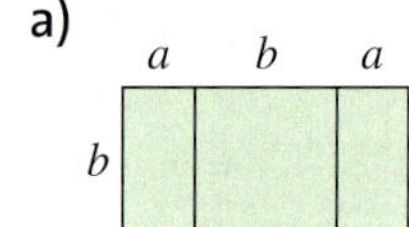

b)
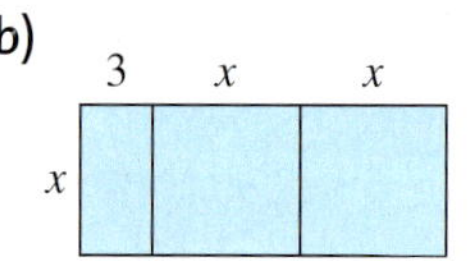

c)
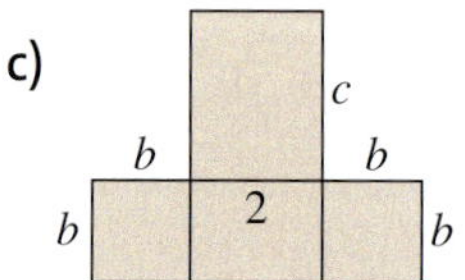

Summen multiplizieren

Entdecken

1 Das Architekturbüro Lenz & Partner hat einen Grundriss für einen neuen Supermarkt gezeichnet. Daran kann die genutzte Fläche berechnet werden.

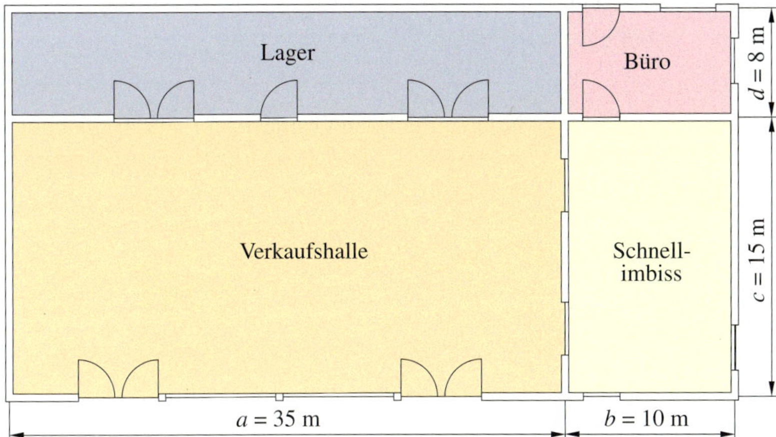

a) Berechne den Flächeninhalt der einzelnen Räume.
b) Berechne den Flächeninhalt der gesamten genutzten Fläche.
c) Zeige, dass es verschiedene Möglichkeiten gibt, die Gesamtfläche zu berechnen.
d) Zur Berechnung des Flächeninhalts kann man auch ein Tabellenkalkulationsprogramm nutzen. Gib einen Term oder mehrere mögliche Terme für die Formel in Zelle **F3** an.

	A	B	C	D	E	F
1	**Supermarkt**	**Verkaufshalle**	**Imbiss**	**Imbiss**	**Büro**	**Supermarkt**
2		**Länge a**	**Breite b**	**Länge c**	**Breite d**	**Gesamtfläche**
3	wie im Bild	35	10	15	8	
4	Alternative 1	38	12	16	10	
5	Alternative 2	42	10	17	12	
6	...					
7						
8						

2 Seht euch die Rechnung in der Tabelle an.

a) Welche Rechenaufgabe wurde in der Tabelle gelöst? Erläutert den Rechenweg.

	30	8	
20	600	160	760
7	210	56	266
			1026

b) Übertragt folgende Tabellen in eure Hefte. Geht bei jeder Aufgabe so vor:
– Füllt zunächst die gelben Felder aus.
– Addiert dann die Terme aus den gelben Feldern.
– Fasst nun den Gesamtterm so weit wie möglich zusammen.
– Vergleicht eure Lösungen.

① $(a + 5) \cdot (a + 4)$

	a	4	
a	a^2	$4a$	$a^2 + 4a$
5			

② $(x + 5) \cdot (y + 6)$

	y	6
x		
5		

③ $(3 + 2a) \cdot (a + 5)$

	a	5
3		
$2a$		

c) Formuliert eine Regel für die Multiplikation von zwei Summen.

HINWEIS
Multiplizieren von Summen:
$\underbrace{(5+3)}_{\text{Summe}} \cdot \underbrace{(a+9)}_{\text{Summe}}$
Summe *mal* **Summe**

Verstehen

Im Ort soll ein Skatepark gebaut werden, bei einer öffentlichen Sitzung wollen Nina und Nadine ihre Wünsche einbringen.
Zur Vorbereitung betrachten sie den geplanten Grundriss. Sie wollen einen Term zur Berechnung der Gesamtfläche aufstellen. Dabei gehen sie unterschiedlich vor.

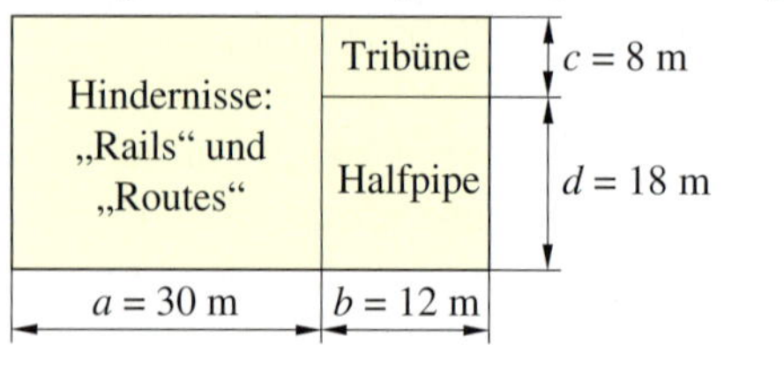

Nadine sieht den Skatepark als ein großes Rechteck.

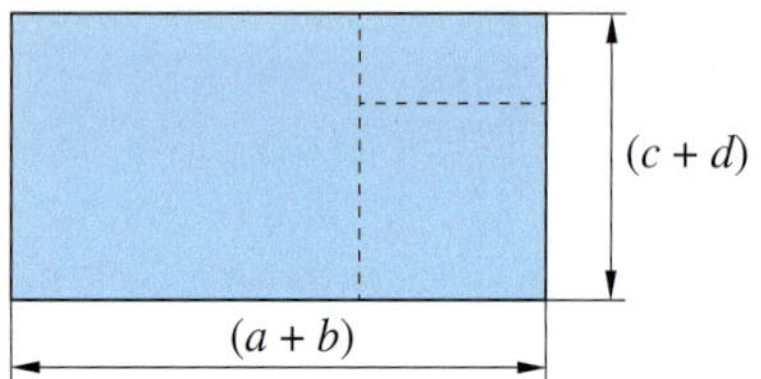

Nadine berechnet die Seitenlängen und multipliziert sie:

$(a + b) \cdot (c + d) = (30 + 12) \cdot (8 + 18)$
$= 42 \cdot 26$
$= 1\,092$

Der Skatepark hat einen Flächeninhalt von insgesamt $1\,092\,\text{m}^2$.

Nina zerlegt den Grundriss in vier Teilflächen und stellt je einen Term zur Berechnung der Teilfläche auf.

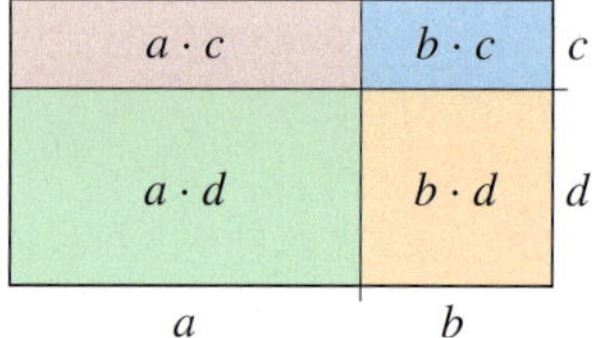

Nina hat dabei die Klammern aufgelöst:

$(a + b) \cdot (c + d)$
$= a \cdot c + a \cdot d + b \cdot c + b \cdot d$
$= 30 \cdot 8 + 30 \cdot 18 + 12 \cdot 8 + 12 \cdot 18$
$= 240 + 540 + 96 + 216 = 1\,092$

Merke Multiplizieren von zwei Summen

Jeder Summand der ersten Summe wird **mit jedem** Summanden der zweiten Summe multipliziert. Anschließend werden die vier Teilprodukte addiert.

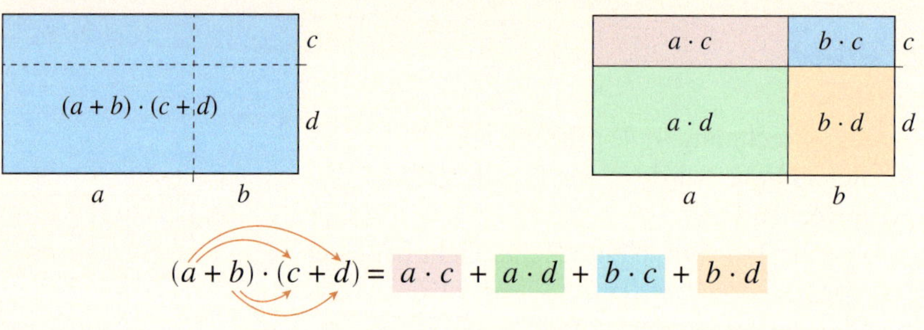

$(a + b) \cdot (c + d) = a \cdot c + a \cdot d + b \cdot c + b \cdot d$

Die Regel für das Multiplizieren von Summen gilt auch, wenn in den Klammern ein Minuszeichen steht.
Beachte: Dabei muss man immer das vorstehende Rechenzeichen „mitnehmen".

ERINNERE DICH
$+ \cdot + = +$
$- \cdot - = +$
$+ \cdot - = -$
$- \cdot + = -$

Beispiel 1

$(a - 4) \cdot (b + 6)$
$= a \cdot b + a \cdot 6 - 4 \cdot b - 4 \cdot 6$
$= ab + 6a - 4b - 24$

Beispiel 2

$(a - 5) \cdot (b - 2)$
$= a \cdot b - a \cdot 2 - 5 \cdot b + 5 \cdot 2$
$= ab - 2a - 5b + 10$

Üben und anwenden

1 Zwei Vereine treffen sich zum gemischten Doppel.
Zur Begrüßung gibt jeder aus der roten Mannschaft jedem aus der blauen Mannschaft die Hand: (♀ + ♂)(♀ + ♂) = ...

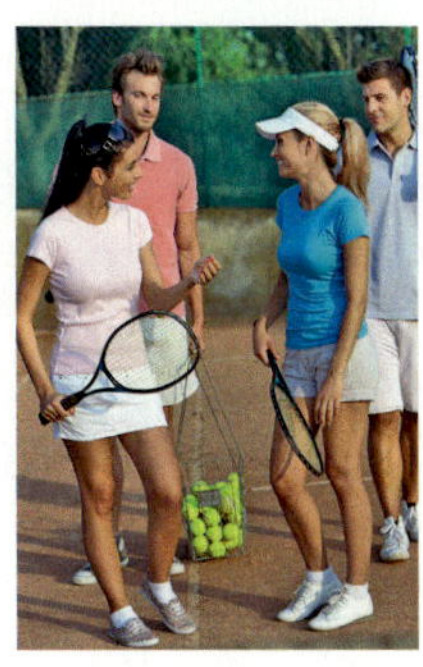

a) Übertragt die schematische Darstellung der Begrüßung ins Heft und führt sie fort.
b) Wie oft werden insgesamt Hände geschüttelt? Begründet.
c) Findet eine weitere Situation aus dem Alltag, die ihr mithilfe der Multiplikation von Summen lösen könnt.

2 Ordne den Produkten jeweils die passende Summe zu.

a) $(a+2)\cdot(b+6)$	① $ab+3a+4b+12$
b) $(a+4)\cdot(b+3)$	② $ab+3a+9b+27$
c) $(a+1)\cdot(6+b)$	③ $ab+6a+2b+12$
d) $(a+5)\cdot(9+b)$	④ $6a+ab+6+b$
e) $(a+9)\cdot(b+3)$	⑤ $9a+ab+45+5b$

2 Ergänze die Lücken im Heft.
a) $(x+2)\cdot(y+4)=xy+4x+2y+\square$
b) $(a+5)\cdot(b+6)=ab+6a+\square+\square$
c) $(x+7)\cdot(y+z)=xy+xz+7y+\square$
d) $(c+11)\cdot(3+d)=3c+\square+\square+\square$
e) $(3+a)\cdot(8+b)=24+\square+\square+\square$
f) $(4+x)\cdot(y+2)=4y+8+\square+\square$

3 Löse die Klammern auf.
a) $(a+4)\cdot(b+8)$
b) $(x+1)\cdot(y+3)$
c) $(a+2)\cdot(12+b)$
d) $(3+d)\cdot(e+8)$
e) $(11+a)\cdot(b+5)$

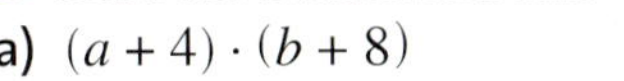

3 Löse die Klammern auf.
a) $(12+a)\cdot(b+11)$
b) $(2f+3)\cdot(g+5)$
c) $(4+3u)\cdot(v+6)$
d) $(4a+8)\cdot(2b+7)$
e) $(9+2x)\cdot(5y+3)$

4 Gib einen Term zur Berechnung der Gesamtfläche an.
Löse dann die Klammern auf.

a) 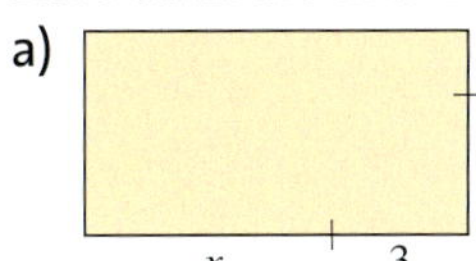

b) 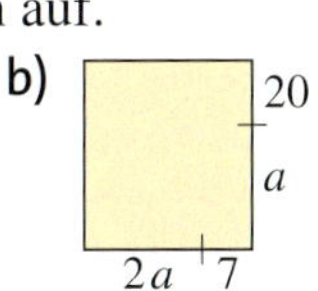

4 Gib einen Term zur Berechnung der Gesamtfläche an.
Löse dann die Klammern auf.

a) 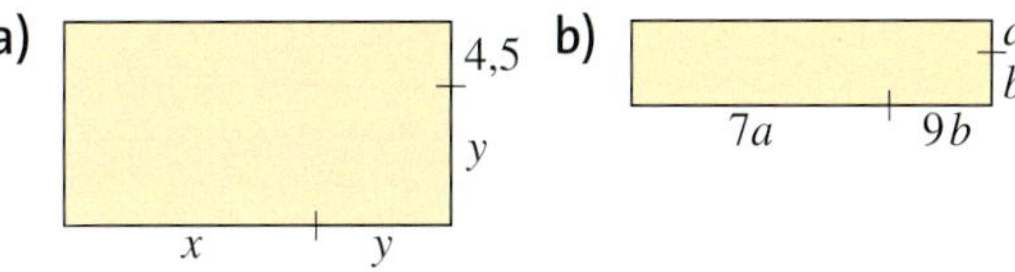

5 Übertrage ins Heft und ergänze.
a) $(x+\square)\cdot(y+5)=xy+5x+7y+35$
b) $(\square+a)\cdot(\square+2)=3b+6+ab+\square$
c) $(3+n)\cdot(\square+\square)=3p+6+\square+2n$

5 Übertrage ins Heft und ergänze.
a) $(x+\square)\cdot(\square+2)=xy+\square+4y+8$
b) $(\square+3)\cdot(a-4)=\square-y\cdot 4+3a-\square$
c) $(z\ \square\ 2)\cdot(x\ \square\ 7)=\square-z\cdot 7-2x+\square$

6 Tim hat im Internet einen Rechentrick für die Multiplikation von großen Zahlen gefunden.
a) Beschreibt, wie dabei die Faktoren umgeschrieben worden sind.
b) Löst wie Tim die Aufgaben.
Überprüft eure Ergebnisse gegenseitig.
① $102\cdot 105$
② $202\cdot 501$
③ $303\cdot 303$

$1003\cdot 105=(1000+3)\cdot(100+5)$
$=100\,000+5000+300+15=105\,315$

BEACHTE
Hier wird von ***Summe*** *gesprochen, obwohl auch subtrahiert wird:*
$7a - ab + 2$.
Denn in diesem Term kann man auch eine Summe erkennen:
$7a \; - ab \; + 2$
$= (+7a) + (-ab) + (+2)$

7 Ordne dem Produkt die passende Summe zu. Setze anschließend zur Probe ein: $a = 3$; $b = 7$.

a) $(a-3)\cdot(b+2)$ ① $7a - ab - 21 + 3b$
b) $(a+4)\cdot(b-5)$ ② $7a - ab - 14 + 2b$
c) $(a-2)\cdot(7-b)$ ③ $ab + 2a - 3b - 6$
d) $(a-3)\cdot(7-b)$ ④ $-ab + 5a - 11b + 55$
e) $(-a-11)\cdot(b-5)$ ⑤ $ab - 5a + 4b - 20$

8 Multipliziere.

a) $(x+2)\cdot(y-10)$
b) $(b-3)\cdot(c-5)$
c) $(d-8)\cdot(9+e)$
d) $(11-b)\cdot(2-c)$
e) $(b-7)\cdot(-c-16)$
f) $(d+12)\cdot(f-10)$
g) $(-4-g)\cdot(h+3)$

7 Ergänze die Lücken im Heft.

a) $(x-4)\cdot(y-6) = xy - 6x - 4y + \square$
b) $(b+7)\cdot(c-3) = bc - 3b + \square - \square$
c) $(a-1)\cdot(5-b) = 5a - ab - \square + b$
d) $(d-3)\cdot(8+e) = \square + de - \square - \square$
e) $(x-9)\cdot(-y-3) = -xy - 3x + \square + \square$
f) $(12-b)\cdot(3-c) = 36 - \square - \square + \square$
g) $(u \, \square \, v)\cdot(u \, \square \, w) = \square^2 - \square - \square + \square$

8 Multipliziere je einen Term aus dem linken mit einem Term aus dem rechten Kästchen.

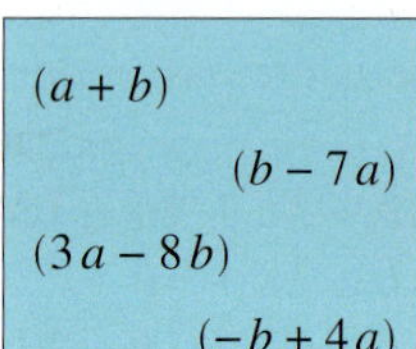

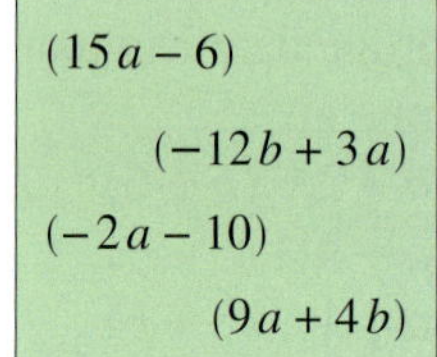

9 Von einem Rechteck wird eine Teilfläche abgetrennt.

a) Gib einen Term für den Flächeninhalt des Rechtecks an.
b) Gib einen Term für den Inhalt der weißen Fläche an.
c) Der Flächeninhalt der orangen Fläche lässt sich auf verschiedene Arten berechnen. Welche Terme sind dafür geeignet? Begründe jeweils anhand der Zeichnung.
① $x \cdot y - a \cdot b$
② $x \cdot (y-a) + a \cdot (x-b)$
③ $x \cdot y + a \cdot b$
④ $(x-b)\cdot(y-a) + a\cdot(x-b) + b\cdot(y-a)$
d) Zeige durch Ausmultiplizieren, dass die Terme ①, ② und ④ gleich sind.

10 Ein Schwimmbecken ist von Steinplatten umrandet.

a) Wie kann man den Inhalt der Fläche berechnen, die mit Steinplatten ausgelegt ist?
b) Zeige an der Zeichnung, dass beide Terme den Flächeninhalt der Steinplatten-Umrandung angeben:
① $(a+2x)\cdot(b+2x) - ab$ und
② $2ax + 2x(b+2x)$.
c) Bestätige durch Ausmultiplizieren, dass die beiden Terme gleichwertig sind.
d) Berechne den Flächeninhalt für $a = 15\,\text{m}$, $b = 8\,\text{m}$ und $x = 1{,}2\,\text{m}$.

11 Multipliziere und fasse anschließend, wenn möglich, zusammen.

a) $(x-y)\cdot(2x+y)$
b) $(x-3)\cdot(4x-7)$
c) $(6a-8)\cdot(a-6)$
d) $(-12-3a)\cdot(a-3b)$
e) $(a+2b)\cdot(4b-a)$
f) $(-6x-3)\cdot(2x-4)$
g) $(8y-5)\cdot(4y-6)$

11 Multipliziere und fasse zusammen.

a) $(2a-b)\cdot(7a-8b)$
b) $(6a-2)\cdot(5+3a)$
c) $(s+3t)\cdot(9s-t)$
d) $(-3d-5)\cdot(4d+10)$
e) $(6x-15y)\cdot(3x+9y)$
f) $(-7b+8)\cdot(-16-12b)$
g) $(9x-13y)\cdot(4y-5x)$
h) $(10a-25b)\cdot(3b+2a)$

Binomische Formeln

Entdecken

1 Jedes der Quadrate ist in vier rechteckige Teilflächen zerlegt, zwei davon sind quadratisch.

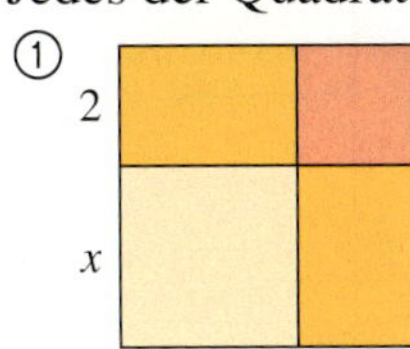

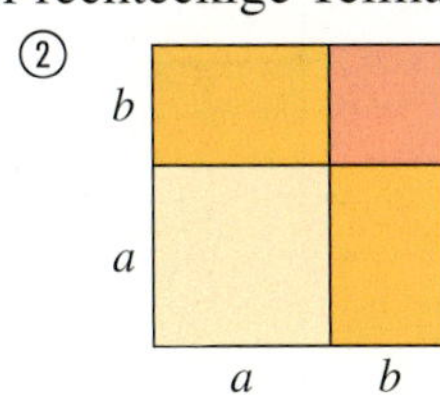

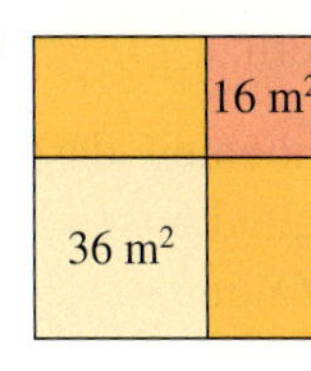

a) Übertrage Figur ① in dein Heft (x ist beliebig). Trage in jede Teilfläche einen Term ein, der ihren Flächeninhalt bestimmt. Gib dann einen Term mit Klammern und einen Term ohne Klammern für den Flächeninhalt des Gesamtquadrats an.

b) Gib verschiedene Terme für den Flächeninhalt der Figur ② an, z. B. einen Term mit Klammern und einen ohne Klammern.

c) Wie könnte man den Flächeninhalt der Figur ③ berechnen?
Die Flächeninhalte der zwei quadratischen Teilquadrate sind schon eingetragen.

2 In der Klasse 8b wird dieses Quadrat an die Tafel gezeichnet. Frau Bauer fragt: „Wie kann man den Flächeninhalt des roten Quadrats berechnen?"

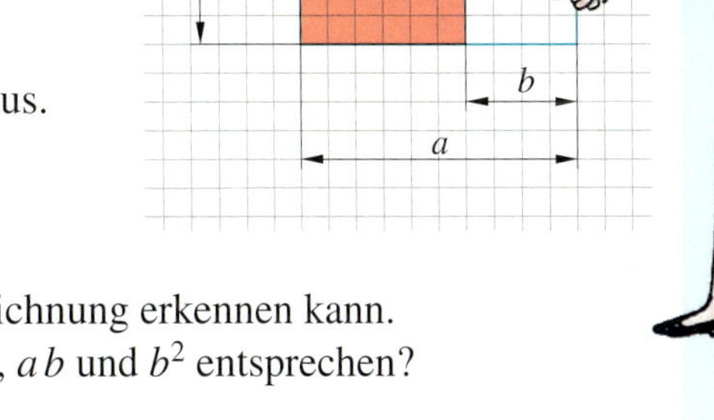

a) Lea stellt sich vor, dass $a = 5\,\text{cm}$ und $b = 2\,\text{cm}$ wäre.
Wie würde sie dann vorgehen, um den Flächeninhalt des roten Quadrats zu berechnen?

b) Niko meint: „Den Flächeninhalt kann man mit $(a - b) \cdot (a - b)$ berechnen." Hat er recht?

c) Milena rechnet den Flächeninhalt des roten Quadrats aus.

$$(a - b)^2 = (a - b) \cdot (a - b) = a^2 - ab - ab + b^2$$
$$= a^2 - 2ab + b^2$$

Skizziere die Zeichnung in deinem Heft.
Milena meint, dass man ihre Rechnung auch in der Zeichnung erkennen kann.
Wo befinden sich in der Zeichnung die Flächen, die a^2, ab und b^2 entsprechen?
Warum wird b^2 addiert?

3 Übertrage die Figur auf ein Blatt Papier und schneide sie aus.

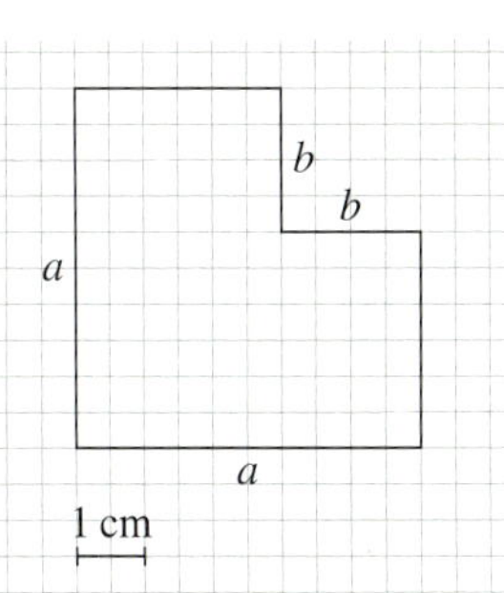

a) Zerlege die Figur durch einen geraden Schnitt so in zwei Teile, dass man aus den beiden Teilen ein Rechteck legen kann.

b) Berechne den Flächeninhalt des Rechtecks.

c) Gib einen Term (mit Variablen) für den Flächeninhalt der ursprünglichen Figur an.

d) Gib einen Term (mit Variablen) für den Flächeninhalt des zusammengelegten Rechtecks an.

e) Zeige durch Termumformungen, dass die beiden Terme identisch sind.

4 Berechne zuerst: $(3a + b)^2$.
Nun ergänze: $9x^2 + 6xy + y^2 = (\square + \square)^2$. Beschreibe, wie du dabei vorgehst.
Finde weitere Aufgaben, die sich auf diese Art zusammenfassen lassen.

Verstehen

Die Bauernfamilie Heinrich möchte ihren Hof auf den Verkauf von Bio-Eiern umstellen. Deswegen müssen sie den Hühnerauslauf vergrößern.

Die Heinrichs möchten, dass auch der neue Hühnerauslauf quadratisch ist, deswegen wollen sie den Zaun nach Norden und nach Osten um jeweils die gleiche Strecke (um b Meter) verlängern.

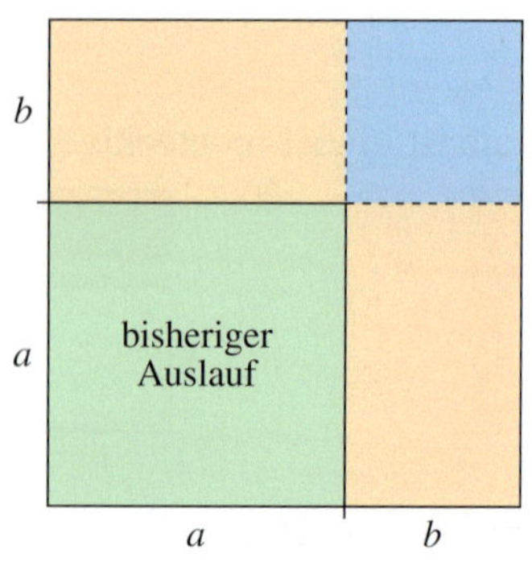

Sie überlegen, wie sie den Flächeninhalt des neuen Auslaufs berechnen können.

① Herr Heinrich multipliziert die Summen so, wie ihr es in der vorigen Lerneinheit gelernt habt:

$$(a+b)^2 = (a+b)\cdot(a+b)$$
$$= a\cdot a + a\cdot b + b\cdot a + b\cdot b$$
$$= a^2 + 2ab + b^2$$

② Seine Schwester betrachtet die obige Skizze. Sie kommt gleich auf das Ergebnis:

$$(a+b)^2 = a^2 + 2ab + b^2$$

SCHON GEWUSST? ***Binom*** *(lateinisch binominis) heißt „zweinamig". In der Mathematik ist ein Binom eine Summe aus zwei Summanden.*

Merke Bei der Multiplikation von Summen gibt es drei Sonderfälle, bei denen sich die Ergebnisse leicht zusammenfassen lassen. Diese heißen **binomische Formeln**. Sie ermöglichen eine **Abkürzung** der ausführlichen Berechnung.

		Quadrat des 1. Summanden		doppeltes Produkt beider Summanden		Quadrat des 2. Summanden
1. binomische Formel $(a+b)^2 = a^2 + 2ab + b^2$	$(a+b)^2 =$	a^2	+	$2ab$	+	b^2
2. binomische Formel $(a-b)^2 = a^2 - 2ab + b^2$	$(a-b)^2 =$	a^2	−	$2ab$	+	b^2
3. binomische Formel $(a+b)\cdot(a-b) = a^2 - b^2$	$(a+b)\cdot(a-b) =$	a^2		$\underbrace{-ab+ab}_{0}$	−	b^2
	$=$	a^2		0	−	b^2

Beispiele 1

$(x+4)^2 = x^2 + 2\cdot 4x + 4^2 = x^2 + 8x + 16$

$(y-5)^2 = y^2 - 2\cdot 5y + 5^2 = y^2 - 10y + 25$

$(y+3)\cdot(y-3) = y^2 - 3^2 = y^2 - 9$

Auch ein Binom wie z. B. $(2x+3y)^2$ kann man mit der 1. binomischen Formel lösen. Dazu setzt man $a = 2x$ und $b = 3y$.

Beispiele 2

$$(\overbrace{2x}^{a}+\overbrace{3y}^{b})^2 = \overbrace{(2x)^2}^{a^2} + \overbrace{2\cdot 2x\cdot 3y}^{2ab} + \overbrace{(3y)^2}^{b^2} = \overbrace{4x^2}^{a^2} + \overbrace{12xy}^{2ab} + \overbrace{9y^2}^{b^2}$$

$$(\overbrace{4a}^{a}-\overbrace{5b}^{b})^2 = \overbrace{(4a)^2}^{a^2} - \overbrace{2\cdot 4a\cdot 5b}^{2ab} + \overbrace{(5b)^2}^{b^2} = \overbrace{16a^2}^{a^2} - \overbrace{40ab}^{2ab} + \overbrace{25b^2}^{b^2}$$

$$(\overbrace{4k}^{a}+\overbrace{7m}^{b})\cdot(\overbrace{4k}^{a}-\overbrace{7m}^{b}) = \overbrace{(4k)^2}^{a^2} - \overbrace{(7m)^2}^{b^2} = \overbrace{16k^2}^{a^2} - \overbrace{49m^2}^{b^2}$$

Üben und anwenden

1 Setze in jeder binomischen Formel für a die Zahl 14 und für b die Zahl 18 ein.
Was stellst du fest?
Stellt euch gegenseitig ähnliche Aufgaben.

2 Übertrage ins Heft, ergänze + oder –.
a) $(x+8)^2 = x^2 \square 16x \square 64$
b) $(c \square 2d)^2 = c^2 - 4cd + 4d^2$
c) $(2 \square a)(2 \square a) = 4 - a^2$
d) $(y \square 3z)^2 = y^2 - 6yz \square 9z^2$
e) $(w \square 4x)(w \square 4x) = w^2 - 16x^2$
f) $(2-x)^2 = 4 \square 4x \square x^2$

2 Ergänze im Heft.
a) $(k-7)(k+\square) = \square^2 - 49$
b) $(a-2b)^2 = \square - 4ab + \square b^2$
c) $(x+2)^2 = x^2 + \square + 4$
d) $(y-4)^2 = y^2 - \square + 16$
e) $(6+x)^2 = \square + 12x + x^2$
f) $(3+b)^2 = 9 + \square + b^2$

3 Ergänze die fehlenden Terme im Heft.
a) $(c+d)^2 = \square + 2cd + d^2$
b) $(x-5)(x+5) = \square - 25$
c) $(d-5)^2 = \square - 10d + 25$
d) $(4-m)^2 = 16 - 8m + \square$
e) $(9+y)^2 = 81 + 18y + \square$

3 Übertrage ins Heft und vervollständige.
a) $(0{,}2-b)(0{,}2+b) = \square - b^2$
b) $(0{,}5+r)^2 = 0{,}25 + r + \square$
c) $(1{,}3-c)^2 = 1{,}69 \square \square + c^2$
d) $(a \square 1)^2 = a^2 + \square + 1$
e) $(v \square 2)^2 = v^2 - 4v + \square$

4 Ist die erste binomische Formel richtig angewandt worden?
Verbessere, wenn es nötig ist.
a) $(6+x)^2 = 36 + 6x + x^2$
b) $(a+8)^2 = a^2 + 16a + 64$
c) $(3+b)^2 = 3 + 6b + b^2$
d) $(y+5)^2 = y^2 + 10y^2 + y^2$
e) $(o+p)^2 = o^2 + 2op + p^2$
f) $(3a+b)^2 = 9a + 3ab + b^2$

4 Wo stecken die Fehler? Korrigiere sie.
a) $(x-a)^2 = x^2 - 2ax - a^2$
b) $(2x-4)^2 = 4x^2 - 8x + 16$
c) $(3a+5b)^2 = 3a^2 + 30ab + 25b^2$
d) $(2x+y)(2x-y) = 4x^2 + y^2$
e) $(11-4x)^2 = 121 - 44x + 16x^2$
f) $(5g+3h)^2 = 25g^2 + 30gh + 9h$

5 Die binomischen Formeln lassen sich noch schneller anwenden, wenn man die Quadratzahlen auswendig kennt.
Lerne die Quadratzahlen der Zahlen von 1 bis 20 auswendig.

6 Löse die Klammer auf. Verwende die erste binomische Formel.
a) $(4+y)^2$ b) $(a+5)^2$
c) $(x+12)^2$ d) $(s+15)^2$

6 Löse die Klammer mithilfe der ersten binomischen Formel auf.
a) $(4a+14)^2$ b) $(6+3b)^2$
c) $(2x+3)^2$ d) $(x+y)^2$

7 Löse die Klammer auf. Verwende die zweite binomische Formel.
a) $(5-t)^2$ b) $(b-4)^2$
c) $(8-p)^2$ d) $(c-7)^2$

7 Löse die Klammer mithilfe der zweiten binomischen Formel auf.
a) $(11-2y)^2$ b) $(3y-3)^2$
c) $(1-c)^2$ d) $(10-5x)^2$

8 Löse die Klammer auf. Verwende die dritte binomische Formel.
a) $(x+2)(x-2)$ b) $(8+a)(8-a)$
c) $(a+9)(a-9)$ d) $(y+z)(y-z)$

8 Löse die Klammer mithilfe der dritten binomischen Formel auf.
a) $(4-x)(4+x)$ b) $(2c+3)(2c-3)$
c) $(6-xy)(6+xy)$ d) $(d+20e)(d-20e)$

ZU AUFGABE 1
So hat Tim die 1. binomische Formel überprüft:
$(14+18)^2 = 32^2$
$= \square$
und
$14^2 + 2 \cdot 14 \cdot 18 + \square^2$
$= \square$

ZU AUFGABE 5
$1^2 = 1$
$2^2 = 4$
$3^2 = 9$
$4^2 = 16$
$5^2 = 25$

$6^2 = 36$
$7^2 = 49$
$8^2 = 64$
$9^2 = 81$
$10^2 = 100$

$11^2 = 121$
$12^2 = 144$
$13^2 = 169$
$14^2 = 196$
$15^2 = 225$

$16^2 = 256$
$17^2 = 289$
$18^2 = 324$
$19^2 = 361$
$20^2 = 400$

$25^2 = 625$

ZU AUFGABE 8
Bei 8 a) hat die Aufgabe nicht die Form $(a+b)\cdot(a-b)$. Warum gilt die 3. binomische Formel trotzdem?

9 Ordne jedem Term aus dem linken Kästchen einen gleichwertigen Term aus dem rechten Kästchen zu. Je ein Term bleibt übrig, finde dafür einen Partner.

$y^2 - 6y + 9$ $\quad$ $9 - 6y + y^2$ $\quad$ $4x^2 - y^2$
$x^2 - 2xy + y^2$ $\quad$ $x^2 + 6xy + 9y^2$
$x^2 - 6xy + 9y^2$ $\quad$ $9x^2 + 6xy + y^2$ $\quad$ $9 + 6x + x^2$

$(3 + x)^2$ $\quad$ $(y - 3)^2$ $\quad$ $(x - y)^2$
$(x - 3y)^2$ $\quad$ $(3x + y)^2$
$(3 - y)^2$ $\quad$ $(4x + y)(4x - y)$ $\quad$ $(x + 3y)^2$

10 Löse die Klammern auf. Welche binomische Formel kannst du nutzen?

a) $(y + 3)^2$ b) $(x - 4)^2$
c) $(a - 5)(a + 5)$ d) $(3 - c)^2$
e) $(a - 4)^2$ f) $(a - 9)^2$
g) $(x + 5)^2$ h) $(x + 9)(x - 9)$

11 Vervollständige im Heft.

a) $u^2 + 2uv + v^2 = (u + \square)^2$
b) $4 + 4b + b^2 = (\square + b)^2$
c) $4 - 9x^2 = (2 + \square)(2 - \square)$

12

Die binomischen Formeln sind eine Abkürzung bei der Multiplikation von Summen.

Erkläre, was Jona damit meint. Vergleicht eure Erklärungen untereinander.

13 Wende die erste oder zweite binomische Formel zur Berechnung der Quadratzahl an. Beachte die Beispiele in der Randspalte.

a) 31^2 b) 28^2 c) 34^2 d) 63^2
e) 47^2 f) 98^2 g) 205^2 h) 394^2

ZU AUFGABE 13
Beispiele:
$36^2 = (30 + 6)^2$
$= 30^2 + 2 \cdot 30 \cdot 6 + 6^2$
$= 900 + 360 + 36$
$= 1296$

$29^2 = (30 - 1)^2$
$= 30^2 - 2 \cdot 30 \cdot 1 + 1^2$
$= 900 - 60 + 1$
$= 841$

14 Frau Meier besitzt ein quadratisches Grundstück. Dort soll ein Supermarkt gebaut werden. Zum Tausch bietet man ihr ein rechteckiges Grundstück an, das auf der einen Seite 5 m länger, aber auf der anderen Seite 5 m kürzer als ihr bisheriges Grundstück ist. Frau Meier nimmt das Angebot an. Ihre Freundin Louisa ist empört: „Da bist du ja ganz schön betrogen worden!"
Überprüfe, ob der Tausch fair war.
Tipp: Stelle einen Term auf.

ZU DEN AUFGABEN 14 UND 14
Zeichne zu der Aufgabe je eine Skizze beider Grundstücke. Prüfe an der Skizze, ob die Grundstücke gleich groß sind.

15 Ergänze in deinem Heft.

a) $(\square + \square)^2 = a^2 + \square + 9b^2$
b) $(\square - \square)^2 = 4x^2 - \square + y^2$
c) $(\square - 4z)^2 = \square - 24z + \square$

10 Wende die binomischen Formeln an. Schreibe ohne Klammern.

a) $(2x + 3)^2$ b) $(3x - 2)^2$
c) $(4x - 3)^2$ d) $(3x - 1)(3x + 1)$
e) $(5 + 2x)(5 - 2x)$ f) $(6x - 9)(6x + 9)$
g) $(6x + 7)^2$ h) $(10x - 5)^2$

11 Ergänze die Lücken im Heft.

a) $25a^2 + 30ab + 9b^2 = (5a + \square)^2$
b) $16d^2 - 4e^2 = (\square + \square)(\square - \square)$
c) $x^2 - 6xy + \square = (\square - \square)^2$

12 Kann der Term durch Anwendung einer binomischen Formel entstanden sein? Begründe deine Antwort.

a) $x^2 + y^2$ b) $-x^2 + 2xy + y^2$
c) $x^2 + 2xy - y^2$ d) $-x^2 + y^2$

13 Mithilfe der dritten binomischen Formel kann man bestimmte Multiplikationsaufgaben schnell lösen.

Beispiel $58 \cdot 62 = (60 - 2)(60 + 2)$
$= 3600 - 4 = 3596$

a) Erkläre den Rechenweg.
b) Berechne auf die gleiche Weise die Produkte im Kopf.
① $46 \cdot 54$ ② $72 \cdot 68$ ③ $85 \cdot 75$
④ $98 \cdot 102$ ⑤ $45 \cdot 55$ ⑥ $204 \cdot 196$

14 Beim Ausmessen eines quadratischen Grundstücks hat man versehentlich die Breite um 60 cm zu kurz und die Länge um 60 cm zu weit abgesteckt. Jemand sagt: „Das macht gar nichts. Der Flächeninhalt ist der gleiche." Stimmt die Aussage? Begründe.

15 Es ist $a^2 - b^2 = (a + b) \cdot (a - b)$. Warum ist dann $a^2 + b^2$ nicht gleich $(a + b) \cdot (a + b)$?
Begründe.

Thema: Das Pascal'sche Dreieck

***Blaise Pascal** (1623–1662 in Frankreich) war als Kind oft krank und wurde von seinem Vater zu Hause unterrichtet. Mit zwölf Jahren beschäftigte er sich mit Zusammenhängen bei Dreiecken.*
*Sein erstes Buch veröffentlichte er mit 16 Jahren. Mit 18 Jahren konstruierte er die weltweit erste Rechenmaschine, um seinem Vater bei Steuerberechnungen zu helfen; er nannte sie **Pascaline**.*
*Als Erwachsener berechnete er Wahrscheinlichkeiten beim Glücksspiel. Dazu untersuchte er auch das abgebildete **Pascal'sche Dreieck**.*

1 Das Pascal'sche Dreieck ist niemals fertig.

a) Erkläre, wie man mithilfe der Zahlen einer Zeile die Zahlen der nachfolgenden Zeile berechnen kann.

b) Übertrage das Pascal'sche Dreieck in dein Heft und ergänze die nächsten fünf Zeilen.

2 Blaise Pascal beschäftigte sich auch mit Potenzen von Binomen.
Er schrieb z. B. Terme wie $(a+b)^2$; $(a+b)^3$ und $(a+b)^4$ … als Summen:

$$(a+b)^2 = (a+b)(a+b)$$
$$= \mathbf{1} \cdot a^2 + \mathbf{2} \cdot ab + \mathbf{1} \cdot b^2$$

a) Berechne. Dann färbe die Zahlen vor den Variablen (**Koeffizienten**) ein.
① $(a+b)^3 = (a+b)(a+b)(a+b)$
② $(a+b)^4 = (a+b)(a+b)(a+b)(a+b)$

b) An welcher Stelle findest du die eingefärbten Koeffizienten im Pascal'schen Dreieck?

c) Wo im Pascal'schen Dreieck stehen die Koeffizienten, wenn man $(a+b)^5$ als Summe darstellt?

d) Die vollständigen Summanden zu $(a+b)^5$ erhältst du mithilfe dieses Schemas:

1	5	10	10	5	1
a^5	a^4 b	a^3 b^2	a^2 b^3	a b^4	b^5
$a^5 + 5a^4b + 10a^3b^2 + 10a^2b^3 + 5ab^4 + b^5$					

Erkläre das Schema und berechne anschließend $(a+b)^6$ und $(a+b)^7$.

3 Das Pascal'sche Dreieck enthält viele überraschende Zusammenhänge, die man entdecken kann, wenn man bestimmte Zahlen farbig markiert.
Teilt euch in Gruppen auf und erstellt zunächst ein Pascal'sches Dreieck mit 17 Zeilen.
Bearbeitet einen der folgenden Aufträge.
Präsentiert danach eure Ergebnisse.

Markiert alle Zahlen, die durch 3 teilbar sind.
Welches Muster entsteht?

Markiert alle Zahlen, die durch 2 teilbar sind.
Was stellt ihr fest?

Berechnet in jeder Zeile des Dreiecks die Summe der Zahlen. Die entstehende Folge von Summen ist nach einem bestimmten Muster aufgebaut.
Beschreibt das Muster.

Färbt man die Zahlen auf den Diagonalen ein, erhält man eine Folge von Zahlen. Auf der zweiten Diagonale von links oben nach rechts unten liegen z. B. die Zahlen 1, 2, 3, 4 usw. Färbt die Zahlen der dritten Diagonale ein. Welchen Zusammenhang gibt es mit der Abbildung?
Setzt die Folge fort.
Nach welchem Muster ist die Zahlenfolge aufgebaut?

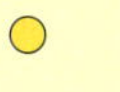   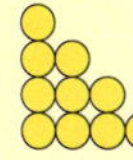 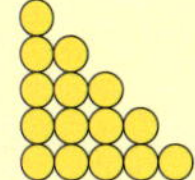

Klar so weit?

→ Seite 158

Klammern auflösen und setzen

1 Löse die Klammer auf.

a) $4(a+b+c)$ b) $3(3a-5b-3c)$
c) $5(x+y+7)$ d) $12(x-6-y)$
e) $a(2a+b+c)$ f) $y(7m+3x+4y)$
g) $(12a+4b)\cdot 3a$ h) $(2-9a)ab$

1 Multipliziere aus.

a) $6(a+b-c)$ b) $8(4a-3b-c)$
c) $3(10x+4y-z)$ d) $9(-2x+5+9y)$
e) $12a(3a+b+7)$ f) $5y(10m-4xy-1)$
g) $(2a+3b)\cdot 17$ h) $(21-6b)ab$

2 Klammere den größten gemeinsamen Faktor aus.

a) $3c-3d$ b) $3a\ -6c$
c) $xy-xz$ d) $4xy-7xz$
e) $13c-13$ f) $14xyz-36ax$
g) $4a+4b+4c$ h) $6x^2+16x$

2 Klammere den größten gemeinsamen Faktor aus.

a) $7c-12cd$ b) $2ab-4ac$
c) $-15xy+5x$ d) $3xy-6xz+9xyz$
e) $7c-14cd-21ac$ f) $6x^2-17x$
g) $2ab^2+12a^2$ h) $5x+10x^2y^2$

3 Fasse zusammen.

a) $2+(4+5)$ b) $10-(2+8)$
c) $16-(3+x)$ d) $12+(x+y)$
e) $20+(x+5)$ f) $3-(a+b)$

3 Fasse zusammen.

a) $13-(a-2b)$ b) $2+(6-x)$
c) $8-(x+12)$ d) $11-(x-y)$
e) $m-(-n+9)$ f) $a+(-14-b)$

4 Paul soll den Term $18a+69ab+6ac$ vereinfachen.
Er schreibt:
$18a+69ab+6ac=3a(18+69b+2c)$
Ist Pauls Lösung richtig? Begründe deine Antwort.

→ Seite 162

Summen multiplizieren

5 Multipliziere jeweils einen Term aus dem linken Kästchen mit einem Term aus dem rechten Kästchen. Fasse, wenn möglich, zusammen.
Bilde und bearbeite mindestens zehn solcher Terme.

$(a+b)$ $(2a+b)$ $(b-14a)$ $(4a+6b)$ $(3a-b)$ $(-a+4b)$

$(16a+5)$ $(a+2b)$ $(-14b-30)$ $(10b+6a)$ $(a-3b)$ $(11a+25b)$

6 Löse die Klammern auf und fasse, wenn möglich, zusammen.

a) $(a+5)\cdot(b+8)$ b) $(x+6)\cdot(y+7)$
c) $(c+1)\cdot(c+6)$ d) $(4+u)\cdot(v+5)$
e) $(3+a)\cdot(a+12)$ f) $(y+8)\cdot(y+4)$

6 Löse die Klammern auf und fasse, wenn möglich, zusammen.

a) $(d+7)\cdot(d+9)$ b) $(y+2)\cdot(y+4)$
c) $(11+a)\cdot(b+10)$ d) $(x+5)\cdot(x+13)$
e) $(3g+4)\cdot(g+6)$ f) $(6+5v)\cdot(v+8)$

7 Löse die Klammern auf.

a) $(a-2)\cdot(b-4)$ b) $(c-4)\cdot(d-8)$
c) $(x-3)\cdot(y-5)$ d) $(3-u)\cdot(v-6)$
e) $(f-5)\cdot(g-6)$ f) $(x-8)\cdot(y+3)$
g) $(9+a)\cdot(b-2)$ h) $(4-u)\cdot(v+9)$

7 Löse die Klammern auf.

a) $(x-10)\cdot(y-15)$ b) $(a-2)\cdot(b-7)$
c) $(4-u)\cdot(v-3)$ d) $(-6+c)\cdot(d-8)$
e) $(x-9)\cdot(11+y)$ f) $(7+a)\cdot(-4+b)$
g) $(5-4u)\cdot(v+9)$ h) $(2c-5)\cdot(d-8)$

8 Multipliziere. Wo kannst du zusammenfassen?

a) $(x+2y)(x+11)$
b) $(3+b)(a-9)$
c) $(11t-9)(4-t)$
d) $(16p+25q)(-p+12)$

9 Gib einen Term zur Berechnung der Gesamtfläche an. Löse alle Klammern auf.

a)
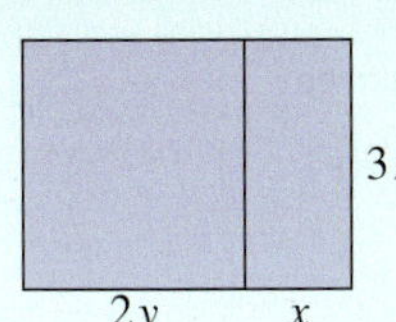

b)

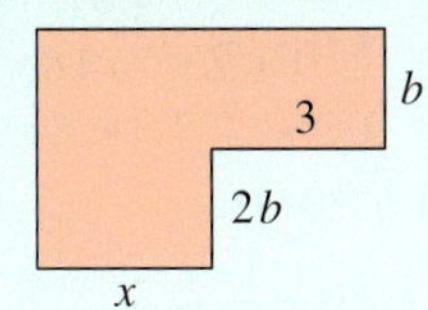

8 Löse die Klammern auf. Fasse zusammen, falls möglich.

a) $(-7+8c)(10b-25)$
b) $(5x-2)(3x+2y)$
c) $(2u-18v)(3-5v)$
d) $(-5r+8t)(2r+9t)$

9 Gib einen Term zur Berechnung der Gesamtfläche an. Löse alle Klammern auf.

a)
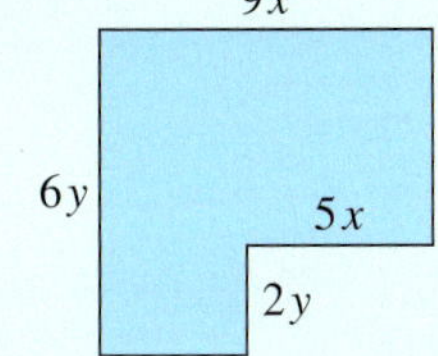

b)
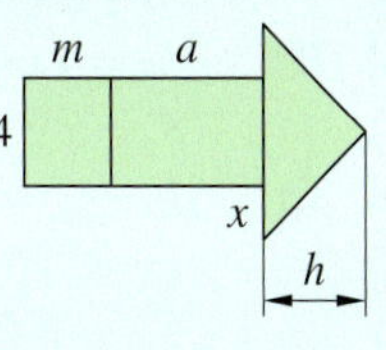

Binomische Formeln

→ Seite 166

10 Gib an, welche binomische Formel du anwenden kannst. Löse die Klammer auf.

a) $(a-7)^2$ b) $(b+9)^2$
c) $(8-x)^2$ d) $(13+y)^2$
e) $(a-14)^2$ f) $(x+18)^2$

11 Wende die binomischen Formeln an. Schreibe ohne Klammern.

a) $(a-12)^2$ b) $(x+15)^2$
c) $(16-x)^2$ d) $(m-14)(m+14)$
e) $(x+25)^2$ f) $(a+13)(a-13)$
g) $(17-b)^2$ h) $(2{,}5+y)^2$
i) $(2x+5)^2$ j) $(7x-2y)^2$

12 Die Seiten des unten abgebildeten Quadrats mit der Seitenlänge *a* wurden um 2 cm vergrößert.
Gib einen Term an, der den Flächeninhalt der gesamten Fläche beschreibt.

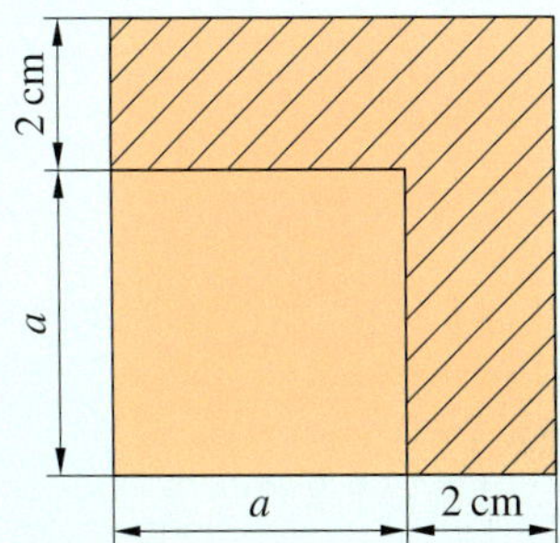

10 Gib an, welche binomische Formel du anwenden kannst. Löse die Klammer auf.

a) $(17-r)^2$ b) $(e+10)^2$
c) $(15+k)^2$ d) $(d-20)^2$
e) $(x+8)^2$ f) $(11-p)^2$

11 Wende die binomischen Formeln an. Schreibe ohne Klammern.

a) $(-d+15)^2$ b) $(x-18)^2$
c) $(12-3b)^2$ d) $(8p-20)(8p+20)$
e) $(17x+9{,}5)^2$ f) $(5{,}5+0{,}5y)(5{,}5-0{,}5y)$
g) $\left(\frac{3}{4}m-7\right)^2$ h) $(3{,}5+2{,}5x)^2$
i) $\left(\frac{2}{5}d+\frac{1}{10}\right)^2$ j) $\left(\frac{1}{2}st-\frac{3}{2}\right)\left(\frac{3}{2}+\frac{1}{2}st\right)$

12 Die Seiten des unten abgebildeten Quadrats mit der Seitenlänge *a* wurden um 3,5 cm vergrößert.
Gib einen Term an, der die Größe der *gestreiften* Fläche beschreibt.

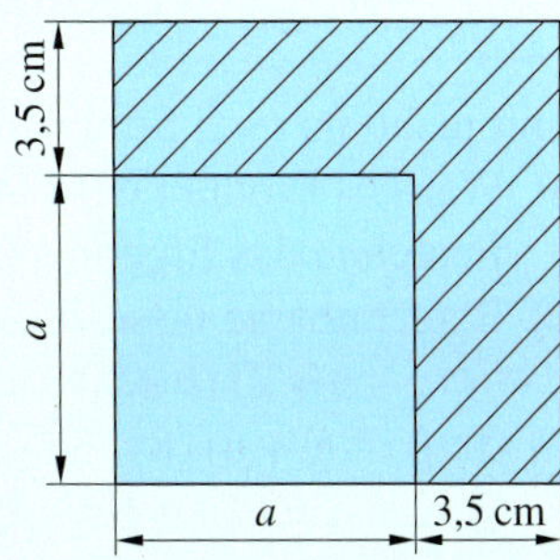

Vermischte Übungen

1 Schreibe die Tabelle ins Heft und berechne.

·	3	−12	$5x$	$-4x$
$(7+x)$	$3(7+x) =$ ■			
$(9-y)$				
$(8x+1)$				
$(-x+3y-2)$				

1 Ergänze die Tabelle im Heft.

·	−6	$-2a$	$1{,}5x$
$(5-y)$			
$(a+0{,}5)$			
$(-2{,}5a-1{,}2b)$			
$(0{,}1x^2-3x-0{,}5)$			

2 Ergänze so, dass die Gleichung stimmt.

a) $4(x + ■) = 4x + 20$
b) $7(■ - 3) = 7x - 21$
c) $■(y + 8) = xy + 8x$
d) $3a + 6b = ■(a + 2b)$
e) $2x + 14y = ■(x + 7y)$
f) $8a + 12b = ■(2a + 3b)$

2 Ergänze so, dass die Gleichung stimmt.

a) $x(■ + ■) = 3x + xy$
b) $■(9 + 2x) = 18x + 4x^2$
c) $2x(■ - ■) = 6xy - 16x$
d) $20 + 16x = ■(5 + 4x)$
e) $2x + 3xy = ■(2 + 3y)$
f) $5a + 7ab = ■(5 + 7b)$

3 Klammere jeweils den größten gemeinsamen Faktor aus.

a) $2x^2 + 4x$
b) $14x^2y - 7xy^2$
c) $x - x^3$
d) $48a^2b + 96a^3$
e) $x + x^2 + x^3$
f) $2x^2 + 4x + 6xy$
g) $6x^2 + 6x$
h) $-8x^2 - 8x$
i) $-7x - 14$
j) $-5x^2 - 5x - 5$

3 Klammere gemeinsame Faktoren aus und kürze die Brüche wie im Beispiel.

Beispiel $\frac{15a - 5b}{25 + 10ab} = \frac{\not{5}(3a - b)}{\not{5}(5 + 2ab)} = \frac{3a - b}{5 + 2ab}$

a) $\frac{3x + 6}{9x + 12}$
b) $\frac{4 + 6a}{10b + 4}$
c) $\frac{3x + 5xy}{xy + 7x}$

4 Multipliziere jeweils einen Term aus dem linken Kästchen mit einem Term aus dem rechten Kästchen. Bilde mindestens zehn Produkte und löse die Klammern auf.

$(x + 4)$, $(3x - 5)$, $(3x + 4)$, $(x - 5)$

$(x - 5)$, $(x + 4)$, $(3x - 4)$, $(3x + 5)$, $(x - 4)$, $(3x + 4)$, $(3x - 5)$

5 Multiplikationstabellen

	$-3a$	8	
$2b$	$-6ab$	$16b$	$-6ab + 16b$
−7	$21a$	−56	$21a - 56$
			$-6ab + 21a + 16b - 56$

a) Welche Aufgabe wurde links berechnet?
b) Berechne auf gleiche Weise:
① $(x + 3y)(-y + 9)$
② $(7 - x)(x^2 - 7)$
③ $(2a - 1{,}5)(3 + 0{,}6a)$

5 Ergänze die Multiplikationstabelle. Notiere dann die berechnete Aufgabe und das Ergebnis.

a)

	$2x$	4
■	$2xy$	
$3x$		

b)

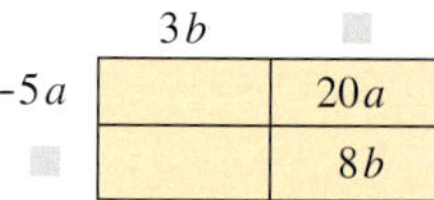

	$3b$	■
$-5a$		$20a$
■		$8b$

6 Summen mit mehr als zwei Summanden multiplizieren

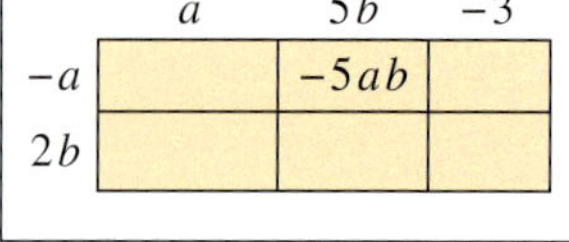

	a	$5b$	−3
$-a$		$-5ab$	
$2b$			

a) Welches Produkt wird in der Randspalte berechnet? Berechne das Ergebnis und fasse es zusammen.
b) Berechne und fasse zusammen. Du kannst Multiplikationstabellen nutzen.
① $(a - b + 2)(b + 6)$
② $(p + q - 4)(14 + p)$
③ $(2x - y + 6)(8 - 3x)$
④ $(r + 4s)(15 - 2r + 3s)$
⑤ $(2u - v)(7u + 6v - 8)$
⑥ $(5x^2 + 12x - 2y)(-1 + x^2 - y)$

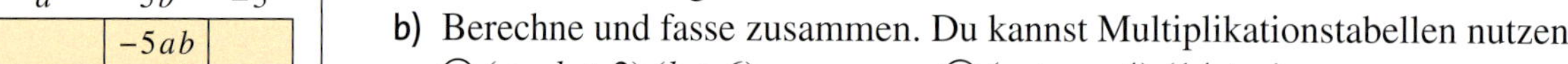

7 Gib Terme zur Berechnung des Umfangs und des Inhalts der farbigen Fläche an. Notiere jeweils auf zwei verschiedene Weisen: einmal mit und einmal ohne Klammern.

a)
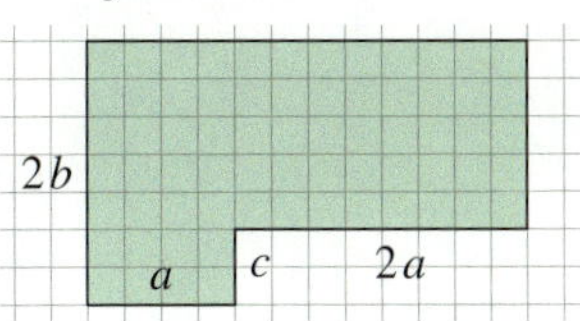

b)
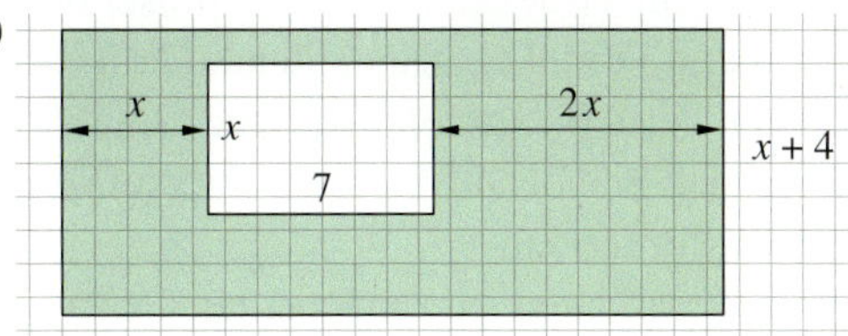

TIPP
Skizziere die Figuren in deinem Heft.

8 Gib einen Term zur Berechnung des Flächeninhalts des Rechtecks an. Wie kannst du die Klammern geschickt auflösen?

$5a + 2b$

$5a - 2b$

8 Jede Seite eines quadratischen Blumenbeets wird um 30 cm verkürzt.

a) Gib einen Term an, der den Flächeninhalt des Beets beschreibt, und vereinfache ihn.

b) Um wie viel Prozent verringert sich der Flächeninhalt des Beets, wenn es vorher eine Seitenlänge von 1,50 m hatte?

9 Lena und Paul zeigen mit einer Zeichnung, warum man die Klammern so auflöst:

$(a + b) \cdot (c - d) = ac - ad + bc - bd$

a) Überlegt, was ihre Zeichnung bedeutet.

b) Veranschaulicht auf ähnliche Weise:

① $(a - b) \cdot (c + d) = ac + ad - bc - bd$

② $(a - b) \cdot (c - d) = ac - ad - bc + bd$

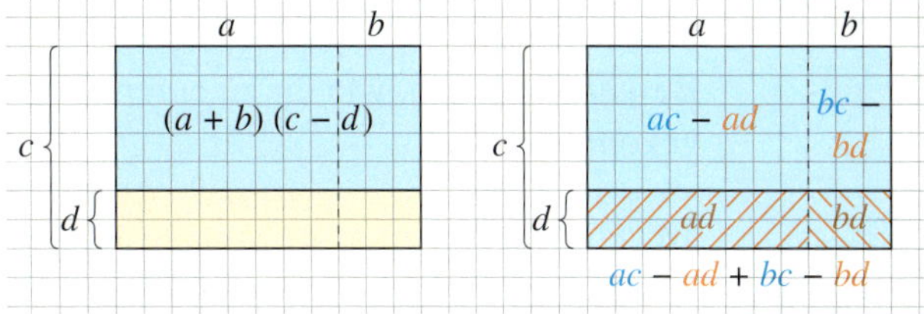

10 Löse die Klammern auf.

a) $(a + 10)^2$
b) $(b - 7)^2$
c) $(5 - c)^2$
d) $(x - 11)(x + 11)$
e) $(3z - 5)^2$
f) $(y + 0{,}5)(y - 0{,}5)$

10 Schreibe als Summe.

a) $(7x - 2)^2$
b) $(2x + 2y)(2x - 2y)$
c) $(5x + 7y)^2$
d) $(x + 8y)(x - 8y)$
e) $(6e - 7f)^2$
f) $(9x - 3{,}2)^2$

11 Setze eine eckige Klammer und berechne. Beachte die Hinweise in der Randspalte.

Beispiel $10 - (x + 2)(x - 3)$
$= 10 - [(x + 2)(x - 3)]$
$= 10 - [x^2 - 3x + 2x - 6] = \ldots$

a) $4 + (x + 1)(x - 2)$
b) $3a - (a - 3)(2a + 1)$
c) $y + 5 - (y - 4)(y + 2)$
d) $3(b + 2) - (b - 2)(b + 3)$

11 Fasse so weit wie möglich zusammen.
Tipp: Setze zur Übersicht eine eckige Klammer wie im Beispiel links.

a) $(x + y)^2 + (x - y)^2$
b) $(a + 8)^2 + (a + 7)(a - 7)$
c) $(x - 3)(x + 3) - (x - 5)^2$
d) $(2a - b)^2 - (b - 3a)^2$

HINWEIS
$3 - (-a + b - c)$
$= 3 + a - b + c$

HINWEIS
Die eckige Klammer verdeutlicht hier, dass die Punktrechnung zuerst gerechnet wird.

12 Die dritte binomische Formel lautet:
$(a + b)(a - b) = a^2 - b^2$
Kann man die Formel auch bei den folgenden Fällen anwenden? Erkläre.

① $(a + b)(-b + a)$
② $(a + 7)(7 - a)$
③ $(3 - x)(3 + x)$
④ $-(a + 1)(a - 1)$

12 Denke dir eine Zahl.
① Berechne das Quadrat deiner Zahl.
② Multipliziere den Nachfolger deiner Zahl mit dem Vorgänger deiner Zahl.

a) Wiederhole für weitere drei Zahlen die beiden Rechnungen. Was fällt dir auf?

b) Gib einen Term an, mit dem man Aufgabe ② für eine Zahl n berechnen kann. Vereinfache den Term. Nun erkläre deine Beobachtung bei a).

GESTALTER/IN FÜR VISUELLES MARKETING
Die Ausbildung dauert 3 Jahre. Suche nach weiteren Informationen über den Beruf z. B. im Internet oder im BIZ.

Beruf Gestalter/in für visuelles Marketing

Gestalter für visuelles Marketing präsentieren Waren und Produkte ansprechend. Dafür dekorieren sie z. B. Schaufenster und Geschäfte oder ganze Stände auf Messen. Ihr Ziel ist die Verkaufsförderung.
Oftmals erarbeiten sie zunächst ein Gestaltungskonzept am Computer. Dort spielen sie mit Farben, Formen und Licht, bevor sie den fertigen Entwurf umsetzen.
Sie organisieren Verkaufsveranstaltungen, um neue Kunden zu gewinnen. Außerdem sorgen sie dafür, dass der Ruf ihres Unternehmens gepflegt wird.

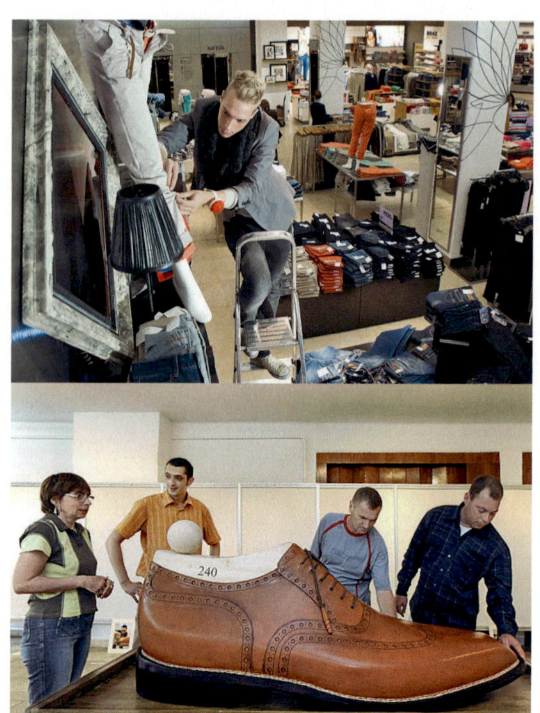

13 Der Riesenschuh im Schaufenster

Wie groß könnte der riesige Schuh auf dem Foto sein?
Beschreibt genau, wie ihr zu eurem Ergebnis gekommen seid.

14 Gestaltung eines Messestandes

Auf der Messe Sport & Life soll die neue Sportartikelkollektion präsentiert werden.

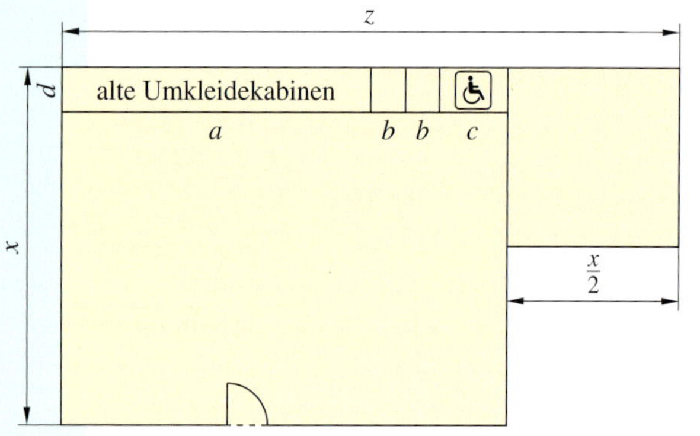

Bodenbeläge (Preise pro Quadratmeter)
Teppich
Laminat
Fliesen
Parkett
17,90 €
15,90 €
32,90 €
35,90 €

a) Gib je einen Term für die Verkaufsfläche und die Fläche der Umkleidekabinen an.
b) Die Skizze ist maßstabsgerecht. Die mit x bezeichnete Wand ist 12 m lang.
Wie lang sind die anderen Seiten in Wirklichkeit?
c) Berechne den Flächeninhalt der Verkaufsfläche sowie der Umkleidekabinen.
d) Mit welchem Bodenbelag würdest du die Verkaufsfläche auslegen, mit welchem die Umkleidekabinen?
Stelle eine Formel zur Berechnung der Materialkosten auf: Setze für den Preis pro Quadratmeter eine Variable ein.
e) Das Budget für den Bodenbelag liegt bei 6 200 €. Erstelle drei verschiedene Vorschläge und gib jeweils die Kosten an.

15 Eröffnung einer neuen Filiale

Am Eröffnungstag erhält jeder Besucher einen Donut, 70 % trinken ein Glas Wasser, 22 % ein Glas Cola und 38 % ein Glas Apfelsaft. 20 % sind Kinder, jedes Kind erhält einen Luftballon.
a) Stellt einen Term zur Berechnung der Gesamtkosten für Bewirtung und Luftballons auf.
b) Schätzt die Einzelpreise für die Getränke, Donuts und Luftballons und berechnet die Gesamtkosten bei insgesamt 350 Besuchern.

TIPP
Wähle passende Buchstaben für die Variablen, z. B. „b" für die Anzahl der Besucher.

Zusammenfassung

Klammern auflösen und setzen

→ Seite 158

Das Verteilungsgesetz kann man auch umgekehrt anwenden:
Eine Summe kann man in ein Produkt umwandeln, indem man aus allen Summanden **einen gemeinsamen Faktor ausklammert**. Das nennt man **Faktorisierung**.

$$\underbrace{ab + ac}_{\text{Summe}} = \underbrace{a \cdot (b + c)}_{\text{Produkt}}$$

$5\,x + a \cdot 5\,b = 5\,(x + a\,b)$

$42 + 12\,k = 6 \cdot 7 + 6 \cdot 2\,k = 6\,(7 + 2\,k)$

$y + xy = y\,(1 + x)$

Summen multiplizieren

→ Seite 162

Bei der Multiplikation von Summen gilt:
Jeder Summand der ersten Summe wird mit **jedem** Summanden der zweiten Summe multipliziert. Anschließend werden die vier Teilprodukte addiert.

$(a + b) \cdot (c + d) = a \cdot c + a \cdot d + b \cdot c + b \cdot d$

$a \cdot c$	$b \cdot c$	c
$a \cdot d$	$b \cdot d$	d
a	b	

$(5x + 3) \cdot (2 + y) = 10x + 5\,xy + 6 + 3\,y$

$$\begin{aligned} 21 \cdot 83 &= (20 + 1) \cdot (80 + 3) \\ &= 20 \cdot 80 + 20 \cdot 3 + 1 \cdot 80 + 1 \cdot 3 \\ &= 1\,600 + 60 + 80 + 3 \\ &= 1\,743 \end{aligned}$$

Wenn in den Klammern ein **Minuszeichen** steht, geht man ganz ähnlich vor.
Beachte: Dann muss man das vorstehende Rechenzeichen „mitnehmen".

$$\begin{aligned} &(a + b) \cdot (c - d) \\ &= a \cdot c + a \cdot (-d) + b \cdot c + b \cdot (-d) \\ &= ac - ad + bc - bd \end{aligned}$$

$(5 + 2x) \cdot (y - 4) = 5\,y - 20 + 2\,xy - 8\,x$

$(a - 3\,b) \cdot (-2 + b) = -2\,a + ab + 6\,b - 3\,b^2$

Binomische Formeln

→ Seite 166

Bei der Multiplikation von Summen gibt es drei Sonderfälle, bei denen sich die Ergebnisse leicht zusammenfassen lassen. Diese heißen **binomische Formeln**.

1. binomische Formel
$(a + b)^2 = a^2 + 2\,ab + b^2$

$$\begin{aligned} (7 + 3y)^2 &= 7^2 + 2 \cdot 7 \cdot 3\,y + (3\,y)^2 \\ &= 49 + 42\,y + 9y^2 \end{aligned}$$

2. binomische Formel
$(a - b)^2 = a^2 - 2\,ab + b^2$

$$\begin{aligned} (3\,a - 12\,b)^2 &= (3\,a)^2 - 2 \cdot 3\,a \cdot 12\,b + (12\,b)^2 \\ &= 9\,a^2 - 72\,ab + 144\,b^2 \end{aligned}$$

3. binomische Formel
$(a + b) \cdot (a - b) = a^2 - b^2$

$$\begin{aligned} 51 \cdot 49 &= (50 + 1) \cdot (50 - 1) \\ &= 50^2 - 1^2 = 2\,500 - 1 = 2\,499 \end{aligned}$$

$$\begin{aligned} (2\,x + 1) \cdot (2\,x - 1) &= 4\,x^2 - 2\,x + 2\,x - 1 \\ &= 4\,x^2 - 1 \end{aligned}$$

Teste dich!

3 Punkte | 3 Punkte

1 Löse die Klammern auf und fasse die Terme, wenn möglich, zusammen.
a) $3x + (2 - y)$
b) $12{,}5x - (15y - 13{,}7x - 15{,}9y)$
c) $(3 + x) - (8y - 5z)$

1 Löse die Klammern auf und fasse die Terme, wenn möglich, zusammen.
a) $3x + [4 - (x - 3) + 6x] - 5$
b) $b \cdot (a - 1)$
c) $20y - (3y - 6x) - [2y - (4x - 3y)]$

3 Punkte | 3 Punkte

2 Klammere jeweils den größtmöglichen Faktor aus.
a) $10x - 30y$
b) $12xy - 28x$
c) $az - bz$

2 Klammere jeweils den größtmöglichen Faktor aus.
a) $2ab - 7bx$
b) $7a + 14b + 35c$
c) $21abx - 6by + 15bz$

1 Punkte | 6 Punkte

3 Welche Terme passen zum Flächeninhalt der Figur?
Es gibt zwei Lösungen.
Ⓐ $A = (a + b) \cdot c$
Ⓑ $A = a \cdot b + a \cdot c$
Ⓒ $A = a \cdot (b + c)$
Ⓓ $A = a \cdot c - a \cdot b$

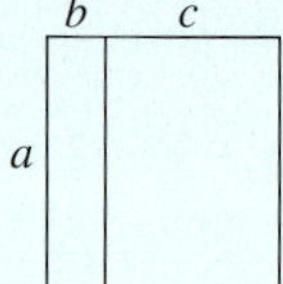

3 Zeichne die Figuren ins Heft. Beschrifte die Seiten mit Variablen und gib einen Term für den Flächeninhalt der Figuren an.
a)
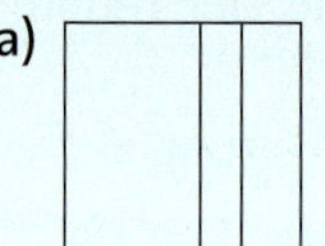
b)
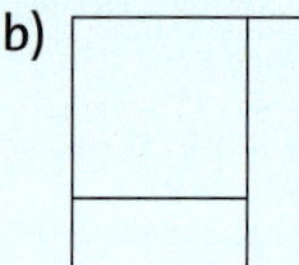

3 Punkte | 4 Punkte

4 Multipliziere und fasse, wenn möglich, zusammen.
a) $(x + 6)(x + 9)$
b) $(b + 8)(b - 12)$
c) $(s - 12)(s - 7)$

4 Multipliziere und fasse, wenn möglich, zusammen.
a) $(-r + s)(3 - s)$
b) $(3c + 4)(16 - c)$
c) $(x - 0{,}5)(2{,}5 + x)$

3 Punkte | 4 Punkte

5 Gib jeweils einen Term an. Löse anschließend die Klammer auf.
a) das Doppelte der Summe von a und b
b) die Hälfte des Umfangs eines Rechtecks
c) der Umfang eines Quadrats mit der Seitenlänge $x + 2$

5 Gib einen Term an und vereinfache.
a) das Vierfache der Summe von einer Zahl und ihrem Nachfolger
b) die Differenz zwischen dem Quadrat einer Zahl und dem Quadrat des Vorgängers dieser Zahl

4 Punkte | 4 Punkte

6 Löse die Klammern auf.
a) $(x + 2)^2$ b) $(3 - p)^2$
c) $(a - 9)(a + 9)$ d) $(a + b)^2 - (a - b)^2$

6 Löse die Klammern auf.
a) $(-x - y)^2 - (-y)^2$ b) $(7 - x^2)^2$
c) $(-a^2 + b)^2$ d) $(a - b)^2 - (a^2 - b^2)^2$

3 Punkte

7 Ein quadratisches Schwimmbecken wird vergrößert, indem die Seiten um je 3 m verlängert werden.
a) Gib einen Term an, der den Flächeninhalt des neuen Schwimmbeckens beschreibt.
Multipliziere den Term aus.
b) Um wie viele Quadratmeter hat sich der Flächeninhalt des Schwimmbeckens vergrößert, wenn es vorher eine Seitenlänge von 15 m hatte?

Gold: 25–27 Punkte, Silber: 20–24 Punkte, Bronze: 16–23 Punkte

Lösungen ab Seite 201

Zuordnungen und Funktionen

Tropfsteine entstehen durch Wasser, das durch Kalkstein fließt.
Wenn das Wasser dann auf einen Hohlraum wie beispielsweise eine Höhle trifft, tropft es von der Decke herab.
An der Decke entstehen Stalaktiten, am Boden Stalagmiten.
Sie wachsen einander entgegen.
Durchschnittlich wachsen Stalaktiten und Stalagmiten in 100 Jahren 1 cm.

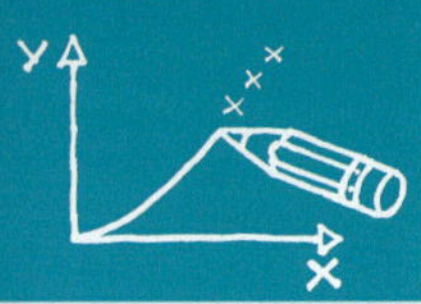

Noch fit?

Einstieg

1 Terme berechnen
Berechne den Wert des Terms.

a) $6x + 5$ für $x = 1{,}5$

b) $10 - 2{,}5x$ für $x = 7$

2 Term finden
Finde einen passenden Term:
Die Grundgebühr beim Handyvertrag kostet 4,95 €, jede Gesprächsminute kostet 0,15 €.

3 Gleichungen lösen
Bestimme die Lösung der Gleichung.

a) $x + 12 = 35$ b) $2x + 12 = 30$

c) $80 = 100 - 5x$ d) $-7x - 5 = 44$

4 Graphen von Zuordnungen benennen
Welche der Graphen gehören zu einer proportionalen und welche zu einer antiproportionalen Zuordnung? Begründe.

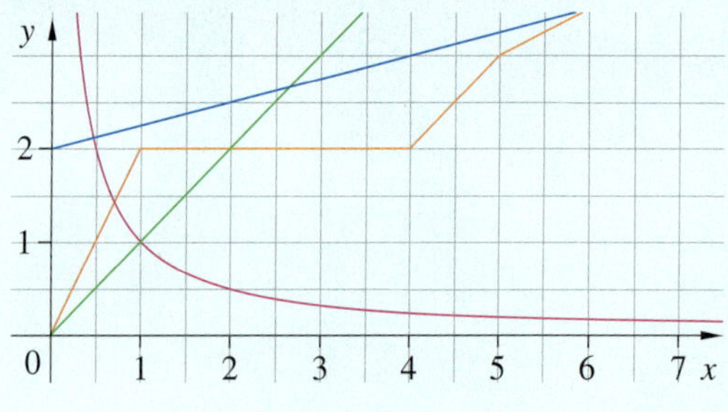

Aufstieg

1 Terme berechnen
Berechne den Wert des Terms.

a) $3(x - 4)$ für $x = 6$ und $x = -6$

b) $12(10 - 3y)$ für $y = 1{,}5$ und $y = -1{,}5$

2 Term finden
Finde einen passenden Term:
Ein rechteckiges Grundstück wird eingezäunt. Das Grundstück ist 10 m länger als breit.

3 Gleichungen lösen
Bestimme die Lösung der Gleichung.

a) $3x + 5 = -6x + 41$ b) $5x + 11 = 3x + 7$

c) $2(3x + 2) = -6x + 5$ d) $4(y + 3) = 3y - 12$

4 Zuordnungen erkennen
Entscheide, ob die Zuordnung proportional oder antiproportional ist.
Begründe.

a) Menge Benzin → Kraftstoffkosten
b) Anzahl der Pumpen → Pumpdauer
c) Geschwindigkeit → Fahrzeit
d) Fahrzeit → Fahrstrecke
e) Arbeitszeit → Arbeitslohn
f) Anzahl der Arbeiter → Arbeitsdauer
g) täglicher Verbrauch → Vorratsdauer
h) Fahrstrecke → Benzinverbrauch

5 Eigenschaften von Zuordnungen
Erkläre die Begriffe proportional und antiproportional. Gib jeweils eine Wertetabelle an.

6 Proportionale Zuordnungen (Einstieg)
Ist die Zuordnung proportional?

x	2	4	6	8	10
y	6	7	8	9	10

6 Proportionale Zuordnungen (Aufstieg)
Ist die Zuordnung proportional?

x	4	8	12	16	20
y	0,5	1	1,5	2,5	3

7 Zuordnungen erkennen und darstellen
20 Eintrittskarten kosten 122,00 €.

a) Übertrage und ergänze die Tabelle. Wie viel kosten 31 Karten?

Anzahl	1	2	3	4	10
Preis in €					

b) Ist die Zuordnung proportional oder antiproportional?

c) Gehört die grafische Darstellung ① oder ② zu der Zuordnung?

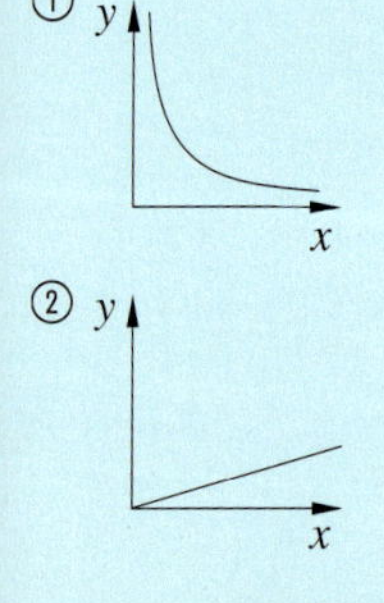

Lösungen ab Seite 201

Zuordnungen und Funktionen beschreiben

Entdecken

1 Hier sind unterschiedliche Situationen beschrieben. Zu jeder Situation gibt es einen Text, eine Wertetabelle und ein Diagramm. Ordnet zu.

① Eine Pizza Margherita kostet 2 €, für jeden zusätzlichen Belag muss 1 € gezahlt werden.

② Ein Malermeister überlegt, wie viele Maler er einsetzen soll, um die Wände eines großen Hauses zu streichen.

③ Zahlen mit einer Nachkommastelle wurden auf Einer gerundet. Die gerundete Zahl wird ihren möglichen Ausgangszahlen zugeordnet.

④ Eine Badewanne wird mit Wasser gefüllt.

⑤ Der Stöpsel einer gefüllten Badewanne wird gezogen. Das Wasser fließt gleichmäßig ab.

Ⓐ

?	0	1	2	3	4
?	2	3	4	5	6

Ⓑ

?	0	1	2	3	4	5
?	0	20	40	60	80	100

Ⓒ

?	1	2	3	4	5
?	60	30	20	15	12

Ⓓ

?	0	0	0	0	0	1	1	1	1	1	1
?	0,0	0,1	0,2	0,3	0,4	0,5	0,6	0,7	0,8	0,9	1,0

Ⓔ

?	0	1	2	3	4	5
?	100	80	60	40	20	0

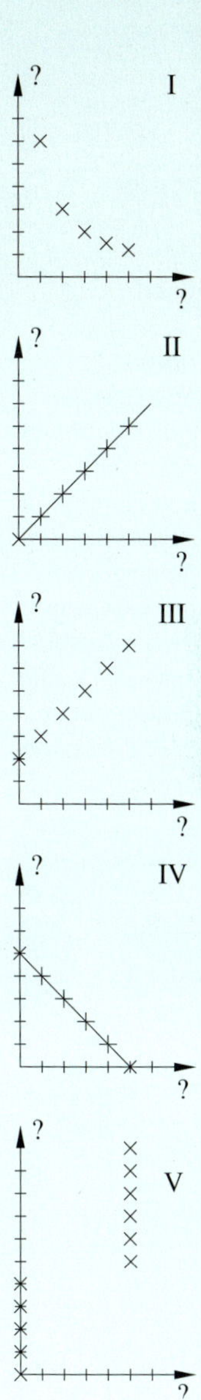

2 Ein tropfender Wasserhahn verursacht Kosten. Fabian hat die Wassermenge über einen Zeitraum von fünf Minuten gemessen. Das Wasser tropft gleichmäßig aus dem Wasserhahn.

a) Ergänzt im Heft die Tabelle und zeichnet ein passendes Diagramm.

Zeit (in min)	1	2	3	4	5	6	7	8	9	10
Wassermenge (in ml)	20	40	60	80	100					

b) Welcher Zusammenhang besteht zwischen der vergangenen Zeit und der Wassermenge?

c) 1 000 l (= 1 m³) kosten etwa 2,50 €. Wie hoch sind die Kosten, die für das Wasser aus diesem tropfenden Wasserhahn in einem Jahr anfallen?

d) Stellt zu Hause einen Messbecher unter einen tropfenden Wasserhahn und messt, wie viel Wasser in zehn Minuten aufgefangen werden. Gießt später mit dem Wasser eure Blumen. Ergänzt die Wertetabelle und stellt die Zuordnung *Zeit* → *Wassermenge* grafisch dar.

Zeit (in min)	1	2	3	4	5	6	7	8	9	10
Wassermenge (in ml)										

Vergleicht untereinander: Worin unterscheiden sich die Diagramme und warum?

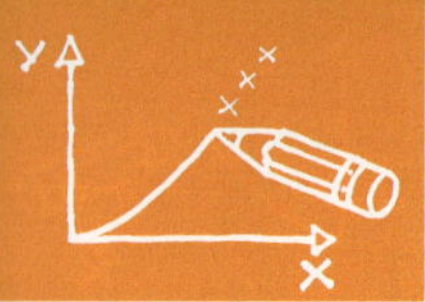

Verstehen

Die Kinder Franzi und Axel der Familie Ronsberg vergnügen sich an einem Sonntag im Planschbecken. Das Planschbecken ist 30 cm hoch mit Wasser gefüllt, aber beim Toben geht viel Wasser über den Rand des Beckens verloren.
Der ältere Bruder Max hat nachgemessen und die Ergebnisse aufgeschrieben.
Herr Ronsberg füllt das Wasser abends wieder nach.

HINWEIS
Jede Funktion ist eine Zuordnung. Aber nicht jede Zuordnung ist eine Funktion. Bei einer Zuordnung Hausnummer → Bewohner werden einer Hausnummer mehrere Bewohner zugeordnet.

Hausnr. 14
Herr Struwe
Tim Struwe
Frau Struwe

Beispiel 1

Wasserstand (alle 10 min gemessen)

x	Zeit (in min)	0	10	20	30	40	50	60
y	Wasserstand (in cm)	30	26	26	16	10	8	1

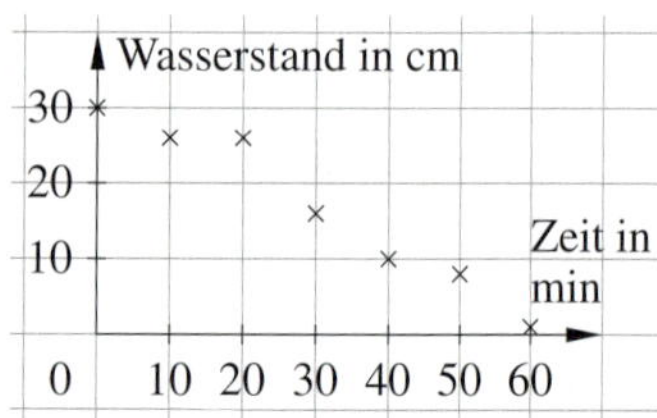

Im Beispiel 1 handelt es sich um eine **eindeutige Zuordnung** *Zeit* (x) → *Wasserstand* (y), weil jeder Minute genau ein Wasserstand (cm) zugeordnet wird.

Merke Eine Zuordnung, bei der **zu jedem Wert** aus dem ersten Bereich **genau ein Wert** aus dem zweiten Bereich zugeordnet wird, ist eine **eindeutige Zuordnung**.
Eine eindeutige Zuordnung heißt **Funktion**.
Die Werte aus dem ersten Bereich sind Werte x aus dem **Definitionsbereich**, die zugeordneten Werte y aus dem zweiten Bereich (Wertebereich) nennt man **Funktionswerte**.

Funktionen können auf unterschiedliche Art dargestellt werden.

Beispiel 2

Wortvorschrift
Der Wasserstand steigt in jeder Minute um 2 cm an.
Mit dieser Wortvorschrift wird die Funktion beschrieben.

Wertetabelle

x	Zeit (min)	0	1	2	4	8
y	Wasserstand (cm)	0	2	4	8	16

Wertepaare: $(0|0)$, $(1|2)$, $(2|4)$, $(4|8)$, $(8|16)$

Funktionsgraph
Wenn der Definitionsbereich alle rationalen Zahlen enthält, dürfen die Punkte im Diagramm verbunden werden.
Die Darstellung im Koordinatensystem nennt man **Funktionsgraph**.

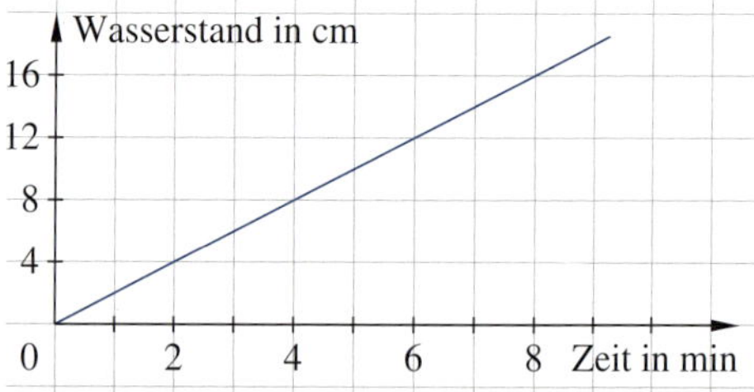

HINWEIS
Bei der Funktionsgleichung ist sowohl „$y = ...$" als auch „$f(x) = ...$" als Schreibweise üblich. In diesem Buch wird die y-Schreibweise verwendet.

Funktionsgleichung
Die Wortvorschrift „Der Wasserstand steigt in jeder Minute um 2 cm an" kann durch die Funktionsgleichung $\boldsymbol{y = 2x}$ dargestellt werden.

Wird eine Zahl aus dem Definitionsbereich für x eingesetzt, kann der Funktionswert berechnet werden, z. B. $x = 4$ oder $x = 8$:
$y = 2 \cdot 4 = 8$ $y = 2 \cdot 8 = 16$

Merke Die Gleichung $y = 2x$ nennt man **Funktionsgleichung**. Allgemein schreibt man für die Funktionsgleichung einer proportionalen Zuordnung $\boldsymbol{y = m \cdot x}$.

Üben und Anwenden

1 Bei welchen grafischen Darstellungen handelt es sich um eine Funktion? Begründe.

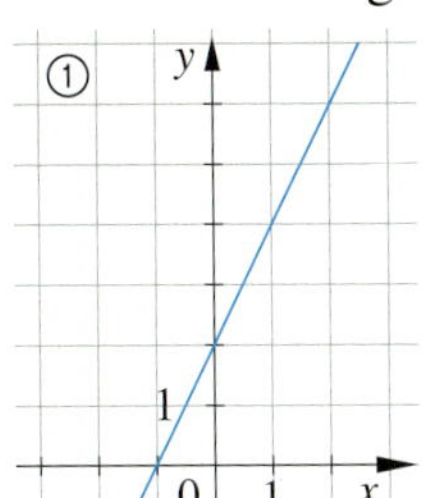

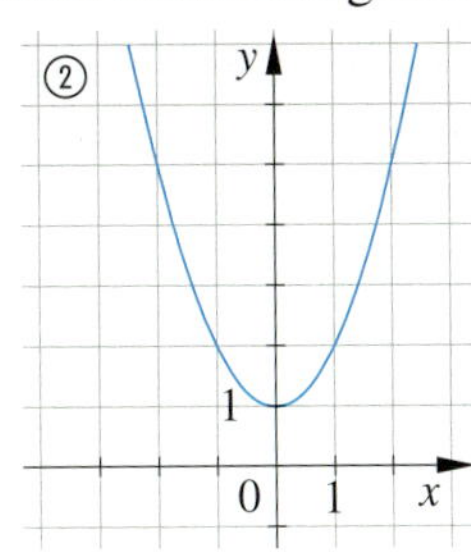

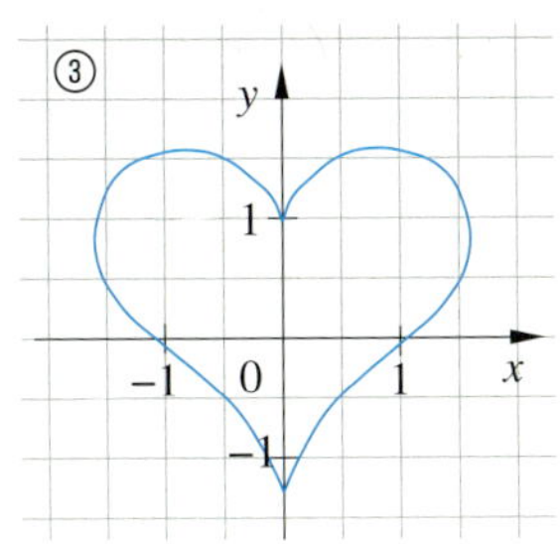

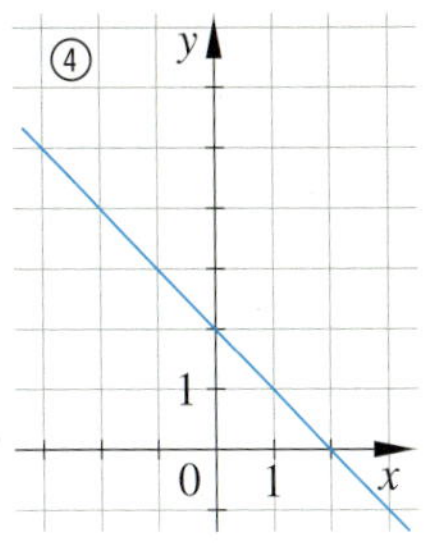

NACHGEDACHT
Richtig oder falsch? Jede Funktion hat einen Funktionsgraphen.

2 Handelt es sich um eine Funktion? Begründe deine Antwort.

a) *Land → Telefonvorwahl*
b) *Kantenlänge a → Volumen des Würfels*
c) *Vorname → Nachname*
d) *Name des Schülers → Schule*

2 Handelt es sich bei den folgenden Zuordnungen um Funktionen? Begründe.

a) Jeder Oma werden ihre Enkel zugeordnet.
b) Jedem Kind wird sein Alter zugeordnet.
c) Jeder natürlichen Zahl wird eine Primzahl zugeordnet.

3 Erklärt mit eigenen Worten die Begriffe. Gebt jeweils ein Beispiel an.

a) Wortvorschrift
b) Funktionswerte
c) Wertetabelle
d) Funktionsgraph

3 Erkläre mit eigenen Worten die Begriffe. Gib jeweils ein Beispiel an.

a) Funktion
b) Wertepaar
c) Definitionsbereich
d) Wertebereich

4 Liegt eine Funktion vor? Begründe.

a)
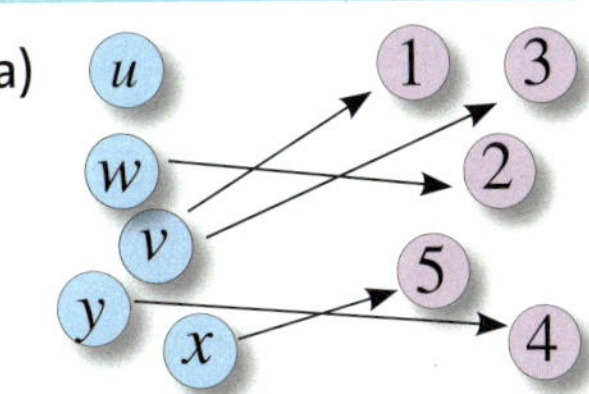

b) c)
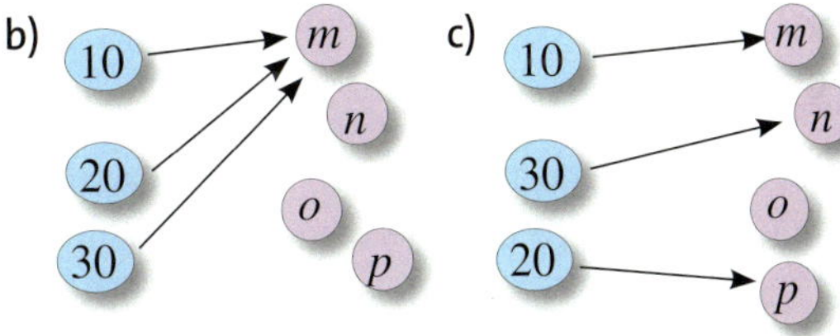

5 Lisa hat noch 1,10 € Guthaben auf ihrer Handykarte. Pro SMS zahlt sie 11 ct.
Es gilt die folgende Zuordnung:
Anzahl der SMS → Restguthaben (in ct)

a) Liegt hier eine Funktion vor?
b) Bestimme in einer Wertetabelle alle x-Werte und y-Werte.

5 Für eine Funktion sind folgende Wertepaare gegeben: (0|100), (5|80), (10|60), (15|40), (20|20), (25|0).

a) Gib die Funktionswerte y für die x-Werte 3,5; 17,5 und 22,5 an.
b) Findet Beispiele für Funktionen aus dem Alltag. Vergleicht untereinander.

6 Die Vasen werden gleichmäßig gefüllt.
Die Graphen geben die Zuordnung *Volumen des Wassers → Höhe des Wasserstands* an.
Welche Vase passt zu welchem Graphen? Begründe deine Antwort.

a)
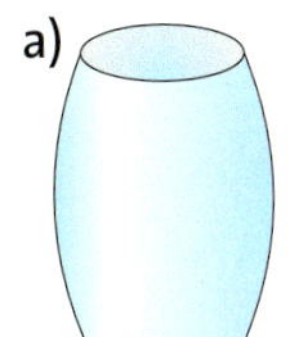
b)
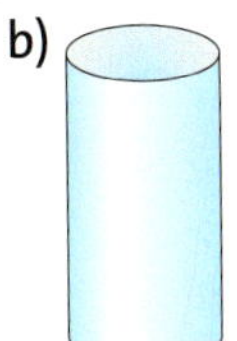
c)
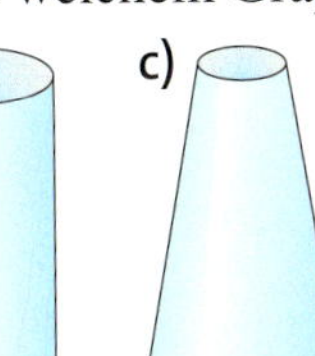

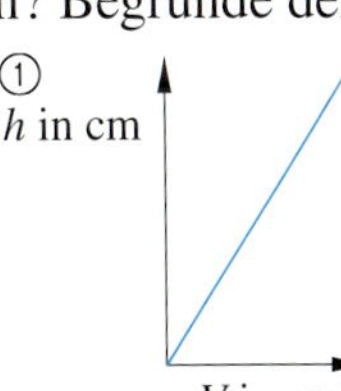

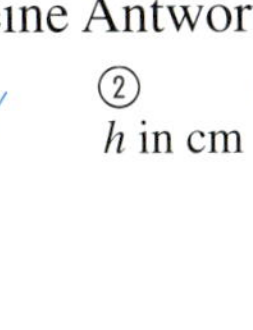

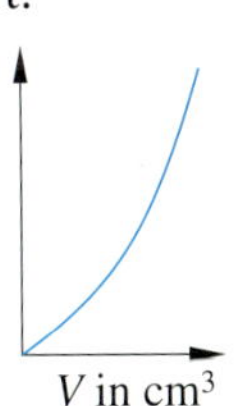
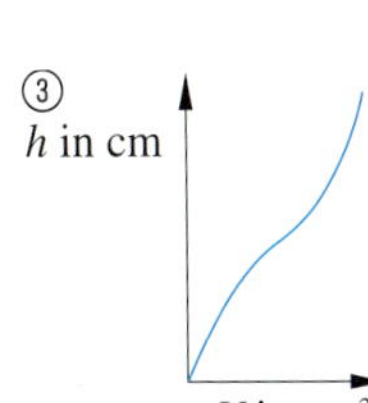

7 Ist die Funktion antiproportional? Wie kannst du das überprüfen?

a)

x	1	2	3	4	5
y	12	6	4	3	2

b)

x	2	3	4	5	8
y	12	8	6	4,8	3

8 Ordne den Wortvorschriften der Funktionen eine Wertetabelle zu.

① Jeder Zahl wird das Doppelte zugeordnet.
② Jeder Zahl wird ihre Hälfte zugeordnet.
③ Jeder Zahl x wird ihr um 1 Vermindertes $(x-1)$ zugeordnet.

Ⓐ

x	−4	−2	0	2	4	6
y	−5	−3	−1	1	3	5

Ⓑ

x	−4	−2	0	2	4	8
y	−2	−1	0	1	2	4

9 Lege eine Wertetabelle an und zeichne den Graphen der Funktion.

a) $y = x$ b) $y = 1{,}5x$
c) $y = -x$ d) $y = -2x$

7 Ist die Funktion antiproportional? Wie kannst du das überprüfen?

a)

x	−1,2	−3	2	4,8	7,5
y	−20	−8	12	4	3,2

b)

x	35	28	15	7	4
y	6	7,5	14	30	42

8 Ordne den Wortvorschriften der Funktionen eine Wertetabelle zu.

① Jeder Zahl wird ihr Dreifaches zugeordnet.
② Jeder Zahl wird das um 2 verminderte Doppelte zugeordnet.
③ Jede Zahl wird sich selbst zugeordnet.

Ⓐ

x	−4	−2	0	2	4	6
y	−4	−2	0	2	4	6

Ⓑ

x	−4	−2	0	3	6	9
y	−10	−6	−2	4	10	16

9 Lege eine Wertetabelle an und zeichne den Graphen der Funktion.

a) $y = 3x + 2$ b) $y = 2x + 1$
c) $y = 1{,}5x + 0{,}5$ d) $y = x - 2$

HINWEIS
Um eine Wertetabelle zu erstellen, setzt du einen Wert für x in die Funktionsgleichung ein und berechnest dann den y-Wert.

10 Lineare Funktionen lassen sich auf verschiedene Weisen darstellen. Übertrage die Tabelle in dein Heft (Querformat) und vervollständige sie. Notiere jeweils auch die Wortvorschrift. Denke dir weitere Beispiele aus.

Sachverhalt/ Wortvorschrift	Funktionsgleichung	Wertetabelle	Graph
Bei einem Konto beträgt die Grundgebühr 2,50 €. Pro Buchung fallen 0,50 € an. 	$y = 0{,}5x + 2{,}5$		
Taxifahrt 		x: 0, 5, 10, 15 y: 2,2, 9,7, 17,2, 24,7	
Handy 	$y = 0{,}15x + 5$		
Kerze 			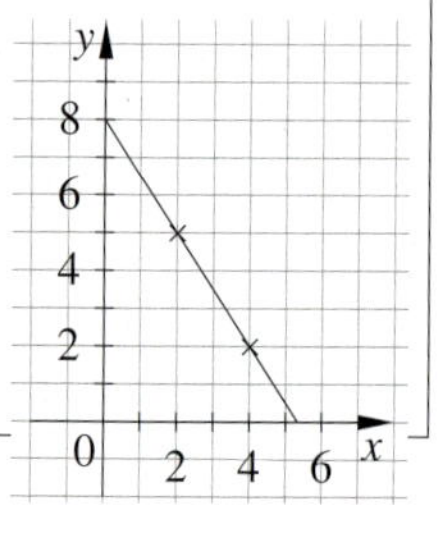

Lineare Funktionen erkennen

Entdecken

1 Frau Brücker möchte Erdbeermarmelade herstellen.
Im Supermarkt kosten die Erdbeeren pro Kilogramm 2,50 €.
In der Zeitung findet sie eine Anzeige von einem Erdbeerfeld, das allerdings 40 km entfernt ist.
Sie überlegt, ob es sich lohnt, dort hinzufahren.

Erdbeeren selber pflücken
Selbst der weiteste Weg lohnt sich!
Ganz frisch und ungespritzt
nur 1,80 € pro kg.
Erdbeerfeld Mühlenhof

a) Vergleiche die Preise für 5 kg, 10 kg, 15 kg und 20 kg Erdbeeren aus dem Supermarkt und vom Erdbeerfeld.
b) Wovon hängt es ab, ob es sich lohnt, zum Erdbeerfeld zu fahren? Überlege erst allein. Tauscht euch dann untereinander aus.
c) Mit dem Bus kostet die Hin- und Rückfahrt zum Erdbeerfeld 8,40 €. Wie viel Kilogramm Erdbeeren muss Frau Brücker mindestens pflücken und kaufen, damit sich die Busfahrt lohnt?
d) Überschlage, ab wie viel Kilogramm sich die Fahrt mit dem Auto zum Erdbeerfeld lohnt.

2 Die beiden Vasen werden mit Wasser gefüllt.
Ordne jeweils die passenden Graphen zu.

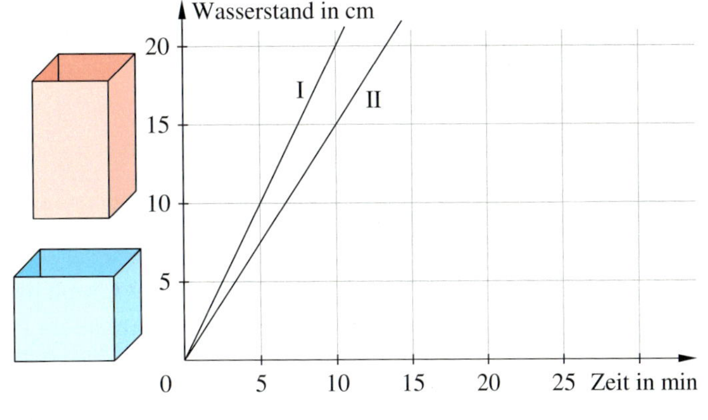

a) Beschreibe, wie sich der Wasserstand in den Gefäßen verändert.
b) Wie sieht der Füllgraph aus, wenn die Vasen zu Beginn jeweils 10 cm hoch mit Wasser gefüllt sind? Zeichne die veränderten Füllgraphen.
c) Erfinde selbst zwei Füllgraphen.
Überlege zunächst, wie hoch das Wasser am Anfang im Gefäß steht und um wie viel Zentimeter das Wasser pro Minute ansteigt.
Schreibe jeweils auf eine Karteikarte die entsprechende Wertetabelle (siehe Randspalte).
Zeichne jeweils auf eine andere Karte den Füllgraphen.
Vermischt eure Karten und spielt zu viert Memory.

BEISPIEL ZU 2c)

Zeit (in min)	0	1
Wasserstand (in cm)	0	2

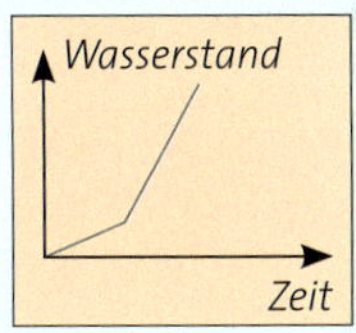

3 Arbeitet in Gruppen von zwei bis fünf Personen.
Herr Müller ist während seiner Geschäftsreisen in Leipzig und in Köln mehrfach mit dem Taxi gefahren. Er sortiert nun seine Quittungen (siehe Randspalte).
a) Frau Müller meint: „Etwas kann nicht stimmen. Eine Fahrt, die doppelt so weit ist, muss doch doppelt so viel kosten.“
Was meint ihr? Begründet eure Meinung.
b) In welchem Ort zahlt man mehr für eine Fahrt, die 20 km lang ist?
Beratet, wie ihr eine Lösung finden könnt. Erläutert euer Vorgehen.
c) Es gibt eine Fahrstrecke, bei der man in beiden Städten den gleichen Betrag zahlen muss.
Welche ist das? Findet gemeinsam eine Lösung, auch Probieren ist erlaubt.
Erklärt euch gegenseitig eure Lösungswege und überprüft die gefundenen Lösungen.

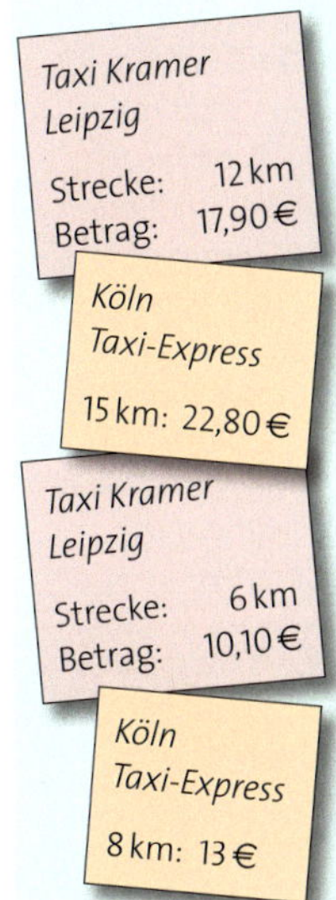

Taxi Kramer
Leipzig
Strecke: 12 km
Betrag: 17,90 €
Köln
Taxi-Express
15 km: 22,80 €
Taxi Kramer
Leipzig
Strecke: 6 km
Betrag: 10,10 €
Köln
Taxi-Express
8 km: 13 €

Verstehen

Mia möchte sich einen Hamster kaufen. Einen Käfig hat sie bereits zu Hause. Ein Hamster kostet in der Zootierhandlung 5 €. Für Futter muss sie mit durchschnittlich 2 € pro Woche rechnen.

Futterkosten

Anzahl der Wochen	0	1	2	3	4
Futterkosten (in €)	0	2	4	6	8

Gesamtkosten

Anzahl der Wochen	0	1	2	3	4
Gesamtkosten (in €)	5	7	9	11	13

Die Futterkosten und die Gesamtkosten kann man mit einer Funktionsgleichung beschreiben.

Futterkosten: $y = 2x$

Kosten pro Woche (2); Anzahl der Wochen (x)

Die Futterkosten steigen um 2 € pro Woche. In der Gleichung wird dieses Steigen mit 2 angegeben: $y = 2x$. x ist die Anzahl der Wochen.

Gesamtkosten: $y = 2x + 5$

Kosten für x Wochen ($2x$); Anschaffungskosten (5)

Zu den wöchentlichen Kosten kommen noch die Anschaffungskosten von 5 € hinzu. Dies wird in der Gleichung mit +5 angegeben: $y = 2x + 5$.

BEACHTE
Eine proportionale Funktion ist eine lineare Funktion mit $b = 0$, also $y = m \cdot x$.

Die Funktion $y = 2x$ hat die Steigung $m = 2$ und schneidet die y-Achse im Punkt $P(0|0)$.

Die Funktion $y = 2x + 5$ hat die Steigung $m = 2$ und schneidet die y-Achse im Punkt $P(0|5)$. 5 ist der Abschnitt auf der y-Achse.

Merke Eine Funktion, deren Funktionsgleichung in der Form $\boldsymbol{y = mx + b}$ geschrieben wird, heißt **lineare Funktion**.

Ihr Graph ist eine Gerade mit der **Steigung** $\boldsymbol{m}$ und dem **y-Achsenabschnitt** $\boldsymbol{b}$.

Der Graph dieser Funktion schneidet die y-Achse im Punkt $P(0|b)$.

x-Werte und y-Werte können am Graphen abgelesen oder berechnet werden.

BEACHTE
Um zu prüfen, ob ein Punkt auf dem Graphen liegt, setzt man die Koordinaten in die Funktionsgleichung ein.

$y = 2x + 5$
$P(3|11)$
$11 = 2 \cdot 3 + 5$
$11 = 11$
P liegt auf der Geraden.

$Q(3|13)$
$13 = 2 \cdot 3 + 5$
$13 \neq 11$
Q liegt nicht auf der Geraden.

Beispiel

Wie viel kostet der Hamster in acht Wochen?
Funktionsgleichung: $y = 2x + 5$
Für $x = 8$ gilt: $y = 2 \cdot 8 + 5 = 21$
Die ersten acht Wochen kosten 21 €.

Mia hat 57 € für den Hamster ausgegeben. Wie lange hat sie den Hamster schon?
Funktionsgleichung: $y = 2x + 5$
Für $y = 57$ gilt:

$$57 = 2x + 5 \quad | -5$$
$$52 = 2x \quad | :2$$
$$26 = x$$

Mia hat den Hamster seit 26 Wochen.

Merke Der **y-Wert** einer Funktion kann berechnet werden, indem der x-Wert in die Funktionsgleichung eingesetzt wird.

Der **x-Wert** einer Funktion kann berechnet werden, indem der y-Wert in die Funktionsgleichung eingesetzt wird. Durch Äquivalenzumformungen wird die Funktionsgleichung nach x aufgelöst.

Üben und anwenden

1 Welche Funktion ist linear?
Gib für diese Funktionen die Steigung m und den Achsenabschnitt b an.

a) $y = 2x + 5$ b) $y = 3x$
c) $y = 2x^2 - 1$ d) $y = \frac{1}{x}$
e) $y = 0{,}5x - 4$ f) $y = -4x + 1{,}2$

1 Welche Funktion ist linear?
Gib für diese Funktionen die Steigung m und den Achsenabschnitt b an.

a) $y = 2{,}4x - 1{,}3$ b) $y = 2x + x - 3$
c) $y = x^3 + 3$ d) $y = 7x$
e) $y = -x$ f) $y = 1{,}2$

2 Stelle die Funktionsgleichung auf, lege jeweils eine Wertetabelle an und zeichne den Graphen der Funktion.

Beispiel $m = 4$; $b = 1$; $y = 4x + 1$

a) $m = 2$; $b = 3$ b) $m = 3$; $b = 5$
c) $m = 3$; $b = 0{,}5$ d) $m = 5$; $b = 2{,}2$
e) $m = 4$; $b = -2$ f) $m = 0{,}5$; $b = -2$

2 Stelle die Funktionsgleichung auf, lege jeweils eine Wertetabelle an und zeichne den Graphen der Funktion. Erläutere den Verlauf der Funktion, wenn m negativ ist.

a) $m = 2$; $b = -3{,}5$ b) $m = -1$; $b = -1$
c) $m = \frac{3}{4}$; $b = -2$ d) $m = -\frac{5}{8}$; $b = 0$
e) $m = 0$; $b = 2$ f) $m = -1{,}8$; $b = 2{,}8$

NACHGEDACHT
Wie viele Wertepaare in einer Wertetabelle musst du bei einer linearen Funktion bestimmen, um den Graphen zeichnen zu können?

3 Betrachtet die Abbildung zu Zuordnungen und Funktionen.
Erklärt die Gemeinsamkeiten und Unterschiede.
Gebt zu jedem Begriff ein Beispiel an.

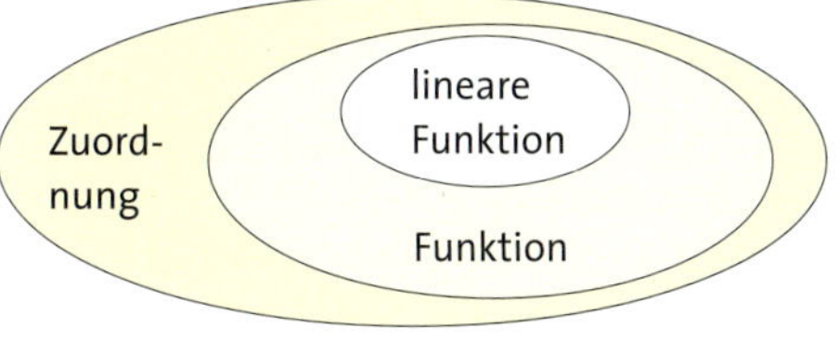

4 Lege eine Wertetabelle an und zeichne den Graphen der Funktion. Gib m und b an.

a) $y = 3x + 2$
b) $y = 2x + 1$
c) $y = -1{,}5x + 0{,}5$
d) $y = x - 2$

4 Lege eine Wertetabelle an und zeichne den Graphen der Funktion. Gib m und b an.

a) $y = 0{,}5x + 1$
b) $y = 2{,}5x - 1$
c) $y = 4{,}5x + 1$
d) $y = 3{,}5x - 2$

5 Die Tabelle beschreibt eine lineare Funktion.

x	0	1	2	3	4	5	6	7
y			3	5	7			

a) Übertrage die Tabelle in dein Heft und ergänze die fehlenden Werte.
b) Zeichne den Graphen der Funktion.
c) Welche der folgenden Funktionsgleichungen passt zu der Funktion? Begründe.
① $y = 3x + 2$ ② $y = 2 - 3x$
③ $y = 2x + 1$ ④ $y = 2x - 1$

5 Handelt es sich um Funktionen, lineare Funktionen oder keine Funktionen? Begründe.

a)

x	−3	−2	−1	0	1	2	3
y	5	2	5	1	5	6	1

b)

x	0	1	2	3	4	5	6
y	2	3	5	7	11	13	17

c)

x	−15	−10	−5	0	5	10	15
y	−3	−2	−1	0	1	2	3

6 Welche Funktionsgleichung passt?
Gib an, was y, m und b bedeuten.
Ein Haar ist 12 cm lang. Es wächst pro Monat um 0,8 cm.
① $y = 12x + 0{,}8$
② $y = 0{,}8x + 12$

6 Welche Funktionsgleichung passt?
Gib an, was y, m und b bedeuten.
Ein Becken wird geleert. Das Wasser steht 1,20 m hoch und sinkt stündlich um 8 cm.
① $y = -8x + 1{,}2$
② $y = -0{,}8x + 12$

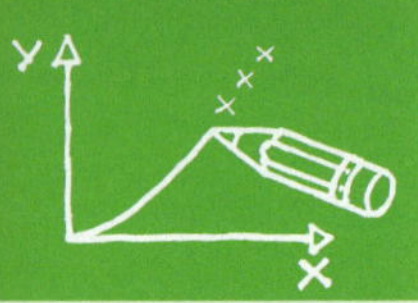

Thema: Was kostet ein Handy?

Kannst du dir ein Leben ohne Handy kaum noch vorstellen? Das Handy ist für viele Jugendliche ein wichtiger Bestandteil ihres Lebens geworden, da man damit immer erreichbar ist und schnell Kontakt zu Freunden und Bekannten aufnehmen kann.

Die meisten Jugendlichen legen großen Wert auf die Ausstattung und Technik ihrer Handys und beschäftigen sich weniger mit den Verträgen, Laufzeiten und Tarifen.

Daher ist es nicht verwunderlich, dass laut einer Studie der Verbraucherzentrale jeder zehnte 13- bis 17-Jährige Schulden durch sein Handy hat.

1 Was bist du für ein Handytyp?

Bevor man sich für einen Handy-Tarif entscheidet, sollte man überlegen, wofür man das Handy hauptsächlich benötigt und wie oft man es nutzen wird.

a) Beantworte zunächst für dich die Fragen rechts.

b) Erfasst alle Daten aus eurer Klasse mithilfe einer Tabellenkalkulation. Stellt die Ergebnisse übersichtlich, z. B. in einem Säulendiagramm dar.

c) Berechne für die Antworten zu einer Frage den Durchschnittswert.

1. Wie viele Minuten telefonierst du etwa pro Monat?
2. Wie viele SMS verschickst du pro Monat?
3. Welches Datenvolumen verbrauchst du pro Monat?
4. Wie viel kostet dich dein Handy durchschnittlich im Monat?
5. Wie viel Geld gibst du für neue Apps aus?

2 Die Qual der Wahl – Welcher Tarif ist der beste?

Die Tabelle zeigt die Tarife verschiedener Handy-Anbieter.

Tarif	Hello Prepaid	Talk Spezial	Flat 4 you	Talk 100
Handypreis	ohne Handy	Handy inklusive	Handy inklusive	119,00 €
Grundpreis (pro Monat)	–	7,50 €	29,90 €	19,00 €
Inklusivminuten	–	–	–	100
telefonieren ins deutsche Festnetz und alle Mobilfunknetze (Preis pro Minute)	0,06 €	0,10 €	inklusive	100 Minuten inklusive, danach 0,39 €
SMS	0,06 €	inklusive	inklusive	inklusive
Internetnutzung (Preis pro Monat)	9,95 €	300 MB inklusive	300 MB inklusive	200 MB inklusive
Vertragslaufzeit	keine Laufzeit	24 Monate	24 Monate	24 Monate

a) Wähle den für dich günstigsten Tarif. Begründe deine Entscheidung.

b) Wovon hängen die monatlichen Grundpreise ab?

c) Bei den Tarifen *Flat 4 you* und *Talk 100* ist dasselbe Smartphone inklusive. Bewerte die Grundpreise beider Tarife.

d) Welcher Tarif ist am günstigsten? Gib eine Empfehlung ab.
- Kai telefoniert nur sehr wenig, will aber überall online sein.
- Mira hat gerade erst ein neues Smartphone geschenkt bekommen. Sie telefoniert täglich mit ihrer besten Freundin.
- Damir braucht ein besseres Telefon. Er hat aber gerade nicht genug Geld dafür.

e) Was macht ihr, wenn ihr im Ausland mit dem Handy telefonieren oder das Internet nutzen möchtet? Tauscht euch darüber in der Klasse aus.

3 Tarifdaten aus Funktionsgraphen entnehmen

Jeder Funktionsgraph stellt einen Tarif dar.

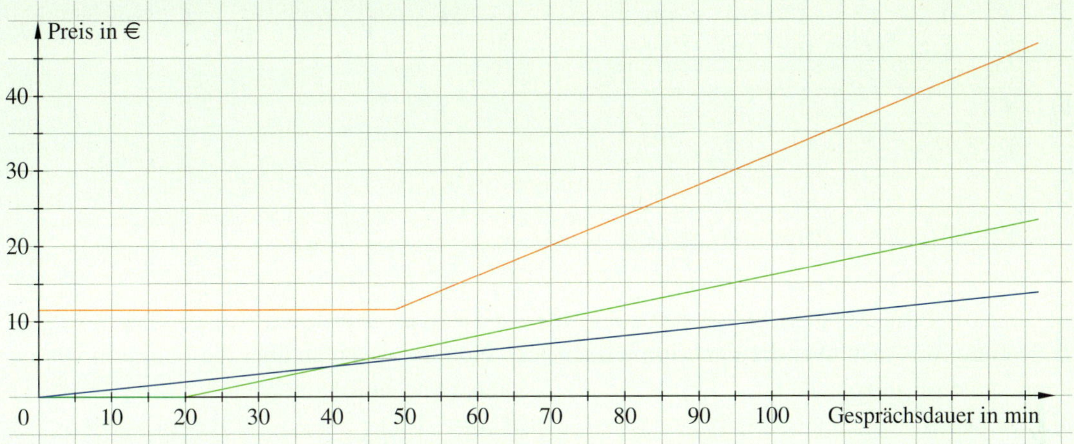

a) Beschreibe so genau wie möglich, welche Leistungen die Kunden zu erwarten haben.
b) Welchen Tarif hältst du für den fairsten? Begründe.

4 Rechnungsdaten auswerten

Falls du einen Handyvertrag hast, erstelle eine Kostenübersicht zu den letzten 12 Monaten.

a) Lege ein Tabellenblatt mit einem Tabellenkalkulationsprogramm an und erfasse z. B. folgende Daten:
   - Anzahl der Gesprächsminuten
   - Anzahl der SMS
   - Datenvolumen.
b) Erstelle aus den Daten Diagramme.
c) Beschreibe dein Nutzungsverhalten.
d) Hast du den für dich richtigen Tarif gewählt? Begründe.

5 Den Überblick bei den Tarifen behalten

Arbeitet in Gruppen.

a) Sucht im Internet oder in Werbeprospekten nach mindestens drei verschiedenen Tarifen unterschiedlicher Mobilfunkanbieter.
b) Erstellt wie in Aufgabe 2 eine Tabelle, die die Grundgebühr, den Mindestumsatz, die Anzahl der Inklusivminuten und die Minutenpreise für Telefongespräche enthält.
c) Erstellt je eine Wertetabelle, zeichnet die Graphen und gebt die Funktionsgleichung an.
d) Vergleicht die Tarife untereinander und schreibt einen Bericht für die Schülerzeitung.

6 Das Gesamtpaket berechnen

Arbeitet in Gruppen.

a) Entscheidet euch anhand von Prospekten für ein Handy und den dazugehörigen Vertrag.
b) Erstellt eine Liste mit Zubehör und zusätzlichen Leistungen für ein Handy. Entscheidet euch für die Dinge, auf die ihr nicht verzichten wollt.
c) Berechnet die voraussichtlichen Kosten bei Abschluss des Vertrags für einen Zeitraum von 24 Monaten. Geht dabei von eurer durchschnittlichen monatlichen Handynutzung aus.

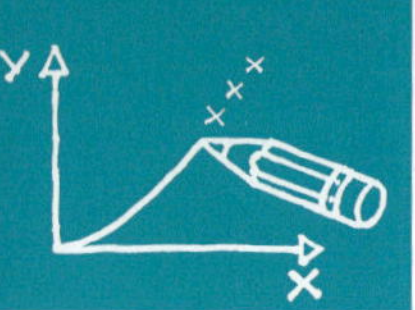

7 Betrachte die Wertetabellen.
Überprüfe, ob die Funktionen linear sind. Falls ja, gib die Funktionsgleichung an.

a)

x	0	2	4	8	20
y	8	12	16	24	48

b)

x	0	1	2	3	4
y	20	15	10	5	0

c)

x	−2	0	2	4	5
y	0	3	6	9	12

7 Lies zunächst den y-Achsenabschnitt b und die Steigung m ab. Gib dann die Funktionsgleichung der linearen Funktion an.

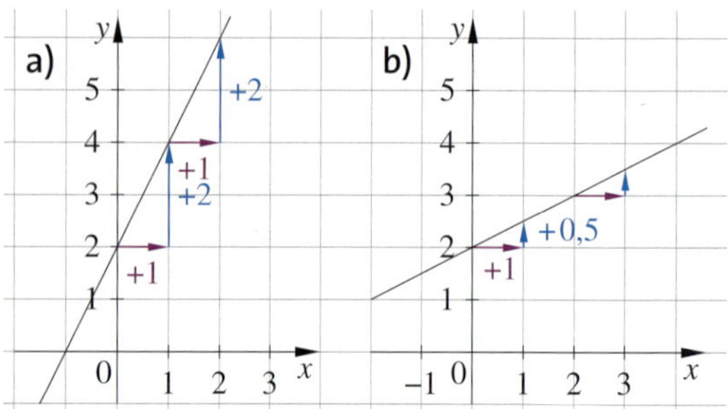

8 Notiere, was man über die Funktion wissen kann, ohne sie zu zeichnen.
a) $y = 3x + 4$
b) $y = -2x - 1$

8 Notiere, was man über die Funktion wissen kann, ohne sie zu zeichnen.
a) $y = -1{,}5x$
b) $y = \frac{4}{5}x - \frac{2}{3}$

NACHGEDACHT
Was unterscheidet den Graphen einer linearen Funktion vom Graphen einer proportionalen Zuordnung?

9 Überprüfe, welche Punkte auf einer der beiden Geraden liegen.
① $y = x + 3$ ② $y = 2x + 4$
$P(4|12)$ $Q(-5|2)$ $R(0|-4)$
$S(0{,}5|3{,}5)$ $T(-1|2)$ $U(-2|0)$

9 Überprüfe, welche Punkte auf einer der beiden Geraden liegen.
① $y = 3x - 2$ ② $y = \frac{4}{5}x + 5$
$P(-3|7)$ $Q(-5|13)$ $R(0|-4)$
$S(3|7{,}4)$ $T(-3|-11)$ $U(0|4)$

10 Gib drei verschiedene Punkte an, die auf dem Funktionsgraphen der Funktion $y = 2x - 4$ liegen. Kontrolliere deine Punkte, indem du den Funktionsgraphen zeichnest.

10 Gib drei verschiedene Punkte an, die auf dem Funktionsgraphen der Funktion $y = -1{,}6x - 2{,}3$ liegen. Kontrolliere deine Punkte anhand des Funktionsgraphen.

11 Berechne den Schnittpunkt des Graphen mit der x-Achse. Dort ist $y = 0$.
a) $y = x + 2$
b) $y = 3x + 6$

11 Berechne den Schnittpunkt des Graphen mit der x-Achse.
a) $y = -x + 2$
b) $y = 2x - 4{,}6$

Handy kostenlos!
50 SMS pro Monat **frei**!
Grundgebühr nur 8,95 €/Monat
pro Minute 9 Cent in alle Netze

12 Timo, Tom und Tanja haben den Handyvertrag abgeschlossen. Ohne weitere SMS lautet die Gleichung für die monatlichen Kosten: $y = 0{,}09x + 8{,}95$.
a) Timo telefoniert im April 55 Minuten. Wie viel muss er bezahlen?
b) Tom telefoniert nur 25 Minuten. Wie hoch ist seine Rechnung?
c) Tanja hat in zwei Monaten 90 Minuten telefoniert und 45 SMS geschrieben. Wie viel muss sie für beide Monate zusammen bezahlen?

12 Tim und Kaja haben den Vertrag abgeschlossen.
a) Gib eine Gleichung für die Kosten an, wenn vierteljährlich abgerechnet wird.
b) Tim telefoniert nur 12 Minuten im Monat, verschickt dafür aber 65 SMS. Wie viel muss er nach drei Monaten bezahlen, wenn eine zusätzliche SMS 19 ct kostet?
c) Kaja telefoniert gerne und viel. Ihre Eltern haben 20 € als monatliche Obergrenze festgelegt. Wie lange darf Kaja höchstens telefonieren?

Lineare Funktionen untersuchen und zeichnen

Entdecken

1 Daniel hat verschiedene Geraden gezeichnet, ohne vorher eine Wertetabelle zu erstellen.

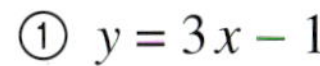
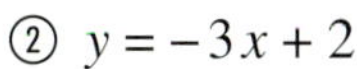

① $y = 3x - 1$ ② $y = -3x + 2$ ③ $y = \frac{3}{4}x - 2$ ④ $y = -\frac{2}{3}x + 1$

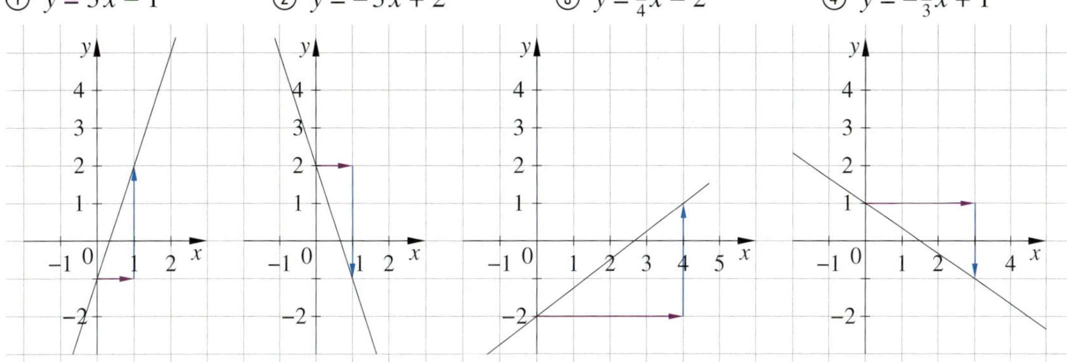

a) Daniel erklärt: „Ich bin immer von der Grundform $y = mx + b$ ausgegangen. b ist der y-Achsenabschnitt, also schneidet die Gerade der Gleichung $y = 3x - 1$ die y-Achse im Punkt ______ . m ist die Steigung, also …“
Führe seine Erklärung zu Beispiel ① fort. Erläutere auch sein Vorgehen in Beispiel ②.

b) Betrachte nun die Beispiele ③ und ④. Warum ist Daniel hier etwas anders vorgegangen?

2 Eine Kerze brennt ab. Erkläre, wie du die Informationen aus dem Diagramm abliest.

a) Wie hoch war die Kerze zu Beginn?

b) Um wie viel Zentimeter brennt die Kerze in einer Stunde ab?

c) Wann ist die Kerze abgebrannt?

d) Warum endet der Graph beim Schnittpunkt mit der x-Achse?

e) Stelle eine Funktionsgleichung auf.

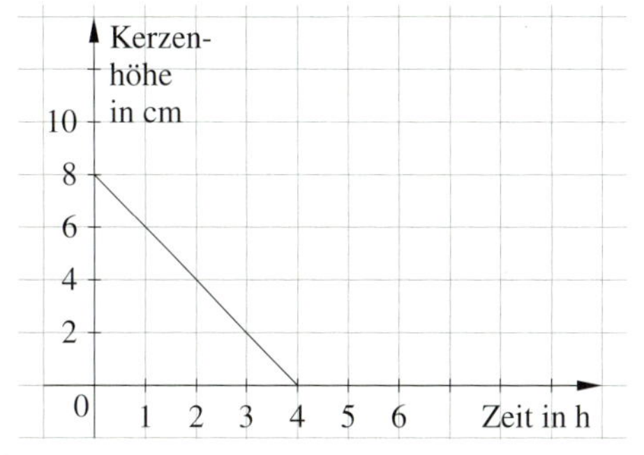

3 Die Schülerinnen und Schüler der 8a haben Funktionssteckbriefe erstellt.

① Meine Funktion geht durch den Punkt $P(2|3)$ und hat die Steigung 1,5.

② Meine Funktion hat die Steigung $\frac{1}{2}$ und schneidet die y-Achse bei 5.

③ Meine Funktion schneidet die x-Achse bei 4 und die y-Achse bei 2.

④ Meine Funktion geht durch die Punkte $P(2|3)$ und $Q(4|6)$.

⑤ Meine Funktion ist parallel zur Funktion $y = 3x + 1$ und schneidet die y-Achse bei 4.

a) Überlege, welche Funktionsgleichungen die Funktionen haben.

b) Vergleicht eure Ergebnisse und erklärt einander, wie ihr die Gleichungen bestimmt habt. Falls ihr nicht alle Gleichungen ermitteln konntet, informiert euch bei einer anderen Kleingruppe.

c) Erstellt ein Plakat und notiert, wie man die Funktionsgleichungen in den verschiedenen Fällen bestimmen kann.

ZUM WEITERARBEITEN
Denkt euch selbst Steckbriefe aus und lasst eure Mitschülerinnen und Mitschüler die Funktionsgleichungen finden.

Verstehen

Die Pharaonin Hatschepsut ließ in Ägypten einen Tempel in eine Felswand bauen. Die Tempelanlage besteht aus zwei Ebenen. Auf die obere Ebene gelangt man über eine Rampe. Die Rampe hat eine bestimmte **Steigung**, die von ihrer Länge und ihrer Höhe abhängt.

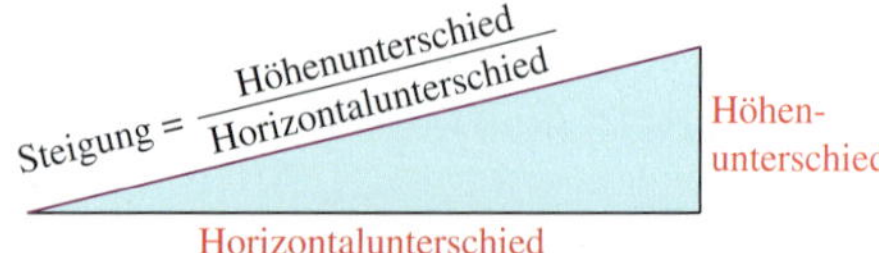

HINWEIS
Das Verhältnis von Höhenunterschied zu Horizontalunterschied heißt ***Steigung****.*

Die Steigung einer linearen Funktion $\boldsymbol{y = mx + b}$ kann mithilfe des Steigungsdreiecks und den Koordinaten zweier Punkte bestimmt werden.

Beispiel 1

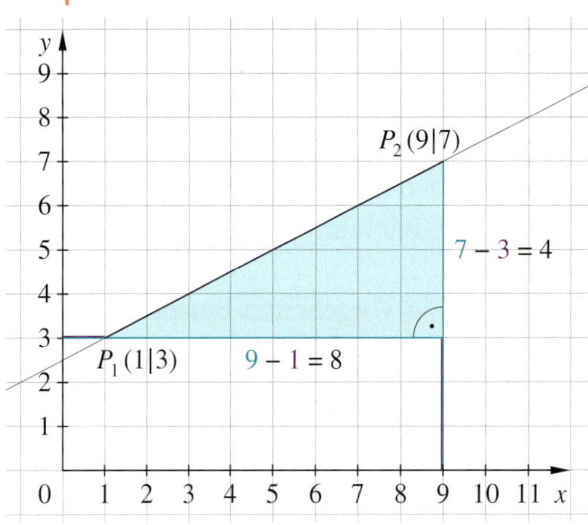

Der **Höhenunterschied** der Punkte $P_2(9|7)$ und $P_1(1|3)$ ist die **Differenz der *y*-Koordinaten** beider Punkte, er beträgt $7 - 3 = 4$.

Der **Horizontalunterschied** der Punkte $P_2(9|7)$ und $P_1(1|3)$ ist die **Differenz der *x*-Koordinaten** beider Punkte, er beträgt $9 - 1 = 8$.

Um die **Steigung *m*** der Funktion zu bestimmen, wird der Höhenunterschied durch den Horizontalunterschied dividiert:

$m = \frac{7-3}{9-1} = \frac{4}{8} = 0{,}5$

Die Funktionsgleichung lautet $y = \mathbf{0{,}5}x + 2{,}5$.

HINWEIS
Beim Berechnen der Steigung darf man die Punkte vertauschen:
$m = \frac{3-7}{1-9} = \frac{-4}{-8} = 0{,}5$

Merke Bei Erhöhung des *x*-Wertes um 1 erhöht sich der *y*-Wert in einer linearen Funktion immer um den gleichen Wert *m*.
Dies nennt man die **Steigung *m*** der Funktion:

$m = \frac{y_2 - y_1}{x_2 - x_1}$

Ist ***m* positiv**, **steigt** die Funktion gleichmäßig.
Ist ***m* negativ**, **fällt** die Funktion gleichmäßig.

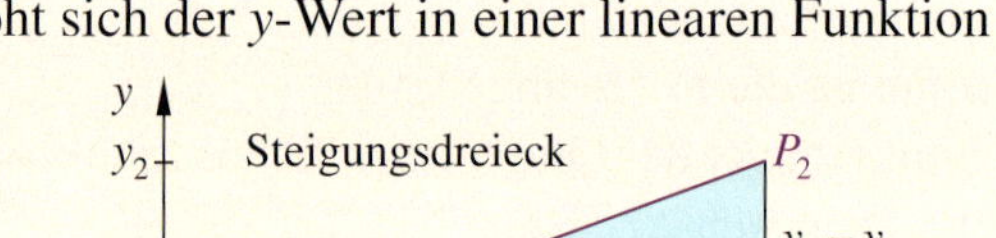

Beispiel 2 $y = 1{,}5x + 1$

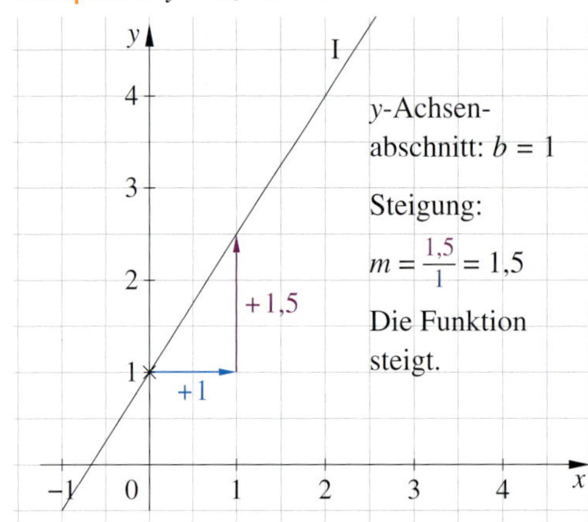

y-Achsenabschnitt: $b = 1$

Steigung:

$m = \frac{1{,}5}{1} = 1{,}5$

Die Funktion steigt.

Beispiel 3 Graph mit $P_1(0{,}5|3)$ und $P_2(1{,}5|1)$

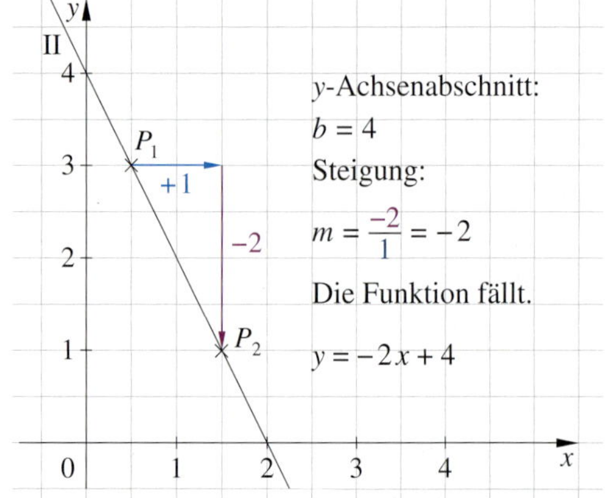

y-Achsenabschnitt: $b = 4$

Steigung:

$m = \frac{-2}{1} = -2$

Die Funktion fällt.

$y = -2x + 4$

Üben und anwenden

1 Kevin und Niklas haben den Graphen der Funktion $y = \frac{2}{5}x + 2$ gezeichnet.
a) Vergleiche ihre Vorgehensweise.
b) Welches Verfahren ist genauer?
c) Denke dir fünf Funktionsgleichungen aus. Zeichne die Graphen möglichst genau.

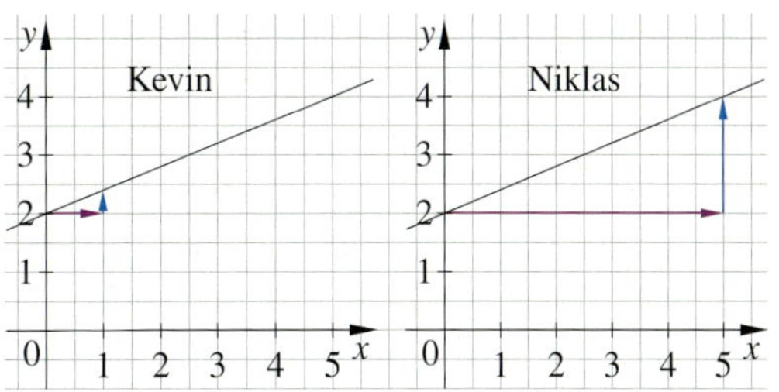

NACHGEDACHT
Wie verlaufen die Geraden mit den Gleichungen $y = 3$ oder $x = 5$?

2 Ist die Funktion steigend oder fallend? Zeichne den Graphen mithilfe eines Steigungsdreiecks. Gib die Funktionsgleichung an.
a) $m = 2;\ b = 1$ b) $m = -4;\ b = 0{,}5$
c) $m = -2;\ b = 4$ d) $m = \frac{2}{3};\ b = -2$

2 Ist die Funktion steigend oder fallend? Zeichne den Graphen mithilfe eines Steigungsdreiecks. Gib die Funktionsgleichung an.
a) $m = 0{,}5;\ b = 4$ b) $m = 2{,}5;\ b = -2$
c) $m = -1{,}5;\ b = 2\frac{1}{2}$ d) $m = -\frac{1}{2};\ b = -1$

3 Gib die Steigung m und den Achsenabschnitt b an und zeichne die Gerade.
a) $y = 7x + 2$ b) $y = 4x - 1$
c) $y = -3x + 6$ d) $y = -4x - 0{,}5$

3 Lies die Steigung m und den Achsenabschnitt b ab und zeichne die Gerade.
a) $y = -x + 3$ b) $y = \frac{1}{2}x - 1$
c) $y = -2{,}3x$ d) $y = -\frac{2}{5}x - \frac{3}{5}$

4 Zeichne eine Gerade, die durch den Punkt P geht und die Steigung m hat. Gib anschließend die Geradengleichung an.
a) $P(1|2);\ m = 1$ b) $P(2|3);\ m = 2$
c) $P(-1|3);\ m = -4$ d) $P(-2|0);\ m = 3$

4 Zeichne eine Gerade durch die Punkte A und B. Bestimme ihre Funktionsgleichung.
a) $A(-4|4);\quad B(4|6)$
b) $A(-3|-9);\quad B(2|-1{,}5)$
c) $A(0|-3);\quad B(3|0)$

HINWEIS
*Bei linearen Funktionen kann man die **Funktionsgleichung** auch **Geradengleichung** nennen.*

5 Zeichne die drei Geraden in ein Koordinatensystem. Was fällt dir auf? Erkläre.
a) I $y = 2x + 3$ II $y = 2x + 1$ III $y = 2x - 1$
b) I $y = 2x + 2$ II $y = x + 2$ III $y = -3x + 2$

6 Lies b und m ab. Gib an, welche Funktionsgleichung zum Funktionsgraphen passt?
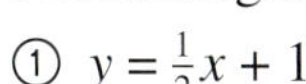
① $y = \frac{1}{2}x + 1$
② $y = -2x + 1$
③ $y = 2x + 1$

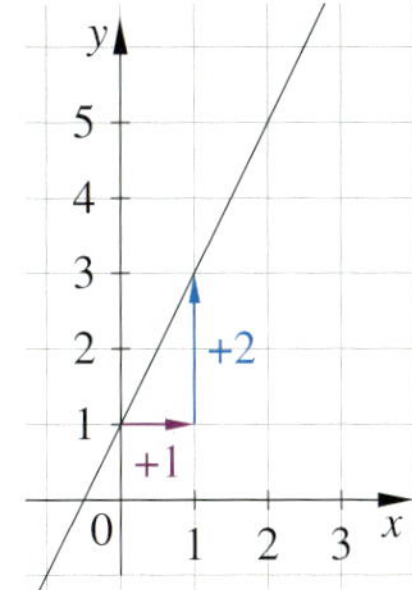

6 Ordne den Graphen die richtige Gleichung zu.
① $y = \frac{2}{3}x + \frac{3}{2}$
② $y = -1{,}5x + 2$
③ $y = -\frac{1}{4}x - 1$
④ $y = x - 1\frac{1}{2}$

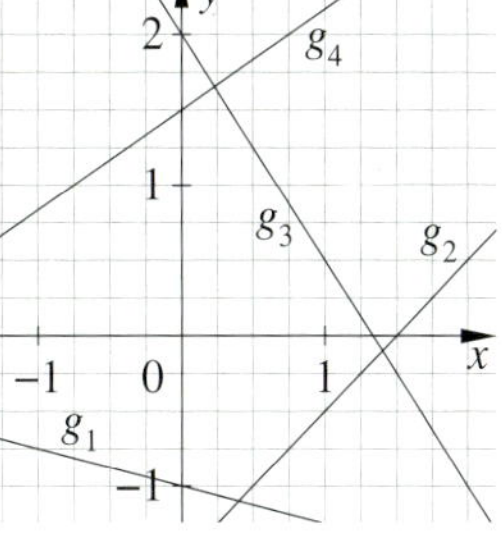

7 Ein Schwimmbecken wird geleert. Der Wasserstand beträgt zunächst 2,5 m und sinkt pro Stunde um 0,15 m.
a) Erstelle eine Wertetabelle.
b) Zeichne den Funktionsgraphen.
c) Liegt eine lineare Funktion vor? Begründe.
d) Gib die Funktionsgleichung an.

7 Nach einem Fußballspiel verlassen 56 000 Zuschauer das Stadion durch vier Ausgänge. Pro Minute kommen durch jeden Ausgang etwa 220 Zuschauer heraus.
a) Gib eine passende Funktionsgleichung an.
b) Wie viele Zuschauer befinden sich nach 25 Minuten noch im Stadion?

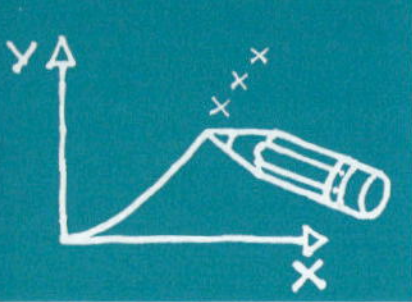

HINWEIS
Im Schnittpunkt des Graphen mit der x-Achse nimmt die Funktion den Wert ***y = 0*** *an. Diese Stelle auf der x-Achse heißt* ***Nullstelle****.*

8 Bestimme rechnerisch die Nullstellen: Für welches x gilt $y = 0$?

a) $y = 4x - 5$ b) $y = 2{,}5x + 2$
c) $y = 2x + 4$ d) $y = 3x - 4{,}5$
e) $y = -3x + 4{,}5$ f) $y = -0{,}5x + 2{,}2$

9 Forme um in die Form $y = mx + b$.
Lies die Steigung m und den Schnittpunkt mit der y-Achse b ab.
Berechne jeweils die Nullstelle.

a) $2x + y = 5$ b) $2x - y = 3$
c) $3y - x = 9$ d) $x - 2y = 6$

10 Gegeben sind zwei Funktionsgraphen.

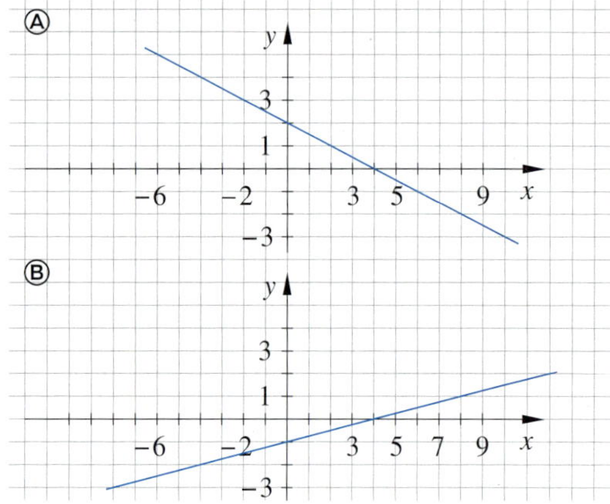

a) Ordne die richtige Funktionsgleichung zu.
① $y = 4x - 1$ ② $y = -\frac{1}{2}x + 2$
③ $y = -2x + 2$ ④ $y = \frac{1}{4}x - 1$
b) Lies den Schnittpunkt mit der x-Achse ab.
c) Überprüfe durch eine Rechnung. Setze dazu $y = 0$.

11 Der Funktionsgraph beschreibt den Wertverlust eines gebrauchten Autos pro Jahr.

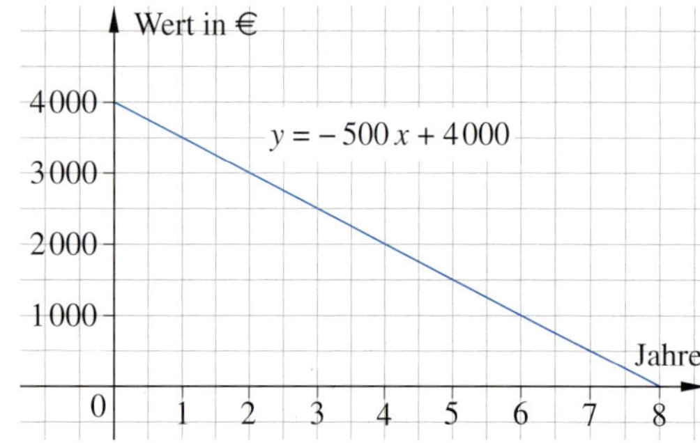

a) Zu welchem Preis wurde das Auto gekauft?
b) Wann liegt der Wert bei 0 €?
c) Berechne die Nullstelle. Was fällt dir auf?

NACHGEDACHT
Wie lautet die Gleichung einer Geraden mit der Steigung m, die durch den Nullpunkt (0|0) verläuft? Wie viele Nullstellen kann eine lineare Funktion haben?

8 Zeichne eine Gerade durch A und B. Bestimme ihre Gleichung und lies die Nullstelle ab. Überprüfe mit einer Rechnung.

a) $A(2|3)$; $B(6|5)$ b) $A(-1|4)$; $B(-2|6)$
c) $A(3|0)$; $B(5|1)$ d) $A(0|-2)$; $B(1|2)$

9 Forme die Gleichung um und notiere sie in der Form $y = mx + b$.
Lies m und b ab und berechne jeweils die Nullstelle.

a) $2x + 3y = 0$ b) $4x - 3y = 12$
c) $5x = 2y$ d) $2x - 3y - 6 = 0$

10 Gegeben sind drei Funktionsgraphen.

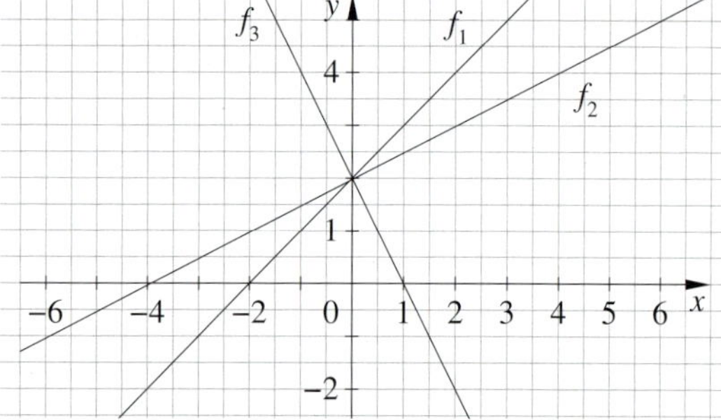

a) Beschreibe den Verlauf der Graphen.
b) Lies die Schnittpunkte mit den Achsen ab. Welchen benötigst du zur Bestimmung der Geradengleichung?
c) Gib jeweils die Funktionsgleichung an.
d) Welche y-Koordinate muss ein Punkt $P(-2|y)$ haben, damit er auf f_1, f_2 oder f_3 liegt? Beschreibt euren Rechenweg.

11 Zwei Kerzen aus demselben Material haben verschiedene Formen. Sie brennen unterschiedlich schnell ab.

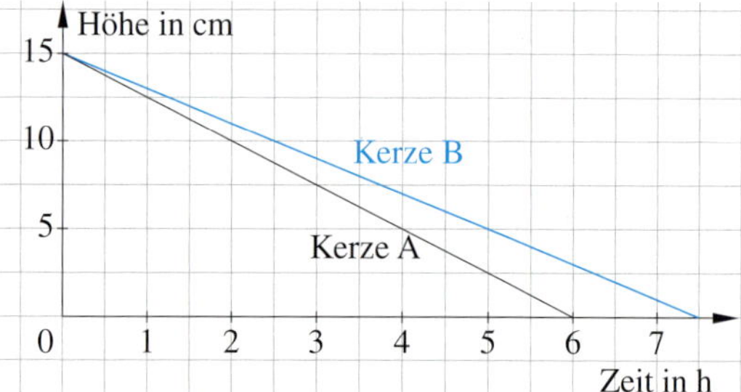

a) Gib die Brenndauer der Kerzen an.
b) Wie könnten die Kerzen geformt sein?
c) Bestimme beide Funktionsgleichungen.

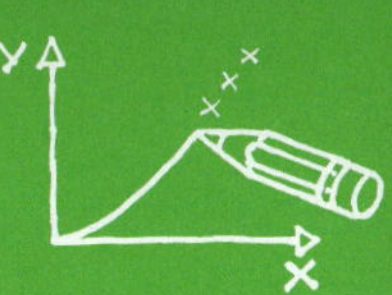

Methode: Arbeiten mit einem Funktionenplotter

Ein Funktionenplotter ist ein Computerprogramm, das Graphen von Funktionen zeichnen kann. Muss man viele Funktionsgraphen zeichnen, ermöglicht einem ein Funktionenplotter einen schnellen Überblick über den Verlauf der Graphen.

In eine Eingabezeile oder ein Eingabefeld wird der Term der Funktionsgleichung eingegeben. Beachte, dass bei manchen Programmen ein Punkt statt einem Komma gesetzt werden muss und dass einige Programme ein Malzeichen zwischen der Variable und dem Faktor fordern.

Wenn du den Funktionsterm anschließend veränderst, dann passt sich der Funktionsgraph automatisch an.

Einige Funktionenplotter können Schnittpunkte des Funktionsgraphen mit der x-Achse direkt angeben: Wähle dazu das Werkzeug, mit dem zwei Objekte geschnitten werden. Schneide dann den Funktionsgraphen mit der x-Achse.
Lassen sich der Graph oder die Achse nicht direkt anwählen, kannst du sie mit einer Geraden nachzeichnen.

BEACHTE
Es gibt viele kostenlose Funktionenplotter im Internet.

Beispiel $y = 0{,}5x + 2$

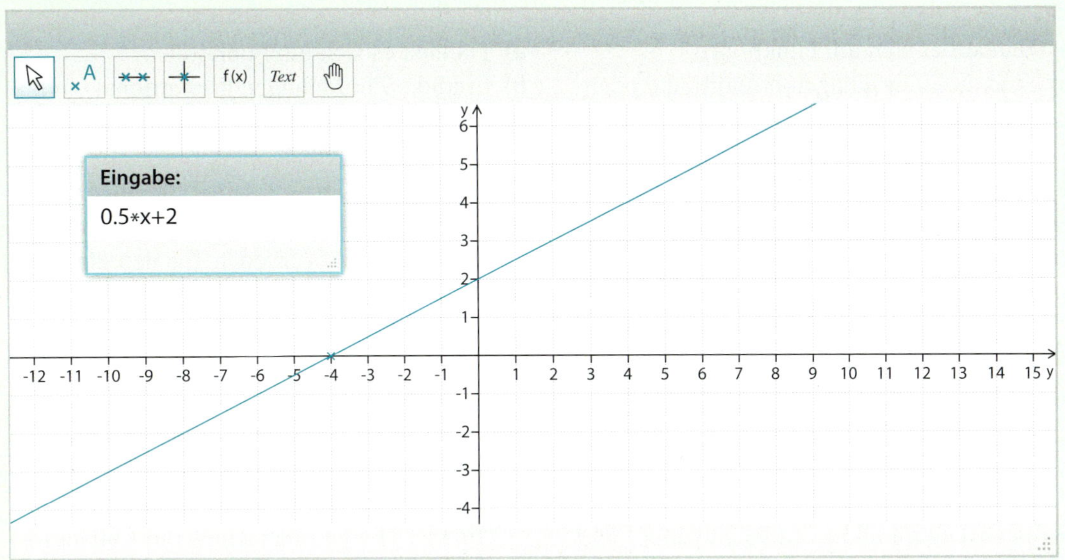

1 Zeichne die Funktionen mit einem Funktionenplotter.

a) $y = 3x + 4$ b) $y = -2x + 5$ c) $y = \frac{1}{3}x - 2$

2 Gib je eine Gleichung einer linearen Funktion an, die durch die angegebenen Punkte geht.
Überprüfe mithilfe des Funktionenplotters, ob die Funktionsgleichung richtig ist.

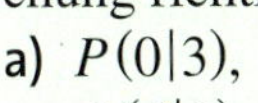

a) $P(0|3)$, $Q(6|0)$ b) $R(1|2)$, $S(3|6)$ c) $A(-2|0)$, $B(4|-3)$

3 Zeichne die vier Funktionsgraphen rechts mit einem Funktionenplotter nach.
Notiere die Funktionsgleichungen.

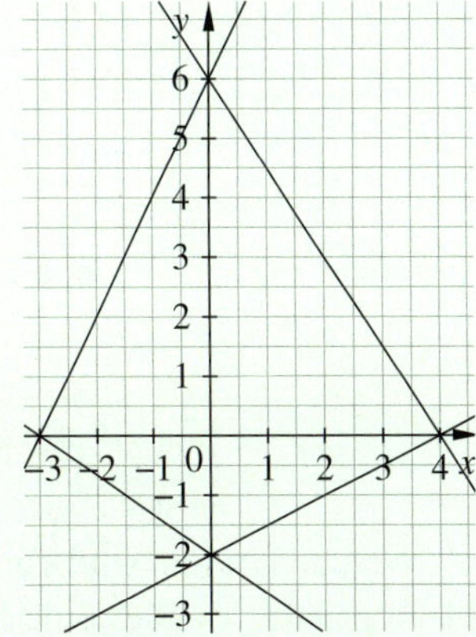

BEACHTE
Für einen Bruch benutzt man den Schrägstrich, z. B. 1/5.
Das Komma bei einer Dezimalzahl gibt man in einigen Programmen als Punkt ein, z. B. 0.5.

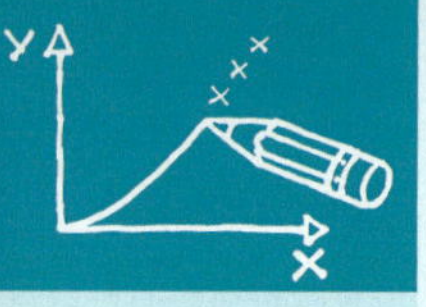

Klar so weit?

→ Seite 180

Zuordnungen und Funktionen beschreiben

1 Handelt es sich bei den Zuordnungen um Funktionen?

a) *Briefkasten → Hausnummer*
b) *Flugzeug → Flugkapitän*
c) *Zahl → Quadratzahl*

2 Betrachte die beiden Graphen.

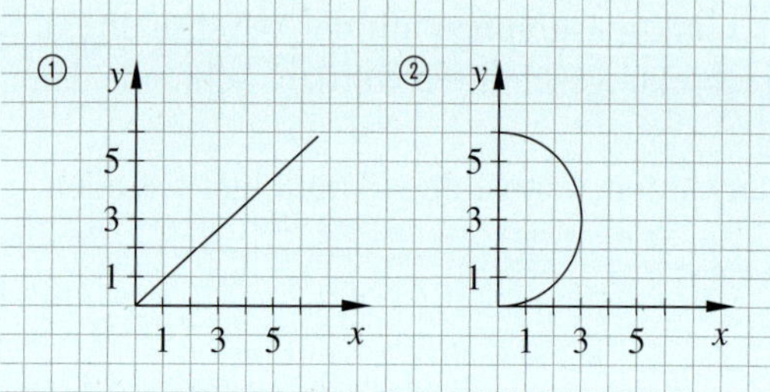

a) Handelt es sich um Funktionen?
b) Sind die Zuordnungen proportional oder antiproportional?

3 Für eine Beachvolleyball-Anlage bringen Lastwagen den Sand. Ein Lastwagen benötigt dafür 12 Ladungen.

a) Wie viele Ladungen benötigen 3 Lastwagen, 5 Lastwagen bzw. 8 Lastwagen? Erstelle eine Wertetabelle.
b) Handelt es sich um eine Funktion? Prüfe rechnerisch, ob sie proportional oder antiproportional ist.

4 Vier Heißluftballons starten zu einer Fahrt. Die Diagramme veranschaulichen, wie jeder Ballon die Fahrt beginnt.

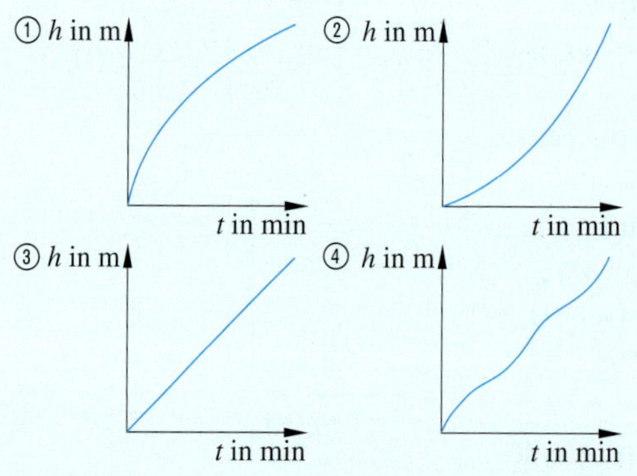

a) Welche Größen sind einander zugeordnet?
b) Begründe, ob dies eine Funktion ist.

1 Lies die Zuordnung in beide Richtungen. Handelt es sich jeweils um eine Funktion?

a) *Berg → Höhe*
b) *Buchstabe → Morsezeichen*
c) *Staat → Nationalflagge*

2 Betrachte die beiden Graphen.

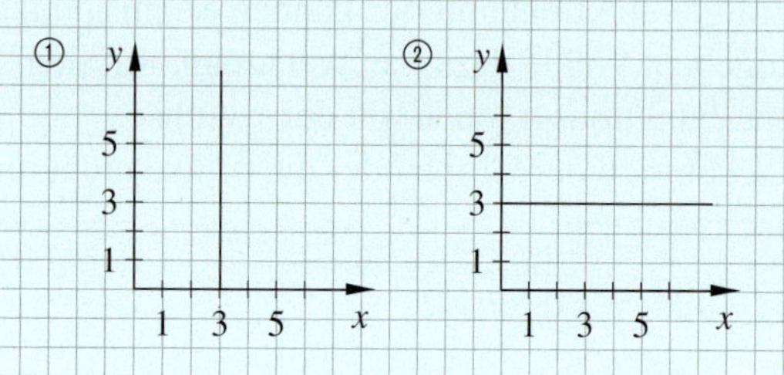

a) Handelt es sich um Funktionen?
b) Sind die Zuordnungen proportional, antiproportional oder keines von beiden?

3 Max überlegt, wie er sein Taschengeld für die Radtour von Lübeck bis Stralsund so einteilen kann, dass er jeden Tag den gleichen Betrag zur Verfügung hat.
Bei 12 Tagen hätte er 11 € pro Tag.

a) Handelt es sich um eine Funktion? Begründe.
b) Prüfe rechnerisch, ob die Funktion proportional oder antiproportional ist.

4 Die vier Diagramme zeigen die Abhängigkeiten zwischen zwei Größen.

a) Entscheide jeweils, ob es sich um eine Funktion handelt. Begründe deine Entscheidung.

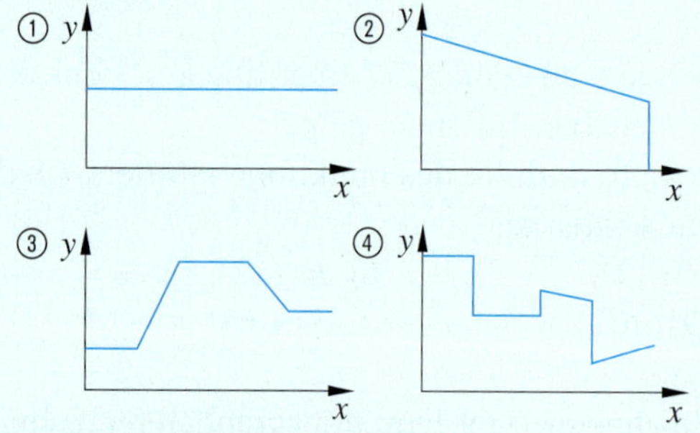

b) Finde jeweils eine passende Situation, die die Funktionsgraphen beschreiben.

Lineare Funktionen erkennen

→ Seite 184

5 Jeder rationalen Zahl x wird ihre Hälfte zugeordnet.

a) Erstelle eine Wertetabelle für alle ganzen Zahlen von -2 bis 5.

b) Gib die Anzahl der Wertepaare an.

c) Trage die Werte in ein Koordinatensystem ein und zeichne den Graphen.

d) Handelt es sich um eine Funktion? Begründe.

5 Erstelle zu den Wortvorschriften der Funktionen jeweils eine Wertetabelle. Wähle Werte für x von -3 bis $+3$.

a) Jeder Zahl wird das 2,5-Fache zugeordnet.

b) Jeder Zahl wird das um 3 verminderte Vierfache zugeordnet.

c) Jeder Zahl wird ihre Quadratzahl zugeordnet.

d) Das Produkt von x und y ist 36.

6 Handelt es sich um eine lineare Funktion? Wenn ja, gib die Steigung m und den y-Achsenabschnitt b an.

a) $y = 9x + 5$

b) $y = x^2 + 2$

c) $y = -x$

d) $y = x^3 - 2$

6 Handelt es sich um eine lineare Funktion? Wenn ja, gib die Steigung m und den y-Achsenabschnitt b an.

a) $y = \frac{2}{x} + 2$

b) $y = 4 - 0{,}1x$

c) $y = 3 + x^2$

d) $y = x - 2x + 1$

7 Für den Transport werden Bücher in Kisten gepackt. Eine Kiste wiegt 600 g, jedes Buch 400 g.

a) Handelt es sich um eine lineare Funktion?

b) Welcher Term gilt?
① $y = 400x + 600$ ② $y = 600x + 400$

c) Wie viel wiegt eine Kiste mit 12 Büchern?

d) Wie groß darf die Anzahl der Bücher höchstens sein, wenn man ein Gesamtgewicht von 13 kg nicht überschreiten darf?

7 Herr Kunze mietet ein Auto. Die Grundgebühr beträgt 59 €. Pro gefahrenen Kilometer werden 60 ct berechnet.

a) Handelt es sich um eine lineare Funktion?

b) Gib einen Term an, der die Zuordnung beschreibt.

c) Wie viel muss Herr Kunze zahlen, wenn er 53 km gefahren ist?

d) Wie viele Kilometer darf Herr Kunze fahren, wenn er 100 € zur Verfügung hat?

Lineare Funktionen untersuchen und zeichnen

→ Seite 190

8 Ist die Funktion steigend oder fallend? Zeichne den Graphen mithilfe des Steigungsdreiecks.

a) $y = -x + 2$

b) $y = 4x - 3$

c) $y = x$

d) $y = -2x + 4$

8 Ist die Funktion steigend oder fallend? Zeichne den Graphen mithilfe des Steigungsdreiecks.

a) $y = -3{,}5x + 1{,}5$

b) $y = \frac{1}{3}x - 3$

c) $y = -5$

d) $y = 0{,}1x - 0{,}2$

9 Gib jeweils mindestens eine passende Funktionsgleichung an.

a) eine Funktion mit der Steigung $m = 4$

b) eine fallende Funktion mit dem y-Achsenabschnitt $b = 1{,}5$

c) eine steigende Funktion mit dem Punkt $P(2|0)$

d) eine zu $y = 3x - 1$ parallele Funktion

Lösungen ab Seite 201

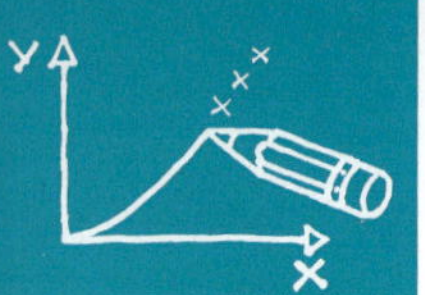

Vermischte Übungen

1 Stelle für die folgenden Zuordnungen eine Wertetabelle auf und trage die Werte in ein Koordinatensystem ein.
Sind die Zuordnungen Funktionen?
a) *Seitenlänge eines Quadrates → Flächeninhalt eines Quadrates*
b) *Zahl → das Dreifache der Zahl*
c) *Alter einer Person → Größe der Person*

2 Ergänze im Heft die Tabelle so, dass die Zuordnung $x \rightarrow y$ …
a) eine Funktion ist,
b) keine Funktion ist.

x	1	3	4		6	8
y	4	6	9	9		12

3 Durch die Wertetabelle wird eine lineare Funktion beschrieben.

x	1	2	3	4	5	6	7	8
y	5	7	9	11				

a) Ergänze die Tabelle im Heft.
b) Zeichne den Graphen der Funktion.
c) Welche Funktionsgleichung passt zu der Tabelle? Begründe.
① $y = 4x + 1$ ② $y = 4x - 1$
③ $y = 2x + 3$ ④ $y = 3x + 2$

4 Lies die Steigung m und den y-Achsenabschnitt b ab.
Gib an, welche Funktionsgleichung zum Graphen passt.
① $y = 2x + 0{,}5$
② $y = -0{,}5x + 2$
③ $y = 0{,}5x + 2$

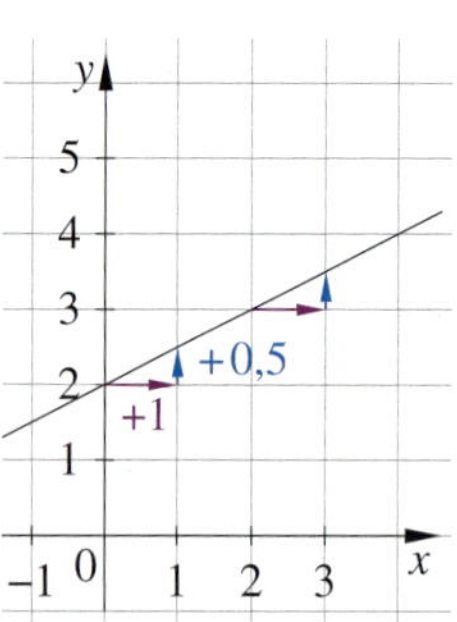

5 Die Punkte $P(6|11)$ und $Q(2|3)$ liegen auf dem Graphen einer linearen Funktion.
Wie lautet die Geradengleichung?

1 Gib für die folgenden Wortvorschriften die Wertepaare an. Trage diese Werte in ein Koordinatensystem ein. Gib Definitions- und Wertebereich an.
Sind die Zuordnungen Funktionen?
a) *Anzahl der Wochen → Anzahl der Tage*
b) Den natürlichen Zahlen von 11 bis 15 werden ihre Teiler zugeordnet.

2 Sind die folgenden Aussagen richtig? Begründe und gib je zwei Beispiele an.
a) Zuordnungen, bei denen zwei verschiedenen Werten der gleiche Wert zugeordnet wird, sind keine Funktionen.
b) Proportionale Zuordnungen sind Funktionen.

3 Durch die Wertetabelle wird eine lineare Funktion beschrieben.

x	0	1	2	3	4	5	6	7
y			3,5		6,5			

a) Ergänze die Tabelle im Heft.
b) Zeichne den Graphen der Funktion.
c) Welche Funktionsgleichung passt zu der Tabelle? Begründe.
① $y = 1{,}5x + 3{,}5$ ② $y = 1{,}5 + 1x$
③ $y = 1{,}5x + 0{,}5$ ④ $y = 3{,}5x + 1{,}5$

4 Gib jeweils m und b an. Notiere dann jeweils die Funktionsgleichung.

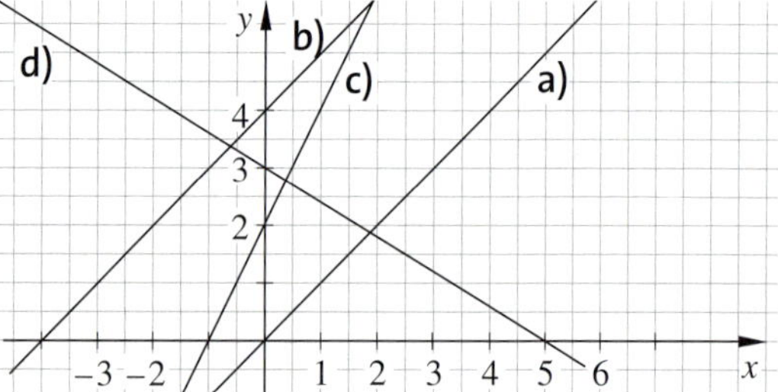

5 Eine lineare Funktion verläuft durch die Punkte $P(-3|5)$ und $Q(2|7)$.
Wie lautet die Geradengleichung?

6 Erkläre zunächst, wie du das Steigungsdreieck zeichnest. Zeichne dann den Graphen.
a) $y = 2x$ b) $y = -4x + 1$ c) $y = \frac{8}{2}x + 1{,}5$ d) $y = \frac{2}{3}x + 3$
e) $y = 3{,}5x$ f) $y = \frac{1}{4}x + \frac{3}{4}$ g) $y = -2{,}5x - 1{,}5$ h) $y = -x + \frac{3}{2}$

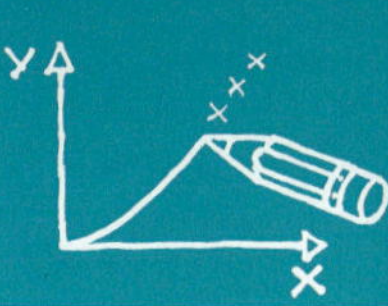

7 Übertrage die Wertepaare in ein Koordinatensystem. Zeichne die Funktionsgraphen. Handelt es sich um lineare Funktionen? Begründe.

a)

x	0	1	2	4	6
y	15	13	11	7	3

b)

x	−1	0	1	2	3
y	8	10	13	15	18

c)

x	−2	0	2	4	6
y	−6	0	6	12	18

8 Eine dünne Kerze brennt ab.

Zeit (in min)	0	10	20	30
Höhe (in cm)	12	10	8	6

a) Wie hoch war die Kerze zu Beginn?
b) Nach wie vielen Minuten ist die Kerze ganz abgebrannt?
c) Welche Funktionsgleichung passt?
① $y = 2x + 12$ ② $y = 12x - 2$
③ $y = 12 - x$ ④ $y = 12 - 0{,}2x$

9 Gib die Funktionsgleichung an und zeichne mithilfe des Steigungsdreiecks den Graphen.
a) $m = 3;\ b = 1$ b) $m = 1;\ b = -3{,}5$
c) $m = -2;\ b = +2{,}5$ d) $m = -2;\ b = -0{,}5$

10 Der Graph einer linearen Funktion verläuft durch die Punkte *A* und *B*.
Bestimme die Funktionsgleichung. Vergleiche deine Ergebnisse mit der Randspalte.
a) $A(1|4);\ B(3|14)$
b) $A(2|7);\ B(4|3)$
c) $A(3|-2);\ B(6|7)$
d) $A(-1|2);\ B(3|8)$
e) $A(-3|6);\ B(2|-8)$

11 Die Orte Urigen und Balm liegen in der Schweiz. Zwischen beiden Orten verläuft eine Etappe des Radrennens „Tour de Suisse". Erklärt, wie ihr die Steigung *m* der Strecke berechnen könnt.
Entnehmt alle Angaben aus der Zeichnung.

7 Betrachte die Wertetabellen.
Handelt es sich um Funktionen, lineare Funktionen oder keine Funktionen? Begründe.

a)

x	−2	−1	0	1	2	3	4
y	13	10	7	4	1	−2	−5

b)

x	−3	0	3	10	12	15	20
y	0	4	7	8	4	0	7

c)

x	1	3	2	3	4	5	6
y	0	1	2	3	4	5	6

8 Ein Eiswürfel schmilzt in der Sonne.

Zeit (in min)	0	1	2	3
Höhe (in cm)	8	7,6	7,2	6,8

a) Gib eine passende Funktionsgleichung an.
b) Wann ist der Eiswürfel geschmolzen?
c) Zeichne den Graphen der Funktion.

9 Gib jeweils die Funktionsgleichung an. Zeichne den Graphen der linearen Funktion.
a) $m = \frac{1}{5};\ b = 1$ b) $m = -\frac{2}{5};\ b = \frac{1}{2}$
c) $m = 2;\ b = 3$ d) $m = -1;\ b = 0$

10 Der Graph einer linearen Funktion verläuft durch den Punkt *P* und hat die Steigung *m*.
Stelle die Funktionsgleichung auf.
a) $m = 4;\ P(3|15)$
b) $m = \frac{2}{3};\ P(6|1)$
c) $m = 0{,}3;\ P(-2|5)$
d) $m = -3;\ P(5|-2)$
e) $m = -1{,}4;\ P(-3|-1)$

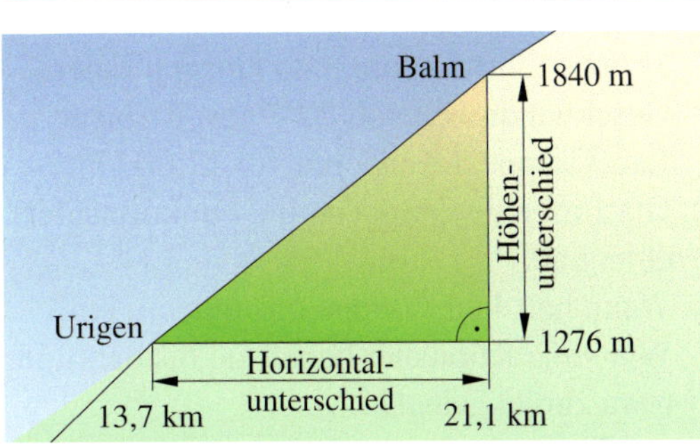

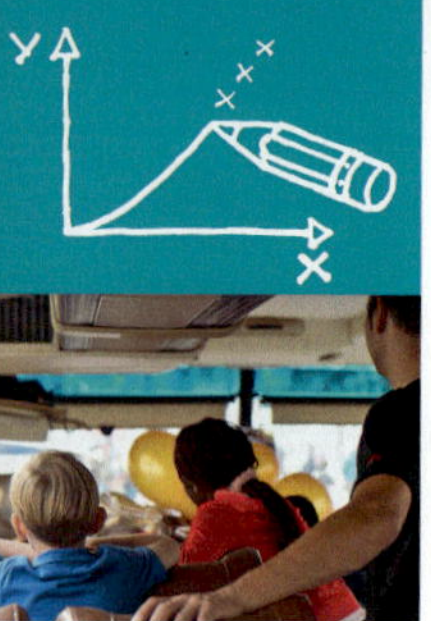

JUGENDLEITER/IN
Die Ausbildung dauert mindestens 30 Stunden. Suche nach weiteren Informationen über das Ehrenamt z. B. im Internet oder beim Jugendamt.

Ehrenamt **Jugendleiter/in**

Jugendleiter sind mindestens 16 Jahre alt und arbeiten ehrenamtlich bei einem Träger der Jugendarbeit. Sie haben einen Erste-Hilfe-Kurs erfolgreich besucht und während ihrer Ausbildung z. B. gelernt, Gruppen zu leiten und Veranstaltungen zu organisieren. Ab 18 Jahren können sie z. B. Ferienfreizeiten betreuen.

12 Anreise auf die Insel Fehmarn

Der Bus fährt um 8:00 Uhr los und legt bis 11:00 Uhr 300 km zurück.
Nach weiteren 60 km macht die Gruppe um 12:00 Uhr eine 30-minütige Pause.
Um 16:30 Uhr ist das Ziel nach insgesamt 600 km erreicht.

a) Notiere alle wichtigen Informationen aus dem Text in einer Tabelle.
b) Übertrage die Wertepaare in ein Koordinatensystem.
c) Bestimme mithilfe des Steigungsdreiecks die Geschwindigkeiten auf den einzelnen Abschnitten der Fahrt.
d) Wie schnell ist der Bus im Durchschnitt gefahren? Beschreibe deinen Lösungsweg.
e) Wo könnte der Bus losgefahren sein? Finde mögliche Heimatorte z. B. im Atlas.

13 Besuch im Kletterpark

Zum Klettern braucht jeder der 52 Jugendlichen eine Einverständniserklärung der Eltern. Außerdem muss jeder eine Mindestgreifhöhe von 1,90 m haben.
Insgesamt werden drei Jugendliche und einer der drei Gruppenleiter beim Klettern nur zuschauen.

Eintrittspreise

Erwachsene:	13 €
ermäßigt:	10 €
Zuschauer:	0 €

Gruppenermäßigung

ab 10 Personen:	10 %
ab 30 Personen:	15 %

Gruppentarif
keine weitere Ermäßigung

Schüler:	9 €
Begleiter:	frei

Greifhöhe

a) Berechne den günstigsten Eintrittspreis für die gesamte Gruppe. Beachte die unterschiedlichen Preismodelle.
b) Schätze die Körpergröße einer Person mit einer Greifhöhe von 1,90 m. Mit welchem Faktor müsste man die Körpergröße multiplizieren?
c) In einigen Kletterparks gelangt man über eine Seilrutsche von der obersten Plattform zurück auf den Boden. Bestimme zeichnerisch die Steigung, wenn die Seilrutsche in einer Höhe von 30 m startet und die Länge des Seils 60 m beträgt.

14 Panne vor der Radtour

Um 8:00 Uhr beginnt die Radtour. Die Durchschnittsgeschwindigkeit beträgt $16\,\frac{\text{km}}{\text{h}}$.

a) Jans Fahrrad muss repariert werden, seine Gruppe fährt erst um 8:45 Uhr mit einer Geschwindigkeit von $20\,\frac{\text{km}}{\text{h}}$ los. Erreicht Jans Gruppe die anderen vor 12:00 Uhr?
b) Gib für beide Gruppen eine Funktionsgleichung an.
c) Wann holt Jans Gruppe die anderen ein? Wie viele Kilometer haben sie bis dahin in etwa zurückgelegt?

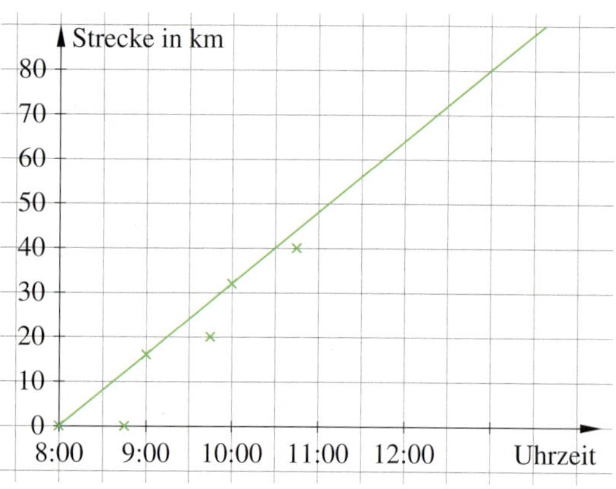

Zusammenfassung

Zuordnungen und Funktionen beschreiben

→ Seite 180

Eine Zuordnung, bei der jedem Wert x aus dem Definitionsbereich genau ein Wert y aus dem Wertebereich zugeordnet wird, heißt **Funktion**.

Eine Funktion kann man durch eine **Wortvorschrift**, eine **Wertetabelle**, einen **Funktionsgraphen** oder eine **Funktionsgleichung** darstellen.

Alle **proportionalen Zuordnungen** sind Funktionen mit der Funktionsgleichung $y = m \cdot x$, ihre Graphen gehen durch $P(0|0)$.

Jedem x wird sein doppelter Wert zugeordnet.

x	1	2	3
y	2	4	6

$y = 2x$

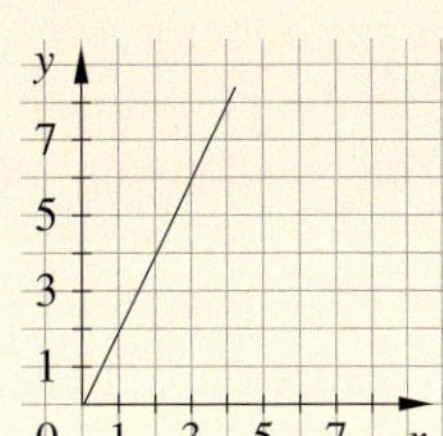

Lineare Funktionen erkennen

→ Seite 184

Eine Funktion mit der **Funktionsgleichung** $y = m \cdot x + b$ heißt **lineare Funktion**.
m ist die **Steigung** der Funktion.
Der Graph der Funktion ist eine Gerade, die die y-Achse im Punkt $P(0|b)$ schneidet.
b ist der **Achsenabschnitt** auf der y-Achse.

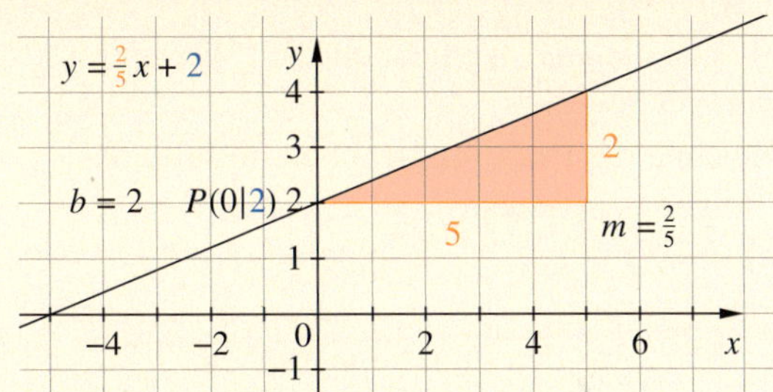

Der zu x gehörende y-Wert kann mithilfe der **Funktionsgleichung** berechnet werden.

y-Wert für $x = 5$:
$y = \frac{2}{5} \cdot 5 + 2 = 2 + 2 = 4$
Der Punkt $P(5|4)$ liegt auf der Geraden.

Umgekehrt kann man auch den x-Wert berechnen, wenn der y-Wert bekannt ist.

x-Wert für $y = 6$:
$6 = \frac{2}{5}x + 2 \quad | -2$
$4 = \frac{2}{5}x \quad | \cdot \frac{5}{2}$
$10 = x$
Der Punkt $P(10|6)$ liegt auf der Geraden.

Lineare Funktionen untersuchen und zeichnen

→ Seite 190

Die Steigung m einer linearen Funktion kann berechnet werden:

$$m = \frac{\text{Differenz der } y\text{-Koordinaten}}{\text{Differenz der } x\text{-Koordinaten}} = \frac{y_2 - y_1}{x_2 - x_1}$$

Für ***m* > 0**, ist die Funktion **steigend**, für ***m* < 0** ist die Funktion **fallend**.
Die **Nullstelle** einer linearen Funktion erhält man, indem man $y = 0$ setzt.
Die **Nullstelle** der Funktion ist die x-Koordinate des Schnittpunkts des Graphen mit der x-Achse.

Eine lineare Funktion verläuft durch die Punkte $(2|1)$ und $(4|5)$.

$m = \frac{5-1}{4-2} = \frac{4}{2} = 2 > 0$, also ist die Funktion steigend.

Nullstelle der Funktion $y = 2x - 3$ berechnen:
$2x - 3 = \mathbf{0} \quad | +3$
$2x = 3 \quad | :2$
$x = 1{,}5$
Die Nullstelle ist $x = 1{,}5$.
Der Punkt $P(1{,}5|0)$ liegt auf der Geraden.

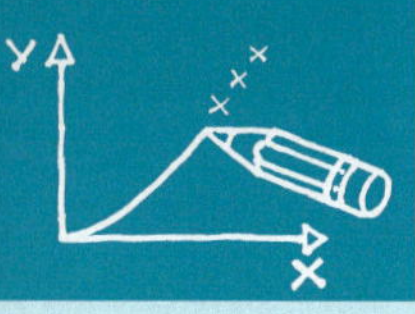

Teste dich!

3 Punkte

1 Nenne jeweils zwei Beispiele für eine …
a) Zuordnung. b) Funktion. c) lineare Funktion.

2 Punkte | 4 Punkte

2 Der Graph einer linearen Funktion hat die Steigung 3, der y-Achsenabschnitt liegt bei -1.
a) Gib die Funktionsgleichung an.
b) Zeichne den Funktionsgraphen.

2 Der Graph einer inearen Funktion verläuft durch die Punkte $A(-1|-2{,}5)$ und $B(6|1)$.
a) Gib die Funktionsgleichung an.
b) Zeichne den Funktionsgraphen.

2 Punkte | 2 Punkte

3 20 Eintrittskarten kosten 122 €.
a) Ergänze die Tabelle im Heft.

x	1	3	4	10	31
y					

b) Stelle eine Fuktionsgleichung auf. Bezeichne die Anzahl der Karten mit x.

3 Bei seinem Handyvertrag bezahlt Björn im Monat 9,99 € Grundgebühr.
Jede Gesprächsminute kostet 0,11 €.
a) Stelle eine Funktionsgleichung auf. Bezeichne die Anzahl der Minuten mit x.
b) Wie viel zahlt Björn, wenn er in einem Monat 60 Minuten telefoniert hat?

4 Punkte | 6 Punkte

4 Erstelle eine Wertetabelle mit Werten für x von -3 bis $+3$.
Zeichne die Funktionsgraphen mithilfe des Steigungsdreiecks.
a) $y = 3x + 2$ b) $y = -x - 1$

4 Erstelle eine Wertetabelle mit Werten für x von -3 bis $+3$.
Zeichne die Funktionsgraphen mithilfe des Steigungsdreiecks.
a) $y = 1{,}5x + 1{,}5$ b) $y = -2x + 4{,}5$

6 Punkte | 9 Punkte

5 Betrachte den Funktionsgraphen.

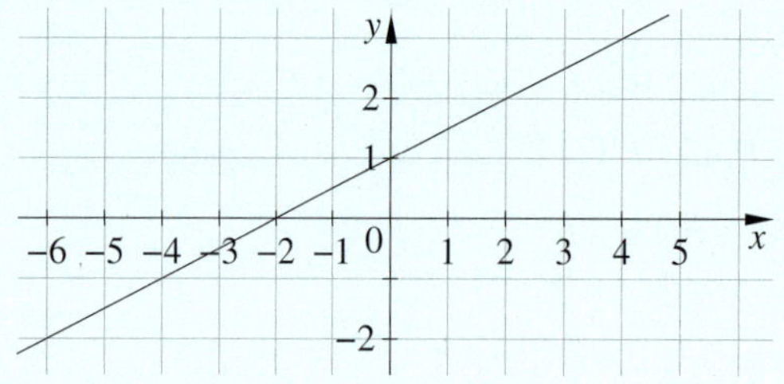

a) Gib die Steigung m, den y-Achsenabschnitt b und die Nullstelle an.
b) Gib die Funktionsgleichung an.
c) Lies die Funktionswerte für folgende x-Werte ab: -6; -3; 2; 4.
d) Liegt der Punkt $A(7|4)$ auf dem Graphen?

5 Betrachte den Funktionsgraphen.

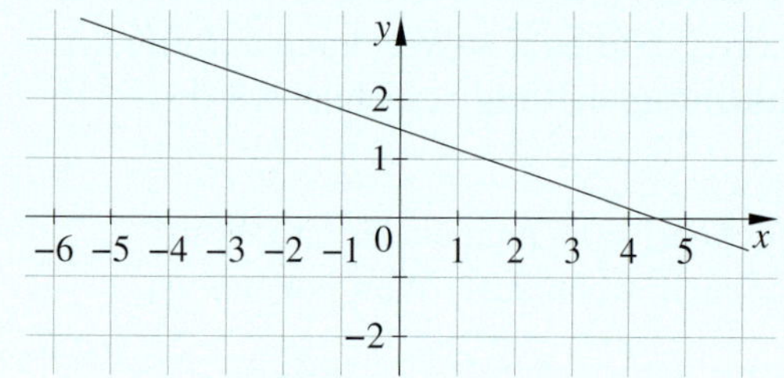

a) Gib die Steigung m, den y-Achsenabschnitt b und die Nullstelle an.
b) Gib die Funktionsgleichung an.
c) Gib die Funktionswerte für folgende x-Werte an: -6; -3; 2; 4.
d) Liegt der Punkt $A\left(5|-\frac{1}{2}\right)$ auf dem Graphen?

6 Punkte

6 In einem Park wird der Rasen gemäht.

① Ein Gärtner mäht den Rasen allein.

Zeit (in h)	1	2	3	4	5
Fläche (in m²)		5 000			

② Mehrere Gärtner mähen den Rasen.

Anzahl der Gärtner	1	2	3	4	5
Zeit (in h)		6			

a) Übertrage die Wertetabellen ins Heft und ergänze sie.
b) Um welche Art von Zuordnung handelt es sich?
c) Handelt es sich um eine Funktion? Begründe.

Gold: 26–27 Punkte, Silber: 23–25 Punkte, Bronze: 16–22 Punkte Lösungen ab Seite 201

Anhang

Winkel und Figuren

Seite 8

Noch fit?

1 a) $\alpha = 24°$ b) $\alpha = 86°$

2 a) b)

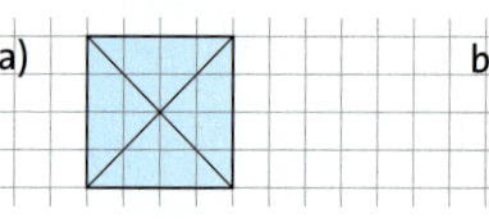

Quadrat: Es entstehen jeweils 2 gleichschenklige, rechtwinklige Dreiecke.

Trapez: Es entstehen jeweils 2 stumpfwinklige, unregelmäßige Dreiecke.

3 a) falsch b) richtig c) richtig

4 Zeichnungen verkleinert

a)

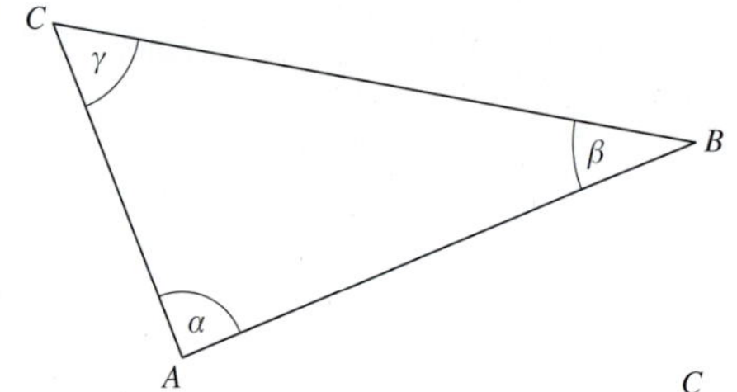

b)

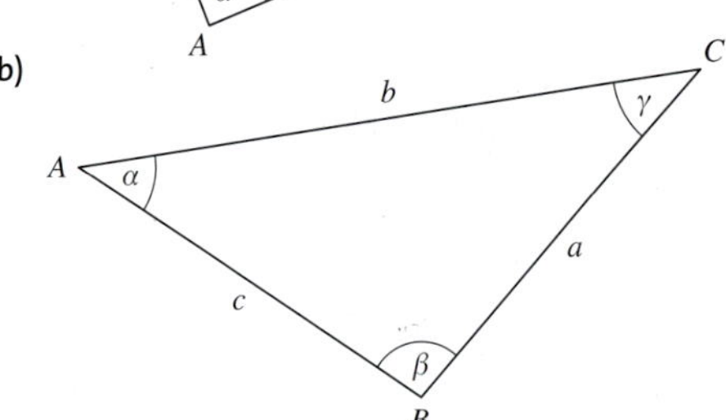

c)

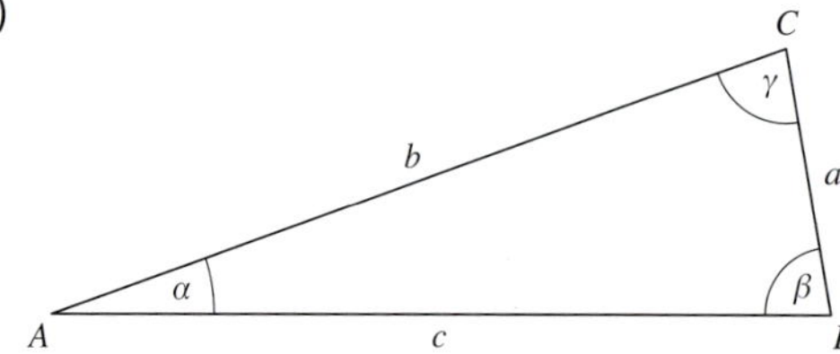

5 a) In einem Rechteck haben alle Winkel eine Größe von **90**°.
b) Zwei Geraden sind parallel zueinander, wenn **sie überall den gleichen Abstand haben**.
c) Die Größe eines gestreckten Winkels beträgt **180**°.

1 a) $\beta = 45°$ b) $\gamma_1 = 155°$; $\gamma_2 = 180°$

2 a) b)

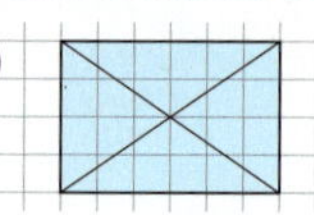

Es entstehen jeweils 2 rechtwinklige, unregelmäßige Dreiecke.

Es entstehen entweder 2 gleichschenklige (eines rechtwinklig, eines spitzwinklig) oder 2 stumpfwinklige, unregelmäßige Dreiecke.

3 a) falsch b) falsch c) falsch

4 Zeichnungen verkleinert

a)

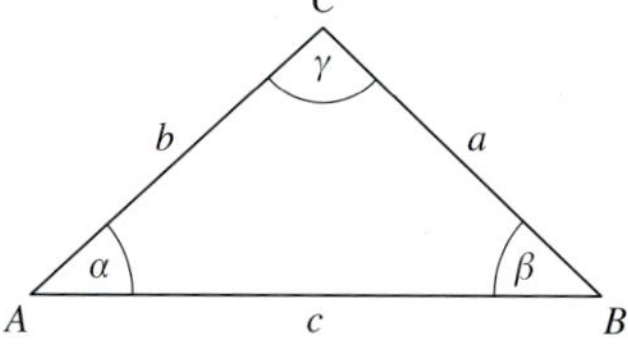

b)

c)

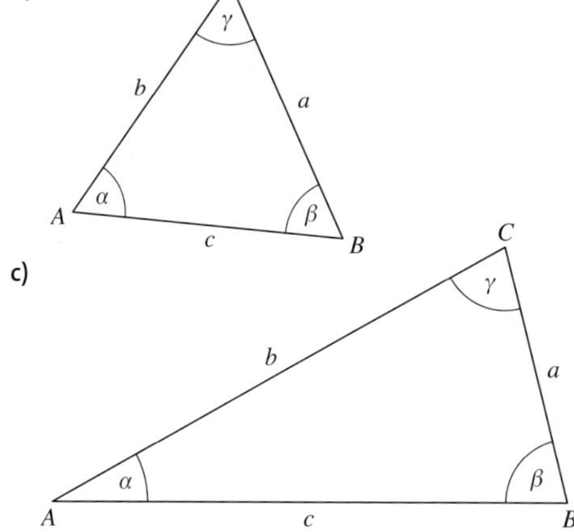

5 a) Die Verbindung gegenüberliegender Eckpunkte im Rechteck nennt man **Diagonalen**.
b) Jedes Quadrat ist auch ein **Rechteck, eine Raute, ein Parallelogramm.**
c) Jedes Rechteck ist auch ein **Parallelogramm**.
d) In einem Parallelogramm sind gegenüberliegende Winkel **gleich groß**.

Seite 26

Klar so weit?

1 a) γ b) α, γ
c) Für $\alpha = 47°$ ist $\beta = 133°$, $\gamma = 47°$ und $\delta = 133°$.
Für $\alpha = 55°$ ist $\beta = 125°$, $\gamma = 55°$ und $\delta = 125°$.

1 a) α_1 und α_3 sind Wechselwinkel.
b) α_1 und α_2 sind Stufenwinkel und daher gleich groß.
α_3 und α_2 sind ebenfalls Stufenwinkel und auch gleich groß.
Daher sind auch α_1 und α_3 gleich groß.

2 a) Zuerst wurde die Deichkrone verlängert. Dann wurden die Winkel zwischen Deich und verlängerter Deichkrone gemessen.
b) $\gamma = 147°$; $\delta = 128°$ (γ, δ sind Nebenwinkel zu 33° bzw. 52°)
$\alpha = 52°$; $\beta = 33°$ (α, β sind Wechselwinkel zu 52° bzw. 33°)

3 $\alpha_1 = 23° = \alpha_5 = \alpha_2$
$\alpha_3 = 67° = \alpha_6$
$\alpha_4 = 90° = \alpha_7$

4 Drachenvierecke: e); c); f)
Quadrat: e)
Rechtecke: a); e)
Trapez: a); e); f); d)

5 Nein. Im Quadrat müssen alle Seiten gleich lang sein, im Rechteck ist das keine zwingende Bedingung.

6 **a)** individuell, z.B.:

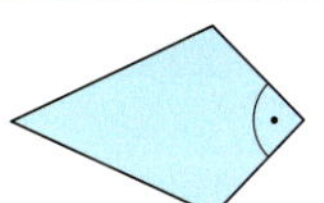

b) individuell, z.B.:

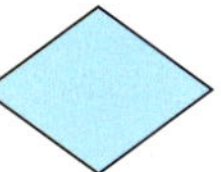

c) individuell, z.B.:

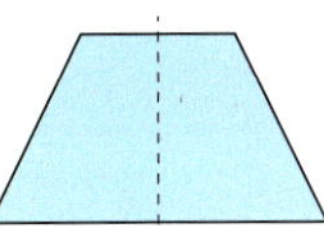

d) individuell, z.B.:

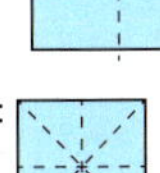

e) individuell, z.B.:

7 **a)** wahr (Einzige Bedingung für eine Raute sind 4 gleich lange Seiten, die ein Quadrat immer hat.)
b) wahr (Ein Parallelogramm hat 2 Paar parallele Seiten. Eine Raute ebenfalls.)
c) wahr (Manche Rechtecke haben 4 gleich lange Seiten und sind damit Quadrate.)

8 **a)** $\gamma = 98°$ **b)** $\alpha = 75°$
c) $\beta = 30°$ **d)** $\beta = 15°$

9 **a)** $\delta = 123°$ **b)** $\delta = 105°$
c) $\delta = 118°$ **d)** $\delta = 135°$

3 $\alpha_1 = 18° = \alpha_3 = \alpha_6 = \alpha_2 = \alpha_5$
$\alpha_4 = 144° = \alpha_7$

4 **a)** z.B.

b) z.B.

c) z.B.

d) z.B.

5 Nein. Rauten haben immer vier gleich lange Seiten. Bei einem Parallelogramm muss das nicht der Fall sein.

6 **a)** unmöglich, jedes Quadrat ist immer auch ein Rechteck

b) individuell, z.B.:

c), d) individuell, z.B.:

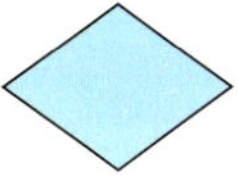

e) individuell, z.B.:

7 **a)** wahr (Rauten, dessen Winkel nicht alle rechtwinklig sind, sind keine Quadrate.)
b) wahr (Ein Trapez hat 2 Seiten, die parallel sind. Jedes Parallelogramm erfüllt diese Bedingung.)
c) wahr (Drachenvierecke mit 2 parallelen Seiten sind Trapeze, z. B. Rauten.)

8 **a)** $\gamma = 40°$ **b)** $\beta = 60°$
c) $\beta = 60°$; $\gamma_1 = 30°$ **d)** $\beta = 45°$; $\gamma_1 = 45° = \gamma_2$

9 **a)** $\delta = 112°$
b) 360°

Seite 26

10 a) $\delta = 210°$ b) $\delta = 95°$

10 a) $\delta = 96°$ b) $\delta = 44{,}8°$

Seite 32

Teste dich!

1

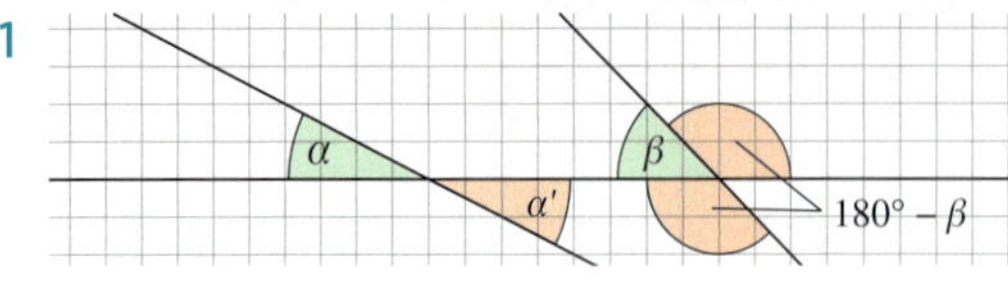

1

180° − β
α
α'
β
180° − β

2

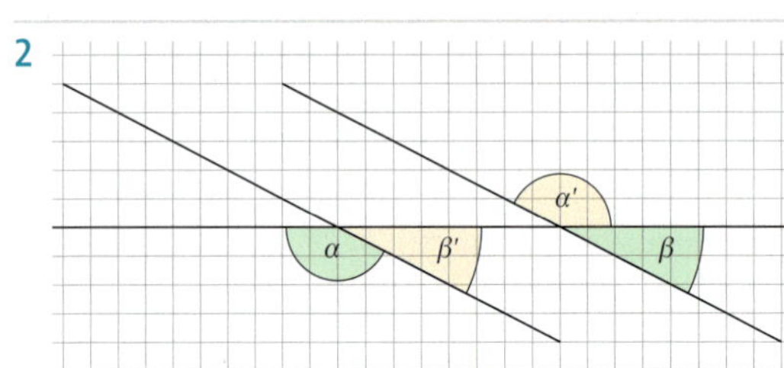

2 a) individuell, z. B.: α und der Stufenwinkel von β ergeben zusammen den gestreckten Winkel (180°). Da der Stufenwinkel genauso groß ist, wie der Winkel selbst, ist $\alpha + \beta = 180°$.
b) β selbst und der zugehörige Scheitel-, Stufen-, bzw. Wechselwinkel

3 a) $\gamma = 111°$ (Stufenwinkel)
b) $\alpha = 145°$ (Wechselwinkel)

3 a) $\delta = 45°$ (Stufenwinkel)
b) $\beta = 60°$ (Wechselwinkel)

4 a) Quadrat, Rechteck b) Trapez
c) Parallelogramm, Raute, Rechteck, Quadrat

4 a) Raute, Quadrat b) Quadrat
c) Quadrat, Drachenviereck, Raute

5

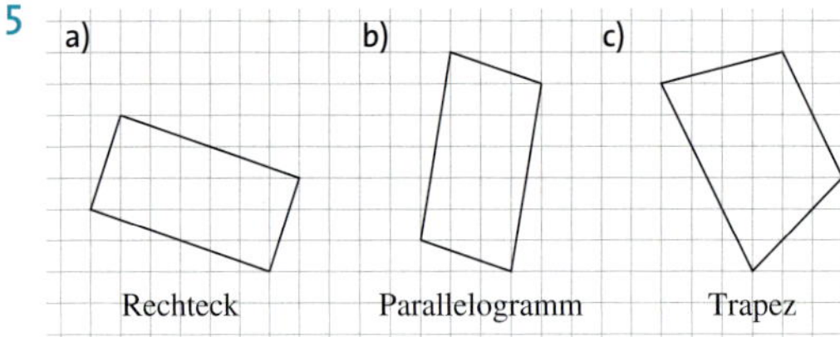

5

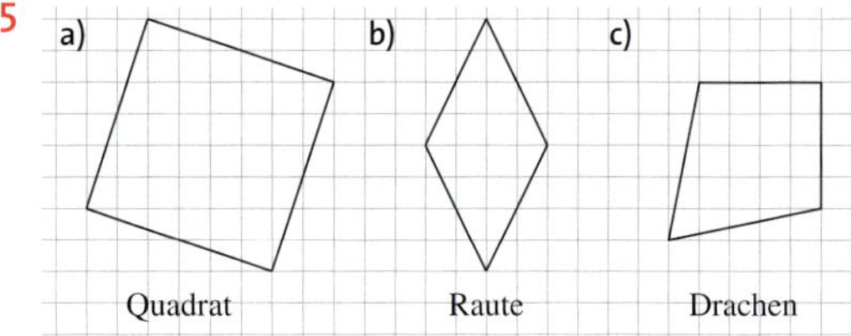

6 a) $\gamma = 100°$ b) $\alpha = 65{,}5°$

6 a) $\delta = 80°$ b) $\alpha = 105°$ c) $\beta = 90°$
d) $\gamma = 108°$ e) $\alpha = 183°$; $\delta = 39°$

Vielecke und Kreise

Seite 34

Noch fit?

1 ②, ④, ⑥

1 A: Quadrat; B: Parallelogramm; C: Raute
D: Parallelogramm; E: Rechteck; F: Quadrat

2 Zeichenübung
a) $u_{Quadrat} = 12\,cm$; $u_{Rechteck} = 12\,cm$
b) $A_{Quadrat} = 9\,cm^2$; $A_{Rechteck} = 8\,cm^2$
c) $u_{Quadrat} = 4a$; $u_{Rechteck} = 2 \cdot (a + b)$
$A_{Quadrat} = a^2$; $A_{Rechteck} = a \cdot b$

2 Zeichenübung
a) $u = 4a = 16\,cm$
$A = a^2 = 16\,cm^2$
b) $u = 4a = 30\,cm$
$A = a^2 = 56{,}25\,cm^2$
c) $u = 2 \cdot (a + b) = 250\,mm$
$A = a \cdot b = 3\,600\,mm^2$
d) $u = 2 \cdot (a + b) = 33\,cm = 3{,}3\,dm$
$A = a \cdot b = 60{,}5\,cm^2 = 0{,}605\,dm^2$

3 a) 12 dm b) 17 cm
c) 44 dm d) 1,3 km
e) 1 dm² f) 5 cm²
g) 1000 dm² h) 700 000 cm²

3 a) 27,5 cm b) 300 mm
c) 3,5 cm d) 120,4 dm
e) 2 dm² f) 45 cm²
g) 500 dm² h) 1 300 cm²

4

a) C, b, 7,2 cm, A, c, B

b)

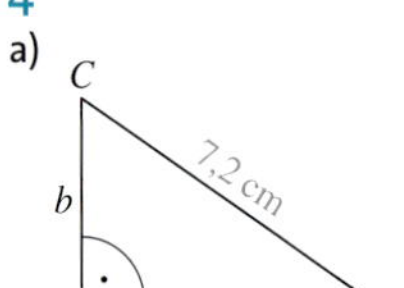

c) C, γ, b, a, A, 2,9 cm, B

Abbildungen maßstäblich verkleinert

4

a) C, b, 6,6 cm, α, A, c, B

b)

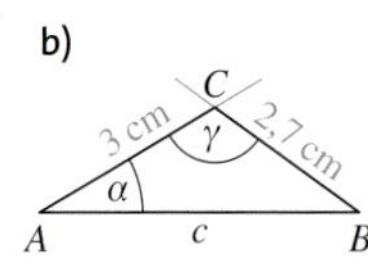

c)

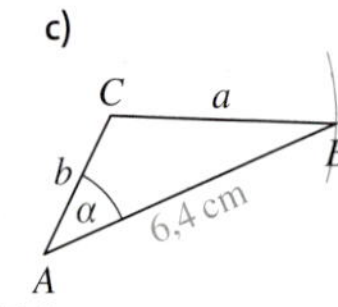

Abbildungen maßstäblich verkleinert

Seite 34

5 $r_1 = 1{,}3\,\text{cm}$; $r_2 = 0{,}9\,\text{cm}$; $r_3 = 0{,}5\,\text{cm}$
$d_1 = 3{,}6\,\text{cm}$; $d_2 = 2{,}6\,\text{cm}$; $d_3 = 1{,}4\,\text{cm}$

5 Die beiden Kreismittelpunkte liegen 10,7 cm (2,3 cm) voneinander entfernt.

6 a) In einem Rechteck sind alle Winkel **rechte Winkel**.
b) Zwei Geraden sind parallel zueinander, wenn **sie überall denselben Abstand zueinander haben**.
c) Zwei Geraden sind senkrecht zueinander, wenn **sie sich in einem Winkel von 90° schneiden**.
d) Die Verbindung gegenüberliegender Eckpunkte im Rechteck nennt man **Diagonale**.
e) Zwei Dreiecke sind kongruent (deckungsgleich), wenn sie **in allen Seitenlängen und in allen Winkelgrößen übereinstimmen**.

Klar so weit?

Seite 54/55

1 a) $u = 38\,\text{cm}$ b) $u = 31\,\text{m}$ c) $u = 69\,\text{mm}$
d) $u = 19{,}1\,\text{cm}$ e) $u = 20{,}1\,\text{cm}$

1

	a)	b)	c)	d)
a	51 cm	35 mm	**9,04 m**	73 mm
b	9,2 cm	**16 mm**	10,42 m	4,8 cm
c	45,8 cm	2,9 cm	2,15 m	**6,9 cm**
u	**106 cm**	80 mm	21,61 m	1,9 dm

2

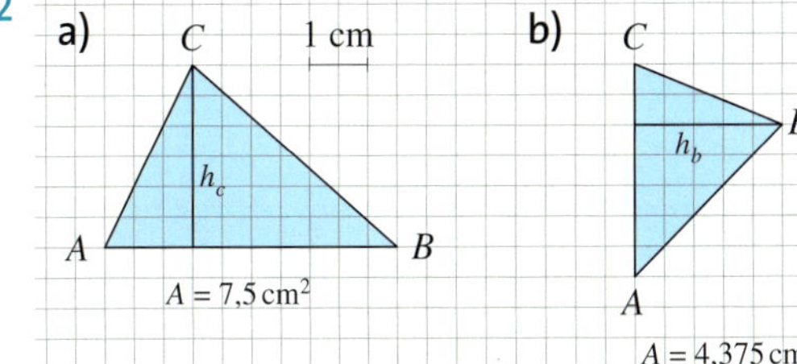
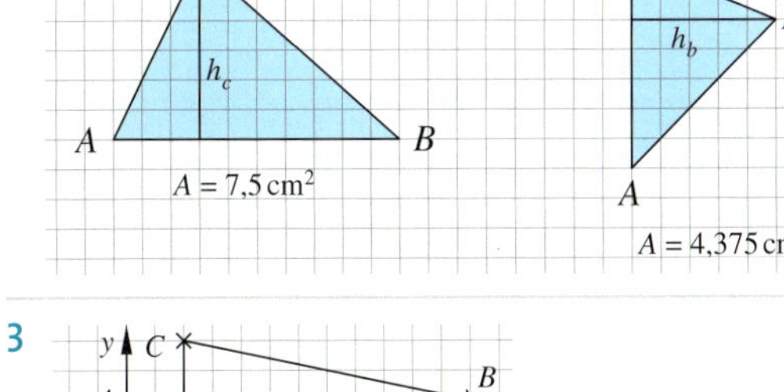

2 rote Fläche: $A = 63\,\text{cm}^2$
grüne Fläche: $A = 45\,\text{cm}^2$

3

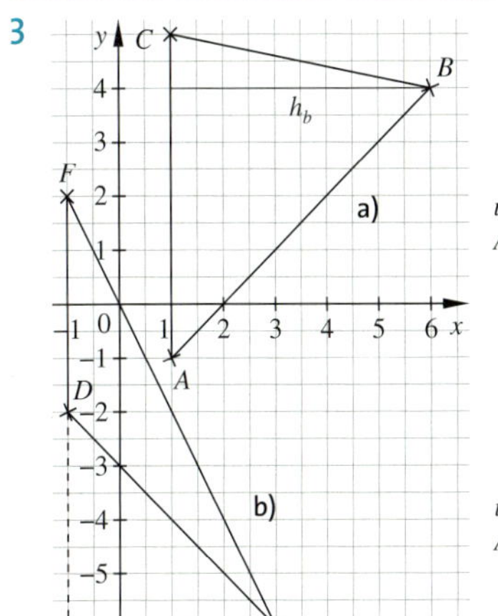

a) $u = 18{,}2\,\text{cm}$
$A = 15\,\text{cm}^2$

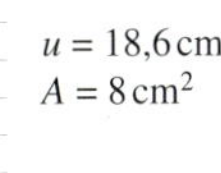

b) $u = 18{,}6\,\text{cm}$
$A = 8\,\text{cm}^2$

3 a)

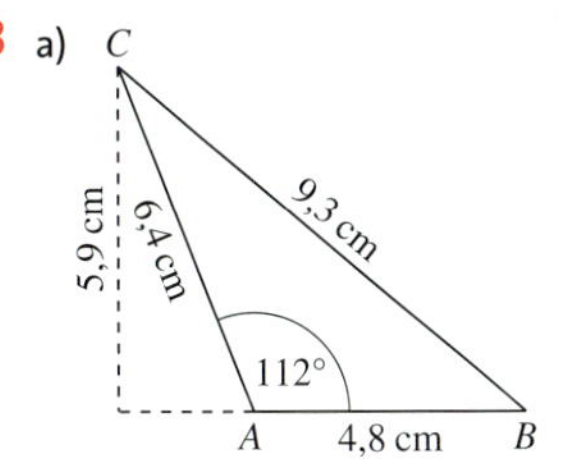

$u = 20{,}5\,\text{cm}$
$A = 14{,}2\,\text{cm}^2$

b)

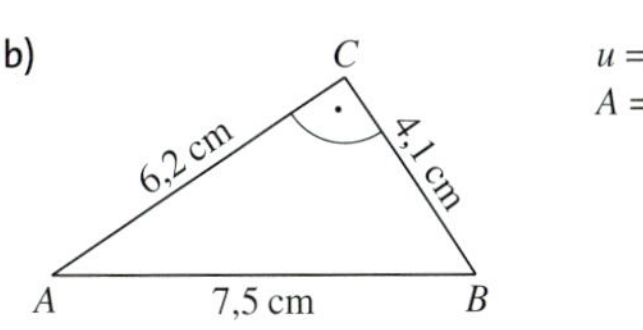

$u = 17{,}7\,\text{cm}$
$A = 12{,}71\,\text{cm}^2$

Abbildungen maßstäblich verkleinert

4 a) $A = 5\,\text{cm}^2$ b) $A = 10\,\text{cm}^2$
c) $A = 8\,\text{cm}^2$ d) $A = 4\,\text{cm}^2$

4 Zeichenübung
a) $A = 8\,\text{cm}^2$ b) $A = 6\,\text{cm}^2$ c) $A = 9\,\text{cm}^2$

5 a) $h_a = 4{,}2\,\text{cm}$ b) $h_a = 5{,}4\,\text{cm}$ c) $h_a = 2{,}5\,\text{cm}$; 2,6 cm

Abbildungen maßstäblich verkleinert

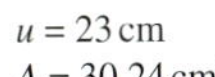

a) $u = 23\,\text{cm}$; $A = 30{,}24\,\text{cm}^2$
b) $u = 20{,}8\,\text{cm}$; $A = 20{,}52\,\text{cm}^2$
c) $u = 13\,\text{cm}$; $b = 2{,}6\,\text{cm}$; $A = 9{,}75\,\text{cm}^2$

5

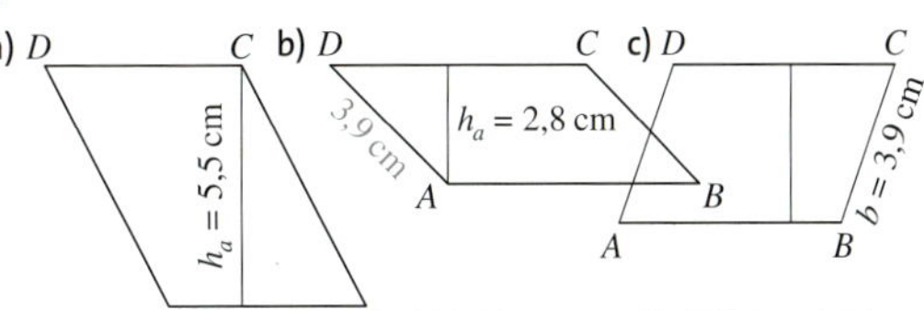

Abbildungen maßstäblich verkleinert

a) $u = 22\,\text{cm}$; $A = 25{,}85\,\text{cm}^2$
b) $u = 20\,\text{cm}$; $b = 3{,}9\,\text{cm}$; $A = 17{,}08\,\text{cm}^2$
c) $u = 18{,}6\,\text{cm}$; $b = 3{,}9\,\text{cm}$; $A = 19{,}98\,\text{cm}^2$

6 a) $24{,}2\,\text{cm}^2$
b) $5\,\text{cm}^2$

6 a) $A = 5{,}625\,\text{cm}^2$
b) $A = 5{,}625\,\text{cm}^2$

Seite 54/55

7

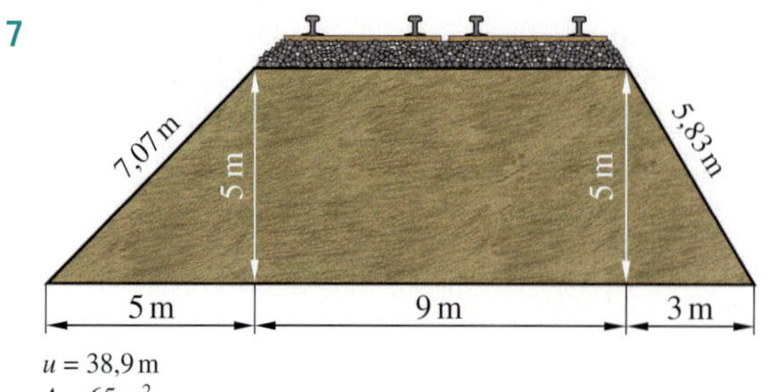

$u = 38{,}9\,\text{m}$
$A = 65\,\text{m}^2$

7 a) $A = 182{,}75\,\text{m}^2$
b) $A = 1\,449\,\text{m}^2$

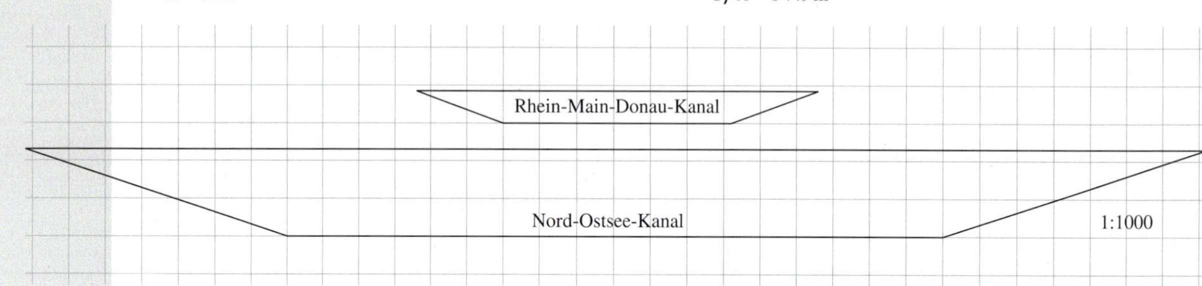

8 a) $A = 8{,}82\,\text{cm}^2$
b) $f = 12\,\text{m}$
c) $e = 2{,}72\,\text{dm}$

8

	a	*b*	*u*	*e*	*f*	*A*
a)	3,8 cm	1,9 cm	**11,4 cm**	5 cm	3 cm	**7,5 cm²**
b)	4 m	**5,5 m**	19 m	8 m	**5 m**	20 m²
c)	**2,2 cm**	28 mm	10 cm	**4 cm**	32,5 mm	6,5 cm²

9 Zeichenübung $u \approx 31{,}45\,\text{cm}$; $A = 78{,}54\,\text{cm}^2$

9 Zeichenübung $A = 58{,}01\,\text{cm}^2$

10 Der Punkt *C* ist Endpunkt des abgerollten Kreisumfangs, denn es gilt: $u = \pi \cdot d$.

10 Zeichenübung:
a) $r \approx 0{,}76\,\text{cm}$ b) $r \approx 1{,}02\,\text{cm}$ c) $r \approx 0{,}60\,\text{cm}$

11 Der Rasensprenger kann etwa eine Fläche von $28{,}27\,\text{m}^2$ bis $452{,}39\,\text{m}^2$ bewässern.

11 Es werden etwa 78,5 % erreicht.

Seite 60

Teste dich!

1 a) $u = 7{,}4\,\text{cm}$, $A = 2{,}465\,\text{cm}^2$ b) $u = 9{,}6\,\text{cm}$, $A = 3{,}84\,\text{cm}^2$

1 a) $u = 8{,}6\,\text{cm}$, $A = 2{,}775\,\text{cm}^2$ b) $u = 9\,\text{cm}$, $A = 3{,}9\,\text{cm}^2$

2 $A = 7{,}35\,\text{m}^2$

2 $A = 5{,}13\,\text{m}^2$
Das Glas kostet 625,86 €.

3 a) $u = 10{,}8\,\text{cm}$, $A = 5{,}95\,\text{cm}^2$ b) $u = 20{,}6\,\text{cm}$, $A = 20{,}72\,\text{cm}^2$

3 a) $u = 8\,\text{cm}$, $A = 4{,}08\,\text{cm}^2$ b) $u = 19{,}6\,\text{cm}$, $A = 22{,}75\,\text{cm}^2$

4 Er erhält eine Entschädigung in Höhe von 170 289 €.

4 Die Jahrespacht beträgt 191 €.

5 $d = 9{,}4\,\text{cm}$; $u \approx 29{,}53\,\text{cm}$; $A \approx 69{,}40\,\text{cm}^2$

5 a) $r = 0{,}4\,\text{m}$; $u \approx 2{,}51\,\text{m}$; $A \approx 0{,}50\,\text{m}^2$;
b) $r \approx 0{,}80\,\text{dm}$; $d \approx 1{,}59\,\text{dm}$; $A \approx 1{,}99\,\text{dm}^2$

Lineare Gleichungen

Seite 62

Noch fit?

1 a) $3c$ b) $2x$ c) $2p$ d) $-x$ e) n

1 a) c b) $2p + 2q$ c) $2x - 2y$ d) $2a - 2b$ e) $3o + 2p$ f) $-2r - y + 3x$

Seite 62

2 a) $5x$; 0 für $x = 0$; 10 für $x = 2$; 25 für $x = 5$
b) $10x$; 0 für $x = 0$; 20 für $x = 2$; 50 für $x = 5$
c) $10x$; 0 für $x = 0$; 20 für $x = 2$; 50 für $x = 5$
d) $5x + 2$; 2 für $x = 0$; 12 für $x = 2$; 27 für $x = 5$
e) $3x + 5$; 5 für $x = 0$; 11 für $x = 2$; 20 für $x = 5$
f) $8x + 1$; 1 für $x = 0$; 17 für $x = 2$; 41 für $x = 5$

2 a) $-5; 1; 23; 61$
b) $-4; 5; 38; 95$
c) $-9; -3; 19; 57$
d) $8; 2; -20; -58$
e) $6; 0; -22; -60$
f) $16; 1; -54; -149$

3 a) richtig
b) falsch; $x = 8$
c) falsch; $x = -1$
d) richtig
e) richtig
f) falsch; $x = 10$
g) richtig

3 a) $x = 4$
b) $x = 2$
c) $x = 30$
d) $x = -10$
e) $x = 4$
f) $x = 16$
g) $x = 5$ oder $x = -5$

4 a) ④ a steht für die Seitenlänge des Quadrats
b) ⑥ a steht für die Seitenlänge des Quadrats
c) ② a und b stehen für die Seitenlängen des Rechtecks
d) ① a und b stehen für die Seitenlängen des Rechtecks
e) ③ a steht für die Seitenlänge des Dreiecks
f) ⑤ a steht für die Länge der Schenkel des Dreiecks und b steht für die Länge der Basis des Dreiecks

5 a) Eine Variable ist ein Platzhalter oder eine Unbekannte.
Ein Term (Rechenausdruck) ist eine sinnvolle Zusammensetzung aus Rechenzeichen, Zahlen und/oder Variablen.
Den Wert des Terms kann man berechnen, indem für die Variable eine Zahl eingesetzt wird.
b) Kommutativgesetz: Bei der Addition dürfen Summanden vertauscht werden: $a + b = b + a$.
Bei der Multiplikation dürfen Faktoren vertauscht werden: $a \cdot b = b \cdot a$.
Assoziativgesetz: Bei der Addition dürfen Summanden beliebig zusammengefasst werden: $a + (b + c) = (a + b) + c$.
Bei der Multiplikation dürfen Faktoren beliebig zusammengefasst werden: $a \cdot (b \cdot c) = (a \cdot b) \cdot c$.
Distributivgesetz: $a \cdot (b \pm c) = a \cdot b \pm a \cdot c$; $(a \pm b) : c = a : c \pm b : c$, mit $c \neq 0$.
c) Die Hose wurde um 15 % reduziert.

Klar so weit?

Seite 82/83

1 a) ja; Gleichheitszeichen verbindet zwei Terme
b) ja; Gleichheitszeichen verbindet zwei Terme
c) ja; Gleichheitszeichen verbindet zwei Terme
d) nein; kein Gleichheitszeichen
e) ja; Gleichheitszeichen verbindet zwei Terme
f) ja; Gleichheitszeichen verbindet zwei Terme

1 a) ja; Gleichheitszeichen verbindet zwei Terme
b) ja; Gleichheitszeichen verbindet zwei Terme
c) nein; zwei Gleichheitszeichen verbinden drei Terme
d) ja; Gleichheitszeichen verbindet zwei Terme
e) ja; Gleichheitszeichen verbindet zwei Terme
f) nein; kein Gleichheitszeichen

2 a) wahr b) falsch c) falsch
d) wahr e) wahr

2 a) $x = 3$ b) $x = -7$ c) $x = -5$
d) $x = 4$ e) $x = 5$

3 a) $2x + 2 = 6$ b) $3x + 6 = 5x + 2$ c) $2x + 4 = x + 8$

4 a), f) Es müssen keine Äquivalenzumformungen mehr durchgeführt werden, um die Gleichung nach der Variable auflösen.

4 a) $x = 16$ b) y beliebig c) $u = 146{,}34$
d) $v = 2{,}5$ e) $z = 0$ f) $w = 9{,}9$

5 $3a = 4 + a$
a) $3a = 4 + a \quad | -a$
$2a = 4 \quad | :2$
$a = 2$
b) $3a = 4 + a \quad | +a$
$4a = 4 + 2a \quad | :2$
$2a = 2 + a \quad | -a$
$a = 2$

5 $4b + 5 = 2b + 45$
a) $4b + 5 = 2b + 45 \quad | -5$
$4b = 2b + 40 \quad | -2b$
$2b = 40 \quad | :2$
$b = 20$
b) $4b + 5 = 2b + 45 \quad | +5$
$4b + 10 = 2b + 50 \quad | :2$
$2b + 5 = b + 25 \quad | -b$
$b + 5 = 25 \quad | -5$
$b = 20$

6 a) $x = 3$ b) $x = 3$ c) $x = 4$
d) $x = 3{,}5$ e) $x = 3$

6 a) $a = 4$ b) $b = 3$ c) $c = 0{,}7$
d) $d = 1$ e) $e = -3{,}5$ f) $f = \frac{1}{10}$

7 $3x - 8 = 31 - 10x \quad | +\mathbf{10x}$
$\mathbf{13}x - 8 = 31 \quad | +8$
$13x = \mathbf{39} \quad | \mathbf{:13}$
$x = \mathbf{3}$

7 $0{,}5x + 6 = 2x + 5{,}25 \quad | \mathbf{-0{,}5x}$
$6 = \mathbf{1{,}5}x + 5{,}25 \quad | \mathbf{-5{,}25}$
$0{,}75 = \mathbf{1{,}5x} \quad | \mathbf{:1{,}5}$
$\mathbf{0{,}5} = x$

8 a) ⑧ b) ① c) ②, ⑤ d) ⑦ e) ⑤, ② f) ⑥ g) ④ h) ③

Seite 82/83

9 a) $x - 12 = 2$
$x = 14$
b) $x + 35 = 100$
$x = 65$
c) $\frac{1}{3}x = 7{,}5$
$x = 22{,}5$
d) $x + 5 = 50$
$x = 45$
e) $79 - x = 50$
$x = 29$
f) $2x = 650$
$x = 325$

10 a) $14 - 7 = x + 2$
$x = 5$
Mäuschen ist heute fünf Jahre alt.
b) $14 + x = 2 \cdot (5 + x)$
$x = 4$
In vier Jahren ist Wanda doppelt so alt wie ihre Katze.

9 a) $x + 2 = 1{,}5$
$x = -0{,}5$
b) $3x = 54$
$x = 18$
c) $\frac{2}{3}x = 460$
$x = 690$
d) $x + 3{,}5 = 18$
$x = 14{,}5$
e) $97 - x = 86$
$x = 11$
f) $\frac{1}{3}x = 260$
$x = 780$

10 a) $x + 8 + x = 22$
$x = 7$
Schröder ist sieben Jahre alt, Tim ist 15 Jahre alt.
b) $15 - x = 3 \cdot (7 - x)$
$x = 3$
Vor drei Jahren war Tim zwölf Jahre alt und sein Hund vier Jahre alt. Also war Tim 3-mal so alt wie sein Hund.

Seite 90

Teste dich!

1 Aussage **c)** trifft zu.

2 a) Er bezahlt 57,90 €.
b) Es ist günstiger, sieben Vierertickets (50,40 €) zu kaufen als sechs Vierertickets und drei Einzeltickets (50,70 €).
c) Er hat sechs Vierertickets gekauft.

3 a) $a = 16$ b) $b = 49$ c) $c = 8$
d) $d = -3$

4 a) $a = 12$ b) $b = -2{,}5$ c) $c = 0{,}75$
d) $d = -20$

5 a) $(x + 25) \cdot 2 = 60;\ x = 5$
b) $2x - 4 = 10;\ x = 7$

6 Eine Currywurst kostet jetzt 2,50 €.

1 a) falsch; Gleichungen haben eine, mehrere oder keine Lösung.
b) falsch; Gleichungen ohne Variablen heißen Aussagen.
c) richtig
d) richtig

2 a) Der günstigste Eintrittspreis für 28 Personen beträgt 72,50 €.
b) Es wurden eine Gruppenkarte und drei Tageskarten gekauft. Die 8 a hat 23 Schülerinnen und Schüler.
c) Die Jahreskarte kostet höchstens 89,99 € und mindestens 85,50 €.

3 a) $e = -1{,}4$ b) $f = 4$ c) $g = 14$
d) $h = -4$

4 a) $e = 1{,}4$ b) $f = -7{,}6$ c) $g = -9$
d) $h = -9$

5 a) $2x = x - 4;\ x = -4$
b) $x + 5 = 2x - 2;\ x = 7$

6 Eine Theaterkarte kostet regulär 16 €, Herr Hauprecht zahlt nur 11 €.

Prozent- und Zinsrechnung

Seite 92

Noch fit?

1

	a)	b)	c)
Dezimalbruch	**0,25**	**0,1**	0,60
Bruch	$\frac{25}{100}$	$\frac{1}{10}$	$\frac{60}{100}$
Prozentangabe	25 %	**10 %**	**60 %**
Anteil	25 von 100	**10 von 100**	**60 von 100**

2

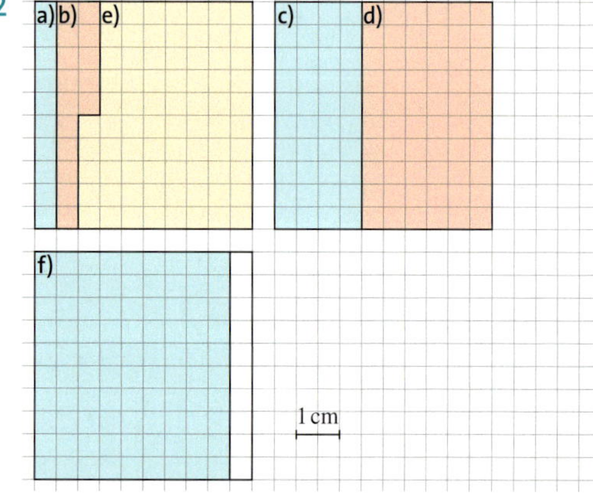

1

	a)	b)	c)
Dezimalbruch	**0,125**	**1**	0,05
Bruch	$\frac{125}{1000}$	$\frac{100}{100}$	$\frac{5}{100}$
Prozentangabe	**12,5 %**	100 %	**5 %**
Anteil	12,5 von 100	**100 von 100**	**5 von 100**

2

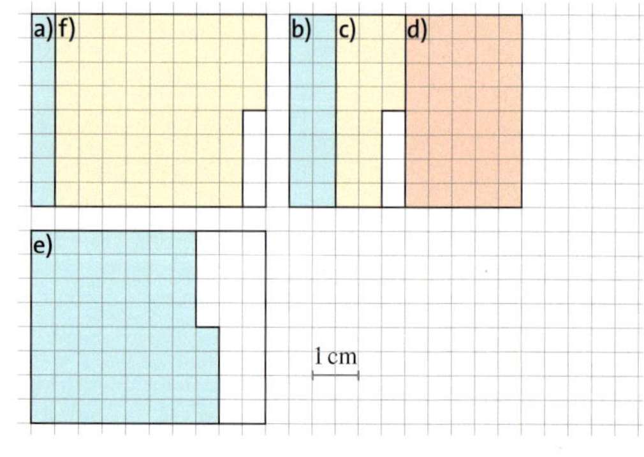

Seite 92

3 a) $\frac{3}{10} = 30\%$; $\frac{3}{6} = 50\%$; $\frac{3}{5} = 60\%$; $\frac{3}{4} = 75\%$; $\frac{3}{2} = 150\%$
b) $\frac{2}{50} = 4\%$; $\frac{2}{40} = 5\%$; $\frac{2}{20} = 10\%$; $\frac{2}{10} = 20\%$; $\frac{1}{2} = 50\%$

3 a) $\frac{2}{7} \approx 28{,}6\%$; $\frac{2}{6} \approx 33{,}3\%$; $\frac{2}{5} = 40\%$; $\frac{2}{4} = 50\%$; $\frac{2}{3} \approx 66{,}7\%$
b) $\frac{4}{5} = 80\%$; $\frac{5}{6} \approx 83{,}3\%$; $\frac{6}{7} \approx 85{,}7\%$; $\frac{7}{8} = 87{,}5\%$; $\frac{8}{9} \approx 88{,}9\%$

4 a) Insgesamt gab es 440 Teilnehmer. ① 52,3 % Jungen; 47,7 % Mädchen; ② 396 Teilnehmer erhalten ein Abzeichen.
b) 264 Teilnehmer wählten Hochsprung, 176 wählten Weitsprung.
c) 1 000-m-Lauf: 132 Teilnehmer; 2000-m-Lauf: 108 Teilnehmer; Radfahren: 200 Teilnehmer

5

	a)	b)	c)	d)
Grundwert	240 m	**1800 l**	20 €	120 kg
Prozentsatz	2 %	40 %	**80 %**	**40 %**
Prozentwert	**4,8 m**	720 l	16 €	48 kg

5

	a)	b)	c)	d)
Prozentwert	**0,675 t**	12,50 €	0,75 l	0,029
Grundwert	4,5 t	**312,50 €**	25 l	**0,058**
Prozentsatz	15 %	4 %	**3 %**	50 %

6 a) Gesucht ist der Prozentwert. Der Preisnachlass beträgt 7,50 €.
b) Gesucht ist der Grundwert. Der Kfz-Bestand lag 2016 bei ca. 45,89 Mio. Kfz.
c) Gesucht ist der Prozentsatz. Die Bevölkerung stieg auf ca. 287,1 %.

Klar so weit?

Seite 110/111

1

	Grundwert	Prozentsatz	Prozentwert
a)	650 m	25 %	**162,5 m**
b)	120 mm	12 %	**14,4 m**
c)	750 €	**20 %**	150 €
d)	456 m²	**75 %**	342 m²
e)	**10 kg**	13 %	1,3 kg
f)	**13500 l**	8 %	1080 l

1

	Grundwert	Prozentwert	Prozentsatz
a)	748,80 €	**≈ 32,20 €**	4,3 %
b)	8473,15 €	3754,23 €	**≈ 44,3 %**
c)	**≈ 4368,6 km**	847,5 km	19,4 %
d)	**≈ 60,2 g**	5 g	8,3 %
e)	888 Stück	14 Stück	**≈ 1,6 %**
f)	1450 l	**87 l**	6 %

2 a) $p\% = 5\%$; $G = 108$ €; 5,40 € (W) werden verbraucht.
b) $W = 252$ Personen; $p\% = 56\%$; es gab insgesamt 450 Personen (G).
c) $G = 38{,}90$ m; $W = 7{,}50$ m; es wurden ca. 19,3 % ($p\%$) des Seils verkauft.

2 a) Der Vorrat beträgt ca. 78,4 kg.
b) Das Konzentrat besitzt 1,6 % des ursprünglichen Volumens.
c) 115,5 ha Ackerfläche werden bewirtschaftet.

3 a)

Mädchen		Mitgliedschaft	Jungen	
Anteil	Anzahl		Anteil	Anzahl
34 %	**106**	Sportverein	**12,8 %**	37
11,9 %	37	Schulschwimm-mannschaft	13 %	**37**
0 %	**0**	Schulhandball-mannschaft	9 %	**26**
17 %	53	Schulleichtathletik-mannschaft	**14,9 %**	43

b) 116 Schülerinnen und 145 Schüler wurden nicht erfasst.

4 Ja, das kann stimmen: $140 \cdot 1{,}0175 = 142{,}45$

5

	Kapital	Zinssatz	Jahreszinsen
a)	50000 €	4,7 %	**2350 €**
b)	4800 €	**12,5 %**	600 €
c)	**3500 €**	1,6 %	56 €

5

	Kapital	Zinssatz	Jahreszinsen
a)	**1800 €**	2,5 %	45 €
b)	81999 €	8,3 %	**6805,92 €**
c)	1616,46 €	**14,7 %**	237,62 €

6 a) Sie müsste 5813,95 € einzahlen.
b) Die Sparkasse bietet einen Zinssatz von ca. 5 %.

6 a) Der Zinssatz beträgt 2,2 %.
b) Claudia hat 3000 € eingezahlt.

7 a) Die Bank gewährt 7,5 % Zinsen.
b) Nach einen weiteren Jahr erhält sie 342,66 €.

7 a) Nach sechs Jahren ist das Vermögen auf 7060,23 € angewachsen.
b) Er hat nach sechs Jahren insgesamt 1 560,23 € Zinsen erhalten.

Seite 110/111

8 a) Er erhält 10 € von seiner Bank, 30 € werden auf seinem Sparbuch gutgeschrieben und der Sparbrief bringt ihm 70 € ein. Insgesamt erhält er 110 €.
b) Die Zinsen betragen insgesamt ca. 1,8 % des Anlagekapitals.

9 a) 44 Tage b) 60 Tage c) 52 Tage d) 30 Tage

10

	Kapital	Zinssatz	Laufzeit	Zinsen	Jahreszinsen
a)	1 000 €	3 %	6 Monate	**15 €**	30 €
b)	7 000 €	1,5 %	240 Tage	**70 €**	**105 €**
c)	3 000 €	11,5 %	$\frac{3}{4}$ Jahr	**258,75 €**	**345 €**
d)	500 €	2,5 %	4 Monate	**4,17 €**	**12,50 €**
e)	**340 €**	7 %	15 Tage	**0,99 €**	23,80 €
f)	270 €	**2,5 %**	110 Tage	2,06 €	**6,74 €**

11 Lars muss 3,07 € Zinsen zahlen.

12 a) Sie hat 45 000 € angelegt.
b) Sie hätte 1 147,50 € erhalten.

11 Er kann sich monatlich 1 333,33 € auszahlen lassen.

12 a) Er hat 50 000 € angelegt.
b) Unter diesen Bedingungen müsste das Kapital mit 100 000 € doppelt so hoch sein.

Seite 118

Teste dich!

1

Grundwert *G*	700	160	**1 200**
Prozentsatz *p* %	15 %	**20 %**	62 %
Prozentwert *W*	**105**	32	744

2 a) Die Mehrwertsteuer beträgt 12,33 €.
b) Sie verlor ca. 35,3 % der Spiele.

3 a) Wie hoch ist der neue Preis?
Der Rabatt beträgt 5,80 €, also ist der neue Preis 23,20 €.
b) Wie viel Taschengeld bekommt Jenny?
Sie bekommt jetzt 48 €.

4

	a)	b)	c)
Kapital *K*	12 500 €	15 000 €	**10 000 €**
Zinsen *Z*	**750 €**	150 €	800 €
Zinssatz *p* %	6 %	**1 %**	8 %

1

Grundwert *G*	1 568	9 845	**≈ 2 817,68**
Prozentsatz *p* %	9,5 %	**≈ 66,3 %**	32,8 %
Prozentwert *W*	**148,96**	6 528	924,2

2 a) Für das Projekt wurden eigentlich nur 80 Tage geplant.
b) Er legte 107,523 km privat zurück.

3 a) Was hat die Hose vorher gekostet?
Die Hose kostete 25 €.
b) Wie hoch war die Schülerzahl im letzten Schuljahr?
Bisher besuchten 880 Schülerinnen und Schüler die Theodor-Heuss-Schule.

4

	a)	b)	c)
Kapital *K*	**10 000 €**	7 500 €	280 €
Zinsen *Z*	120 €	**270 €**	28,28 €
Zinssatz *p* %	1,2 %	3,6 %	**10,1 %**

5

Kapital	Zinssatz p.a.	Zinsen	Zeitraum
1 200 €	3,5 %	**21 €**	180 Tage
≈ 186 428,57 €	7 %	2 175 €	2 Monate
73 000 €	**9,4 %**	4 574 €	240 Tage
140 000 €	6,9 %	2 415 €	90 Tage

6 Lara muss 1,11 € Zinsen zahlen.

6 Er hat in 105 Tagen 10,21 € angespart.

7 a) Sie hat ihr Geld 120 Tage angelegt.
b) Sie erhält 1 € Zinsen.
c) Mit den Zinsen sind 151 € auf ihrem Konto. Nach dem Abheben sind es 0 €.

Mathematik im Überblick

Seite 121

Trainingsaufgaben

Grundrechenarten

1 a) 89 b) 224,8 c) 902 d) 1419

2 a) 51 b) 60,2 c) 100 d) 662

3 a) 69 b) 166 c) 165 d) 806

4 a) 4 b) 9,1 c) 4 d) 31

5 a) 300 b) 6 c) 62 d) 21

Seite 121

Schätzaufgaben

1 Annahme: Eine Person wiegt 75 kg.
Sechs Personen können den Fahrstuhl gleichzeitig nutzen.

2 Annahme: Jede Person passt auf eine Fläche von 0,35 m × 0,55 m.
Acht Personen passen in den Aufzug.

3 Annahme: Die Höhe eines Stockwerks beträgt ca. 4 m.
Das Gebäude hat 30 Stockwerke.

4 Annahme: Man schläft sieben Stunden pro Tag.
Man schläft 2 555 Stunden im Jahr.

Größen

1 a) 250 cm b) 65,5 mm c) 7 cm

2 0,01; 0,001; 0,1

3 a) 40 000 cm^2 b) 0,001 km^2 c) 160 cm^2

4 10 000 Quadratzentimeter ergeben einen Quadratmeter.

5 a) 0,2 l b) 0,13 dm^3 c) 17,3 l

6 Es können 35 Gläser gefüllt werden.

7 a) 1 800 kg b) 2,740 g c) 0,0006 g

8 Die Palette kann noch mit 738 kg beladen werden.

9 a) 7,95 € b) 7 990 ct c) 75 ct

10 Ein Gehalt in Höhe von 1 100,61 € wird ausgezahlt.

11 a) 1 440 min b) 730 s c) 3,1 min

12 3,75 min

Dreisatz

1 Acht Eintrittskarten kosten 112 €.

2 Drei Drucker benötigen 30 min für diesen Auftrag.

3 800 g Filet kosten 38,96.

4 Der Vorrat reicht für sechs Sportler zwei Tage.

Prozent- und Zinsrechnung

1 a) 32 % b) 32 % c) 76 %

2 Das sind 35 %.

3 a) 25 € b) 3 Stück c) 2,4 m

4 Der Rabatt beträgt 25,8 €.

5 a) 32 m b) 1 600 l c) 5 000 €

6 Die Gesamtstrecke beträgt 12 km.

7 a) Nach einem Jahr bekommt man 80 € Zinsen.
b) Nach sechs Monaten bekommt man 40 € Zinsen.

8 a) Der Zinssatz beträgt 3 % bei einer Anlagedauer von einem Jahr.
b) Der Zinssatz beträgt 4 % bei einer Anlagedauer von neun Monaten.

9 a) Das Kapital beträgt 15 000 € bei einer Anlagedauer von einem Jahr.
b) Das Kapital beträgt 22 500 € bei einer Anlagedauer von acht Monaten.

Logisches Denken

1 Übermorgen ist Donnerstag.

2 Der Fahrstuhl hält im 1. Stockwerk.

3 Anton ist der schnellste.

4 Kugel

5 Flächeninhalt

Zahlenreihen

1 12

2 5

3 4

4 162

5 153

6 14 641

Gleichungen

1 a) $x = 3$ b) $x = -5$ c) $x = 3$

2 Die Schwester wiegt 25 kg, der Bruder 37 kg.

Flächen- und Körperberechnungen

1 $V = 60\,cm^3$

2 $O = 144\,cm^2$

Räumliches Vorstellungsvermögen

1 Die Würfelfigur besteht aus 10 Würfeln.

2

H G
H D C G
E A B F
E F
H G

Seite 124

Testaufgaben

1	③	9	④
2	④	10	③
3	②	11	③
4	②	12	②
5	①	13	③
6	②	14	①, ②, ④
7	④	15	a) ④ b) ④ c) ④
8	①	16	②

Prismen und Zylinder

Seite 126

Noch fit?

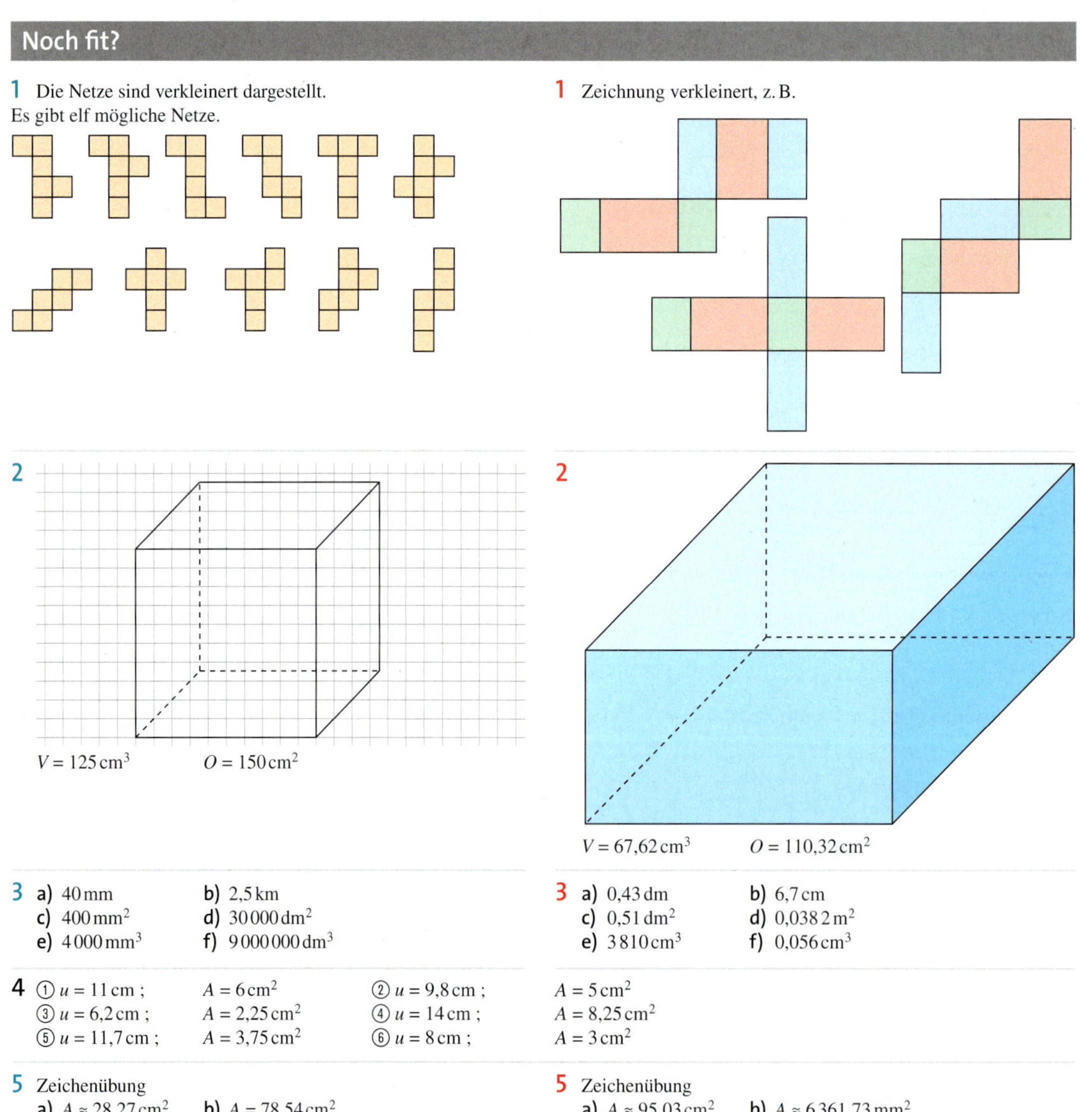

1 Die Netze sind verkleinert dargestellt.
Es gibt elf mögliche Netze.

1 Zeichnung verkleinert, z. B.

2 $V = 125\,\text{cm}^3$ $O = 150\,\text{cm}^2$

2 $V = 67{,}62\,\text{cm}^3$ $O = 110{,}32\,\text{cm}^2$

3 a) 40 mm b) 2,5 km
c) 400 mm² d) 30 000 dm²
e) 4 000 mm³ f) 9 000 000 dm³

3 a) 0,43 dm b) 6,7 cm
c) 0,51 dm² d) 0,038 2 m²
e) 3 810 cm³ f) 0,056 cm³

4 ① $u = 11\,\text{cm}$; $A = 6\,\text{cm}^2$ ② $u = 9{,}8\,\text{cm}$; $A = 5\,\text{cm}^2$
③ $u = 6{,}2\,\text{cm}$; $A = 2{,}25\,\text{cm}^2$ ④ $u = 14\,\text{cm}$; $A = 8{,}25\,\text{cm}^2$
⑤ $u = 11{,}7\,\text{cm}$; $A = 3{,}75\,\text{cm}^2$ ⑥ $u = 8\,\text{cm}$; $A = 3\,\text{cm}^2$

5 Zeichenübung
a) $A \approx 28{,}27\,\text{cm}^2$ b) $A = 78{,}54\,\text{cm}^2$
c) $A \approx 113{,}10\,\text{cm}^2$ d) $A \approx 63{,}62\,\text{cm}^2$
e) $A \approx 18{,}10\,\text{cm}^2$ f) $A \approx 8{,}04\,\text{cm}^2$

5 Zeichenübung
a) $A \approx 95{,}03\,\text{cm}^2$ b) $A \approx 6\,361{,}73\,\text{mm}^2$
c) $A \approx 2\,290{,}22\,\text{mm}^2$ d) $A = 98{,}52\,\text{cm}^2$
e) $A \approx 191{,}13\,\text{cm}^2$ f) $A = 124{,}69\,\text{cm}^2$

Seite 126

6 a) Vorderfläche in Originalgröße; in die Tiefe verlaufende Kanten um Faktor $\frac{1}{2}$ verkürzt und im Winkel von 45° angetragen; parallele Kanten bleiben parallel; nicht sichtbare Kanten werden gestrichelt.
b) Parallele Gegenseiten (gleich lang); gegenüberliegende Winkel sind gleich groß.
c) Nein; da Dividend und Divisor nicht mit demselben Faktor multipliziert wurden. Richtig ist 0,24 : 0,6 = 2,4 : 6 = 0,4.
d) $A = \frac{a+c}{2} \cdot h_c = m \cdot h$
e) $1\,a = 10\,m \cdot 10\,m = 100\,m^2 = 0{,}000\,1\,km^2$

Klar so weit?

Seite 148/149

1 Kongruente und parallele Grund- und Deckfläche; Rechtecke als Seitenflächen

2 a) Nein; keine Deckfläche (Pyramide)
b) Dreiecksprisma
c) Dreiecksprisma
d) Vierecksprisma

3
a)
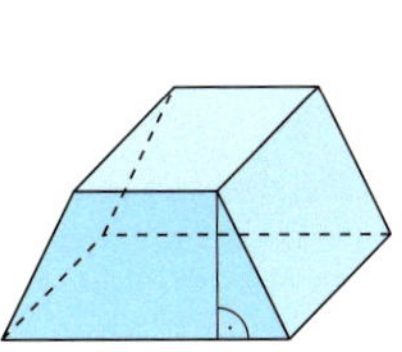
b)
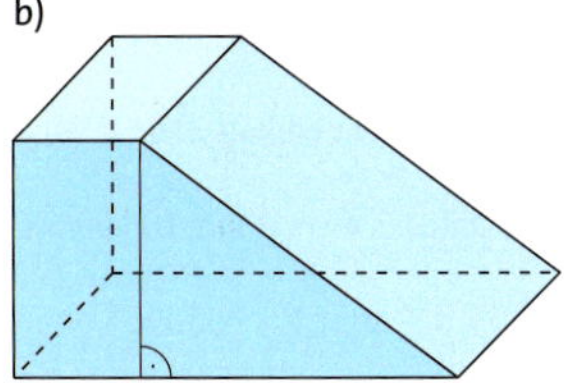

Abbildungen maßstäblich verkleinert

4 a) $u = 12\,cm$
b) $M = 36\,cm^2$
c) $O = 48\,cm^2$

5 $O = 2 \cdot 14\,cm^2 + 54\,cm^2 = 82\,cm^2$

6 a) $V = 560\,cm^3$
b) $V = 0{,}9\,dm^3$
c) $V = 8{,}88\,cm^3$
d) $V = 19{,}88\,dm^3$

7 $V = 823{,}2\,cm^3$

8 a)

(22 cm) (10 cm)

(r = 3,5 cm)

(Zeichnung verkleinert dargestellt, Maße der Originalzeichnung sind in Klammern angegeben)

Maßstab 1:10

b) $O \approx 384{,}85\,cm^3$

9 Der Tank hat einen Wasservorrat von etwa 125 l.

2 a) Sechseckprisma
b) Nein; Seitenflächen nicht rechteckig
c) Nein; Seitenflächen nicht rechteckig bzw. Grund- und Deckfläche nicht kongruent
d) Sechseckprisma

3
a)
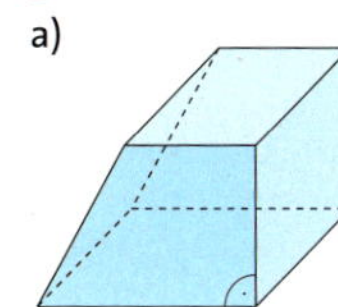
Abbildungen maßstäblich verkleinert

b)
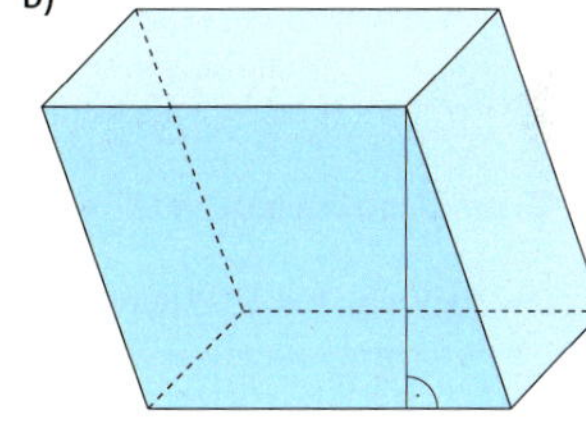

4 $O = 11\,687{,}50\,cm^2$ (ohne Grundfläche!)
$+\ 8\,461{,}75\,cm^2$
$+\ 4\,375{,}00\,cm^2$
$+\ 7\,312{,}50\,cm^2$
$31\,836{,}75\,cm^2$
Es werden ca. $3{,}2\,m^2$ Glas benötigt.

5 $M = 12{,}825\,m^2$
$O = 15{,}96\,m^2$ ($h_a = 1{,}65\,m$)

6

	Grundfläche G	Höhe h_k	Volumen V
a)	$56\,cm^2$	$17\,cm$	**$952\,cm^3$**
b)	$3{,}8\,dm^2$	**$17{,}5\,dm$**	$66{,}5\,dm^3$
c)	**$66{,}7\,m^2$**	$12{,}8\,m$	$853{,}76\,m^3$
d)	$23\,500\,cm^2$	$5{,}7\,dm$	**$1\,339{,}5\,dm^3$**

7 $V = 5\,160\,cm^3$

8 a)
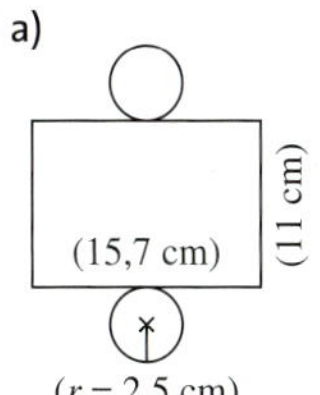

(Zeichnung verkleinert dargestellt, Maße der Originalzeichnung sind in Klammern angegeben)

Maßstab 1:10

b) $O \approx 215{,}99\,cm^3$

9 Der Mörtelkübel hat etwa eine Höhe von 0,60 m.

Seite 154

Teste dich!

1 Zeichnungen maßstäblich verkleinert

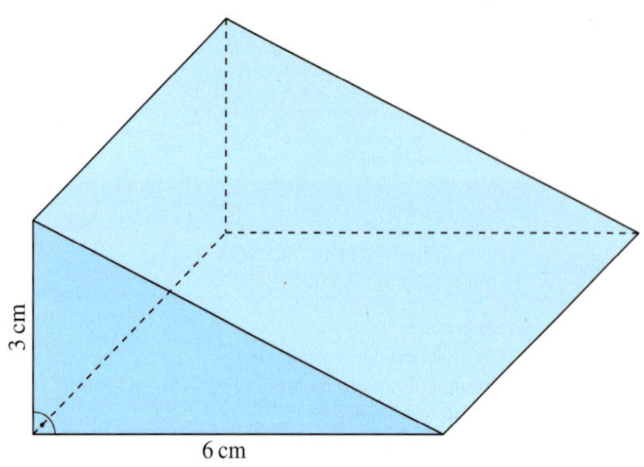

1

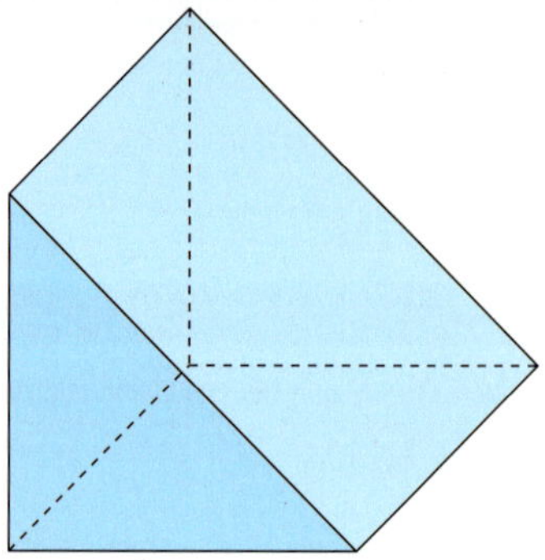

2 $V = 74{,}25\,\text{cm}^3$
$O = 139{,}85\,\text{cm}^2$

2 $V = 36{,}89\,\text{cm}^3$
$O = 87{,}54\,\text{cm}^2$

3 $V = 9{,}69\,\text{m}^3 \approx 9{,}7\,\text{m}^3$ Es werden ca. $9{,}7\,\text{m}^3$ Beton benötigt.

3 Das Becken enthält $210\,\text{m}^3$ Wasser.

4 Zu der Mantelfläche passt die Grundfläche G_2, da die untere Seite des Rechtecks etwa 3-mal so lang ist wie der Durchmesser von G_2.

5 $O \approx 2029\,\text{mm}$; $V \approx 7125\,\text{mm}^3$

5 $O \approx 627\,\text{mm}$; $V \approx 962\,\text{mm}^3$

6

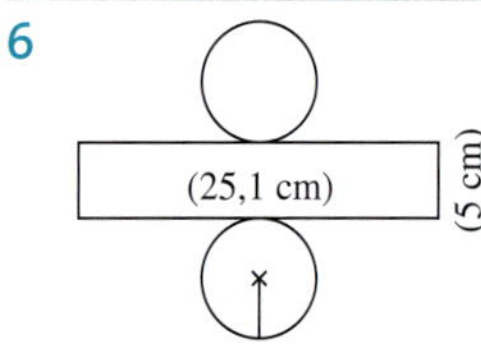

(Zeichnung verkleinert dargestellt, Maße der Originalzeichnung sind in Klammern angegeben)

Maßstab 1:10

6

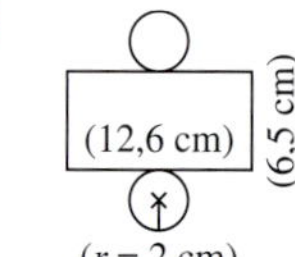

(Zeichnung verkleinert dargestellt, Maße der Originalzeichnung sind in Klammern angegeben)

Maßstab 1:10

Rechnen mit Klammern

Seite 156

Noch fit?

1 a) $3a + 4b$ b) $2o - 2p$
c) r^2 d) $-2c^2 + 2d - e$
e) $7a^2b$ f) $5xy^2$

1 a) $21x + 17y$ b) $22a + 16a^2 + 15$
c) $6m - 120n + 17$ d) $-6x + 14y^2 - 3x^2$
e) $84a^2b$ f) $21x^2y^2$

2 a) $4x$ b) $2x + 6y$

2 a) $8x$ b) $6x + 4y$
c) $5ab^2 - 5a^2b$ d) $57 + b^2$
e) $4b - 2 + 7a - 6ab + a^2$

3 a) $x + 3x - 10 = 4x - 10$
b) 22
c) $4x - 10 = 2 \quad | + 10$
$4x = 12 \quad | : 4$
$x = 3$

4 a) richtig b) richtig
c) falsch; $x = -9$ d) falsch; $x = 4$
e) richtig f) falsch; $x = 10$
g) richtig

4 a) $x = 2$ b) $a = -3$
c) $d = -3$ d) $y = -11$
e) $v = -\frac{1}{5}$ f) $u = -13$
g) $x = -5$ h) $y = \frac{1}{3}$

5 a) ① $4 \cdot (a + b + c)$ ② $2 \cdot (ac + bc + ab)$ ③ abc
b) ① $40\,\text{dm}$ ② $58\,\text{dm}^2$ ③ $20\,\text{dm}^3$

Seite 170/171

Klar so weit?

1 a) $4a + 4b + 4c$ b) $9a - 15b - 9c$
c) $5x + 5y + 35$ d) $12x - 72 - 12y$
e) $2a^2 + ab + ac$ f) $7my + 3xy + 4y^2$
g) $36a^2 + 12ab$ h) $2ab - 9a^2b$

1 a) $6a + 6b - 6c$ b) $32a - 24b - 8c$
c) $30x + 12y - 3z$ d) $-18x + 45 + 81y$
e) $36a^2 + 12ab + 84a$ f) $50my - 20xy^2 - 5y$
g) $34a + 51b$ h) $21ab - 6ab^2$

Seite 170/171

2 a) $3 \cdot (c - d)$ b) $3 \cdot (a - 2c)$ c) $x \cdot (y - z)$ d) $x \cdot (4y - 7z)$ e) $13 \cdot (c - 1)$ f) $2x \cdot (7yz - 18a)$ g) $4 \cdot (a + b + c)$ h) $2x \cdot (3x + 8)$

2 a) $c \cdot (7 - 12d)$ b) $2a \cdot (b - 2c)$ c) $5x \cdot (-3y + 1)$ d) $3x \cdot (y - 2z + 3yz)$ e) $7c \cdot (1 - 2d - 3a)$ f) $x \cdot (6x - 17)$ g) $2a \cdot (b\,2 + 6a)$ h) $5x \cdot (1 + 2xy\,2)$

3 a) 11 b) 0 c) $13 - x$ d) $12 + x + y$ e) $25 + x$ f) $3 - a - b$

3 a) $13 - a + 2b$ b) $8 - x$ c) $-4 - x$ d) $11 - x + y$ e) $m + n - 9$ f) $a - 14 - b$

4 Paul hat die 69 und die 18 nicht durch 3 geteilt. Richtig lautet der vereinfachte Term: $3a \cdot (6 + 23b + 2c)$

5
$(a + b) \cdot (16a + 5) = 16a^2 + 5a + 16ab + 5b$
$(a + b) \cdot (a + 2b) = a^2 + 3ab + b^2$
$(a + b) \cdot (-14b - 30) = -14ab - 30a - 14b^2 - 30b$
$(a + b) \cdot (10b + 6a) = 6a^2 + 16ab + 10b^2$
$(a + b) \cdot (a - 3b) = a^2 - 2ab + b^2$
$(a + b) \cdot (11a + 25b) = 11a^2 + 36ab + 25b^2$

$(2a + b) \cdot (16a + 5) = 32a^2 + 10a + 16ab + 5b$
$(2a + b) \cdot (a + 2b) = 2a^2 + 5ab + 2b^2$
$(2a + b) \cdot (-14b - 30) = -28ab - 60a - 14b^2 - 30b$
$(2a + b) \cdot (10b + 6a) = 12a^2 - 26ab + 10b^2$
$(2a + b) \cdot (a - 3b) = 2a^2 - 5ab - 3b^2$
$(2a + b) \cdot (11a + 25b) = 22a^2 + 61ab + 25b^2$

$(b - 14a) \cdot (16a + 5) = 16ab + 5b - 224a^2 - 70a$
$(b - 14a) \cdot (a + 2b) = -14a^2 - 27ab + 2b^2$
$(b - 14a) \cdot (-14b - 30) = -14b^2 - 30b + 196ab + 420a$
$(b - 14a) \cdot (10b + 6a) = 10b^2 - 134ab - 84a^2$
$(b - 14a) \cdot (a - 3b) = -14a^2 + 43ab - 3b^2$
$(b - 14a) \cdot (11a + 25b) = 25b^2 - 339ab - 154a^2$

$(4a + 6b) \cdot (16a + 5) = 64a^2 + 20a + 96ab + 30b$
$(4a + 6b) \cdot (a + 2b) = 4a^2 + 14ab + 12b^2$
$(4a + 6b) \cdot (-14b - 30) = -56ab - 120a - 84b^2 - 180b$
$(4a + 6b) \cdot (10b + 6a) = 24a^2 + 76ab + 60b^2$
$(4a + 6b) \cdot (a - 3b) = 4a^2 - 6ab - 18b^2$
$(4a + 6b) \cdot (11a + 25b) = 44a^2 + 166ab + 150b^2$

$(3a - b) \cdot (16a + 5) = 48a^2 + 15a - 16ab - 5b$
$(3a - b) \cdot (a + 2b) = 3a^2 + 5ab - 2b^2$
$(3a - b) \cdot (-14b - 30) = -90a - 42ab + 30b + 14b^2$
$(3a - b) \cdot (10b + 6a) = 18a^2 + 24ab - 10b^2$
$(3a - b) \cdot (a - 3b) = 3a^2 - 10ab + 3b^2$
$(3a - b) \cdot (11a + 25b) = 33a^2 + 64ab - 25b^2$

$(-a + 4b) \cdot (16a + 5) = -16a^2 - 5a + 64ab + 20b$
$(-a + 4b) \cdot (a + 2b) = -a^2 + 2ab + 8b^2$
$(-a + 4b) \cdot (-14b - 30) = 14ab + 30a - 56b^2 - 120b$
$(-a + 4b) \cdot (10b + 6a) = -6a^2 + 14ab + 40b^2$
$(-a + 4b) \cdot (a - 3b) = -a^2 + 7ab - 12b^2$
$(-a + 4b) \cdot (11a + 25b) = -11a^2 + 19ab + 100b^2$

6 a) $ab + 8a + 5b + 40$ b) $xy + 7x + 6y + 42$ c) $c^2 + 7c + 6$ d) $4v + 20 + uv + 5u$ e) $a^2 + 15a + 36$ f) $y^2 + 12y + 32$

6 a) $d^2 + 16d + 63$ b) $y^2 + 6y + 8$ c) $11b + 110 + ab + 10a$ d) $x^2 + 18x + 65$ e) $3g^2 + 22g + 24$ f) $5v^2 + 46v + 48$

7 a) $ab - 4a - 2b + 8$ b) $cd - 8c - 4d + 32$ c) $xy - 5x - 3y + 15$ d) $3v - 18 - uv + 6u$ e) $fg - 6f - 5g + 30$ f) $xy + 3x - 8y - 24$ g) $9b - 18 + ab - 2a$ h) $4v + 36 - uv - 9u$

7 a) $xy - 15x - 10y + 150$ b) $ab - 7a - 2b + 14$ c) $4v - 12 - uv + 3u$ d) $-6d + 48 + cd - 8c$ e) $11x + xy - 99 - 9y$ f) $-28 + 7b - 4a + ab$ g) $5v + 45 - 4uv - 36u$ h) $2cd - 16c - 5d + 40$

8 a) $x^2 + 11x + 2xy + 22y$ b) $3a - 27 + ab - 9b$ c) $-11t^2 + 53t - 36$ d) $-16p^2 + 192p - 25pq + 300q$

8 a) $-70b + 175 + 80bc - 200c$ b) $15x^2 + 10xy - 6x - 4y$ c) $6u - 10uv - 54v + 90v^2$ d) $-10r^2 - 29rt + 72t^2$

9 a) $3xz + 6yz$ b) $3b + 3bx$

9 a) $44xy$ b) $4a + 4m + 2h + xh$

10 1. binomische Formel: b), d), f)
2. binomische Formel: a), c), e)
a) $a^2 - 14a + 49$ b) $b^2 + 18b + 81$ c) $64 - 16x + x^2$ d) $169 + 26y + y^2$ e) $a^2 - 28a + 196$ f) $x^2 + 36x + 324$

10 1. binomische Formel: b), c), e)
2. binomische Formel: a), d), f)
a) $289 - 34r + r^2$ b) $e^2 + 20e + 100$ c) $225 + 30k + k^2$ d) $d^2 - 40d + 400$ e) $x^2 + 16x + 64$ f) $121 - 22p + p^2$

11 a) $a^2 - 24a + 144$ b) $x^2 + 30x + 225$ c) $256 - 32x + x^2$ d) $m^2 - 196$ e) $x^2 + 50x + 625$ f) $a^2 - 169$ g) $289 - 34b + b^2$ h) $6{,}25 + 5y + y^2$ i) $4x^2 + 20x + 25$ j) $49x^2 - 28xy + 4y^2$

11 a) $d^2 - 30d + 225$ b) $x^2 - 36x + 324$ c) $144 - 72b + 9b^2$ d) $64p^2 - 400$ e) $289x^2 + 323x + 90{,}25$ f) $30{,}25 - 0{,}25y^2$ g) $\frac{9}{16}m^2 - \frac{21}{2}\text{m} + 49$ h) $12{,}25 + 17{,}5x + 6{,}25x^2$ i) $\frac{4}{25}d^2 + \frac{2}{25}d + \frac{1}{100}$ j) $\frac{1}{4}s^2t^2 - \frac{9}{4}$

12 $(a + 2)^2 = a^2 + 4a + 4$

12 $(a + 3{,}5)\,2 - a\,2 = a\,2 + 7a + 12{,}25 - a\,2 = 7a + 12{,}25$

Teste dich!

Seite 176

1 a) $3x + 2 - y$ b) $26{,}2x + 0{,}9y$ c) $3 + x - 8y + 5z$

1 a) $8x + 2$ b) $ab - b$ c) $12y + 10x$

2 a) $10 \cdot (x - 3y)$ b) $4x \cdot (3y - 7)$ c) $z \cdot (a - b)$

2 a) $b \cdot (2a - 7x)$ b) $7 \cdot (a + 2b + 5c)$ c) $3b \cdot (7ax - 2y + 5z)$

Seite 176

3 Die Terme Ⓑ und Ⓒ passen zum Flächeninhalt der Figur.

3 a) z. B.

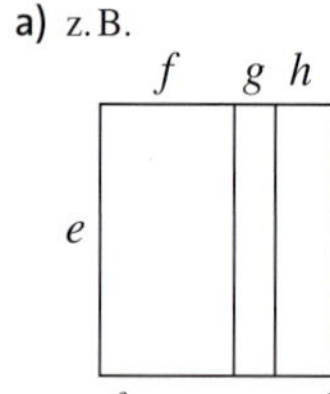

$e \cdot f + e \cdot g + e \cdot h$
$= e \cdot (f + g + h)$

b) z. B.

$a \cdot d + b \cdot c + (a - b) \cdot c = ad + ac$
bzw.
$(c + d) \cdot a = ac + ad$

4 a) $x^2 + 15x + 54$
b) $b^2 - 4b - 96$
c) $s^2 - 19s + 84$

4 a) $-3r + rs + 3s - s^2$
b) $-3c^2 + 44c + 64$
c) $x^2 + 2x - 1{,}25$

5 a) $2 \cdot (a + b) = 2a + 2b$
b) $\frac{1}{2} \cdot 2 \cdot (a + b) = a + b$
c) $4 \cdot (x + 2) = 4x + 8$

5 a) $4 \cdot (x + x + 1) = 8x + 4$
b) $x^2 - (x - 1)^2 = 2x - 1$

6 a) $x^2 + 4x + 4$
b) $9 - 6p + p^2$
c) $a^2 - 81$
d) $4ab$

6 a) $x^2 + 2xy$
b) $49 - 14x^2 + x^4$
c) $a^4 - 2a^2b + b^2$
d) $a^2 - 2ab + b^2 - a^4 + 2a^2b^2 - b^4$

7 a) $(x + 3)^2 = x^2 + 6x + 9$
b) Das alte Schwimmbecken hatte eine Fläche von $A = 225\,\text{m}^2$, das neue hat eine Fläche von $A = 324\,\text{m}^2$. Somit hat sich die Fläche um $99\,\text{m}^2$ vergrößert.

Zuordnungen und Funktionen

Seite 178

Noch fit?

1 a) 14 b) −7,5

1 a) 6; −30 b) 66; 174

2 $4{,}95 + 0{,}15 \cdot x$

2 $u = 2a + 2(a + 10) = 4a + 20$

3 a) $x = 23$ b) $x = 9$
c) $x = 4$ d) $x = -7$

3 a) $x = 4$ b) $x = -2$
c) $x = \frac{1}{12}$ d) $x = -24$

4 Der grüne Graph ist ein Strahl, der im Nullpunkt beginnt. Die Wertepaare sind quotientengleich. Der Graph beschreibt eine proportionale Zuordnung.
Der rote Graph beschreibt eine antiproportionale Zuordnung. Die Wertepaare sind produktgleich und liegen auf einer Hyperbel.
Der blaue Graph ist nicht proportional, da er nicht im Nullpunkt beginnt.
Der gelbe Graph ist nicht proportional, da er kein Strahl ist.

4 a) proportional b) antiproportional
c) antiproportional d) proportional
e) proportional f) antiproportional
g) antiproportional h) proportional

5 proportional: Die einander zugeordneten Werte bilden einen gleichwertigen Quotienten, hier im Beispiel ist der Quotient jeweils $\frac{1}{8}$.
Beispiel:

x	0	0,5	1	2	3
y	0	4	8	16	24

antiproportional: Das Produkt der einander zugeordneten Werte ist gleich, hier im Beispiel ist das Produkt jeweils 2.
Beispiel:

x	0,1	0,5	1	2	4
y	20	4	2	1	0,5

6 nein

6 nein

7 a)

Anzahl	1	2	3	4	10
Preis in €	6,10	12,20	18,30	24,40	61,00

b) proportional
c) Grafik ② beschreibt die Zuordnung.

31 Karten kosten 189,10 €.

Klar so weit?

Seite 194/195

1 a) Funktion
b) keine Funktion
c) Funktion

2 a) Nur Graph ① beschreibt eine Funktion.
b) ① ist proportional.

3 a)

Lastwagen	1	3	5	8
Ladungen	12	4	2,4	1,5

b) Es liegt eine antiproportionale Funktion vor.

4 a) Die Höhe des Ballons ist der Zeit nach dem Start zugeordnet: *Zeit* → *Flughöhe*
b) Es handelt sich um eine Funktion, da sich jeder Ballon zu einem Zeitpunkt in nur einer Höhe befinden kann.

5 a)

x	−2	−1	0	1	2	3	4	5
y	−1	−0,5	0	0,5	1	1,5	2	2,5

b) Es gibt unendlich viele Wertepaare.
c)

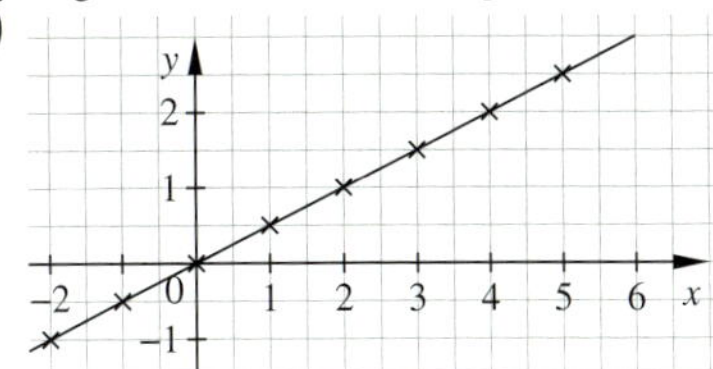

d) Es handelt sich um eine Funktion, da jedem x-Wert genau ein y-Wert zugeordnet ist.

6 a) linear; $m = 9$; $b = 5$
b) nicht linear
c) linear; $m = -1$; $b = 0$
d) nicht linear

7 a) ja; es handelt sich um eine lineare Funktion.
b) ①
c) Die Kiste wiegt 5,4 kg.
d) Eine Kiste darf höchstens 31 Bücher enthalten.

8 a) fallend b) steigend
c) steigend d) fallend

---

1 a) keine Funktion (die Zuordnung *Höhe* → *Berg* ist nicht eindeutig)
b) Funktion
c) Funktion

2 a) Nur Graph ② beschreibt eine Funktion.
b) ② ist weder proportional noch antiproportional.

3 a) Die Zuordnung *Dauer der Radtour* → *Taschengeld pro Tag* ist eine Funktion:
$y = \frac{132}{x}$, $x \neq 0$
b) Die Wertepaare sind produktgleich, daher ist die Funktion antiproportional.

4 a) Die Graphen ① und ③ sind Funktionen, da jedem x-Wert genau ein y-Wert zugeordnet wird.
Bei den Graphen ② und ④ gibt es x-Werte, denen mehrere y-Werte zugeordnet werden.
b) individuell, z. B.
① Eine Kugel rollt auf einer Kreisbahn und der Abstand der Kugel zum Kreismittelpunkt ist konstant.
② Ein Zug fährt mit konstanter Geschwindigkeit, dann beschleunigt er und fährt mit konstanter Geschwindigkeit weiter. Der Zug bremst gleichmäßig ab und fährt mit konstanter Geschwindigkeit weiter.

5 a)

x	−3	−2	−1	0	1	2	3
y	−7,5	−5	−2,5	0	2,5	5	7,5

b)

x	−3	−2	−1	0	1	2	3
y	−15	−11	−7	−3	1	5	9

c)

x	−3	−2	−1	0	1	2	3
y	9	4	1	0	1	4	9

d)

x	−3	−2	−1	0	1	2	3
y	−12	−18	−36	–	36	18	12

6 a) nicht linear
b) linear; $m = -0{,}1$; $b = 4$
c) nicht linear
d) linear; $m = -1$; $b = 1$

7 a) ja; die Gesamtkosten lassen sich mithilfe einer linearen Funktion darstellen.
b) $y = 0{,}6x + 59$
c) Herr Kunze muss 90,80 € bezahlen.
d) Er darf 68,3 km fahren.

8 a) fallend b) steigend
c) konstant d) steigend

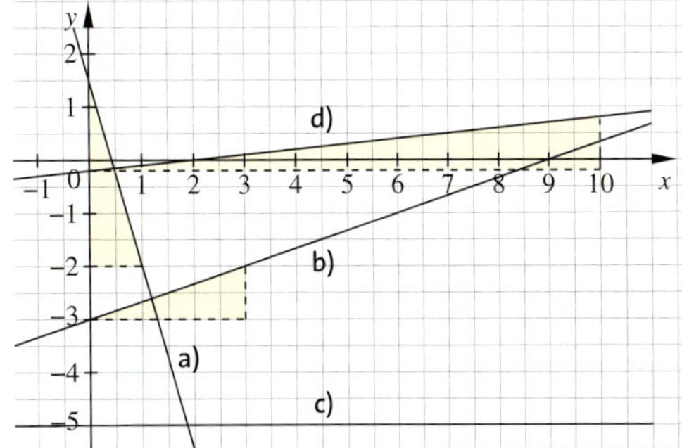

Seite 194/195

9 Beispiele

a) $y = 4x$ b) $y = -x + 1{,}5$ c) $y = x - 2$ d) $y = 3x + 2$

Seite 200

Teste dich!

1 Beispiele

a) *Name* → *Alter*; *Eltern* → *Anzahl der Kinder*

b) $y = 2x^2$; $y = \frac{100}{x}$ $(x \neq 0)$

c) $y = 2x + 5$; $y = -\frac{1}{2}x + 1{,}5$

2 a) $y = 3x - 1$

b)

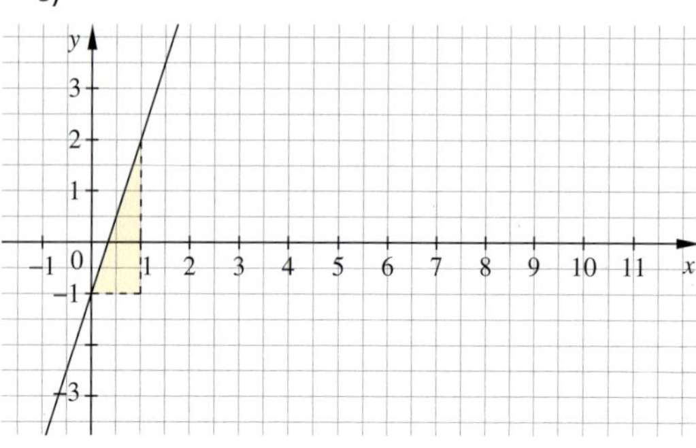

2 a) $y = 0{,}5x - 2$

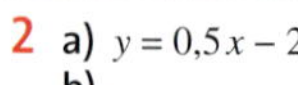

b)

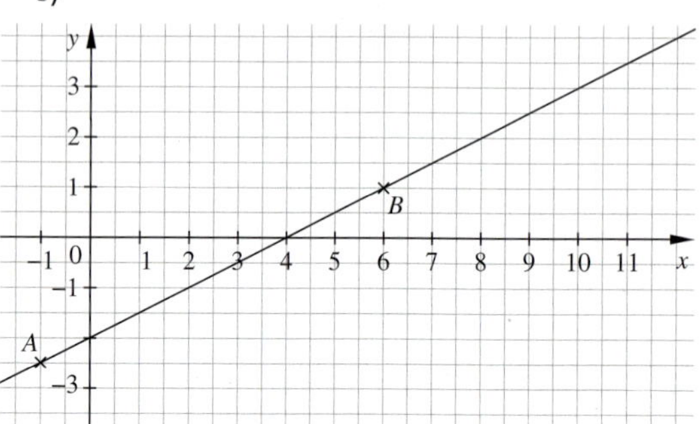

3 a)

x	1	3	4	10	31
y	6,10 €	18,30 €	24,40 €	61 €	189,10 €

b) $y = 6{,}1x$

3 a) $y = 0{,}11x + 9{,}99$

b) Er bezahlt 16,59 €.

4 a)

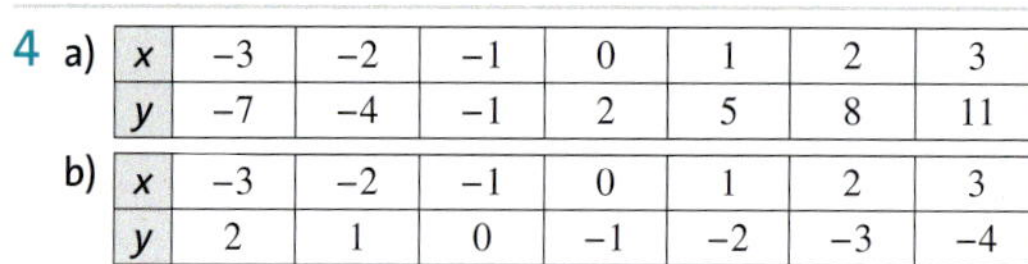

x	−3	−2	−1	0	1	2	3
y	−7	−4	−1	2	5	8	11

b)

x	−3	−2	−1	0	1	2	3
y	2	1	0	−1	−2	−3	−4

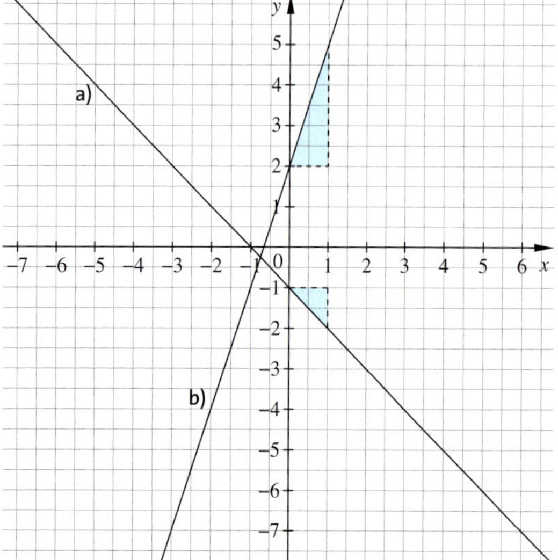

4 a)

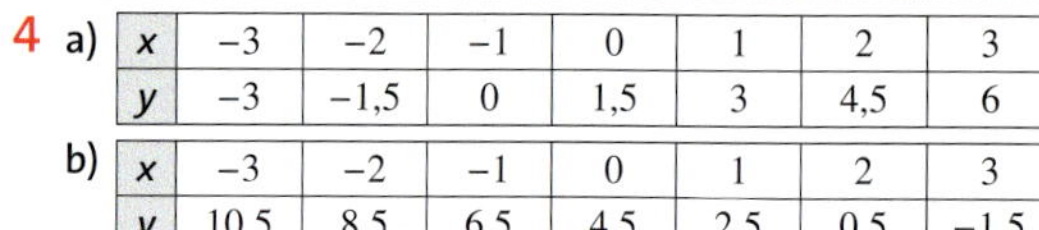

x	−3	−2	−1	0	1	2	3
y	−3	−1,5	0	1,5	3	4,5	6

b)

x	−3	−2	−1	0	1	2	3
y	10,5	8,5	6,5	4,5	2,5	0,5	−1,5

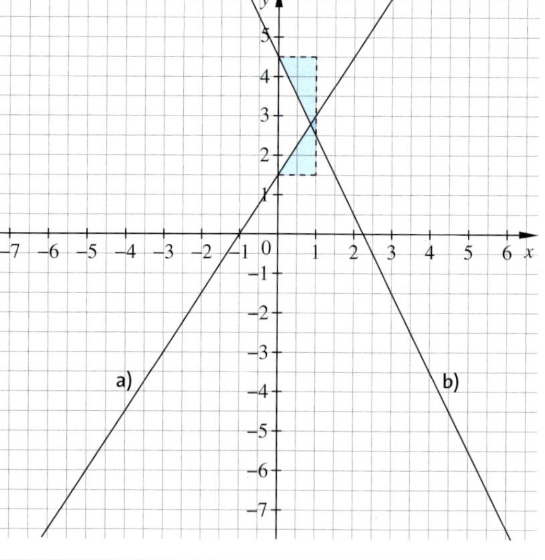

5 a) $m = \frac{1}{2}$; $b = 1$; Nullstelle: $x = -2$

b) $y = \frac{1}{2}x + 1$

c) −2; −0,5; 2; 3

d) Der Punkt $P(7|4)$ liegt nicht auf dem Graphen.

5 a) $m = -\frac{1}{3}$; $b = 1{,}5$; Nullstelle: $x = 4{,}5$

b) $y = -\frac{1}{3}x + 1{,}5$

c) 3,5; 2,5; $\frac{5}{6}$; $\frac{1}{6}$

d) nein; denn $-\frac{1}{3} \cdot 5 + 1{,}5 = -\frac{1}{6}$

6 a) ①

Zeit (in h)	1	2	3	4	5
Fläche (in m²)	**2500**	5000	**7500**	**10000**	**12500**

②

Anzahl der Gärtner	1	2	3	4	5
Zeit (in h)	**12**	6	**4**	**3**	**2,4**

b) ① ist eine proportionale Zuordnung, ② ist eine antiproportionale Zuordnung.

c) Es handelt sich um Funktionen, da jedem x-Wert genau ein y-Wert zugeordnet wird.

Formelsammlung

Maße und Einheiten

Länge

1 km = 1 000 m
1 m = 10 dm
1 dm = 10 cm
1 cm = 10 mm

Fläche

$1\,\text{m}^2 = 100\,\text{dm}^2$
$1\,\text{dm}^2 = 100\,\text{cm}^2$
$1\,\text{cm}^2 = 100\,\text{mm}^2$

$1\,\text{ha} = 100\,\text{a} = 10\,000\,\text{m}^2$
$1\,\text{a} = 100\,\text{m}^2$

Volumen

$1\,\text{m}^3 = 1\,000\,\text{dm}^3$
$1\,\text{dm}^3 = 1\,000\,\text{cm}^3$
$1\,\text{cm}^3 = 1\,000\,\text{mm}^3$

Liter (l)

$1\,\text{l} = 1000\,\text{ml} = 1\,\text{dm}^3$
$1\,\text{ml} = 1\,\text{cm}^3$

Gewicht (Masse)

1 t = 1 000 kg
1 kg = 1 000 g
1 g = 1 000 mg

Bruchrechnung

Brüche kürzen und erweitern

Man **kürzt** einen Bruch, indem man Zähler und Nenner durch dieselbe natürliche Zahl **dividiert**.

$$\frac{100}{160} = \frac{100:20}{160:20} = \frac{5}{8}$$

Man **erweitert** einen Bruch, indem man Zähler und Nenner mit derselben natürlichen Zahl **multipliziert**.

$$\frac{2}{5} = \frac{2\cdot 4}{5\cdot 4} = \frac{8}{20}$$

Brüche multiplizieren

Brüche werden multipliziert, indem man Zähler mit Zähler und Nenner mit Nenner multipliziert.

$$\frac{5}{6}\cdot\frac{9}{10} = \frac{\cancel{5}^1}{\cancel{6}_2}\cdot\frac{\cancel{9}^3}{\cancel{10}_2} = \frac{3}{4}$$

Brüche dividieren

Man dividiert durch einen Bruch, indem man mit seinem Kehrbruch multipliziert.

$$\frac{7}{3} : \frac{3}{4} = \frac{7}{3}\cdot\frac{4}{3} = \frac{7\cdot 4}{3\cdot 3} = \frac{28}{9} = 3\frac{1}{9}$$

Brüche addieren und subtrahieren

Gleichnamige Brüche können addiert bzw. subtrahiert werden.

$$\frac{5}{6} - \frac{5}{9} = \frac{15}{18} - \frac{10}{18} = \frac{15-10}{18} = \frac{5}{18}$$

Brüche in anderen Schreibweisen

$\frac{3}{4}$	=	0,75	=	75%
Bruch		Dezimalbruch		Prozentschreibweise

Rechenregeln und Rechengesetze

Zahlen abrunden

Folgt der Rundungsstelle eine **0**, **1**, **2**, **3** oder **4**, wird abgerundet: Die Rundungsstelle bleibt gleich.

auf Tausender gerundet: 63**4**55 ≈ 63 000

Zahlen aufrunden

Folgt der Rundungsstelle eine **5**, **6**, **7**, **8** oder **9**, wird aufgerundet: Die Rundungsstelle wird um 1 erhöht.
auf Tausender gerundet: 63**7**14 ≈ 64 000

Vertauschungsgesetz (Kommunikativgesetz)

$15 + 3 = 3 + 15$

$15 \cdot 3 = 3 \cdot 15$

Verbindungsgesetz (Assoziativgesetz)

$(15 + 3) + 4 = 15 + (3 + 4)$

$(15 \cdot 3) \cdot 4 = 15 \cdot (3 \cdot 4)$

Verteilungsgesetz (Distributivgesetz)

$(3 + 5) \cdot 2 = 3 \cdot 2 + 5 \cdot 2 = 6 + 10 = 16$

$(100 - 3) \cdot 7 = 100 \cdot 7 - 3 \cdot 7 = 700 - 21 = 679$

Klammerrechnung geht vor Punktrechnung

$5 \cdot (3a - 2a) = 5 \cdot a = 5a$

Punktrechnung geht vor Strichrechnung

$25 - 3 \cdot 7 = 25 - 21 = 4$

Arithmetik/ Algebra

Auflösen von Klammern

$+(3+5-2) = 3+5-2$
$-(3+5-2) = -3-5+2$

Multiplikation von Summen

$(a+b)\cdot(c+d) = ac + ad + bc + bd$

Binomische Formeln

$(a+b)^2 = a^2 + 2\cdot a\cdot b + b^2$ $\quad (a-b)^2 = a^2 - 2\cdot a\cdot b + b^2$ $\quad (a+b)\cdot(a-b) = a^2 - b^2$

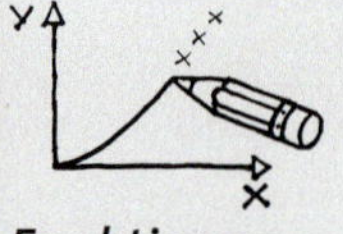

Funktionen

Zuordnungen und lineare Funktionen

Proportionale Zuordnungen

Verdoppelt sich eine Größe, dann verdoppelt sich auch die andere Größe.
Verdreifacht sich eine Größe, dann verdreifacht sich auch die andere Größe.
Halbiert sich eine Größe, dann halbiert sich auch die andere Größe.

Beispiel Gewicht und Preis einer Ware
Wenn 4 kg Kartoffeln 8 € kosten, dann kosten 12 kg Kartoffeln 24 €

Quotientengleichheit:
$\frac{1}{2} = \frac{2}{4} = \frac{3}{6} = \frac{4}{8} = 0{,}5$

Wertetabelle

x	0	1	2
y	0	2	4

Gerade, durch den Nullpunkt (0|0)

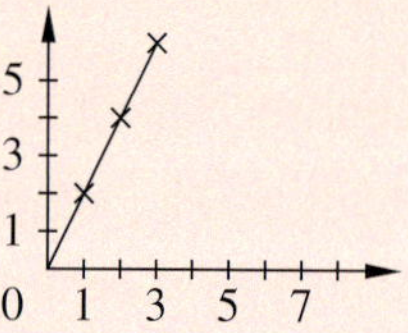

Antiproportionale Zuordnungen

Verdoppelt sich eine Größe, dann halbiert sich die andere Größe.
Verdreifacht sich eine Größe, dann drittelt sich auch die andere Größe.
Halbiert sich eine Größe, dann verdoppelt sich die andere Größe.

Beispiel Anzahl der Arbeiter und Arbeitsdauer
Bei einem Einsatz von 3 Arbeitern dauert eine Arbeit 10 Stunden.
Bei einem Einsatz von 6 Arbeitern dauert eine Arbeit 5 Stunden.

Produktgleichheit:
$1\cdot 6 = 2\cdot 3 = 3\cdot 2 = 1\cdot 6 = 6$

Wertetabelle

x	1	2	3
y	6	3	2

fallende Kurve im Koordinatensystem

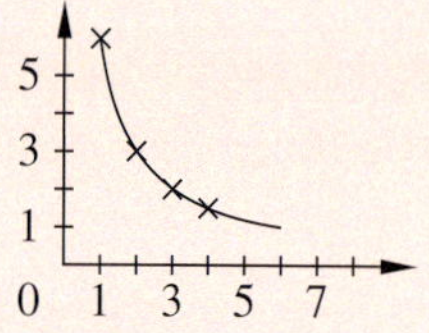

Lineare Funktionen

Bei linearen Funktionen liegen alle Punkte auf einer Geraden.

Geradengleichung
$y = 0{,}5x + 2$

Wertetabelle

x	0	2	4
y	2	3	4

Gerade im Koordinatensystem

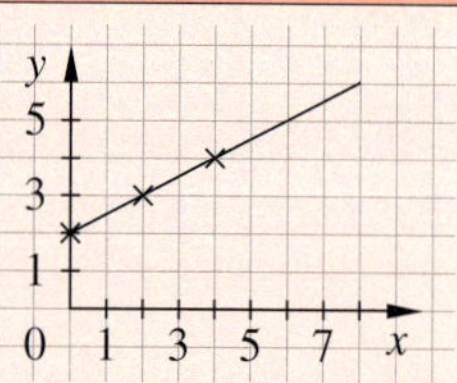

Prozentrechnung

G: Grundwert
W: Prozentwert
p%: Prozentsatz

$W = G\cdot p\% = \frac{G\cdot p}{100}$

Zinsrechnung

K: Kapital
Z: Zinsen (pro Jahr) $\quad Z = K\cdot p\% = \frac{K\cdot p}{100}$
p%: Zinssatz
Z: Zinsen (für *t* Tage) $\quad Z = K\cdot p\% = \frac{t}{100} = \frac{K\cdot p\cdot t}{100}$

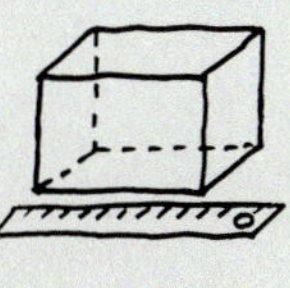

Geometrie

Winkel

Winkel benennen

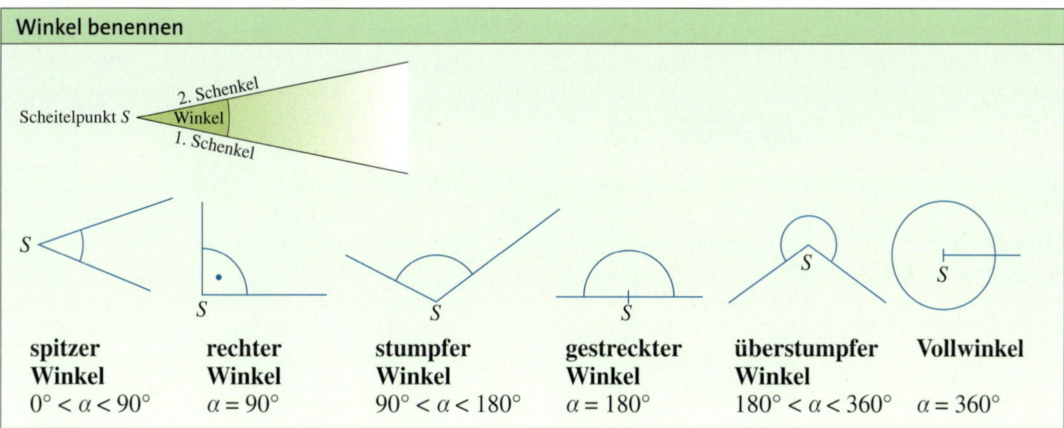

Dreiecke

Dreiecke benennen

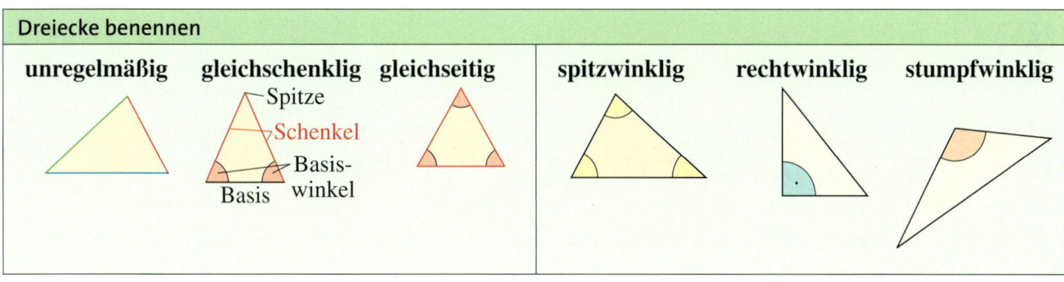

Figuren und Körper

Ebene Figuren (*A*: Flächeninhalt *u*: Umfang)

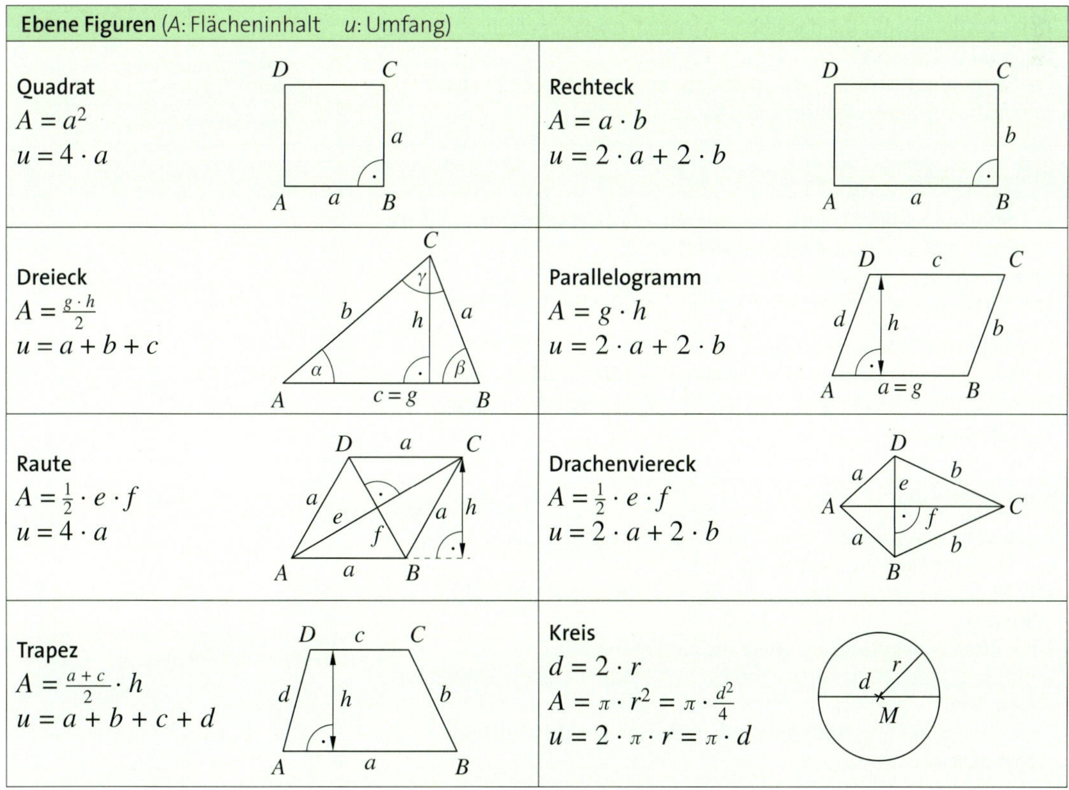

d: Durchmesser
M: Mittelpunkt
r: Radius

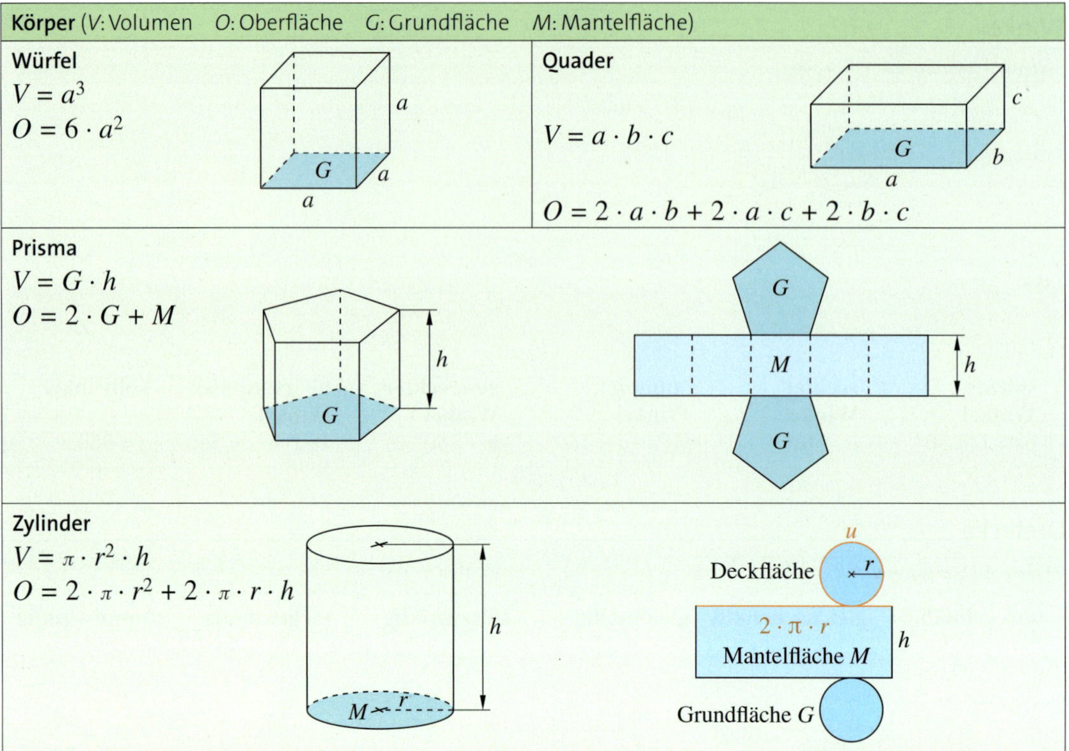

Körper (V: Volumen O: Oberfläche G: Grundfläche M: Mantelfläche)

Würfel

$V = a^3$

$O = 6 \cdot a^2$

Quader

$V = a \cdot b \cdot c$

$O = 2 \cdot a \cdot b + 2 \cdot a \cdot c + 2 \cdot b \cdot c$

Prisma

$V = G \cdot h$

$O = 2 \cdot G + M$

Zylinder

$V = \pi \cdot r^2 \cdot h$

$O = 2 \cdot \pi \cdot r^2 + 2 \cdot \pi \cdot r \cdot h$

Symmetrie

Achsensymmetrie

Achsensymmetrische Figuren haben mindestens eine **Spiegelachse**.
Jeder Originalpunkt hat denselben Abstand zur Spiegelachse wie der Bildpunkt: $\overline{AS} = \overline{SA'}$
Die Verbindungsstrecke zwischen Original- und Bildpunkt steht senkrecht zur Spiegelachse: z. B. $\overline{AA'} \perp s$.

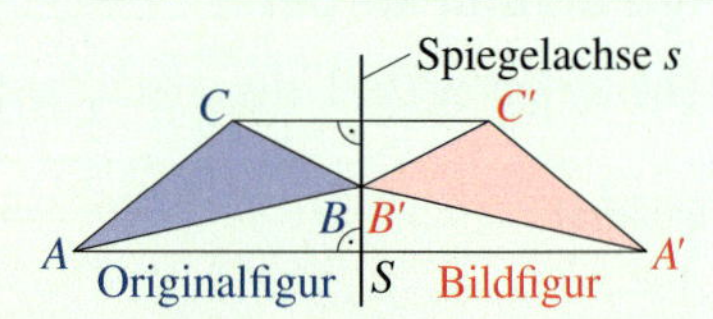

Drehsymmetrie

Kommt eine Figur bei einer Drehung um ein **Drehzentrum Z** zur Deckung, so nennt man die Figur **drehsymmetrisch**.
Dabei liegt der Drehwinkel α zwischen 0° und 360°.
Die Hilfslinien unterteilen die Figur in drei gleiche Teilbilder.

Der Drehwinkel kann berechnet werden: 360° : 3 = 120°.
Der *kleinste* Symmetriewinkel beträgt also 120°. Auch bei einer Drehung um Vielfache von 120° (240°, 360°) kommt die Figur zur Deckung.

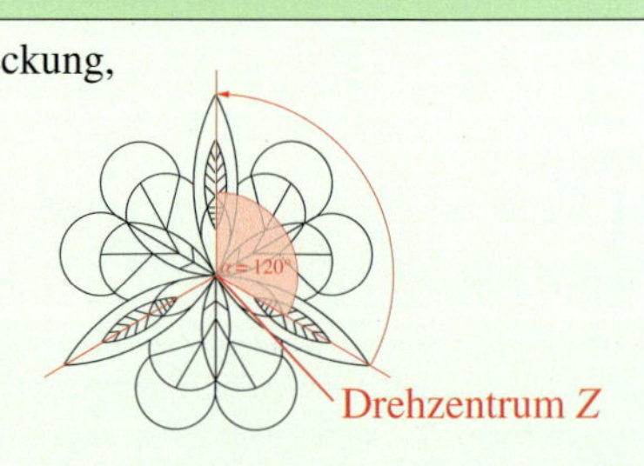

Punktsymmetrie

Figuren heißen **punktsymmetrisch**, wenn sie durch eine Drehung um 180° zur Deckung kommen.
Der Punkt, um den die Figur gedreht wird, heißt **Symmetriezentrum Z**.
Eine **Punktspiegelung** hat folgende Eigenschaften:

- Originalpunkt, Symmetriezentrum und Bildpunkt liegen auf einer Geraden.
- Originalpunkt und Bildpunkt haben denselben Abstand zum Symmetriezentrum.

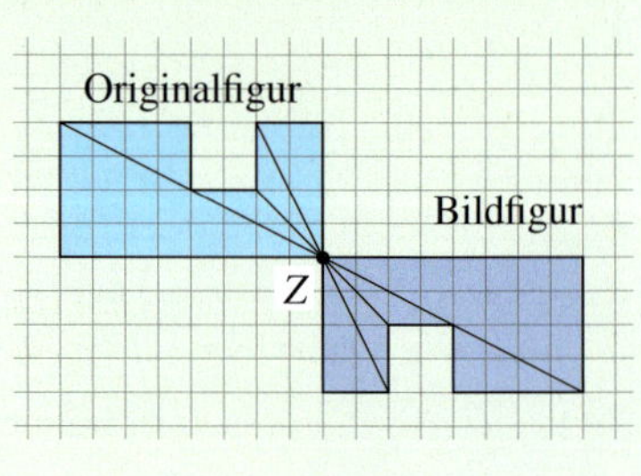

Daten und Zufall

Daten auswerten und darstellen

Absolute und relative Häufigkeiten

Die **absolute Häufigkeit** gibt eine Anzahl an. Die **relative Häufigkeit** ist ein Anteil.

$$\text{relative Häufigkeit} = \frac{\text{absolute Häufigkeit}}{\text{Gesamtzahl}}$$

Durchschnitt (arithmetisches Mittel)

Der Durchschnitt gibt einen Mittelwert einer Datenreihe an.

$$\text{Durchschnitt} = \frac{\text{Summe aller Werte}}{\text{Anzahl der Werte}}$$

Zentralwert (Median)

Sind alle Daten der Größe nach geordnet, heißt der in der Mitte stehende Wert **Zentralwert**.
Bei einer geraden Anzahl von Daten liegen zwei Werte in der Mitte. Dann ist der Zentralwert der Durchschnitt aus diesen beiden Werten.

Diagramme

Figurendiagramm

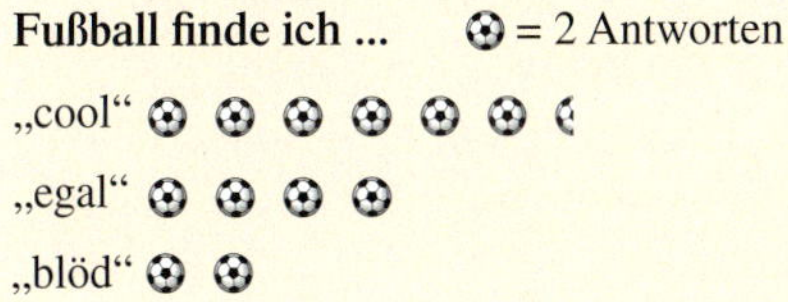

Balkendiagramm

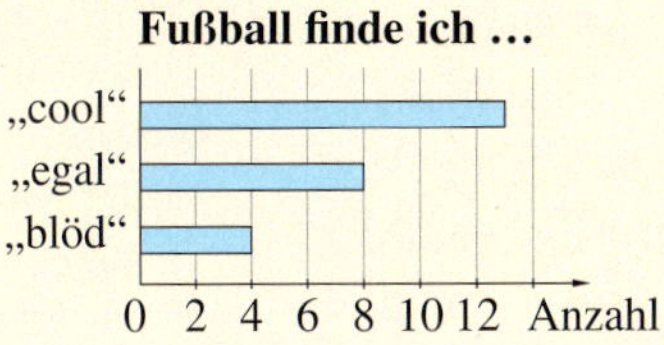

Säulendiagramm

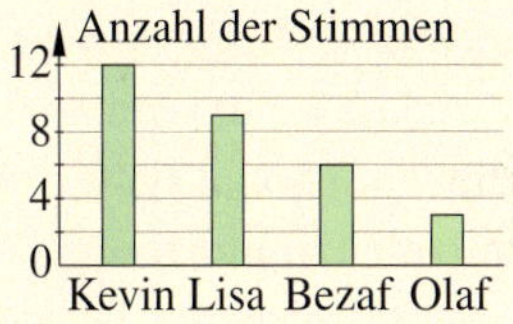

Streifendiagramm

Streifen ≙ 100 %

Kreisdiagramm

Vollkreis ≙ 100 %

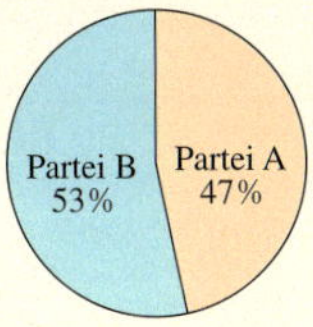

Liniendiagramm

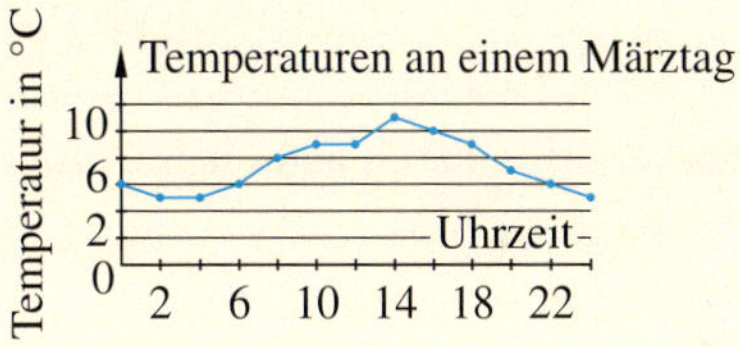

Baumdiagramm

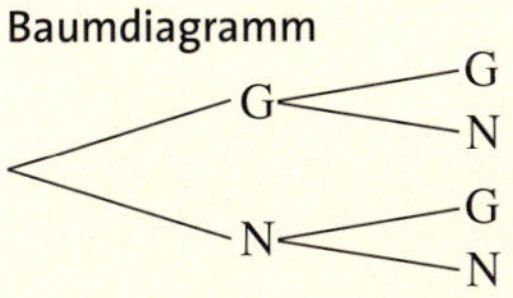

Zwei Lose werden nacheinander gezogen. Es gibt Gewinne (G) und Nieten (N).

Stängel-Blätter-Diagramm

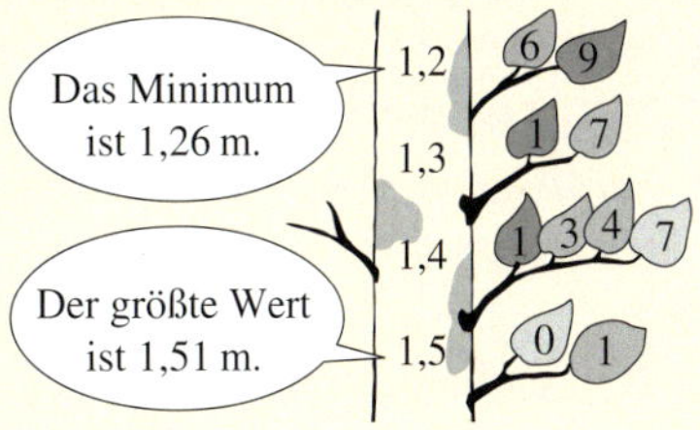

Boxplot

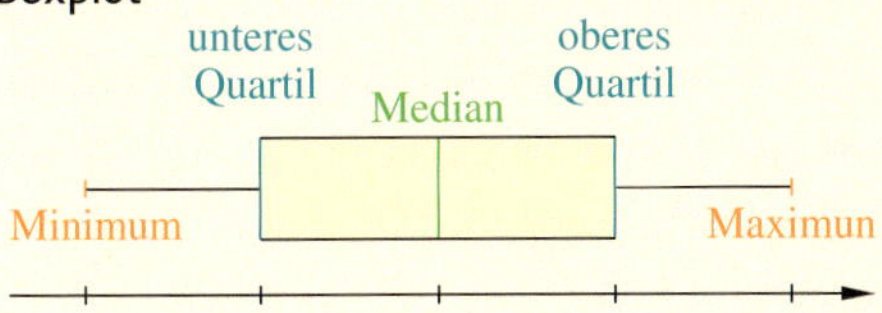

Zufallsexperimente und Wahrscheinlichkeit

Wahrscheinlichkeiten berechnen

Jedes Zufallsexperiment hat mögliche **Ergebnisse**.
Mehrere Ergebnisse können zu einem **Ereignis** zusammengefasst werden.

Sind alle Ergebnisse eines Zufallsexperiments gleich wahrscheinlich, so gilt für die **Wahrscheinlichkeit *P*** für das Eintreten eines Ereignisses:

$$\text{Wahrscheinlichkeit } P \text{ eines Ereignisses} = \frac{\text{Anzahl der Ergebnisse, die zum Ereignis gehören}}{\text{Anzahl aller möglichen Ergebnisse}}$$

Mathelexikon und Stichwortverzeichnis

BEACHTE
Wichtige Formeln, Rechenregeln und Grundbegriffe findest du in der Formelsammlung ab S. 219.

A

abrunden siehe Formelsammlung

absolute Häufigkeit siehe Formelsammlung

Abstand kürzeste Verbindungsstrecke eines Punkts oder einer *Parallelen* zu einer *Geraden*

Achsenspiegelung, Achsensymmetrie siehe Formelsammlung

achsensymmetrisch Figur mit mindestens einer *Symmetrieachse*

Addition

Summand + Summand = Wert der Summe

Anteil Beim Vergleichen von Anteilen nutzt man Brüche mit dem Nenner 100.

Antenne in einem *Boxplot* die Verbindung zwischen Box und Minimum bzw. Maximum

antiproportional siehe Formelsammlung

Äquivalenzumformung [72, 89] Umformung einer *Gleichung*, die deren *Lösungen* nicht verändert. Erlaubte Umformungen:
- *Addition/Subtraktion* desselben *Term*s auf beiden Seiten
- *Multiplikation* mit demselben *Term* ($\neq 0$) auf beiden Seiten
- *Division* durch denselben *Term* ($\neq 0$) auf beiden Seiten

Ar (a) $1\,a = 10 \cdot 10\,m^2 = 100\,m^2$

arithmetisches Mittel siehe Formelsammlung

Assoziativgesetz (Verbindungsgesetz)
- Addition: $(a + b) + c = a + (b + c)$
- Multiplikation: $(a \cdot b) \cdot c = a \cdot (b \cdot c)$

aufrunden siehe Formelsammlung

ausklammern siehe *Distributivgesetz* oder *faktorisieren*

Aussage [68, 89] *Gleichungen*, in denen keine *Variablen* vorkommen, sind entweder wahre oder falsche Aussagen.

B

Balkendiagramm Im Balkendiagramm werden absolute Häufigkeiten dargestellt; siehe Formelsammlung

Basis (Dreieck) siehe Formelsammlung

Basis siehe *Potenz*

Baumdiagramm siehe Formelsammlung

Begrenzungsfläche siehe *Körpernetz*

Behauptung [23] siehe *Beweis*

Berührungspunkt der Punkt, in dem eine *Tangente* einen *Kreis* berührt

Berührungsradius verbindet den *Mittelpunkt* eines *Kreises* mit dem *Berührungspunkt* einer *Tangente* an den *Kreis*, steht *senkrecht* zur *Tangente*

Bestimmungsstücke [14] für eindeutige Konstruktion erforderliche Werte

Betrag der *Abstand* einer Zahl zur Null

Beweis [23] Beim Beweis zeigt man, dass eine *Behauptung* aus bereits bekannten *Aussagen* (*Voraussetzungen*) abgeleitet werden kann.

Bildfigur siehe *Drehung*, *Verschiebung* und Formelsammlung

Binärsystem auch: Zweiersystem;

Alle *natürlichen Zahlen* werden mit den Ziffern 0 und 1 dargestellt.

Beispiel: $101_{(2)} = 5$ im *Dezimalsystem*

Binom [166] *Summe* aus zwei *Summanden* (lateinisch binominis: „zweinamig“)

binomische Formeln [166, 175] Sonderfälle bei der Multiplikation von Summen; kürzen die Berechnung ab;
- 1. binomische Formel: $(a + b)^2 = a^2 + 2ab + b^2$
- 2. binomische Formel: $(a - b)^2 = a^2 - 2ab + b^2$
- 3. binomische Formel: $(a + b) \cdot (a - b) = a^2 - b^2$

Blaise Pascal [169] französicher Mathematiker (1623–1662)

Boxplot grafische Darstellung der *Kennwerte* einer Datenreihe; siehe Formelsammlung

Bruch $\frac{\text{Zähler}}{\text{Nenner}}$, Teile von Ganzen; Rechenregeln siehe Formelsammlung

Bruttopreis [97, 114] Preis inklusive *Mehrwertsteuer*

C

Cent (ct) $100\,ct = 1\,€$

D

Daten Ergebnisse von Umfragen, Experimenten, Beobachtungen, …

Deckfläche siehe *Körper*

deckungsgleich siehe *kongruent*

Definitionsbereich [180, 199] siehe *Funktion*

Dezimalbruch Bruch in Dezimalschreibweise (Zahlen mit einem Komma) Beispiel: $\frac{7}{10} = 0{,}7$

Dezimalsystem siehe *Zehnersystem*

Dezimalzahl siehe *Dezimalbruch*

DGS siehe *dynamische Geometrie-Software*

Diagonale verbindet in *Vielecken* zwei nicht benachbarte Eckpunkte

Diagramm grafische Darstellung von *Daten*; siehe Formelsammlung

Differenz siehe *Subtraktion*

Distributivgesetz (Verteilungsgesetz) [158, 175]
$a \cdot (b + c) = a \cdot b + a \cdot c$
$a \cdot (b - c) = a \cdot b - a \cdot c$
$(a + b) : c = a : c + b : c$
$(a - b) : c = a : c - b : c$

Dividend siehe *Division*

Division
Dividend : Divisor = Wert des Quotienten

Divisor siehe *Division*

Drachen Kurzform für *Drachenviereck*

Drachenviereck siehe Formelsammlung

drehsymmetrisch siehe Formelsammlung

Drehung Bei einer Drehung wird ein Punkt um ein *Drehzentrum* Z mit dem *Drehwinkel* α gedreht.

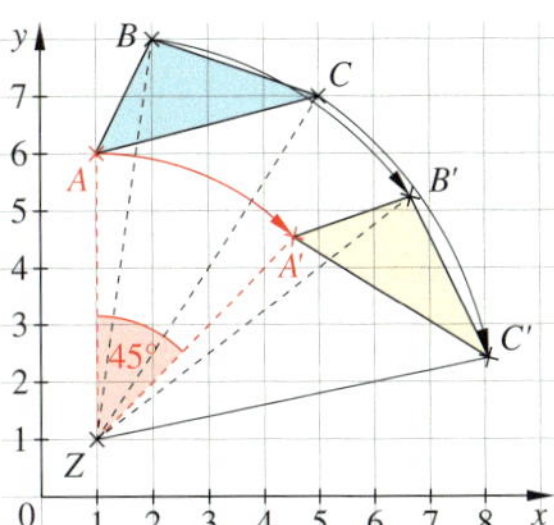

Drehwinkel siehe *Drehung*

Drehzentrum siehe *Drehung*

Dreiecksarten siehe Formelsammlung

Dreisatzschema [94, 100 f., 117] Tabelle, mit deren Hilfe aus drei bekannten *Größen* eine unbekannte *Größe* berechnet werden kann.

Durchmesser siehe Formelsammlung

Durchschnitt siehe Formelsammlung

Dynamische Geometrie-Software [19] Software zur Konstruktion, dynamischen Bewegung und Änderung von Figuren

E

Ecke siehe *Körper*

Einheit Um *Größen* wie *Länge*, *Fläche*, *Masse*, *Zeit*, *Geld* usw. anzugeben, benutzt man Einheiten wie cm, cm^2, kg, min, €.

Einheitsfläche, Einheitsquadrat Quadrate, mit z. B. 1 cm oder 1 dm Seitenlänge

elektrische Leistung [81]

Ereignis (*E*) Mehrere *Ergebnisse* eines *Zufallsexperiments* können zu einem Ereignis zusammengefasst werden; Beispiel: mit einem Würfel eine *gerade Zahl* werfen

Ergebnis (*e*) Ausgang eines *Zufallsexperiments*; Beispiel: mit einem Würfel eine 2 werfen

Ergebnismenge (*S*) alle möglichen *Ergebnisse* eines *Zufallsexperiments*

erweitern siehe Formelsammlung

Euro (€) 100 ct = 1 €

Excel siehe *Tabellenkalkulation*

Exponent siehe *Potenz*

F

Faktor siehe *Multiplikation*

faktorisieren [158] einen gemeinsamen Faktor aus einer Summe ausklammern; Beispiel:
$a \cdot b + a \cdot c = a \cdot (b + c)$

Faustformel bzw. **Faustregel [85, 88, 105]** vereinfachte Formel, mit der man Werte grob abschätzen kann

Figurendiagramm siehe Formelsammlung

Flächeninhalt (*A*) siehe Formelsammlung

Formel [81] Gleichung mit mehreren Variablen

Formelsammlung [219 ff.]

Fragebogen Werkzeug zur Datenerhebung

Funktion [180, 199] *Zuordnung*, bei der jedem Wert *x* aus dem Definitionsbereich genau ein Wert *y* aus dem Wertebereich zugeordnet wird. Eine lineare Funktion hat die *Funktionsgleichung* $y = mx + b$.

Funktionenplotter [193] Computerprogramm zum Zeichnen von *Funktionsgraphen*

Funktionsgleichung [180, 199] Übersetzung der *Wortvorschrift* in eine *Gleichung*

Funktionsgraph [180, 199] siehe *Graph*

G

ganze Zahlen *natürliche Zahlen* und ihre *Gegenzahlen* (zusammen mit der Null),
$\mathbb{Z} = \{\ldots; -2; -1; 0; 1; 2; \ldots\}$

Gegenbeispiel Mithilfe eines Gegenbeispiels können Aussagen widerlegt werden; Beispiel: Aussage: Jede natürliche Zahl ist gerade. Gegenbeispiel: 3

Gegenzahl Gegenzahlen haben den gleichen Abstand zur Null. Beispiel:
−3 ist die Gegenzahl von +3

Geld siehe *Euro* und *Cent*

gemischte Zahl Beispiel: $1\frac{1}{2}$, $3\frac{1}{4}$

Geodreieck Werkzeug zum Messen und Zeichnen von *Winkeln*, *Parallelen* und *Senkrechten*

Gerade gerade Linie ohne Anfangspunkt und ohne Endpunkt

Geradengleichung [191] *Funktionsgleichung* einer *linearen Funktion*

gerade Zahl alle *ganzen Zahlen*, die durch 2 teilbar sind; Beispiel: −2, 4, 6, −8, 10, 12, −12

gestreckter Winkel ein *Winkel* von 180°; siehe Formelsammlung

Gewicht (Masse) siehe Formelsammlung

ggT siehe *größter gemeinsamer Teiler*

gleichnamig *Brüche* mit gleichem Nenner nennt man gleichnamig; Beispiel: $\frac{3}{5}$ und $\frac{4}{5}$

Gleichung [68, 89] verbindet zwei *Terme* durch ein Gleichheitszeichen „="

Glücksspiele Bei Glückspielen wird ein Einsatz gezahlt. Das Ergebnis eines Glücksspiels hängt vom Zufall ab.

Grad (°) Die Größe eines *Winkels* wird in Grad gemessen.

Graph [74] Darstellung von *Wertepaaren* im *Koordinatensystem*

Größe besteht aus Maßzahl und Maß*einheit*. Beispiel: 6 € (*Geld*), 30 min (*Zeit*), 3,26 kg (*Masse*), weitere Größen: *Länge*, *Fläche*, *Volumen*

größer als (>) Beispiel: 13 > 11 bedeutet: 13 ist größer als 11

größter gemeinsamer Teiler die größte Zahl, die in den Teilermengen zweier Zahlen vorkommt; Beispiel: $T_8 = \{1; 2; 4; 8\}$; $T_{12} = \{1; 2; 3; 4; 6; 12\}$; ggT (8; 12) = 4

Grundfläche siehe *Körper*

Grundmenge [74] gibt an, aus welchem Zahlbereich die Lösungen für eine Gleichung kommen können

Grundseite [36, 40, 59] Seite einer Figur, die z. B. zur Berechnung des Flächeninhalts gewählt wird

Grundwert [94 f., 117] entspricht dem Ganzen, also 100 %
- **vermehrter [97]** $G^+ = G \cdot (1 + \frac{p}{100})$
- **verminderter [97]** $G^- = G \cdot (1 - \frac{p}{100})$

H

Halbgerade gerade Linie mit einem Anfangspunkt, aber ohne Endpunkt

Häufigkeit siehe Formelsammlung

Hauptnenner kleinster gemeinsamer Nenner zweier *Brüche*

Haus der Vierecke [14] Übersicht über verschiedene *Vierecke*, ihre Beziehungen untereinander und ihre Eigenschaften (*Symmetrie*, Anzahl nötiger *Bestimmungsstücke* für *Konstruktion*)

Hektar (ha) 1 ha = 100 · 100 m² = 10 000 m²

Höhe (*h*)
- **von Dreieck und Viereck [36, 40, 59]** Lot vom Eckpunkt zur gegenüberliegenden Seite bzw. Abstand zwischen den parallelen Seiten
- **von Körpern (h_k) [128, 153]** Abstand zwischen Grund- und Deckfläche

Hohlmaß Volumenmaß für Flüssigkeiten: Liter (l) und Milliliter (ml); siehe Formelsammlung

Hohlkörper [146 f.] entsteht, wenn aus einem geometrischen Körper ein kleinerer Körper herausgeschnitten wird

Hooke'sches Gesetz [81]

Hyperbel fallende Kurve, auf der alle Punkte einer *antiproportionalen Zuordnung* liegen; siehe Formelsammlung

I

Innenwinkelsummensatz siehe *Winkelsummensatz*

Innkreis *Kreis* im Inneren eines *Vielecks*, der jede *Seite* in genau einem Punkt berührt. Bei einem *Dreieck* ist der *Mittelpunkt* des Innkreises der Schnittpunkt der *Winkelhalbierenden* des Dreiecks.

J

Jahr (a) 1 a = 365 d (Tage)

Jahreszinsen (Z) siehe *Zinsen*

K

Kante siehe *Körper*

Kapital (*K*) [100 f., 117] entspricht dem *Grundwert* (*G*) bezogen auf den Geldverkehr

Kehrbruch Beispiel: der Kehrbruch von $\frac{2}{5}$ ist $\frac{5}{2}$

Kehrwert siehe *Kehrbruch*

Kennwerte *Minimum*, *Maximum*, *Median*, *Quartile* und *Spannweite* sind Kennwerte von *Daten*.

kgV, kleinstes gemeinsames Vielfaches die kleinste Zahl, die in beiden *Vielfachen*mengen zweier Zahlen vorkommt; Beispiel: $V_8 = \{8; 16; 24; 32; ...\}$; $V_{12} = \{12; 24; 36; ...\}$; kgV (8; 12) = 24

Klammern auflösen [64, 89, 158, 175] siehe *Distributivgesetz*

kleiner als (<) Beispiel: 9 < 11 bedeutet: 9 ist kleiner als 11

Koeffizient [81] Zahl vor *Variable*; Beispiel: $3x$

Kommutativgesetz (Vertauschungsg.)
- Addition: $a + b = b + a$
- Multiplikation: $a \cdot b = b \cdot a$

kongruent (deckungsgleich) [128, 134, 142] Zwei Dreiecke sind kongruent zueinander, wenn sie in den drei Seitenlängen und der Größe ihrer drei Winkel übereinstimmen.

Kongruenzabbildung Bewegung, bei der Seitenlängen und Winkelgrößen erhalten bleiben. *Achsenspiegelung*, *Drehung* und *Verschiebung* sind Kongruenzabbildungen.

Kongruenzsatz Dreiecke sind eindeutig konstruierbar, wenn folgende Bestimmungsstücke gegeben sind:

- **SSS**: drei Seiten
- **SsW**: zwei Seiten und der Winkel, der der längeren Seite gegenüberliegt
- **SWS**: zwei Seiten und der eingeschlossene Winkel
- **WSW**: eine Seite und die beiden anliegenden Winkel

konstruieren [16 f.] zeichnen mithilfe von *Zirkel* und *Geodreieck*; siehe auch *Kongruenzsatz*

Konstruktionsbeschreibung Auflistung der einzelnen Schritte einer Konstruktion

Koordinate gibt die Lage eines Punktes an

Koordinatensystem zwei zueinander senkrecht stehende Zahlengeraden, die sich im *Nullpunkt* (0|0) schneiden

Beispiel: Die Lage eines Punktes im Koordinatensystem wird durch seine Koordinaten angegeben: $A(2|1)$; $B(-2|3)$

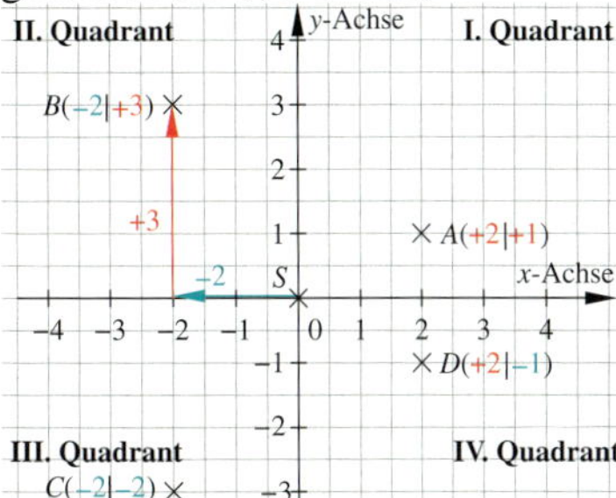

Koordinatenursprung Punkt (0|0) im Koordinatensystem; Schnittpunkt der beiden Zahlengeraden (*x*-Achse und *y*-Achse)

Körper Beispiel:

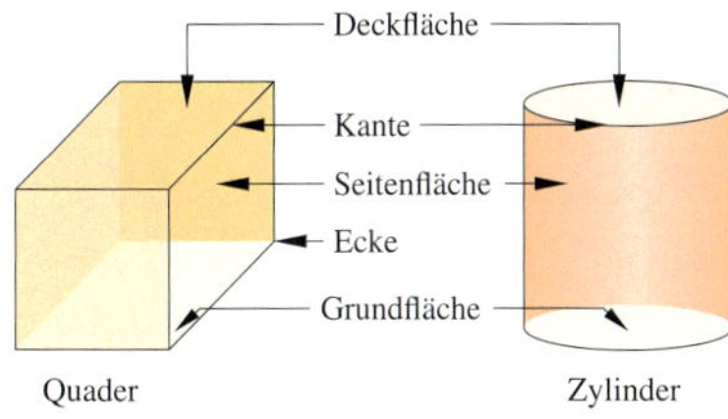

Dort, wo zwei Flächen zusammenstoßen, entstehen Kanten. Treffen mindestens drei Kanten aufeinander, entstehen Ecken.

Körperhöhe (h_k) siehe *Höhe*

Körpernetz eine zusammenhängende Abwicklung aller Begrenzungsflächen eines *Körpers*; Beispiel:

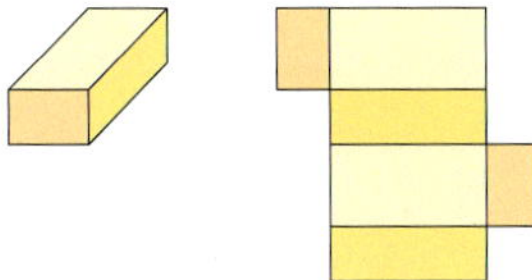

Kreis siehe Formelsammlung

Kreisdiagramm zeigt *relative Häufigkeiten* an (Vollkreis ≙ 100 %); siehe Formelsammlung

Kreisring [51] Fläche zwischen zwei *Kreisen* mit demselben *Mittelpunkt M*

Kreistangente siehe *Tangente*

Kreiszahl (π) [48, 59] Verhältnis von *Umfang* zu *Durchmesser* beim *Kreis*; $\pi = \frac{u}{d} \approx 3{,}14$

kürzen siehe Formelsammlung

L

Länge siehe Formelsammlung

Laplace-Experiment Zufallsexperiment, bei dem alle Ergebnisse gleich wahrscheinlich sind

Lichtjahr die Strecke, die das Licht innerhalb eines *Jahres* zurücklegt

Liniendiagramm siehe Formelsammlung

Lösung [68, 74, 89] Zahl bzw. *Größe*, die eine *Gleichung* bzw. *Ungleichung* mit *Variablen* zur wahren *Aussage* macht.

Beispiel: „6“ ist Lösung der Gleichung $5 \cdot x = 30$, denn $5 \cdot 6 = 30$.

Lösungsmenge (*L*) [74] enthält alle *Lösungen* einer *Gleichung* bzw. *Ungleichung* aus dem *Grundbereich*

Lösungsvariable [81] gesuchte *Größe* in einer *Formel*

M

Manipulation undurchschaubare Einflussnahme auf eine Person

Mantelfläche (*M*) [128, 142, 153] alle *Seitenflächen* eines *Körpers*

Masse (Gewicht) wissenschaftliche Bezeichnung für die *Größe*, in der man in *Gramm* und *Kilogramm* misst; siehe Formelsammlung

Maßeinheit siehe *Einheit*

Maßstab Beispiel: Der Maßstab 1:10 bedeutet: 1 cm im Bild sind 10 cm in Wirklichkeit.

Maßzahl siehe *Größe*

Maximum größter Wert einer Datenreihe

Median auch: Zentralwert; Der Wert, der genau in der Mitte aller der Größe nach geordneten Werte einer Datenreihe liegt. Beispiel: 8; 15; <u>17</u>; 35; 72; Median: 17

Mehrwertsteuer [97, 114] Anteil am Verkaufserlös einer Ware, den der Händler an den Staat abführen muss (zur Zeit 7 % bzw. 19 %)

Mindmap [120] übersichtliche Darstellung von Notizen zu einem Thema

Minimum kleinster Wert einer Datenreihe

Minuend siehe *Subtraktion*

Minute (min) 60 min = 1 h (*Stunde*)

Mittellinie [44] siehe *Trapez*

Mittelpunkt siehe Formelsammlung

Mittelsenkrechte Gerade, die eine Strecke $\overline{AB}$ halbiert. Jeder Punkt auf der Strecke hat zu A und B denselben Abstand.

Mittelwert siehe Formelsammlung

Multiplikation
Faktor · Faktor = Wert des Produkts

N ℕ siehe *natürliche Zahlen*

Nachfolger Beispiel: Der Nachfolger von 7 ist 8.

natürliche Zahlen, $\mathbb{N} = \{0; 1; 2; \ldots\}$

Nebenwinkel [10, 31] ergänzen sich zu 180°

negative Zahl Negative Zahlen sind kleiner als Null. Beispiel: −2; −15

Nenner siehe *Bruch*

Nettopreis [97, 114] Preis ohne *Mehrwertsteuer*

Netz siehe *Körpernetz*

Nullpunkt siehe *Koordinatenursprung*

Nullstelle [10, 31] Im Schnittpunkt eines Graphen mit der *x-Achse* nimmt die *Funktion* den Wert $y = 0$ an. Diese Stelle auf der *x-Achse* heißt Nullstelle.

O **Oberfläche** Alle Begrenzungsflächen eines *Körpers* ergeben zusammen die Oberfläche des Körpers.

Original siehe *Drehung* und *Verschiebung*

Originalfigur siehe Formelsammlung

Originalpunkt siehe Formelsammlung

P % siehe Prozent

p% siehe *Prozentsatz*

p. a. [100] bedeutet pro Jahr

parallel, Parallele $g \parallel h$ bedeutet: Die Geraden g und h sind zueinander parallel, g und h sind *Parallelen*, d. h. ihr *Abstand* zueinander ist überall gleich groß.

Parallelogramm siehe Formelsammlung

Pascal'sches Dreieck [169]

Passante Gerade, die keinen Punkt mit einem Kreis gemeinsam hat

Periode, periodischer Dezimalbruch Bei vielen *Brüchen* führt die *Division* dazu, dass sich im Ergebnis Ziffern unendlich oft wiederholen. Diese Brüche nennt man periodische Dezimalbrüche. Die Ziffer (oder die Ziffierngruppe), die sich wiederholt, wird durch einen Strich darüber gekennzeichnet und Periode genannt. Beispiel: $\frac{1}{3} = 0{,}333\ldots = 0{,}\overline{3}$

pi (π) siehe *Kreiszahl*

Planskizze einfache, von Hand erstellte Übersichtszeichnung

positive Zahl Positive Zahlen sind größer als Null. Beispiel: 3; +5; 112

Potenz *Produkte* aus gleichen Faktoren; Beispiel: $2 \cdot 2 \cdot 2 = 2^3$ (sprich „2 hoch 3")
Basis ↗ ↖ Exponent (Hochzahl)

Primzahl eine *natürliche Zahl*, die nur durch 1 und sich selbst teilbar ist; Beispiel: 2; 3; 5; 7; 11; 13

Prisma [128, 130, 134, 153] siehe Formelsammlung

Probe Bei den Grundrechenarten rechnet man zur Probe die *Umkehraufgabe*. Bei *Gleichungen* setzt man zur Probe die *Lösung* ein.

Produkt siehe *Multiplikation*

produktgleich Alle *Wertepaare* einer *antiproportionalen Zuordnung* bilden das gleiche *Produkt*.

Promille (‰) [98] $1‰ = 0{,}1\% = \frac{1}{1000}$

proportional siehe *Zuordnung*

Prozent (%) Das %-Zeichen bedeutet „von Hundert". Beispiel: $1\% = \frac{1}{100}$

Prozentsatz (*p*%) [94 f., 117] Anteil in Prozentschreibweise; Beispiel: 3 von 5 entpricht 60%

Prozentschreibweise *Brüche* mit dem *Nenner* 100 kann man in der *Prozent*schreibweise angeben. Beispiel: $\frac{75}{100} = 75\%$

Prozentwert (*W*) [94 f., 117] Wert, der einem Prozentsatz entspricht; Beispiel: 10% von 50 Personen entspricht 5 Personen

Punktspiegelung siehe Formelsammlung

Punktsymmetrie siehe Formelsammlung

Q ℚ siehe *rationale Zahlen*

Quader siehe Formelsammlung

Quadranten vier Bereiche, in die das *Koordinatensystem* die Zeichenebene teilt; Beispiel: Der Punkt $P(-2|1)$ liegt im II. Quadranten

Quadrat siehe Formelsammlung

Quartil Kennwert einer Datenreihe, siehe *Boxplot*
– oberes Quartil: *Median* der zweiten Hälfte einer Datenreihe
– unteres Quartil: *Median* der ersten Hälfte einer Datenreihe

Quersumme die Summe aller Ziffern einer Zahl; Beispiel: Die Quersumme von 735 ist $7 + 3 + 5 = 15$

Quotient aus *a* und *b* $a : b$ bzw. $\frac{a}{b}$

quotientengleich Alle *Wertepaare* einer *proportionalen Zuordnung* bilden einen gleichwertigen *Bruch*.

R **Ratenkauf [109]**

Rabatt Preisnachlass vom Händler

Radius siehe Formelsammlung

rationale Zahlen Die *ganzen Zahlen* und die *positiven* und *negativen Brüche* und *Dezimalbrüche* bilden zusammen die Menge der rationalen Zahlen, kurz $\mathbb{Q}$.

Rauminhalt siehe *Volumen*

Raute siehe Formelsammlung

Rechenausdruck siehe *Term*

Rechteck siehe Formelsammlung

rechter Winkel ein *Winkel* von 90°; siehe Formelsammlung

relative Häufigkeit siehe Formelsammlung

römische Zahlen *Natürliche Zahlen* können mit römischen Zahlzeichen dargestellt werden. Dabei werden alle Zahlen durch Addition oder Subtraktion zusammengesetzt.
I (1), V (5), X (10), L (50), C (100), D (500), M (1000), Beispiel: MMXVI (2016), XC (90)

rückwärtsrechnen [70] ausgehend von einem Ergebnis schließt man auf den Ausgangswert

runden siehe Formelsammlung

S **Satz des Thales [24 f.]**

Satz über die Innenwinkelsumme siehe *Innenwinkelsummensatz*

Säulendiagramm stellt absolute Häufigkeiten dar; siehe Formelsammlung

schätzen Beim Schätzen versucht man durch Überlegungen dem genauen Ergebnis möglichst nahe zu kommen.

Schätzwert für Wahrscheinlichkeit Bei einer großen Anzahl an Wiederholungen eines *Zufallsexperiments* ist die *relative Häufigkeit* eines *Ergebnisses* ein Schätzwert für die *Wahrscheinlichkeit* des *Ergebnisses*.

Scheitelpunkt siehe Formelsammlung

Scheitelwinkel [10, 31] gegenüberliegende *Winkel* an einer Geradenkreuzung; sind gleich groß

Schenkel siehe Formelsammlung

Schrägbild [128, 130, 142] vermittelt einen räumlichen Eindruck eines Körpers; nach hinten verlaufende Kanten werden in halber Länge im Winkel von 45° angetragen; verdeckte Kanten werden gestrichelt; Beispiel:

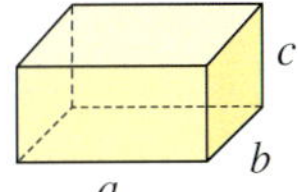

Sechs-Schritte-Verfahren [78, 89] Vorgehen beim Lösen von Sachproblemen

Sehne *Strecke* zwischen zwei Punkten auf einem *Kreis*

Seite *Strecke*, die eine *Fläche* begrenzt

Seitenfläche siehe *Körper*

Sekante *Gerade*, die mit einem *Kreis* zwei gemeinsame Punkte hat

Sekunde (s) 60 s = 1 min (*Minute*)

senkrecht, Senkrechte $g \perp h$ bedeutet: Die Geraden g und h sind zueinander senkrecht, g und h sind Senkrechte, d. h. sie bilden einen rechten Winkel.

Skala Maßeinteilung an Messinstrumenten, z. B. am Geodreieck oder am Thermometer

Skizze Zeichnung von Hand, die einen groben Überblick verschafft

Skonto [97] Preisnachlass z. B. bei Barzahlung

Spannweite Unterschied zwischen *Maximum* und *Minimum* einer *Datenreihe*

Spiegelachse siehe Formelsammlung

spitzer Winkel ein *Winkel*, der größer als 0° aber kleiner als 90° ist; siehe Formelsammlung

Stängel-Blätter-Diagramm siehe Formelsammlung

Steigung (*m*) [184, **190, 199**] bei einer linearen Funktion $y = mx + b$; Beispiel: für $m = \frac{3}{4}$ gilt: wenn x um 4 wächst, dann wächst y um 3

Steigungsdreieck [190, 199] rechtwinkliges Dreieck am Graphen einer linearen Funktion zum Bestimmen der *Steigung*

stellengleich, stellengerecht, stellenweise Zehner werden unter Zehner geschrieben, Einer unter Einer, Zehntel unter Zehntel, …
Dezimalbrüche werden stellenweise addiert und subtrahiert (Komma unter Komma).

Stellenwertsystem Beispiel: *Dezimalsystem* und *Binärsystem*

Strecke gerade Linie mit einem Anfangspunkt und einem Endpunkt

Streifendiagramm zeigt relative Häufigkeiten an (Streifen ≙ 100 %); siehe Formelsammlung

Strichliste *Häufigkeiten* einer *Daten*erhebung werden mit Strichen angegeben.

Stufenwinkel [10, 31] sind gleich groß

Stufenzahl Beispiel: im *Zehnersystem* nennt man 10, 100, 1000, … Stufenzahlen

stumpfer Winkel größer als 90° aber kleiner als 180° ist; siehe Formelsammlung

Stunde (h) 1 h = 60 min (Minuten)

Subtrahend siehe *Subtraktion*

Subtraktion
Minuend – Subtrahend = Wert der Differenz

Summand siehe *Addition*

Summe siehe *Addition*
– **Multiplikation von Summen [162, 166, 175]**

Symmetrie siehe Formelsammlung

Symmetriezentrum siehe Formelsammlung

T

Tabellenkalkulation [104, 109, 113, 125, 161] Software zur Eingabe und Verarbeitung von Daten

Tag (d) 1 d = 24 h (*Stunden*)

Tageszinsen (Z) [106, 117] siehe Formelsammlung

Tangente *Gerade*, die mit einem *Kreis* genau einen Punkt gemeinsam hat. Die Tangente steht senkrecht zum *Berührungsradius*.

teilbar siehe *Teiler*

Teilbarkeitsregeln durch…
- **2**: die letzte *Ziffer* ist gerade
- **3**: die *Quersumme* ist durch 3 teilbar
- **4**: die letzten beiden *Ziffern* stellen eine durch 4 teilbare Zahl dar
- **5**: die letzte *Ziffer* ist eine 0 oder eine 5
- **8**: die letzten drei *Ziffern* stellen eine durch 8 teilbare Zahl dar
- **9**: die *Quersumme* ist durch 9 teilbar
- **10**: die letzte Ziffer ist eine 0

Teiler Eine Zahl ist ein Teiler einer anderen Zahl, wenn beim Dividieren kein Rest bleibt. Beispiel: 6 ist ein Teiler von 18, d. h. 18 ist durch 6 teilbar ($6 \mid 18$); 6 ist kein Teiler von 20 ($6 \nmid 20$)

teilerfremd Zahlen, die keinen gemeinsamen *Teiler* außer der 1 haben

Teilermenge alle *Teiler* einer Zahl; Beispiel: Teilermenge von 12: $T_{12} = \{1; 2; 3; 4; 6; 12\}$

Term (Rechenausdruck) [68, 72, 74, 76, 78, **89]** sinnvolle Verbindung von Variablen, Zahlen und Rechenzeichen. Beispiel: 12; x; $12 - (6 + 1)$; $x + 5\,\text{cm}$; $2 \cdot a$

Thales von Milet [24] Mathematiker im antiken Griechenland

Thaleskreis [24]

Trapez siehe Formelsammlung

U

Überschlag Rechnen mit gerundeten Werten

überstumpfer Winkel ein *Winkel*, der größer als 180° aber kleiner als 360° ist; siehe Formelsammlung

Umfang (*u*) *Summe* aller *Seiten*längen eines *Vielecks*; siehe Formelsammlung

Umkehraufgabe Beispiel: eine Umkehraufgabe von $5 + 6 = 11$ ist $11 - 5 = 6$

Umkehroperation siehe *Umkehrung*

Umkehrung Die *Subtraktion* ist die Umkehrung der *Addition*, die *Division* ist die Umkehrung der *Multiplikation*.

Umkreis Der Umkreis eines *Vielecks* verläuft durch alle Eckpunkte des *Vielecks*. Bei einem Dreieck schneiden sich die *Mittelsenkrechten* im *Mittelpunkt* des Umkreises.

Umrechnungszahl Beispiel: Wandelt man *Volumenmaße* in die benachbarte *Volumeneinheit* um, so ist die Umrechnungszahl 1000.

ungerade Zahl alle *ganzen Zahlen*, die nicht durch 2 teilbar sind; Beispiel: 1, −3, 3, 7, −9

ungleichnamig *Brüche* mit unterschiedlichem *Nenner* sind ungleichnamig; Beispiel: $\frac{3}{8}$ und $\frac{4}{5}$

Ungleichung [74 f.] zwei durch ein *Verhältniszeichen* (<; ≤; >; ≥) miteinander verbunde Terme

Urliste ungeordnete Übersicht der Ergebnisse einer *Daten*erhebung

V

Variable Platzhalter für Zahlen oder Größen; Beispiel: a, b, c, x, y, z

Verbindungsgesetz siehe *Assoziativgesetz*

Verhältniszeichen [74 f.] < (kleiner); ≤ (kleiner oder gleich); > (größer) ; ≥ (größer oder gleich)

Verschiebung Beispiel:

Verschiebungspfeil gibt Länge und Richtung einer *Verschiebung* an

Vertauschungsgesetz siehe *Kommutativgesetz*

Verteilungsgesetz siehe *Distributivgesetz*

Vieleck Beim Vieleck bestimmt die Anzahl der Eckpunkte den Namen der Fläche. Beispiel: ein Fünfeck hat fünf Eckpunkte.

Vielfaches Ist eine Zahl einmal, zweimal, dreimal, … so groß wie eine andere Zahl, so ist sie ein Vielfaches dieser Zahl.

vollständig gekürzt Einen *Bruch*, der nicht mehr weiter ge*kürzt* werden kann, nennt man vollständig gekürzt.

Vollwinkel ein *Winkel* von 360°; siehe Formelsammlung

Volumen Rauminhalt eines Körpers; siehe Formelsammlung

Voraussetzung siehe *Beweis*

Vorgänger Beispiel: Der Vorgänger von 9 ist 8.

Vorhersage Aussage über den Ausgang eines zukünftigen *Zufallsexperiments* aufgrund von vorherigen Datenerhebungen

Vorrangregeln siehe Formelsammlung

W **Wahrscheinlichkeit (*P*)** Maß für das Eintreten eines *Ergebnisses* bei einem *Zufallsexperiment*. Die Wahrscheinlichkeit für das Eintreten eines *Ergebnisses* liegt zwischen 0 (unmögliches Ergebnis) und 1 (sicheres Ergebnis); siehe auch *Schätzwert für Wahrscheinlichkeit*

Wechselwinkel [10, 31] sind gleich groß

Wert des Terms Setzt man für die *Variablen* Zahlen ein, kann man den Wert des Terms bestimmen.

Beispiel: Der Wert des Terms $10 \cdot x + 8$ für $x = 3$ ist 38, denn $10 \cdot 3 + 8 = 38$

Wertepaar [180] zwei einander zugeordnete Werte; Beispiel: (2|3,5)

Wertetabelle [180, 199] *Wertepaare* können in einer Tabelle angegeben werden.

Winkel siehe Formelsammlung

Winkelhalbierende *Halbgerade*, die einen *Winkel* halbiert. Jeder Punkt auf der Winkelhalbierenden hat denselben *Abstand* zu den beiden *Schenkeln* des *Winkels*.

Winkelsummensatz [20, 23, 31]
- Dreieck $\alpha + \beta + \gamma = 180°$
- Viereck $\alpha + \beta + \gamma + \delta = 360°$

Wortvorschrift [180, 199] Ein Text beschreibt, welche Werte einander zugeordnet werden sollen; Beispiel: „Jeder Zahl wird ihr Dreifaches zugeordnet." ergibt z.B. (1|3), (2|6), (−1,5|−4,5)

Würfel siehe Formelsammlung

X ***x*-Achse** siehe *Koordinatensystem*

***x*-Koordinate** siehe *Koordinatensystem*

Y ***y*-Achse** siehe *Koordinatensystem*

***y*-Koordinate** siehe *Koordinatensystem*

Z **ℤ** siehe *ganze Zahlen*

Zahlbereiche *Natürliche Zahlen*, *ganze Zahlen* und *rationale Zahlen* sind Beispiele für Zahlbereiche. Ist eine Aufgabe in einem Zahlbereich nicht lösbar, dann muss der Bereich durch Hinzufügen von Elementen erweitert werden. Beispiel: 3 − 7 ist in ℕ nicht lösbar aber in ℤ.

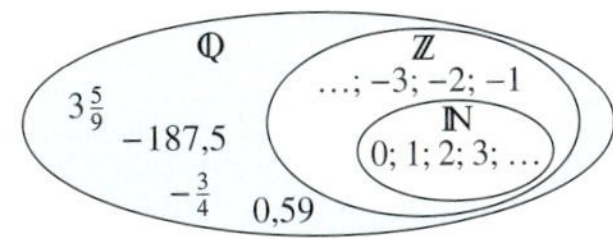

Zahlengerade bildet anders als der *Zahlenstrahl* auch die *negativen Zahlen* ab

Zahlenstrahl Beispiel:

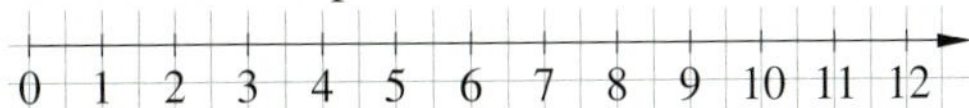

Zähler siehe *Bruch*

Zehnerbruch *Brüche* mit dem *Nenner* 10, 10, 1000, …

Zehnerpotenz Zehnerpotenzen sind 10, 100, 1000, 10 000 usw.

Zehnersystem (Dezimalsystem) unser Zahlensystem; Beispiel: Stellenwerttafel im Zehnersystem:

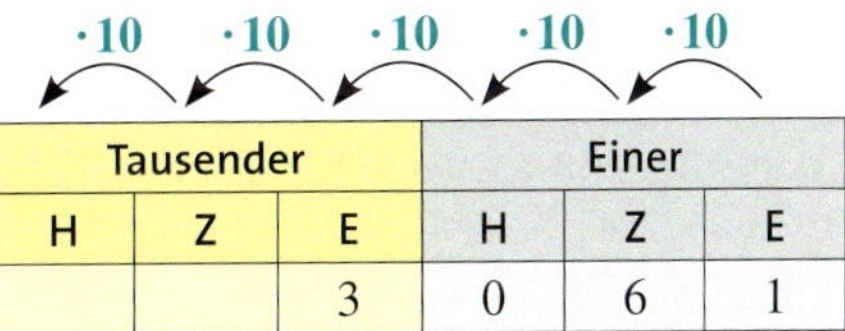

Tausender			Einer		
H	Z	E	H	Z	E
		3	0	6	1

Zeit *Maßeinheiten* der Zeit sind z. B. a (*Jahre*), d (*Tage*), h (*Stunden*), min (*Minuten*), s (*Sekunden*)

Zeitfaktor [106, 117] Ein Zinsjahr wird mit 12 Monaten zu 30 Tagen angegeben. Bei einem Tag entspricht der Zeitfaktor $\frac{1}{360}$, bei einem Monat entspricht der Zeitfaktor $\frac{1}{12}$.

Zeitpunkt ein genau festgelegter Termin, z. B. 12:50 Uhr oder der 12. Januar

Zeitspanne die Dauer zwischen zwei Zeitpunkten, z. B. 15 Minuten, 2 Jahre oder von 8:00 Uhr bis 8:45 Uhr

Zentralwert siehe *Median*

Zinsen [100 f., 117] entspricht dem *Prozentwert* (*W*) bezogen auf den Geldverkehr; Preis für die Überlassung von *Kapital*

Zinseszinsen [104, 117] entstehen, wenn auch die *Zinsen* angelegt werden und wieder *Zinsen* erbringen

Zinsformel [100 f.]

Zinssatz (*p* %) [100 f., 117] entspricht dem *Prozentsatz* (***p*** %) bezogen auf den Geldverkehr

Ziffer Alle Zahlen bestehen aus den Ziffern 1, 2, 3, 4, 5, 6, 7, 8, 9, 0.

Zirkel Werkzeug zum Zeichnen von *Kreisen*

Zufallsexperiment Vorgang mit einem zufälligen Ergebnis; Beispiel: Münzwurf, Würfelwurf

Zufallsversuch siehe *Zufallsexperiment*

Zuordnung [180, 185, **199]** Zuordnungen weisen Werten aus einem vorgegebenen Bereich einen oder mehrere Werte aus einem anderen Bereich zu (*Wertepaar*). Zuordnungen können als *Wortvorschrift*, *Wertetabelle*, im *Koordinatensystem* oder im *Diagramm* dargestellt werden.

zusammengesetzte Körper [146 f.]

Zylinder siehe Formelsammlung

Bildverzeichnis

Titel mauritius images/imagebroker/Stefan Arendt; **3 o. li.** ARTOTHEK; **3 u. li.** Fotolia/legalloudec; **3 o. re.** Fotolia/Ramona Heim; **3 u. re.** LOOK/Sabine Lubenow; **4 o. li.** Fotolia/shootingankauf; **4 Mi. li.** mauritius images/Novarc/Axel Schmies; **4 u. li.** Fotolia/2xSamara.com; **4 Mi. re.** Shutterstock/JingAiping; **4 u. re.** mauritius images/imagebroker/Stefan Arendt; **7** ARTOTHEK; **10 o. mi.** Fotolia/Dirk70; **10 o. re.** ddp images/360°; **11 Mi. re.** Fotolia/Dreadlock; **13 Mi. li.** Marie Haag/Mosaikart, Wörth a. d. Donau; **15 o. li.** Fotolia/maho; **19 Mi. re.** Gabriel, I., Dinslaken; **24 Mi. li.** OKAPIA/New York Public Library/NAS; **30 o. li.** Fotolia/Gina Sanders; **30 o. re.** Fotolia/industrieblick; **30 Mi. re.** TOPICMedia/Otto; **33** Fotolia/legalloudec; **36 o. li.** PantherMedia/ELINA; **43 o. re.** Jens Schacht, Düsseldorf; **43 u. re.** Jens Schacht, Düsseldorf; **44 o. li.** Fotolia/PRODUCTION PERIG; **44 u. li.** Colourbox; **45 u. li.** Herbert Strohmayer, Aachen; **47 o. a** Shutterstock/pogonici; **47 o. b** shutterstock/Winai Tepsuttinun; **47 o. c** picture-alliance/Eibner-Pressefoto; **47 Mi. mi.** Cornelsen/Christian Böhning, EZB; **47 Mi. re.** Fotolia/johnmerlin; **49 o. re.** shutterstock/ Lilac Mountain; **49 Mi. li.** Shutterstock/blue67sign; **49 u. re.** F1online/Thomas Frey Imagebroker RM; **50 Mi. li.** Fotolia/nicoromix; **50 u. li.** Fotolia/natros; **50 u. re.** picture alliance/ZUMA Press; **51 u. re.** Fotolia/lunamarina; **52 o. re.** Fotolia/finecki; **55 u. li.** Shutterstock/Hot Photo Pie; **56 Mi. li.** Herbert Strohmayer; **57 u. re.** Fotolia/RalfenByte; **58 o. li.** Fotolia/michaeljung; **58 o. re.** Fotolia/Javier Cuadrado; **58 Mi. re.** Fotolia/Hardy; **58 Mi. li. a** Robert Voit, München; **58 Mi. li. b** Fotolia/Delphimages; **58 Mi. li. c** Fotolia/mirpic; **58 Mi. li. d** Fotolia/Kara; **58 u. re.** Fotolia/Vidady; **61** Fotolia/Ramona Heim; **63 o. re. a–f** Cornelsen/Heike Schulz; **66 o. li.** Fotolia/Nerlich Images; **67 u. mi.** Fotolia/auremar; **67 u. re.** Fotolia/Alexander Raths; **68 o. re.** Fotolia/Alexander Raths; **69 u. li.** Fotolia/Cpro; **69 u. re.** Fotolia/Cpro; **70 Mi. re.** Fotolia/yetishooter; **71 Mi. li.** Fotolia/buFka; **71 Mi. re.** Fotolia/rsooll; **74 o. li.** Fotolia/Jag_cz; **77 o. re.** Sabine Storm, Berlin; **77 Mi. re.** Cornelsen/Christian Böhning, Berlin; Fotolia/Björn Wylezich; **78 o. mi.** Fotolia/sonya etchison; **80 u. li.** Fotolia/Deklofenak; **81 o. mi.** Shutterstock/DVARG; **83 u. mi.** Fotolia/biglama; **84 u. li.** Fotolia/Sergey Novikov; **85 o. re.** Fotolia/WernerHilpert; **87 u. re.** Fotolia/Gudellaphoto; **88 o. li.** Fotolia/WavebreakmediaMicro; **88 o. re.** Fotolia/Bill Ernest; **88 u. re.** Fotolia/julia_sergeeva; **91** LOOK/Sabine Lubenow; **94 o. re.** BfN, Bonn; **94 Mi. re.** Cornelsen/Christian Böhning, Berlin, Foto: Fotolia/naaimzerox2; **94 u. re.** Cornelsen/Christian Böhning, Berlin, Foto: Shutterstock Creative; **95 o. re.** Cornelsen/Christian Böhning, Berlin, Foto: Colourbox; **95 Mi. li.** Fotolia/Fatman73; **96 Mi. li.** Fotolia/Erwin Wodicka; **97 Mi.** Fotolia/Lucky Dragon USA; **98 o. re.** Fotolia/Monkey Business; **98 Mi. li.** Cornelsen/Marek Lange; **98 u. li.** Cornelsen/Kerstin Kälberer; **98 u. re.** Fotolia/M. Schuppich; **100 o. li.** Fotolia/Elvira Schäfer; **103 o. re.** Fotolia/Björn Wylezich; **106 o. re.** Fotolia/emeraldphoto; **107 o. re.** Fotolia/Oliver Boehmer – bluedesign®; **107 u. re.** PantherMedia/Roman Samokhin; **109 u. mi.** Fotolia/(copyright) grafikplusfoto; **112 Mi. re.** iStockphoto/The_Free_One; **114 o. re.** Fotolia/Kurt Kleemann; **116 o. li.** Fotolia/Kzenon; **116 o. re.** Fotolia/Kzenon; **116 Mi. re.** Fotolia/Heike Rau; **116 u. li.** Fotolia/ub-foto; **119** Fotolia/hootingankauf; **120 Mi. li.** Fotolia/zinkevych; **120 u. re.** Fotolia/Matthias Buehner; **125** mauritius images/Novarc/Axel Schmies; **128 o. re.** Cornelsen/Stephan Röhl; **129 Mi. li.** Fotolia/Otto Durst; **129 u. li.** Fotolia/pifon; **130 o. li.** Cornelsen/Stephan Röhl; **130 o. mi.** Cornelsen/Stephan Röhl; **130 o. re.** Cornelsen/Stephan Röhl; **133 u. mi.** Franz Thorbecke, Lindau (†); **133 u. re.** Cornelsen/Stephan Röhl; **136 Mi. re.** Herbert Strohmayer, Aachen; **137 Mi. li.** Cornelsen/Volker Döring; **137 Mi. re.** Cornelsen/Volker Döring; **137 u. re.** Cornelsen/Peter Hartmann; **139 u. re.** mauritius images/Reinhard Dirscherl; **140 o. li.** Fotolia/JPAaron; **140 Mi. li.** Cornelsen/Christian Böhning, Foto: Fotolia/Björn Wylezich; **140 u. li.** ullstein Bild; **142 o. li.** shutterstock/iunewind; **143 Mi. mi.** shutterstock/frotos; **145 o. re. a** Shutterstock/Odua Images; **145 o. re. b** Colourbox; **145 o. re. c** Colourbox; **145 o. re. d** Colourbox; **145 u. re.** Cornelsen/Moritz Vennemann; Fotolia/dikobrazik; **146 o. mi.** Fotolia/industrieblick; **146 o. re.** Fotolia/blickgerecht; **147 Mi. re.** Fotolia/WimL; **149 u. re.** shutterstock/Ivonne Wierink; **150 Mi. li.** shutterstock/Veronika Surovtseva; **150 u. li.** Fotolia/Blickfang; **151 o. li.** Shutterstock/Rob kemp; **151 o. re.** Fotolia/Anterovium; **151 Mi. re.** BOHEMIA Behältertechnik GmbH; **152 o. li.** fotogloria/Ahrens + Steinbach Projekte; **152 o. re.** fotogloria/Ahrens + Steinbach Projekte; **155** Fotolia/2xSamara.com; **163 o. re.** Fotolia/nyul; **169 o. re.** akg-images; **174 o. li.** fotogloria/Ahrens + Steinbach Projekte; **174 o. re.** fotogloria/Ahrens + Steinbach Projekte; **174 Mi. re.** picture alliance/dpa; **174 u. li. a** Fotolia/tashatuvango; **174 u. li. b** Fotolia/Ben; **174 u. li. c** Fotolia/DOC RABE Media; **174 u. li. d** Fotolia/seen0001; **177** Shutterstock/JingAiping; **184 o. re.** iStockphoto/Vassiliy Vishnevskiy; **186 o. li.** Fotolia/Ingo Bartussek; **186 Mi. li.** Fotolia/lassedesignen; **187 Mi. re.** Fotolia/Hugo Félix; **189 Mi. re.** T. Feltes, Berlin; **190 o. li.** Fotolia/Martin Lehotkay; **198 o. li.** Fotolia/ivallis111; **198 o. re.** Fotolia/Olesia Bilkei; **201** mauritius images/imagebroker/Stefan Arendt

Die Screenshots auf den Seiten 104, 109, 113, 115 und 161 wurden mit Microsoft® Excel® erstellt. Microsoft® Excel® ist ein eingetragenes Warenzeichen der Microsoft Corporation.